La carte manque.
voy. vol. p. 629

HISTOIRE

ET GÉOGRAPHIE

DE MADAGASCAR.

Typographie Firmin-Didot. — Mesnil (Eure).

HISTOIRE

ET GÉOGRAPHIE

DE

MADAGASCAR,

PAR

M. HENRY D'ESCAMPS,

Ancien fonctionnaire du Ministère de la Marine et des Colonies,
Inspecteur honoraire des Beaux-Arts,
Lauréat de l'Institut.

NOUVELLE ÉDITION,

ENRICHIE D'UNE CARTE DE M. ALFRED GRANDIDIER.

PARIS,

FIRMIN-DIDOT ET CIE, ÉDITEURS,

IMPRIMEURS-LIBRAIRES DE L'INSTITUT DE FRANCE,

RUE JACOB, 56.

1884

Tous droits de reproduction et de traduction réservés par l'auteur.

CE LIVRE

EN TÉMOIGNAGE

DE

LA GRATITUDE DE L'AUTEUR

EST DÉDIÉ

A

VICTOR HUGO.

MDCCCXXXIV — MDCCCLXXXIV.

INTRODUCTION.

Ingens pateat tellus!
(SÉNÈQUE, *Médée.*)

L'un des grands fondateurs de la nationalité française, l'un de ceux qui ont concouru le plus efficacement à notre grandeur, Richelieu, nous a tracé, dans son *Testament politique*, la voie dans laquelle notre pays doit se maintenir, sous peine de déchéance, en ce qui touche sa politique maritime et coloniale. Il pose en principe cet axiome fondamental que *pour être une puissance continentale, il faut que la France soit une puissance maritime*, sa frontière de mer étant aussi considérable que sa frontière de terre. Il montre, sans hésiter, aux Français qu'ils peuvent aussi bien être envahis par mer que par terre. « En effet, dit-il, si la France n'était pas puissante en vaisseaux, l'Angleterre pourrait entreprendre à son préjudice ce que bon lui semblerait, sans crainte de retour. Elle pourrait empêcher nos pêcheries, troubler notre commerce; elle pourrait *descendre impunément sur nos côtes*. Elle pourrait tout oser, lorsque *notre faiblesse nous ôterait tout moyen de rien entreprendre à son préjudice.* »
« Et, cependant, dit le grand ministre, il semble que la nature ait voulu *offrir l'empire de la mer à la France* par l'avantageuse situation de ses deux côtes également pourvues d'excellents ports aux deux mers Océane et Méditerranée. »
Quand Richelieu traçait ce programme de grande et prévoyante politique, il savait que dans le passé, l'Anglais

avait envahi et occupé la France, que les souverains d'Albion avaient pu se dire rois d'Angleterre et de France et qu'au moment même où il écrivait les conseils qu'on vient de lire, les Anglais possédaient Dunkerque, qui ne fut rachetée que par Louis XIV. Lors, donc, que dans nos polémiques on entend proclamer qu'il faut renoncer à toute politique coloniale et rester les yeux fixés sur la frontière du Rhin, on est en droit de répondre qu'il y a aussi une frontière de mer; que Rouen, Orléans, Boulogne, Calais et Dunkerque ont été aux mains des Anglais et même des Espagnols et rappeler qu'il n'y a pas très longtemps, à la fin du dix-huitième siècle et au commencement de celui-ci, cette frontière de mer a été violée, que les Anglais ont occupé Toulon et qu'ils ont débarqué à Flessingue et à Walcheren.

Richelieu a prédit l'accroissement de la puissance anglaise et il en a décrit le mécanisme appliqué à l'univers entier; il semble qu'il ait prévu cette ceinture de stations britanniques qui la relie à l'extrême Orient, Gibraltar, Malte, Chypre, l'Égypte, Aden et Périm, Maurice et l'Inde. « La séparation des États qui forment les possessions anglaises, dit Richelieu, en rend la conservation si malaisée que, pour leur donner liaison, l'unique moyen qu'ait l'Angleterre est l'entretènement de grand nombre de vaisseaux en l'Océan et en la mer Méditerranée, lesquels vaisseaux, par leur trajet continuel, réunissent, en quelque sorte, les membres à la tête, portent et rapportent les choses nécessaires à leur subsistance, les ordres de la métropole, les chefs pour les commander, les soldats pour exécuter, l'argent qui est le nerf de la guerre, » etc. Il constate que nos marins vont chercher emploi chez nos voisins, *n'en trouvant pas en leur pays*. Le grand homme d'État cite, ensuite, l'exemple de la Hollande, *qui n'est qu'une poignée de gens, dit-il, disputant à l'Océan leur coin de terre* et qui, cependant, se sont élevés *à l'opulence, exemple frappant et preuve incontestable de l'utilité du commerce*, et il ajoute : « Comme les côtes de la Manche servent de barrière à l'Angleterre, en Europe, la Providence veut aussi que *nos colonies se dressent en face de ses possessions dans la mer des Indes orientales*, afin de faire *un contrepoids* à sa toute-puissance maritime dans l'intérêt du monde entier et *sans, pour cela, avoir l'intention de lui faire du mal*. Au moins, faut-il être en état de refréner son ambition et, au besoin, lui donner un contre-coup près du cœur, quand elle voudrait faire quelques entreprises sur la France. » « La seule France, écrit-il enfin, a jusqu'à présent négligé le commerce, bien qu'elle puisse le faire aussi commodément que ses voisins. » Richelieu conclut ainsi : « Tout démontre donc *l'indispensable utilité* de favoriser le commerce maritime et surtout *celui au long cours.* Pour cela, il faudrait faire *de bons établissements coloniaux* et y envoyer des vaisseaux, ainsi qu'ont fait les Portugais, les Anglais et les Flamands. »

Après avoir lu les extraits que nous venons de donner du *Testament politique* de Richelieu, le lecteur jugera, comme nous, qu'on ne saurait préciser avec plus de sens politique les devoirs de tout gouvernement soucieux des intérêts de la France. Le grand ministre fait une question de salut pour nous et non pas seulement un avantage de l'extension de notre marine alimentée par des entreprises commerciales. C'est par suite de ces principes et joignant l'exemple au précepte que Richelieu créa la Compagnie des Indes, sur le modèle de celle que, dès le commencement du dix-septième siècle, l'Angleterre et la Hollande avaient fondée dans l'extrême Orient. C'est également pour consacrer ses principes par ses actes, que ce grand ministre, peu de temps avant sa mort, ordonna l'occupation par la France de l'île de Madagascar.

Cette politique traditionnelle a été malheureusement pratiquée à des degrés divers et avec des lacunes regrettables par les différents gouvernements qui se sont succédé en France. Toutefois, il faut le reconnaître, Louis XIV s'y est appliqué avec l'ampleur que comportait la nature de son esprit, et l'on verra plus loin qu'il l'a suivie avec persistance, sous l'impulsion de Colbert. Ces traditions se sont conservées sous Louis XV, mais avec la mollesse et l'indolence de ce règne voué aux plaisirs. Louis XVI, par son goût naturel pour les études géographiques, a remis en honneur la marine, les expéditions lointaines, mais dans un but surtout scientifique (1). La Révolution, emportée par les événements du dedans et du dehors, n'eut pas le temps de fixer ses idées sur ce point. L'Empire, cerné par les coalitions sur le continent et comme prisonnier de sa gloire en Europe, n'eut pas non plus la possibilité de s'étendre au loin. Ce rôle était réservé à la Restauration : elle eut, à son heure dernière, une grande date, la conquête de l'Algérie, qui faillit, de bien peu, concorder avec l'occupation définitive de Madagascar. Nous avons le regret de le dire, le gouvernement de Juillet est celui de tous qui, notamment en faisant évacuer Madagascar, a méconnu, avec le plus d'inintelligence, la grande politique de Richelieu. Son châtiment presque immédiat fut, le 14 juillet 1840, l'exclusion de la France du congrès des grandes puissances réunies pour

---

(1) Les ministres de Georges III, en 1764, donnèrent à l'amiral Byron des instructions où on lit : « Considérant que rien ne peut tourner davantage à l'honneur de notre nation, comme puissance maritime, à la dignité de la couronne britannique et aux progrès du commerce et de la navigation que de découvrir des pays jusqu'alors inconnus... » C'est dans cette même année 1764 que, devançant Cook et les Anglais de quatre années, notre Bougainville, avec des instructions analogues de Choiseul, prend possession, sur les côtes de l'Amérique du Sud, du groupe des *Malouines* que dédaigna le gouvernement de Louis XV et qui passèrent à l'Angleterre sous le nom d'îles *Falkland*.

traiter la question d'Égypte. M. Guizot a été la personnification de cette politique étroite. Avec cette constante infatuation, qui a fait tant de mal à la France et à lui-même, il n'a pas craint dans ses *Mémoires* de la revendiquer pour lui et de s'en vanter. On sait qu'à quarante ans, cet homme d'État des salons bourgeois de Paris n'avait pas encore vu la mer, et il ignora toute sa vie que la marine marchande est la pépinière des matelots de la marine militaire. Dans son impénitence finale, il se glorifie, au cours de ces *Mémories*, d'avoir préféré Mayotte et Nossi-Bé à Madagascar, c'est-à-dire des rochers stériles et sans de grands bois de constructions à cette terre plantureuse couverte de bestiaux et de forêts, où la Bourdonnais, d'Aché et Suffren avaient pu ravitailler, restaurer et remâter leur escadre (1).

Le second Empire, à part l'occupation de la Cochinchine et du Cambodge, n'a pas assez fait dans le sens de l'expansion française dans le monde. C'était, du moins, soyons justes, un grand point d'attache dans l'extrême Orient.

Nous tenons à honneur de reconnaître qu'ayant à choisir entre la politique coloniale de M. Guizot et celle de Richelieu, le gouvernement de la République française et avec lui les Chambres ont opté hardiment pour cette dernière. Comme présidents du conseil des ministres, MM. Jules Ferry, Gambetta, Freycinet, M. Duclerc, M. Fallières ont nettement et successivement arboré ce drapeau. Tout récemment encore, le 31 octobre 1883, M. Jules Ferry, président du conseil des ministres, a formulé éloquemment à la tribune le programme de cette politique, en s'exprimant

---

(1) Le résultat pratique de cette politique se traduit par les chiffres suivants : la marine française, en 1827, était de 14,322 navires, jaugeant 692,125 tonnes. En 1844, elle n'était plus que de 13,679 navires, jaugeant 604,637 tonneaux. En dix-sept ans, elle avait perdu 643 bâtiments et 87,468 tonneaux. (*Deuxième Adresse du conseil colonial de Bourbon.*) Il faut ajouter que la marine à voiles la laisse aujourd'hui au septième rang en Europe.

ainsi : « La France n'est pas seulement une puissance continentale, elle est aussi la seconde puissance maritime du monde. Pour soutenir ce rôle de puissance maritime, elle supporte un gros et lourd budget. La France a donc à accomplir des devoirs d'ordres divers qu'un gouvernement vigilant et patriotique doit savoir concilier. Il faut à la France une politique coloniale. Toutes les parcelles de son domaine colonial, ses moindres épaves doivent être sacrées pour nous, d'abord parce que c'est un legs du passé, ensuite, parce que c'est une réserve pour l'avenir. Il ne s'agit pas de l'avenir de demain, mais de l'avenir de cinquante ou cent ans, de l'avenir même de la patrie. Il est impossible, il serait détestable, antifrançais d'interdire à la France d'avoir une politique coloniale. »

De nos jours, la plupart des hommes d'État, les publicistes, les économistes, les pouvoirs publics, reconnaissent la justesse de ces idées. En novembre dernier (1883), en inaugurant les séances du Conseil supérieur des colonies, M. l'amiral Peyron, ministre de la marine et des colonies, constatait ce mouvement en ces termes : « L'opinion publique s'est particulièrement portée, pendant ces dernières années, sur les questions coloniales, persuadée avec raison que la prospérité matérielle de nos établissements d'outre-mer doit avoir une influence marquée sur le développement de notre commerce maritime et de nos relations extérieures. Les colonies ne sont pas seulement des postes militaires où flotte le drapeau de la France et qu'il suffit de garder comme des points de défense et de ravitaillement : ce sont surtout des fractions de territoire de la République placées sur tous les points du globe, pour recevoir et répandre les idées civilisatrices de la mère patrie (1) ».

---

(1) On a fait remarquer que c'est en 1863 seulement que les colonies ont été nommées dans les discours d'ouverture des Chambres.

On peut dire que ces sages paroles répondent, aujourd'hui, au sentiment éclairé de l'opinion publique.

Deux ans avant la guerre de 1870, Prévost-Paradol, préoccupé de l'ambition croissante de la monarchie prussienne et de l'extension de la puissance maritime de l'Angleterre, écrivait dans *la France nouvelle* : « Si un grand changement *politique et moral* ne se produit pas en France, si notre population, obstinément attachée au sol natal, continue, tantôt à s'y accroître avec une extrême lenteur, tantôt même (comme il est arrivé pendant dix années) à rester stationnaire ou à décroître, nous pèserons, toutes proportions gardées, dans le monde anglo-saxon autant qu'Athènes pesait jadis dans la monde romain (1). »

Un économiste éloquent, M. Leroy-Beaulieu, a jeté le même cri d'alarme dans les lignes qui suivent : « Ce qui a manqué jusqu'ici à la France, c'est l'esprit de suite dans sa politique coloniale. La colonisation a été reléguée au second plan dans la conscience nationale ; *elle doit aujourd'hui se placer au premier*. Notre politique continentale, sous peine de ne nous valoir que des déboires, doit être désormais essentiellement défensive ; c'est en dehors de l'Europe que nous pouvons satisfaire nos légitimes instincts d'expansion. Nous devons travailler à la fondation d'*un grand empire africain* et d'*un monde asiatique*. C'est la seule grande entreprise que la destinée nous permette. Au commencement du vingtième siècle, la Russie comptera 120 millions d'habitants prolifiques, occupant des espaces énormes ; près de 60 millions d'Allemands appuyés sur 30 millions d'Autrichiens, domineront l'Europe centrale. Cent vingt millions d'Anglo-Saxons occuperont les plus belles contrées du globe et imposeront presque au monde civilisé leur langue, qui

---

(1) *La France nouvelle.*

domine déjà aujourd'hui des territoires habités par plus de 300 millions d'hommes. A côté de ces géants, que sera la France? Du grand rôle qu'elle a joué dans le passé, de l'influence souvent décisive qu'elle a exercée sur la direction des peuples civilisés, que lui restera-t-il? Un souvenir, s'éteignant de jour en jour. *La colonisation est pour la France une question de vie ou de mort.* Ou la France deviendra une grande puissance africaine ou elle ne sera, dans un siècle ou deux, qu'une puissance européenne secondaire; elle comptera dans le monde, à peu près comme la Grèce ou la Roumanie comptent en Europe (1). »

Si justes et si patriotiques que soient ces paroles, il ne manque pas de contradicteurs pour les combattre dans notre pays. — Il est remarquable, du reste, que les adversaires de la politique coloniale n'ont rien inventé en ce sens et que leur argumentation n'est que la reproduction de celle que l'histoire a sans cesse réfutée par les faits, depuis l'antiquité jusqu'à nos jours. Les mêmes objections ont été opposées à tous ceux qui ont conseillé les entreprises lointaines, à Christophe Colomb notamment, lorsqu'il s'adressa au roi de Portugal Jean II. L'évêque de Ceuta, confesseur de ce prince, don Diego Ortiz de Cazadilla, consulté sur *l'utilité* de l'entreprise du grand Génois, répondit (il est bon de reproduire ses raisons) : « Avant de prendre une résolution sur ces expéditions qui engagent le bien public, il convient d'examiner si elles sont *justes, glorieuses et utiles.* Si elles ne remplissent pas ces trois conditions, il est dangereux de les entreprendre. Celle que Colomb propose ne remplit, ce semble, *aucune de ces conditions;* on ne peut l'exécuter qu'à l'aide de dépenses considérables, *en sacrifiant un bien certain à des expériences incertaines;* en exposant la fleur de la jeu-

---

(1) *De la Colonisation chez les peuples modernes.* D. Préface.

nesse aux périls d'une longue navigation et en *nous privant des secours les plus pressants contre des ennemis voisins, qui ne manqueraient pas de profiter de la division de nos forces*. A l'égard de l'utilité, quels hommes, quelles richesses, quelles flottes ne seraient pas nécessaires, pour exécuter l'entreprise dont il s'agit? L'idée seule suffit pour en démontrer l'inutilité. Contentons-nous donc de porter la guerre en Afrique; le juste, le glorieux, l'utile, tout s'y trouve à la fois; il faut faire aux Africains une guerre éternelle. Ainsi, mon avis est qu'on doit préférer la réalité à la chimère et que nous devons continuer sans relâche la guerre contre nos cruels ennemis (1) ».

Comme nous venons de le dire, les objections sont les mêmes aujourd'hui qu'au temps de Christophe Colomb. Tout y est, l'argument tiré des dépenses comme l'argument tiré de la désorganisation des cadres de l'armée espagnole et même celui tiré du *peuple voisin* qui peut profiter de la prétendue division de nos forces.

Cette politique d'abandon, d'effacement, de défaillance, est malheureusement entretenue chez nous par deux préjugés que nos ennemis répandent et que les Français, même parmi les plus distingués, ne se font pas faute de répéter. Le premier, qui nous vient, dit-on, de Goëthe, est que les Français ne savent pas la géographie. C'est à peine si une telle sottise mérite qu'on s'y arrête et cependant on la répète, elle a un certain crédit dans un pays qui compte tant d'illustres géographes, depuis d'Anville jusqu'aux deux Mentelle, aux Vivien de Saint-Martin, aux Reclus, jusqu'à ces dynasties des Cortambert, des Malte-Brun, des Barbié du Bocage, des Mac Carthy, dont les fils continuent si glorieusement leurs pères, dans un pays, enfin, où s'est fondée

---

(1) Vasconcellos, *Vida del rey don Juan IV*, cité par Ferdinand Denis.

la première *Société de géographie*, mère de toutes les autres, mère de celles de Vienne, de Berlin, de Londres, de Pétersbourg, de New-York, de Bombay et même de celle de Weimar, la patrie de Goëthe.

L'autre préjugé, qui consiste à nier le génie colonial de la France, est réfuté par l'histoire, qui le dément absolument. Qui donc est allé au Sénégal, dès 1364 ? — des Dieppois. Qui a conquis les Canaries pour le roi d'Espagne ? — deux Français, un Gascon et un Normand. Au seizième siècle, qui voit-on les premiers, à Terre-Neuve ? — des Basques. Qui double le cap de Bonne-Espérance en 1503 ? — un capitaine marchand de Dieppe. C'est un marin de Saint-Malo, Jacques Cartier, qui, en 1525, remonte le Saint-Laurent et fonde l'Acadie. Qui a créé Québec ? — un gentilhomme de Saintonge. Qui a occupé, défriché, cultivé, les Antilles, Saint-Domingue, la Martinique, la Guadeloupe, la Guyane, Madagascar ? — des Français du temps de Louis XIV. Qui s'empare du bassin du Mississipi ? Qui y fonde la Louisiane ? — des colons venus de France. Qui a planté notre pavillon national à Gorée, à Saint-Louis et dans l'Inde, à Pondichéry, à Chandernagor ? — des Français, toujours des Français. Oublions-nous que nous avons été les maîtres de l'Amérique du Nord, de la mer des Antilles, de la mer des Indes ?

Voici comment un éloquent défenseur de la cause coloniale résume notre situation à son apogée. « Au commencement du dix-huitième siècle, la France était la première des puissances. Maîtresse en Amérique de toute la région du nord et de l'entier bassin du Mississipi, elle effaçait la race anglaise cantonnée dans la Nouvelle-Angleterre et la Virginie et contrebalançait l'Espagne souveraine du Mexique et de vastes pays dans l'Amérique du Sud. Dans le golfe du Mexique, ses possessions dépassaient en nombre, en richesses, celles de l'Espagne, de l'Angleterre et de la Hollande.

Sur le continent africain, son comptoir de la Calle n'avait pas de rivaux dans la Barbarie. Ses factoreries du Sénégal éclipsaient celles du Portugal et, dans les îles de Madagascar et de Bourbon, commandaient les établissements portugais de la côte orientale. Ces avantages compensaient son rôle secondaire encore dans l'Inde, mais appelé à prendre un brillant essor, pour peu que la destinée vînt en aide à l'ambition des hommes et au génie des peuples. La destinée fit défaut, ou, pour mieux dire, ses rigueurs naquirent des fautes commises dans la politique générale de la métropole (1) ».

La mobilité des événements, les changements de ministres, la guerre, les révolutions et, par-dessus tout, le fatal traité de 1763, nous ont fait perdre notre grandeur passée. Mais, qu'on le sache bien, si les Anglais possèdent aujourd'hui des pays tels que le Canada et Maurice, c'est nous qui les avons colonisés. Conservons le souvenir de la gloire de nos pères et marchons sur leur trace, en évitant leurs fautes.

Grâces à Dieu, la France semble revenir aujourd'hui aux idées de Richelieu, de Colbert et de tant d'hommes éminents.

C'est sous les auspices de cette grande politique que nous voulons parler ici de Madagascar, de nos droits de souveraineté sur cette grande île et des ressources de tout genre qu'elle nous offre par sa position maritime et par les richesses de son sol.

On peut dire que de toutes nos colonies il n'en est pas une sur laquelle nos droits aient été mieux établis ni si souvent renouvelés et confirmés. Cette souveraineté est définie par le droit des gens qui est celui de toutes les nations civilisées. « Tous les hommes, dit Wattel, ont un droit égal aux choses qui ne sont pas encore tombées dans la propriété de quel-

---

(1) Jules Duval, *les Colonies et la politique coloniale de la France*, page 14.

qu'un et ces choses-là appartiennent au premier occupant. Lors donc qu'une nation trouve un pays inhabité et sans maître, elle peut légitimement s'en emparer et, *après qu'elle a suffisamment marqué sa volonté à cet égard, un autre ne peut l'en dépouiller.* C'est ainsi que des navigateurs, allant à la découverte, munis d'une commission de leur souverain et rencontrant des îles ou d'autres terres désertes, en ont pris possession au nom de leur nation et communément ce titre a été respecté, pourvu qu'une possession réelle l'ait suivi de près. » Wattel établit ensuite dans le langage diplomatique le droit d'occupation ; il dit : « Lorsqu'une nation s'empare d'un pays qui n'appartient encore à personne, elle est censée y occuper l'empire ou *la souveraineté*, en même temps que *le domaine;* car, puisqu'elle est libre et indépendante, son intention ne peut être, en s'établissant dans une contrée, d'y *laisser à d'autres le droit de commander*, ni aucun des droits qui constituent *la souveraineté*. Tout l'espace dans lequel une nation étend son empire forme le ressort de sa juridiction et s'appelle *son territoire.* » Le même jurisconsulte précise ainsi le droit d'occupation : « Ce droit, dit-il, comprend deux choses : premièrement, *le domaine,* en vertu duquel la nation peut user seule de ce pays pour ses besoins, en disposer et en tirer tout l'usage auquel il est propre ; secondement, *l'empire* ou le droit du souverain commandement, par lequel elle ordonne et dispose à sa volonté de tout ce qui se passe dans le pays. » Chose véritablement curieuse, Wattel pressent le cas qui est particulier à Madagascar, où une population de quelques millions d'habitants seulement occupe un territoire pouvant en nourrir quarante millions, laissant le reste des terres à l'état inculte, pour y vivre sans travail. « Il est, dit-il, une autre question célèbre, à laquelle la découverte du nouveau Monde a principalement donné lieu. On demande si une nation peut légitimement occuper quelque partie d'une vaste contrée, dans laquelle il ne se trouve que des peuples errants, incapables, par leur petit nombre, de l'habiter tout entière. Ces peuplades *ne peuvent s'attribuer exclusivement* plus de terrain qu'elles n'en ont besoin et qu'elles ne sont en état *d'en habiter* et *d'en cultiver*. Leur habitation vague dans ces immenses régions ne peut passer pour une véritable et légitime prise de possession et les peuples de l'Europe, *trop resserrés chez eux*, trouvant un terrain dont les sauvages n'avaient nul besoin particulier et ne faisaient aucun usage actuel et soutenu, *ont pu légitimement l'occuper* et *y établir des colonies*. La terre appartient au genre humain pour sa subsistance. Si chaque nation eût voulu, dès le commencement, s'attribuer un vaste pays pour n'y vivre que de chasse, de pêche et de fruits sauvages, *notre globe ne suffirait pas à la dixième partie des hommes qui l'habitent aujourd'hui*. On ne s'écarte donc pas des vues de la nature, en resserrant les sauvages dans des bornes plus étroites (1). » Nous n'avons pas besoin d'ajouter que tous les jurisconsultes et tous les publicistes traitant des matières internationales, Kluber, Blakstone, Martens, Charles Comte et Dalloz, ont émis les mêmes principes généraux que Wattel.

Nous allons voir, par les récits qui vont suivre, que, dans l'ordre des faits, les droits de la France sur Madagascar ont reçu une consécration non moins solennelle. Guidé par les principes de haute politique que nous avons rappelés tout à l'heure, Richelieu, en 1642, fonda la *Société de l'Orient* en sa qualité *de chef et surintendant général de la marine, navigation et commerce de France*. Il désigna Madagascar comme le point à occuper dans la mer des Indes et il y envoya Pronis qui en prit possession, au nom du

---

(1) Wattel, *Droit des gens*, p. 494.

roi, à la fin de 1643. Pronis occupe l'île de Sainte-Marie, la baie d'Antongil, établit des postes à Fénériffe, à Manahar, à la presqu'île de Thalangare, où il bâtit le Fort-Dauphin. Toute la côte orientale de Madagascar se trouvait ainsi occupée par la France. Étienne de Flacourt y arrive le 4 décembre 1648 et en prend possession solennellement une seconde fois au nom de la France.

Après Louis XIII et Richelieu, Louis XIV et Colbert fondent la *Compagnie orientale*, société de commerce au capital de quinze millions de livres, le roi y souscrivant personnellement pour un cinquième. L'édit de prise de possession d'août 1664 cède à la Compagnie l'île de Madagascar, avec ses *forts* et habitations et lui transporte à perpétuité les droits de *seigneurie* et *justice*. Un nouvel édit de 1665 donne à l'île le nom d'*Ile Dauphine* et déclare que le roi a le pouvoir de céder cette île à la Compagnie, « étant le seul souverain qui y ait présentement *des forteresses et des habitations* »; il accorde à la Compagnie le droit de bâtir des *châteaux forts avec ponts-levis* et le droit de *haute, moyenne et basse justice*; le roi se réserve, toutefois, le droit de justice souveraine, comme attribut de sa souveraineté royale, à l'égard de la nouvelle colonie française. C'est alors qu'on donna à l'île de Madagascar le beau nom de *France orientale*. Un Conseil souverain fut établi dans la colonie, image du gouvernement de la métropole. Le grand sceau apporté par le nouveau gouverneur général, M. de Beausse, représentait le jeune roi revêtu du manteau royal, la couronne en tête, le sceptre dans une main, la main de justice dans l'autre; autour on lisait la légende : *Ludovici XIV Franciæ et Navarræ Regis Sigillum, ad usum Supremi Consilii Galliæ orientalis*. La reprise de possession de l'île eut lieu avec apparat le 11 juillet 1665, au nom du roi. En juin 1686, Louis XIV réunit définitivement l'île de Madagascar avec ses forts et habitations *au domaine de la Couronne*. En 1670, l'amiral de la Haye est désigné par Louis XIV comme gouverneur général et *vice-roi de Madagascar*. Le roi lui délègue le pouvoir d'y exercer la *justice souveraine*, même sur les ecclésiastiques, et, le 4 décembre, l'amiral en prend une troisième fois possession au nom du roi de France : une inscription tracée sur la pierre consacre le souvenir de cet événement (1).

Sous Louis XV, des édits de mai 1719, de juillet 1720 de juin 1725 confirment, par surcroît, notre *dominium* à Madagascar. En 1750, l'île de Sainte-Marie est cédée à la France par les héritiers du roi de ce pays, ainsi que par ses chefs. Enfin, en 1774, la dernière année du règne de Louis XV, une nouvelle prise de possession de Madagascar par la France a lieu sous les ordres du comte polonais Benyowski, qui y arbore encore le drapeau français, le 14 février de cette année. Muni des pleins pouvoirs du roi de France, comme gouverneur général, il fonde dans la baie d'Antongil une ville française, à laquelle il donne le nom de Louisbourg. Il perce des routes, construit *des forts* et établit des *postes défensifs* sur la côte orientale de la grande île.

Ainsi qu'on vient de le voir, rien n'a manqué à la consécration sans cesse renouvelée de nos droits de souveraineté sur Madagascar. En 1814, ces droits ont été reconnus hautement par l'Angleterre, en interprétation du traité de Paris. Postérieurement, en 1840, M. l'amiral de Hell, gouverneur de Bourbon, accepta, au nom de la France, la cession des îles de Mayotte et de Nossi-Bé, ainsi *que celle de la partie nord-ouest de l'île,* la grande province de l'Ankara. Enfin, en 1859-1860, M. le commandant Fleuriot de Lan-

---

(1) Cette pierre, monument de notre souveraineté à Madagascar, est conservée aujourd'hui à la Réunion, dans le vestibule du palais du Gouvernement.

gle, au nom de Napoléon III, a conclu avec les rois et chefs de la partie occidentale et australe de Madagascar des traités de cession qui ont consacré par surcroît nos droits de souveraineté sur l'île entière.

On peut donc dire, l'histoire à la main, qu'en dehors de la petite peuplade des Hovas, la France est souveraine de Madagascar à la fois par les prises de possession réitérées pendant un siècle et demi et par les traités contractés de nos jours ; la grande île de la mer des Indes fait donc partie de notre domaine national. Selon le fait et selon le droit, Madagascar est, au pied de la lettre, une possession française. Il ne s'agit donc pas, en ce moment, pour la France, de faire une conquête. A Madagascar, elle est chez elle, elle n'a qu'à occuper un territoire qui lui appartient, sur lequel elle est investie d'un *dominium* plusieurs fois séculaire et qui a été de nouveau affirmé, en 1750, en 1841, en 1860, par des traités spéciaux.

Quant à l'importance pour la France d'une telle colonie, elle a été reconnue et signalée par tous les hommes d'État après Richelieu et Colbert, par tous les marins doués de quelque prévoyance, par tous les économistes à vues élevées, par les véritables patriotes. Il nous serait aisé d'invoquer ces témoignages dans le passé comme dans le présent, à l'appui de cette cause si souvent plaidée ; un volume ne suffirait pas pour résumer ces objurgations, ces conseils énergiques autant que persévérants. On les trouvera dans les livres si remarquables de MM. Barbaroux, Jules Duval, Barbié du Bocage, dans les deux belles Adresses du conseil colonial de Bourbon.

Nous nous bornerons à transcrire un seul de ces témoignages, le plus probant de tous, parce qu'il provient d'un marin, d'un amiral. L'un de nos officiers généraux les plus distingués, M. l'amiral Page, qui, sous le gouvernement de

Juillet, en étant réduit à promener avec mélancolie dans les mers de l'Asie notre pavillon sans prestige, écrivait, en se voyant cantonné dans les eaux de la Réunion :

« Nous sommes enchaînés à Bourbon, comme Prométhée sur son rocher. Voilà, d'un seul trait, notre attitude dans l'océan Indien ; mais, qu'il soit bien constaté que c'est *volontairement*, de propos délibéré, que la France, héritière de Louis XIV, *souveraine titulaire de Madagascar, se condamne elle-même à cette condition d'impuissance*. Quand on pense qu'avec les forces de terre et de mer que nous entretenons dans ces parages, *sans but sérieux, sans effet utile*, il eût suffi d'un homme doué de l'âme qui inspira Fernand Cortez, d'un chef tel qu'on en trouverait dans les rangs de notre armée, trempé aux combats et capable d'autre chose encore que d'un coup de main ou d'une action d'éclat, pour substituer la domination française à la domination hova, pour rendre à la France une île aussi riche, aussi fertile que Java, une autre Saint-Domingue, enfin, on reste surpris et l'on ne sait qu'admirer le plus ou du désintéressement de notre pays ou de son indifférence pour tout empire lointain et pour la grandeur maritime qui en résulterait (1). » Voilà ce qu'un marin éminent a pu écrire sur les défaillances de son pays !

Située à l'entrée de la mer des Indes, la grande île de Madagascar, au point de vue politique et militaire, domine le double passage d'Europe en Asie par le nord et par le sud, c'est-à-dire les deux routes de l'Inde. Au sud, elle se trouve sur l'ancienne route du cap de Bonne-Espérance ; au nord et à l'ouest, elle commande la route du golfe Persique, de l'Indoustan, du golfe du Bengale, des îles de la Sonde et même celle de l'Australie. Plus près d'elle, elle touche à la

---

(1) *Revue des Deux Mondes.* — *Une station dans l'océan Indien*; 15 novembre 1849.

côte orientale d'Afrique, aux Comores, aux Seychelles, au groupe des Mascareignes; Bourbon et Maurice en sont les satellites. Outre cette double route, dont elle est la clef, le détroit de Bab-el-Mandeb n'est qu'à huit jours de ses rivages. Tous les mouvements commerciaux dirigés d'Europe en Asie entrent dans la sphère des nombreux ports de la grande île franco-malegache. Les moussons semblent être des organes naturels, dont la nature l'a pourvue pour servir de véhicule et de trait d'union entre tous les commerces et le sien. Pouvant se suffire à elle-même, ce que ne peuvent faire certaines de nos colonies improductives, Madagascar ouvre ses ports nombreux, ses baies abritées, placées en dehors de la région des cyclones, à nos navires de commerce et à nos vaisseaux de guerre. Pour ces derniers, ses ports ne sont pas seulement des refuges, mais des points de ravitaillement et des chantiers de radoub. En 1746, le glorieux, l'immortel gouverneur des îles de France et de Bourbon, Mahé de la Bourdonnais, se réfugie à Madagascar avec son escadre composée de neuf vaisseaux et de près de quatre mille hommes d'équipage, dont environ huit cents noirs. Il est à la poursuite des Anglais : ses vaisseaux sont démâtés, désemparés, ses coques sont maltraitées. Il aborde à Madagascar dans la baie d'Antongil; il y pratique un quai de carénage, il y improvise des forges, des ferronneries, des corderies. Le pays lui fournit toutes les matières premières, sans compter de la viande fraîche, des légumes, des aiguades pour le ravitaillement de ses équipages. Il trouve dans les environs des arbres de quatre-vingt-dix pieds de haut, pour rétablir ses vergues, ses mâts, et des textiles pour refaire ses cordages. « En quarante-huit jours, dit-il dans ses *Mémoires*, l'escadre fut remâtée, réparée et en état de prendre la mer. Le 1ᵉʳ juin 1746, je quittai la baie d'Antongil; j'étais encore à temps pour rencontrer les vaisseaux anglais : il y avait encore de l'honneur à acquérir (1). »

Telle est l'incomparable situation de la grande île française de la mer des Indes, dont le territoire est plus vaste que celui de la France (2). « Maîtres de Madagascar, a dit un écrivain que nous aimons à citer, nous cesserions d'être seulement tolérés dans l'océan Indien, nous y exercerions une influence respectée : l'hémisphère oriental tout entier nous deviendrait accessible avec dignité et indépendance. Aden, Bombay, Port-Louis auraient un contrepoids : attaqués, nous pourrions nous défendre avec avantage, porter à l'ennemi des coups funestes et trouver, en cas de désastre, un refuge, tandis qu'aujourd'hui, depuis le Sénégal jusqu'à la Nouvelle-Calédonie, le pavillon français *n'aurait pas un abri assuré*. On frémit à la pensée d'une guerre qui surprendrait nos marins dans ces parages. Avec Madagascar en nos mains, l'empire colonial de l'Angleterre est tenu en respect : ralliées à un centre, nos petites colonies isolées de l'océan Indien ne risquent plus d'être affamées par la rupture de leurs communications avec la terre qui les alimente ; les mers asiatiques deviennent libres de fait, comme elles le sont de droit. La France, encouragée à de nouveaux essors vers ces régions lointaines, remonte au premier rang des puissances maritimes comme sous Louis XIV et Louis XVI. La paix en profite plus encore que la guerre. La population surabondante de la Réunion y trouve un champ illimité ouvert à ses entreprises et notre colonie en reçoit des bras pour ses cultures. Les créoles de Maurice, toujours portés

(1) *Mémoires de Mahé de la Bourdonnais*; in-8°, 1827, pages 84-85.

(2) Madagascar compte, en superficie, plus de 590,000 kilomètres carrés : celle de la France n'est que de 528,576 kilomètres carrés. (*Revue scientifique*; mai 1872; article de M. Alfred Grandidier.) M. Grandidier estime que la population totale de Madagascar ne dépasse pas deux millions d'habitants et qu'elle est même peut-être inférieure à ce chiffre.

d'amour vers le drapeau français, accourent sur ce nouveau théâtre d'activité. L'Europe même s'associe à ces créations par ses capitaux et ses industries, même par quelques essaims d'émigrants. La terre malegache est littéralement ouverte à toutes les nations. Cette renaissance en force et en prestige, à la veille d'une évolution nouvelle dans les rapports entre l'Orient et l'Occident, a ses racines dans les ports dont Madagascar est doté et dans les ressources qu'offrent la nature et les populations, double base d'une prospérité durable. Ces ports nombreux, vastes et sûrs, sont distribués sur le pourtour de l'île malegache, avec des privilèges de nombre, d'étendue et de commodité que n'atteint aucun autre point du globe terrestre (1). » Ajoutons à ce tableau un trait de plus et qui le complète, c'est la présence de la houille dans le nord-ouest, à Bavatoubé, dans la baie de Passandava, mines déjà exploitées par des Français sur le territoire qui nous fut cédé itérativement en 1841 et qui, à elles seules, couvrent un espace de 180 kilomètres, avec une pénétration dans les terres de 40 kilomètres, se prolongeant encore sous la région maritime des baies et des îles du voisinage. La surface totale de ce bassin houiller, qui n'est pas le seul dans ces parages, est de 7,200 kilomètres carrés et en réduisant ce chiffre de moitié, pour faire une large place à des mécomptes ou à des déchets, on arrive à un chiffre qui dépasse 2,800 kilomètres carrés, qui est celui de la surface totale des bassins de la France (2). Il nous paraît superflu d'insister sur l'impor-

---

(1) Jules Duval, *les Colonies et la politique coloniale de la France*, pages 433.
(2) Rapport de l'ingénieur Guillemin à la Compagnie de Madagascar, 27 février 1864. On trouve encore à Madagascar des variétés de lignite et d'anthracite propres à la fabrication du gaz. M. Simonin, ingénieur, a analysé un spécimen de houille anthraciteuse que M. le docteur Milhet Fontarabie lui remit comme provenant précisément de Bavatoubé. Ce spécimen a donné un gaz d'une flamme vive et intense, et le pouvoir calorifique du combustible,

tance de la présence à Madagascar du principal aliment de la vapeur à cette distance de la métropole.

Si, maintenant, nous examinons la question au point de vue de la colonisation et des ressources de toute nature que présente pour le commerce français la Grande Terre, comme l'appellent les naturels, *Hiéra-Bé,* les avantages qu'elle offre sous ce rapport ne sont pas moindres. Le lecteur les trouvera exposés à chacune des pages de notre livre ; nous n'avons donc pas à nous étendre ici sur ce sujet. Nous nous contenterons de rappeler les principales parmi ces ressources. Ces richesses sont, parmi les grandes cultures destinées aux échanges rémunérateurs, la canne à sucre, qui vient à Madagascar sans fumier, comme autrefois à Saint-Domingue, et dont l'île possède une espèce particulière très vivace et très saccharifère, dont les plants durent dix ans ; le coton, qui tend à disparaître de nos autres petites colonies et qui, s'il était cultivé en grand à Madagascar, nous affranchirait du tribut de cent cinquante millions que nous payons annuellement de ce chef à l'étranger ; la soie, enfin, dont les cocons pendent aux arbres, en agglomérations qui « atteignent, dit Legentil (1), la grosseur de la cuisse d'un homme », abondante récolte dont la France bénéficierait, car elle consomme, pour ses belles soieries, chaque année, une valeur qui se chiffre par deux cent cinquante millions de francs, dont la moitié à peu près, soit cent vingt cinq-millions, lui sont apportés de Chine par l'Angleterre.

Le sucre, le coton, la soie, ce sont là des produits de grand fret ; mais ce ne sont pas là les seuls qu'offre Madagascar à nos bâtiments de commerce. A présent que la navigation à la vapeur nous met en vingt jours par le canal de Suez en

---

sans pyrite et sans soufre, atteignait celui des bonnes houilles anglaises. (Simonin, *les Richesses naturelles de Madagascar*, 1862.)

(1) *Voyage dans les mers de l'Inde*, tome IV, quatrième partie, p. 160.

communication avec la grande île, d'autres marchandises encombrantes peuvent en être exportées qui, auparavant, ne se répandaient qu'aux alentours; nous voulons parler des bestiaux. D'immenses, d'innombrables troupeaux de bœufs vivent à l'état de nature à Madagascar. Ces bœufs, magnifiques bêtes, sont des zébus ou bœufs à bosse, bien connus au Sénégal et dans les Antilles. C'est cette richesse naturelle qui forme le principal commerce du pays. Ces bœufs se vendent couramment, aujourd'hui, de 50 à 60 fr. l'un, ce qui est un prix fait pour tenter la haute spéculation d'exportation (1). Dans le cas d'une occupation suivie de colonisation, on pourrait établir dans l'île de grands établissements de salaisons qui nous dispenseraient de recourir aux dangereux produits américains de même sorte et dans lesquels on pourrait traiter aussi les poissons salés. Le commerce des moutons n'offre pas moins d'importance; ce sont les moutons à grosse queue du Cap. Dans le sud, les traitants achètent un mouton pesant cent livres, au prix de 1 fr. 50 c., payable en marchandises. Les porcs ne sont pas moins abondants, ni beaucoup plus chers; nous ne parlons pas du gibier, du sanglier qui n'y pullule que trop, du poisson, non plus que des huîtres, de la pêche du cachalot et de la baleine, qui

---

(1) En 1837, lorsqu'on essaya en vain de substituer à l'impôt annuel en nature l'impôt en argent d'un kiroubo par an et par tête (1 fr. 25 c.) les naturels préféraient se libérer avec un bœuf ou deux, ce qui démontre la surabondance du bétail. Il y a trente ans, un bœuf se vendait encore 15 francs. Il se vend aujourd'hui, dans le sud, trente francs, mais les naturels exigent, en plus, une livre de poudre, qui vaut 20 francs environ, ce qui porte le prix total à 50 francs. Nous donnons, dans le cours de notre livre, le prix des denrées du pays sur le marché de Tananarive. On y verra que le riz vaut 5 francs les 100 kilogrammes, le café 70 francs, le sucre 45 francs, le fer brut 20 francs, une peau de bœuf 7 fr. 50 c. Dans le sud, une peau de bœuf ne coûte qu'une piastre, soit 5 fr. 40 c. Le bois de palissandre vaut 1 fr. 42 c. le mètre, le saindoux 40 francs les 100 kilos. Une poularde y coûte 63 centimes, une oie 80 centimes, une dinde grasse 50 centimes, un canard 40 centimes, une poule 23 centimes, etc.

donnerait lieu à la création des usines à terre pour la fabrication de l'huile. Une magnifique exploitation est celle des bois de construction et d'ébénisterie, bois de natte et d'acajou, ébène, palissandre, bois de rose, bois de sandal, d'une variété infinie, dont on trouvera plus loin la nomenclature à peu près complète. Pour le fret ordinaire, Madagascar présente des éléments précieux de cargaisons, une grande quantité de résines, l'indigo, dont nous achetons pour 50 millions à l'étranger, le caoutchouc, qui y a pris une grande extension, et dont on exporte, déjà, pour plus d'un million, la gutta-percha, l'un des éléments essentiels de la télégraphie, la cire, l'indigo, la cochenille, le copal, l'opium, douze espèces d'huile, dont celle d'arachide, les épices de toute nature, l'orseille tinctoriale, dont Marseille seule achète pour un million par an et, enfin, le miel vert, le thé, le tabac et le café. Le tabac, à Madagascar, est de qualité supérieure : il y réussit dans tous les terrains ; le café, pour lequel nous payons à l'étranger un tribut de près de cent millions, y vient aussi bien qu'à la Réunion. Les céréales et racines comestibles y prospèrent au point de composer l'unique aliment de la population. La principale est le riz, dont Madagascar possède jusqu'à onze variétés, entre autres le riz rouge, de qualité supérieure à celui de l'Inde. De ce chef, nous payons à l'étranger trente ou quarante millions par an, dont nous sommes obligés de compter près de la moitié à l'Angleterre et à ses colonies. Les autres céréales sont le maïs, qui vient après le riz, le froment, l'avoine, l'orge de plusieurs espèces, vingt sortes de faséoles, et, de plus, ces admirables racines farineuses propres aux tropiques, le manioc, base du tapioca, l'arrow-root, l'igname et leurs succédanées, le malanga, le madère. Parmi les fruits, Madagascar les réunit tous, l'ananas, les cocos, les figues, les bananes de toutes les espèces, les grenades, les oranges et les citrons.

La vigne, importée d'Europe et qui y donne deux récoltes par an, y prospère. Les fruits de France y sont acclimatés sans peine. Nous ne voulons pas oublier l'arbre à pain, ce curieux végétal, haut comme nos marronniers et qui porte sur ses branches de véritables pains de deux livres que la nature, plus que prodigue, semble offrir comme un appât à l'indolence paresseuse des habitants des tropiques (1).

Nous avons parlé déjà des ressources que présente Madagascar à la navigation par les gisements de charbon. Nous avons fait ressortir l'importance de ces gisements et donné l'analyse de ces houilles, d'après M. l'ingénieur Simonin, sous le double rapport du combustible et de l'extraction du gaz. Le même ingénieur y signale « des filons de cuivre sulfuré gris, de cuivre panaché et de cuivre pyriteux, mêlés de cuivre carbonaté vert et bleu et de cuivre hydrosilicaté, qui traversent les divers terrains de l'île, ainsi que des filons de plomb argentifère très riche en argent et d'une

---

(1) Il y a aussi à Madagascar de nombreuses sources thermales de composition très variée, les unes salines, les autres sulfureuses, d'autres ferrugineuses ; quelques-unes atteignent le point d'ébullition. La plus connue de ces stations thermales, parce qu'elle avoisine Tamatave, où viennent beaucoup d'Européens qui en ont analysé les eaux, est celle de *Marofana*. D'après M. le docteur Milhet Fontarabie, cette eau est acidulée-alcaline, riche en sels de soude et de potasse, de nature ferrugineuse. La température est de 32 à 35 degrés centigrades. On l'emploie avec succès contre les affections du foie et autres maladies. « Autour de ces sources, dit le docteur Lacaze, se voient des traces de sacrifices : des têtes de coq, des pattes de poule, des cornes de bœuf attachées au sommet de morceaux de bois plantés dans le sable. Des bambous remplis de besabèse sont placés à côté, ce sont des *ex-voto* en mémoire de guérisons sans doute opérées par cette eau. » Ce détail intéressant nous montre que l'humanité est toujours la même dans tous les temps, dans tous les pays. Personne n'ignore que les Romains avaient la coutume de jeter dans la source qui les avait guéris des pièces de monnaie offertes à la divinité du lieu, *deus loci*, et même, parfois, les gobelets qui leur avaient servi, témoin le célèbre gobelet d'argent conservé au musée Kircher, à Rome, et qui porte sur ses contours l'itinéraire du malade de Rome à Cadix, détail précieux qui a permis de compléter, de nos jours, la géographie de la Gaule méridionale.

grande pureté (1). » On verra dans notre livre qu'un de nos officiers de marine y a découvert, à la côte occidentale, des carrières de marbre veiné blanc et jaune, des sources d'asphalte et des résines fossiles rappelant l'ambre gris. Le sol offre encore de vastes dépôts d'étain, de mercure, de salpêtre, d'oxyde de manganèse et des salines, sur les côtes, aussi vastes qu'on peut les souhaiter. On y a trouvé, encore, la plombagine ou fer carburé propre à faire les crayons et les creusets. On y rencontre également, au milieu des basaltes, des pouzzolanes de bonne qualité pouvant fournir d'excellents matériaux pour la construction. On y a découvert, enfin, des sables vitrifiables, ainsi qu'un kaolin très précieux pour y fabriquer la faïence et même la porcelaine. Quant aux grands métaux, il y a longtemps qu'on a constaté la présence à Madagascar de l'or, de l'argent, du cuivre et du fer. Le soin avec lequel le gouvernement local en interdit, sous les peines les plus sévères, l'exploitation et même le signalement démontre que les naturels n'en ignorent point l'existence. Dans le dernier code de lois promulgué en 1868, l'interdiction spéciale s'étend même aux mines de diamants. « Le cristal de roche de Madagascar, dit M. l'ingénieur Simonin, peut lutter pour la transparence et la limpidité avec le cristal si réputé du Brésil, auquel il a fait longtemps concurrence en France (2). » Il ne faut pas oublier, enfin, qu'à Madagascar les pierres précieuses brillent par leur variété et leur richesse. On y trouve des améthystes, des topazes, des aigues-marines, du jaspe, des opales, des tourmalines, des émeraudes, des grenats, des rubis balais.

Flacourt, si judicieux observateur, a donc eu raison de dire de Madagascar : *Cette île est un petit monde.*

Ce ne sont pas seulement les Français, naturellement

(1) *Les Richesses naturelles de Madagascar;* 1862.
(2) *Ibid.*

passionnés pour la colonisation de Madagascar, qui tiennent, au sujet de ses ressources, de ses richesses, d'ailleurs incontestables, un langage justement passionné. Les étrangers partagent cet enthousiasme. Un architecte anglais a été envoyé, il y a peu de temps, à Madagascar pour y construire des chapelles protestantes ; il y a séjourné plusieurs années et, de retour en Europe, voici la traduction de ce qu'en 1873 il a écrit sur le sujet qui nous occupe : « En parcourant le pays, je ne pus qu'être frappé de sa richesse et des ressources immenses qu'il offrirait à la production, s'il était convenablement exploité par la culture. Les collines fourniraient des pâturages pour des millions de têtes de bétail; dans les vallées, le sucre, le riz et le café croîtraient en quantité *suffisante pour la consommation de tout l'empire britannique;* quant à la côte, elle se prêterait admirablement à la culture du coton. Madagascar est riche également en produits minéraux, en cuivre, en fer et notamment aussi en charbon dans la partie septentrionale. *Tous les éléments de prospérité sont là;* il ne manque qu'une population plus nombreuse et des connaissances plus avancées pour développer les ressources de l'île. »

Outre ces témoignages écrits si remarquables de sincérité et de concordance parmi tant de voyageurs, il y a un fait dont on ne saurait méconnaître l'importance, fait concluant comme la réalité, c'est que le sol de Madagascar a été, depuis environ un demi-siècle, cultivé, exploité, mis en valeur avec le plus grand succès, et sur trois points différents. Par qui? par trois Français, M. de Lastelle, M. Lambert et M. Laborde.

M. Laborde était le fils d'un sellier d'Auch, dans le Gers : un naufrage le jeta sur la côte orientale de Madagascar en 1831. Doué des aptitudes industrielles les plus rares et d'un véritable génie naturel, il réussit à fonder auprès de

Tananarive, capitale des Hovas, toute une exploitation composée de plusieurs usines enclavées dans une concession de trente lieues carrées, avec forges, fonderies, fabrique de savon, de porcelaine, charpenterie, charronnage. On lira dans notre livre tous les détails relatifs à ces créations, à ces manufactures mises en mouvement par dix mille ouvriers du pays et dans lesquelles le sol lui-même donnait le minerai de fer pour les forges et le kaolin pour la porcelaine. La succession de M. Laborde, évaluée à plus d'un million, témoigne de la grandeur de ses travaux à Madagascar.

Quant à M. Lambert, nos lecteurs apprendront à le connaître dans les pages que nous lui avons consacrées. Qu'il nous suffise de rappeler que, né à Redon, Ille-et-Vilaine, il fonda à Maurice une maison de commerce et de là étendit ses relations à Madagascar. C'est à lui qu'on doit la mise en valeur des mines de houille de Bavatoubé, au nord-ouest de l'île. Là, encore, une vaste exploitation française a montré ce qu'on peut faire dans ce genre. Nous venons de rappeler que ce gisement houiller, à lui seul, est plus considérable que tous les bassins houillers de France. Fait plus curieux encore, il prolonge ses filons sous-marins de la côte même de Madagascar jusqu'à l'île de Nossi-Bé, qui en est séparée par un bras de mer assez étendu!

Voilà donc, avec les exploitations de M. Laborde et de M. Lambert, le problème industriel résolu. M. de Lastelle s'est chargé de résoudre le problème agricole. M. Napoléon de Lastelle était un capitaine au long cours de Saint-Malo, décédé en juillet 1856, aux environs de Tamatave. Il fut le premier qui sut obtenir l'autorisation d'élever, de compte à demi avec la reine, trois établissements agricoles et industriels à Mahéla, sur la côte orientale, sur cette côte que l'on se plaît à représenter comme étant si insalubre. On y élevait trente mille bœufs à la fois. M. de Lastelle, avec le concours de ses associés de Bourbon, ne craignit pas de consacrer à cette création plus de dix millions, qui furent compensés par de sérieux profits. Ces trois sucreries, avec leurs guildiveries, occupaient un nombre immense d'ouvriers indigènes. La maison de Rontaunay, qui le commanditait, y employait dix-neuf navires lui appartenant, pour l'exportation de ses denrées, et dix-neuf navires supplémentaires qu'elle était obligée d'affréter. Ces navires étaient desservis par mille matelots. Pour faire apprécier cette entreprise et, en même temps, la beauté et la fertilité du pays, nous emprunterons la description de l'exploitation de M. de Lastelle au brillant officier général que nous avons déjà cité, M. l'amiral Page : « On connaît, dit-il, les merveilles de culture que les Hollandais ont réalisées à Java, dans les plaines fécondes comprises entre Batavia et Samarang ; eh bien, ces miracles de l'industrie sucrière, un Français, un simple particulier, M. de Lastelle, soutenu par une maison de commerce de Bourbon, les a, pour ainsi dire, improvisés à Madagascar avec les seuls habitants du pays. Sur un espace de quatre-vingts lieues de côtes, il a su échelonner et des sucreries et des guildiveries et des postes nombreux pour la traite du riz et des bœufs. Le premier de ces établissements s'élève sur les bords pittoresques et sauvages de la Rangana, au sein d'une forêt vierge qu'il a fallu défricher et dont les arbres séculaires ont fait place aux végétaux les plus riches et les plus élégants de l'Inde et de la Malaisie. Une cascade, qui tombe de plus de trente-cinq pieds de haut, à travers les roches, répand dans le paysage une splendeur saisissante. Deux autres sucreries s'étendent au milieu des belles et fertiles plaines que, chaque année, le limoneux Mananzari, semblable au Nil de la basse Égypte, arrose et féconde de ses débordements, près des rives de l'Yvondrou. Dans toute la luxuriance d'un sol d'alluvion, chauffé par le soleil de l'équateur, a surgi, comme par enchantement, la belle habitation de *Soamandrahizay*. Rien n'y manque de ce que la nature des tropiques peut offrir pour charmer les yeux et l'imagination, ni les bassins naturels, où abonde un excellent poisson, ni les lacs encaissés dans un *humus* profond que recouvre un épais tapis de verdure, ni les bosquets de cannelliers et de girofliers, ni le panache des palmiers et des cocotiers, ni les touffes onduleuses des bambous, ni les flèches aériennes de l'aréquier, ni les vergers où fourmillent les caféiers, l'arbre à pain, les manguiers, les lithi, les vanilliers et le bétel. C'est par millions de kilogrammes qu'il faut compter le sucre produit dans ces établissements, dont la maison Derosne et Cail, de Paris, a fourni les machines. Enfin, dans les postes de traite, les bœufs arrivent par milliers et le riz suffit à charger de nombreux navires, voilà ce qu'un de nos compatriotes a su faire malgré les incessants obstacles d'une barbarie ombrageuse et défiante, et son nom n'est même pas connu dans notre pays. Et la France n'a pas une pensée pour Madagascar, et *notre pavillon flotte inutile dans le vague de ces mers!* Ah! quand sir James Brooke est allé à Bornéo exécuter ce que M. de Lastelle a fait à Madagascar, il savait qu'il avait derrière lui sa patrie et que, là où il mettait le pied et fondait un intérêt anglais, l'Angleterre y mettait le pied aussi et le fondait avec lui, et le couvrait de son pavillon de souveraine (1). »

(1) *Une station dans l'océan Indien.* (*Revue des Deux-Mondes*; 15 novembre 1849.) En parlant du capitaine Brooke, à Bornéo, et de la confiance que cet officier plaçait dans son gouvernement, M. Page aurait pu ajouter que cette confiance était bien justifiée, car le premier ministre de l'Angleterre s'empressa *d'écrire de sa main* à sir James Brooke pour le féliciter, et que le gouvernement anglais confirma sans hésiter le titre de *rajah*, c'est-à-dire de chef ou de vice-roi, qui lui avait été conféré à Bornéo par le sultan de Bornéo, et auquel fut ajouté celui d'agent britannique, avec un traitement considérable.

Il y a un axiome d'agronomie qui dit : *Tant vaut l'homme, tant vaut la terre.* Nos trois compatriotes, M. de Lastelle, M. Laborde et M. Lambert ont montré ce qu'ils valaient comme hommes d'intelligence et d'énergie ; ils ont montré, en même temps, ce que valait Madagascar, sous le triple point de vue agricole, industriel et manufacturier.

Nous permettra-t-on de faire observer que ces trois hommes si remarquables qui ont fait plus pour leur pays, à Madagascar, que tous les hommes d'État, tous les marins, tous les diplomates du monde officiel, n'ont pas même, dans leurs villes natales, à Saint-Malo, à Auch, à Redon, un humble témoignage de la gratitude publique, décerné à ces héros civils, ni une statue, ni un buste, ni même une plaque commémorative !

De même que la France a ses sites désolés, ses Landes, ses Solognes, ses marais de Rochefort et d'Orx, de même Madagascar, que la main de l'homme n'a pas encore remué, a aussi ses déserts, ses terrains incultes. Eh bien, ces lieux maudits, on trouve encore des agriculteurs pour les défricher et ces agriculteurs sont toujours des Français ! Écoutez le récit fait par M. le docteur Lacaze, de la transformation d'un sol aride aux environs même de Tananarive : « Nous avons déjeuné, dit-il, à Ambonipo, à la ferme agricole que les Pères étaient en train de créer à six ou huit kilomètres de la ville. La reine a concédé à la Mission catholique un terrain assez ingrat, rocheux, très sec, ayant un lac considérable à sa base, mais dont l'eau ne peut arriver sur leurs terres qu'à l'aide d'une pompe aspirante. Ce n'est pas une grande faveur que la reine a faite aux Pères, mais leur zèle *a déjà transformé ce lieu aride.* Une chapelle en terre est en construction, une école de Frères instruit les jeunes Malegaches du voisinage ; ils ont l'espoir *de créer, à Ambonipo, une ferme-modèle, où ils récolteront un jour le blé et le vin nécessaires à la mission.* Ce jour est encore loin, mais leur persistance, leur volonté finiront, si on leur en laisse le temps, par *vaincre tous les obstacles* (1). »

Ainsi donc, en cinquante ans, des Français ont montré par des faits, par des résultats, ce qu'à titre privé on peut obtenir du sol à Madagascar. Il n'est pas téméraire d'entrevoir ce que la France y pourrait faire avec des moyens étendus, avec les ressources de l'association et les forces d'un grand État.

Et qu'on vienne, après cela, répétant les calomnies de nos antagonistes, Anglais et Allemands, dire que les Français ne sont pas doués du génie de la colonisation. Quand l'histoire générale ne donnerait pas un démenti formel à ces assertions, les quatre exemples, si concluants, que nous venons de citer, à Madagascar seulement, suffiraient pour les réduire à néant.

Lorsqu'en 1862 on a fondé en France la grande Compagnie de Madagascar, la confiance était telle qu'on a trouvé à Paris cinquante millions offerts instantanément pour cette œuvre patriotique.

Mais comment, nous dira-t-on, la France, pendant un aussi long espace de temps, n'a-t-elle pas réussi à s'assimiler complètement un tel pays? Cela tient à plusieurs causes, dont les trois principales sont : premièrement, parce que la France n'y a jamais envoyé un nombre d'hommes suffisant, même quand il s'est agi de ses expéditions militaires; secondement, parce que, par une véritable fatalité, les expéditions sont toujours arrivées, à Madagascar, dans la mauvaise saison, et troisièmement, enfin, parce qu'on a toujours choisi, pour lieu de résidence, la côte orientale qui est la moins salubre de ses positions, par suite des obstructions

---

(1) Dr Lacaze, *Souvenirs de Madagascar,* page 69.

qui se produisent à l'embouchure des rivières et qu'il serait, d'ailleurs, facile de prévenir.

Lorsque Pronis et Fouquembourg prennent possession de Madagascar, à la fin de 1643, au nom de Louis XIII et par ordre de Richelieu, ils y débarquent dans le sud-est, à Sainte-Luce, au moment de la mauvaise saison, avec *douze hommes,* auxquels, l'année suivante, viennent se joindre *cent soixante soldats* de renfort qu'on disperse à Fénériffe, à Manahar, à Sainte-Marie. Les arrivants s'établissent définitivement au premier lieu de débarquement, où ils fondent, comme chef-lieu, *Fort-Dauphin*. Le 4 décembre 1648, Flacourt y débarque, à son tour, avec *quatre-vingts hommes* seulement. En 1667, M. de Mondevergue, sous Louis XIV et par ordre de Colbert, y amène, sur quatre vaisseaux, *cent soixante-deux ouvriers* et *quatre compagnies d'infanterie*. Un siècle plus tard, en 1768, sous le ministère de Choiseul, M. de Maudave, arrive avec *cinquante soldats* et son état-major. On trouvera plus loin le récit de ces diverses expéditions et les causes, qui, en dehors du petit nombre et de l'insalubrité, en ont paralysé le succès.

La première tentative efficace est celle du comte polonais Benyowski, en 1773, l'avant-dernière année du règne de Louis XV. Ce glorieux aventurier cosmopolite, accrédité par la France, descend à Madagascar avec un projet sérieux de colonisation. Malheureusement, il débarque encore sur la côte orientale, mais plus au nord, dans la baie d'Antongil, dans une partie un peu moins malsaine. Cette fois, cet homme habile et expérimenté amène avec lui une troupe de *trois cents volontaires* et de *deux cents colons,* tant blancs que noirs et mélangés des deux sexes. Il fonde la ville française de Louisbourg, il multiplie auprès de lui les postes de défense, il creuse des canaux de desséchement et trace des chemins, de véritables routes, dans un pays où, aujourd'hui encore, il n'y a que des sentiers. Il établit, entre autres, une grande communication par terre, dont on a conservé la carte et qui traverse l'île entière de part en part de l'est à l'ouest. Il l'appelle *la grande route royale d'Antongil à Bombetock*. Quoiqu'en butte à l'oubli de la métropole qui le laisse sans secours et à la jalousie des gouverneurs de l'île de France qui lui suscitent des embarras, il acquiert, par son génie de commandement, une telle autorité dans le pays que les naturels viennent lui proposer de le faire roi. A l'instigation de ses ennemis, il est calomnié à Paris. On dirige de l'Ile de France contre lui une expédition, au début de laquelle il est tué, comme rebelle, par une balle française.

En 1807, Sylvain Roux, commandant pour la France à Madagascar, n'a pour toute garnison à Tamatave qu'un *officier et vingt-cinq soldats* renforcés de *quarante nègres*, et d'une milice composée de *deux cents traitants* : il est réduit, avec ce petit personnel, à capituler en 1810 devant les forces anglaises. En 1821, quand il vint reprendre possession de Tamatave, il y débarqua avec *soixante-dix-neuf hommes*. En 1825, M. Blévec, son successeur, en avait *cent quarante-quatre* et c'est, appuyé sur cette force, si peu imposante, qu'il refusa le titre de *roi de Madagascar* à Radama, que soutenaient les Anglais (1). En 1825, la garnison laissée par nous à Fort-Dauphin se composait *d'un officier et de cinq soldats*. En 1829, l'expédition commandée par M. Gourbeyre, malgré les conseils de prévoyance formulés à l'avance par les administrateurs de l'île Bourbon, arriva à Madagascar avec un effectif insuffisant de *quatre cent vingt-sept hommes*, qui, après un premier succès, subit un échec déplorable et fut obligé de se rembarquer précipitamment. Il n'avait ap-

(1) Il faut lire, dans la partie historique de notre ouvrage, à la date de 1825, l'éloquente et patriotique protestation du commandant Blévec.

porté que *deux cents* fusils pour armer les indigènes, nos alliés. M. Romain Desfossés, en 1846, commit la même imprudence d'opérer un débarquement avec *cent quarante marins et quatre-vingt-dix-huit soldats*, soit en tout *deux cent trente-huit hommes*, en comptant les officiers, un peu plus de *trois cents hommes*. Deux obusiers de montagne débarqués à terre ne purent tirer qu'*un seul coup*, les étoupilles étant mouillées et *le manque de moyens matériels* (c'est M. Romain Desfossés qui le dit lui-même) ne permit pas à nos braves soldats de pénétrer *dans le fort principal*, pour y détruire l'artillerie ennemie, *but primitif de l'expédition*. La petite troupe se rembarqua misérablement. Pour donner satisfaction à l'opinion publique et venger cet échec nouveau, aussi cruel que celui de 1829, le roi Louis-Philippe et M. Guizot décidèrent qu'une expédition mieux préparée serait placée sous les ordres du général Duvivier, l'un de nos généraux d'Afrique les plus renommés. Nous le reconnaîtrons avec impartialité, cette fois, du moins, l'effectif et les moyens d'action parurent combinés avec plus de prévision et d'habileté que dans le passé. Ce résultat était dû sans doute à la présence en ce moment au ministère de la marine de M. le baron de Mackau, qui avait eu la bonne fortune de reprendre possession de Madagascar en 1818 et qui y avait fait lever le plan de Tintingue et de Sainte-Marie. L'effectif de l'expédition Duvivier fut composé ainsi qu'il suit :

Infanterie de marine....................	1,560 hommes.		
Artillerie........................	294	—	
Génie..........................	151	—	
Total des troupes de marine....	2,005	—	2,005
Le ministère de la guerre devait fournir			1,200
Au total.......			3,205

C'était, il faut en convenir, une force suffisante que cet

effectif de plus de trois mille hommes. On pouvait baser sur ce chiffre des espérances de succès ; mais la politique générale du gouvernement de Juillet vint tout entraver : on apprit que des instructions secrètes remises au général Duvivier faisaient de cette expédition une *inutile promenade militaire,* sans autre résultat que le gaspillage de quelques millions. Cette circonstance contribua, dans une mesure sensible, à l'échec que la Chambre des députés infligea à M. Guizot à cette occasion.

Outre ces causes spéciales qui ont retardé ce grand événement de l'occupation de Madagascar, il y a une cause générale dont l'effet n'est pas particulier à Madagascar, mais qui domine l'histoire. Cette cause générale, c'est que les événements d'une importance capitale dans la vie des nations ont besoin d'une gestation plusieurs fois séculaire. Nous pourrions citer plusieurs exemples de ces retards dans l'éclosion des faits ; nous nous bornerons à ce qui concerne la découverte de l'Amérique. Croit-on que Christophe Colomb ait conçu tout à coup la pensée de franchir l'océan Atlantique pour y rechercher, non pas l'Amérique, mais le passage de l'Europe aux Indes? Ce serait là une erreur que l'enseignement superficiel des collèges peut seul propager. La vérité est que cette grande découverte a germé de longs siècles avant d'arriver à éclosion. Le sillon qu'elle a tracé peut être indiqué en quelques mots.

Aristote, ce génie universel qui a tout deviné ou à peu près tout, est peut-être le premier qui ait précisé avec netteté le problème à résoudre, car il a dit, en propres termes, dans son *Traité du ciel,* que la mer qui bat au delà des colonnes d'Hercule *baigne aussi les côtes voisines de l'Inde,* et, dans son *Traité sur le monde,* le Stagyrite ajoute ces mots si frappants d'intuition : « *Il est probable* qu'il y a, dans les régions *opposées aux nôtres,* d'autres terres au loin, *les unes grandes, les autres petites,* mais qui, toutes, nous sont inconnues. Ce que nos îles sont à l'égard des mers qui les environnent, le continent l'est à l'égard de la mer Atlantique, et les autres terres inconnues *à l'égard de la mer prise dans sa totalité. Ces terres ne sont que de grandes îles baignées par de grandes mers.* »

Strabon, dans sa Géographie, affirme expressément, d'après les Grecs, qu'on pourrait se rendre d'Espagne ou du Portugal *dans l'Inde par un bon vent d'est.* Sénèque, dans ses *Questions naturelles,* demande combien de temps il faudrait pour aller *d'Espagne dans l'Inde,* et il répond : « Un très petit nombre de jours, si le temps est favorable. » Le célèbre passage de la tragédie de *Médée* est regardé avec raison comme une prophétie inspirée par toutes ces idées vagues, mais persistantes de l'antiquité : « Il viendra un siècle où l'Océan brisant ses liens, une terre immense apparaîtra, *ingens pateat tellus!* » Le moyen âge partagea et propagea ces visées. On sait que Christophe Colomb fut frappé de tant de concordances et particulièrement du passage de la *Médée.* Il avait tout lu; mais ce qui affermit sa résolution de tenter l'entreprise, c'est l'intervention directe de Toscanelli. Celui-ci avait été convaincu par les récits de Marco Polo, qui supposait l'Asie très rapprochée de l'Europe. Toscanelli pensait qu'en franchissant cent vingt degrés seulement on rencontrerait les côtes extrêmes de l'Asie. Le grand Florentin remit à Colomb des notes accompagnées d'une carte marine *pour aller, par l'ouest, dans l'Inde;* mais sans soupçonner toutefois, pas plus que Colomb, l'existence de ce continent qui fut l'Amérique. Cette communication de Toscanelli, si importante, datait du milieu de l'année 1474; ce n'est que près de vingt ans après que Christophe Colomb put en tirer parti. Ainsi donc, la découverte du nouveau Monde, pressentie dès l'antiquité, mit encore plusieurs siècles dans les temps modernes pour arriver à un résultat, de Marco Polo à Toscanelli, et elle dut encore germer dans l'esprit même de Christophe Colomb pendant dix-huit ou vingt ans.

L'idée qui a conduit à la découverte de l'Amérique a occupé deux périodes millénaires avant d'aboutir; il n'y a rien d'étonnant à ce que la question de la colonisation de Madagascar ait mis deux siècles à arriver à l'état de maturité. Ce moment est aujourd'hui venu, grâce à la vapeur.

En esquissant à grands traits les diverses entreprises des gouvernements qui nous ont précédés et les fautes commises par eux, notre intention a été de montrer, non pas ce qu'il faut faire, mais ce qu'il faut éviter. Quel est donc le parti que doit prendre la République française dans les circonstances présentes? Nous le dirons avec sincérité tout à l'heure. Une longue étude de la question nous autorise peut-être à émettre l'expression de notre sentiment dans une conjoncture aussi grave; c'est le droit de tout patriote français. Mais, auparavant et pour mieux nous faire comprendre du lecteur, nous croyons devoir éclairer pour lui le terrain sur lequel notre politique est obligée de se mouvoir à Madagascar. Cette politique ne saurait être trop prévoyante, si l'on veut qu'elle aboutisse à un succès certain.

On est peu familiarisé, en France, avec l'esprit qui domine chez les peuplades lointaines et particulièrement les plus éloignées, celles de l'extrême Orient. On traite avec elles comme avec des nations civilisées, avec cette loyauté, cette bonne foi, ces ménagements qu'on se doit entre peuples modernes. On se trompe grossièrement: en retour, ces barbares ne nous opposent que le mensonge, la fourberie, dans le seul but de conserver les monopoles et les territoires dont quelques-uns d'entre eux jouissent despotiquement. On en a vu, par deux fois, un exemple assez récent, en 1864 et en 1882, quand les Hovas ont envoyé une ambassade à Paris, comme on en voit un exemple permanent dans les ambassadeurs de Chine en France et en Angleterre. Tant que les Européens veulent bien suspendre la marche de leurs armées, les Asiatiques parlementent et se moquent d'eux : la temporisation est leur arme la plus puissante. Au fond, ils ne connaissent que la force et, dès que nos soldats paraissent, en général ils prennent la fuite, parce qu'en réalité ils n'ont derrière eux que des ressources militaires à peu près nulles. Ainsi agissent les Chinois, ainsi agissent, à Madagascar, les Hovas, qui ne sont que des Asiatiques de l'Indo-Chine.

L'histoire politique de ce petit peuple, qu'on lira plus loin dans tous ses détails, nous apprend qu'il est venu à Madagascar des rivages de la Malaisie. A une époque, qui n'a pu être précisée par les historiens, poussé par la mousson du nord-est, il s'est établi dans l'Ankôve, c'est-à-dire sur le plus haut plateau de l'île, et là, conseillé par les Anglais, depuis le commencement de ce siècle, il a réussi à usurper la domination d'une certaine partie de l'île. Ce n'est pas un peuple autochtone que nous avons devant nous, mais un petit peuple d'immigrants, qui a essayé de soumettre à son joug les diverses peuplades de l'île, dont la plupart, nos fidèles alliées, n'attendent que le moment de s'affranchir de cette odieuse domination qu'elles n'ont jamais consenti à reconnaître. Ce n'est donc pas à une nationalité que nous avons affaire, mais à des tyranneaux asiatiques, oppresseurs féroces et obstinés de la population franco-malegache, qui est celle même de Madagascar. Nous irons même plus loin et, sans crainte d'être démentis par ceux qui connaissent ces questions spéciales, nous dirons que le peuple hova lui-même gémit sous l'oppression de fer de son gouvernement et qu'il est le premier à souhaiter sa délivrance, avec plus d'ardeur peut-être que les autres Malegaches.

Cette vérité est facile à expliquer : le gouvernement hova ne connaît que l'impôt en nature, impôt médiocre et insuffisant; il n'a, pour toutes finances, que les revenus des douanes. Or, ces revenus, perçus dans les ports par les officiers de l'armée qui les transmettent à Tananarive, en en retenant une grande partie entre leurs mains, se réduisent à peu de chose, un quart environ, quand ils parviennent à la capitale, où le premier ministre les réduit encore, avant qu'ils n'arrivent, en dernière étape, au trésor de la reine. C'est avec ce faible contingent de finances que le gouvernement hova est obligé de payer l'armée, ce qui fait qu'il est hors d'état en réalité de la solder. Aussi, il ne la solde pas du tout et officiers et soldats sont obligés de se livrer au commerce pour subsister, ou de cultiver leurs champs, ou bien de travailler comme ouvriers maçons, charpentiers ou manœuvres, ce qui nuit singulièrement à leurs services dans l'armée et à leur instruction militaire. De plus, les officiers hovas obligent tous les Malegaches placés sous leur domination à leur vendre leurs denrées à vil prix, afin de pouvoir les revendre eux-mêmes aux traitants avec de gros bénéfices. C'est ainsi que, d'un côté, les officiers et les troupes hovas n'étant pas payés, font de détestables soldats, et de l'autre, que les populations malegaches sont exaspérées contre ce régime d'exaction, dont ils sont, en fin de compte, les premières victimes.

Ajoutez à ces causes de mécontentement, pour les Hovas eux-mêmes, ce qu'on appelle la *corvée royale* (le *fanòmpouang*), corvée en vertu de laquelle ils sont obligés de travailler gratuitement à tout labeur que leur imposent les grands et le premier ministre, tel que de leur construire des palais, on aura une idée du joug qui pèse sur ce malheureux pays.

Des deux côtés, spoliateurs et spoliés, las d'un régime bâtard, qui les ruine tous deux, accepteraient avec reconnaissance tout événement politique qui les affranchirait de tant de misères. Personne ne s'étonnera donc de cette situation, en lisant dans notre livre les détails relatifs à la décadence de l'armée hova dont, en 1849, l'amiral Page disait « qu'elle n'existait déjà plus ». Cette armée n'est, en effet, qu'une horde indisciplinée et misérable, sans artillerie, sans cavalerie, sans munitions, sans tactique, sans chefs pour la commander, cohue de sauvages à peine digne de se mesurer avec des soldats européens.

Le tableau que nous venons d'esquisser sommairement et dont on trouvera tous les détails complémentaires dans notre ouvrage, jette un jour lumineux sur ce qu'il nous reste à faire à Madagascar. Nous avons à délivrer à la fois les peuplades nos alliées et les Hovas eux-mêmes, et, pour cela, le mieux serait de marcher droit sur Tananarive. C'est dans le nid qu'il faut aller prendre le vautour. Tout le monde sait aujourd'hui qu'en quinze jours un corps expéditionnaire, muni de ses vivres, peut franchir le chemin qui mène de Mazangaye à Tananarive, la seule route praticable pour des troupes en marche.

Les leçons du passé nous indiquent surabondamment la conduite à tenir dans le présent. A défaut d'une marche immédiate sur Tananarive, il faut, d'abord, s'établir sérieusement dans le nord, dans cette belle province de l'Ankara, de cent lieues carrées, qui nous appartient deux fois plutôt qu'une et qui, à elle seule, offre le plus vaste champ d'exploitation, puisqu'elle contient les mines de Bavatoubé et cette rade militaire de Diego-Suarez, avec ses cinq baies intérieures, destinée à devenir *le Toulon des mers de l'Inde* et dont on a pu dire qu'elle est « la citadelle de l'Afrique orientale ». Une fois appuyés sur ce point, si bien choisi à tous égards et si salubre, d'ailleurs (1), il faut agir dans la bonne saison, qui commence en mai ; il faut, enfin, proportionner l'effectif de l'occupation et celui du corps expéditionnaire au grand but qu'il s'agit d'atteindre.

Sous ces trois conditions, le succès ne saurait être douteux. Au dire de tous ceux qui connaissent le pays, le peuple hova est un fantôme, sur lequel il ne s'agit que de marcher pour le faire disparaître. Guidé par nos alliés les Sakalaves, un régiment de turcos suffirait à s'emparer de Tananarive. On sait que cette capitale n'est défendue que par de petits et de mauvais canons posés sur le sol. On sait aussi que les Sakalaves, peuplade guerrière, couvrant mille lieues carrées, avec deux cent cinquante lieues de côtes, sont nos alliés; ils ont appris, *à la mamelle,* à haïr les Hovas leurs oppresseurs; ils sauteraient sur les Hovas *comme des tigres,* nous écrivent les habitants de Mazangaye. Les Hovas, d'ailleurs, s'empresseraient eux-mêmes de se soumettre, heureux d'échapper à l'oligarchie qui les accable sous le poids des corvées, des exactions et des châtiments de toute sorte.

Car, il faut bien arriver à l'apprendre à ceux qui ne sont pas au courant de l'histoire intime de Madagascar, ce qui règne chez les Hovas, ce n'est pas un souverain véritable; c'est une oligarchie personnifiée dans un premier ministre, un maire du palais, une sorte de « prince consort », qui personnifie lui-même la politique hova faite d'hypocrisie, de violence et de despotisme. Depuis cinquante ans, deux frères représentants de ces idées ont épousé successivement

---

(1) « Cette côte nord-ouest, dit M. Fleuriot de Langle, est salubre. La santé de l'équipage a été constamment très bonne, malgré la saison défavorable. C'est en janvier, février et mars, en plein hivernage, qu'il séjourna dans ces parages et dans les environs. » *Rapport au ministre de la marine et des colonies* (1859-1860).

les reines et accaparé, à leur profit personnel, tout le pouvoir. Aujourd'hui, c'est le second de ces frères, Raïnilaiarivony, qui joue ce rôle de mari de la reine, après avoir divorcé avec sa femme légitime dont il avait eu quinze enfants. C'est lui qui terrorise à la fois les Hovas et les Malegaches. C'est lui qui tient en échec notre diplomatie ; c'est lui qui a le don de paralyser notre action militaire, par sa duplicité asiatique, par ses temporisations perpétuelles, par ses complicités intéressées avec certains méthodistes, qui ont eu l'art de s'en faire un coreligionnaire. Nous venons de dire que ce n'était pas le peuple malegache, mais simplement les Hovas que nous avions devant nous ; eh bien ! ce n'est même pas le peuple hova, c'est ce personnage devenu odieux aux Malegaches eux-mêmes par ses exactions, son despotisme de fer et cette *corvée royale,* source de toutes les misères pour ce beau pays. Cet homme écarté, Madagascar est délivré. « Les Français seraient tout étonnés, disent les personnes compétentes, de trouver l'occupation aussi facile, car toutes les peuplades viendraient à nous et Madagascar deviendrait français du jour au lendemain et sans le moindre effort. » Les Malegaches nous béniraient. La France les prendrait esclaves et en ferait des hommes libres. Nos alliés, les Sakalaves, les Antankares, les Betsimsaracs, les Bétanimènes, les Antanosses nous attendent et nous appellent. Aucune de ces peuplades n'a consenti à se soumettre volontairement au joug des Hovas et plusieurs d'entre elles, les Sakalaves et les Antanosses, ont, en grande partie, préféré émigrer dans nos îles de Sainte-Marie, Mayotte, Nossi-Bé : c'est le désert qui, maintenant, a remplacé ces pays autrefois populeux et que les Hovas, en leur petit nombre, sont impuissants à occuper.

La tribu des Hovas est si peu maîtresse de l'île, que les peuplades du sud n'ont jamais vu le moindre Hova, et tout Hova qui pénétrerait chez certaines de ces peuplades, serait massacré. Le titre pompeux de reine de Madagascar, appliqué à la reine des Hovas, n'est qu'un prétentieux mensonge. On verra dans le cours de notre ouvrage qu'il y a dans l'île autant de rois ou de reines que de peuplades.

Nous rappellerons seulement ici les noms de quelques-uns d'entre eux. Parmi ces rois et ces reines, nous nommerons, sans compter ceux et celles qui ont été dépossédés par les Hovas, ceux et celles d'abord qui vivent encore sous le protectorat de la France, tels que Binao, reine de Bavatoubé; Rabouky, roi de Baly; Bevaroussy, reine de Marambitsy; Safy-Ambala, fille d'Andrian-Souly, reine de Souhalala; Mounza, roi d'Ankifiy et de Sambirano; Tsimiaro, roi de Nossi-Mitsiou; Narouve, reine d'une partie du Ménabé. Il faut citer encore feu Vinany, son frère, ancien roi de ce même Ménabé, qui avait succédé à Ramitrah; Soumonga, roi de Morombé; Toueyre, roi des Antimènes; défunt Fiaye, roi des Mahafales, remplacé par Tafara Manjaka; Réandy, roi des Bares. Aux environs et au delà de la baie de Saint-Augustin, nous trouvons Lahimeriza, roi de Tulear; feu Refialle, roi de Salar, auquel a succédé en 1882 son frère cadet Lahetafigue; Laï Salam, roi d'Itamboule et de Langrano; Ibara, roi d'Ampalaze; Befouille, roi des Caremboules, et enfin Tsifanihy, roi du cap Sainte-Marie, et Razoumaner, roi des Antanosses. Tous ces rois et reines ont des traités avec la France.

Les droits de ces rois sur les îles et sur les provinces qu'ils nous ont cédées ne font doute pour personne, pas même pour la reine des Hovas, qui n'a que la prétention de les conquérir. C'est pour se soustraire à ces prétentions que, depuis, les rois sakalaves ont toujours reconnu et invoqué le protectorat de la France.

Depuis l'occupation de Nossi-Bé par les Français, les

chefs sakalaves viennent toujours se faire reconnaître par le commandant français de Nossi-Bé, et ce n'est qu'après avoir reçu cette investiture qu'ils se considèrent et sont considérés comme chefs par les populations. Tout récemment encore, le 15 juillet 1880, la reine Binao a reçu de cette façon l'investiture, après la mort de sa mère. Les différends qui s'élèvent entre Sakalaves sont jugés par le commandant de Nossi-Bé. Rien d'important ne se fait chez eux sans que le commandant n'en soit officiellement informé. L'*Annuaire* de la colonie de Nossi-Bé contient la liste des principaux chefs, lesquels ont un sceau sur lequel est gravé leur nom avec la légende suivante : *Protectorat français!*

C'est sur ces territoires que les envoyés hovas, voyageant de conserve avec des missionnaires anglais, avaient osé placer, dans ces derniers temps, leurs drapeaux, qui ont été enlevés depuis par le commandant le Timbre.

Si nous donnons ici ces informations spéciales, c'est dans le but d'insister sur la nécessité de mettre fin, une fois pour toutes, à une situation que la dignité du gouvernement ne permet plus de tolérer. Cette situation se caractérise constamment par le meurtre de nos nationaux, le pillage de leurs propriétés, l'insulte préméditée et habituelle à notre pavillon, nos droits foulés aux pieds, et, en fin de compte, la destruction de notre prestige et la ruine de nos intérêts dans les mers de l'Inde.

Les Hovas, ces intrus, dont la domination usurpée est postérieure à notre souveraineté, viennent, nouveaux Tartufes, nous dire : *La maison est à moi, c'est à vous d'en sortir.*

Non, la France n'en sortira plus!

Beaucoup de bons esprits, mais peu instruits des affaires de Madagascar, se refusent à croire à la propagande de dénigrement qui s'y exerce contre nous. Ils seraient douloureusement désabusés, en lisant les proclamations que nos agents eux-mêmes ont été plus d'une fois obligés d'adresser au peuple de Madagascar pour l'éclairer sur la véritable situation de notre pays (1).

Les esprits timorés se demanderont quelle sera l'atti-

(1) Voici l'une de ces proclamations; elle est de M. Meyer, notre consul à Tananarive en 1881 :

« On vous a dit que la France était devenue très pauvre et qu'elle n'avait ni armée ni flotte : en d'autres mots, qu'elle n'avait ni argent, ni vaisseaux, ni soldats. En ce qui concerne notre flotte, dont les dignes représentants se sont fait un devoir de m'accompagner ici, je vous dirai que la France n'a jamais été plus puissante qu'à présent. Elle a 346 vaisseaux de guerre, parmi lesquels 68 cuirassés. Pour vous citer seulement deux exemples, vous saurez que le cuirassé de première classe *Amiral-Duperré* et le croiseur de première classe *le Tourville,* qui sont des modèles parfaits de construction navale, peuvent se comparer avec avantage avec les plus grands et les plus beaux navires des autres nations. L'on vous a dit que la France n'avait plus d'armée. Aujourd'hui la France, qui maintient en temps de paix une armée de 500,000 hommes, pourrait immédiatement, si la défense du pays l'exigeait, mettre en campagne 25 corps d'armée de 40,000 hommes, sans compter un demi-million de soldats formant les réserves et les garnisons des forteresses, — soit 1,800,000 hommes. Mais, dans quelques années, la France aura réellement à sa disposition 2,400,000 hommes bien disciplinés, auxquels il faudrait ajouter 20 classes d'hommes dont on n'a pas besoin, c'est-à-dire un demi-million en plus, qu'on pourrait préparer en très peu de temps, si la nécessité s'en faisait sentir. On vous a encore dit que la France était maintenant pauvre et qu'elle n'avait plus d'argent. Ma réponse vous convaincra du contraire. A l'Exposition universelle de 1878, la France a brillé d'une façon incomparable. Son industrie nationale a remporté presque tous les prix pacifiques, les seuls auxquels la France aspire maintenant. Si la France avait besoin d'argent, dans deux jours elle en trouverait pour un chiffre qui n'existe pas dans votre langue, et son crédit est si grand dans le monde que les offres couvriraient les demandes quinze ou vingt fois. Mais la France n'a pas besoin d'avoir recours au crédit des nations étrangères; elle possède un si grand capital, que souvent elle ne sait qu'en faire et tous les ans, malgré les réductions des taxes par notre Parlement, les revenus dépassent les dépenses. Ils ont été en 1880 de 200,000,000 (40 millions de dollars). Vous pouvez être assurés que l'on vous a mal renseignés. Grâce à des efforts presque surhumains, tels qu'on n'en trouve dans les annales d'aucune autre nation, la France est aujourd'hui plus forte et plus respectée que jamais. Et il ne pouvait en être autrement, car elle est comme le soleil, qui est quelquefois obscurci par une éclipse, mais qui brille bientôt après avec sa première splendeur. » (*La question de Madagascar*, par M. Brénier.)

tude de l'Angleterre devant l'éventualité de notre occupation définitive de la grande île française de la mer des Indes. Quel que soit le sentiment que pourra manifester l'Angleterre en présence de cet événement, il est impossible de supposer qu'elle puisse faire autre chose que de s'incliner devant le fait accompli, comme devant l'Algérie conquise, ainsi que nous l'avons fait tant de fois nous-mêmes, lorsqu'elle a étendu sa domination sur la surface du monde. Elle n'a pas une seule colonie sur laquelle elle puisse invoquer les droits que nous possédons sur Madagascar.

Depuis le milieu du siècle dernier, l'Angleterre s'est agrandie démesurément. Jetez les yeux sur une mappemonde; l'Angleterre a, en Europe, Heligoland, l'archipel de la Manche, qui est sur nos côtes, Gibraltar, Malte, Chypre, l'Égypte peut-être. Elle domine, en Asie, dans l'Inde. Elle est à Ceylan, à Aden, à Bornéo, à Hong-Kong. Elle règne, en Afrique, sur Maurice, les Seychelles, Sainte-Hélène et l'Ascension, sur les côtes occidentales de ce continent et au Cap, dans le Sud. Traversez maintenant l'Atlantique, vous la trouvez au Canada, à Terre-Neuve, aux Bermudes, aux Antilles, à la Jamaïque, à la Guyane, aux îles Falkland, en Océanie, dans l'Australie, à la Nouvelle-Zélande, aux îles Fidji. Cette immense expansion coloniale couvre une superficie d'environ deux milliards d'hectares, c'est-à-dire la sixième partie du globe, soit quarante fois plus que la France, qui n'en a que cinquante à soixante millions. L'Angleterre commande, ainsi, à plus de deux cents millions d'hommes. Cette expansion constitue la plus vaste domination qui ait existé dans le monde, depuis l'empire romain. Les Césars ne commandaient qu'à cent vingt millions d'hommes. Par contre, la France ne compte dans ses colonies que trois ou quatre millions d'habitants. On a calculé que l'Angleterre a sept colons pour un métropolitain, tandis que la France n'a qu'un colon pour dix métropolitains.

Personne ne contestera que la France, en face des envahissements de l'Angleterre, pouvait trouver cent raisons de se montrer jalouse à bon droit. Elle eût pu s'émouvoir, elle eût pu montrer une susceptibilité très naturelle ; elle eût eu de justes motifs d'intervenir : elle ne l'a jamais fait, ni dans l'Inde, ni au Zoulouland, ni à Bornéo, ni à Chypre, ni même en Égypte. De quel droit, en vertu de quelle ingérence, de quel semblant d'intérêt à protéger, l'Angleterre pourrait-elle s'émouvoir à l'occasion d'une occupation définitive de Madagascar, terre plusieurs fois française et française depuis plus de deux siècles ? Non, il faut voir les choses de sens rassis. Il ne faut juger nos voisins ni sur leurs journaux ni sur leurs missionnaires. Il existe, au delà du détroit et parmi les classes dirigeantes de ce grand pays, beaucoup d'Anglais éclairés qui repoussent hautement l'ancienne politique britannique, égoïste et surannée, dont Montalembert disait que les amis même de l'Angleterre n'ont jamais osé *la juger, ni surtout la défendre.*

Il faut donc écarter du débat toute prévision de complication de ce côté.

« L'Angleterre et la France, a dit le regretté Jules Duval, semblent appelées, par des lois providentielles, à marcher de front en tête de l'humanité, au sein de laquelle chacune représente des principes, des sentiments, des caractères qui, par le contraste, se complètent mutuellement. Depuis 1815, l'Angleterre est en possession de la plénitude de ses moyens d'action sur tout le globe. La France, que divers incidents ont laissée en arrière, travaille à son tour à compléter ses organes d'activité extérieure. Sciemment ou à l'insu des politiques, c'est la raison profonde et légitime de toutes ces expéditions qui ont porté le drapeau de la France en Cochinchine et qui le porteront demain au Japon et à Madagascar. »

A ces simples et nobles paroles, nous n'avons plus que quelques mots à ajouter, et ce sera la conclusion de notre travail. La France a sur Madagascar une souveraineté séculaire, appuyée à la fois sur le droit et sur une longue possession, sans cesse affirmée depuis plus de deux siècles. Son honneur, comme son intérêt, lui commande de l'occuper et de la coloniser, en faisant disparaître pour jamais toutes les intrigues diverses qui la troublent depuis si longtemps. Pour accomplir cette œuvre, bien peu d'efforts sont aujourd'hui nécessaires et la France n'a à prendre conseil que d'elle-même ; nous dirons, même, qu'en présence de l'accroissement extraordinaire de la puissance anglaise dans le monde et particulièrement dans l'extrême Orient, et de notre infériorité incontestable à ce point de vue, l'occupation de Madagascar est une compensation nécessaire, indispensable. Nous irons même plus loin encore et nous dirons, non pas que la France doit occuper Madagascar, mais qu'elle ne peut pas ne pas l'occuper, parce que, dans ce cas, elle l'abandonnerait à d'autres. Son abstention deviendrait, dès lors, une abdication ; elle donnerait elle-même les mains à sa propre spoliation, à son suicide maritime. Il faut se rappeler qu'il n'y a pas encore longtemps, la Nouvelle-Zélande était occupée par des Français, et que ceux-ci, abandonnés par le gouvernement de Juillet, ont été immédiatement remplacés par les Anglais, cruelle leçon à ajouter à tant d'autres !

Le pays devra une reconnaissance particulière aux Chambres et aux ministres qui sauront mener à bonne fin cette glorieuse entreprise en la consolidant, et qui ne permettront pas que cette grande colonie, précieuse entre toutes et qui nous appartient depuis si longtemps, soit soustraite indirectement à notre domination. Le gouvernement répondra ainsi aux vœux si souvent renouvelés de nos chambres de commerce de Bordeaux, de Marseille, du Havre, de Nantes, de Saint-Malo, du conseil colonial de Bourbon, pour la colonisation de Madagascar. On l'a dit : il n'y a plus pour nous aucun autre point à occuper sur le globe, et ce dernier point est notre propre domaine ; c'est la seule possession où un grand pays comme la France puisse se développer, dans toute sa force, dans toute sa majesté, la seule qui soit de nature à relever notre puissance navale, la seule qui, par son étendue et par ses richesses naturelles, puisse nous assurer dans l'avenir les débouchés qui manquent à notre commerce.

A tous ces titres, l'occupation de Madagascar est, avant tout, une question nationale.

Paris, janvier 1884.

AU LECTEUR.

Domestica facta.
(Horace.)

(Victor Hugo, *Odes*, A mon Père, IV.)

Au moment où paraît, après trente-sept ans, la nouvelle édition de l'Histoire et géographie de Madagascar, le lecteur ne lira peut-être pas sans intérêt les détails relatifs aux circonstances particulières qui ont précédé la composition de ce livre, au commencement de l'année 1846. Dans ce but, on pardonnera à l'auteur d'entretenir le public de quelques souvenirs autobiographiques ; ils sont indispensables pour donner un aperçu de ce qu'on pourrait appeler l'histoire anecdotique de la question de Madagascar et aussi pour expliquer la dédicace placée en tête de l'ouvrage.

Créole de la Guadeloupe élevé en France, j'ai eu la bonne fortune d'être présenté à Victor Hugo, dès ma sortie du collège. Dans l'âge où les impressions ne s'effacent plus, j'ai reçu les premières leçons de cette personnalité puissante. C'est auprès de lui, c'est de sa bouche, c'est au sein de sa charmante famille, qui me tenait lieu de la mienne, que j'ai appris à penser et à travailler. L'univers connaît les œuvres de Victor Hugo ; mais ses amis seuls ont pu apprécier les cordialités attachantes de son intimité. Il n'en est point qui ait pu échapper à cet ascendant du caractère, qui lui a permis de dominer son siècle, comme le roi Voltaire a dominé le sien. Sous l'inspiration d'un tel Mentor, le jeune créole conçut la légitime ambition, si modeste que fût sa sphère d'action, de servir son pays par tous les genres de dévouement. Les créoles ont un heureux privilège : ils ont les avantages d'un patriotisme double. Ils aiment, d'abord, la grande patrie qui est la métropole, cette France, le cœur de l'Europe et l'âme du monde : ils aiment, ensuite, d'un amour égal, leur berceau, cette petite île volcanique qui trempe ses pieds dans la mer et aux flancs de laquelle ils sont nés. Servir ces deux patries, c'est notre rêve qui nous prend à notre naissance et qui nous suit jusqu'à la tombe.

En ce qui concerne l'auteur de ce livre, dès l'âge de vingt-trois ans, il devint rédacteur en chef du journal OUTRE-MER, *organe des intérêts maritimes et coloniaux de la France*, C'était, alors, la première feuille créée à Paris pour la défense de la cause coloniale ; elle devint rapidement l'un des journaux les plus influents, à cette époque où la protection accordée au sucre de betterave tenait les colonies françaises sur le penchant de la ruine. Préparé par ces premiers essais, j'entrai, le 1er janvier 1845, au Ministère de la marine et des colonies sur la recommandation de Victor Hugo et j'y débutai sous les auspices de M. Mestro, l'un des administrateurs les plus remarquables dont puisse s'honorer ce département ministériel. Appelé peu de temps après à l'administration des Cartes et Plans de la Marine, comme secrétaire de l'amiral de Hell, je complétai mes études coloniales auprès de cet officier général de tant d'énergie et de tant d'intelligence, à qui la France doit la prise de possession des îles voisines de Madagascar, Mayotte et Nossi-Bé.

C'était le moment où la question de Madagascar préoccupait à juste titre le gouvernement et l'opinion publique. Quoique je fusse le plus jeune de ses collaborateurs, M. Mestro jeta ses vues sur moi pour rédiger une note destinée à être lue en conseil des Ministres et dans laquelle serait exposée la question de l'occupation de Madagascar, aussi bien au point de vue politique que sous le rapport de ses ressources agricoles, industrielles et commerciales. A cet effet, on mit à ma disposition toutes les informations, toutes les dépêches, tous les rapports, en un mot, toutes les sources officielles très abondantes et très variées des Archives de la marine et des colonies, qui étaient de nature à m'aider dans cet important travail. Je fus assez heureux pour mener à bien cette tâche délicate autant que difficile.

Il n'existait, alors, aucun ouvrage d'ensemble sur la grande île française de la mer des Indes. Je me trompe : il y en avait un, un seul, et il était écrit par un Anglais ; c'était l'HISTORY OF MADAGASCAR de William Ellis. Ce livre avait été composé dans les circonstances que voici. L'auteur n'avait jamais visité Madagascar ; mais, il était, à Londres, le *secrétaire des Missions protestantes*, et dans les rapports annuels très réguliers et très étendus des Méthodistes établis à Madagascar, il avait puisé les renseignements qui lui ont permis d'écrire son ouvrage, publié en 1838. Ce n'est que quatorze ans après, en 1852, que William Ellis se rendit à Madagascar où il a joué, depuis, un rôle actif et diversement apprécié, dont le lecteur trouvera plus loin l'exposé très complet.

Je me trouvais, à l'époque dont je viens de parler, dans une situation presque semblable à celle de William Ellis, c'est-à-dire ayant en mains tous les éléments d'une *Histoire de Madagascar;* il me parut qu'il était infiniment regrettable, je dirai presque infiniment humiliant pour mon pays, qu'il n'existât pas, en France, un livre analogue écrit par un Français, sur cette grande terre qui est deux fois française et qu'on a si justement appelée la *France orientale*. Mais, entreprendre un tel travail sans autre appui que ses seules forces était une idée hardie, qui, malgré la témérité propre à la jeunesse, faisait hésiter mon esprit et trembler ma main. Le patriotisme, cependant, me commandait de la mettre à exécution. J'en parlai à Victor Hugo qui, dès lors, prédisait la civilisation de l'Afrique par la France : je n'ai pas besoin de dire qu'il m'encouragea avec cette chaleur de parole et de cœur qui lui appartient. Il me dit : « C'est une œuvre française, il faut la faire. » J'écrivis le livre. C'est donc sous l'impulsion de cette haute et illustre sympathie que j'ai composé l'*Histoire et la géographie de Madagascar*. Je résolus même d'imprimer à ce vaste sujet un caractère plus complet, plus méthodique, en l'encadrant sous la forme pour ainsi dire classique et scientifique. William Ellis n'avait eu en vue, en réalité, que l'histoire d'une peuplade, celle des Hovas, ce petit peuple usurpateur, étranger au pays et que l'Angleterre a fait naître et croître dans l'espérance d'entraver un jour nos légitimes revendications de souveraineté sur toute l'île. C'était à peu près la seule partie, le pays des Hovas, sur laquelle les missionnaires méthodistes avaient pu réunir des renseignements. Dans le but d'élargir mon cercle historique et géographique, je résolus d'écrire non l'histoire d'une peuplade, mais bien celle de toutes les peuplades de l'île, c'est-à-dire l'histoire générale de Madagascar. De nombreux documents, recueillis depuis par des Français et surtout par nos officiers de marine MM. Guillain, Jéhenne, Bona Christave, etc., me mettaient en mesure de donner à mon œuvre ce caractère de généralité qui manquait à celle de l'auteur anglais. Lorsque le livre fut fait, MM. Sully-Brunet et Dejean de la Bâtie, délégués de l'île Bourbon, comprenant de quelle importance était pour la France et pour leur pays natal la publication de mon livre, tinrent à honneur d'en faire les frais d'impression, l'auteur refusant, d'ailleurs, comme créole, toute rémunération pour prix de son volumineux manuscrit.

Dès que le livre parut, je m'empressai de l'envoyer à Victor Hugo; j'en reçus aussitôt le billet suivant : « Place royale, le 20 juillet 1846. — *Votre livre sur Madagascar est excellent. J'aime à vous voir travailler ainsi; Dieu donne la pensée à l'homme, il faut que l'homme donne le travail à la pensée. Venez donc causer avec moi de votre beau livre. Je vous serre la main.* VICTOR HUGO. » Lorsqu'en 1848 les colonies furent admises à envoyer des députés à l'Assemblée nationale, Victor Hugo, apprenant que mon nom avait été prononcé pour cette candidature, m'écrivit, avec autorisation de la publier, la lettre suivante.

Paris, ce 14 juin 1848.

J'apprends avec une vive satisfaction, mon cher et excellent confrère et ami, votre candidature aux élections de la Guadeloupe. Moi, qui connais, depuis longtemps, votre esprit sérieux, généreux et honnête; moi, qui connais votre talent d'écrivain et qui pressens votre talent d'orateur, je voudrais être, à moi seul, tout un collège électoral, pour vous ouvrir toutes grandes les portes de l'Assemblée nationale.

La Guadeloupe vous les ouvrira, je l'espère. Elle sait tout ce que vous avez déjà fait pour elle, elle devinera tout ce que vous pourrez faire encore. Personne ne connaît mieux que vous les questions coloniales; personne ne saura mieux concilier les idées libérales de la métropole avec les besoins, les droits et les intérêts des colonies.

J'espère donc pouvoir bientôt vous serrer la main comme

à un collègue : votre nomination sera un véritable succès pour les colonies; j'aime à vous le prédire.

Vous savez combien je suis cordialement à vous.

VICTOR HUGO.

Cette lettre, que Victor Hugo adressait plus encore aux électeurs qu'à l'historien de Madagascar, ne put parvenir à temps à son adresse. A cette époque, ni la vapeur, ni le télégraphe n'existaient pour les colonies françaises.

Après avoir lu ce qui précède, le lecteur s'expliquera la dédicace placée au frontispice de cet ouvrage (1).

A son apparition, l'*Histoire et géographie de Madagascar* fut accueillie avec faveur, parce que l'ouvrage répondait à un besoin public. Consulté et cité par tous ceux qui, depuis, ont écrit sur le même sujet, il eut l'honneur, en 1862, lorsque se forma la grande *Compagnie de Madagascar,* au capital de cinquante millions, de devenir comme le *manuel* de la Compagnie, et son éloquent secrétaire, M. Francis Riaux, voulut bien écrire que notre livre sur Madagascar était « très bien fait, très complet et remarquablement exact (2) ». Notre ouvrage eut encore un autre résultat très appréciable. Outre qu'il avait contribué à répandre l'idée de la colonisation dans l'océan Indien, il fut comme la modeste graine qui devient une semence féconde, il fit naître, après lui, d'autres ouvrages excellents, ouvrages de longue

---

(1) Nommé, en octobre 1858, agent consulaire de France au Maroc, l'auteur n'accepta pas ce poste et dirigea ses études vers un ordre d'idées tout différent, dont il est inutile de parler ici.

(2) *L'Histoire et géographie de Madagascar* a paru sous le pseudonyme *Macé Descartes.* Fonctionnaire public à cette époque, l'auteur considéra comme un devoir de s'effacer, renonçant ainsi à bénéficier personnellement de la sympathie qu'une telle publication ne pouvait manquer d'éveiller en France.

Nous devons ajouter, toutefois, que les bibliographes, pour lesquels il n'y a pas de secret littéraire, Barbier, Brunet, Quérard, ne tardèrent pas à soulever le voile du pseudonyme et à révéler au public le véritable nom de l'auteur.

haleine où la cause de l'occupation de Madagascar fut plaidée avec autant de talent que de patriotisme.

La nouvelle édition que nous offrons aujourd'hui au public se présente dans des conditions plus favorables encore que la première. Des explorations nouvelles, au premier rang desquelles il faut placer les voyages et les découvertes de M. Grandidier, nous ont permis de compléter notre ouvrage au point de vue géographique, physique et ethnographique.

Tout le monde connaît aujourd'hui les admirables travaux de M. Alfred Grandidier et son magnifique ouvrage en voie de publication chez Hachette, véritable monument scientifique, où, sous le format in-4°, le savant voyageur a commencé à publier les résultats de ses explorations à Madagascar. C'est en 1865 que, sous les auspices du gouvernement français, M. Grandidier entreprit cette grande tâche et, pendant cinq ans, à diverses reprises, il eut à surmonter des obstacles de tout genre, avant d'atteindre son but glorieux. Ce ne fut qu'en 1869, que M. Grandidier put pour la première fois traverser l'île de l'ouest à l'est dans toute sa largeur. De plus, il a visité environ deux mille kilomètres de côtes. Dans les pays où la méfiance et les superstitions des indigènes ne lui permettaient pas de prendre ouvertement des *tours d'horizon,* M. Grandidier a relevé toutes ses routes à la boussole, minute par minute. Ses itinéraires ont un développement d'environ cinq mille cinq cents kilomètres ; c'est à l'aide de ces données précises qu'il a pu construire la grande *carte* de Madagascar, lithographiée en 1872, à laquelle il a donné le simple titre d'*esquisse*. De plus, M. Grandidier a fait au théodolite le levé topographique de la province centrale de l'Imerne, la plus importante de l'île, ce qui lui a permis d'en publier, en 1881, une carte détaillée, à la grande échelle de 1/200,000, et, en 1883, une carte hypsométrique à 1/500,000. Il a relevé, aussi, par une triangulation, le cours de la rivière de Saint-Augustin, jusqu'au pays des Antanosses émigrés.

En histoire naturelle, le voyage de M. Grandidier, comme on le verra plus loin, n'a pas été moins utile. Il a découvert plus de cinquante espèces de vertébrés, sans parler des insectes, mollusques et plantes, dont beaucoup sont entièrement nouveaux pour la science. Les mammifères, les oiseaux, la botanique, la géologie, la paléontologie avec ses découvertes fossiles, ont été, dans chaque branche, l'objet d'études spéciales. Tous les types ont été réunis par lui et envoyés au Muséum. Ses observations se sont étendues à l'histoire, aux mœurs, aux traditions des diverses tribus et à la langue du pays. Tel est, dans un trop court résumé, un aperçu général des explorations du jeune et hardi voyageur, qui n'a pas craint d'en affronter les périls, dans un pays où quelques-uns de ses prédécesseurs et de ses successeurs ont été massacrés. L'histoire dira que M. Alfred Grandidier a bien mérité de la science et de son pays (1).

Avec un empressement dont nous lui exprimons ici toute notre gratitude, M. Grandidier a bien voulu s'intéresser à notre travail et nous prêter les lumières de son expérience. Il a pris la peine de lire avec soin nos épreuves, pour la partie géographique, en nous faisant part de ses inappréciables observations. Il a bien voulu, également,

---

(1) Postérieurement aux voyages de M. Grandidier, en 1874, un Anglais, secrétaire, comme William Ellis, de la *Société des missions de Londres*, M. Joseph Mullens, est venu à Madagascar, dans le but d'inspecter l'état des différentes fondations protestantes de l'île. Les excursions que ce voyageur a faites dans les provinces où les Anglais ont établi des temples et des écoles, n'ont pas été sans intérêt au point de vue géographique. Après M. Grandidier, M. Mullens est l'Européen qui a fait à Madagascar le plus long voyage. Venu à Tananarive par la route ordinaire, il a successivement visité la province centrale d'Imerina, le pays des Betsiléos, l'Antscianaka et il est reparti par la baie de Bombetock. De retour en Angleterre, M. Mullens a publié une grande carte, où il a reporté, outre ses propres observations, celles de M. Gran-

nous autoriser à placer à la fin de notre ouvrage une réduction de sa grande carte de Madagascar de 1872.

Nous pouvons dire, en toute vérité, que dans ces conditions exceptionnelles, cette seconde édition de l'*Histoire et géographie de Madagascar* est une œuvre toute nouvelle et que l'homme d'État, l'homme politique, l'homme d'études y trouveront sous leur main un exposé aussi complet que possible de cette grande question nationale.

didier et celles des missionnaires de l'ouest et du sud-ouest. Il faut le reconnaître, cependant, cette carte n'est guère que la reproduction de la grande carte de 1872 de M. Grandidier, avec l'addition d'un certain nombre d'itinéraires qui n'ont fait, du reste, que confirmer les appréciations générales de notre compatriote sur l'ensemble de l'île.

HISTOIRE ET GÉOGRAPHIE

DE

MADAGASCAR.

LIVRE PREMIER.

HISTOIRE POLITIQUE DE MADAGASCAR.

CHAPITRE PREMIER.

LE SEIZIÈME ET LE DIX-SEPTIÈME SIÈCLE.

SOMMAIRE : Découverte de l'île de Madagascar par les Portugais, en 1506. — Fernan Suarez. Dom Ruy Pereira. Tristan d'Acunha. Diégo Lopez de Siqueyra. — Madagascar au temps de Marco Polo. — Les Arabes, les Portugais, les Français. — Premiers établissements français fondés en 1642 sous Louis XIII. — Richelieu. — Formation de la *Société de l'Orient*. — Détails financiers de l'opération. — Pronis et Fonquembourg. — Fondation du fort Dauphin. — M. de Flacourt. — Formation de la *Compagnie orientale*. — L'île prend le nom d'île Dauphine. — Édits constitutifs de 1664 et 1665. — LA FRANCE ORIENTALE. — Madagascar au temps de Flacourt. — Tableau complet de l'île. — Droits de souveraineté de la France sur Madagascar. — M. de Beausse. — M. de Champmargou. — M. de Mondevergue. — Ruine de la *Compagnie orientale*. — Causes de cette ruine. — L'île de Madagascar est réunie au domaine de la couronne de France par un arrêt du conseil d'État de juin 1686 et par des édits de mai 1719, juillet 1720 et juin 1725. — L'amiral de la Haye. — Son départ pour Surate. — M. de la Bretesche. — Explorations de M. de Cossigny et de M. de la Bourdonnais. — Cession de l'île Sainte-Marie à la France en 1750. — Gouvernement du comte de Maudave (1768). — Il rétablit le fort Dauphin. — Son départ en 1769. — Gouvernement du comte Benyowski. — Ses antécédents. — Il fonde Louisbourg — Jalousie du gouvernement de l'île de France. — Le nouveau gouverneur général reste trois années sans recevoir de nouvelles de la métropole. — Son courage et sa fermeté. — Le 16 septembre 1776, les chefs lui offrent la souveraineté de l'île. — Arrivée des commissaires royaux à Madagascar. — Le comte Benyowski leur remet sa démission. — Il se considère, dès lors, comme chef suprême de l'île. — Départ de Benyowski pour la France. — Il passe en Amérique. — Son retour à Madagascar. — Sa mort. — Son portrait. — Abandon des établissements formés par lui. — Explorations de Lescallier, de M. Bory de Saint-Vincent. — Le général Decaen envoie à Tamatave M. Sylvain Roux avec le titre d'agent général. — Les Anglais s'emparent, en 1810, de Tamatave et de Foulepointe. — Radama est reconnu chef des Hovas en 1810, par droit de succession. — Interprétation du traité de Paris. — Les droits de la France sur Madagascar sont reconnus par l'Angleterre. — Reprise de possession de nos établissements par les administrateurs de l'île Bourbon, en mars 1817.

Dans les premières années du seizième siècle, le 10 août 1506, une flotte portugaise, composée de huit vaisseaux et revenant des Indes à Lisbonne, sous la conduite de Fernan Suarez, fut jetée brusquement par la tempête « sur une terre de grande étendue, habitée par une population nombreuse, de mœurs très douces et qui n'avait point encore entendu prêcher la religion du Christ » (1).

Cette terre inconnue était l'île de Madagascar.

Les commentateurs des géographes anciens ont successivement reconnu Madagascar dans toutes les îles de la mer Érythrée, sans qu'il y ait lieu de déterminer si elle fut, en effet, la *Cerne* de Pline ou la *Menuthias* de Ptolémée. Pour les uns, c'est l'île Phebol; pour les autres, c'est la fameuse Taprobane; pour ceux-ci, c'est l'île du marchand grec Iambulus ou Itambulus. Il est plus que probable que les notions très bornées des anciens sur les îles occidentales de la mer Érythrée ne leur ont pas permis de connaître d'une manière positive la géographie et même l'existence de la grande île Malegache.

On peut dire qu'il n'en est pas ainsi des Arabes dont la proximité explique facilement la science relative, en ce qui touche les îles de l'océan Indien. Leurs ouvrages géographiques attestent d'une manière certaine qu'ils faisaient un commerce considérable

(1) « Fernan Suarez descubrio la gran isla de San Lorenço que tendra docientas y setenta leguas de largo, y noventa de ancho, habitada de mucha gente, y muy domestica, mas nunca se ha predicado en ella la Fe de Jesu Christo. » (*Compendio de las historias de los descubrimientos de la India oriental y sus Islas, por Martinez de la Puente*, page 155. En Madrid, 1681, in-8°.)

sur la côte orientale d'Afrique et dans les îles qui l'avoisinent. Ce fut vers le septième siècle qu'ils s'établirent dans les îles Comores et sur la côte nord-ouest de Madagascar. Le géographe arabe Edrisi, qui vivait au treizième siècle, a donné une description de la grande île et de son archipel, sous le nom de Zaledj. Il rapporte « que, lorsque l'état des affaires de la Chine fut troublé par les rébellions et que la tyrannie et la confusion devinrent excessives dans l'Inde, les habitants de la Chine transportèrent leur commerce à Zaledj et dans les autres îles qui en dépendent, entrèrent en relations et se familiarisèrent complètement avec les habitants de ces pays. »

Les relations des Arabes et des Chinois avec Madagascar sont confirmées par les récits du célèbre Marco Polo qui recueillit de leur bouche des détails curieux publiés depuis par lui, à son retour de Chine, en 1298. Il est le premier géographe qui ait donné à la grande île le nom de *Madeigascar*, sous lequel elle est connue aujourd'hui.

Ce fut donc seulement quelques années après que Vasco de Gama eut, en 1497, doublé le cap de Bonne Espérance, que les Portugais, dont les flottes se rendaient pourtant chaque année dans l'Inde, rencontrèrent la grande île de Madagascar, par le seul effet d'une tempête qui les détourna de leur route ordinaire. Vasco de Gama était passé presque en vue de Madagascar, sans l'avoir aperçue.

Quelques mois après cette découverte, dom Ruy Pereira, capitaine de l'un des vaisseaux qui composaient la flotte de Tristan d'Acunha, fut, lui aussi, poussé à son tour par la tempête sur les côtes de Madagascar où il aborda, comme l'avait fait avant lui Fernan Suarez. La fertilité de l'île de Madagascar fit une telle impression sur dom Ruy Pereira, qu'il se dirigea immédiatement vers Mozambique où il espérait retrouver Tristan d'Acunha, pour engager l'amiral portugais à aller visiter cette terre nouvelle, dont il vantait avec enthousiasme les riches productions. L'amiral s'y rendit en effet, parcourut la côte occidentale, l'étudia dans tous ses détails avec le plus grand soin et dessina lui-même la carte de ses découvertes. La côte orientale avait déjà été l'objet d'une exploration semblable de la part de Fernan Suarez, de telle sorte qu'on put avoir, dès cette époque, une esquisse hydrographique à peu près complète de la grande île (1).

L'amiral Tristan d'Acunha, ainsi que nous l'avons dit, avait fait une étude approfondie de la contrée, sous le rapport de ses productions et des mœurs de ses habitants. Cette circonstance lui valut l'honneur de la découverte même de l'île qui lui fut attribuée par quelques historiens, et l'éloge d'un grand poète, le Camoëns. L'auteur de la *Lusiade*, au dixième chant de son poème, met, en effet, les paroles suivantes dans la bouche d'une de ses *nymphes* : « Mais quelle clarté extraordinaire resplendit, là, sur la mer de Mélinde teinte du sang des peuples de Lamos, d'Oja, de Brava ? C'est Cunha, dont le nom vivra éternellement sur toute cette partie de l'Océan qui baigne les îles du midi, sur les rivages que le Sud éclaire de ses feux et auxquels saint Laurent a donné son nom. » Antonio Galvâo dit en parlant de Tristan d'Acunha « qu'il fut le premier qui découvrit l'île de Madagascar » (2). Il fut donc l'Améric Vespuce de Fernan Suarez, sans que son nom, cependant, fût donné à l'île nouvelle.

Le roi Emmanuel de Portugal, ayant reçu de ses officiers des rapports merveilleux sur l'île de Madagascar, y envoya, en 1509, Diégo Lopez de Siqueyra, afin de vérifier la réalité de ces récits et d'y rechercher, notamment, les mines d'argent qu'on y supposait en abondance. Il se fit, l'année suivante, une nouvelle expédition pour Madagascar. Le commandement de cette flotte fut confié à Juan Serrano. Ce navigateur fut chargé de prendre une connaissance exacte du pays, des avantages que le commerce pouvait en retirer et d'y organiser un établissement de traite.

Les opérations engagées à cette époque par les Portugais se développèrent lentement et ne prirent même jamais une grande importance commerciale ou maritime. Ces opérations se bornaient à l'exportation d'un petit nombre d'esclaves qu'ils achetaient des

(1) M. Alfred Grandidier, dans son grand et magnifique ouvrage sur Madagascar, a publié la nomenclature des cartes de cette île qui ont été successivement dressées, depuis les plus anciennes jusqu'à nos jours, avec des spécimens des premières.

(2) « Tristao Da Cunha que foy o primeiro capitâo que alli invernara. » (*Tratado dos descobrimentos antigos e modernos, composto pelo famoso* Antonio Galvao, p. 40. Lisboa, 1561, in-4º.)

Arabes. Quelques prêtres vinrent plus tard s'établir dans ses comptoirs. Ils essayèrent de civiliser les indigènes; mais ils n'eurent aucun succès dans leurs tentatives et furent massacrés par ceux qu'ils voulaient convertir.

Les premiers habitants de l'île de Madagascar, aussi loin que la mémoire humaine puisse s'étendre, semblent avoir été les *Vazimbas* ou Cafres, puis les *Malais* jetés par la tempête sur ses bords. Cette conjecture est confirmée par les caractères physiques des Malegaches. Ils ont notamment des cheveux lisses comme les Indiens, et ces cheveux ne paraissent être devenus à moitié crépus que par suite de la promiscuité de la race avec les Vazimbas. Une autre circonstance qui tendrait à rendre vraisemblable cette origine, c'est la grande analogie de la langue des Malegaches avec l'idiome malais, qui lui a donné un nombre considérable de ses mots. Des localités de la côte ouest portent encore les noms de *Singhaly* qui est le nom malais de Ceylan et de *Baly* qui est celui de la petite Java. Nous reviendrons, plus loin, sur la recherche si intéressante de ces questions d'ethnographie et de philologie. Nous ferons seulement remarquer, ici, que les Malegaches eux-mêmes se donnent le nom de *Malagasy* qui se rapproche si exactement de celui de Malacca. Ils s'appellent entre eux *Malagasses* ou *Malacasses*. Dans ses *Mélanges polynésiens*, Jacquet nomme leur langue *malacassa* (1).

Les premières peuplades de Madagascar, les Vazimbas, ont été détruites successivement par les Hovas. Possesseurs primitifs du sol, les Vazimbas ont été absorbés par la race envahissante établie sur les hauts sommets de l'île, dans le plateau d'Ancove et qui, de ces hauteurs inaccessibles, comme les barons de la féodalité ou les burgraves des bords du Rhin, ont dominé les pays environnants par le pillage et la violence. Les Arabes ne sont venus que beaucoup plus tard mêler leur noble sang à celui de ces Africains et de ces Malais.

Les anciens ont-ils connu Madagascar? Quelques érudits

(1) Nous avons écrit *Malegache* en quatre syllabes, en rejetant l'élision de la deuxième syllabe, pour désigner la langue ou l'habitant du pays, orthographe rappelant les mots : *Malacca, Malagasy, Malacassa*, et dont la construction nous a semblé ainsi plus conforme aux règles de la linguistique.

modernes veulent que les Grecs, dans leurs périples, soient venus jusque-là. Une telle assertion, pour être accueillie, veut être appuyée de preuves, et jusqu'à leur production, il est prudent de s'abstenir.

On eût pu supposer que les Arabes, grands chroniqueurs en général et grands conservateurs de traditions orales, nous donneraient des lumières sur les origines de la grande île indienne. Il n'en est rien. L'île Zaledj d'Edrisi ou l'île Camboulou de Massoudi sont-elles l'île de Madagascar? Rien ne saurait nous autoriser à le penser. D'après Flacourt, les Arabes la nommaient Sarandile.

Ce n'est que vers la fin du treizième siècle que Marco Polo, étant parvenu en Chine par la voie de terre et ayant lui-même voyagé dans la mer des Indes, entendit parler de l'isle de *Madeigascar* et en recueillit le nom par la tradition orale. Ce nom ainsi prononcé par la bouche d'autrui a-t-il été écrit exactement? L'orthographe si souvent inexacte de Marco Polo ne permet pas de l'admettre d'une manière absolue. Le nom a pu être prononcé *Maleiyascar* par le changement ordinaire dans le malais de l'L en D. Il est permis de le supposer. Quoi qu'il en soit, le célèbre voyageur vénitien qui a eu la gloire d'inspirer par ses écrits l'idée d'un nouvel hémisphère à Toscanelli, lequel en transmit la pensée à Christophe Colomb, eut aussi l'honneur de faire connaître le premier à l'Europe par une description sommaire la grande île de Madagascar. On ne doit pas oublier que Marco Polo en parle, lorsque déjà depuis le septième siècle, les Arabes s'y étaient transportés; il est à croire que ses informations provenaient de cette source de seconde main.

Ce premier témoignage est toutefois d'une telle importance, dans sa naïveté, que le lecteur nous saura gré de le placer en entier sous ses yeux. Nous ne le donnerons pas dans la langue d'Amyot, qui n'est guère familière au public en général; nous préférons, pour plus de clarté, traduire le passage de la version latine du manuscrit n° 3195, de la Bibliothèque nationale : *Peregrinatio Marci Pauli*. « Quand on s'éloigne vers le midi de l'île de Scotra à la distance de mille milliaires, dit Marco Polo, on rencontre l'île de *Madagastar* (la version française dit *Madeigascar*), qui est une île parmi les plus grandes et les plus riches qui soient au monde. Elle compte, en effet, dans son étendue de côtes quatre mille milliaires. Les habitants de l'île sont des Sarrazins, soumis à l'abominable loi de Mahomet. Ils n'ont pas de roi, mais quatre chefs âgés et supérieurs (*seniores*) chargés du gouvernement général du pays. Dans cette île, on trouve les éléphants les plus remarquables parmi ceux qu'on voit ailleurs dans toute autre partie de la terre. En effet, dans le monde entier, il n'y a nulle part un commerce si grand de dents d'éléphant. Dans cette île, ils ne se nourrissent d'autre chair que de celle des chameaux qu'ils ont jugé être pour eux la plus saine des viandes connues (1). Il y a, du reste, là, une quantité immense de ces animaux, si immense qu'elle semble invraisemblable, à moins qu'on ne la voie de ses propres yeux. Il y a dans cette île de nombreuses forêts de sandal rouge, formées d'arbres très grands qui donnent lieu à un commerce considérable. Il y a là encore une grande quantité d'ambre parce qu'on capture dans cette mer des baleines et de grands cétacés, ce qui permet d'en tirer de l'ambre en abondance (2). On y trouve aussi des léopards, des lionnes (leonciæ), de grands lions en quantité, des cerfs, des daims et animaux en nombre infini. On y chasse beaucoup les animaux sauvages et les oiseaux. Les volatiles de cette contrée sont très différents des nôtres. Il y en a, même de beaucoup d'espèces que nous ne possédons pas dans nos pays. Beaucoup de navires se dirigent vers cette île ; mais, au delà peu de navires se dirigent vers le midi, si ce n'est à l'île Canzibar, à cause du courant très rapide de la mer. En effet, le même navire qui du royaume de Maabar va à Madagastar en vingt-deux jours peut à peine de Madagastar revenir au Maabar en trois mois, parce que le courant violent de cette mer se porte vers le midi et que ce courant ne revient en arrière de l'autre côté. »

La version française ajoute quelques détails particuliers que nous transcrivons ici pour compléter ce qui précède. « Il y a à

---

(1) Marco Polo parlant des chameaux veut évidemment indiquer les bœufs à bosse si communs à Madagascar. Flacourt dit que, de son temps, on prenait ces bœufs pour des chameaux.

(2) L'ambre gris, on le sait, est tiré du corps des cachalots.

Madeigascar, beaucoup d'objets de commerce et de nombreux navires chargés de marchandises s'y rendent. Ces objets sont des draps d'or et de soie de plusieurs manières et de beaucoup d'autres choses que nous ne pouvons vous spécifier ici. Et ces navires les vendent toutes et les échangent contre les productions de l'île. Le négociant y trouve un grand profit et un grand gain. »

Le mot *Madagascar,* qui a prévalu, n'est pas accepté sans déplaisir même par les Malegaches, parce qu'il équivaut, dans leur langue, à *chat sauvage.* On sait que le nom de *Hova,* qui signifie *bourgeois* (ni esclave, ni homme libre) est également considéré à Madagascar comme une appellation sinon injurieuse au moins déplaisante. On verra dans la suite quelle conséquence cette répulsion contre le mot *Hova* fit naître dans les actes conclus entre le souverain de cette peuplade et la diplomatie européenne.

Aucune des puissances européennes, ni les Portugais, ni les Anglais, ni les Hollandais n'essayèrent de prendre possession de la grande île indienne pendant le seizième siècle ou le commencement du dix-septième.

Il était réservé à la France de fonder à Madagascar des établissements sérieux et des postes importants, des colonies à la fois commerciales et militaires, destinées à durer près de deux siècles, malgré les difficultés de toute nature contre lesquelles ces établissements devaient avoir à lutter par la suite.

Cette île si considérable par son étendue, par la sûreté et la beauté de ses ports et surtout par sa situation politique et maritime, devait naturellement attirer l'attention de l'Europe.

Les fondateurs de la grandeur territoriale et coloniale de la France, au dix-septième siècle, Louis XIII et Richelieu, Louis XIV et Colbert furent les premiers à comprendre le rôle maritime que doit remplir la France, sous peine de déchoir de sa position en Europe et dans le monde. Tout le monde connaît les belles et nobles pages qui nous ont été léguées par le grand cardinal sur ce sujet national. Nous croyons qu'il est toujours bon de les rappeler. « Pour être une grande puissance en armes, dit-il, dans son *Testament politique,* il faut que la France soit forte sur terre; mais aussi, qu'elle soit puissante sur la mer. Il faut être fort pour posséder la mer : jamais un grand État ne doit être exposé à recevoir une injure sans pouvoir en prendre la revanche. Et, partant, l'Angleterre étant située comme elle l'est, si la France n'était puissante en vaisseaux, elle pourrait entreprendre à son préjudice ce que bon lui semblerait, sans crainte de retour. Elle pourrait empêcher nos pêcheries, troubler notre commerce ; elle pourrait descendre impunément dans nos îles et même sur nos côtes. Sa puissance maritime lui ôtant tout lieu de craindre les plus grands princes de la terre, l'ancienne envie qu'elle a contre la France lui donnerait apparemment lieu de tout oser à son préjudice. » Richelieu continue, en disant que les Anglais *ne connaissant d'autre équité que la force,* la raison d'une bonne politique ne nous permet pas d'être faibles à la mer : elle veut que nous soyons en état de nous opposer aux desseins qu'ils pourraient avoir contre nous et de traverser leurs entreprises. Si Votre Majesté est puissante à la mer, la juste appréhension qu'elle aura de voir attaquer ses forces, uniques sources de sa subsistance, la crainte d'une descente sur ses côtes l'obligera de tenir ses vaisseaux et ses troupes pour conserver ses possessions. Il semble que la nature ait voulu *offrir l'empire de la mer à la France* par l'avantageuse situation de ses côtes également pourvues d'excellents ports aux deux mers, Océane et Méditerranée. La seule Bretagne contient les plus beaux qui soient dans l'Océan, et la Provence, qui n'est que de vingt-huit milles d'étendue, en a beaucoup plus de grands et d'assurés que l'Espagne et l'Italie ensemble. » Richelieu fait ensuite le tableau des inconvénients pour l'Angleterre, de possessions trop nombreuses et trop lointaines et de la possibilité de l'affaiblir sur ce point : « La séparation, dit-il, des États qui forment les possessions anglaises en rend la conservation si mal aisée, que, pour leur donner liaison, l'unique moyen qu'ait l'Angleterre, est l'entretien d'un grand nombre de vaisseaux en l'Océan et la mer Méditerranée, qui, par leur trajet continuel, réunissent en quelque façon les membres à leur tête, portent et rapportent les choses nécessaires à leur subsistance, comme les ordres de ce qui doit être entrepris, les chefs pour les commander, les soldats pour exécuter, l'argent qui est *non seulement le nerf de la guerre, mais aussi la graine de la paix.* D'où il s'ensuit que, si l'on empêche la liberté de tels trajets, cet État, qui ne peut subsister de lui-même, ne saurait éviter la confusion, la faiblesse et toutes les désolations dont Dieu menace un royaume divisé. Or, comme les côtes de la Manche servent de barrière à l'Angleterre, en Europe, la Providence veut aussi que nos colonies *se dressent en face de ses possessions dans la mer des Indes orientales, afin de faire un contrepoids à sa toute-puissance maritime dans l'intérêt du monde entier, et sans pour cela avoir l'intention de lui faire du mal.* Au moins, faut-il être en état de refréner son ambition, et, au besoin, lui donner un contre-coup, si près du cœur, quand elle voudrait faire quelques entreprises sur la France, que leurs bras n'aient plus assez de force pour de malicieux desseins contre elle. C'est un dire commun, mais véritable, qu'ainsi que les États augmentent leur étendue par la guerre, ils s'enrichissent ordinairement dans la paix par le commerce. L'opulence des Hollandais, qui, à proprement parler, ne sont qu'une poignée de gens réduits à un coin de terre qu'ils disputent à l'Océan, est un exemple et une preuve de l'utilité du commerce qui ne reçoit pas de contestations. » Après avoir démontré que la France est riche en productions, en matelots, et qu'elle a trop négligé jusque-là le commerce si constamment exploité par les Anglais et les autres nations, le grand ministre termine ainsi : « Il n'y a point d'États en Europe plus propres à construire des vaisseaux que la France. Les matières premières y sont abondantes, les ouvriers y sont nombreux et nos fleuves sont commodes pour les chantiers de construction que justifie cette proposition. Tout démontre, donc, l'indispensable utilité de favoriser le commerce et surtout *celui au long cours.* Pour cela, il faudrait *faire de bons établissements coloniaux.* Il faudrait y envoyer plusieurs vaisseaux commandés par des personnes de condition, prudentes et sages, avec patentes et pouvoirs nécessaires pour traiter avec les princes et faire *alliance avec les peuples de toutes les côtes,* ainsi qu'ont fait les Portugais, les Anglais et les Flamands. »

Fidèle à ce magnifique programme, à la fois si grandiose et si pratique, Richelieu songea à le mettre à exécution, et c'est de cette pensée que naquit la Société de l'Orient. *Le chef et surintendant de la marine, navigation et commerce de France* confia le commandement de cette expédition au capitaine de marine Rigault, originaire de Dieppe. La France comptait alors quatre-vingts vaisseaux de guerre : des consulats avaient été organisés par lui sur toutes les côtes visitées par nos bâtiments. Il avait fondé des établissements au Canada, en Amérique, au Sénégal. Malheureusement, Richelieu mourut le 4 décembre 1642, cinq mois environ après avoir fait signer à Louis XIII les lettres patentes qui instituaient cette grande Compagnie, le 24 juin de la même année.

L'année suivante, les lettres patentes furent confirmées par le jeune Louis XIV le 20 septembre 1643, quatre mois après la mort de Louis XIII, son père. Ces lettres patentes accordaient à la Société la concession de l'île de Madagascar et des îles adjacentes « pour y ériger colonies et commerce, dit Flacourt, et en prendre possession au nom de Sa Majesté Très Chrétienne ». Cette concession octroyait de plus aux sociétaires le droit exclusif de commercer à Madagascar pendant dix années.

Pronis et Fouquembourg, agents de la Compagnie, partirent de France avec douze personnes seulement, sur un vaisseau commandé par le sieur Cocquet, et reçurent, à peine arrivés à Madagascar, un renfort de soixante-dix hommes. La colonie eût le malheur de s'établir, dès le début, dans un des endroits les plus malsains de l'île, à Sainte-Luce. Ajoutez à cela que cette première expédition importante arriva dans le pays précisément à la fin de l'hivernage, c'est-à-dire au moment même où les fièvres commencent à sévir contre les Européens.

Pronis avait pris possession à la fin de 1643, au nom du roi, de Sainte-Marie et de la baie d'Antongil. En 1644, il établit des postes à Fénériffe et à Manahar, puis dans la baie de Sainte-Luce ; mais, la fièvre lui ayant fait perdre, en peu de temps, le tiers de ses gens, il transporta le siège de la colonie sur la presqu'île de Tholangare, où il bâtit un fort qu'on a successivement agrandi depuis et qui fut nommé le fort Dauphin (1). Ce fut là que les administrateurs de la colonie nouvelle prodiguèrent inuti-

(1) Il y fut renforcé par l'arrivée de quelques Français échappés du naufrage d'un navire de Dieppe, abandonné à la côte, et, peu de temps après, par soixante-dix compatriotes venus sur un navire de la Compagnie, le *Saint-Laurent,* commandé par Gilles Rézimont.

lement l'or et le sang de la France, dans des guerres souvent inopportunes contre les naturels, dans des dissipations coupables, dans des dissensions intérieures.

Le chef de la compagnie, Pronis lui-même, ne craignit pas de prodiguer, pour ses plaisirs plus encore que pour ses besoins, les approvisionnements de l'établissement ; « de telle sorte, dit Flacourt, que les Français étaient le plus souvent, tantôt sans riz et ne mangeaient que de la viande, tantôt sans viande et ne mangeaient que du riz. » Une détention cruelle qui ne dura pas moins de six mois et que ses subordonnés lui infligèrent, punit sévèrement Pronis de ses dilapidations criminelles. Il fut rendu à la liberté et reçut d'Europe un renfort nouveau en hommes ; mais, une seconde sédition ne tarda pas éclater contre lui. Le dénoûment fut, cette fois, en faveur de Pronis, qui fit arrêter douze des plus mutins et les fit déporter à la *grande Mascareigne*, dont Flacourt, comme on le verra, changea plus tard le nom en celui d'île Bourbon, « ne pouvant, dit-il, trouver un nom qui pût mieux cadrer à sa bonté et fertilité et qui lui convînt mieux que celui-là. » Vingt-deux des autres insurgés, craignant le même sort, se réfugièrent de l'autre côté de l'île, dans la baie Saint-Augustin.

Le 4 décembre 1648, l'un des directeurs de la Compagnie, M. de Flacourt, arriva au fort Dauphin, en remplacement de Pronis, avec le titre de commandant général de l'île de Madagascar. C'était encore le moment de l'hivernage et des fièvres, la *hors-saison,* comme il le dit lui-même. Tristes auspices sous lesquels, comme par une inexplicable fatalité, toutes les expéditions arrivèrent à Madagascar !

En effet, aucune de ces opérations, comme on le verra par la suite, ne fut faite dans la saison favorable.

Étienne de Flacourt était né à Orléans vers 1607 ; il avait par conséquent une quarantaine d'années, lorsqu'il prit possession de l'établissement français à Madagascar. C'était un homme énergique et éclairé. Ses vues générales étaient sages et prudentes. Il semblait répondre au programme tracé plus haut par Richelieu, quand il parle précisément des qualités nécessaires à un chef d'expédition qu'il veut « personnes prudentes et sages ». Flacourt n'avait avec lui que cent soixante-quinze hommes. L'un de ses premiers actes fut de rappeler auprès de lui les réfugiés de la baie d'Antongil et les exilés de Bourbon, au bout de trois ans d'absence et amnistiés. Il fit explorer plusieurs provinces de l'île et il ne faut pas oublier que c'est lui qui, à peine arrivé, prit possession de l'île Mascareigne, à laquelle il donna le nom d'île Bourbon, en 1649. Flacourt savait, beaucoup mieux que son prédécesseur, faire respecter en lui le représentant de l'autorité du roi. Son système, comme gouvernement et comme administration, aurait certainement amené, dès le début, la prospérité dans la colonie, si la Compagnie lui avait expédié, avec exactitude, les secours qu'elle s'était engagée à lui fournir; mais elle n'en fit rien. Son caractère fut, cependant, à la hauteur des circonstances si difficiles qui se présentèrent à lui pendant les sept années durant lesquelles il demeura sans communication avec la métropole. Privé de ressources, au milieu d'une population que la triste situation des Français épuisés rendait plus menaçante et plus redoutable, accusé à tort et sans relâche par ses malheureux administrés que la misère rendait aveugles, il fit tête à tous les obstacles. Il apaisa le mécontentement, fournit aux subsistances nécessaires et fit, en outre, entreprendre, dans l'intérieur du pays et le long des côtes, plusieurs voyages d'exploration qui lui servirent à bien reconnaître la contrée.

L'établissement s'était fixé, comme on sait, au sud-est de l'île, dans la province d'Anossi, au lieu dénommé par les Français *le Fort Dauphin*. Assaillie par les indigènes, la petite troupe, quoique diminuée encore par les maladies, tint tête à des milliers de Malegaches conseillés par les prêtres qui ne leur offraient pour se défendre que leurs sortilèges et leurs talismans. Un seul coup de canon des Français en faisait fuir dix mille. Flacourt, ainsi qu'on le verra plus loin, ne connaissait qu'une politique, la force, la seule à laquelle obéissent les sauvages sans foi ni loi, comme les Arabes en Afrique. Aussi, à l'attaque, cette poignée de Français n'hésitait pas à sévir, à brûler les villages et, comme les Malegaches exposaient les têtes de nos nationaux assassinés, Flacourt usait de représailles, leur offrait à son tour ce spectacle terrifiant. Cette tactique, conséquence malheureusement obligée des lois de la guerre, réussit pleinement. En 1652, moins de trois ans après l'arrivée des Français, trois cents villages firent leur soumission. Ils jurèrent obéissance au roi de France et s'engagèrent à lui payer le tribut que leurs chefs exigeaient d'eux jusquelà. En revanche, le commandant français leur promettait protection, aide et assistance contre les agressions de leurs ennemis, la libre possession de leurs biens et le droit de les transmettre à leurs enfants.

Telle était la situation au bout de cinq années; mais la métropole négligeait ses enfants. Les troubles de Paris et de la France pendant la minorité de Louis XIV reléguaient dans l'oubli la grande pensée de Richelieu et les hommes courageux et dévoués chargés de la faire triompher à l'étranger. Les vivres, les armes, les munitions manquaient au fort Dauphin depuis assez longtemps, lorsque Flacourt se décida à prendre la mer pour aller acheter des provisions aux Portugais de Mozambique; mais il fut forcé par un orage de rentrer au port. Quelques mois après, il vit arriver de France deux navires qu'il avait ordre de charger de marchandises à son choix. C'étaient les premiers qui paraissaient depuis plus de cinq ans. Ayant appris par ces navires que le duc de la Meilleraye était devenu le maître de la Compagnie de l'Orient, dont il avait acquis tous les droits, Flacourt résolut de rentrer en Europe pour s'informer de l'état exact des choses. Il s'embarqua le 12 février 1655. Il revint bientôt avec le titre de directeur général de la Société de l'Orient; mais pendant la traversée il se noya en mer.

Ainsi périt d'une mort tragique cet homme remarquable, qui, par ses actes autant que par ses écrits, tient une place considérable dans l'histoire de la grande île malegache. La relation qu'il nous a laissée, écrite avec une sincérité et une bonhomie parfaites, est un monument infiniment précieux, malgré sa diffusion, malgré ses lacunes et son absence de toute méthode. Elle n'en est pas moins le plus intéressant tableau qu'on possède de cette première période de l'établissement français dans ces parages.

Il nous paraît utile de placer, ici, sous les yeux du lecteur, les principaux traits de cette peinture originale. En se les rappelant, quand il lira la suite de suite de cet ouvrage, il reconnaîtra dans ces traits, pris sur le vif et dès le début, que les choses n'ont pas beaucoup changé à Madagascar depuis deux siècles et demi, c'est-à-dire depuis 1658, année où parut l'Histoire de la grande isle de Madagascar, *par le sieur de Flacourt*, dédiée à Messire Nicolas Fouquet, ministre d'État et surintendant des finances.

Cet observateur remarquable, quoiqu'il n'eût pas à sa disposition les moyens et les instruments d'investigation de la science moderne, n'en apporte pas moins un contingent de témoignages précieux sur les mœurs et les productions de l'île, au milieu du dix-septième siècle (1). Il nous montre le pays rempli de montagnes couronnées de bois, avec de bons pâturages, des campagnes arrosées de rivières, des étangs poissonneux, des troupeaux de bœufs ayant sur le dos une bosse de chair, des moutons à grosse queue, des cabris, des pintades, des oiseaux de toute sorte. Il constate, sans se l'expliquer, la diversité de physionomie entre les différentes peuplades de l'île : il ne parle pas des origines de ces peuplades venues de l'extérieur, parce qu'il ignore ces origines aujourd'hui connues ou justement supposées par les ethnographes de nos jours. Il ne discerne pas non plus les traditions diverses qui ont servi à constituer la religion des naturels de Madagascar, et qui leur viennent à la fois des Indiens, des Arabes, des Juifs. Il conclut à l'absence de religion. Flacourt décrit « tous les pays qui ont été découverts par les Français, en plusieurs voyages qu'ils ont faits, tant en guerre qu'en traite et marchandise. » Il énumère et décrit les provinces de la côte orientale jusqu'à la baie d'Antongil et les territoires de la partie méridionale, en remontant à l'ouest jusqu'à la baie de Saint-Augustin. Il part du fort Dauphin et traverse le pays des Antanosses, en s'avançant sur le littoral dans la direction du nord. A trois lieues de l'établissement français, il trouve la rivière de Fontsaïra, capable, avec quelques travaux, d'abriter des navires. C'est dans cette

(1) M. Émile Blanchard, membre de l'Institut et professeur au Muséum, a résumé avec beaucoup de soin les observations de Flacourt dans plusieurs articles de la *Revue des Deux-Mondes*, à la fin de 1872, consacrés aux découvertes de M. Grandidier. C'est à ce savant travail que nous avons emprunté, en les abrégeant encore, les traits principaux de ce tableau rétrospectif.

région qu'on trouve les Européens émigrés depuis le seizième siècle. C'est là que s'élèvent les maisons des principaux personnages de la contrée. Ces principaux personnages sont les Rohandrians, c'est-à-dire les nobles, lesquels passent pour être d'origine asiatique : c'est parmi eux qu'on choisit le roi, c'est-à-dire le chef des peuplades. En continuant, Flacourt parle d'une anse qui reçoit les eaux de la rivière Itapérine, mouillage défendu par des roches. A l'embouchure de la Manafiafa est l'îlot Sainte-Luce, dans une crique où débarqua la première expédition française, à cause de son excellent mouillage et de sa situation auprès d'un fleuve navigable aux chaloupes. Après avoir traversé des cours d'eau semés de roches, on parvient sous le tropique du Capricorne, sur les bords de la Monantana, large rivière qui arrose la vallée d'Amboule, après être descendue des mêmes montagnes que la Fontsaïda. Le voyageur vante ici les charmes du pays et l'aspect des lieux. De vastes étangs et de petites îles égayent le paysage; la terre est fertile, les ignames croissent à profusion, les pâturages nourrissent de magnifiques troupeaux. On y remarque, même, les traces d'une industrie assez variée. On y fabrique de l'huile de sésame, on y forge des armes et surtout des sagayes, industrie favorisée par la présence de mines de fer dans les environs. Une ravine chaude est auprès du village d'Amboule, avec la réputation de guérir des maladies. Le pays est gouverné par un nègre, le plus ancien des grands de la vallée. A l'ouest, dit Flacourt, sont les naturels les plus hardis et les plus vaillants.

En allant vers le nord, notre guide nous conduisit vers un territoire compris entre les rivières Manantana et Mananara. Très près de la côte, le pays étant montagneux, se voit en mer à grande distance, ce qui permet aux navires d'y venir reconnaître la terre, pour cingler ensuite au sud et atteindre le fort Dauphin. La contrée est signalée par Flacourt comme riche en bétail et en partie couverte de plantations d'ignames et de champs de cannes à sucre. Elle est sillonnée de cours d'eau, mais qui ne sont pas navigables même aux pirogues. Les habitants sont tous des nègres avec une épaisse chevelure frisée; ils sont voleurs et pillent même les enfants des voisins pour aller les vendre. Ils fabriquent le fer et forgent des armes et des outils. Ils tissent des pagnes avec les fibres d'une écorce d'arbre. Des explorateurs parlaient d'une grande vallée d'Itomampo, remarquable par une grande extension de culture.

Nous nous acheminons, maintenant, vers la baie d'Antongil, à la suite de Flacourt. Nous sommes chez les Matitanes qui est le pays des Antaymours; il s'étend jusqu'aux bords du Mananzarine. Ce pays est plat, très fertile, et sillonné de rivières et de ruisseaux. Le bétail y abonde, ainsi que les vivres, les ignames, le riz, la canne à sucre. « Avec des engins et des hommes, s'écrie le narrateur, on fabriquerait chaque année du sucre en quantité suffisante pour le chargement de plusieurs navires. » C'est là qu'on rencontre surtout les *ombiaches* (1), charlatans à la fois prêtres, médecins, sorciers, qui sont les agents les plus redoutables de la barbarie à Madagascar, parce qu'ils y entretiennent les plus grossières et les plus dangereuses superstitions, comme on le verra par la suite. Ces ombiaches, dès le dix-septième siècle, se livraient à la pratique de tous les genres de sortilèges, pour tromper et voler les indigènes, pour les pousser au meurtre, à l'empoisonnement, à l'extermination de tous les Européens. Seuls ils savent écrire et profitent de ce privilège pour abrutir le peuple, au lieu de l'éclairer. L'écriture arabe étant la seule qui ait pénétré à Madagascar jusqu'à nos jours, c'est dans cette langue que les ombiaches griffonnent des papyrus, des amulettes, des talismans auxquels ils attribuent toutes les vertus : ces talismans s'appellent des *olis*.

En suivant les pas de nos explorateurs, on traverse divers cours d'eau, dont les plus importants sont le Mananzarine et le Mahanourou, limites du pays des Antavares. Des Français, séduits par la fertilité du sol, s'étaient établis autrefois sur les bords du Mananzarine, large et belle rivière navigable, mais ils y avaient été massacrés. L'or abondait aux mains des indigènes, dit Flacourt.

(1) Il est remarquable que dans les colonies françaises des Antilles et parmi les nègres venus de la côte d'Afrique, le mot *ombi* se retrouve encore dans leur langage. Pour ces noirs des colonies, le mot *ombi* ne signifie pas *sorcier*, mais *fantôme, être surnaturel*; c'est donc un vocable d'origine africaine.

Dès ce moment, en longeant la côte depuis le Mahanourou jusqu'au fond de la baie d'Antongil, les voyageurs remarquent le port de Tamatave : « Les habitants de ce pays, dit Flacourt, sont bons, se montrent très soigneux de cultiver la terre, allant au travail, dès le matin, pour n'en revenir que le soir. » Il donne la manière dont les habitants préparent le sol et sèment le riz : elle est simple et curieuse. On brûle des bois de bambou, dont la tige à nœuds éclate avec un bruit extraordinaire en terre, à distance. La cendre des bambous détrempée par la pluie est le fumier naturel qui pénètre la terre des sels nécessaires à la végétation. Quand est venu le moment d'ensemencer, les femmes et les filles du pays se rendent sur le terrain en marchant de front, avec un bâton pointu à la main : sans se baisser, elles font des trous avec leurs bâtons et y jettent deux grains de riz qu'elles recouvrent du pied, le tout en dansant. Les habitants de Tamatave et des environs paraissaient avoir quelques coutumes provenant des juifs et des mahométans, telles que des sacrifices d'animaux ; mais c'étaient les nobles seuls qui jouissaient de ce privilège.

Plus loin, voici Foulepointe, défendue par une ceinture de roches, qui forment un abri pour les vaisseaux. En remontant la côte, on rencontre le Manangourou, belle rivière accessible aux pirogues, dont les rives sont parsemées de blocs de quartz, d'un effet saisissant. Un peu plus loin, se dessine la grande baie d'Antongil, ainsi appelée du nom d'Antonio Gil, le capitaine portugais qui la découvrit. Tout au fond, l'île de Manhabé « fertile au possible en toute sorte de vivres et en toute sorte de ressources, occupée autrefois par des Hollandais dont les uns étaient morts de la fièvre et les autres avaient été tués par les naturels irrités de leur insolence ». Tel est l'itinéraire des lieux visités par les Français, au temps de Flacourt, du port Dauphin à la baie d'Antongil.

Un peu au-dessous de cette baie, se trouvait la grande île que les indigènes appelaient Nossi-Bourah ou Nossi-Ibrahim et que les Français nommèrent Sainte-Marie. Flacourt en fait naturellement un tableau enchanteur. Séparée de la côte et défendue par là des attaques des Malegaches, mais en même temps assez rapprochée pour pouvoir commercer à l'aise avec eux, Sainte-Marie a un bon mouillage et offre tous les moyens d'un établissement, ayant sa vie propre. Nos compatriotes le comprirent et, depuis eux, cette belle île nous a toujours été d'un très grand secours. Flacourt en vante les collines ou mornes, les nombreuses petites rivières, les pâturages magnifiques. Le riz y est cultivé partout, dit-il, les cannes à sucre, les bananes, les ananas, les vivres de tout genre, y abondent. Le tabac importé par les Français y vient à merveille et y acquiert d'excellentes qualités. Les indigènes recueillent dans les bois des résines et des gommes dont ils font des parfums exquis. Il y a, sur le rivage, de l'ambre gris qu'on brûle pendant les sacrifices. Des récifs de corail blanc bordent l'île et renferment des coquillages que les nègres vont chercher en plongeant et vendent aux Européens. La tradition était que tous les habitants primitifs de l'île, gouvernés par un chef suprême, descendaient de la race d'Abraham.

Si, maintenant, nous retournons sur nos pas avec Flacourt et si nous revenons au fort Dauphin, nous sommes à la côte méridionale de Madagascar d'où les premiers Français ne s'éloignèrent guère. Cependant l'historien nous apprend qu'ils avaient visité dans le sud-ouest, en doublant le cap Sainte-Marie, auquel ils n'avaient donné aucun nom, car Flacourt n'en parle pas, les Mahafales et fréquenté l'embouchure de la rivière Anhoulahine, que nous avons appelée depuis la baie de Saint-Augustin. Du fort Dauphin, en allant vers les Mahafales, le pays est triste d'aspect. Il faut marcher plusieurs heures sur le sable pour atteindre un petit cap et, un peu plus loin, l'anse de Ranoufoutsy, autrefois célèbre par le séjour des Portugais. Si nous pénétrons, maintenant, avec Flacourt, dans l'intérieur des terres, aux environs de fort Dauphin, nous entrons dans la province d'Anossi ou territoire des Antanosses (1), qui est limité à l'ouest par le Mandréré, rivière rapide comme un torrent et presque toujours obstruée à son embouchure. C'est une contrée belle pour Flacourt, mais pourtant à peu près inhabitée ; elle servait de repaire à des

---

(1) La préposition *ant*, en langue malegache, placée devant un nom veut dire *là*. Ainsi *ant* anosses, *là* les gens d'Anossy ; *ant*aymours, *là* les gens d'Aymours ; *ant*androuis, *là* les Androuis, etc., etc.

bœufs sauvages. Plusieurs chefs se disaient les maîtres de cette solitude; mais la région ayant été souvent le théâtre de guerres entre tribus, aucune n'osait s'y établir définitivement et y cultiver les terres au delà du Mandréré. Vers l'ouest est le pays des Antandrouis (*Ampâtres*, dans Flacourt), pauvre contrée, dit-il, où il n'existe aucune rivière, où les habitations sont rares. En s'éloignant de la côte on trouve des bois, au fond desquels les indigènes ont construit des villages si bien entourés de pieux entre-mêlés d'arbustes épineux qu'il est impossible d'y pénétrer autrement que par la porte. Chaque village est gouverné par un chef et chaque contrée par un chef supérieur. Les habitants de ces villages sont continuellement en hostilités. Ils se pillent entre eux et se volent fréquemment leurs femmes : ils sont inhospitaliers envers les étrangers. Au temps de Flacourt, un grand navire s'étant échoué à la côte, les naufragés échappés au désastre et chargés de leur butin s'aventurèrent dans la campagne, tombèrent dans des embuscades, et furent tués par les Malegaches qui les dépouillèrent morts, pour s'emparer de ce qu'ils portaient. Dans une autre circonstance, un navire hollandais se perdit : un seul jeune homme échappa au naufrage. Il allait être pris et assassiné sur le rivage par les indigènes qui convoitaient une carabine suspendue à ses côtés, lorsque l'un des chefs intervint et réclama l'Européen qu'il recueillit dans sa maison, sans doute à titre de curiosité. Le roi ou chef des Antanosses demanda qu'on lui cédât l'Européen, moyennant un don de treize bœufs. Ce chef voulut lui donner une maison et même une de ses filles, pour lui tenir compagnie ; mais, à quelque temps de là, un navire hollandais entra dans le port de Manafiafa : le jeune prisonnier servit d'interprète au capitaine, pour ses affaires de commerce, puis il s'empressa de s'éloigner avec ses compatriotes.

Par terre, nos premiers Français avaient des relations assez étendues dans le fond des provinces. C'est ainsi qu'ils ont pu visiter des peuplades du Sud que les voyageurs modernes connaissent à peine. A une trentaine de lieues à l'ouest du Mandréré, débouche une rivière profonde, le Mananbourou, qui sépare du pays des Antandrouis (les *Ampâtres* de Flacourt) le territoire de Caremboule, contrée aride s'étendant jusqu'à la mer. On y trouve cependant des pâturages et la culture du coton y est très développée. Au sud-ouest, on trouve le pays des Mahafales, lesquels possèdent les plus beaux troupeaux de l'île. Ce pays, limité au nord, par la rivière Sacalit, est très boisé. Ces peuplades, quasi nomades, s'étaient enrichies par leurs rapines. N'ayant pas de demeures fixes, ils ne cultivaient pas la terre, se nourrissant de viandes, de lait, de racines alimentaires, n'ayant pour retraites que des buttes élevées dans les bois, selon les exigences de la pâture de leurs bestiaux. Les femmes fabriquaient des pagnes avec du coton, de la soie ou des fibres de l'écorce du palmier. On assurait que, dans cette région, il existait de grandes quantités d'aigues-marines et d'améthystes de la nuance des fleurs de pêcher. A la limite des Mahafales, c'est la rivière d'Anhoulahine (la *Yonghelahe* de Flacourt, l'*Onganlaie* de quelques géographes), qui se jette dans la baie de Saint-Augustin. On sait que cette baie a toujours servi de point d'atterrissement principal pour les navires européens sur la côte occidentale bien avant qu'on y pratiquât celles de Bombetock et de Passandava.

On rapportait, au temps de Flacourt, que des Anglais, au nombre de quatre cents, avaient débarqué avant les Français dans la baie de Saint-Augustin, mais qu'ils en avaient été expulsés par les naturels, comme des cœurs lâches, ayant refusé de les accompagner dans leurs guerres contre leurs ennemis. Les Français, au contraire, ne reculant pas devant ces périlleuses aventures, eurent bientôt pris beaucoup d'ascendant sur les habitants des bords de l'Anhoulahine. L'or était, disait-on, très répandu dans la contrée. En se dirigeant vers le nord-ouest dans l'intérieur des terres, Flacourt et ses compagnons y rencontrèrent les Machicores, peuplade qui occupe une vaste région traversée par la rivière Mazikoura, entre les Mahafales et les Antandrouis. Comme les Mahafales, ruinés par les guerres, les Machicores sont réfugiés dans leurs montagnes, ne vivant, comme des nomades, que de la viande des bœufs sauvages et des racines comestibles naturelles. Flacourt et ses compatriotes aimaient le climat de Madagascar, dans cette partie méridionale où le climat est le plus doux. Ils n'éprouvaient jamais de froid; pendant quatre mois, de neuf heures du matin à trois heures de l'après-midi, de fortes chaleurs tempérées par la brise de la mer ; pendant les huit autres mois de l'année, température du printemps. *Ver erat œternum;* c'est la dernière impression de Flacourt sur le climat méridional de Madagascar.

Telles sont les notions qui nous restent sur la partie de l'île où nos ancêtres du dix-septième siècle ont séjourné si longtemps, où ils ont laissé une trace et un souvenir impérissables. Voyons, maintenant, quelles impressions l'historien a recueillies sur le caractère, les mœurs, les productions des peuplades de la grande île indienne, à cette époque. La proximité a mis Flacourt en relations surtout avec les Antanosses, gouvernés de son temps par les Zafferamini, qui semblaient originaires des bords de la mer Rouge. C'étaient les nobles du pays, ayant au-dessous d'eux des hommes de sang mêlé, puis des gens dont la peau est rougeâtre et qui ont les cheveux longs comme ceux des nobles. C'était, dit-on, les descendants des matelots qui accompagnaient les Zafferamini, lorsqu'ils émigrèrent à Madagascar. Ces derniers vivent surtout de la pêche et ils ont la mission spéciale de garder les cimetières des grands. Les noirs se partagent aussi en plusieurs classes ; les premiers d'entre eux, maîtres du pays avant l'invasion arabe, sont encore des chefs de village. Comme les nobles, ils ont le privilège d'égorger les animaux ; les autres noirs végètent dans la condition d'esclaves. Les Malegaches, du temps de Flacourt, ne se préoccupaient que du nécessaire ; le luxe leur était inconnu. Les maisons, même celles des nobles, étaient, comme elles sont encore aujourd'hui, des cases en bois. Une seule chambre suffit pour la famille entière : une couche de sable est le foyer, qui se compose de trois pierres formant les supports du vase contenant le manger. Flacourt n'éprouvait aucun plaisir à rester dans ces cases, lorsque le feu était allumé pour cuire les aliments. Des nattes de jonc servent à la fois de sièges, de lits et de tables. Les vêtements, très sommaires d'ailleurs, sont enfermés dans des paniers, et des cruches de terre contiennent l'huile destinée à la cuisine ou à la toilette. Pour les ustensiles de ménage, ce sont des vases en terre, des plats et des cuillers de bois, des calebasses pour puiser l'eau, de grandes jarres pour la fabrication du vin de miel, des mortiers et des plats de bois pour battre et pour vanner le riz, des couteaux de forme et de dimension très variées.

Les nappes et les serviettes sont, comme aujourd'hui, des feuilles de l'arbre du voyageur (le *ravinala*). Ces feuilles sont d'un vert solide et brillant qui leur donne une certaine solidité, en même temps qu'une couleur agréable. On en fait même, en les roulant comme des cornets, des cuillers et des tasses. Les magasins pour le riz étaient élevés sur des piliers ou pilotis, pour les soustraire à la rapacité des rongeurs. Le seul luxe des Malegaches est la parure de leur corps. Le vêtement des hommes, au dix-septième siècle comme au dix-neuvième, était le *pagne* retenu par une ceinture ou le *lamba* qui se drape non sans grâce. Le costume des femmes se composait également du pagne et d'un corsage sans manches. Ce vêtement masculin et féminin, presque semblable et très commun dans l'Inde, a l'inconvénient de faire confondre à la vue les hommes avec les femmes et réciproquement, avec d'autant plus d'embarras qu'hommes et femmes portent des cheveux longs relevés et tenus par des peignes. Les étoffes étaient faites et sont faites encore de tissus de coton ou de soie pour les chefs, de fibres d'écorce pour les esclaves. Aux jours de cérémonie, les nobles portent un frac de coton bordé de soie blanche rayée de noir et de lisérés de couleur noire ou rouge. La chaussure était inconnue de ces peuplades. Les nobles laissent croître et pendre leurs cheveux, qu'ils imprègnent d'huile et de cire ; les nègres les tressent avec art. Les ornements en verroteries étaient en usage chez les Malegaches, comme chez tous les peuples sauvages ; hommes et femmes s'en paraient volontiers, comme de nos jours. « Sans colliers ni verroteries, ces gens-là, dit Flacourt, ont mauvaise grâce ; mais, lorsqu'ils sont parés à leurs modes, ils ont assez bonne façon. » Ils se parent de colliers à plusieurs tours, de bracelets aux bras, aux poignets, aux jambes. Ces colliers sont faits de grains d'or, de cuivre, de cristal de roche et souvent, depuis l'arrivée des Européens, de corail et de verroteries. Les pendants d'oreilles sont en bois, en corne, quelquefois en or, parfois aussi en incrustations d'or sur la nacre, ouvrage délicat venu probablement de l'Inde. Les grands seuls peuvent se parer de bijoux en or.

Les vivres étaient et sont très abondants à Madagascar. Flacourt parle de la profusion des ressources naturelles, des racines comestibles qui sont très variées et très nourrissantes, des fruits, du miel, qui permettent, dans certains endroits, de vivre sans travailler. L'agriculture étant un labeur rude et peu en honneur chez un peuple où la promenade est inconnue, parce qu'elle est une fatigue, le labour n'y est pas pratiqué : la terre est remuée seulement avec une petite bêche, les herbes et les arbustes sont tranchés par une petite serpe. Nous avons vu comment se plante le riz. Les Antanosses s'y prennent autrement que les Malegaches des environs de Tamatave ; ils font piétiner par des bœufs le champ à ensemencer qui est humide naturellement et sur ce champ piétiné ils sèment le riz. Les ignames se plantent comme nos pommes de terre. Les terres sont cultivées par des Malegaches, mais avec l'autorisation des grands qui les possèdent. On trouve chez les Zafferamini d'adroits charpentiers qui se servent de la règle, du rabot, du ciseau ; mais n'ayant aucune idée de la vrille ou du vilebrequin, ils font des trous avec des pointes rougies au feu. Dans la plupart des provinces, les Malegaches fondaient le minerai par les procédés les plus simples, puis, avec le fer, ils forgeaient, comme maintenant, des haches, des marteaux, des enclumes, des couteaux, des sagayes, des pinces, des crochets. Les orfèvres travaillent l'or, l'argent, le cuivre. Ils en font des grains de colliers, des boucles, des anneaux. La céramique est grossière et est pratiquée, au moins chez les Antanosses, par les femmes comme par les hommes ; leur combustible est un simple feu de broussailles : une terre noirâtre leur sert à vernir ces poteries. On fait aussi des ustensiles de bois, façonnés au tour par quelques-uns. Les cordages de toute grosseur sont tissés particulièrement avec les fibres du palmier. Les femmes s'occupent seules des vêtements : elles filent, elles tissent et elles teignent les étoffes. Le rouge leur est fourni par une racine et le bleu et le noir par l'indigo. C'est aux ombiaches, dont nous avons déjà parlé, que revient le privilège de fabriquer le papier, de l'encre et des plumes, parce qu'eux seuls sont capables de s'en servir. Voici comment, au temps de Flacourt, se préparait le papier. On choisissait des écorces douces et on les mêlait avec de la cendre dans un grand vase rempli d'eau. On les laissait bouillir pendant une journée. Après cette première opération, l'écorce était lavée à l'eau claire et broyée dans un mortier de bois. Alors dans un châssis formé de petits roseaux, la pâte un peu délayée était étendue en couche mince sur une feuille de balisier légèrement huilée. Séché au soleil, le papier, toujours un peu jaunâtre, était passé dans une eau de riz bien mucilagineuse. Enfin chaque feuille convenablement lissée était rendue propre à recevoir l'écriture. L'encre était fabriquée par les ombiaches avec la décoction d'un bois très commun dans la province d'Anossi. Les plumes n'étaient et ne sont encore que des tiges minces de bambou habilement taillées. Il va sans dire qu'à cette époque, comme à la nôtre, Madagascar abondait en chasseurs, en pêcheurs, ces derniers très adroits à tresser de joncs leurs filets et leurs nasses et à jeter à la mer leurs hameçons et leurs harpons, emmanchés dans leurs sagayes. Les pêcheurs se servent aussi de vastes filets comme nos seines : ils vendent leurs poissons pour du riz, pour des ignames, pour du coton ; ou bien, ils sèchent et fument le poisson qu'ils ne peuvent vendre. Quant à la chasse, comme c'est une fatigue, les moyens en sont très primitifs.

Les armes à feu y sont étrangères et les nobles n'ont aucun goût pour les exercices du corps. Les nègres, pour chasser, ne se servent que de panneaux et de filets tendus dans les bois, où ils prennent ainsi des pintades, des perdrix, des cailles, et aux bords des étangs et des rivières, où ils prennent des poules d'eau, des canards sauvages et autres volatiles aquatiques. Les jeunes garçons connaissent la glu et les appelants pour piper les petits oiseaux. Les sangliers, qui ravagent les plantations vivrières, sont chassés au chien et sagayés. La médecine est exercée par les *ombiaches,* qui vont voir les malades et leur donnent des consultations. Leur médecine empirique se réduit à l'administration de décoctions d'herbes et de racines du pays. Flacourt nous apprend, enfin, qu'il y avait déjà, de son temps, à Madagascar, des bouffons, des musiciens, chanteurs et danseurs, des escamoteurs, des artistes ambulants, dont les talents amusent les grands, sans leur attirer rien qu'une sorte de dédain. Les musiciens jouaient d'un instrument monocorde appelé le *erravou* et déclamaient des poèmes de gestes, racontant, comme les Homérides, les hauts faits des héros anciens.

Les sciences exactes, on le comprend, du reste, étaient étrangères à Madagascar : on y comptait cependant à la manière des Européens. Pour dénombrer une armée, on établissait le tourniquet moderne, c'est-à-dire que chaque homme déposait une pierre en passant par un étroit passage et, après on comptait ces pierres par dizaines et par centaines. Les poids servent dans quelques circonstances et les mesures de capacité sont employées pour le riz. Tout le commerce se faisait par échange, comme chez les peuplades les plus sauvages. A cette époque, la monnaie y était inconnue et le peu qu'y apportaient les étrangers était immédiatement converti en objets de parure.

Ainsi que nous l'avons dit, Flacourt ne voyait aucun système de religion chez les Malegaches. Cependant des traces visibles de judaïsme, de mahométisme et même de bouddhisme s'y montraient, dès le septième siècle. Ainsi les Zafferamini, dont l'origine paraît provenir des bords de la mer Rouge et qui sont des nobles, ont la croyance en un seul Dieu et se rattachent évidemment par la tradition aux pratiques défigurées du mahométisme. Ces nobles observent le jeûne à certains moments de l'année, ce qui fait penser au judaïsme, de même que leurs sacrifices d'animaux par la main de sacrificateurs privilégiés. Ils comptent des jours heureux et des jours néfastes, où ils gardent un repos absolu. C'est encore l'observance de certaines dates par le judaïsme. Les Malegaches croyaient à l'existence de deux esprits, Dieu et le diable. En prenant possession d'une nouvelle maison, après avoir attendu le jour favorable, ils procédaient à une cérémonie, où chaque invité amenait des animaux ou apportait des vivres, du vin, du miel, des ustensiles. La cérémonie se terminait par un vaste festin réglé selon des formes prescrites. Le respect des morts est un trait particulier du caractère des Malegaches. Les funérailles des grands se faisaient avec une pompe extraordinaire. Les proches parents lavent le corps, le couvrent d'ornements, l'enveloppent de ses plus beaux pagnes et le placent dans une belle natte. Toute la journée, la famille, les amis, les voisins, comme en Corse les vociférateurs, viennent pleurer, gémir et crier dans la maison, les hommes frappent sur des tambours, les filles chantent et dansent avec tristesse, on récite les louanges du mort ; on lui parle, on lui demande pourquoi il a quitté la terre. Le soir, on sacrifie des bœufs et tous les assistants en reçoivent un morceau. Le lendemain, le corps, enfermé dans un coffre fait de deux troncs d'arbre évidés, est porté au cimetière et mis en terre ; auprès on place des vases et d'autres ustensiles. On immole de nouveau des animaux : après les avoir dépecés, on met de côté la part du défunt, puis celle de Dieu, celle du diable. Durant plusieurs jours, des esclaves sont chargés de renouveler ces provisions. Le souvenir des morts est le thème sur lequel sont basés tous les serments : on jure par eux et par leur mémoire. On les invoque au besoin, comme des esprits. Les Malegaches avaient d'autres manières de jurer, par des aspersions d'eau ou en mangeant un morceau de foie de taureau. Le serment ainsi proféré était pour eux un lien sacré que rien ne pouvait rompre.

Dans un pays aussi sauvage, on ne devait pas s'attendre à trouver des lois, une police. La loi du maître, la loi primordiale, suffisait à tout. Le grand ou le chef juge et tranche tous les différends, les différends relatifs aux terres, aux récoltes, aux dégâts : il punit les voleurs par l'amende ou même la mort. Sans recourir à la justice, il était admis qu'on pouvait tuer un voleur comme une bête venimeuse, serpent ou scorpion. Les épreuves du moyen âge par le feu, par l'eau bouillante, par le poison étaient en usage : il n'y manquait que la torture. Toutes les pratiques usuelles, les réjouissances, les constructions, les expéditions guerrières, tout y était réglé selon des coutumes traditionnelles.

Quant à leur manière de se faire la guerre entre eux, toute leur tactique consiste à surprendre l'ennemi, sans aucun ordre de combat. On marche la nuit, on fait des détours, on se renseigne par les espions ; puis, au moment propice, on cerne un village en poussant des cris, on en massacre les habitants et surtout les chefs, afin d'échapper aux représailles. Ce sont les razzias de l'Afrique ; les vainqueurs emmènent les troupeaux des vaincus, leurs femmes et leurs esclaves. Quand des chefs veulent parlementer, ils se donnent rendez-vous, mangent ensemble un foie de taureau, ce qui est la grande formule du serment, comme nous venons de le dire. Les armes des Malegaches variaient, selon Flacourt, selon les coutumes des diverses provinces. Chez les Antanosses, l'homme armé porte, avec la grande sagaye, un paquet de dards qu'il lance comme des javelots. Les Mahafales, les Machicores, quelques autres encore, outre la grosse sagaye, sont munis d'une rondache. Dans la vallée du Mangourou, une tribu très redoutée se servait de l'arc et des flèches.

Pour ce qui est de la manière de vivre et de se nourrir, les Malegaches étaient aussi primitifs, aussi malpropres qu'aujourd'hui. La nourriture du pays est abondante et variée à Madagascar; on y mange le bœuf, le mouton, le chevreau, les tenrechs, animaux de l'espèce des hérissons, des oiseaux de toute sorte domestiques et sauvages, des poissons de toutes les espèces, des racines vivrières en grand nombre, de la famille si nourrissante des ignames, des patates, des malangas. On y ajoute des fèves, des fruits de toute nature et d'une saveur exquise, la canne à sucre, qui est aussi un comestible, et même des chrysalides de bombyx. Tout se cuisait à l'eau, au temps de Flacourt; on assaisonnait les viandes avec du gingembre, du poivre ou des feuilles d'ail. La boisson ordinaire était l'eau chaude et le bouillon; le vin de miel était réservé aux occasions extraordinaires. Au pays des Matitanes et dans la région du nord, le vin de canne à sucre était surtout en usage : ailleurs, on mélangeait le vin de miel et le vin de canne. Dans la province d'Anossi, jamais les nobles ou grands ne mangeaient avec les esclaves, ceux-ci consommant les restes. Au contraire, parmi les peuplades voisines de la baie d'Antongil, les maîtres aussi bien que les femmes prenaient leurs repas en commun avec tous leurs serviteurs : c'était l'image de la vie patriarcale.

Chez ces populations oisives, au milieu d'une riche nature qui leur prodigue les moyens de se nourrir presque sans travail, les jeux et les distractions ne pouvaient manquer de prendre leur place. Les naturels, au récit de Flacourt, se livraient à des jeux d'adresse. Ainsi, ils disposent à terre de grosses coquilles rangées avec ordre, contre lesquelles ils lancent une autre coquille en la faisant pirouetter. On gagne et on perd à ce jeu jusqu'à des bœufs. Un autre jeu offre une analogie avec le trictrac; sur une tablette percée de trente-deux trous, on jette des fruits ronds qui doivent emplir les trous : les Français ne se faisaient pas faute de jouer avec le trictrac des Malegaches. Pour les réjouissances et fêtes, on avait les chansons, les danses, la musique monotone des Orientaux, une guitare avec une seule corde, un violon avec une seule corde, une canne à six cordes, d'un usage difficile à dire, une sorte de flûte en usage chez les Matitanes, tels étaient leurs instruments. Nous avons parlé des chansons de gestes où les exploits des héros sont chantés sur un mode sérieux ; mais, outre ces espèces de poèmes, Flacourt nous apprend que la chansonnette comique était pratiquée par les Malegaches, comme elle est née avec le Français malin de Boileau. Dans leurs chansons comiques, les Malegaches tournaient en ridicule quelque personnage connu, et l'assemblée, à Madagascar comme en Europe, se livrait à des éclats de rire joyeux, en présence des grimaces et des imitations des chanteurs bouffes. La danse, à Madagascar, était et est encore celle des peuplades sauvages, surtout parmi les femmes. C'était des passes, des déhanchements, des tourbillons et des conversions allant jusqu'aux contorsions. Les Antanosses tournaient et marchaient en cadence les uns à la suite des autres, comme le monôme des polytechniciens. Ils accompagnaient le monôme au son du tambour, avec accompagnement de chants. On ne connaissait à Madagascar de voitures d'aucun genre : on y employait déjà, cependant, l'antique palanquin qui est encore en usage aujourd'hui, le *tacon*, petit siège en bois fixé à deux bâtons, où s'assoit le voyageur de distinction et qui est porté sur les épaules par des esclaves au pied sûr : c'est la chaise à porteurs à Madagascar. Nous verrons, par la suite, tous les étrangers s'en servir par nécessité, à cause de l'absence de chemin frayés.

Le caractère des habitants de Madagascar a été jugé par Flacourt avec une sincérité sans aucun détour : il a fait de ce caractère un tableau très noir, celui de la sauvagerie persistante, rebelle à tout sentiment de civilisation, et malheureusement toute l'histoire des Malegaches depuis plus de deux siècles, histoire qu'on lira plus loin, est venue confirmer en partie l'exactitude de son jugement. Notre historien déclare nettement que les naturels de Madagascar, — disons plutôt les étrangers venus de divers côtés pour les soumettre, — sont capables de tous les genres de crimes, de vices et de trahison. Ils tiennent pour autant de vertus le mensonge, la dissimulation, la flatterie intéressée, la lâcheté, la cruauté même. Ils ne combattent que par surprise et ne se font pas faute de fuir à toutes jambes, quand l'ennemi se défend. Vils et bas devant les vainqueurs, ils sont impitoyables contre les vaincus désarmés. Ils ont pour maxime qu'il faut tuer celui à qui on a fait une injure, afin d'éviter une vengeance. Superstitieux comme des brutes, ils n'attribuent un pardon qu'à la bonne fortune ou à la puissance des talismans, des olis. En un mot, dit Flacourt, « ce sont des gens qu'il faut mener par la rigueur ».

La polygamie était pratiquée à Madagascar; les riches ont plusieurs femmes comme chez les mahométans; mais les femmes ne se piquent point de fidélité. Les jeunes filles ne refusent rien en présence d'un cadeau. D'autre part, quand un jeune homme se présente comme mari, il n'est agréé qu'après s'être fait connaître particulièrement. Les désordres, toutefois, sont cachés; il n'est pas d'usage de s'en vanter hautement ou même d'en parler. Les nobles seuls font une cérémonie pour le mariage, les esclaves s'en passent. Dès cette époque, on tuait les nouveau-nés ou on les abandonnait dans certaines circonstances, selon le conseil de ces charlatans prêtres et médecins, les *ombiaches*. Pour eux, il y avait de nombreux jours dits jours malheureux, et l'enfant né dans ces jours-là était impitoyablement jeté et abandonné dans les broussailles ou égorgé. D'autres causes encore, telles que de grandes souffrances pendant l'accouchement, étaient des arrêts de mort pour les ombiaches. Quelques mères, au temps de Flacourt, trouvaient le moyen de sauver leurs enfants de la férocité idiote des ombiaches, en les envoyant au loin pour les faire élever. L'hospitalité était en usage à Madagascar, comme chez beaucoup d'insulaires, qui accueillent l'étranger volontiers, beaucoup par curiosité, pour avoir des nouvelles du dehors.

Sans être naturaliste, Flacourt a parlé des plantes et des animaux qu'il a rencontrés à Madagascar et il a indiqué de son mieux les ressources du pays. Le cocotier, selon une tradition locale, aurait été implanté dans l'île par des noix venues de quelque contrée lointaine avec les flots de la mer. Il cite les racines alimentaires, les fruits savoureux, le miel des abeilles et celui des fourmis mellifères. « Tout ce pays, s'écrie l'historien, tout ce pays est fécond. L'île est fournie de tout ce qui est nécessaire à la vie, de sorte qu'elle peut facilement se passer de toutes les autres nations. » Il constate que l'île n'a pas d'animaux dangereux et qu'elle en possède d'infiniment remarquables. Les crocodiles, qui, seuls, sont dangereux, vivent retirés au fond des rivières.

Tel est l'ensemble de ce curieux tableau, comme l'a dessiné, avec une honnête naïveté Étienne de Flacourt. Le tableau est si fidèle qu'il est encore ressemblant de nos jours. Dans les civilisations primitives, comme dans les civilisations avancées, l'homme change moins qu'on ne le croit et l'empire des mœurs, celui des traditions, la persistance des caractères restent toujours les mêmes ou à peu de chose près. Nous avons reproduit le vieux tableau peint par Flacourt, parce qu'il nous a paru qu'il n'était pas sans intérêt de le comparer avec celui qu'a tracé en raccourci Marco Polo, et celui plus moderne que nous allons en tracer nous-même, dans la suite de cet ouvrage, d'après les récentes explorations de M. Alfred Grandidier. Ces trois tableaux formeront un ensemble qui se rapprochera certainement de la vérité.

En quittant Madagascar, Flacourt avait laissé le commandement de la colonie à Promis, qui, au demeurant, lui parut être l'homme assez énergique pour continuer sa rude tâche. Il est présumable qu'arrivé en France, l'ancien gouverneur ne fut pas étranger au remaniement de l'ancienne Compagnie. A l'expiration du privilège de la *Société de l'Orient*, accordé pour dix ans seulement, le maréchal de la Meilleraye en avait obtenu la concession à son profit.

La Société fut reconstituée le 12 octobre 1656, en vertu d'un arrêt du Roi en date du 12 août précédent, au nom des associés de la Compagnie Rigault, parmi lesquels on remarque les sieurs de Flacourt, d'Aligre, trésorier des Menus, et de Beausse, qui déclarent vouloir entrer dans la nouvelle Compagnie. Dans l'arrêt, « le roi voulant pourvoir à ce qu'une entreprise si avantageuse à la religion catholique, si glorieuse à l'État et si utile au commerce, ne demeure point imparfaite, a nommé des commissaires de son Conseil pour entendre les propositions qui seront faites tant pour les intéressés et associés en la compagnie du sieur Rigault que par les autres qui pourront se présenter et former une Compagnie de personnes considérables et intelligentes pour envoyer dans ledit pays des ecclésiastiques capables d'instruire les peuples qui y habitent, des hommes et des vaisseaux bien équipés, en tel nombre qu'ils trouveront à propos pour y négocier et trafiquer, promettant Sadite Majesté de donner à la Compagnie qui sera par eux formée telle concession qui sera nécessaire pour faire réussir avantageusement ladite entreprise. » Ainsi remaniée, la première Société traîna péniblement son existence pendant une période de dix ans sous la direction du duc de la Meilleraye, elle ne tira aucun profit ni de ses capitaux ni de la protection du roi.

Il fallut le puissant essor donné à toute chose par l'avènement à la majorité du jeune Louis XIV et par le génie de Colbert pour que la grande idée de Richelieu reprît une forme digne de ces deux grands hommes.

C'est en 1664 que fut fondée par Colbert, sous la dénomination de *Compagnie Orientale* et sur le modèle des compagnies anglaises créées en 1660, une nouvelle Société de commerce, qui obtint la cession à son profit des droits concédés à la précédente sur Madagascar. Son capital ne s'élevait pas à moins de 15 millions de livres, somme considérable pour cette époque. L'édit d'août 1664, qui lui conférait ces droits, s'exprimait ainsi dans son article 29 : « Nous avons donné, concédé et octroyé, donnons, concédons et octroyons, à ladite Compagnie, l'île de Madagascar ou Saint-Laurent, avec les îles circonvoisines (1), forts et habitations qui peuvent y avoir été construits par nos sujets ; et, en tant que besoin est, nous avons subrogé ladite Compagnie à celle-ci devant établie pour ladite île de Madagascar, pour en jouir par ladite Compagnie à perpétuité, en toute propriété, seigneurie et justice. »

(1) « Les îles de France et de Bourbon, sur lesquelles la France *n'a jamais exercé d'autre prise de possession* et qui furent rendues à la couronne ne 1770 moyennant une rente de 1,200,000 livres stipulée en faveur de la Compagnie, de même que Madagascar lui avait été rétrocédée juste un siècle auparavant, aussi moyennant certaines stipulations. » (Notes mises à la fin de la brochure de M. Laverdant sur la *Colonisation de Madagascar*, par M. Lepelletier Saint-Remy.)

Le roi avait accordé les plus grandes faveurs à la Société des Indes orientales. Des honneurs et des titres furent promis à ceux qui se distingueraient au service de la Compagnie. Sa Majesté avait même pris un intérêt d'argent dans cette importante opération de commerce. Son exemple fut imité par tous les princes du sang et par les cours souveraines de France qui personnifiaient la haute magistrature et l'élite sociale de ce temps. Jamais entreprise ne fut organisée sous de plus brillants auspices. L'émission des actions de la Compagnie n'était pas encore terminée, ses prospectus circulaient encore dans le royaume que déjà les syndics commençaient à travailler aux préparatifs d'une flotte pour Madagascar. « Cette île, dit Charpentier, qui est possédée par les Français seuls, étant considérée par la Compagnie comme un lieu propre à y faire un puissant établissement, elle résolut de commencer par là son grand commerce (1). »

La concession faite par l'édit du mois d'août 1664 fut corroborée par un nouvel édit du 1er juillet 1665 qui prescrivit de nommer désormais *île Dauphine* l'île de Madagascar qui, depuis sa découverte par les Portugais, avait porté le nom d'île Saint-Laurent. Les uns affirment que ce nom lui avait été donné en honneur de dom Lorenço de Almeyda, premier vice-roi aux Indes orientales, pour Emmanuel de Portugal; d'autres assurent que ce fut parce que la flotte de Fernan Suarez y aborda le jour de la Saint-Laurent.

(1) Le roi figurait dans la souscription de quinze millions pour un cinquième, soit trois millions prêtés pour dix ans, sans intérêt et destinés à couvrir les pertes, s'il s'en présentait au bout de dix ans. La reine, la reine mère, le Dauphin souscrivirent pour 60,000 livres, le prince de Condé pour 30,000 livres, le prince de Conti pour 20,000. La cour, à elle seule, y figurait pour deux millions de livres au moins. Les cours souveraines souscrivirent pour 1,200,000 livres, les officiers des finances pour deux millions, Rouen pour 550,000, Bordeaux pour 400,000, Tours pour 150,000, etc. Le corps des marchands de Paris souscrivit pour 650,000 livres. Ils avaient été consultés par Colbert, qui les avait invités à se réunir au préalable et à présenter leurs vues sur le projet. Ils rédigèrent un cahier en quarante articles et lorsque le cahier leur fut rendu par Colbert, ils virent, non sans surprise, que Louis XIV, âgé de vingt-six ans, avait écrit de sa propre main, en marge, des observations personnelles sur chacun des articles de ce cahier. (Charpentier, *Histoire de l'établissement de la Compagnie française pour le commerce des Indes orientales,* dédié au Roi. Paris, 1666.)

On trouve, dans le nouvel édit de 1665, le passage suivant relatif aux droits de la France sur Madagascar mentionnés plus haut, dans l'édit de concession : « Le principal établissement de la Compagnie doit être dans l'île appelée jusqu'à présent île de Madagascar, que nous avons concédée à ladite Compagnie, par notre déclaration du mois d'août 1664, aux conditions y mentionnées, Nous étant le seul souverain qui y ait présentement des forteresses et des habitations. » La même déclaration accorda à la Compagnie le droit de bâtir des châteaux forts avec pont-levis et le droit de haute, moyenne et basse justice. Toutefois, le roi réserva le droit de justice souveraine, l'une des attributions de suzeraineté royale, à l'égard de la nouvelle colonie française.

Le fort Dauphin devint alors le chef-lieu de l'île de Madagascar, à laquelle on donna, dans le sceau royal, le beau nom de *France orientale*.

M. de Beausse y arriva en 1665, en qualité de gouverneur général pour le roi. Un conseil souverain fut établi dans la colonie et la métropole y fit des envois considérables d'hommes et de matériel. M. de Beausse fut en même temps choisi pour dépositaire des sceaux du roi à Madagascar. Le grand sceau, au rapport de Charpentier, représentait le roi en manteau royal, la couronne en tête, le sceptre dans une main et la main de justice dans l'autre. On lisait, autour de ce grand sceau, la légende suivante :

LUDOVICI XIV FRANCIÆ ET NAVARRÆ REGIS SIGILLUM,
AD USUM SUPREMI CONSILII GALLIÆ ORIENTALIS (1).

Tandis que cette opulente Compagnie s'organisait en France, les successeurs de Flacourt, qui n'avaient hérité ni de sa fermeté ni de ses talents, luttaient à Madagascar contre les difficultés de leur position. Parmi eux, M. de Champmargou se fit remarquer honorablement. Sa persistance et son énergique volonté étaient faites pour de meilleures circonstances. Ce fut sous son gou-

---

(1) Charpentier, dans son *Histoire de la Compagnie des Indes*, dit que le nom de FRANCE ORIENTALE, donné à Madagascar par l'édit de 1665, lui fut conféré « afin qu'elle conservât une marque éternelle du temps où nous avons commencé à y faire un grand établissement ».

vernement que le père Étienne, directeur de la mission, mu par un dévouement inconsidéré, essaya de convertir au christianisme un chef influent de la province, partisan chaleureux des Français. Cette tentative fit perdre la vie à l'ardent missionnaire, à la fois apôtre et martyr, et à ses compatriotes un appui d'autant plus précieux que dans ce moment la trahison décimait les rangs de nos infidèles alliés. Un Français, le sieur la Case, mécontent de voir ses services méconnus, s'était retiré chez le chef de la vallée d'Amboule, dont il avait épousé la fille. Il était devenu l'idole des indigènes de cette contrée. Loin de chercher à se venger, cet homme aussi intelligent que généreux, dont la tête avait été mise à prix, n'usa de son influence que pour secourir et aider ses anciens amis. Il rétablit la paix compromise avec les chefs des environs et rendit de grands services à la colonie dans la guerre désastreuse qui fut le résultat de la conduite impolitique du père Étienne. On l'en récompensa dignement en le nommant officier, puis major de l'île.

Ce fut le 11 juillet 1665, au matin, qu'eut lieu la prise de possession faite au nom du roi et pour le compte de la Compagnie des Indes orientales, de l'île de Madagascar, qui, selon la volonté de Louis XIV, devait être le pivot des opérations de la Compagnie dans les mers de l'Inde. M. de Rennefort, secrétaire d'État de la France orientale, nous en a conservé les souvenirs dans la relation qu'il a publiée de son voyage. « Je me fis conduire immédiatement, dit-il, chez le gouverneur, M. de Champmargou. Tenant en main un original de la Déclaration du roi pour l'établissement de la Compagnie des Indes orientales en l'île de Madagascar, de laquelle Sa Majesté faisait don à ladite Compagnie, je lui dis que je venais prendre possession de ladite île, au nom du roi. Le gouverneur dit que, le lendemain, il remettrait l'île de Madagascar entre les mains du porteur des ordres de Sa Majesté. »

En 1669, M. le comte de Mondevergue débarqua au fort Dauphin. Il arrivait en qualité de gouverneur général ou vice-roi et amenait avec lui une flotte composée de dix vaisseaux.

La Compagnie royale avait mal dirigé ses opérations, mal choisi ses postes et ses agents. Elle ne tarda pas à chanceler, malgré ses immenses ressources. Ces ressources elles-mêmes, si considérables, si abondantes, furent une cause indirecte de ruine, dans un temps où les entreprises commerciales étaient si peu formées à la balance de leurs revenus et de leurs dépenses, où ces colossales expéditions financières étaient confiées la plupart du temps à des aventuriers sans pudeur ou à des gentilshommes ruinés, peu habitués, les uns et les autres, au sage maniement des capitaux qui leur étaient alors confiés pour le bien de la France. Le gaspillage s'était installé dès l'origine au sein de la Compagnie. Les millions du roi qui étaient les millions de la France, au lieu de concourir au grand but politique qui les réclamait, entretinrent et alimentèrent pendant quelque temps d'odieuses dilapidations.

Il fallut renoncer aux espérances les plus légitimes. Notre premier établissement sérieux et de grande porportion fut compromis d'une manière désastreuse. Si l'on ajoute à ces causes déjà si tristes d'autres ferments de dissolution, on verra qu'en dehors du gaspillage financier cette grande entreprise était sourdement minée par plusieurs autres agents de ruine, dont un seul eût suffi pour la perdre. C'était d'abord la mésintelligence des chefs de la colonie, puis les hostilités fréquentes des naturels, la détestable administration intérieure et enfin la discorde qui divisa bientôt les directeurs de la Compagnie elle-même. Malgré un secours de deux millions qu'elle reçut, en 1668, de Louis XIV, la Compagnie, jetée par les causes que nous avons énumérées dans les plus graves embarras, fut obligée de faire, en 1670, remise de ses droits sur Madagascar entre les mains de Sa Majesté.

Le roi supprima le Conseil souverain du fort Dauphin, par arrêt du 12 novembre 1670. La situation de la colonie ne fit alors que péricliter et les Français se retirèrent successivement de l'île.

Malgré l'abandon de ses sujets, Louis XIV ne cessa pas un instant de considérer l'île de Madagascar comme appartenant au domaine de la couronne, auquel, dans la suite, un arrêt du conseil d'État, de juin 1686, réunit formellement cette île dans les termes suivants : « Tout considéré, Sa Majesté étant en son Conseil, vu la renonciation faite par la Compagnie des Indes orientales à la propriété et seigneurie de l'île de Madagascar, que Sa Majesté a agréée et approuvée, *a réuni et réunit à son domaine ladite île de Madagascar, forts et habitations en dépendant,* pour par Sa Majesté en disposer *en toute propriété, seigneurie et justice.* »

Après la mort de Louis XIV, des édits de mai 1719, juillet 1720 et juin 1725, consacrèrent les mêmes droits de propriété de la couronne de France sur l'île de Madagascar.

Le moment est venu pour nous de dire ici quelques mots de la question des droits de la France sur Madagascar. Au point de vue diplomatique, ces droits ne sauraient être contestés par personne, car ils reposent sur le droit des gens. On verra, plus loin, que l'Angleterre elle-même les reconnut à l'époque de la Restauration et qu'elle désavoua l'un de ses agents, officier général de la marine britannique, qui avait osé les contester.

On sait qu'après la découverte de l'Amérique, le droit de possession fut un moment à la discrétion des papes, tels que Nicolas V en 1454 et Alexandre VI en 1493, qui crurent pouvoir attribuer des donations de territoire aux Portugais et aux Espagnols. Mais, bientôt, on revint aux règles du droit naturel et il fut admis par le code des nations que toute terre inculte et sans maîtres constitués appartenait au premier occupant et se trouvait placée par ce fait sous la souveraineté de la nation qui y arborait son drapeau, en y fondant des établissements sérieux, sous la protection de son pavillon. Ces règles passèrent dans le droit des gens et on les trouve formulées dans les divers traités sur le droit public par tous les publicistes qui font autorité dans la science de la législation diplomatique, Wattel, Kluber, Martens (1). Toutes les nations modernes ont reconnu ces principes et c'est en leur nom que l'Espagne, le Portugal, l'Angleterre et la Hollande ont pris possession de leurs colonies. Or, on vient de voir que Louis XIV ne se contenta pas de planter le drapeau français à Madagascar, d'y bâtir des habitations et d'y fonder des bâtiments de commerce, mais qu'il y fit construire des forts, en fit son domaine, y établit sa justice et seigneurie. Jamais souveraineté ne fut mieux établie et d'une manière plus solennelle que celle de la France sur Madagascar.

---

(1) Wattel, édition Guillaumin, I, page 494 et suiv. — Kluber, édition Ott, §§ 47 et 125. — Martens, édition Vergé, tome Ier, § 34 et suiv.

A l'époque de la réunion de l'île au domaine de la couronne de France, M. de Mondevergue eut le choix de rester gouverneur de cette possession ou de retourner en France. Il prit ce dernier parti, et ce brave officier qui avait administré le pays avec sagesse et rétabli la paix dans la colonie, ayant été néanmoins calomnié par son successeur, fut emprisonné au château de Saumur, où il succomba sous le poids du chagrin.

L'amiral de la Haye lui avait succédé en 1670. Il était arrivé au fort Dauphin muni de pouvoirs illimités, avec une nouvelle flotte de neuf vaisseaux armés en guerre et appartenant au Roi. Il montait le *Navarre*, de mille tonneaux et armé de cinquante-six pièces de canon. Le sieur Dubois, dans son voyage aux îles *Dauphine* et *Mascareigne*, raconte ainsi l'arrivée à Madagascar de l'amiral de la Haye : « Le 24 novembre, M. de la Haye descendit à terre, accompagné des officiers de l'escadre et de ceux de sa maison. Il trouva toute l'infanterie sous les armes pour sa réception. Ils furent en la maison de M. de Mondevergue, lors encore vice-roi ou gouverneur de l'île, en présence duquel et de M. de Champmargou, lieutenant général, de M. de l'Espinay, receveur général, et de plusieurs officiers et personnes notables, M. de la Haye fit ouverture des paquets du roi, et fit faire lecture de ses commissions.

« Le jeudi, 4 décembre, les préparatifs ayant été faits pour la réception de M. de la Haye, en qualité d'admiral gouverneur et lieutenant général pour le roi, la chose fut exécutée ainsi. Les troupes d'infanterie, tant de l'île que celles de la flotte du sieur admiral étant sous les armes et les Français, habitants en l'île, et plusieurs originaires qui avaient été mandés estant présents, Monsieur l'admiral sortit de son logis accompagné de la Mission, et de M. de Gratteloup, maréchal de camp, de M. de la Raturière, aide de camp, de M. de Champmargou, lieutenant général, du sieur la Case, de plusieurs officiers, garde et maison de M. l'admiral. Ils furent jusque sous la porte du fort, où était dressée une espèce de throsne. Chacun y prit son rang selon sa qualité. L'on imposa le silence et le secrétaire du conseil lut les commissions du roi données en faveur de M. de la Haye, par lesquelles il parut que Sa Majesté, voulant maintenir les pays orientaux et peuples d'iceux qui sont ou seront sous son obéissance, a trouvé ne pouvoir faire un meilleur choix que celui de la personne de M. de la Haye, des qualités sus-dites, lui donnant Sa Majesté pouvoir de commander en toutes choses, régir, gouverner, faire et ordonner tout ainsi que ledit sieur de la Haye le jugerait à propos pour le bien et avantage de Sa Majesté ; mesme pouvoir d'exercer la justice souveraine ès dits pays obéissants, tant sur les ecclésiastiques que sur toutes autres personnes en général. Ensuite de quoi, les officiers prêtèrent serment de fidélité à Sa Majesté et d'obéissance à M. de la Haye. Le mesme jour, M. l'admiral prit POSSESSION DE L'ILE AU NOM DU ROY. »

Sous le gouvernement du comte de Mondevergue, comme sous celui de l'amiral de la Haye, M. de Champmargou avait continué à résider au fort Dauphin. Il y jouait le principal rôle dans la direction des affaires, par suite de sa triple et essentielle connaissance des hommes, des choses et des lieux. Un chroniqueur prétend, sans que rien puisse confirmer la vérité de son assertion, qu'il fit échouer à dessein une expédition dirigée contre un des chefs indigènes, par ordre du dernier gouverneur général, dans le but de dégoûter celui-ci d'un pays où lui-même regrettait de ne plus occuper que le second rang, après y avoir possédé si longtemps le premier.

Quoi qu'il en soit, l'insuccès éprouvé par M. de la Haye fit, en effet, sur celui-ci une impression de telle nature qu'il prit la résolution de quitter le fort Dauphin et de porter ses forces à Surate (1). Le départ de l'amiral fut suivi de la mort de la Case et de celle de M. de Champmargou.

M. de la Bretesche, qui succéda à ce dernier, était le gendre de la Case, mais il n'en avait ni les talents ni la considération. Il désespéra de se maintenir dans l'île avec les débris de la colonie, affaiblie chaque jour par les guerres contre les indigènes et les discordes intestines. L'exemple de M. de la Haye le gagna et, profitant du passage d'un navire qui se rendait à Surate, il abandonna le

(1) On trouve, en tête du *Journal de M. de la Haye aux Grandes Indes*, les pièces et provisions qui lui donnent les pouvoirs de gouverneur et lieutenant général pour le roi *en l'isle Dauphine et dans toutes les Indes.*

pays ; à peine était-il à bord avec sa famille et quelques amis qu'il aperçut un signal de détresse qui arrivait de la terre qu'il venait de quitter. On mit immédiatement à la mer la chaloupe qui fut assez heureuse pour arriver à temps et pour recueillir, au pied du fort Dauphin, les malheureux qui venaient d'échapper, au massacre des Français par les indigènes.

Ce tragique événement, suite de la longue irritation produite par l'imprudent fanatisme religieux du père Étienne, eut lieu à la fin de l'année 1672. Le Gentil, dans son *Voyage dans les mers de l'Inde,* raconte que les Français furent surpris sans défense, dans leur église située hors du fort, pendant la messe de minuit, à Noël, et que ceux qui purent s'en échapper allèrent, avec quelques femmes du pays, chercher asile à l'île Bourbon où ils s'établirent.

L'île Bourbon n'avait, à cette époque, que fort peu d'habitants. A part les douze hommes qui y furent déportés par Pronis et qui en revinrent, dit Flacourt, « bien sains et gaillards, » elle ne reçut, à cette époque, aucun explorateur. M. de Flacourt y envoya, en 1654, huit blancs accompagnés de six nègres, pour l'occuper et la reconnaître. Cette petite colonie y vécut heureuse et dans la plus grande abondance pendant quatre ans ; mais se trouvant sans communication régulière avec l'extérieur, ils profitèrent du passage d'un navire anglais pour se rendre dans l'Inde. L'île Bourbon était encore inhabitée lorsque, vers 1665, selon le rapport de l'abbé Raynal, elle servit encore de refuge aux Français échappés du fort Dauphin. « La santé, l'aisance, la liberté dont ils jouissaient déterminèrent plusieurs matelots des vaisseaux qui allaient y prendre des rafraîchissements à se joindre à eux. » On peut donc dire que la colonie de Bourbon fut en quelque sorte la fille de celle de Madagascar. Depuis, Bourbon n'a cessé de faire entendre des paroles éloquentes en faveur de la grande île Malegache et lui a rendu, ainsi que nous le verrons plus loin, l'hommage que mérite l'ancien berceau de ses aïeux.

Au commencement du dix-huitième siècle, l'attention de la France fut de nouveau attirée par l'importance politique et maritime de Madagascar. L'ingénieur de Cossigny y fut envoyé en 1733 pour explorer la baie d'Antongil : il avait avec lui trois vaisseaux, mais son exploration n'eut point de résultat.

En 1746, Mahé de la Bourdonnais, gouverneur de l'île Bourbon, va également examiner et étudier le pays.

La Compagnie des Indes cherchait, sous M. de Choiseul, à fonder un établissement dans l'île Sainte-Marie. Elle en trouva bientôt l'occasion. Le 30 juillet 1750, cette île fut cédée à la France par Béti, fille de Tamsimalo, dernier souverain décédé de Foulepointe et de toute la côte comprise entre ce lieu et la baie d'Antongil. Cette cession fut faite également par les grands chefs du pays (1).

(1) Voici l'acte qui constate cette cession :

« L'an des Français 1750, sous le règne de LOUIS *le Bien-Aimé, quinzième du nom, roi de France et de Navarre*, BÉTI, fille et héritière du royaume et de tous les droits de feu TAMSIMALO (ou Ratzimilaho), son père, en son vivant roi de Foulepointe et des autres pays de la côte de l'est de Madagascar, depuis 18° 30′ de latitude méridionale, en remontant vers le nord, jusqu'à la baie d'Antongil, située par 15° 30′ de latitude aussi méridionale, souverain de tous les pays et îles adjacents.

« A tous les princes de son sang, à tous les grands de son royaume, chefs de village, commandant pour lui dans ses États, à tous autres, ses sujets quelconques, aux habitants de l'île SAINTE-MARIE, et à toutes les nations du monde qui ont et peuvent avoir commerce avec la partie de l'île de Madagascar qui forme son royaume.

« Fait savoir et notifie, par ces présentes, que feu TAMSIMALO, son père, et ELLE-même, depuis plusieurs années, ayant eu dessein, pour le bien de ses États et de tout son peuple, de faire leur possible pour attirer la nation française dans leur pays, par préférence aux autres cantons de Madagascar, ils ont requis, à diverses reprises, les capitaines des vaisseaux de la Compagnie des Indes de France, qui viennent traiter annuellement chez lui des vivres, et pour bestiaux et esclaves, de demander en son nom et pour lui, à SA MAJESTÉ LOUIS QUINZIÈME, ROI FRANCE ET DE NAVARRE, et à la Compagnie, qu'il protège l'établissement d'un comptoir français sur les terres de sa dépendance en l'île de Madagascar ; qu'ils ont chargé récemment le sieur GOSSE, officier, qui a fait plusieurs traités pour la Compagnie dans les escales de son royaume, de solliciter messire Pierre-Félix-Barthélemi DAVID, écuyer, gouverneur général pour le roi et la Compagnie des îles de France et de Bourbon, de consentir qu'il soit procédé à l'établissement pour lequel ils ont conjointement offert, promis et se sont obligés, et ELLE s'offre, promet et s'oblige, de céder, abandonner, livrer et bailler, pour en être mis en pleine jouissance et possession, à SA MAJESTÉ LOUIS QUINZIÈME, et à la Compagnie française des Indes, le terrain qui lui serait nécessaire.

« Le décès de TAMSIMALO, son père, étant arrivé dans l'intervalle du retour dudit sieur GOSSE, ELLE, héritière du royaume de feu son père et de tous ses droits, a su, à l'arrivée du sieur GOSSE, depuis peu de retour dans une des escales de son royaume, et chargé des ordres, volontés et pouvoirs de mes

Héritière du royaume de son père, Béti voulut témoigner aux Français la satisfaction qu'elle éprouvait de les voir former un établissement permanent dans son pays, en leur cédant en toute

sire Pierre-Félix-Barthélemi DAVID, qu'il ne peut s'établir de comptoir français sur les terres de son royaume qu'au moyen qu'il soit fait un abandon entier, et sans aucune restriction, de l'île de SAINTE-MARIE, de son port et de l'îlo tqui le ferme.

« En conséquence de quoi, et pour mettre à exécution le projet, à jamais avantageux à son peuple et à son royaume, de faciliter un établissement chez ELLE, et d'y maintenir les Français,

« ELLE, BÉTI, reine de Foulepointe, avec toute sa famille, assistée des grands de son royaume, des chefs et des commandants des villages qui lui appartiennent, s'est embarquée sur le vaisseau de la compagnie de France, le *Mars,* pour se rendre à l'île de SAINTE-MARIE, où, étant en présence des sieurs ADAM DE VILLIERS, capitaine dudit vaisseau, du sieur GOSSE, officier chargé de traiter de l'acquisition de SAINTE-MARIE, et d'arborer le pavillon français pour y faire l'établissement qu'elle demande; des sieurs VIZÈZ, premier lieutenant; NAGEON, second lieutenant; DAMAIN et DE RAVENEL, tons deux premiers enseignes, et MAINGAUD, écrivain dudit vaisseau *le Mars,* et des soussignés, grands, chefs, commandants des villages de son royaume, et ses sujets, par elle appelés pour être témoins de la cession et de l'abandon qu'elle fait au sieur GOSSE, à ce présent et acceptant pour S. M. LE ROI DE FRANCE, LOUIS QUINZIÈME, et la NATION FRANÇAISE;

« ELLE *déclare,* veut et entend, qu'à commencer de ce jour, l'île SAINTE-MARIE, située par le 16° de latitude méridionale, deux à trois lieues à l'est de la côte orientale de Madagascar, cesse de faire partie de ses États, qu'elle a hérités de ses pères, et qu'elle doit laisser à ses successeurs; mais, au contraire, soit et demeure toujours appartenant, avec son port et l'îlot qui le ferme, à S. M. LOUIS QUINZE, ROI DE FRANCE ET DE NAVARRE, pour servir au commerce de la Compagnie des Indes, cédant, abandonnant, livrant et transportant tous ses droits quelconques sur ladite île et ses dépendances audit seigneur roi de France et à sa Compagnie des Indes, pour par ledit seigneur roi de France et sa Compagnie des Indes en être pris possession et pleine jouissance de ce moment, et y rester à perpétuité, comme maîtres pleins, puissants et souverains seigneurs d'icelles, sans être tenus de payer à ELLE, BÉTI, ni à aucun de ses successeurs, aucuns droits et rétributions pour cause de ladite acquisition; reconnaissant, ELLE, BÉTI, S. M. LOUIS XV, et sa compagnie des Indes, pour souverains maîtres et seigneurs indépendants de ladite île et de son port, pour en jouir et disposer comme il leur avisera bon être : promettant, ELLE, BÉTI, reine, sa FAMILLE, les GRANDS de son royaume, les CHEFS et COMMANDANTS de ses villages, à ce présents et consentant, pour les droits du royaume et particuliers, soutenir, protéger, maintenir, défendre contre tout trouble et empêchement de la part des naturels de l'île de Madagascar ou autre nation qui voudraient interrompre ou propriété l'île de Sainte-Marie. Legentil rapporte qu'à son retour de l'île de France, Béti fit une seconde donation de l'île Sainte-Marie aux Français, qui en reprirent possession en 1754.

s'opposer à leur établissement, les sujets de S. M. le roi de France et les employés de la Compagnie des Indes, en pleine paix et jouissance et entière possession de l'île SAINTE-MARIE et de ses dépendances;

« Veut pareillement et entend, ladite REINE BÉTI, que la concession et l'abandon qu'elle fait aujourd'hui, de son plein gré et de son mouvement volontaire, pour le bien de ses peuples et de son royaume, soit et demeure stable, à perpétuité, sans que, pour quelque motif que ce puisse être, aucun de ses héritiers, sujets ou autres nations, pour raison d'aucuns droits ou cessions particulières, puisse prétendre à en débouter la nation française, aujourd'hui en possession de ladite île et de ses dépendances. »

« Reconnaissant, par ces présentes, ladite REINE BÉTI, qu'elle a reçu du sieur GOSSE, de la part de S. M. le roi de France et de la Compagnie des Indes, à titre de compensation, dédommagement, échange, une certaine quantité d'effets à elle propres et convenables, dont elle est contente, ainsi que les grands du royaume, à ce présents et acceptant, comme chargés des intérêts de leur REINE et de sa couronne,

« Déclare, BÉTI, à tout le royaume de Foulepointe, à ses alliés et aux rois de Madagascar, ses voisins, que les Français sont et demeurent quittes à perpétuité, envers tous les rois de Foulepointe, ses descendants, et autres qui pourraient y prétendre; et qu'elle veut et entend qu'ils soient reconnus, par tous les peuples de Madagascar, pour seuls maîtres et souverains de l'île SAINTE-MARIE, son port et l'îlot qui le ferme;

« Veut que copie du présent acte soit déposée dans son trésor, pour demeurer et passer à ses descendants; qu'il soit envoyé des courriers dans les principaux établissements de son royaume, pour donner avis à tous ses sujets, même aux peuples voisins et ses alliés, de la prise de possession de ladite île par les Français.

« Et a signé ladite REINE BÉTI, de sa marque et de son cachet, qu'elle a fait reconnaître par les grands de son royaume.

« Et ont aussi signé les sieurs acceptant et témoins de la prise de possession, dans le port de l'île de SAINTE-MARIE, en la partie orientale de l'île de Madagascar, le 30 juillet 1750. »

« GOSSE, ADAM DE VILLIERS, J. VIZÈZ, NAGEON DE L'ESTANG, KEROSTAIN, DE RAVENEL, MAINGAUD. »

En marge est une empreinte en cire rouge, suivie de ce signe †, et apostillée de ces mots : *Cachet et marque de BÉTI, reine de Foulepointe, fille du défunt roi, seule héritière de ses biens;*

Et une autre empreinte de cire, suivie de ce même signe et de ces mots : *Marque de la reine, mère de Béti.*

Suivent les marques (†) de *Bécalanne,* beau-père du roi, chef à Fénériffe,

En 1758, le gouverneur de l'île de France, Dumas réserva par un décret, pour le compte du roi, le privilège du commerce sur toute la côte.

Les premiers commencements de la colonie de Sainte-Marie devenue depuis le poste principal de la France à Madagascar (1), ne furent pas heureux. Le sieur Gosse, qui représentait, en juillet 1750, le roi de France et la Compagnie des Indes, n'avait aucun des talents nécessaires au gouvernement de ces nouvelles possessions. A la fois autoritaire et relâché, injuste et tracassier dans ses procédés et léger dans sa conduite, il ne sut ni commander ni se garder. Quatre années après la prise de possession de Sainte-Marie et de ses dépendances, il fut surpris par un parti de Malegaches qui le massacrèrent avec tous ses compagnons. On envoya de l'île de France un vaisseau qui tira vengeance de ce crime, et Béti, soupçonnée de trahison, fut amenée à Port Louis, mais reconnue innocente, elle revint à Foulepointe, où elle fit de nouveau cession de Sainte-Marie à la France. M. Laverdan raconte, dans sa brochure sur la *Colonisation de Madagascar*, qu'elle épousa par la suite un soldat de la Compagnie des Indes qui rendit de grands services au commerce de la côte orientale.

On verra plus loin que Sainte-Marie a vécu de sa propre vie depuis cette époque, qu'elle n'a cessé d'être en relations d'échanges avec les îles de France et de Bourbon et qu'à travers toutes

et de *Diennesenhar*, petit-fils du roi ; *Quintade*, chef de Foulepointe ; *Vomaisse*, chef de Foulepointe ; *Ponerif*, chef de Foulepointe ; *Ratssora*, chef de Fénériffe ; *Youlousara*, chef de la baie d'Antongil ; *Tempenendric*, chef de Foulepointe ; *Mananpiré*, chef de Foulepointe ; *Diamanette*, chef de Mahambou ; *Natte*, chef de Massinéranou ; *Fatara*, chef à Foulepointe ; *Rafizimoine*, chef de Foulepointe ; *Lahaibé* ; *Sivouguaorrac*, chef à Maenbou ; *Meabvloulou*, chef de Maenbou ; *Rambonne*, chef à Maenbou ; *Ynenguisse* ; *Malélaza*, chef du Banivoul ; *Ramamamou*, chef du Banivoul ; *Dianperavola*, chef à Foulepointe ; *Rafinoine*, chef à Foulepointe ; *Ratcisagay*, chef de la grande île Sainte-Marie ; *Ramansouganne* ; *Bérigny* ; *Racaca*, chef de Sainte-Marie, résidant sur Loquay (îlot situé à l'entrée du port) ; *Diamanharé*, chef de Laivande, île Sainte-Marie ; *Tanpenendienne*, chef de la grande île Sainte-Marie ; *Embousenga*, chef de la grande île Sainte-Marie ; *Rambonnevoulou*, chef de la grande île Sainte-Marie.

(1) On trouvera plus loin, au livre second, un chapitre tout entier, le chapitre IV, consacré spécialement à Sainte-Marie de Madagascar.

les vicissitudes de la prise et de l'abandon successif des autres points des côtes de l'île, elle est demeurée comme notre poste avancé, comme la gardienne et le symbole de nos droits de possession sur l'île entière : elle jouit aujourd'hui d'une certaine prospérité.

Ainsi donc, vers 1761, des établissements de commerce appartenant à des Français embrassaient la côte orientale de Madagascar dans sa plus grande étendue depuis le fort Dauphin jusqu'à la baie d'Antongil. On voit, quelques années plus tard, en 1767, le gouvernement français reprendre ses anciens projets et revendiquer officiellement le privilège exclusif du commerce malegache et faire de Foulepointe le centre de ses opérations.

Enfin, en 1768, M. le comte de Maudave, à la suite d'un mémoire adressé par lui à M. le duc de Praslin, ministre de la marine, est chargé d'aller relever à Madagascar le fort Dauphin, dont il venait d'être nommé commandant pour le Roi. Grâce à sa modération personnelle et à un système bien entendu d'économie, M. de Maudave serait peut-être parvenu à faire prospérer la colonie, sans les continuels changements de politique qui se succédaient dans la métropole et qui entravèrent nécessairement ses projets. La jalousie permanente des administrateurs de l'île de France fut également pour lui un grand obstacle.

M. de Maudave, renonçant au système militaire, avait proposé au gouvernement un plan nouveau de colonisation « pour le seul objet de commerce ». Dès les premiers mois, les subsides lui manquèrent pour l'installation même de sa colonie et la métropole lui refusa bientôt tout secours. Il avait obtenu des chefs du pays la cession spéciale d'une étendue de neuf à dix lieues de terre sur les bords de la rivière de Fanzahère, où il essaya de former un établissement, mais il fut, faute de ressources, forcé d'abandonner bientôt ce premier essai. M. le comte de Maudave quitta la colonie en août 1769.

La France, absorbée alors par les préludes de la guerre d'Amérique, renonça, pour le moment, à toute opération militaire ou commerciale sur la grande île indienne.

Ce ne fut qu'en 1773, que le comte hongrois Maurice Benyowski reçut du duc de Choiseul la mission de fonder un grand établissement dans la baie d'Antongil. Après sa merveilleuse évasion du Kamtschatka, le comte Benyowski s'était rendu à l'île de France, où il avait conçu l'ambition, au milieu de beaucoup d'autres projets, de fonder un établissement à Madagascar.

Ses commencements avaient été très aventureux. Il était né en 1741 à Verbowa, en Hongrie, où sa famille possédait, disait-il, de grands domaines. Entré dans la carrière militaire, il avait assisté à la bataille de Lobositz, en 1757, à celles de Prague et de Schweidnitz et, enfin, en 1758 à celle de Donstadt. Traité en rebelle par la maison d'Autriche, il s'était vu privé de ses biens et exilé. Il s'était rendu en Pologne pour se joindre aux défenseurs de l'indépendance contre les Russes. C'est là qu'il reçut ses grades militaires jusqu'aux plus élevés. Fait prisonnier pendant le siège de Cracovie, le comte Benyowski avait été envoyé dans la forteresse de Casan sur le Volga. Impliqué dans une conspiration contre Catherine II, il fut déporté au Kamtchatka dans les premiers mois de 1771. Ici, la série de ses aventures prend les proportions d'un roman picaresque. Il s'échappe après cinq mois seulement de captivité, se met à la tête de ses camarades de prison, attaque la garnison, s'empare d'une corvette pour revenir en Europe par l'Asie et l'Afrique. A la suite d'incidents sans cesse renaissants, qu'il est superflu de raconter, il va successivement au Japon, à l'île Fosmose, à Macao. Un vaisseau français le prend à Macao et le conduit à l'île de France; de là il se rend à Madagascar, où il descend au fort Dauphin. Il s'embarque, enfin, pour la France et il arrive au Port-Louis, près Lorient, en Bretagne. C'est en France que sa destinée va prendre une face nouvelle, à la fin du règne de Louis XV. La société de Paris, alors si frivole et si passionnée pour le merveilleux, s'éprend de l'aventurier hongrois, du soldat polonais, et le duc d'Aiguillon ne craint pas de lui confier la mission, que tant d'autres officiers généraux eussent remplie plus honorablement, d'aller à Madagascar relever le drapeau de la France. Ces officiers français, par l'organe de M. de Cossigny, protestèrent auprès de M. de Boynes, ministre de la marine, contre le mauvais choix du chef de l'expédition, en même temps que contre l'intention de fixer l'établissement nouveau dans la baie d'Antongil,

Le comte Benyowski arriva à Madagascar la première année du règne de Louis XVI, au commencement de l'année 1774 ; mais, à l'île de France, ses projets rencontrèrent tant de malveillance qu'il ne put venir mouiller, dans la baie d'Antongil, que le 14 février 1774. Il prit de nouveau *possession de l'île de Madagascar au nom du roi de France* et en fut reconnu pour gouverneur général. Il débarqua au fond de la baie d'Antongil, sur les bords de la rivière Tungumbaly, dans un endroit qu'il nomma Louisbourg. Les chefs et les députés des districts environnants vinrent immédiatement s'engager par serment à coopérer, en ce qui dépendait d'eux, à la réalisation des plans de prospérité conçus par le chef hardi de la nouvelle expédition. Benyowski s'empressa de construire des forts et d'établir des postes de défense le long de la côte orientale à Angontzy, dans l'île Marosse, à Fénériffe, à Foulepointe, à Tamatave à Manahar et à Antsirak.

Dans les premiers mois de son gouvernement, la colonie fut paisible. Une seule peuplade, les Zaffi-Rabé, ayant rompu leurs serments et menaçant la tranquillité de l'île, Benyowski leur acheta leurs villages et sut plus tard échapper à une tentative d'empoisonnement qu'avaient essayée contre lui ces féroces ennemis. Poussé à bout, il les contraignit par la force à se réfugier dans les forêts de l'île. Dans la suite, les peuplades qui s'attachèrent à Benyowski se chargèrent de la répression des Zaffi-Rabé et de ses autres ennemis. Mais la fièvre avait fait autour du nouveau chef de la colonie de grands et irréparables ravages. Atteint lui-même par le mal, il se fit transporter dans l'île Marosse, où l'air lui avait paru moins insalubre qu'à Louisbourg, puis dans une plaine située à neuf lieues environ dans l'intérieur, où règne une température bienfaisante, et que, dans leur langage pittoresque, les Malegaches appellent la *plaine de la santé*.

Cependant, l'antagonisme des gouverneurs de l'île de France poursuivait sans relâche l'établissement de Madagascar et son gouverneur général. Un intendant lui fut envoyé de l'île de France. Cet émissaire avait reçu des ordres secrets qui eussent paralysé et ruiné de fond en comble la colonie nouvelle, sans l'infatigable vigilance de son chef. Ces obstacles, quelle qu'en fût la portée, ne découragèrent pas le comte Benyowski. Par ses ordres, des interprètes qu'il avait soin d'accréditer, parcouraient le pays, pénétraient dans les provinces les plus reculées, contractaient des marchés et nouaient, en son nom, des alliances avec ceux d'entre les chefs qui n'avaient pu assister à la grande assemblée et prêter le serment d'usage. Faisant partager ses vues d'avenir et exécuter ses travaux par les indigènes, il perçait de tous côtés des routes et des canaux, construisait des forts, des bâtiments de tout genre.

Chaque jour arrivaient, à Louisbourg, des députés envoyés par les naturels, soit pour offrir à Benyowski des secours contre les Zaffi-Rabé, soit pour solliciter de lui des traités d'alliance et d'amitié. Dans une excursion que Benyowski fit à Foulepointe, les Bétanimènes, les Fariavahs et les Betsimsaracs le prirent pour arbitre des différends qui les divisaient. Ces peuplades écoutèrent et suivirent avec respect les conseils du gouverneur français et conclurent une paix qui devait avoir les résultats les plus heureux pour la prospérité de la colonie. Le *kabar,* ou grande assemblée générale, où fut discutée cette importante affaire, était composé, dit un historien, d'environ *vingt-deux mille* naturels.

A son retour à Louisbourg, Benyowski apprit que les Zaffi-Rabé, au nombre de trois mille, avaient paru en armes dans les environs, et demandaient à présenter leurs plaintes au gouverneur. Celui-ci n'hésita pas à se rendre au milieu d'eux, accompagné seulement d'un interprète. Là, il écouta les plaintes des chefs et leur répondit avec succès. Mais à peine avait-il achevé son discours qu'il se vit entouré et menacé sérieusement par cette peuplade barbare. Il allait succomber, lorsque cinquante Malegaches, conduits par un officier européen, arrivèrent à son secours et attaquèrent les Zaffi-Rabé. Dans cette circonstance, Benyowski échappa à la mort par un miracle qu'il dut à son sang-froid et à sa rare présence d'esprit. Obligé de se défendre avec son épée seulement et de se faire jour dans la mêlée, il fut couché en joue à bout portant par un indigène. Ne pouvant éviter le coup, Benyowski lui cria avec force, dans la langue du pays : *Coquin, ton fusil ne partira pas!* Le hasard ayant accompli cette prédiction, le naturel jeta son arme à terre et s'en-

fuit avec ses compagnons, en poussant des cris et en disant :
« Nous sommes perdus, c'est un *ampoumchave*, un sorcier. »

Trois années s'écoulèrent ainsi, sans qu'aucune nouvelle arrivât d'Europe pour aider et encourager la nouvelle colonie. Benyowski aurait infailliblement succombé dans une telle position, contre les attaques des Sakalaves du Nord, sans les secours que lui prêtèrent les peuplades de la côte orientale, qui prirent les armes en sa faveur et repoussèrent plusieurs fois l'ennemi.

Comme on l'a vu, le roi Louis XVI était monté sur le trône, dans cet intervalle. Madagascar eut à souffrir de cet état de choses. Abandonné par la métropole, pour ainsi dire, poursuivi sans relâche par les persistantes intrigues du gouvernement de l'île de France, le comte Benyowski fut amené alors, peu à peu, à profiter d'une circonstance que le hasard avait fait naître et qui devait influer étrangement sur la fin de la carrière publique de cet homme singulier.

Vers le commencement de l'année 1775, il avait appris qu'une vieille femme malegache, nommée Suzanne, qu'il avait ramenée avec lui de l'île de France, disait avoir été vendue aux Français en même temps que la fille de Ramini, dernier chef suprême de la province de Manahar. Elle déclarait, en outre, qu'elle reconnaissait en Benyowski le fils de cette princesse, et, par conséquent, l'héritier des ampandzaka-bé, dignité souveraine qui s'était éteinte par la mort de Ramini. Les paroles de la vieille Malegache avaient produit une révolution parmi les chefs des environs. Ils s'étaient assemblés plusieurs fois et, après s'être consultés, ils avaient déclaré qu'ils n'attendaient que le moment favorable pour honorer en Benyowski le sang de Ramini. A cette même époque, un vieillard de Manahar, qui se disait inspiré, prédisait que des changements considérables allaient avoir lieu dans le gouvernement de l'île et que le descendant de Ramini se ferait bientôt connaître. Il n'en fallut pas davantage chez un peuple superstitieux comme le sont tous les peuples dans l'enfance. Les esprits furent vivement agités par ces prophéties.

Le 16 septembre 1776, un cortège, composé de douze cents hommes environ, et précédé des grands chefs, se présenta devant la maison de Benyowski, en demandant à lui faire une communication importante. Lorsque les saluts furent échangés, Rafangour, chef de la nation des Sambarives, se leva, et s'adressant au gouverneur, lui dit avec solennité : « Béni soit le jour qui t'a vu naître ! Bénis soient tes parents qui ont pris soin de ton enfance ! Bénie soit l'heure où tu posas ton pied sur le sol de notre île ! — Les chefs malegaches ayant entendu dire que le roi de France avait l'intention de te retirer de ce pays et qu'il était fâché contre toi, parce que tu as refusé de faire de nous des esclaves, se sont réunis et ont tenu des kabars pour aviser à ce qu'il fallait faire, si ces rapports étaient vrais. Leur amour pour toi m'oblige en ce jour à te révéler le secret de ta naissance et de tes droits sur cette immense contrée, dont tous les habitants t'adorent. Oui, moi, Rafangour, le seul survivant de la famille de Ramini, je renonce à mes droits sacrés pour te déclarer l'unique héritier légitime de Ramini. Zanaar, le bon génie qui préside à nos kabars, a inspiré à tous les chefs la volonté de te reconnaître pour leur ampandzaka-bé (1), et de jurer que loin de t'abandonner jamais, ils protégeront au contraire ta personne, au péril de leur vie, contre les violences des Français. » D'autres discours empreints des mêmes sentiments furent prononcés par les principaux chefs, et en quittant leur nouvel ampandzaka-bé, ils lui donnèrent, en se prosternant devant lui jusqu'à terre, les marques d'un respect qui n'est dû à leurs yeux qu'au représentant de la puissance souveraine.

Quand cette manifestation des chefs malegaches fut terminée, trois officiers de la garnison coloniale, accompagnés d'un détachement de cinquante hommes, vinrent trouver le comte de Benyowski et lui déclarèrent fermement que les déloyales intrigues de l'administration de l'île de France les avaient décidés à unir leur sort au sien et qu'ils étaient résolus à ne l'abandonner jamais. Benyowski crut devoir leur adresser des remontrances pleines de sagesse, auxquelles ils répondirent qu'ils s'étaient entendus avec les chefs de la province et qu'aucune considération ne les ferait renoncer à leur projet. Un grand kabar eut lieu le

(1) Le mot malegache *ampandzaka* signifie *prince*, comme *audrian* signifie *noble*. Le titre d'ampandzaka est donné aux membres de la famille royale et à tous ceux qui tiennent par le sang au souverain.

lendemain. Les chefs renouvelèrent leur déclaration de la veille et engagèrent Benyowski, au nom du peuple malegache, à quitter le service du roi de France et à indiquer la province qu'il désirait choisir pour lieu de sa résidence, afin qu'on y bâtît une ville. Benyowski répondit que son intention était bien de se démettre des fonctions de gouverneur général; mais qu'il croyait devoir attendre l'arrivée des commissaires français qui viendraient, dans peu de temps, visiter la colonie et entre les mains desquels seulement il pouvait se dégager de ses serments envers la France. Il ajouta que, quant à la ville dont on souhaitait la fondation, l'emplacement le plus convenable serait le centre de l'île. Il développa à cette occasion le plan de gouvernement qu'il lui paraîtrait convenable d'adopter. Quand il eut fini, un des chefs reçut des indigènes de l'assemblée l'ordre de veiller à ce qu'aucune tentative ne fût commise contre la vie ou la liberté de leur ampandzaka-bé.

Les commissaires royaux, dont avait parlé Benyowski, MM. de Bellecombe et Chevreau, envoyés par le gouvernement de l'île de France, arrivèrent le 21 septembre 1776, et, jusqu'au 27, ils s'occupèrent à visiter toutes les parties de l'établissement colonial. Ils remirent à Benyowski un certificat constatant la parfaite régularité de son administration, et reçurent de lui la démission de sa charge. Ces formalités accomplies, ils se rembarquèrent précipitamment, dans la crainte de subir les atteintes de la fièvre et ne se firent pas faute à leur retour de déprécier les actes de ce gouverneur général.

Dès ce moment, Benyowski se considéra comme le chef suprême de Madagascar.

Il convoqua, le 10 octobre, un kabar général des peuples malegaches et remplit toutes les cérémonies du grand serment. Le 11 du même mois, l'acte solennel et définitif qui constatait son élévation à la dignité d'ampandzaka-bé fut lu trois fois à haute voix et signé par trois des plus puissants chefs de l'île, qui étaient : Javi, roi de l'Est, dont Foulepointe était le chef-lieu; Lambouine, roi du Nord, et Rafangour, chef des Sambarives, habitants des environs de la baie d'Antongil. Les grands chefs de toute la côte orientale, depuis le cap d'Ambre jusqu'au cap Sainte-Marie, s'étaient rendus à cette assemblée dans laquelle plus de cinquante mille Malegaches vinrent se prosterner devant leur nouveau souverain. La constitution malegache fut discutée et acceptée dans les trois séances du 13, du 14 et du 15 de ce mois. Cette constitution contenait dans son premier et principal article l'institution d'un Conseil suprême composé de vingt-deux membres, choisis parmi les chefs des diverses nations.

Ce fut alors que Benyowski crut le moment venu de faire connaître aux chefs assemblés la nécessité de conclure un traité avec la France ou tout autre pays, afin d'assurer l'exportation des produits de l'île. Était-ce un moyen détourné de relier l'île de Madagascar à la France? Il ajouta qu'il avait l'intention de partir pour accomplir ce projet. Le vieux chef Rafangour s'écria que c'était courir à sa perte et engagea l'assemblée à ne pas consentir à un tel dessein. Après une longue et orageuse délibération, il fut arrêté que l'ampandzaka-bé se rendrait, ainsi qu'il souhaitait, en France *ou dans un autre pays,* avec de pleins pouvoirs pour traiter, au nom de la nation malegache, mais qu'il prendrait, avant de partir, l'engagement de revenir à Madagascar, soit qu'il réussît, soit qu'il échouât dans son entreprise.

Enfin, le 10 décembre de cette même année 1776, la troisième du règne de Louis XVI, Benyowski s'embarqua à Louisbourg sur un brick qu'il avait frété. En s'éloignant des rivages de Madagascar, il put voir avec émotion l'immense concours de naturels qui s'y étaient rassemblés, pour lui souhaiter un heureux voyage et pour conjurer les maléfices du mauvais génie, s'il tentait de s'attaquer à lui (1).

A peine arrivé en France, Benyowski eut de longues conférences où il expliqua au gouvernement métropolitain quelle avait dû être sa conduite. Il reçut une épée en récompense de ses services qui, du reste, avaient déjà trouvé en Benjamin Franklin un avocat chaleureux. Ce fut vainement toutefois qu'il offrit ses projets

(1) Tous ces faits sont consignés dans les curieux Mémoires qui ont été laissés par le comte Benyowski, et qui furent publiés pour la première fois en anglais à Londres, en 1790; puis, traduits en français et édités à Paris, en 1791, 2 vol. in-8º.

de traité à la France d'abord, puis, en les colportant un peu partout, à l'Autriche et à l'Angleterre.

Le comte Benyowski, d'après les conseils de Franklin, passa alors en Amérique, où il sut persuader et intéresser la jeune république, en lui parlant de ses succès, de ses forts, de ses villes malegaches et de sa grande route royale d'Antongil à Bombetok. Les Américains lui fournirent quelques subsides, pour encourager ces opérations, mais sans toutefois y attacher un caractère officiel. Son absence dura ainsi jusqu'en 1785. Le prétendu souverain de Madagascar se décida enfin à reprendre la mer et, le 7 juillet, il arriva à l'île de Nossi-bé, dans la baie de Passandava. Il se rendit par terre à la baie d'Antongil. Le roi du Nord, et une foule d'autres chefs l'accueillirent avec le plus vif enthousiasme, ce qui démontrait qu'une absence de près de dix ans n'avait rien changé à leurs sentiments pour lui.

Pendant que ce souverain d'aventure fortifiait le village d'Ambohirafia, dont il avait fait sa capitale, qu'il établissait des postes à Manahar et dans d'autres villages de la province, une expédition destinée à revendiquer contre un rebelle notre droit de possession française sur Madagascar se préparait contre lui à l'île de France.

Le 23 mai 1786, un navire de guerre expédié par le gouverneur, M. de Souillac, par ordre de sa métropole, mouilla dans la baie d'Antongil. Soixante hommes du régiment de Pondichéry, après avoir débarqué, arrivèrent sans résistance au pied du fort de Mauritiana, où Benyowski s'était renfermé avec deux blancs et trente naturels. Un feu de mousqueterie s'engagea entre la troupe et la petite garnison du fort qui, par suite de la retraite des Malegaches, se vit bientôt réduite aux trois Européens. Au moment où Benyowski allait mettre le feu à une pièce de canon chargée à mitraille et pointée contre les Français sur l'étroit sentier qui conduisait à la position où il s'était retranché, il fut frappé d'une balle au sein droit; son corps resta trois jours sans sépulture. Ce fut M. de Lassalle, un de ses officiers, qui le fit enterrer et qui planta alors les deux cocotiers que l'on voit encore, dit-on, sur sa tombe.

Telle fut la mort misérable de Benyowski, magnat de Pologne

et de Hongrie ; tel fut le règne éphémère de cet homme singulier, dont les Malegaches vénèrent encore la mémoire et auquel les Français n'ont rendu qu'une justice tardive, parce qu'il avait méconnu les droits et les intérêts de son pays d'adoption. Cependant, ceux qui connaissent à fond les choses, telles qu'elles sont à Madagascar et qui ont été à même d'examiner avec impartialité les idées de colonisation et les actes successifs de ce gouverneur général s'accordent à dire que sa conduite politique envers les Malegaches qu'il sut admirablement discipliner, ainsi que ses vues d'administration appropriées au pays, sont destinées à servir un jour de guide à qui voudra fonder à Madagascar un établissement français sérieux et durable.

Le comte Benyowski était très brave, actif, rude travailleur, entreprenant à l'extrême. Aussi juste que ferme, aussi généreux qu'énergique, il savait punir et récompenser à propos. Son caractère était plein de douceur. Affable et bon, disent ses contemporains, il aimait à causer, mais il parlait peu de lui-même et avait l'art d'écouter avec complaisance. Il s'exprimait avec une étonnante facilité en neuf langues différentes. Cet aventurier cosmopolite avait, en un mot, des facultés élevées qu'il devait plus encore à la nature qu'à la brillante éducation qu'il avait reçue.

Le comte Benyowski avait été nourri des principes de l'école philosophique du dix-huitième siècle (1) et c'est à ces principes de tolérance, à ces idées libérales qu'il a dû principalement les

(1) Les Mémoires de Benyowski sont semés de récits touchants qui attestent des vues élevées dans celui qui en est à la fois l'auteur et le héros. Nous citons au hasard, comme exemple, les lignes qui suivent : « Cette nation avait une coutume étrange et cruelle qui était observée depuis un temps immémorial. Tous les enfants qui naissaient avec quelques défauts, ou même certains jours de l'année qu'ils regardaient comme malheureux, étaient sacrifiés aussitôt. Le plus communément, ils les noyaient. Le hasard me rendit témoin de cette coutume barbare, quand je descendais la rivière pour me rendre à la plaine de Louisbourg. J'eus le bonheur, le jour de mon départ, de sauver la vie à trois de ces infortunées victimes. Je les fis transporter au Port-Louis, et, dans une grande fête que je donnai à tous les chefs du pays, je les fis jurer de ne jamais commettre à l'avenir de pareils actes de cruauté. Je regardai comme *le plus heureux jour de ma vie* celui de l'abolition de cette horrible coutume, qui était un effet du fanatisme ou de quelque autre préjugé non moins exécrable. » (Édition de Paris, t. II, p. 277).

succès obtenus par lui sur ces peuplades sauvages que sa politique s'était entièrement conciliées.

En résumé, si nous jetons un coup d'œil rétrospectif sur les administrations précédentes, que voyons-nous? Des hommes aveugles et cruels imposant leurs vices, leurs passions et leurs préjugés à des barbares, dont la naïve logique déconcertait parfois leurs oppresseurs, des gentilshommes corrompus et blasés, divisés entre eux, récoltant pour prix de leurs violences inutiles et insensées les plus sanglantes représailles.

Il est notoire que les premiers rapports des Européens avec les Malegaches furent excellents. « Tous ces gens-là, dit le chroniqueur Dubois sont assez civils et courtois, n'ayant pas la brutalité des autres nations noires. Ils sont spirituels et fins. Autrefois, ces noirs estoient les meilleurs gens du monde, et, quand ils voyaient un homme blanc, ils estoient dans l'admiration et le respect, se couchant à terre, quand il en passoit un près d'eux et si on vouloit entrer dans leurs cases, il se mettoient sur le seuil de la porte et faisoient passer l'homme blanc sur leur corps, disant que la terre n'estoit pas digne de porter un homme blanc, croyant qu'il eust quelque chose de divin; mais, à présent, ils sont bien changés d'humeur, n'ayant pas plus de respect pour un blanc que pour un noir. Et cela par le mauvais exemple qu'ils ont eu des Européens, qui font gloire du pesché de la luxure en ce païs et qui leur débauschent souvent leurs femmes, et quand on leur presche la chasteté, ils se mocquent et disent que les blancs ne sont pas meilleurs qu'eux. »

Les Malegaches, de l'aveu de leurs maîtres civilisés, étaient donc hospitaliers et doux. Ces hommes blancs venus sur leurs merveilleux navires avec leurs beaux uniformes, leurs armes à feu, leur supériorité étrange, étaient des demi-dieux pour les naturels, et les populations surprises et charmées les entouraient de respect et d'amour. A peine arrivés, les colons de Pronis et de Fouquembourg se livrèrent aux plus coupables excès. Pronis lui-même donnait l'exemple de l'immoralité la plus révoltante. Il faisait assassiner Rahoulou, l'un des chefs malegaches, parce que celui-ci accusait le commandant français de lui avoir pris des bœufs, accusation qui se trouvait parfaitement fondée. Pronis ne se faisait pas faute d'intervenir dans les querelles des tribus, non comme Benyowski, le disciple de Franklin, mais pour leur vendre son appui, moyennant du riz et des bestiaux.

C'est ainsi qu'on le voit, pour mille bœufs, aider une tribu à en massacrer une autre, faisant assassiner les amants, les maris et les pères des femmes qu'il avait pour concubines, au mépris des plus simples lois de l'hospitalité, compromettant ainsi la situation politique du pays au profit de ses passions personnelles. Enfin, dernier trait qui achève de peindre ce représentant de la civilisation et de la chrétienté, se trouvant un jour en marché d'esclaves avec un capitaine hollandais et pressé de livrer une marchandise qu'il avait vendue sans la posséder, Pronis fait ramasser par un détachement soixante-treize individus qui étaient dans les environs, presque tous de famille libre, et il les vend sans pudeur au traitant : « Depuis ce jour, dit Flacourt, aussitôt qu'un navire mouillait sur la rade, toute la côte devenait déserte. »

Delaforest Desroyers, commandant deux vaisseaux pour le duc de la Meilleraye, relâche à Sainte-Marie pour réparer une voie d'eau. Il part en chaloupe et remontant une rivière, à la grande terre, il envoie demander du cristal de roche à des gens occupés à récolter leur riz. Les pauvres Malegaches ne se refusent pas à aller à la recherche du cristal ; mais ils supplient le commandant de les laisser finir cette cueillette, disant « que sans cela le riz s'égrènera et *que leur récolte sera perdue* ». A ces mots, Delaforest, furieux, s'emporte, descend de son embarcation, chasse devant lui les habitants d'un village épouvanté, saisit, enchaîne, frappe de son épée les chefs et leurs femmes. Les naturels indignés attirent dans un piège le capitaine français et cinq de ses hommes, qui y sont massacrés avec lui.

Desperriers, digne lieutenant de Pronis, reçoit la nouvelle de la mort de Desroyers. Il s'avise d'en accuser les chefs du pays d'Anossi, situé à plus de deux cents lieues de l'endroit où avait été commis le meurtre. Desperriers entre dans la pays d'Anossi, surprend les habitants en pleine paix et les massacre. Les détails de cette affreuse opération méritent d'être signalés.

Un des chefs du pays, Dian-Panolahé, était venu s'établir à Fanzahère, et, pour garantie de paix, il avait laissé son fils aîné en otage au fort. Une nuit, Dian-Panolahé est surpris dans son sommeil, enchaîné et conduit au fort Dauphin, après avoir vu piller et incendier sa demeure. Un chef septuagénaire et sa femme sont massacrés dans un village voisin, tandis qu'un autre détachement frappait endormis sur leurs nattes un chef important, Dian-Rassoussa, et son fils. En apprenant ces attaques et ces assassinats, le chef principal du pays d'Anossi, Dian-Machicore, réunit toute sa famille et se présente au fort pour jurer que lui et les siens ne sont coupables d'aucun tort envers les Français. Cette démarche si pleine de grandeur ne produit aucune impression sur Desperriers. Dian-Machicore et un de ses fils sont mis aux fers et attachés par les pieds à un poteau, auprès de Dian-Panolahé! Deux autres fils du chef, ses trois filles, quatre de ses neveux et plusieurs membres de sa famille sont envoyés sur le navire *le Saint-Georges*, en rade, pour être gardés à vue.

A quelques jours de là, le pilote montant *le Saint-Georges* s'en vint dire au lieutenant de Pronis que ses prisonniers le gênaient à bord. « Eh! bien, descendez-les, répond Desperriers; mais qu'en ferons-nous à terre? »

Une embarcation du *Saint-Georges* jeta bientôt sur la grève les Malegaches, les mains liées derrière le dos, et quelques nègres, envoyés du fort, commencèrent à sagayer ces malheureux sans défense. Un missionnaire, le père Bourdaise, accourut et les baptisa dans le sang, en élevant au ciel des actions de grâces. Une jeune femme, déjà blessée, parvint à s'échapper, se jeta à la mer en nageant vigoureusement vers un bouquet de bois du rivage opposé. Cependant Desperriers, du haut du fort, observait tranquillement cette scène sanglante. Sur son ordre, une pirogue mise à l'eau et vivement poussée atteint la Malegache et un matelot l'achève à coups d'aviron sur la tête. Le massacre fini, Desperriers s'en alla trouver Dian-Machicore, qui ne savait rien du malheur de sa famille, et lui promit la vie à lui et *à tous les siens*, s'il lui livrait son or. Le chef commanda à son fils d'aller chercher toutes ses richesses, et le jeune garçon partit pour son village sous la garde d'un détachement.

« Ils arrivèrent au bois, dit le chroniqueur auquel nous empruntons ces détails : Dian-Bel (c'était le nom du jeune homme) dit à sa sœur, qui gardoit la maison, que, pour sauver la vie à son père et la sienne, et celle de ses frères, elle allât quérir tout l'or que le chef possédoit. La pauvre fille s'y en va toute seule, au milieu de la nuit, à plus d'une lieue dans la montagne et dans le bois. Elle apporte, au bout de trois heures, un panier sur sa tête, où étoient l'or, les colliers, les oreillettes et bracelets de son père, et tout le meilleur qu'ils possédaient. Non contents de cela, lesdits François pillèrent tout ce qu'il y avoit dans la maison et s'en retournèrent au fort le lendemain avec les prisonniers. Desperriers et les autres, trouvant qu'il y avoit quelques cents gros d'or, dirent que Machicore se mocquoit et qu'il avoit bien plus d'or que cela. Puis, Desperriers et son lieutenant, après avoir adressé aux chefs des reproches d'avoir fait tuer M. Delaforest (ce qu'ils nioient et disoient qu'ils n'avoient aucune connoissance, ni affinité avec les nations de ces cantons-là et qu'ils en étoient innocents), les François leur dirent qu'il falloit qu'ils mourussent. Dian-Machicore supplia qu'on les envoyât en France où on leur feroit leur procès, s'ils avoient mérité la mort; mais Panolahé dit : « Puisqu'il faut que nous mourions, allons à la « mort. »

« Alors, après leur avoir annoncé le massacre de leurs enfants, on les livra tout nus à des noirs qui les tuèrent à coup de sagayes. Voilà, ajoute simplement le chroniqueur, tout ce qui s'est passé depuis le départ de l'*Ours* jusqu'au départ du *Saint-Georges*. »

Nous faisons grâce au lecteur de toutes les aménités que se permirent les premiers gouverneurs et qui avaient, en somme, la portée politique la plus grave. Nous passons également sous silence le fanatisme de certains missionnaires, tels que le père Étienne, et les rapines infâmes des premiers traitants. Nous en avons assez dit sur ces tristes sujets pour faire voir comment ces civilisateurs éclairés savaient faire respecter en eux la grande nation dont ils étaient les représentants, le roi de France dont ils étaient les envoyés, le Dieu dont ils auraient dû être les apôtres de tolérance, de miséricorde et de paix.

Puisse l'exemple de ces excès et de leurs tristes conséquences politiques, puisse l'histoire de ces fautes de tout genre en détourner un jour ceux auxquels la Providence confiera le soin d'achever, à Madagascar, l'œuvre de civilisation si mal commencée par les coupables aventuriers du dix-septième siècle !

Après la mort du malheureux Benyowski et l'abandon des établissements qu'il avait formés, la France n'eut plus à Madagascar qu'un commerce d'escale et n'y conserva que quelques postes de traite, sous la direction d'un agent commercial et sous la protection d'un détachement militaire fourni par la garnison de l'île de France.

Ainsi donc, depuis 1642, année de la fondation du fort Dauphin, jusqu'en 1786, les établissements français de Madagascar furent tour à tour occupés, abandonnés et réoccupés, sans aucun esprit de suite, selon les vues et les convenances de la politique de Paris.

Toutefois, au commencement de 1792, le gouvernement de Louis XVI envoya à Madagascar un explorateur intelligent, en qualité de commissaire civil. Ce personnage était Daniel Lescallier, qui arriva dans l'île en août 1792 (1) et y resta jusqu'en 1796, par suite de la confirmation par la Convention de son titre officiel. C'était un Lyonnais, qui avait vécu plusieurs années en Angleterre et accompagné le comte d'Estaing à Saint-Domingue, dont il avait dressé une carte. Commissaire de la marine, il avait administré la Guyane comme ordonnateur et il connaissait bien les éléments, les ressources et les besoins des colonies. Comme commissaire général, il avait été adjoint aux comités de marine de l'Assemblée constituante. C'est à cette circonstance qu'il dut sa nomination de commissaire civil des établissements français au delà du cap de Bonne-Espérance, en résidence à l'île de France. Il adressa à la Convention un rapport favorable au rétablissement de nos relations avec Madagascar ; mais, il revint en France en 1796, sans avoir pu rien fonder au milieu des circonstances terribles du mouvement révolutionnaire en France. Dans son rapport, il attribuait l'insuccès des tentatives antérieures particulièrement au mauvais esprit qui y avait présidé. Il présenta les mêmes observations à l'Institut, dans un rapport qui a été publié

(1) Tous les auteurs qui ont tracé l'historique des explorations de Madagascar ont écrit et répété, les uns après les autres, que ce fut la Convention qui y envoya Lescallier : la date citée plus haut démontre que c'est là une erreur.

et dont nous retenons ce passage remarquable, où l'ancien fonctionnaire qui avait connu les marais de la Guyane réfute, en ces termes, le préjugé de l'insalubrité de Madagascar. Lescallier s'exprime ainsi, à la fin de son mémoire : « Il serait malheureux que, pour quelques marécages et quelques eaux stagnantes, qui, dans plusieurs cantons de Madagascar, rendent les bords de la mer malsaine dans une saison de l'année, inconvénient auquel il est facile de remédier, notre gouvernement négligeât les vues que présenterait l'occupation de cette île et l'attention nécessaire pour nous y consolider par une prise de possession fondée sur le consentement des peuples et sur l'amélioration de leur sort ou par des établissements solides, quoique partiels, dans divers cantons de l'île. Cette insalubrité, que l'on a beaucoup exagérée, se retrouve dans presque tous les pays maritimes, lorsqu'ils sont abandonnés à l'état de nature. Dans nos climats même, cette insalubrité n'existe qu'à une lieue ou une lieue et demie de distance du bord de la mer et pendant quelques mois de l'année ; on la détruirait en desséchant les marais et en donnant de l'écoulement aux eaux, travaux auxquels on occuperait les naturels du pays pendant la bonne saison. D'ailleurs, ils n'en sont point affectés et il est bien probable que les maladies qu'y éprouvent les Européens sont dues en grande partie à un défaut de conduite et de régime, dans des climats si différents de leur pays natal, et surtout à l'usage abusif qu'ils font assez généralement des liqueurs fortes (1). »

Le dix-neuvième siècle s'ouvrit, pour Madagascar, sous des auspices favorables. Le premier consul y envoya en 1801 M. Bory de Saint-Vincent, qui reçut de l'administration de l'île de France la mission d'explorer la grande île indienne. Cet officier distingué déclara que Madagascar seul pouvait donner à la France une position forte dans la mer des Indes. Devenu empereur, Napoléon Ier ne perdit pas de vue Madagascar et son importance. Il chargea, en 1804, le général Decaen, gouverneur de l'île de France et capitaine général de nos possessions de l'Inde, d'organiser ces établissements sur une large échelle. Le général Decaen choisit et avec raison Tamatave pour le chef-lieu des possessions fran-

(1) *Mémoires de l'Institut*, fructidor an IX (1801), t. IV, p. 2.

çaises à Madagascar. Sylvain Roux y fut envoyé avec le titre d'agent général. Il y dut fixer sa résidence. Le général Decaen y fit preuve de cette vigueur, de cette prévoyance et de cette habileté qui ont caractérisé son administration. Il y organisait une milice avec les traitants, s'apprêtait à construire des forts et des batteries et à creuser un canal qui, de l'intérieur des terres, eût amené des eaux pures à la ville, lorsque la prise des îles de France et de Bourbon par l'Angleterre l'obligea d'interrompre l'exécution de ces utiles projets. Sylvain Roux dut capituler et remettre Tamatave aux flottes britanniques. Les Anglais y furent bientôt décimés par la fièvre et ils abandonnèrent ce poste.

Nous venons de dire que la France n'a cessé d'entretenir sur divers points de Madagascar des postes de sûreté ou de défense, des forts ou des factoreries tant pour l'approvisionnement de Bourbon et de l'île de France que pour le ravitaillement de ses escadres. Ainsi, si nous revenons sur nos pas, nous voyons qu'en 1746, Mahé de la Bourdonnais relâche à la baie d'Antongil pour réparer les avaries de l'escadre qu'il avait improvisée, puis de là aller dans l'Inde chercher les Anglais, les battre et s'emparer de Madras. Legentil nous apprend que M. Laval, chef de traite à Foulepointe, y approvisionna, en 1759, l'escadre du comte d'Aché, composée de onze vaisseaux. Plus tard, enfin, Madagascar fournit des vivres à l'escadre du bailli de Suffren, lorsqu'il partit de l'île de France pour sa glorieuse campagne de l'Inde. Il en fut de même pour les frégates qui défendirent avec tant d'éclat, sous l'Empire, la puissance française dans ces mers lointaines.

A cette dernière époque, les postes de l'île concentrés à Tamatave et à Foulepointe tombèrent, comme on sait, au pouvoir des Anglais déjà maîtres de l'île de France. Cette audacieuse entreprise coïncidait avec l'installation de Radama, devenu chef des Hovas en 1810, par droit de succession. Les Anglais se proposaient de s'en servir contre nous. Une capitulation fut conclue le 18 février 1811, entre M. Sylvain Roux et le capitaine Linne, commandant la corvette de Sa Majesté Britannique *l'Éclipse*. Les Anglais occupèrent un instant le port Louquez; mais leur capitaine, ayant dans un moment de colère, frappé le chef Tsitsipi, cette imprudente brutalité fut suivie des plus sanglantes représailles. Tous les

Anglais furent massacrés, à l'exception d'un seul qui s'échappa dans un canot. Le capitaine Lesage, agent anglais, fut envoyé le 23 avril 1816 pour réclamer justice de cet attentat. A son arrivée, il convoqua un kabar, où Tsitsipi fut condamné à mort, ainsi que ses complices. Le chef fut pendu sur le lieu même où avait été commis le massacre. Cependant, vers la fin de l'année, les Anglais abandonnèrent ce poste, ainsi que M. Pye qui en était le commandant, et se retirèrent en se contentant de détruire les forts qui existaient dans nos comptoirs.

Le traité de Paris du 30 mai 1814 rendit à la France ses anciens droits sur Madagascar. L'article 8 stipule en effet la restitution des établissements de tout genre que nous possédions hors de l'Europe avant 1792, à l'exception de certaines possessions, au nombre desquelles ne figure point Madagascar. Mais comme cet article portait en même temps cession à la Grande-Bretagne de la propriété de l'*île de France et de ses dépendances*, sir Robert Farquhar, gouverneur de cette dernière colonie devenue anglaise, prétendit que les établissements de Madagascar se trouvaient implicitement compris dans la cession, comme ayant été rangés au nombre des dépendances de l'île de France antérieurement à 1792. Cette interprétation erronée du traité de Paris donna lieu, entre le cabinet des Tuileries et celui de Saint-James, à une négociation, à la suite de laquelle le gouvernement anglais reconnut que la prétention élevée par sir Robert Farquhar *n'était nullement fondée* et adressa à ce gouverneur, sous la date du 17 octobre 1816, l'ordre de remettre immédiatement à l'administration de Bourbon les anciens établissements français de Madagascar (1).

Depuis l'abandon des établissements successivement formés au fort Dauphin et à la baie d'Antongil, nous n'avions eu, à Mada-

---

(1) Les lignes que l'on vient de lire, ainsi que celles qui suivent, sont extraites de la brochure publiée en 1836 par le ministère de la marine, sous le titre : *Précis historique sur les établissements français de Madagascar*. Toutes les fois que nous aurons à rapporter des faits, et surtout des faits politiques et diplomatiques consignés dans cet opuscule, nous tâcherons, autant qu'il nous sera possible, de donner presque textuellement les extraits que nous en ferons. Cette publication ayant d'ailleurs un caractère tout à fait officiel, le soin dont nous parlons devient dès lors un devoir.

gascar, que de simples postes de traite ; mais, avant 1811, l'île de France nous appartenait et nous pouvions encore conserver l'espoir de rentrer dans nos droits sur Saint-Domingue. Après la conclusion des traités de 1814 et de 1815, la situation de la France, relativement à ses possessions coloniales, se trouva totalement changée. L'île de France avait passé sous la domination anglaise ; la soumission de Saint-Domingue était plus qu'incertaine ; l'abolition de la traite, stipulée dans l'un et l'autre traité, présageait la décadence des Antilles, de la Guyane et de Bourbon, et, cette dernière île étant dépourvue de port, nous n'avions plus, à l'est du cap de Bonne-Espérance, un seul point de relâche où, en temps de guerre, nos vaisseaux pussent trouver un abri et se ravitailler.

Le temps paraissait donc venu d'examiner attentivement si Madagascar pouvait nous rendre ce que nous avions perdu, et se prêter à des établissements avantageux à notre marine et à notre commerce.

En mars 1817, les administrateurs de l'île Bourbon furent invités par M. le vicomte Dubouchage, alors ministre de la marine et des colonies, à faire procéder à la reprise de possession de ces établissements, et à envoyer provisoirement sur les lieux un agent commercial, avec le nombre d'hommes nécessaire pour faire respecter le pavillon français.

M. le vicomte Dubouchage chargea, dans cette vue, M. le conseiller d'État Forestier, vice-président du comité de la marine, de rechercher dans les documents existant aux archives de ce ministère, quel parti la France pouvait tirer de ses anciennes possessions de Madagascar. Ces documents étant peu nombreux et peu propres surtout à faire connaître l'état réel du pays, M. Forestier consulta M. Sylvain Roux, dernier agent français à Tamatave, qui se trouvait alors à Paris, ainsi qu'un ancien chef de traite, qui avait également résidé plusieurs années à Madagascar ; puis il rédigea un mémoire où, après avoir exposé la nécessité d'étendre les relations de notre commerce, de donner une plus grande activité à notre navigation, d'ouvrir de nouveaux débouchés aux produits de l'agriculture et de l'industrie françaises et de fournir des moyens d'existence à l'excédant de la population du royaume, qui commençait à prendre un accroissement inquiétant pour l'avenir, il proposait de fonder un établissement colonial d'une certaine importance sur la côte orientale de Madagascar.

Cette côte, la seule où la France eût autrefois possédé de pareils établissements, lui semblait, par sa position rapprochée de Bourbon, le point le plus favorable à des projets de colonisation. La petite île de Sainte-Marie, qui en était très voisine, offrait à son avis, une réunion d'avantages propres à fixer d'abord le choix du gouvernement. Le canal qui la séparait de la côte orientale de Madagascar formait une rade belle, sûre et d'un abord facile en tout temps; vis-à-vis se trouvait le port de Tintingue, susceptible de devenir un grand arsenal maritime. Former un premier établissement à Sainte-Marie; se porter à Tintingue aussitôt que cet établissement serait suffisamment consolidé; de là s'avancer et s'étendre dans la grande île, à mesure que les moyens de colonisation seraient acquis, employer à la culture les naturels du pays, en les traitant soit comme esclaves, soit comme des engagés qui, après quatorze années, seraient affranchis et pourraient participer, comme habitants de la colonie, à la distribution des terres, tel était le plan développé dans le mémoire de M. Forestier, qui proposait de composer la première expédition d'un administrateur en chef, de quatorze officiers civils, de cent treize officiers et soldats, et de cent vingt colons, en tout deux cent quarante-huit personnes, et d'affecter aux frais de cette expédition une somme de 1,200,000 francs.

En présence des charges qui pesaient alors sur la France par suite des événements de 1815, il était impossible de songer pour le moment à une pareille dépense, et même à une dépense moindre. Le ministre de la marine, M. le comte Molé, décida l'ajournement de l'expédition projetée à 1819, espérant qu'à cette époque la situation des finances permettrait au gouvernement de se livrer à ces utiles entreprises, d'un si grand intérêt pour l'avenir politique, maritime et colonial de la France.

CHAPITRE II.

LA RESTAURATION ET RADAMA.

SOMMAIRE : M. le comte Molé, ministre de la marine, institue une commission chargée d'explorer la côte orientale de Madagascar. — Projet de reprise de possession officielle de Sainte-Marie et de Tintingue, en 1818. — Opinion de la commission ministérielle au sujet d'un plan de colonisation. — Elle propose de commencer par un établissement à Sainte-Marie. — Ses conclusions à ce sujet sont adoptées. — M. Sylvain Roux est nommé chef de l'expédition. — Instructions qui lui sont remises. — Retards apportés au départ de l'expédition. — Son arrivée à Madagascar, à la fin d'octobre 1821. — Ses premiers travaux. — Maladies causées par l'hivernage. — Nouvelles menées des Anglais. — Le *Menaï*, corvette anglaise, vient demander à quels titres nous sommes à Sainte-Marie. — Réponse de M. Sylvain Roux. — Déclaration à ce sujet du gouvernement anglais de Maurice. — Les chefs du pays de Tanibey font acte de soumission à la France. — Proclamation de Radama. — Les Hovas s'emparent de Foulepointe. — Conduite prudente de l'administration de Bourbon. — Révocation de M. Sylvain Roux. — Sa mort. — Son remplacement par M. Blévec. — Le nouveau commandant met Sainte-Marie en état de se défendre contre les Hovas. — Radama se présente à Foulepointe. — Protestation de M. Blévec *contre le titre de roi de Madagascar usurpé par Radama, roi des Hovas*. — Réponse de Radama. — Le roi des Hovas s'éloigne vers le nord. — État de la colonie et de son personnel. — Il est décidé que l'établissement de Sainte-Marie sera conservé par la France.

M. le comte Molé, alors ministre de la marine, comme on l'a vu, mit le temps à profit pour se procurer des notions positives sur la côte orientale de Madagascar et notamment sur Tintingue et Sainte-Marie.

Une commission spéciale, nommée par lui, placée sous les ordres de M. Sylvain Roux, et composée d'un ingénieur géographe, de l'arpenteur, du jardinier botaniste du roi, à Bourbon et d'un colon de cette île, fut chargée d'aller explorer les localités et de reconnaître le point où il serait possible de former un établissement de culture et de commerce. Cette exploration, à laquelle concoururent M. le baron de Mackau, alors capitaine de frégate, et son état-major, eut lieu pendant les quatre derniers mois de 1818.

Les explorateurs visitèrent successivement Tamatave, Foulepointe et tout le littoral jusqu'à Tintingue et Sainte-Marie.

Ils reprirent solennellement possession de Sainte-Marie le 15 octobre 1818, et de Tintingue le 4 novembre suivant, en présence des chefs et des principaux habitants du pays, réunis en kabar ou assemblée générale. L'exploration terminée, ils revinrent à Bourbon et y consignèrent le résultat de leurs observations dans des rapports où Tintingue et Sainte-Marie furent présentés comme les points les plus convenables pour la formation d'établissements coloniaux.

Tintingue, situé sur la Grande Terre, vis-à-vis l'île Sainte-Marie, possédait un port magnifique, à l'abri de tous les vents et capable de contenir jusqu'à quarante vaisseaux de haut bord. Le pays avoisinant était remarquable par sa fécondité, abondant en bois précieux pour les constructions maritimes et arrosé par plusieurs rivières considérables, dont trois avaient leur embouchure dans la rade. Les explorateurs regardaient ce point comme offrant toutes les facilités désirables pour fonder des établissements de culture ; mais ils pensaient, surtout M. Sylvain Roux, que le premier établissement devait être fondé dans la petite île de Sainte-Marie, qui était beaucoup plus saine que la Grande Terre, et qui, à raison de sa position insulaire, offrait plus de sécurité politique.

Cette île, d'environ douze lieues de long sur deux ou trois de large, est séparée de la côte orientale de Madagascar par un canal, large d'une lieue et un quart dans sa partie la plus étroite, vis-à-vis de la Pointe-à-Larrée et de quatre lieues en face de Tintingue. Suivant les explorateurs, on y trouvait un bon port, qui, quoique peu étendu, pouvait recevoir des frégates. A l'est, les côtes de l'île étaient inattaquables, à cause des récifs qui les environnaient et à l'ouest la défense en était facile, au moyen de quelques travaux peu dispendieux. Les terres paraissaient d'assez bonne qualité et favorables à la culture de la plupart des productions intertropicales. De nombreux ruisseaux et des rivières y coulaient dans tous les sens. Les bois propres aux constructions navales croissaient abondamment dans l'île et l'on pouvait se procurer, sur les lieux mêmes, tous les matériaux nécessaires pour bâtir. La population de Sainte-Marie ne s'élevait pas à plus de mille à douze cents âmes; mais l'île pouvait aisément fournir du travail à vingt-cinq ou trente mille cultivateurs engagés ou esclaves et à quatre ou cinq mille Européens.

Les explorateurs s'accordaient à déclarer que le climat de la côte orientale de Madagascar n'était point aussi insalubre qu'on le pensait généralement. Sainte-Marie leur paraissait, d'ailleurs, susceptible d'être considérablement assainie par le desséchement de quelques marais et par la mise en culture d'une portion du territoire. L'exploration fournissait, au reste, une preuve assez concluante en faveur de la salubrité du pays, car, pendant les quatre mois qu'elle avait duré, malgré l'influence de la mauvaise saison, malgré les fièvres pernicieuses dont plusieurs des explorateurs furent atteints, on n'eut à regretter qu'un seul homme sur un personnel de cent cinquante individus.

Loin de contester nos droits à la propriété de Sainte-Marie, les chefs et les habitants s'étaient empressés d'en reconnaître la validité. Plusieurs d'entre eux se souvenaient de la cession de l'île à la Compagnie des Indes faite en 1750 par Béti. Les explorateurs avaient retrouvé quelques débris d'édifices de construction européenne, notamment une pyramide en pierre, de forme quadrangulaire et tronquée, sur laquelle étaient gravées les armes de France au-dessus de celles de la Compagnie des Indes, avec le millésime de 1753. C'était même en ce lieu qu'ils avaient arboré le pavillon national pour constater la reprise de possession.

Le meilleur accueil avait été fait aux explorateurs dans tous les lieux où ils s'étaient montrés. Jean René, mulâtre d'origine française, ancien interprète du gouvernement français et devenu roi de Tamatave et Tsifanin, roi de Tintingue, les avaient surtout reçus avec des témoignages de satisfaction et d'amitié et la confiance que les Français inspirèrent fut si grande, que le premier remit Berora, son neveu et son fils adoptif, et le second Mandi-Tsara, son petit-fils, au commandant de l'expédition, avec prière de faire élever ces deux enfants dans un collège de France.

M. Sylvain Roux ayant obtenu l'autorisation de revenir en France pour y rétablir sa santé, altérée par les travaux de l'exploration et pour y donner en même temps au ministère de la marine tous les éclaircissements désirables sur l'objet de sa mission, partit de Bourbon, en avril 1819, emmenant avec lui les deux princes malegaches. Il arriva sur la fin de juillet à Paris, où M. le baron de Mackau s'était lui-même rendu quelque temps auparavant. Il était porteur d'une lettre, dans laquelle Jean René implorait la bienveillance du Roi en faveur de son fils, protestait de sa soumission au monarque français, annonçait qu'il avait appris avec la plus grande joie l'intention où la France était de former de grands établissements à Madagascar et suppliait enfin Sa Majesté de lui envoyer des savants et des professeurs pour instruire les peuples qu'il gouvernait. M. le baron Portal, alors ministre de la marine, mit cette lettre sous les yeux du roi et lui présenta, en même temps, les deux jeunes princes malegaches, qui furent placés dans un établissement public, pour y faire leur éducation.

M. Sylvain Roux, en reprenant possession des anciens comptoirs français de la côte orientale de Madagascar, s'était borné à arborer notre pavillon à Tintingue et à Sainte-Marie. Pour assurer le respect qui lui était dû et veiller à la conservation de nos droits, M. le baron Milius, gouverneur de l'île Bourbon, jugea convenable d'établir des postes militaires sur ces deux points et, le 7 juillet 1819, la goëlette du roi *l'Amarante*, commandée par M. l'enseigne de vaisseau Frappas, partit de Bourbon, ayant à bord les détachements destinés à y être placés.

Afin de rendre ce voyage utile aux vues du gouvernement sur Madagascar, M. Milius fit embarquer à bord de *l'Amarante* M. Schneider, ingénieur géographe, qui avait été déjà employé dans l'exploration exécutée par M. Sylvain Roux, et M. Albrand, professeur au collège de l'île Bourbon, pour explorer, conjointement avec M. Frappas, la côte de Madagascar, depuis Sainte-Marie jusqu'au fort Dauphin et reprendre possession de ce dernier point. La petite expédition arriva, le 12 juin 1819, à Sainte-Marie. Les nouveaux explorateurs ne virent point Sainte-Marie et Tintingue d'un œil aussi favorable que ceux qui les avaient précédés. Sainte-Marie, à cause des marais insalubres qui la couvraient en partie, de son sol sablonneux et pierreux, de la qualité inférieure de ses eaux, leur parut présenter peu d'avantages pour des entreprises agricoles; ils la considérèrent seulement comme un point militaire propre à couvrir d'autres établissements. S'ils jugèrent Tintingue susceptible d'être occupé, ce ne fut également que comme position militaire et comme point de relâche. Ils en trouvèrent la rade très belle; mais, à leur avis, il n'existait point de contrée plus marécageuse et plus insalubre et la terre, pour y devenir cultivable, exigeait des travaux immenses de desséchement.

L'*Amarante* se rendit de Tintingue à Tamatave et ensuite au fort Dauphin, où les Français furent parfaitement accueillis des naturels. M. Albrand reprit possession, le 1er août 1819, du fort Dauphin, qui n'était plus alors qu'un amas de ruines recouvertes de plantes grimpantes. Cependant, une partie de l'ancien fort, le magasin à poudre et la porte d'entrée subsistaient encore. M. Albrand reprit en même temps possession de Sainte-Luce, ancien établissement français situé à peu de distance.

De tous les points de la côte orientale de Madagascar, le fort Dauphin parut aux explorateurs celui où l'on pouvait espérer s'établir avec le plus d'avantages et de facilité. Selon eux, c'était l'endroit le plus sain de l'île. L'élévation moyenne de la température semblait devoir permettre d'y cultiver avec un égal succès les végétaux de l'Europe et ceux des colonies. Le terrain y était fertile. Les premières difficultés avaient disparu, car des défrichements avaient eu lieu dans plusieurs parties et les vivres étaient abondants. Les moussons rendaient les communications avec Bourbon toujours promptes. Enfin, la rade, quoique moins belle que celle de Tintingue, était d'un facile accès et pouvait être mise à l'abri de tous les vents, au moyen d'une jetée dont la construction serait peu dispendieuse. En transmettant au ministère de la marine les rapports des nouveaux explorateurs, M. Milius fit connaître au ministre qu'il partageait leur opinion sur la préférence à donner à la presqu'île du fort Dauphin, pour la formation d'un établissement colonial. Le caractère indolent et soupçonneux des habitants de Sainte-Marie et surtout le peu de salubrité du pays, justifiaient à ses yeux cette préférence. Il ne voyait, au surplus, ni moins d'avantages ni moins de dangers à s'établir à Sainte-Marie, plutôt que sur un point quelconque du littoral de la Grande Terre, le fort Dauphin excepté. Quel que fût, au reste, le lieu à choisir, le projet d'un établissement à Madagascar ne lui semblait réalisable qu'autant que le gouvernement se déterminerait à faire des dépenses considérables.

Quelques mois avant la réception de ces rapports, le ministre de la marine avait été dans le cas de pressentir le conseil des ministres sur le projet de coloniser Madagascar, en commençant par s'établir à Sainte-Marie et par occuper Tintingue, ainsi que l'avaient proposé, d'abord M. Forestier, et ensuite M. Sylvain Roux, dans son rapport sur l'exploration dont l'avait chargé le ministère de la marine. Le conseil des ministres ne fut pas éloigné de donner suite à ce plan; mais, il pensa que, dans les circonstances où l'on se trouvait alors, on ne pouvait espérer de le voir accueillir par les Chambres législatives qu'autant que les dépenses en seraient très modérées. M. Sylvain Roux se montrait fort ardent à faire adopter ses vues; mais M. le baron Portal, avant de prendre aucune détermination, crut devoir soumettre le plan projeté à l'examen d'une commission composée, sous la présidence de M. le conseiller d'État Forestier, de MM. de Mackau, Sylvain Roux et Frappas, qui se trouvaient alors tous trois réunis à Paris.

Les deux premières questions que la commission se posa furent celles de savoir si le gouvernement devait fonder une colonie agricole à Madagascar ou se borner simplement à y ouvrir un port aux bâtiments français naviguant au delà du cap de Bonne-Espérance. La création d'une colonie intertropicale entraînait avec elle des difficultés, des dépenses et des embarras politiques qui frappèrent la commission. Fallait-il renouveler les sacrifices qu'avaient coûtés les anciennes expéditions, sans être plus sûr qu'on ne l'était de la réussite? La commission ne le pensait pas. En supposant que l'on se déterminât pour l'affirmative, à quelle localité donner la préférence? Les partisans d'une colonisation dans le sud-est de l'île vantaient la salubrité du littoral, la douceur des habitants, la fertilité des terres, tandis que les partisans d'une colonisation dans le nord-est prétendaient que l'air, la terre et les hommes étaient, à peu de chose près, les mêmes partout. Ces avis divergents étaient fondés, chose étrange! sur des observations et des reconnaissances, également faites sur place par chacun de ceux qui les soutenaient.

Au milieu de ce conflit d'opinions, une seule vérité parut incontestée à la commission : c'est qu'il n'existait, sur toute la côte orientale, depuis la baie d'Antongil jusqu'au fort Dauphin, qu'un seul lieu où des vaisseaux pussent entrer et séjourner sans péril et ce lieu était Tintingue.

Or, dans le cas même de la création d'une colonie agricole, comme on ne pouvait admettre qu'il fût raisonnable de fonder une semblable colonie à 3,500 lieues de la France, sans posséder un port, la commission était d'avis que le choix du gouvernement devait s'arrêter sur le port de Tintingue, qui n'avait pas besoin, comme le Fort Dauphin, de la construction, nécessairement très dispendieuse, d'une jetée, pour offrir aux bâtiments un mouillage exempt de dangers. Si Tintingue semblait mériter la préférence sous le rapport maritime, la commission n'osait affirmer que ce lieu présentât les mêmes avantages sous le rapport agricole. Non que la terre n'y fut fertile, les eaux abondantes, la végétation riche et vigoureuse ; mais les marais profonds qui l'entouraient, les miasmes insalubres qui s'en exhalaient, les travaux qu'il eût fallu faire pour assainir le sol et l'embarras enfin de se défendre au milieu d'une population inquiète et nombreuse, étaient autant de motifs qui, dans son opinion, devaient engager le gouvernement à se borner d'abord à fonder un port à Tintingue. La prudence et l'économie s'accordaient d'ailleurs pour conseiller un tel parti. Sainte-Marie étant la clef du port de Tintingue et offrant, par sa position insulaire, des garanties de sécurité qui ne se trouvaient dans aucune autre partie de Madagascar, la commission pensait que, dans les premiers temps, il suffirait de s'établir dans cette île. Là, avec peu d'hommes et une dépense modérée, on pourrait jeter les fondements d'une colonie susceptible de s'étendre plus tard sur la grande terre de Madagascar. Tout en formant un établissement maritime à Sainte-Marie, on s'y livrerait à des essais de culture, ainsi qu'à la pêche de la baleine, industrie très profitable dans ces parages, et l'on chercherait à attirer peu à peu le commerce de ce côté. L'occupation de Sainte-Marie n'empêcherait point d'arborer à Tintingue le pavillon français, d'y construire un magasin pour des agrès et apparaux, d'y entretenir une petite garnison et de permettre aux colons, habitués à fréquenter Madagascar, de s'y transporter avec leurs esclaves et leur industrie. Ce système était, aux yeux de la commission, le seul qui pût à la fois donner à la France un port au delà du cap de Bonne-Espérance, et lui promettre pour l'avenir la possession d'une colonie agricole.

Quant aux moyens d'exécution, la commission était d'avis qu'ils fussent renfermés dans les limites d'une judicieuse économie. L'administration locale devait être réduite aux agents strictement nécessaires et le détachement militaire, destiné à prendre possession de Sainte-Marie et de Tintingue, se composer d'environ soixante officiers, sous-officiers et soldats ; ces derniers eussent été tous ouvriers, pour ne pas multiplier les consommateurs sans nécessité. Dans les premiers temps, on ne transporterait dans la colonie aucun cultivateur, soit de France, soit de l'île Bourbon. Les administrateurs et les officiers seraient les premiers colons, et l'on se bornerait à louer un certain nombre de noirs, pour être employés à la culture des denrées de première nécessité. Enfin la même réserve et la même économie présideraient à tous les éléments de la colonisation et, si ces modestes essais étaient couronnés de succès, on trouverait plus tard toute facilité pour en élargir les bases et pour obtenir des Chambres législatives les fonds nécessaires. Telles étaient, en résumé, les vues de la commission présidée par M. le conseiller d'État Forestier.

Dans le but de rendre un port à la navigation française dans les mers de l'Inde, M. le baron Portal accueillit le plan proposé par la commission ; mais, avant de prendre un parti définitif, il voulut encore s'éclairer de l'avis de M. le capitaine de vaisseau Freycinet, qui était sur le point de quitter la France pour aller remplacer M. le baron Milius, en qualité de commandant et administrateur de Bourbon. M. de Freycinet déclara qu'il partageait l'opinion de la commission, non seulement quant au but essentiel qu'il s'agissait d'atteindre, mais, aussi, quant aux principaux moyens à employer pour réussir. M. le baron Portal n'hésita plus dès lors à donner son adhésion pleine et entière au plan présenté par la commission. Il le soumit au conseil des ministres, qui en adopta les bases. Il fit ensuite agréer au roi et aux Chambres l'essai de colonisation de Sainte-Marie, en le réduisant toutefois à des proportions qui, suffisantes pour agir avec fruit, ne pussent cependant compromettre de trop graves intérêts, si les résultats de l'entreprise ne répondaient pas à ce qu'on devait raisonnablement en attendre. Les fonds extraordinaires affectés à cet essai furent limités à la somme de 700,000 francs, répartis de la manière suivante : 480,000 francs sur l'exercice 1820, pour frais d'expédition et de premier établissement ; 93,000 francs pour chacune des années 1821 et 1822, et 94,000 francs pour 1823 (1).

L'expédition destinée à jeter les fondements de l'établissement projeté fut composée de soixante-dix-neuf individus, lesquels comprenaient, outre le personnel du service colonial, une compagnie de soixante officiers et ouvriers militaires de la marine, et six colons volontaires, hommes et femmes. On affecta au transport de ce personnel et du matériel de l'expédition la gabare *la Normande* et la goëlette *la Bacchante*. Ces deux bâtiments de l'État furent destinés à rester à Sainte-Marie, le premier pour servir de caserne, de magasin, d'hôpital et de batterie flottante, jusqu'au moment où l'on serait en mesure de séjourner à terre avec sécurité ; le second, pour entretenir les communications, tant avec les divers points de la Grande Terre qu'avec l'île Bourbon.

M. Sylvain Roux, qui, avant 1811, avait résidé plusieurs années à Tamatave, en qualité d'agent français, qui avait présidé en 1818 à l'exploration de la côte orientale de Madagascar, et qui, d'ailleurs, était lié d'amitié avec Jean René, l'un des chefs les plus influents de l'île, se trouvait naturellement désigné pour diriger une entreprise dont il avait, conjointement avec M. Forestier, suggéré la première idée et dont il n'avait cessé depuis lors de poursuivre la réalisation. Il fut donc nommé chef de l'expédition, avec le titre de commandant particulier des établissements français à Madagascar ; mais placé sous la surveillance et sous les ordres du gouverneur de Bourbon.

Les instructions que le ministre de la marine remit à M. Sylvain Roux, avant son départ, furent concertées avec la commis-

---

(1) Indépendamment de ces 480,000 francs, les Chambres accordèrent en 1826 une somme de 80,000 francs, pour *service ordinaire à Madagascar*.

sion présidée par M. Forestier. Elles firent connaître au chef de l'expédition que l'objet que le gouvernement se proposait était d'assurer la possession du port de Tintingue à la France, de n'y entretenir d'abord qu'un simple poste, de s'établir solidement à Sainte-Marie et de créer dans cette île des cultures libres, à l'aide des colons militaires qui y étaient transportés et des noirs travailleurs qui seraient ou loués aux chefs malegaches ou achetés d'eux et, dans ce dernier cas, déclarés libres immédiatement, moyennant un engagement temporaire de leurs services ; d'encourager la culture des denrées dites coloniales, par les indigènes, soit qu'ils s'y livrassent pour leur propre compte, soit qu'ils consentissent à s'en occuper pour le compte des colons français, sous la condition de salaires convenus ; d'attirer par la suite à Sainte-Marie et d'y installer utilement, selon qu'il y aurait lieu, non seulement le trop plein de la population libre de Bourbon, mais encore tous autres immigrants qu'il serait reconnu utile d'y appeler ; de n'opérer dans les cultures que graduellement, de proche en proche et lorsqu'on serait en mesure de le faire sans danger, et cependant d'entretenir et d'étendre le commerce déjà existant à Madagascar, en blé, riz, bestiaux, bois, etc., et autres productions de l'intérieur, qui pouvaient ajouter aux moyens d'échange, et d'inspirer de plus en plus aux naturels le goût des objets provenant de notre industrie ; de nous concilier, par une conduite juste, bienveillante, habile, ferme, l'estime, la confiance et l'amitié des indigènes, seuls gages solides du succès de l'établissement projeté ; de nous insinuer graduellement dans le territoire et dans la population par des conventions de gré à gré mutuellement avantageuses, par des mariages avec les filles du pays et par la fusion des intérêts réciproques.

Les mêmes instructions autorisèrent le commandant particulier à consolider, par quelques légers sacrifices, les acquisitions litigieuses, pour peu qu'il y eût contestation sur les droits de possession anciennement acquis à la France, plutôt que de laisser la moindre incertitude sur la légitimité de nos droits. Enfin, elles lui recommandèrent d'user d'une grande circonspection dans ses rapports avec les Anglais qui fréquenteraient Madagascar ; mais d'employer tous les moyens que permettrait la prudence pour empêcher qu'ils n'exerçassent sur les chefs malegaches une influence nuisible à nos intérêts.

Cette dernière recommandation était particulièrement motivée par la conduite que le gouverneur de l'île Maurice avait tenue durant les dernières années. Du moment où la France avait paru tourner ses vues sur Madagascar, M. Farquhar s'était attaché à les traverser. Les instructions de M. Sylvain Roux insistent vivement sur la nécessité de cultiver par tous les moyens possibles les bonnes dispositions que Radama, roi des Hovas et Jean René paraissaient conserver à l'égard des Français, malgré les efforts de la politique anglaise (1). Quant au régime intérieur de l'établissement, rien n'avait été négligé par le département de la marine pour qu'il fût satisfaisant. La conservation de la santé des hommes composant l'expédition avait été surtout l'objet de sa prévoyance. On avait songé au cas où l'insalubrité contestée de l'île Sainte-Marie serait, après une expérience suffisante, reconnue telle que les colons ne pussent la supporter. Le commandant particulier des établissements de Madagascar avait ordre, alors, de s'entendre avec le gouvernement de Bourbon pour la translation de la colonie sur un autre point.

L'expédition, retardée par la nécessité où l'on fut d'attendre que le fonds de 420,000 francs qui devait y être affecté fût voté par les Chambres, ne partit de Brest que le 7 juin 1821, et arriva à Sainte-Marie sur la fin du mois d'octobre de la même année. Elle fut bien accueillie par les indigènes, dont on obtint immédiatement, moyennant un prix réglé à l'amiable, la concession de trois villages. Les cases n'étant point habitables pour des blancs et le projet étant d'ailleurs de s'établir d'abord sur un îlot séparé situé à l'entrée de la baie et connu sous le nom d'îlot *Madame*, on se contenta de déposer dans les villages acquis une partie du matériel et l'on s'occupa des travaux de terrassement et de construction à faire dans l'îlot. Ces travaux continuèrent sans interruption jusqu'à la fin de décembre. C'était l'époque où commençait la saison de l'hivernage et sa pernicieuse influence ne tarda pas à se faire sentir.

(1) *Précis sur les établissements français à Madagascar*, publié par le ministère de la marine, p. 22. Brochure in-8°, 1836.

Dans les premiers jours de janvier 1822, un grand nombre de maladies se déclarèrent parmi les ouvriers militaires et les équipages des bâtiments (1) et comme il n'avait point encore été possible de construire un hôpital à terre, il fallut soigner les malades à bord de la gabare *la Normande*. Le défaut d'espace et d'air y accrut les progrès du mal. Les officiers de santé, qui n'étaient point acclimatés, en éprouvèrent bientôt, à leur tour, les atteintes et, à la fin du mois de janvier 1822, il ne restait plus sur pied qu'un petit nombre de marins et d'ouvriers et un seul enseigne de vaisseau. M. Sylvain Roux fut frappé lui-même par la maladie et ne se rétablit qu'avec peine. Les travaux, que l'invasion des maladies avait fait suspendre, furent repris, dès que la situation sanitaire de l'établissement le permit. On les poussa avec activité, au moyen d'une centaine de noirs engagés que le commandant particulier de Sainte-Marie s'était procurés. Le terrain de l'îlot Madame a environ un hectare et un quart de superficie ; on y établit en peu de temps deux hôpitaux, deux casernes et divers autres bâtiments pour loger le personnel et pour servir de magasins, d'ateliers et de boulangerie.

Le moment parut opportun aux Anglais pour susciter des embarras à la France. Fidèles à leur tactique souterraine, ils avaient tout préparé d'avance pour arriver à ce but. Les théories diplomatiques de M. Farquhar, qui joua dans ces parages et non sans audace le rôle d'un Bismark britannique, n'ayant pas été admises par son gouvernement, ce champion de la politique *quand même* de la perfide Albion changea subitement ses batteries ; mais c'était pour en diriger plus sûrement les canons contre nous. Cet homme de génie, — au point de vue anglais, bien entendu, — ourdit une nouvelle trame, où l'astuce prit, cette fois, la place de l'arrogance. Il inventa un système plus ou moins nouveau qui consistait à considérer l'île de Madagascar comme un pays indépendant, voulant vivre de la vie des peuples libres. Dans ce but, il considérait que l'Angleterre était parfaitement autorisée à con-

(1) La fièvre tierce et la fièvre pernicieuse intermittente, l'adynamie, l'ataxie, la nostalgie, la phlegmasie et la phtisie pulmonaire, la phlegmasie abdominale, la dysenterie et l'escarre gangréneuse, telles furent les maladies qui attaquèrent les hommes de l'expédition.

tracter des alliances avec les différentes tribus de l'île, particulièrement avec les Hovas, et à leur fournir, au besoin, des instructions, des officiers, des armes, pour résister à leurs ennemis. Il va sans dire que ces ennemis, c'était nous.

M. Carayon, dans son ouvrage (1), a très bien établi ces faits : il en a indiqué les mobiles avec netteté et franchise : c'est à lui que nous empruntons ces détails intéressants.

Un homme se trouvait tout prêt à servir d'instrument aux intrigues des Anglais. Cet homme était Radama, maître du centre de l'île. Du fond de la province d'Ancove, et du haut de ce nid de pirates de terre qu'on appelle Emirne, Imerne ou Tananarive, ce chef des Hovas était désigné pour figurer, dans les menées britanniques, le personnage patriote combattant pour la liberté de son pays, un Méhémet-Ali malegache. Peu importait aux Anglais que ce chef ne fût que l'oppresseur impitoyable, le tyran féroce des malheureuses peuplades d'alentour. Radama était, on le savait, intelligent, ambitieux, dominateur. Les Anglais résolurent de surexciter cette ambition, fidèles en cela à ce système politique devenu un calcul chez eux, à savoir qu'ils doivent pousser à l'indépendance toute colonie européenne dont ils ne peuvent pas s'emparer. Ce système qu'ils employèrent si habilement et avec tant de persistance pendant les guerres du premier Empire n'était qu'une suite de leur ingérence constante dans nos affaires de 1792 à 1815, en Égypte, en Espagne, en Hollande, à Naples, etc., partout où ils n'étaient pas les maîtres.

Ainsi donc, s'emparer des colonies qui leur conviennent et appeler les autres à l'indépendance, telle a toujours été leur tactique. M. Farquhar eut l'honneur d'en être l'un des représentants les plus obstinés, comme les plus célèbres. Au lendemain de la paix de 1815, il ne craignit point de pousser Radama à envahir l'île entière et à se proclamer *roi de Madagascar*. « Ne pouvant avouer hautement un pareil plan, dit M. Carayon, le gouverneur de Maurice le rattacha habilement à une œuvre éminemment philanthropique, l'abolition de la traite des nègres devant laquelle

---

(1) *Histoire des établissements français à Madagascar pendant la Restauration,* ch. III, p. 25 et suiv., Intrigues des Anglais.

la question politique s'effaçait aux yeux des personnes peu versées dans les affaires de ces contrées lointaines. « Je voudrais pouvoir ne trouver dans la conduite du gouverneur anglais, ajoute M. Carayon, qu'une action honorable et désintéressée, qu'un désir sincère d'abolir le trafic des esclaves ; mais si ce trafic avait pu être aboli quelques années plus tôt, lorsque les Anglais furent les maîtres des îles qui pouvaient en profiter (Maurice et Bourbon) et si M. Farquhar attendit, pour le faire cesser, que les Français fussent de retour dans l'une d'elles, c'est-à-dire que cette mesure fût d'accord avec les intérêts politiques de sa nation, ne peut-on pas, aussi, attribuer à ces intérêts les véritables motifs qui la lui firent adopter ? »

C'est dans le sens de ces vues tortueuses, que sir Robert Farquhar combla de ses caresses et de ses présents le nouveau chef des Hovas, pour essayer d'effacer les sentiments de sympathie que, jusque-là, il avait témoignés aux Français. Dès 1817, il lui dépêcha une magnifique ambassade chargée de lui offrir de riches cadeaux, tels que des chevaux de prix, de la vaisselle plate, de beaux uniformes. Le chef des Hovas ne put résister à ces avances. Notre vieil allié, Jean René, qui commandait pour Radama une partie de la côte orientale, fut également séduit par des prévenances et par des présents. Radama signa, enfin, le 23 octobre 1817, et le 11 octobre 1820 avec l'Angleterre, deux traités dont le but apparent était l'abolition du commerce des esclaves : ces traités furent ratifiés par le gouvernement britannique.

Dans ces actes publics (1), Radama était qualifié *roi de Madagascar et de ses dépendances*. Le gouverneur de Maurice s'engageait, en outre, à lui compter une subvention annuelle et à lui remettre une certaine quantité de poudre de guerre, d'armes, d'habillements, d'équipements militaires et des munitions de toutes sortes, le tout d'une valeur d'environ cinquante mille francs. Il avait, de plus, envoyé à Radama des instructions et des agents pour organiser ses troupes et pour le diriger au point de

---

(1) Nous donnons, au chapitre suivant, le texte même de ces Traités avec toutes leurs clauses, d'après les papiers politiques distribués aux Chambres anglaises en 1844. (*Parliamentary papers*, etc.)

vue politique. Enfin, il établit auprès de lui des missionnaires pour l'éducation de la jeunesse, ainsi qu'un résident anglais qui l'accompagnait partout. Le résultat de l'introduction de missionnaires protestants à Madagascar fut d'y entretenir constamment des ferments de haine politique, qui ne sont nullement en rapport avec les principes de la religion ou même seulement avec ceux de la civilisation. On en verra les suites plus loin.

La situation était telle à Madagascar que l'avaient préparée avec persévérance les Anglais, lorsque M. Sylvain Roux y débarqua.

Un mois après l'installation de l'expédition française à Sainte-Marie, la corvette anglaise *le Menaï*, commandée par le capitaine Moresby, avait paru sur la rade de cette île pour demander, au nom des autorités anglaises du cap de Bonne-Espérance et de Maurice, à quel titre les Français étaient venus à Sainte-Marie, et quels étaient leurs projets futurs sur Madagascar. M. Sylvain Roux avait répondu qu'il agissait en vertu des ordres du Roi de France, qu'il avait informé de sa mission le gouverneur du cap de Bonne-Espérance, lors de sa relâche dans cette colonie; que, du reste, il ne se croyait point obligé de faire connaître les lieux de la côte où il pourrait lui convenir d'établir ses postes; que toute l'île appartenait à la France et qu'il protestait d'avance contre toute atteinte qui serait portée à son droit de propriété.

Cet événement donna lieu à quelques explications entre le gouverneur de Bourbon et le gouverneur de Maurice. Ce dernier en profita pour déclarer : premièrement, qu'il ne considérait Madagascar que comme puissance indépendante, actuellement unie avec le roi d'Angleterre par des traités d'alliance et d'amitié et sur le territoire de laquelle aucune nation n'avait de droits de propriété, hors ceux que cette puissance serait disposée y admettre; secondement, qu'il avait été notifié par cette même puissance, au gouvernement de Maurice et au commandant des forces navales britanniques dans ces mers, qu'elle ne reconnaissait de droits de propriété sur le territoire de Madagascar à aucune nation européenne.

La doctrine établie par cette déclaration différait étrangement de celle que le même gouverneur avait professée, lorsque considérant l'Angleterre comme substituée aux droits de la France sur Madagascar par la cession de l'île de France et de ses dépendances, il avait, en 1816, prétendu, au nom de son gouvernement, à la propriété et à la souveraineté de nos anciennes possessions de Madagascar (1). A cette époque, l'Angleterre se prévalait du droit absolu et exclusif de souveraineté qu'elle prétendait lui avoir été conféré par la cession de la France et ce droit de souveraineté sur toute l'île malegache lui paraissait si complet, qu'elle entendait s'en réserver le commerce et n'y laisser participer la France même qu'aux conditions qu'il lui plairait d'établir. Mais, lorsqu'il fut reconnu que Madagascar n'avait point été compris dans la cession consentie par la France, le gouvernement de Maurice ne vit plus dans notre ancienne colonie qu'un pays indépendant. Cette même déclaration et la conduite ultérieure des Anglais en ces parages ne purent laisser aux commandants de Bourbon et de Sainte-Marie aucun doute sur les mauvaises dispositions du gouvernement de Maurice et sur les obstacles qu'apporterait à nos projets l'influence qu'il exerçait auprès des deux principaux chefs du pays.

Dans la vue, sans doute, de lutter contre cette influence, le commandant de Sainte-Marie reçut, le 20 mars 1822, une déclaration d'obédience et de vassalité de la part de douze princes et chefs de la contrée de Tanibey (2). Par cet acte, les chefs malegaches se soumirent à la domination de la France, s'engagèrent à défendre ses intérêts contre toute nation européenne, malegache ou autre et promirent de ne contracter aucune allance sans son consentement. Ces manifestations, soit qu'elles eussent été provoquées, soit qu'elles fussent l'effet d'une résolution spontanée des chefs malegaches, comme M. Sylvain Roux crut pouvoir le déclarer, furent un nouveau motif pour les Anglais d'encourager Radama dans ses prétentions à la souveraineté de toute l'île.

(1) *Précis sur les établissements français formés à Madagascar*, publié par le ministère de la marine, page 27. Brochure in-8°, 1836.
(2) Cette contrée s'étend depuis la baie d'Antongil, au nord-est de Madagascar, jusqu'au pays de Fénériffe, vers le sud. Elle est habitée par les Betsimsaracs.

En effet, dès le 13 avril 1822, Radama, ce chef de la petite tribu des Hovas, qui avait conquis la côte orientale et qui en opprimait les peuples, nos alliés, osa publier une proclamation qui déclarait nulle toute cession de territoire qu'il n'aurait pas ratifiée et, afin de montrer qu'il était disposé à appuyer cette arrogante prétention par la force, il envoya sur la même côte un corps de trois mille soldats hovas. Ces soldats, que commandait un de ses lieutenants nommé Rafaralah, étaient accompagnés de M. Hastie, agent britannique accrédité auprès de Radama, d'un officier du génie anglais et de quelques autres militaires de la même nation. Sur la fin de juin 1822, ils s'emparèrent de Foulepointe, ancien chef-lieu des établissements français de Madagascar, et placèrent leur camp près de la pierre même qui constatait le droit de la France (1). Telle était l'audace des Hovas commandés par des officiers anglais.

Cette invasion donna lieu, le 7 juillet suivant, à une nouvelle réunion des chefs de Tanibey. Ils reconnurent une seconde fois les anciens droits de la France sur leur pays, renouvelèrent la déclaration de vasselage faite par eux le 20 mars précédent, et s'adressèrent en même temps au commandant des Hovas, pour lui notifier que, s'étant soumis à la France, ils ne reconnaîtraient point d'autre domination. M. Sylvain Roux n'en fut pas moins obligé de souffrir patiemment l'établissement militaire des Hovas sur la côte. Il n'y avait, alors, à Sainte-Marie aucun bâtiment de guerre et, d'un autre côté, on ne pouvait attaquer les Hovas avec les débris de l'expédition réduite à un petit nombre d'hommes affaiblis et découragés.

M. Sylvain Roux s'empressa d'informer de cet état de choses le gouverneur de Bourbon qui considéra que, dans la situation précaire où se trouvait l'établissement de Sainte-Marie, et même dans l'intérêt des vues ultérieures de la France, il importait de ne pas prendre l'initiative des hostilités. Il écrivit dans ce sens à M. Sylvain Roux et se borna à lui envoyer quelques bâtiments armés destinés à veiller à la sûreté de l'éta-

---

(1) *Précis sur les établissements français à Madagascar,* publié par le département de la marine, page 29.

blissement et à coopérer à sa défense en cas d'agression. Les Hovas, de leur côté, restèrent stationnés à Foulepointe et l'année 1822 s'acheva sans aucun mouvement nouveau de leur part et sans événements de quelque importance pour Sainte-Marie (1).

Cependant M. de Freycinet, gouverneur de Bourbon, avait plusieurs fois témoigné, dans sa correspondance avec le département de la marine, les inquiétudes que lui donnaient le peu de capacité de M. Sylvain Roux, son esprit aventureux et le désordre de son administration intérieure. La révocation de cet agent fut en conséquence prononcée. En notifiant cette décision à M. de Freycinet, le ministre de la marine le chargea de prendre la direction ultérieure de la colonisation de Madagascar, l'autorisant à adopter les mesures que, dans sa prudence, il jugerait les plus conformes aux véritables intérêts de la France.

M. Sylvain Roux, atteint de nouveau des fièvres du pays, avait déjà cessé de vivre. Ses anciens et bons services n'avaient pu le préserver de cette mesure, qui fut jugée excessive.

On ne comprend pas, du reste, qu'un homme, qui avait vécu tant d'années à Madagascar et qui connaissait par conséquent l'insalubrité de la côte, ait pu choisir, pour s'y établir, une époque aussi rapprochée de l'hivernage, dont la funeste influence ne pouvait manquer de se faire sentir sur des Européens avec ses suites mortelles. M. Sylvain Roux expia cruellement les fautes qu'il avait commises. Il mourut le 2 avril 1823, emportant les regrets qu'inspiraient l'honnêteté de son administration.

M. de Freycinet nomma, pour le remplacer, M. Blevec, capitaine du génie, déjà attaché à la colonie de Sainte-Marie.

Le nouveau commandant de Sainte-Marie ne tarda pas à être informé que Radama se proposait de se rendre prochainement lui-même à Foulepointe, avec des forces considérables. Il prévit

---

(1) Pendant les six derniers mois de 1822, sur un personnel de 102 blancs (y compris les équipages de *la Normande* et de *la Bacchante*), le nombre des malades fut, terme moyen, de 80 par mois, et le nombre des morts de deux seulement. Pendant les trois premiers mois de 1823, c'est-à-dire pendant la saison de l'hivernage, le nombre des malades s'accrut encore; mais deux hommes seulement succombèrent. Sainte-Marie est aujourd'hui une colonie très saine. (*Précis sur les établissements français à Madagascar*, page 30.)

que, si les Hovas se présentaient hostilement à Tintingue et à la Pointe-à-Larrée, il lui serait impossible, avec le peu de monde dont il pouvait disposer, de défendre ces deux postes. Il se borna donc à faire les dispositions nécessaires pour la défense de l'établissement de Sainte-Marie.

Radama arriva, en effet, à Foulepointe dans le mois de juillet 1823 et, vers la fin de ce mois, des troupes hovas se rendirent à la Pointe-à-Larrée, qui est située vis-à-vis de Sainte-Marie, incendièrent les villages de Fondaraze et de Tintingue, pillèrent tout sur leur passage et enlevèrent même un troupeau de bœufs que l'administration de Sainte-Marie avait laissé en dépôt à la Pointe-à-Larrée. M. Blevec jugea qu'il ne pouvait laisser passer de telles déprédations sous silence.

Voici, *in extenso*, la protestation solennelle qu'il rédigea (1) : l'histoire doit l'écrire en lettres d'or dans les annales françaises.

« Aussitôt que la paix, heureusement rétablie entre les puissances européennes, eut permis au gouvernement français de tourner de nouveau ses vues sur Madagascar, un de ses premiers soins fut de se mettre en possession des droits qu'il avait autrefois exercés dans cette île, et de replacer, aux termes des traités, le pavillon de Sa Majesté Très Chrétienne sur les divers points qui avaient appartenu à la France, au 1er janvier 1792.

« A cet effet, une expédition fut dirigée de la métropole sur la côte est de Madagascar, avec ordre d'y rétablir l'autorité de la France et dans le but spécial et hautement annoncé d'y préparer l'établissement futur d'une colonie.

« Cette expédition passa successivement par Tamatave et Foulepointe et visita toute la côte jusqu'à Tintingue et Sainte-Marie : elle reprit solennellement possession de ces deux derniers lieux et annonça aux chefs et aux naturels qui les habitaient, l'arrivée prochaine d'une expédition plus considérable, destinée à occuper militairement l'île Sainte-Marie. Presque dans le même temps, et pour compléter ces mesures, le gouvernement de Bourbon fit reprendre possession au nom de Sa Majesté Très Chrétienne du fort

(1) Nous transcrivons l'éloquente protestation de M. Blévec, telle qu'elle est donnée par M. Carayon, dans son ouvrage *sur l'Établissement français de Madagascar, pendant la Restauration.*

Dauphin et de Sainte-Luce et y plaça une garnison qui y est encore entretenue. Ces diverses réoccupations n'excitèrent et ne pouvaient exciter aucune réclamation. Fondées sur des droits anciens et non contestés et conformes aux traités récents, elles étaient vues d'ailleurs avec plaisir par les peuples des côtes qui, fatigués d'une longue suite de guerres et de dissensions intestines, trouvaient, dans l'établissement des Français au milieu d'eux, un gage de paix, de protection et de stabilité pour l'avenir. Le roi Radama lui-même, à qui le gouvernement de Bourbon crut devoir ne pas laisser ignorer les projets de la France, ne fit entendre, à ce sujet, aucune observation et parut joindre son assentiment à celui du reste des princes de Madagascar.

« Dans cet état de choses, la France, fidèle à ses promesses, fit occuper l'île Sainte-Marie. La nation des Betsimaracs, réunie à la Pointe-à-Larrée dans un *kabar* solennel, en l'absence de toute force militaire et de tout agent français, renouvela son serment d'allégeance à Sa Majesté le roi de France : les princes Tsifanin, Tsassé et Tsimarouvola et autres chefs de cette côte, joignirent leurs serments à ceux de leurs tribus, se placèrent volontairement sous la protection de Sa Majesté Très Chrétienne et lui jurèrent obéissance et fidélité. Ainsi donc, nos droits sur la côte orientale de Madagascar fondés sur l'ancienneté, la durée et l'authenticité de plusieurs occupations successives, attestés par des monuments encore existants, renouvelés par les reprises de possession qui venaient d'avoir lieu, confirmés par des traités récents et sanctionnés, enfin, par l'assentiment libre et unanime des chefs et des tribus de la côte, semblaient établis à l'abri de toute contestation, lorsqu'un bruit vague se répandit que le roi des Hovas élevait des prétentions à la souveraineté de Sainte-Marie.

« Une nouvelle aussi invraisemblable fut accueillie d'abord avec défiance. On ne pouvait croire que le roi des Hovas rompait ainsi, sans provocation et sans motif apparent, les liens qu'avaient dès longtemps formés entre son peuple et les Français d'anciennes habitudes de commerce et de constants rapports d'amitié. On ne pouvait, d'ailleurs, imaginer sur quel titre se fondaient d'aussi étranges prétentions de la part d'un gouvernement qui n'avait jamais exercé, soit directement, soit indirectement, les plus légers droits sur Sainte-Marie et, dans l'absence de tout document officiel, on commençait à mettre au rang des fables un bruit si dénué de probabilité, lorsqu'on fut informé qu'un corps d'armée hova venait d'entrer à Foulepointe, ancien chef-lieu des établissements français à Madagascar et avait établi son camp sur la pierre même où sont gravés les droits de la France.

« Quelque étrange que dût paraître une pareille conduite de la part d'un allié, le gouvernement de Sainte-Marie n'en demeura pas moins fidèle au système de modération qu'il s'était prescrit et, voyant le chef hova persister dans ses protestations d'amitié pour la France et respecter le monument de nos droits, il crut devoir ne regarder l'occupation de Foulepointe que comme la conséquence d'hostilités survenus entre les peuplades indigènes (hostilités étrangères à nos vues et à nos droits) et peu étonné, d'ailleurs, de voir un gouvernement encore mal affermi dans la carrière de la civilisation manquer, dès ses premiers pas, aux procédés des nations civilisées, il crut devoir s'abstenir de faire usage des forces navales dont il disposait à cette époque sur les côtes de Madagacar et au moyen desquelles il lui eût été facile de rejeter les Hovas dans l'intérieur.

« Cette modération ne servit qu'à enhardir le gouvernement hova et ce ne fut pas sans étonnement qu'on reçut, peu après, à Sainte-Marie une déclaration écrite au nom de Rafaralah, commandant du corps stationné à Foulepointe, et par laquelle cet officier, contestant aux Français le droit de s'établir à Sainte-Marie, revendiquait pour son maître, le roi des Hovas, la souveraineté de l'île de Madagascar tout entière. Déjà de pareilles insinuations avaient été adressées au gouvernement de Bourbon; mais elles l'avaient été par l'organe d'un étranger et il crut devoir, par ce seul motif, s'abstenir d'y répondre. Mais, une communication officielle faite au nom de Radama par un de ses principaux officiers ne pouvait rester sans réponse : aussi, fut-elle prompte et explicite. Le commandant de Sainte-Marie déclara à Rafaralah que le gouvernement français ne reconnaissait à Radama aucun droit à s'immiscer dans les relations politiques de la France avec les peuples de la côte orientale de Madagascar : il rappela les droits anciens et incontestables de Sa Majesté Très Chrétienne et, protestant du désir et de l'espoir qu'il conservait encore de maintenir la paix, demanda une entrevue avec le roi des Hovas.

« Ce prince, évitant de s'expliquer sur la question politique, se borna à répondre qu'il viendrait bientôt visiter la côte orientale, et fixa à cette époque l'entrevue demandée. C'est alors que quelques Hovas, détachés en petit nombre de Foulepointe, s'avancèrent jusqu'à la rivière de *Simiagné*, prodiguant sur leur route la menace envers les *Betsimsaracs*, l'insulte envers le gouvernement français, prêchant à main armée l'obéissance à *Radama* et, par conséquent, la trahison aux chefs et aux tribus qui avaient déjà prêté serment au roi de France.

« Des démarches aussi hostiles n'étaient point ignorées du gouvernement de Sainte-Marie. Il lui eût été facile de les déjouer; mais, désireux de conserver la paix et espérant que l'entrevue promise amènerait le roi des Hovas à se désister de ses injustes prétentions, il ne crut pas devoir donner une attention sérieuse à des manœuvres obscures, indignes d'un souverain, qu'on pouvait croire ignorées de lui et qu'il lui était si facile de désavouer.

« Telle était la situation des choses, lorsque de nouvelles insultes, commises sans provocation, sans prétexte et avec tous les caractères d'une hostilité ouverte, sont venues avertir le gouvernement de Sainte-Marie que le temps de la modération était passé. Une troupe indisciplinée a parcouru toute la côte, sous le commandement de *Ramananouloun;* elle a dispersé, égorgé ou réduit en esclavage, au nom de Radama, les Betsimsaracs, sujets de Sa Majesté Très Chrétienne; elle a incendié leurs villages, pillé leurs propriétés, et pour que rien ne manquât à l'hostilité d'une telle conduite, leur chef n'a pas craint d'attenter à la propriété du gouvernement français et de faire enlever ou tuer de nombreux troupeaux faisant partie de l'approvisionnement de Sainte-Marie, malgré les réclamations de l'agent à la garde duquel ils étaient confiés; enfin, joignant l'insulte à la violence, il n'a pas craint de faire dire au commandant de Sainte-Marie que lui et ses soldats ne devaient se considérer que comme des marchands établis à Sainte-Marie, sous l'autorisation de Radama et y commerçant aux conditions qu'il lui plairait de prescrire.

« D'aussi outrageantes prétentions, exprimées dans un langage aussi peu mesuré et accompagnées de procédés si contraires au droit des gens, avertissent enfin le gouvernement français qu'il ne peut, sans manquer à sa propre dignité et à la justice due à ses sujets et à ses alliés, demeurer plus longtemps insensible aux provocations si gratuitement dirigées contre lui.

« En conséquence,

Le commandant de Sainte-Marie, considérant que les injustes prétentions du roi Radama ne reposent que sur *son prétendu titre de roi de Madagascar qui, n'étant fondé ni en droit ni en fait, ne peut être considéré que comme un véritable abus de mots, qui ne saurait lui-même constituer un droit,*

« *Proteste* solennellement au nom de Sa Majesté Louis XVIII, roi de France et de Navarre, et des chefs malegaches ses vassaux, contre le prétendu titre de *roi de Madagascar illégalement pris par le roi des Hovas et contre toutes les conséquences directes ou indirectes qu'on voudrait en faire résulter;*

« *Déclare* qu'il ne reconnaît au roi des Hovas aucun titre à la possession légitime de quelque partie que ce soit de la côté orientale de Madagascar;

« *Proteste* contre toute occupation faite ou à faire des points de cette côte dépendants de Sa Majesté Très Chrétienne;

« *Proteste*, en outre, contre toute concession qu'on pourrait ou qu'on aurait pu extorquer aux divers chefs malegaches qui se sont reconnus dépendants de Sa Majesté Très Chrétienne, concessions qui seraient évidemment l'ouvrage de la séduction ou de la violence et qui, en admettant qu'elles fussent volontaires, ne pourraient annuler les déclarations antérieures des mêmes chefs, ni, à plus forte raison, *les droits anciens et imprescriptibles de la France.*

« *Fait à l'hôtel du gouvernement du Port-Louis, île Sainte-Marie, le 15 août* 1823. »

Cette protestation fut porté à Radama par le commandant de la goëlette *la Bacchante,* M. de Molitard, qui eut avec le souverain malegache plusieurs entrevues, dans lesquelles Jean René servit d'interprète. Le résultat des explications verbales données par Radama fut « qu'il reconnaissait comme appartenant en toute propriété à la France l'île de Sainte-Marie, vendue autrefois à cette puissance par les naturels; mais qu'il ne reconnaissait, ni à la France, ni à aucune puissance étrangère, des droits à la possession d'aucune partie de la grande île de Madagascar; qu'il permettait seulement aux étrangers de toute nation de venir s'y établir, en se soumettant aux lois de son royaume, et qu'à l'égard du titre de roi de Madagascar, *il le prenait,* parce qu'il était le seul dans l'île qui fût capable de le soutenir. »

Vers le milieu du mois de septembre, Radama, après avoir adressé à M. Blevec un manifeste rédigé dans le sens de ce qui précède, sembla un moment vouloir attaquer Sainte-Marie ; mais il n'exécuta point ce dessein et se dirigea bientôt vers le nord de l'île avec quinze mille hommes de troupes, pour aller châtier, disait-il, les naturels qui avaient levé l'étendard de la révolte. Il laissa, néanmoins, des détachements hovas plus ou moins forts sur divers point de la côte orientale et Foulepointe resta occupée par ses soldats.

Il n'est pas inutile de faire observer ici que, pendant son séjour sur la côte, Radama fut constamment entouré de militaires et de marins anglais. Le capitaine Moorson, commandant la frégate de Sa Majesté Britannique *l'Ariadne,* alors mouillée à Foulepointe, reçut plusieurs fois à son bord le roi des Hovas, en lui rendant tous les honneurs dus à la royauté. Les toasts les plus empressés étaient portés dans ces occasions.

Il n'est pas hors de propos, non plus, de faire remarquer jusqu'à quel point allait, du reste, la sincérité des Hovas dans leurs démonstrations d'amitié envers les Anglais. Lorsque le roi se rendait sur la frégate, ils exigeaient que plusieurs officiers du bâtiment anglais restassent en ôtage, de peur que le roi ne fût enlevé par ses fidèles alliés. Chaque fois que le navire faisait un mouvement, la foule assemblée sur le rivage manifestait par ses cris la plus vive inquiétude. C'est la même frégate *l'Ariadne* qui transporta Radama et sa suite dans la baie d'Antongil, d'où il se rendit dans le nord.

Dès que, par l'effet du départ de l'armée de Radama, le pays eut recouvré quelque tranquillité, les travaux de défense militaire, d'utilité publique et de culture furent repris à Sainte-Marie.

Au commencement de l'année 1825, le personnel attaché au

service de l'établissement se composait de soixante-treize blancs et de cent quatre-vingt-deux noirs, engagés par l'administration locale. Un certain nombre de ces noirs, organisés militairement par M. Blevec, lors de l'irruption de Radama sur la côte, étaient alternativement occupés aux travaux publics et à ceux de la culture ; indépendamment des colons amenés de France par M. Sylvain Roux et devenus propriétaires, plusieurs traitants, précédemment fixés à Madagascar, avaient formé des établissements à Sainte-Marie et ils avaient pris aussi à leur service une centaine de noirs engagés.

Les maladies, qui, chaque année, avaient marqué le retour de l'hivernage, jointes aux travaux de défense et au service militaire qu'avaient nécessités les invasions dont l'île s'était vue menacée, avaient beaucoup nui au développement de l'agriculture. Cependant, on comptait à Sainte-Marie, dans les premiers mois de 1824, cinq habitations. L'expérience avait fait reconnaître que le sol de Sainte-Marie était, en général, de médiocre qualité, à l'exception d'une zone étroite qui se trouvait au milieu de l'île et qui formait environ le cinquième de la totalité de sa superficie. C'était la seule portion du territoire que les naturels cultivassent régulièrement et elle leur appartenait en propre. Il n'était guère possible d'y former plus de quinze à vingt habitations. La chaleur et l'humidité du climat paraissaient très favorables à toutes les cultures coloniales, excepté peut-être à celle du cotonnier. D'après la nature du terrain, on avait lieu de présumer que le sol contenait des mines de fer ; dans tous les cas, on y trouvait en abondance les matériaux propres aux constructions, tels que pierres, chaux et terre à briques. Sainte-Marie était d'ailleurs avantageusement placée pour la pêche de la baleine, dont les naturels faisaient leur principale occupation et son port était de bonne tenue.

D'après un tel état de choses, il n'était guère permis sans doute d'espérer que le noyau d'établissement qui existait dans l'île pût acquérir par la suite quelque importance sous le rapport de l'agriculture ; d'un autre côté, la situation politique du pays interdisait de songer alors à coloniser Tintingue.

Cependant la possession de Sainte-Marie donnait les moyens

de se porter sur la Grande Terre, dès que les circonstances se montreraient plus favorables, et en attendant, elle nous mettait à même de protéger les comptoirs d'escale que l'on jugerait utile d'y établir. Elle pouvait d'ailleurs servir d'entrepôt, soit pour le commerce de la France et de Bourbon, soit pour l'approvisionnement de cette dernière colonie en riz et en bestiaux. Bientôt, grâce à l'activité imprimée aux travaux, Sainte-Marie allait se trouver pourvue d'un quai de carénage et c'était un grand avantage en perspective que d'avoir les moyens de réparer nos bâtiments sans recourir aux chantiers de l'île Maurice.

Ces considérations déterminèrent l'administration de la marine à ne point renoncer au projet de coloniser Sainte-Marie, malgré les difficultés que son exécution avait jusqu'alors rencontrées et qu'elle devait vraisemblablement rencontrer encore. Le conseil d'amirauté consulté émit un avis en ce sens. Il proposa même l'augmentation successive jusqu'à mille du nombre des noirs engagés par l'administration locale et leur répartition en deux compagnies commandées par des blancs, l'une de pionniers, l'autre d'ouvriers militaires, pour l'exécution des travaux publics et la défense de l'île.

Ces propositions furent adoptées, en partie, par l'administration de la marine, qui, pour mieux assurer encore la sûreté de l'établissement, destina deux bâtiments armés en guerre à stationner sur les côtes de l'île.

CHAPITRE III.

RADAMA ET LES ANGLAIS.

SOMMAIRE : Les Hovas. — Origine des relations qui s'établissent entre ce peuple et le gouvernement anglais. — Dianampouine. — Radama, son fils. — Le capitaine Lesage. — Séjour de celui-ci à Tamatave. — L'agent anglais séduit par des présents et des promesses Jean René, roi de cette contrée. — Radama, roi des Hovas, le reçoit avec solennité. — Ils arrêtent de concert le projet d'un traité secret. — Les Anglais laissent à Radama des instructeurs chargés d'apprendre aux troupes hovas les manœuvres européennes. — Retour à Maurice du capitaine Lesage. — Radama attaque Jean René et le réduit. — James Hastie, nouvel agent anglais, est reçu par Radama. — Après avoir remis au roi des Hovas de magnifiques présents, l'agent britannique lui propose bientôt un traité pour l'abolition de la traite des esclaves. — Ce traité célèbre est signé le 23 octobre 1817. — Hastie est nommé agent général de la Grande-Bretagne à Madagascar. — Le traité est violé par l'Angleterre. — Indignation de Radama. — Les sentiments publics se retournent du côté des Français. — L'agent anglais, de retour à Tananarive, triomphe du nouveau, et le traité est renouvelé. — Expédition de Radama contre les Sakalaves du sud. — Le roi des Hovas conclut une paix et épouse Rasaline, fille de Ramitrah, roi des Sakalaves. — Établissement d'écoles à Imerne, dirigées par les missionnaires anglais. — Diffusion des bibles. — Ces missionnaires enseignent que Radama est le seul souverain de Madagascar. — Les Anglais importent à Tananarive des presses et des caractères d'imprimerie. — Les Hovas s'emparent du fort Dauphin. — Conséquence de l'influence anglaise à Madagascar. — Soulèvement du pays contre les Hovas. — Ils sont cernés dans le fort Dauphin. — Mort de Jean René. — Le prince Coroller. — Mort de James Hastie. — Vexations exercées contre les traitants français par les Hovas. — Mesures préliminaires pour une expédition contre ce peuple.

L'envoi du capitaine Lesage au port Louquez avait eu pour but, de la part des Anglais, outre la réparation du massacre dont nous avons parlé, le désir empressé de s'assurer, par des lettres et des présents, l'alliance des Sakalaves du nord et des principaux chefs de la côte orientale. A la même époque à peu près, le grand agent britannique dans ces parages, le trop célèbre sir Robert Farquhar, gouverneur de l'île de France, devenue anglaise, chargé de poursuivre les négriers qui se livraient à la traite, entra en relation avec le chef des Hovas, qui pourvoyait en grande partie à ce trafic. Telle fut l'origine des premières relations entretenues par les Anglais avec les Hovas.

Mais quel était ce peuple qui, des plateaux supérieurs de l'île, semblait vouloir étendre et faire rayonner sa domination sur la contrée tout entière ?

Les Hovas avaient été longtemps une simple peuplade habitant, comme l'avons dit, les plateaux supérieurs de l'île et connu seulement pour son intelligence et son habileté relative dans l'art du tissage des étoffes et de la fonderie de fer. Flacourt les connaissait déjà, à l'époque où il écrivait son ouvrage : il les indique sous le nom de *Vohitz-Anghombes,* ce qui signifierait : « les peuples habitant les montagnes de l'aurore ». Sur sa carte même, il précise parfaitement par un pointillé leur circonscription territoriale, il indique par leurs noms les tribus qui les avoisinent et il parle de leur habileté dans l'art de cultiver le riz, d'utiliser la soie et de travailler le fer.

Ce peuple issu des *prahos* malais ne cache pas son origine exotique et sa qualité d'immigrant. Les Hovas disent d'eux-mêmes : « Nous sommes une race étrangère venue du sud-est sous la conduite d'un chef vaillant et sage, l'ancêtre de notre roi-dieu Radama. » Le peuple qui possédait ces terres fut en partie subjugué, en partie mis en fuite ; on ne sait ce qu'il est devenu.

Nous nous étendrons davantage, au chapitre Ethnographie, sur le caractère et les origines des Hovas. Nous dirons seulement ici, au point de vue politique, que, fractionné en plusieurs tribus ayant chacune un chef particulier, leur pays était sans cesse le théâtre des guerres que ces chefs se faisaient entre eux. Il était rare que les hostilités se portassent sur le territoire des peuples voisins, dont les forces étaient supérieures à celles des Hovas divisés (1). Le peuple hova, inquiet et remuant par nature, en-

---

(1) A dater de ce moment, l'histoire politique de Madagascar devient l'histoire du peuple usurpateur, qui a imposé son joug à une partie de l'île. Toutefois, nous donnons, dans le second livre de cet ouvrage, au chapitre Ethnographie, des notions spéciales sur chacun des peuples qui l'habitent, tels que les *Bétanimènes,* les *Betsimsaracs,* etc. De cette façon, nous suivons l'ordre logique des faits politiques et, cependant, notre travail se trouvera complet dans toutes ses parties.

fermé, d'ailleurs, dans une province de peu d'étendue et d'une fertilité médiocre, déborda bientôt de toutes parts, lorsqu'il eut à sa tête un souverain ambitieux et habile soutenu par les Anglais.

Ce souverain fut le père de Radama, Dianampouine, grand chef de Tananarive, aujourd'hui capitale de la province centrale d'Ancôve. C'était un homme d'un caractère énergique et ferme, faisant administrer la justice à ses sujets avec impartialité, plein d'empire sur tous ceux auxquels il commandait. Ce qui donne une juste mesure de son autorité, c'est qu'il avait promulgué des lois défendant, sous peine de mort, l'usage des liqueurs et du tabac, et personne n'osa désobéir à des prescriptions qui imposaient des privations aussi dures. Sous le règne de Radama, l'usage du tabac seul fut permis. Dianampouine mourut en 1810, âgé de soixante-cinq ans, après avoir régné près d'un quart de siècle et laissant à son fils un pays puissant qui absorbait déjà dans son unité toutes les divisions de l'Ancôve, une grande partie de l'Antscianac, de l'Ancaye et de la province des Betsiléos.

Radama, dont le nom signifie, dans la langue du pays, *fourbe et poli*, avait dix-huit ans, lorsqu'il fut appelé à prendre les rênes du gouvernement. C'était un jeune homme aussi intelligent que son père, ambitieux et brave, désireux d'accroître ses connaissances par des relations intimes avec les Européens.

Comme nous l'avons dit, le gouvernement anglais ne tarda pas à profiter de ces dispositions, qui lui frayaient un chemin indirect, mais sûr, vers la domination occulte du pays. On commença par lui adresser un ancien traitant, pour l'engager à conclure un traité de commerce avec l'Angleterre et à envoyer à Maurice quelques enfants de sa famille, pour y être élevés aux frais du gouvernement. Radama accueillit ces ouvertures faites avec à-propos et confia à l'agent anglais ses deux frères, âgés l'un de treize, l'autre de onze ans. Cette marque de confiance enhardit sir Robert Farquhar, qui expédia à Tananarive (1), en qualité d'agent général anglais, le capitaine Lesage, qui venait

---

(1) *Tananarive* est la capitale des Hovas, *Emirne* ou plus logiquement *Imerne* (*Imerina*) est le canton dans lequel est située Tananarive. *Ancôve* est la province centrale du royaume des Hovas. En malegache, le mot Ancôve se décompose ainsi : *an Hova*, là les Hovas, le pays des Hovas.

d'arriver du port Louquez. Lesage que le lecteur connaît déjà, partit suivi d'une escorte imposante et porteur de riches présents pour Radama.

C'était, on se le rappelle, le moment où, après avoir formé le projet d'une expédition à Madagascar, le gouvernement français en avait ajourné l'exécution au jour où le budget serait exonéré des charges imposées par l'invasion de 1815. L'Angleterre mit à profit ce temps d'arrêt forcé : on était en 1817.

L'agent anglais séjourna quelque temps à Tamatave, où il ne manqua pas de séduire par des dons et des promesses le roi Jean René qui, gagné désormais à la puissance anglaise, lui facilita les moyens d'accomplir son voyage. Le frère de Jean René, Fiche, roi d'Yvondrou, qui connaissait et détestait les Anglais, reprochait à Jean René l'aveugle confiance avec laquelle il travaillait à la destruction probable de sa propre indépendance; mais le roi de Tamatave, ébloui par les promesses qui lui étaient faites, en récompense de sa docilité, restait sourd aux sages conseils de son frère, qui, du reste, poussa l'esprit d'hostilité contre les Anglais jusqu'à leur refuser des pirogues et des vivres pour le voyage (1).

Quoi qu'il en soit, le capitaine Lesage se mit en marche vers la capitale des Hovas, où il fit son entrée solennelle, au milieu d'une immense population accourue pour voir le représentant britannique. Radama reçut l'agent anglais, assis sur une espèce de trône, environné de ses ministres et de ses officiers, dans une salle spacieuse ornée de trophées militaires. Lorsque le capitaine Lesage remit au roi ses lettres de créance, il fut accueilli par ce prince avec une rare politesse et des manières pleines de dignité qu'il n'avait rencontrées chez aucun autre roi de l'île. Atteint quelques jours après des fièvres du pays, l'envoyé anglais fut l'objet des soins les plus empressés. Il se hâta dès lors d'accomplir sa mission et fit avec Radama « le serment du sang », le 14 janvier 1817 (2). Ce ne fut que le 4 février suivant qu'ils arrê-

(1) Le roi d'Yvondrou, Fiche, frère de Jean René, était le père de la princesse Juliette Fiche, que nos lecteurs aimeront à connaître bientôt et qui, élevée à Bourbon, nous a rendu tant de services désintéressés.

(2) On trouvera plus loin, au chapitre II du livre II, Mœurs et coutumes,

tèrent les bases d'un traité secret qui devait être ratifié plus tard par le gouverneur de Maurice. Le lendemain, le capitaine Lesage prit congé du roi, en laissant auprès de lui deux militaires instructeurs, chargés d'apprendre à l'armée des Hovas les manœuvres européennes. L'un d'eux, le sergent Brady, se fit aimer des Hovas et parvint aux plus hautes diginités auprès de Radama.

Le capitaine Lesage revint en hâte à Maurice pour rendre compte du succès de sa mission. Les deux frères de Radama, amenés par lui, avaient été confiés aux soins d'un homme qui devait un jour acquérir une immense influence à la cour de Tananarive. Cet homme, c'était James Hastie. Simple sergent dans un régiment anglais, il s'était fait distinguer du gouverneur de Maurice par son courage et sa présence d'esprit. Adroit, insinuant, peu scrupuleux sur le choix de ses moyens d'influence, il avait déjà été employé dans l'Inde à des missions importantes, quoique peu honorables. Ce fut lui qu'on chargea des premières notions à donner aux deux jeunes Hovas et qui les reconduisit à Madagascar, avec des instructions secrètes, qu'il fut sans doute chargé de remettre à Radama. A ce moment même, le roi des Hovas, enhardi par ses premiers succès, avait poussé ses envahissements jusqu'aux frontières des Bétanimènes et, à la tête de vingt-cinq mille hommes, il menaçait d'envahir le territoire de Tamatave, et d'Yvondrou appartenant à Fiche et à Jean René. Une attaque aussi formidable commença à donner des craintes sérieuses au roi de Tamatave, qui reconnut, mais trop tard, la réalité des prédictions de son frère et la fausseté des promesses de l'agent anglais. Celui-ci lui avait répondu de l'appui chaleureux de son gouvernement et l'avait engagé à rester dans l'inaction, en lui présentant Radama comme le chef d'une horde sauvage qui n'oserait pas s'attaquer à lui, surtout si l'Angleterre le prenait sous sa protection.

Il fallut donc que le pauvre Jean René, aidé de son frère qui vola à son secours, fît en sorte de se mettre à la hâte en état de faire obstacle à l'invasion des troupes de Radama. Il fortifia,

l'explication de ce *serment du sang*, qui n'est qu'une formalité d'amitié souvent illusoire entre deux personnes qui veulent se lier comme des frères.

comme il put, de palissades et de petits forts, la place de Tamatave qu'il arma de deux vieilles pièces de campagne en bronze. Mais réduit à ces faibles ressources, dans une place mal armée, mal défendue, Jean René tomba bientôt dans le découragement, malgré les exhortations de son intrépide frère. Le roi de Tamatave ne savait à quel parti se résoudre, lorsque l'agent anglais, Pye, qui avait succédé à Lesage, intervint auprès de Radama. Le roi des Hovas qui supposait à son ennemi des forces plus considérables qu'il n'en avait et qui, n'ayant jamais eu de port de mer en sa possession, était pressé d'entrer à Tamatave, consentit à traiter avec Jean René.

Dès que le frère de celui-ci, le roi d'Yvondrou, entendit parler de négociations avec Radama, il s'emporta violemment contre Jean René et se retira pour ne pas rester le témoin du traité honteux qui se préparait. L'agent anglais, voulant favoriser les vues du roi des Hovas, décida Jean René à signer le traité. Radama y reconnut Jean René pour chef héréditaire de Tamatave ; mais il lui enleva la souveraineté du pays des Bétanimènes qu'il venait de soumettre et l'investit seulement du titre de gouverneur général de cette province. Jean René fut obligé de subir cette clause qui le mettait ainsi sous la suzeraineté du roi des Hovas, pressé qu'il était par les circonstances et par les instances de M. Pye, qui venait de recevoir de l'île Maurice des instructions dans lesquelles le gouvernement anglais qualifiait Radama de *roi de Madagascar* et de ses dépendances. Un grand kabar eut lieu le lendemain à Manaarez. Jean René s'y rendit pour y faire le serment du sang avec Radama, qui voulait cimenter solennellement leur union, en présence des deux peuples.

Après avoir conclu cette grande affaire, Radama reprit la route de Tananarive, tandis que le précepteur de ses frères, James Hastie, qui, entre autres présents, amenait au roi des Hovas des chevaux anglais d'un grand prix, se voyait obligé de suivre un chemin plus long, mais plus praticable, pour conduire sains et saufs ces magnifiques quadrupèdes au palais d'Imerne : nous avons déjà parlé, plus haut, de ces importantes négociations, préludes des traités de 1817 et 1820.

Il arriva à Tananarive le 6 août 1817. La cour du palais était pleine de soldats rangés en bataille. Le roi des Hovas était assis sur une estrade élevée. Dès qu'il aperçut l'agent anglais, il laissa éclater sa joie, le fit placer auprès de lui, en lui serrant cordialement les mains. Le roi adressa alors à ses soldats un discours dans lequel il les engageait à bien accueillir les étrangers qui viendraient le visiter et particulièrement les Anglais. Le roi des Hovas portait alors pour la première fois un uniforme rouge et un chapeau militaire, un pantalon bleu et des bottes vertes (1), étrange accoutrement officiel dont l'ordonnance ne pouvait appartenir qu'à l'incroyable faux goût d'un fripier anglais. Cet équipement avait, en effet, été expédié à Radama de l'île Maurice par sir Robert Farquhar.

Après cette entrevue publique, à laquelle il avait cherché à donner la plus grande solennité possible, le roi des Hovas accompagna James Hastie dans la maison qu'il avait fait préparer pour lui. Là, après s'être débarrassé de son incommode et ridicule uniforme, il s'assit à terre et présenta à son hôte le sergent Brady qu'il lui dit n'être plus un simple soldat, mais bien son capitaine. Radama fit circuler, malgré la loi du pays, quelques verres d'eau-de-vie (2) qui ne contribuèrent pas peu à donner un caractère particulier d'effusion à cette conférence diplomatique.

Après avoir remis à Radama les présents dont il était chargé, et notamment une pendule qui, se trouvant dérangée, eut l'honneur d'être raccommodée par les mains de l'ambassadeur lui-même, l'agent anglais laissant tomber tout à coup le masque qui couvrait ces caresses préliminaires, toucha la question de l'abolition de la traite des esclaves dans les enclaves de Radama. James Hastie parvint à convaincre le roi des Hovas, mais ce ne fut pas toutefois sans lui promettre, de la part du gouverneur de Maurice, des indemnités considérables en argent et surtout en armes et en munitions de guerre que Radama ne pouvait se procurer que par la vente de ses esclaves aux traitants européens ; mais, le roi des Hovas eut de la peine à obtenir l'adhésion de ses conseillers pour

---

(1) William Ellis, pages 166 et 169.
(2) Ces détails singuliers ont été consignés par James Hastie lui-même, dans son journal, avec une minutieuse et complaisante exactitude. *Voyez* William Ellis, *History of Madagascar*, page 169.

l'exécution de cette mesure. Il fut obligé d'opposer à l'agent anglais des arguments puissants, dont celui-ci ne put nier ni la force ni la justesse. James Hastie, très embarrassé, crut pouvoir biaiser dans sa réponse au roi et même altérer quelquefois la vérité dans ses assertions. Radama s'en aperçut et le lui reprocha en termes forts vifs. Cette duplicité causa au souverain hova la plus violente indignation et il défendit au diplomate confus de reparaître en sa présence pendant huit jours. Au bout de ce temps, James Hastie put rentrer en grâce ; mais ses discours artificieux ne furent pas oubliés. L'agent anglais, témoin des irrésolutions de Radama, s'adressa, pour les vaincre, au premier ministre, jeune homme auquel, en peu de temps, il fit adopter les vues du gouverneur de Maurice et dont il se fit un avocat précieux auprès du roi.

Son espoir fut cependant trompé. Dans un kabar de cinq mille indigènes que le ministre convoqua pour connaître l'opinion des naturels sur l'abolition de la traite des esclaves, le bon sens populaire vit clairement que les Anglais n'attachaient tant d'importance à cette mesure que parce qu'elle leur était avantageuse. Un orateur hardi demanda, à haute voix, si le roi était devenu l'esclave des Anglais. Ces paroles piquèrent cruellement l'amour-propre de Radama, qui déclara, alors, qu'il était le maître de son peuple et qu'il le forcerait bien à l'obéissance. James Hastie eut le soin de l'entretenir dans ces dispositions violentes, qui le servaient à merveille et, le lendemain même, il fut convenu que le traité serait signé à Tamatave, par les ministres du roi d'Imerne et par l'agent anglais, Pye, au nom de sir Robert Farquhar.

L'accès de colère qui s'était emparé de Radama s'était éteint. Il parut se repentir de s'être tant hâté dans sa détermination ; mais James Hastie sut agir avec une telle habileté que ce traité célèbre, dont le but principal était de faire pénétrer l'influence anglaise au cœur même de la grande île malgache, fut signé le 23 octobre 1817, par les ambassadeurs de Radama d'une part, ainsi que nous l'avons dit, et, d'autre part, par M. Pye, agent anglais à Madagascar, et par M. Stanfell, capitaine de la corvette de S. M. B. *le Phaéton*. On sait que, depuis, ce traité fut renouvelé le 11 octobre 1820 (1) et le 31 mai 1823. Dans ces actes, sir

---

(1) Cette date est caractéristique. Une lettre de Radama à M. Farquhar,

Robert Farquhar ne manqua pas de qualifier le complaisant Radama du titre de *roi de Madagascar et de ses dépendances*.

Voici le texte de ces traités :

Traité du 23 octobre 1817.

« M. le vice-amiral Robert Townshend Farquhar, capitaine général, gouverneur et commandant en chef de l'île Maurice et de ses dépendances, représenté par ses mandataires, M. le capitaine Stanfell, de la marine royale, commandant le bâtiment de Sa Majesté *le Phaéton*; T. R. Pye, agent du gouvernement anglais à Madagascar, les susnommés revêtus de pleins pouvoirs, d'une part ;

« Et Radama, *roi de Madagascar et de ses dépendances*, représenté par ses mandataires, Ratzalika, Rampoole Ramanou et Raciahato, ayant reçu pleins pouvoirs de S. M. le roi de Madagascar, d'autre part ;

« Ont fait la convention suivante :

« Art. 1er. Les parties contractantes conviennent respectivement de maintenir et perpétuer à jamais la confiance, l'amitié et la fraternité qui existent entre elles et qui sont déclarées par ces présentes.

« Art. 2. Les deux parties contractantes s'engagent, par les présentes, à faire cesser entièrement, à partir de la date de ce traité, dans l'étendue des États du roi Radama, toute vente ou toute cession d'esclaves ou de personnes quelconques, pour les transporter du territoire de Madagascar dans le pays, l'île ou l'État d'un autre prince ou d'un autre gouvernement, quel qu'il soit. Radama, roi de Madagascar, fera une proclamation et une loi interdisant à tous ses sujets ou à toutes personnes dépendant de lui ou de ses États de vendre aucun esclave pour être exporté de Madagascar, d'aider, de faciliter ou de favoriser une pareille vente, sous peine pour le contrevenant, d'être réduit lui-même en esclavage.

de ce même jour 11 octobre 1820, a été imprimée et publiée à Londres, *in extenso*, dans l'appendice du seizième rapport annuel des directeurs de l'*African Institution*. Par cette lettre, Radama annonçait à M. Farquhar l'arrivée à Tananarive ou Imerne, sa capitale, de M. Hastie, agent du gouvernement anglais, et le remerciait de l'envoi d'un service complet de vaisselle plate, à lui remis par M. Hastie, de la part du gouvernement de Maurice.

« Art. 3. En considération de la concession faite par Radama, roi de Madagascar, et par sa nation, et comme témoignage de parfaite satisfaction, les mandataires de Son Excellence le gouverneur de Maurice s'engagent à payer annuellement à Radama, pour l'indemniser de la diminution de revenus résultant des présentes, les articles suivants : 1,000 dollars en or, 1,000 dollars en argent; 100 barils de poudre de 100 livres chacun; 100 mousquets anglais, avec accessoires complets; 10,000 pierres à fusils; 400 gilets rouges; 400 chemises; 400 pantalons; 400 paires de souliers; 400 schakos; 400 montures de fusil; 12 sabres de sergent, avec ceinturons; 400 pièces de toile blanche de l'Inde; 200 pièces de toile bleue de l'Inde; un habit d'uniforme, avec chapeau et bottes, *le tout complet,* pour le roi Radama, et deux chevaux.

« Lesquels objets seront délivrés sur le vu d'un certificat constatant que les lois, règlements et proclamations susdits ont été exécutés pendant le trimestre précédent. Ce certificat sera signé par Radama et approuvé par l'agent de Son Excellence le gouverneur Farquhar, résident à la cour de Radama.

Art. 4. En outre, les parties contractantes conviennent mutuellement de protéger le roi de Johanna (Anjouan), fidèle ami et allié de l'Angleterre, contre les déprédations auxquelles il est en butte depuis plusieurs années de la part des habitants des petits États situés sur la côte de Madagascar et de mettre tout en œuvre, avec l'aide de leurs sujets, alliés et partisans, pour parvenir à l'abolition de ce système de piraterie. A cet effet, des proclamations seront faites par Radama et le gouverneur de Maurice, défendant à qui que ce soit de prendre part à aucun acte de cette nature; des copies de ces proclamations seront distribuées principalement dans les ports de mer situés sur la côte de Madagascar. »

Traité additionnel fait à Tananarive le 11 octobre 1820.

« En vertu du traité conclu, à la date du 23 octobre 1817, entre S. M. Radama, roi de Madagascar, et Son Excellence M. le vice-amiral R. T. Farquhar, capitaine général, gouverneur et commandant en chef de l'île Maurice et de ses dépendances, l'abolition de la traite des esclaves sera et demeurera à jamais respectée. Les parties contractantes s'engagent séparément à accomplir les articles et conditions dudit traité avec la fidélité la plus scrupuleuse.

« Par suite du traité susénoncé, lequel traité a été ratifié par ordre de S. M. Britannique et accepté ce jour par *S. M. le roi de Madagascar*, les conventions suivantes ont été faites entre M. James Hastie, agent du gouvernement, représentant Son Excellence le gouverneur Farquhar et le roi Radama. M Hastie s'engage, au nom de son gouvernement, à emmener vingt sujets libres de S. M. le roi Radama, qui seront élevés dans l'étude de différentes professions d'artisans, telles que celles d'orfèvre, bijoutier, tisserand, charpentier, forgeron ; ou qui seront placés dans des arsenaux, chantiers de ports de mer, etc. De ce nombre, dix seront envoyés en Angleterre et dix à l'île Maurice, aux frais du gouvernement anglais. De plus, il est convenu entre les parties contractantes que si, à l'arrivée à l'île Maurice des vingt individus susmentionnés, accompagnés de M. Hastie, le gouverneur ne consent pas à les faire instruire, savoir : dix à Maurice et dix en Angleterre, le traité sera réputé nul et non avenu. Néanmoins, le roi Radama ne sera pas pour cela dégagé de sa parole, ni relevé de sa promesse. Il est bien entendu que le gouvernement anglais s'engage seulement à placer lesdits individus, au nombre de vingt, chez des personnes exerçant les différentes professions susmentionnées et n'est pas rendu responsable de leur conduite ou de leur défaut de capacité. M. James Hastie s'engage, en outre, à emmener avec lui 8 autres individus et à leur faire enseigner la musique, afin de former un corps de musiciens pour les gardes de S. M. le roi de Madagascar. En conséquence du présent article et des conditions susmentionnées le roi Radama fera une proclamation par laquelle il notifiera que la traite des esclaves est abolie dans tous ses États. De plus, il invitera toutes les personnes possédant des talents ou habiles dans des métiers ou professions à venir visiter son pays, leur promettant protection et sera ladite proclamation publiée dans la *Mauritius Gazette.* »

Nouveaux articles additionnels faits à Tamatave le 31 mai 1823.

« Attendu que par suite des traités et des engagements intervenus entre le gouvernement anglais et Radama, *roi de Madagascar*, et approuvés par S. M. Britannique, et plus particulièrement en vertu des conventions des 23 octobre 1817 et 11 octobre 1820, la traite des noirs a été abolie dans toute l'étendue de Madagascar. Et, attendu que les conditions desdits traités ont été fidèlement exécutées par les deux parties contractantes ; qu'elles ont eu le plus heureux résultat, en contribuant à l'abolition générale de la traite et surtout en éclairant le peuple de Madagascar sur ses devoirs moraux et religieux, et en posant les principes les plus propres à le faire avancer rapidement dans les voies de la civilisation. Afin de donner plus de force et d'efficacité aux objets et conditions desdits traités et afin de faire disparaître pour toujours la possibilité de renouveler un trafic qui a été pendant des siècles le fléau de cette vaste, fertile et populeuse île ; il a été convenu entre sir Robert Townshend Farquhar et M. Fairfax Moresby, capitaine commandant *le Menaï*, bâtiment de guerre de Sa Majesté, d'une part ; et Rafaralah, chef de Foulepointe, et Jean René, chef de Tamatave, représentant le roi Radama, d'autre part :

« Art. 1er. Les vaisseaux et bâtiments de S. M. Britannique, et tous autres vaisseaux anglais légalement chargés d'empêcher la traite des noirs, ont, par ces présentes, plein pouvoir de saisir et arrêter tous navires et bâtiments, soit qu'ils appartiennent à des sujets du roi de Madagascar, soit qu'ils appartiennent à des citoyens de toute autre nation, toutes les fois qu'on les trouvera dans un havre, port, anse, crique ou rivière ou sur les plages ou près des côtes de Madagascar, faisant la traite des noirs, ou bien aidant ou excitant à la faire ; les bâtiments et navires saisis et arrêtés en pareille circonstance seront traités de la manière ci-dessous exprimée.

« Art. 2. Tous bâtiments ou navires ainsi saisis seront mis sous la main de la justice et ils seront, à cet effet, délivrés au chef de Foulepointe, de Tamatave ou de tout autre lieu où Radama aura établi, à cet effet, un gouverneur, commandant, ou une commission spéciale ; on pourra aussi disposer de ces bâtiments et navires suivant les lois de la Grande-Bretagne, actuelles ou à intervenir. Toutes les fois que des bâtiments ou navires auront été ainsi placés sous la main de la justice, et qu'il y aura lieu à condamnation pour violation de ce traité ou des précédents, faits dans l'objet d'abolir la traite à Madagascar, ces bâtiments ou navires seront confisqués au profit du roi Radama, qui en disposera comme il le jugera convenable.

« Art. 3. En cas de prise de pareils navires, on traitera de la manière suivante les personnes trouvées à bord et embarquées pour être menées en esclavage. Si elles sont natives de Madagascar, elles seront immédiatement réintégrées dans leurs familles, sinon elles seront reconduites, si faire se peut, dans leurs pays respectifs. Toutes les fois que la chose ne sera pas praticable, on les enrôlera dans le corps nommé *serundahs,* appartenant à l'établissement du roi Radama, qui sera chargé de pourvoir à leurs besoins (1). »

La valeur de tous les objets mentionnés dans le premier traité du 23 octobre 1817 pouvait être environ de deux mille livres sterling ou cinquante mille francs (2).

L'heureux négociateur, James Hastie, après la promulgation de la loi, partit pour l'île Maurice, où il reçut les félicitations de sir Robert Farquhar ; puis, il s'empressa de revenir, muni de nouvelles instructions auprès de Radama, en qualité d'agent général de la Grande-Bretagne à Madagascar. Le roi des Hovas lui témoigna de son côté une grande satisfaction et fit publier, sur

---

(1) Le traité de 1817, ainsi que les deux actes additionnels du 11 octobre 1820 et du 31 mai 1823, sont reproduits par nous d'après les publications officielles du gouvernement anglais distribuées aux deux Chambres (*Parliamentary papers to both houses of Parliament, by command of her Majesty,* July 1844, pag. 525, 526 et 527).

(2) D'après un rapport présenté à la Chambre des communes le 10 juillet 1828, les dépenses relatives à Madagascar, faites par le gouvernement de Maurice, de 1813 à 1826, se sont élevées à 64,278 liv. sterling (1,549,099 f. 80 c.). C'est en 1816 et 1817, et de 1821 à 1826, c'est-à-dire lorsque M. Farquhar réussit à gagner Radama, et après que nous eûmes repris possession de Sainte-Marie, que la plus grande partie de ces dépenses ont eu lieu (Voy. *Asiatic Journal,* numéro de mars 1829, page 369).

tous les points de l'île, en français et en malegache, la proclamation que ses ministres avaient rédigée à ce sujet. Radama se montra scrupuleux observateur du traité qu'il avait signé. Il ne souffrit même pas qu'on en fît la critique et trois de ses proches parents payèrent de leur tête les paroles imprudentes qu'ils avaient publiquement proférées contre le traité et surtout contre l'Angleterre, dont ils avaient dit que « c'était un pays qui ne faisait rien sans des motifs d'intérêt. » Il n'en fut pas de même de l'autre partie contractante. En effet, le général Hall ayant remplacé par intérim sir Robert Farquhar, qui était allé faire un voyage à Londres, désapprouva la convention du 23 octobre, faite, disait-il, avec un *chef de sauvages,* et refusa de remplir les engagements contractés par l'agent anglais qu'il rappela à Maurice.

Radama, en apprenant cette violation inattendue de son traité, ne voulut d'abord pas y croire; mais il fut obligé de se rendre à l'évidence (1). La traite des esclaves fut alors permise de nouveau par lui et dans sa légitime irritation, le roi d'Imerne ne dissimula pas ses dispositions à favoriser les Français au détriment des Anglais, qui l'avaient trompé. Plusieurs chefs de la côte que l'empire exercé par Radama et les présents de sir Farquhar avaient fait taire jusqu'alors, laissèrent éclater leurs véritables sentiments de sympathie. On ne saurait dire jusqu'à quel point cette disposition des esprits eût pu les conduire, si, dans ce moment, le gouvernement français se fût trouvé en état de substituer son influence à celle de la nation qui venait de mécontenter si justement le roi des Hovas.

Il n'en fut malheureusement pas ainsi et le retour de sir Robert Farquhar à Maurice calma bientôt les ressentiments de la cour d'Imerne.

Sir Robert Farquhar, à peine revenu à son poste, songea à réparer l'échec fait à l'honneur, ainsi qu'aux intérêts de la Grande-Bretagne à Madagascar. Il dépêcha de nouveau James Hastie à Tananarive, en lui adjoignant un aide spirituel, le révérend docteur Jones, de la société des Missions de Londres. Les deux compagnons de voyage se mirent en route pour la cour d'Imerne, en

---

(1) William Ellis, pages 199, 201.

septembre 1820. Ils furent reçus par Radama avec cordialité et dînèrent à sa table servis avec luxe dans de la vaisselle d'argent, dont une partie était de fabrique indigène. Le lendemain, dans un entretien particulier, Hastie s'efforça d'expliquer au roi des Hovas que le traité violé n'avait pas eu la sanction royale et que sir Farquhar, étant revenu de Londres avec des pleins pouvoirs à cet effet, personne au monde n'oserait maintenant rompre une convention qu'ils feraient ensemble, s'il se montrait disposé à renouer les négociations (1). La réponse de Radama, pleine de franchise et de netteté, fit connaître à Hastie les difficultés immenses de la grande affaire qu'il avait entreprise : « J'ai signé ce traité, disait le roi des Hovas, contre l'avis de mes ministres, de mes conseillers, de ceux même qui ont pris soin de mon enfance. Pour compenser les pertes que la cession du trafic des esclaves devait occasionner à mes sujets, j'ai promis de leur distribuer une partie des objets mentionnés dans ce traité. Il n'a pas été exécuté, quoique, moi, j'aie rempli, et au delà, mes engagements. Que puis-je leur dire, maintenant, moi qui ai servi d'instrument pour les tromper? Leur proposerai-je le rétablissement d'une mesure qui, après avoir coûté la vie à trois personnes du sang royal et à plusieurs autres individus, doit encore les appauvrir immanquablement? Ils m'accuseront de n'avoir pour objet que des avantages personnels et de les sacrifier à l'espoir de recueillir des bénéfices dont, moi seul, je jouirais. Et, d'ailleurs, pourront-ils croire à la sincérité des Anglais, après une si odieuse violation de la foi jurée ? »

Hastie dut courber la tête, mais, en interlocuteur habile, il rejeta toute la responsabilité de cette violation sur le général Hall. Radama répondit que son amitié pour l'Angleterre le portait à oublier la faute dont elle s'était rendue coupable, mais qu'il n'en était pas de même de ses sujets. Il fit remarquer à l'agent anglais, que leurs progrès dans la civilisation, depuis son départ de Tananarive, étaient dus au commerce des esclaves qui avait pris une extension considérable et lui avoua qu'il craindrait une insurrection générale, s'il manifestait l'intention de se fier de

(1) William Ellis, page 226.

nouveau aux Anglais, dont le nom était passé en proverbe parmi le peuple, comme synonyme de *faux* et de *menteur* (1). Vaincu, cependant, par les promesses et les flatteries de l'agent anglais, le roi des Hovas consentit à renouveler le traité, mais il fallait obtenir l'assentiment du peuple.

Dans ce but, Radama fit convoquer un grand kabar, où il s'efforça d'expliquer clairement les intentions du gouvernement anglais et les avantages qui devaient résulter de cette alliance pour Madagascar. Ses propres ministres accueillirent son discours par de sourds murmures et l'un des plus puissants chefs de l'île, l'ancien souverain d'Antscianac, Rafaralah prit la parole pour lui répondre. Il retraça l'histoire du traité de 1817 et s'étendit sur tous les avantages qui résultaient de ce traité, puis, arrivant à sa rupture de la part du gouvernement anglais, il se tut, comme s'il eût été incapable d'exprimer l'indignation qu'il ressentait d'une aussi lâche conduite. Son éloquent silence produisit sur l'assemblée un tel effet que le rejet de la proposition parut dès ce moment assuré. Il s'éleva alors un grand tumulte et dans la confusion qui s'ensuivit, Radama, se tournant vers l'agent anglais, lui dit : « Vous le voyez. Je suis disposé à l'alliance, mais mon peuple ne l'est pas. Celui même qui ne possède ni un esclave ni une piastre sera contre moi. J'ai entendu parler de la conduite des Français envers un de leurs derniers rois, le roi Louis XVI, et je redoute son sort (2). »

Malgré ces vives et nombreuses résistances, James Hastie parvint pourtant à vaincre les scrupules de Radama et de ses ministres. Le traité fut signé et le commerce des esclaves aboli de nouveau. Radama fit stipuler dans la convention dont il s'agit la condition expresse : « que le gouvernement anglais élèverait à ses frais vingt jeunes Hovas, dix à Maurice et dix à Londres, et les instruirait aux arts et aux métiers européens. » C'est ainsi que d'un seul coup, les Anglais regagnèrent à Madagascar l'influence qu'ils avaient perdue par leur faute ; mais, cette influence, sans aucune racine dans le peuple malegache lui-même, ne re-

---

(1) Ellis dit en propres termes : *False as the English.* » (William Ellis, pages 227 et 230).

(2) William Ellis, tome II, pages 230, 237.

posait que sur la volonté d'un homme. Il était présumable, dès lors, que, cet homme une fois mort, cette influence s'éteindrait avec lui.

Vers cette époque, Radama fit une expédition bruyante contre les Sakalaves du sud. Il partit avec une forte troupe de combattants, mais un tiers périt de faim ou de maladies, faute d'approvisionnements. Cette guerre se renouvela l'année suivante, et Radama ayant débuté par quelques succès, Ramitrah, roi des Sakalaves, lui proposa une alliance que le roi des Hovas s'empressa d'accepter. Il la cimenta même en épousant la fille de ce chef nommée Rasalime.

Cependant le révérend docteur Jones, de son côté, ne perdait pas de vue le but de son voyage et de son apostolat. Aussitôt que le drapeau anglais flotta à Tananarive à côté de celui d'Imerne, le missionnaire reçut l'autorisation d'ouvrir une école. Ce fut le 8 décembre 1820 que commença cet enseignement auquel vinrent coopérer, l'année suivante, M. Griffiths et sa femme. Radama leur avait permis d'instruire son peuple, sans autoriser cependant la prédication du christianisme, dont il ne se faisait alors aucune idée. Il fit bâtir pour M. Jones une case commode, et, lorsqu'elle fut achevée, il vint la consacrer, en y jetant de l'eau et en y faisant les cérémonies habituelles. Les progrès de la mission croissaient chaque jour. Admis en qualité d'instituteurs primaires, les missionnaires anglais s'attachèrent à donner à leurs nouveaux élèves une éducation plutôt politique que religieuse ou élémentaire, et, sans éveiller la défiance, à leur inspirer l'amour de leur souverain et par suite la haine d'une domination étrangère. Les jeunes Hovas apprenaient sans cesse à répéter des maximes formulées en ce sens par leurs maîtres. Ces maximes étaient entre autres, — que Radama n'a point d'égal parmi les rois, — qu'il est au-dessus de tous les chefs de l'île, et le maître de tout, — que Madagascar lui appartient et n'appartient qu'à lui seul. De plus, les élèves de l'Ancôve, rigoureusement astreints à des exercices militaires, étaient destinés à devenir une pépinière d'officiers, un arsenal vivant capable d'interdire l'approche de l'île aux ennemis communs. Ajoutez à de pareilles mesures la persévérance et la libéralité qui caractérisent la politique anglaise et on aura une idée de l'influence acquise par cette nation à la cour du roi d'Imerne. Plusieurs personnes envoyées par la société des Missions de Londres, et notamment des imprimeurs avec des presses et des caractères, étaient venues se joindre à MM. Jones et Griffiths. Des exemplaires de la Bible imprimés sur les lieux se répandaient par milliers sur la surface de l'île. L'examen des écoles fait en 1826 par Radama lui-même, constata la présence de plus de deux mille écoliers dans ces établissements. Deux ans après, la Mission comptait trente-deux écoles disséminées dans le pays d'Imerne et plus de quatre mille élèves (1).

On comprend facilement, ainsi que nous l'avons indiqué déjà, que l'Angleterre n'organisait ainsi une forte unité dans le centre de l'île que pour pouvoir, dans un temps donné, dominer les populations nourries de ses principes, élevées par ses nationaux. C'est dans le même but qu'ils donnaient à Radama le titre de *roi de Madagascar;* ce qui était une atteinte aux droits souverains de la France, et en même temps un mensonge, puisque ce chef ne commandait qu'à une peuplade seulement, la moins considérable d'un pays auquel même elle était étrangère. Les avertissements en ce sens ne manquèrent pas d'être adrssés au gouvernement français par les habitants de Bourbon, mieux placés que d'autres pour juger de l'état des choses à Madagascar et pour donner d'utiles conseils. Tous les jours les Hovas, poussés par les Anglais, semblaient faire un pas en avant et arriver jusqu'au littoral. Radama, quoique éloigné de Sainte-Marie, ne cessait de chercher l'occasion d'agir hostilement à notre égard.

S'il existait à Madagascar un point dont la possession nous fût légitimement acquise, c'était assurément le fort Dauphin. Il était donc difficile de penser que Radama pût songer à envahir une contrée où jamais un Hova n'avait paru et avec laquelle ce prince n'avait même eu, à aucune époque, la moindre communication. On était d'autant plus fondé à repousser cette pensée qu'il avait souvent répété lui-même qu'il ne se serait pas établi à Foulepointe, s'il eût trouvé ce point occupé par les Français.

Cependant, vers la fin du mois de février 1825, un corps de

---

(1) William Ellis, tome II, page 252, 386.

troupes hovas d'environ quatre mille hommes, sous la conduite de Ramananouloun, vint camper à peu de distance du fort Dauphin, alors occupé par un poste français composé d'un officier et de cinq soldats. Le général des Hovas notifia à l'officier français qu'il était envoyé par Radama pour prendre possession du fort Dauphin. Cette prétention ayant été repoussée, il fut convenu entre les deux chefs qu'aucun acte d'hostilité n'aurait lieu pendant deux mois, afin de laisser à l'officier français le temps de recevoir des ordres du gouverneur de Bourbon. Mais, au mépris de cette convention, les Hovas, profitant des facilités que leur donnait l'armistice, se portèrent, le 14 mars 1825, sur le fort et y entrèrent de vice force. Le pavillon français fut arraché et remplacé par celui de Radama. L'officier et les cinq soldats furent faits prisonniers; mais on les remit presque aussitôt en liberté, en leur rendant tout ce qui leur appartenait.

M. de Freycinet, gouverneur de Bourbon, ne se dissimula point la gravité de cet événement; il crut, toutefois, devoir s'abstenir d'une vengeance qu'il considéra comme devant être sans utilité, d'après le peu de forces dont il pouvait disposer. Il lui parut d'ailleurs qu'il fallait temporiser, jusqu'à ce que le gouvernement de la métropole lui eût fait connaître ses intentions. Il se borna donc à envoyer chercher le détachement français, qui s'était réfugié à Sainte-Luce.

L'influence anglaise, qui, dans l'opinion de M. de Freycinet, avait déterminé l'agression du fort Dauphin par les Hovas (il en avait la preuve dans les mains), ne tarda pas à se montrer plus ouvertement et d'une manière fort préjudiciable à nos intérêts (1).

Par un décret publié officiellement dans la *Gazette de Maurice*, le 18 juin 1825, Radama permit l'entrée de tous les navires anglais dans les ports de Madagascar, moyennant un droit de 5 pour 100 sur la valeur des marchandises et il autorisa les Anglais à résider dans l'île, à y commercer, à y construire des navires, à y bâtir des maisons et à y cultiver des terres. M. de Freycinet ne doutait point que Radama, qui n'avait pas fait sans quelque

(1) *Précis sur les établissements français de Madagascar*, publié par le département de la marine, p. 37.

crainte sa première irruption à Foulepointe, ne consentît, si on le réclamait, à nous appliquer les dispositions de ce décret et ne s'abstînt d'inquiéter les Français qui s'établiraient individuellement à Madagascar ; mais, dans l'état des choses, la mesure prise par le roi des Hovas lui paraissait une nouvelle manifestation du refus qu'il faisait de reconnaître nos droits, et il la considérait, non seulement comme donnant aux Anglais la faculté de disposer en maîtres des ports de l'île, mais comme devant encore leur procurer pour l'avenir les moyens de mettre obstacle aux vues de la France sur Madagascar.

Quoi qu'il en fût, de nouveaux événements vinrent bientôt compliquer la situation politique de l'île. Deux soulèvements y éclatèrent au mois de juillet 1825 contre les Hovas ; l'un dans la province des Betsimsaracs, du côté de Foulepointe, l'autre dans la province d'Anossy, du côté du fort Dauphin.

Le commandant de Sainte-Marie ne fut point étranger au premier ; les Hovas ne l'ignorèrent pas. Ce commandant avait, depuis longtemps, mis tous ses soins à exciter l'esprit de mécontentement qui régnait parmi les indigènes, et au moment de la révolte, il leur fournit de la poudre de guerre et reçut dans l'île quelques prisonniers hovas. L'insurrection fut promptement réprimée dans la province des Betsimsaracs par les troupes de Radama, et le brave Tsifanin, notre plus fidèle allié, y perdit la vie. Le gouverneur de Bourbon blâma le commandant de Sainte-Marie de s'être avancé dans cette circonstance, puisqu'il n'avait pas les moyens de soutenir efficacement les indigènes. Du reste, les Anglais, de leur côté, avaient pris une part plus active encore à l'événement (1). Un de leurs bâtiments avait servi au transport des troupes hovas sur divers points de la côte, et leur agent Hastie, débarqué à la Pointe-à-Larrée, à la tête d'un corps d'Hovas, avait puissamment contribué à replacer le pays des Betsimsaracs sous l'obéissance de Radama (2).

Les habitants de la province d'Anossy, renforcés par leurs

(1) *Précis sur les établissements français de Madagascar*, publié par le département de la marine, page 38.
(2) Boteler, *Narrative of a voyage of discovery to Africa and Arabia*, tome II, page 278.

voisins les Antavartes, s'étaient réunis au nombre de dix mille et avaient également pris les armes pour secouer le joug des Hovas ; mais, comme ils agissaient aussi en ennemis à l'égard des blancs, les traitants français établis sur la côte avaient été forcés de se réfugier à Bourbon avec leurs familles et leurs esclaves. Le général hova Ramananouloun, le même qui, après s'être emparé du fort Dauphin, occupait ce poste avec seize ou dix-huit cents hommes, envoya contre les insurgés un détachement de cinq cents hommes, qui les mit en déroute après un court combat. Toutefois, les vainqueurs, étant engagés dans les bois à la poursuite des fuyards, y furent bientôt accablés par le nombre et périrent tous.

Après avoir obtenu, dans leur défaite, ce faible avantage, les insurgés se montrèrent avec plus de confiance et finirent par cerner les Hovas, qui s'étaient retranchés au nombre de mille à douze cents sur le plateau du fort Dauphin. Cette situation était critique, et, pour en sortir, Ramananouloun ne vit d'autre moyen que de s'adresser au gouverneur de Bourbon. Il lui écrivit pour le prier de faire parvenir à Tamatave deux paquets destinés, l'un à Radama, l'autre à Jean René.

Cette démarche plaça M. de Freycinet dans une position délicate. L'occasion était favorable pour rentrer en possession du fort Dauphin. Il suffisait d'envoyer un bâtiment de guerre sur les lieux pour exterminer les troupes qui l'occupaient ; mais ce coup de main n'eût eu d'autre résultat que la reprise momentanée de notre ancien poste, car le gouverneur de Bourbon n'avait point de forces disponibles pour continuer la guerre. Or, un tel succès, demeurant isolé, ne pouvait porter atteinte à la puissance de Radama et il fermait la voie à toute conciliation, tandis qu'un acte de générosité pouvait frapper l'esprit du roi malegache.

M. de Freycinet répondit donc à la confiance de Ramananouloun, en faisant parvenir les paquets de ce général à Tamatave. Il profita de l'occasion pour écrire à Radama. Après lui avoir rappelé brièvement les actes d'hostilité dont les Français avaient à se plaindre, il lui offrait de désigner, de part et d'autre, une personne de confiance, pour arriver à la conclusion d'un traité d'alliance et d'amitié. Rafaralah, chef des troupes hovas à Foulepointe, sur qui la noble conduite du gouverneur de Bourbon, dans cette circonstance, avait paru faire une grande impression, avait aussi dépêché un courrier à son souverain, pour lui représenter l'importance de s'entendre avec le gouvernement français.

Le roi des Hovas répondit à M. de Freycinet, le 23 août 1825. Dans cette réponse, dont chaque expression trahissait l'emploi d'une plume anglaise (1), il reproduisait hautement ses prétentions à *la souveraineté exclusive de Madagascar*, et terminait en disant qu'il accueillerait honorablement à Tananarive, sa capitale, une députation solennelle qui lui serait envoyée pour la négociation projetée ; c'était toujours le système des temporisations asiatiques.

M. de Freycinet ne trouva pas qu'il fût convenable d'accéder à une pareille proposition et l'affaire en resta là.

Dans les premiers jours du mois de mars 1826, Jean René vint à mourir. Il avait désigné par testament son neveu Berora pour lui succéder dans la royauté des Bétanimènes. Cette disposition fut confirmée par Radama et, en l'absence de Berora, qui suivait ses études à Paris, le titre de prince de Tamatave fut provisoirement donné à Coroller, général au service des Hovas, et proche parent de Jean René. Ce Coroller, qui joua plus tard un rôle à Madagascar et qui par ses conseils fit en grande partie échouer l'expédition française de 1829, était un mulâtre, fils d'un blanc de l'île Maurice et d'une femme malegache. Il était par sa mère neveu de Jean René. Coroller était fort laid, petit, louche et contrefait. C'est lui qui enseigna aux chefs d'Imerne toutes les ruses de la politique civilisée. Il affectait de porter sans cesse avec lui *le Prince* de Machiavel qu'il cherchait à mettre en pratique, disait-il, et à perfectionner. Radama n'en envoya pas moins à Tamatave un autre général dévoué à ses intérêts, qu'il investit du haut commandement de la province, et les termes d'une lettre qu'il écrivit, le 13 avril suivant, à M. de Freycinet, ne permirent plus de douter de son intention d'établir sa domination sur cette province, comme sur tout le reste de Madagascar.

L'agent anglais, James Hastie, avait été appelé auprès de Jean René dont la fin approchait. Après la mort de ce chef, qui

---

(1) *Précis sur les établissements français de Madagascar*, publié par le ministère de la marine, page 40, 1836.

lui avait confié l'exécution de son testament, il fit un voyage à l'île Maurice où il arriva fort malade lui-même d'une chute violente faite pendant la traversée. A peine convalescent, il revint à Madagascar où Radama le combla des marques d'une vive amitié. Cependant sa guérison n'était qu'apparente et il mourut le 8 octobre 1826.

Cette mort fut une véritable perte pour l'Angleterre, dont cet agent avait puissamment servi les intérêts. Quoique les moyens qu'il employait ne fussent pas toujours délicats, ce qu'il y a de certain, c'est qu'il réussissait, après avoir déployé une grande habileté. James Hastie fut enterré dans la chapelle des missionnaires. Le roi, la famille royale, les juges, les grands officiers et un immense concours d'indigènes assistèrent à ses funérailles.

A partir de la mort de Jean René, les plus insignes vexations commencèrent à être exercées par les Hovas contre les traitants français, et particulièrement contre ceux de Sainte-Marie. Rafaralah lui-même, que l'on avait représenté à M. de Freycinet comme favorable à nos compatriotes, leva bientôt le masque. Il refusa de renvoyer à des colons de Sainte-Marie des engagés libérés par l'administration de cette île et s'étudia à mettre des entraves au commerce de Sainte-Marie avec la Grande Terre. Il fit dire au commandant de cette île que, si les Français avaient besoin de quelques-unes des denrées que produisait *la terre de Radama*, ils ne seraient admis à les acheter sur aucun autre point que Foulepointe ou Fénériffe, où il avait établi des douanes, et il ajoutait que si, plus tard, il jugeait à propos de placer un poste à la Pointe-à-Larrée, il permettrait alors d'y commercer; mais que, pour le moment, il était défendu aux naturels, sous peine de mort, de conduire un seul bœuf en cet endroit. Radama, toujours soumis à l'influence anglaise, ne tarda pas à mettre le comble à ces mesures vexatoires. Sur la fin de 1826, il établit des droits excessifs à l'entrée et à la sortie des marchandises et il afferma les produits de ces droits à une maison de commerce de l'île Maurice, en laissant à l'arbitraire des fermiers la fixation du taux des droits. Ce ne fut pas tout. N'osant attaquer l'île Sainte-Marie, bien fortifiée et séparée de la Grande Terre par un bras de mer, Radama imagina, pour forcer les Français à l'abandonner, de leur ôter les moyens de se procurer les bras nécessaires à l'exécution des travaux publics et à la culture des terres. Il défendit, en conséquence, sous peine de mort, aux naturels de la Grande Terre de vendre un seul esclave au gouvernement ou aux colons de Sainte-Marie.

Dès le mois de décembre 1829, le gouverneur de Bourbon qui avait succédé à M. de Freycinet, M. le comte de Cheffontaines, fit connaître cet état de choses au ministre de la marine, en lui exposant les suites fâcheuses du système de temporisation et de condescendance suivi jusqu'alors dans les affaires de Madagascar. Il insista sur la nécessité de prendre enfin un parti décisif à l'égard de l'île Sainte-Marie, qu'il valait mieux, disait-il, abandonner sans retard, si l'on ne se décidait pas à tirer une vengeance éclatante des insultes faites à la nation française et à rétablir notre autorité sur un pied respectable à Madagascar. M. de Cheffontaines, d'accord sur ce point avec le commandant particulier de Sainte-Marie et le conseil privé de Bourbon, pensait que nous ne pouvions reconquérir nos droits et notre influence à Madagascar et même nous maintenir à Sainte-Marie, qu'en augmentant la garnison de l'île, qui ne se composait alors que d'une compagnie d'artillerie européenne, forte de soixante-dix-huit hommes, y compris trois officiers et de cent quatre-vingt-douze noirs engagés. Il proposait, en conséquence, d'envoyer à Sainte-Marie une frégate, une corvette et quelques bâtiments légers, avec quatre ou cinq cents hommes de débarquement et d'augmenter, en outre, la garnison d'un corps de noirs.

L'exécution complète des mesures proposées par l'administration de Bourbon devait donner lieu à des dépenses qui n'avaient pas été prévues et auxquelles ne pouvaient subvenir ni le budget du département de la marine ni celui du département de la guerre, qui pourvoyait alors aux dépenses qu'occasionnaient les garnisons coloniales. Le ministre de la marine, M. de Chabrol, pensa que l'on pouvait se dispenser de déployer des forces aussi considérables et qu'il suffirait de prendre, dans le sens des vues indiquées par le commandant particulier de Sainte-Marie, quelques dispositions de nature à satisfaire aux besoins les plus urgents de l'établissement, sans dépasser les ressources financières que l'on possédait. Il existait au Sénégal, comme à Sainte-Marie, des noirs rachetés par l'administration locale et rendus libres au moment du rachat, moyennant un engagement de quatorze années. M. le comte de Chabrol, après avoir pris les ordres du roi Charles X, chargea le gouverneur du Sénégal de diriger sur Madagascar un détachement de cent cinquante à deux cents soldats noirs, composé de nouveaux engagés et, au besoin, de quelques-uns des soldats noirs déjà existants dans le pays. Il fut, en outre, décidé que ce corps serait complété et recruté par l'envoi ultérieur à Sainte-Marie de tous les noirs (autres que les femmes et les enfants), qui seraient saisis dans les mers situées au delà du cap de Bonne-Espérance, en vertu des lois prohibitives de la traite, sauf, si ce moyen de recrutement ne suffisait pas, à continuer de faire venir des engagés du Sénégal.

Le ministre de la marine, en donnant avis de ces mesures à M. de Cheffontaines, l'invita à examiner si, avec le secours que pouvaient offrir les deux bâtiments de guerre chargés du transport de ces deux compagnies et les troupes disponibles des garnisons de Bourbon et de Sainte-Marie, il était possible de faire avec avantage une expédition militaire sur la côte orientale de Madagascar. Dans le cas de l'affirmative, le gouverneur de Bourbon était autorisé à l'entreprendre, en faisant concourir à ses opérations les indigènes, sur lesquels il assurait que l'on pouvait compter. Toutefois, cette tentative ne devait être faite qu'autant qu'on serait sûr de pouvoir se maintenir sur les points d'où l'on chasserait les Hovas. Au surplus, aucune mesure relative à cet objet ne devait être prise qu'après un mûr examen en conseil privé (1).

Conformément aux ordres du ministre de la marine, deux compagnies de cent Yolofs chacune furent formées en 1828 au Sénégal, et transportées à Sainte-Marie par la corvette *la Meuse*, avec un cadre d'officiers et de sous-officiers d'artillerie de marine. Ce n'était point avec ce petit nombre d'hommes, non encore exercés au maniement des armes, que nous pouvions nous présenter à la

---

(1) *Précis sur les établissements français de Madagascar*, publié par le ministère de la marine, page 45.

Grande Terre et reprendre nos possessions. Il fallait évidemment des forces beaucoup plus imposantes pour atteindre ce but. Les troupes et les bâtiments de guerre demandés à la fin de 1826 par le gouverneur de Bourbon n'étaient même déjà plus suffisants, pour nous assurer des succès contre le roi des Hovas, dont la puissance s'était accrue depuis cette époque et qui comptait sous ses drapeaux jusqu'à quinze mille hommes de troupes bien disciplinées et bien organisées.

Tel fut du moins l'avis du conseil privé de Bourbon, après un examen approfondi de la question.

Ce conseil, qui avait appelé à ses délibérations M. le commandant particulier de Sainte-Marie, alors à Bourbon, pensa que, pour entreprendre une expédition contre Madagascar, les forces à y consacrer ne devaient pas être moindres de deux bricks de guerre, de deux corvettes de charge avec leurs équipages complets sur le pied de guerre, plus un bataillon d'infanterie, une compagnie d'artillerie, une demi-compagnie d'ouvriers, deux cents hommes de troupes noires, et enfin un matériel de guerre proportionné, avec deux mille fusils pour armer les peuplades indigènes qui nous étaient dévouées. Il fit observer que, si les troupes dont pouvait disposer le gouverneur de Bourbon étaient insuffisantes pour une opération offensive, elles ne l'étaient pas moins pour appuyer des démarches tendantes à un accommodement ; car ces démarches devaient être nécessairement suivies d'actes d'hostilité, si la voie de la conciliation ne réussissait pas.

Le conseil privé de Bourbon pensa donc qu'il fallait traiter à main armée et demander la paix en apportant la guerre.

Il sera à jamais regrettable pour la France qu'un coup vigoureux et décisif n'ait pu être porté, dès ce moment, à la puissance naissante des Hovas.

Nous allons voir qu'il n'en fut rien et que notre expédition ne fit qu'enhardir leur insolente audace et préparer à nos traitants une série de persécutions nouvelles, qui n'a point été interrompue depuis cette époque fatale jusqu'à nos jours.

CHAPITRE IV.

LA RESTAURATION ET LA REINE RANAVALO.

SOMMAIRE : Mort de Radama, 27 juillet 1828. — La reine Ranavalo est proclamée reine des Hovas. — Funérailles de Radama. — Son tombeau. — Cérémonie funèbre. — Portrait de Radama. — Son caractère public et privé. — Ses passions. — Son gouvernement. — Changement qui s'opère dans les affaires des missionnaires anglais. — La persécution succède pour eux à la faveur. — Mise à mort de la mère et de la sœur de Radama, du prince Rateffi, de Rafaralah, et de Ramananouloun. — Le traité conclu par Radama avec l'Angleterre est annulé par la reine Ranavalo. — M. Robert Lyall, agent anglais, est mal reçu à Tananarive. — La reine lui dénie le titre d'agent britannique accrédité à Madagascar. — Mauvais traitements qui lui sont infligés. — Sa mort. — Convocation à ce sujet d'un grand kabar. — Couronnement de la reine, le 11 juin 1829. — Préparatifs d'agression organisés par Ramanetak. — Sa retraite à Anjouan. — Expédition Gourbeyre. — Elle est décidée le 28 janvier 1829. — Instructions remises à M. le capitaine de vaisseau Gourbeyre, au moment de son départ de France. — Arrivée de l'expédition à Tamatave. — Elle débarque à Tintingue et fortifie la place. — Le général en chef de l'armée hova envoie des parlementaires à M. Gourbeyre. — Réponse de celui-ci. — Les hostilités commencent. — Combat de Tamatave. — Combat de Foulepointe. — Échec de nos troupes de débarquement. — Suspension des hostilités. — La reine fait des ouvertures de paix, puis refuse de les ratifier. — Reprise des hostilités. — Envoi de deux commissaires français à Tananarive. — Nouvelles ouvertures faites par la reine des Hovas. — Ajournement des hostilités. — Départ pour la France de M. le commandant Gourbeyre. — Projets de M. de Polignac. — Révolution de Juillet.

Sur ces entrefaites, un grand événement se produisit : Radama vint à mourir (1).

Le roi des Hovas, dans les dernières années de sa vie, se livrait à des excès qui eurent bientôt affaibli sa robuste constitution. Lorsqu'il vint à Tamatave, en 1827, il était souffrant. Dans le

---

(1) La mort de Radama fut attribuée au poison, et il n'y aurait aucune raison de révoquer en doute cette supposition. On verra, plus loin, que Radama II périt aussi de mort violente, parce que ses idées libérales déplaisaient aux vieux féodalistes et aux ombiaches ou prêtres du pays, aussi bien qu'aux Anglais. M. Carayon dit que Radama Ier mourut d'une fistule à l'anus.

cours de l'année suivante, sa maladie ne fit que s'aggraver et il rendit le dernier soupir le 27 juillet 1828, à l'âge de trente-sept ans. La mort du roi fut soigneusement cachée à son peuple et, le 29, un kabar solennel fut convoqué pour prêter le serment à la personne qu'il plairait au souverain de choisir pour lui succéder. Cette décision avait été prise, disait-on, par Radama lui-même qui sentait sa fin prochaine. Le matin du 10 août, l'affaire fut décidée et le bruit courut que Ranavalo avait été désignée pour lui succéder. Ranavalo était la première femme, la *vadi-bé* de Radama. Quelques historiens en font sa sœur ou sa fille et même sa mère. Ranavalo n'était que la cousine du roi par le sang. Elle devint, plus tard, l'une des onze femmes de Radama.

Le 11 août, la proclamation de la mort de Radama et de l'avènement de sa femme eut lieu dans un kabar solennel. Cette proclamation ne s'opéra pas sans difficulté, Ranavalo n'avait pas été destinée à lui succéder; le roi lui-même avait choisi son héritier parmi ses neveux. Mais, dès ce moment, les vieux Hovas, partisans des antiques coutumes et désireux de reprendre le pouvoir que leur avait enlevé l'énergique personnalité de Radama, se réunirent pour faire placer le pouvoir suprême entre les mains d'une femme qu'ils pourraient diriger à leur aise, sous l'inspiration des ombiaches et des prêtres des idoles. Parmi ceux-là se trouvaient Andrian Ambanivoula et Rainizouare; ce dernier devait jouer un rôle infâme durant le long règne de Ranavalo et commander sous son règne les atrocités qui ont rendu son nom si odieux dans l'histoire de Madagascar. Ces conjurés craignaient, surtout en vue de l'échec possible de leurs projets, les principaux généraux, hommes intelligents et sûrs, que Radama avait postés avec une garnison sur les points principaux de l'île, à Tamatave, à Vohemare, à Mazangaye. C'étaient des concurrents redoutables pour les deux ministres dont nous venons de parler : il n'en fallut pas davantage. Ils tombèrent sous le couteau des assassins. On envoya poignarder dans leurs provinces ceux qu'on savait exposés sans défense; on appelait à la capitale, pour les assassiner en route, ceux dont la popularité, au siège de leur résidence, faisait redouter la résistance ou de sanglantes représailles. L'un d'eux, Ramanateka, homme de guerre consommé, fut prévenu à temps. Il s'échappa de Mazangaye et se rendit à Anjouan et devint peu après roi de Mohéli, l'une des Comores. Ramanateka était issu d'une noble famille de l'Ancove et il avait épousé la sœur de Radama Ier. Plus tard, nous le retrouverons jouant un rôle lors de l'expédition Gourbeyre.

Lorsque les concurrents furent écartés, les hommes qui avaient fait cette révolution à Tananarive régnèrent sous le nom de Ranavalo. On verra, par la suite, que les mêmes hommes, et notamment Rainizonare, furent fidèles à cette politique qui leur assurait le pouvoir et qu'après la mort de Radama II, comme après celle de Radama Ier, ils réussirent à faire tomber en quenouille le sceptre des Hovas, afin de dominer eux-mêmes des femmes crédules, dominées, à leur tour, par les ombiaches et les prêtres.

Le premier acte de la nouvelle reine fut de régler le deuil général, quoique la mort de Radama ait été attribuée, par quelques relations, à un poison administré de la main même de Ranavalo. Quoi qu'il en soit de cette version qui, du reste, est la moins accréditée, la reine ordonna que, d'après un ancien usage, hommes, femmes et enfants, tout le monde se rasât la tête en signe de deuil, à l'exception cependant d'elle-même, de quelques-unes des personnes qui l'entouraient, des gardiens des idoles et des Européens. Elle enjoignit, de plus, aux femmes de pleurer, à tous ses sujets de quitter les parures et les vêtements brillants, pour ne porter que le lamba, manteau national. Il fut aussi défendu, sous peine de mort, de monter à cheval, de se faire porter dans un siège à bras, de jouer d'aucun instrument, de chanter ou de danser, de coucher autrement que sur la terre, de manger à table et de se livrer à aucun travail. Le 11 et le 12, le canon tira de minute en minute depuis le lever jusqu'au coucher du soleil (1).

Les funérailles eurent lieu avec la plus grande pompe et accompagnées de tous les honneurs militaires que rendent aux souverains morts les peuples européens. Un cercueil en bois, couvert de velours cramoisi et orné de franges et de glands d'or, contenait les

---

(1) William Ellis, tome II, pages 395, 399.

restes de Sa Majesté Radama-Manjaka (1). Ce cercueil fut porté par soixante officiers supérieurs, crêpes au bras, et déposé dans une salle du palais de Bessakane, où il resta jusqu'au lendemain. Le 13, les missionnaires et les Européens qui se trouvaient à Tananarive, obtinrent de la reine la permission de porter le cercueil et les restes du feu roi de Bessakane à Tranouvola, principale résidence du souverain des Hovas. Le major général Brady, le prince général Coroller, Louis le Gros, commandant en chef des ateliers royaux et le révérend docteur Jones furent choisis pour porter les coins du drap mortuaire. Un magnifique catafalque avait été élevé dans la cour du palais. Deux escaliers y conduisaient. Ce catafalque, entouré d'une balustrade à colonnes dorées, était lui-même recouvert d'une tente, dont l'intérieur était tendu de drap fin écarlate, avec des franges et des galons en or et en argent. A l'extérieur, de larges galons d'or cousus ensemble étaient placés de distance en distance. Le prince Coroller, qui avait été apprenti orfèvre à l'île de France, avait donné tous ses soins à ces détails qu'il semble retracer avec prédilection, dans la relation qu'il a laissée de la cérémonie des funérailles de Radama. Sur les colonnes, on avait assujetti des lampes sépulcrales en argent et des chandeliers dorés représentant des soleils en cristal avec des rayons d'or. Enfin, des lustres et des bougies éclairaient ce lugubre appareil. La famille royale en pleurs s'était réunie sous le mausolée.

Non loin de ce catafalque on avait édifié le tombeau royal, monument formant une terrasse en pierres d'environ trente pieds carrés de large sur seize pieds de haut et surmonté d'une chambre sépulcrale. L'intérieur de cette chambre était richement décoré ; on y avait placé une table, deux chaises, une bouteille de vin, une carafe d'eau et deux gobelets, pour que l'ombre du feu roi, venant visiter le lieu où reposent ses restes, pût y inviter l'ombre de son père et y goûter les plaisirs qui lui avaient été chers pendant sa vie.

(1) *Manjaka* est l'épithète qui s'ajoute au nom du roi ou de la reine. Elle signifie *régnant* ou *régnante*, souverain ou souveraine. On dit également *Radama Manjaka* et *Ranavalo Manjaka*. Manjaka veut dire aussi *grand chef*.

Dans l'après-midi, on renferma, d'après un ancien usage, dans l'intérieur du tombeau tous les effets précieux de Radama, tels que des couverts d'argent d'Europe et du pays en grand nombre ; de la vaisselle plate, des soupières et des vases d'or et d'argent dont le gouvernement anglais avait fait présent au roi ; des porcelaines de Chine d'un grand prix ; des poires à poudre, dont une en or, ouvragée et ciselée ; des sagayes et des lances sculptées et ornées d'or, d'argent et de pierreries ; des sabres, des épées, des poignards arabes et malais ; des montres et des pendules à répétition et à musique ; des tabatières en or, des chaînes d'or d'Europe et du pays ; des bagues en diamants, des épingles montées en pierres précieuses, ainsi qu'une infinité de bijoux de toute espèce ; des malles d'habits brodés en tous genres et du linge fin, des bottes et des éperons de différents métaux, des chapeaux galonnés et ornées de riches plumets ; enfin, des portraits à l'huile de l'empereur Napoléon Ier, de Frédéric le Grand, de Louis XVIII et du roi d'Angleterre. On déposa aussi dans le tombeau pour une valeur considérable de piastres d'Espagne, tant en lingots d'or et d'argent qu'en monnaies de tous les pays. Cette somme est portée par les uns à trois cent cinquante mille piastres, par d'autres à cent cinquante mille, par les missionnaires enfin à dix mille piastres seulement. Six magnifiques chevaux furent offerts en victimes sur le tombeau de Radama et plus de vingt mille bœufs furent également sacrifiés dans la capitale et dans les provinces voisines. A six heures du soir, on transporta le corps du roi dans un cercueil en argent qui avait été placé dans le tombeau et à la confection duquel quatorze mille piastres fondues avaient été employées. Sur ce cercueil, furent gravés ces mots : TANANARIVE, 1er août 1838. RADAMA MANJAKA, sans égal parmi les princes, SOUVERAIN de l'île.

Radama, selon le portrait qu'en a laissé le prince Coroller, était petit de taille ; il avait cinq pieds au plus, mais il était bien fait. Ses traits étaient intelligents et expressifs ; ses yeux brillants, surmontés de beaux sourcils, étaient bordés de cils très longs. Sa peau de couleur olive claire était fine, sa main jolie, son pied petit. Il était élégant et gracieux, dit le lieutenant Boteler, et avait plutôt l'air d'un courtisan parfaitement civilisé que d'un prince à demi sauvage (1). Il était parvenu à écrire et à parler le français. Il avait l'esprit vif et subtil.

Quoique son caractère fût affable, sa conversation agréable et séduisante, il savait pourtant dans l'occasion prendre l'attitude imposante que donne la longue habitude du commandement. Il passait même pour éloquent parmi les siens, et se plaisait à haranguer lui-même son peuple, lorsqu'il avait à lui transmettre ses volontés. Son éloquence produisait le plus vif enthousiasme sur ceux qui l'entendaient, au dire des Européens qui ont été les témoins de ces solennités. Animé d'un orgueil extrême, surtout en public, il était si naturellement accessible à la flatterie que son peuple finit par lui rendre des honneurs comme à un dieu, sans qu'il en manifestât de déplaisir. Il aimait particulièrement qu'on le louât pour les grandes choses qu'il essayait de faire, car l'amour de la gloire était le mobile le plus puissant des actions de cet *Africain éclairé*, ainsi que le qualifiaient, dans leurs flatteries intéressées, les missionnaires anglais. Son activité était incroyable et ses partisans le comparaient souvent, pour cette qualité, à l'empereur Napoléon, dont il se faisait sans cesse raconter l'histoire. Il était partout allant, courant, partant tout à coup et surprenant ses officiers par la promptitude de ses résolutions et de ses marches. Il disait : « James Hastie ne m'a-t-il pas proposé l'autre jour de me faire construire, aux frais des Anglais, une belle route de calèche de Tamatave à Imerne ! Il m'assurait que ce serait fort beau de voir le souverain des Hovas, Radama le Grand, faire caracoler son cheval sur une route unie comme une allée de jardin d'Europe. Je sais trop bien que cette belle route mènerait vite les habits rouges à Tananarive. Ce sont mes meilleures forteresses. *Si les Européens trouvent jamais un chemin pour aller à Imerne, c'en est fait de ma puissance et de celle des Hovas.* » Mêlant à tous les actes de sa vie des traits de bienveillance, il semblait porter, et il portait effectivement, un intérêt très vif aux Européens, auxquels il demandait toujours individuellement, avec une sorte de sollicitude amicale, des nouvelles de leurs parents. Il aimait avec enthousiasme la musique. Sir Robert Far-

---

(1) Boteler, *Narrative of a voyage of discovery to Africa and Arabia*, tome II, page 126.

quhar avait formé pour lui à l'île de France un orchestre excellent, dont les exécutants ne le cédaient en rien aux meilleurs instrumentistes des régiments anglais.

La vie si courte de Radama fut malheureusement dominée par la passion des femmes, et, nous sommes obligés d'ajouter, par le goût des boissons spiritueuses. Il avait onze femmes légitimes. La loi lui en accordait douze; mais il laissa toujours la douzième place vacante par un raffinement de volupté, afin d'exciter une rivalité de tendresse parmi ses concubines, dont le nombre était illimité. L'adoption des caractères français pour l'écriture de la langue malegache et l'établissement d'un système d'éducation publique sont les événements principaux accomplis sous le règne de Radama.

L'avènement de Ranavalo Manjaka au trône des Hovas changea complètement la face des affaires dans la grande île indienne et l'influence des agents anglais sembla cesser avec le règne de Radama. Ils furent compris dans la haine que les vieux Hovas manifestent contre tous les étrangers. A peine ce prince fut-il mort qu'ils purent s'apercevoir du bouleversement qui allait s'opérer dans leurs relations avec l'établissement nouveau. Les missionnaires surtout avaient en Radama un protecteur assidu qui les défendait contre les perfides et puissantes insinuations des ombiaches, des devins indigènes et des gardiens des idoles. MM. Griffiths et Bennet voulurent, aussitôt après les funérailles du roi, quitter la capitale; mais la reine les en empêcha, en leur faisant dire qu'elle était la maîtresse de fixer le jour de leur départ. Elle voulait ainsi intercepter toute communication avec la côte où la nouvelle de la mort de Radama n'était pas encore parvenue. Ce ne fut que le lendemain de la cérémonie des funérailles que les deux étrangers purent obtenir l'autorisation de s'éloigner. M. Griffiths qui, ainsi que nous l'avons dit, faisait partie de la mission anglaise, dut s'engager à ne pas quitter Madagascar et il fut obligé de laisser sa femme et son enfant comme otages à Tananarive.

Du reste, les plus atroces violences furent exercées sur les nationaux eux-mêmes. Le règne infâme de Ranavalo débutait par des crimes. Les personnages en crédit ou redoutables, à un titre quelconque, furent mis à mort. Parmi ceux-ci, les plus notables furent la mère et la sœur de Radama; le fils de cette dernière, qui était l'héritier légitime de son oncle, le prince Rateffi, père de ce jeune homme et gouverneur militaire de Tamatave. Cet infortuné n'eut pas même le temps de fuir vers un port où il devait s'embarquer pour Maurice. Il fut surpris dans les bois par les soldats de la reine et traduit devant un tribunal d'assassins qui ne firent point attendre leur jugement meurtrier. Il fut condamné à mort et exécuté auprès de la capitale. Sa femme, la propre sœur de Radama, qui était enceinte, fut d'abord exilée, puis percée de coups de sagaye, avec l'enfant qu'elle portait dans son sein. Rafaralah, commandant de Foulepointe, ne tarda pas à subir le même sort, ainsi que Ramananouloum et plusieurs autres grands personnages, dont la mort injuste et violente a marqué d'un souvenir ineffaçable les terribles commencements du règne odieux de Ranavalo. Les prétextes de ces exécutions sanguinaires ne manquèrent pas à la reine. L'infortuné Rafaralah périt pour ne s'être pas rasé la tête et pour n'avoir pas pris assez promptement le deuil du souverain décédé (1). On s'aperçut bien vite qu'on avait affaire à celle qu'on put appeler, dès lors, le *Caligula femelle* de Madagascar. Elle n'obéissait, en tout, qu'aux superstitions absurdes et sanguinaires des ombiaches, ses seuls conseillers, qui, eux-mêmes, n'étaient que les instruments du vieux parti hova, soutien de tous les abus et de toutes les violences.

L'un des premiers actes de la reine Ranavalo fut d'annuler le traité conclu par Radama avec les Anglais. Le successeur d'Hastie, M. Robert Lyall, fut fort mal reçu. Arrivé à Tamatave à la fin de 1827, il n'avait pu se rendre à Tananarive avant le mois de juillet de l'année suivante, au moment même où Radama expirait. Le deuil royal dut retarder sa présentation et il demeura dans la capitale des Hovas jusqu'au 28 novembre. La reine lui fit alors déclarer qu'elle ne se regardait pas comme liée par le traité signé avec Radama et qu'elle refusait de le recevoir en qualité d'agent du gouvernement anglais. Les vieux Hovas, on le voit, se trouvaient les maîtres sous son règne.

La saison n'était pas favorable pour s'éloigner. M. Robert Lyall fut obligé de retarder son départ jusqu'au mois de mars 1829. Il

---

(1) William Ellis, tome II, page 405, 411.

allait quitter Tananarive, lorsqu'un matin, il se voit assailli dans sa maison par une multitude fanatique, à la tête de laquelle étaient le gardien de l'idole Ramavali et les ombiaches de la ville. Cette troupe de forcenés déclara à M. Lyall que l'idole lui ordonnait de les suivre au village d'Ambohipéna, à six milles de la capitale, où elle lui ferait signifier ses volontés. Le malheureux agent anglais n'eut le temps ni de se vêtir ni de dire adieu à sa famille. Il fut entraîné avec l'aîné de ses fils, au milieu du plus horrible cortège, jusqu'au village indiqué. Là, un des missionnaires parvint à le soustraire à la fureur de ses sauvages persécuteurs. On lui annonça que sa famille allait le suivre à Tamatave. Quelle était la raison de cet outrage et de ces mauvais traitements? M. Lyall avait, dans son ignorance, fait approcher son cheval d'un village consacré à l'idole Ramavali et il s'était aussi, au dire de cette multitude superstitieuse, attiré la colère de cette idole, en envoyant ses domestiques dans les bois voisins, à la recherche de papillons et de serpents. Nous dirons plus loin ce que sont les idoles malegaches.

La reine fit convoquer un kabar et annoncer au peuple que les violences faites à l'agent britannique avaient eu lieu par l'ordre exprès des idoles. On lut ensuite une ordonnance de la reine qui déclarait nuls les traités faits par Radama avec les Anglais lesquels, disait-on, l'avaient ensorcelé et l'avaient fait mourir prématurément, en lui conseillant d'abandonner les usages de ses ancêtres. Ainsi donc, il devenait évident que le démon de la barbarie personnifié dans le Caligula féminin trônait à Imerne. On verra les mêmes passions rétrogrades se soulever en 1863 et aboutir à l'assassinat de Radama II accusé, lui aussi, de favoriser les étrangers et d'abjurer les traditions des ancêtres.

L'horrible traitement subi par M. Robert Lyall fit sur lui une impression si foudroyante que, peu de temps après, il fut frappé d'aliénation mentale et mourut à Maurice des tristes suites de cette maladie. Il n'y eut pas jusqu'aux animaux introduits dans l'île par les Anglais qui n'eurent à subir l'arrêt général de proscription fulminé contre eux. Les porcs et les chats, entre autres, durent à leur origine britannique d'être tous sagayés ou chassés de la ville, avant la fin du jour où le kabar avait eu lieu.

Telle fut la stupide fureur de cette multitude obéissant, les yeux fermés, à des ordres aussi ridicules qu'abominables et barbares, instruments aveugles des prêtres et des odieux tyrans de ce malheureux pays.

La durée du deuil national, qui est ordinairement d'une année, fut abrégée par la reine qui le réduisit à dix mois. Le couronnement eut lieu en grande pompe le 11 juin 1829. La reine prononça un discours et, après la cérémonie à demi sauvage de ce sacre étrange, les chefs de chaque tribu et de chaque province, les généraux, au nom de l'armée, les Européens, les grands dignitaires furent admis à prêter serment (1).

Mais la sinistre quiétude du palais d'Imerne fut bientôt troublée par des bruits de guerre civile et de guerre étrangère. Ramanetak, le cousin favori de Radama, et ancien commandant de Bombetock, dont la tête avait été mise à prix, faisait, disait-on, des préparatifs d'agression dans le nord. D'un autre côté, on apprit que le gouvernement français était sur le point d'envoyer une flotte, pour reprendre possession de ses anciennes colonies. Ramatenak, cependant, avait eu le temps de fuir, plus heureux que les autres proscrits, et il avait réussi à s'embarquer sur des chelingues arabes, avec sa famille, ses esclaves et cent de ses plus fidèles soldats. Tout ce parti s'était fait déposer à Anjouan, l'une des Comores. L'attention publique se reporta, dès lors, du côté de l'expédition française qu'on annonçait devoir arriver prochainement à Madagascar.

En effet, dès le 28 janvier 1829, le gouvernement du roi avait décidé que *la Nièvre*, *la Chevrette*, la frégate *la Terpsichore* et la gabare *l'Infatigable* formeraient, avec les autres bâtiments qui se trouvaient alors à Bourbon, une division navale qui serait placée sous les ordres de M. le capitaine de vaisseau Gourbeyre, commandant de la frégate, et qui agirait conformément à un plan d'opérations arrêté par le gouverneur en conseil. Cette division devait porter à Madagascar cent cinquante-six hommes d'artillerie de marine et quatre-vingt-dix hommes d'infanterie légère qui devaient composer le corps expéditionnaire avec les compa-

---

(1) William Ellis, tome II, page 421, 429.

gnies de noirs Yolofs et un nombre égal d'hommes formant les garnisons de Bourbon et de Sainte-Marie.

Le ministre de la marine, M. Hyde de Neuville, en notifiant cette décision à M. le comte de Cheffontaines, gouverneur de Bourbon, lui renouvela la recommandation faite par son prédécesseur de ne tenter aucune entreprise dont les résultats, en cas de non-succès, pussent compromettre les intérêts et la dignité de la France et notamment de n'occuper militairement que les points qu'il serait démontré facile de conserver avec les forces disponibles. M. le baron Hyde de Neuville ajoutait que, dans l'incertitude où l'on était en France sur la situation réelle des choses à Madagascar, il ne pouvait donner d'instructions précises relativement aux mesures à prendre; mais qu'il s'en rapportait aux lumières et à la sagesse du conseil privé de Bourbon, pour employer, de la manière la plus utile aux intérêts de la France, les moyens mis à la disposition de l'administration locale.

Les bâtiments et les troupes expédiés de France se trouvèrent réunis à Bourbon dans les premiers jours du mois de juin 1829. Conformément aux intentions du ministre de la marine, M. de Cheffontaines convoqua le conseil privé, pour délibérer sur la marche qu'il convenait d'imprimer aux opérations de l'expédition.

Après une discussion approfondie, à laquelle M. de Cheffontaines crut devoir appeler M. le capitaine de vaisseau Gourbeyre, il fut arrêté :

1° Que l'expédition se présenterait sur la côte de Madagascar d'une manière amicale ;

2° Qu'elle ne tenterait rien, avant qu'il n'eût été répondu à une notification qui serait faite à la reine des Hovas par une députation qui se rendrait immédiatement auprès d'elle et lui offrirait des présents, ainsi qu'à ses principaux officiers ;

3° Que la notification porterait que l'intention du roi de France était : De faire occuper de nouveau par ses troupes le port de Tintingue, d'exiger la reconnaissance de ses droits sur le fort Dauphin et la partie de la côte orientale, entre la rivière d'Yvondrou et la baie d'Antongil inclusivement, et autres points anciennement soumis à la domination française ; de rétablir, sous sa protection et sa domination, les anciens chefs malates et betsimsaracs, et enfin de lier, avec les peuples de Madagascar, des relations d'amitié et de commerce, qui ne pourraient contribuer qu'à la paix intérieure et à la prospérité du pays ;

4° Que le chef de la députation demanderait une réponse prompte et précise, et que, s'il ne l'obtenait pas dans le délai de huit jours, il se retirerait immédiatement auprès du commandant de l'expédition, qui se mettrait alors en devoir d'assurer par la force l'exécution des ordres du roi.

M. Gourbeyre, muni d'instructions détaillées, rédigées dans ce sens, et pourvu des vivres et du matériel nécessaires à l'expédition, partit de Bourbon le 15 juin 1829, avec la frégate *la Terpsichore*, la gabare *l'Infatigable* et le transport *le Madagascar*. Le 7 juillet, après avoir rallié, devant Sainte-Marie, *la Chevrette*, *la Nièvre* et l'aviso *le Colibri*, qui avait porté au gouverneur de Maurice l'avis du départ de l'expédition, M. Gourbeyre mit sous voile et mouilla le 9, dans l'après-midi, sur la rade de Tamatave. Les troupes expéditionnaires se trouvaient, alors, composées de quatre-vingt-cinq artilleurs, de vingt et un ouvriers militaires et de trois cent trente et un hommes d'infanterie, en tout de quatre cent vingt-sept hommes.

Pour juger par lui-même des dispositions des Hovas, le commandant descendit le lendemain à la Grande Terre, à Tamatave, accompagné de plusieurs officiers et de quelques autres personnes, et alla faire visite à André Soa, gouverneur de la province. Il lui annonça que sa mission était toute de paix, qu'il était porteur de cadeaux pour la reine Ranavalo et qu'il désirait les lui envoyer par deux de ses officiers, pour lesquels il demandait des saufs-conduits. Ces cadeaux consistaient en deux cachemires français, une robe de cour en velours cramoisi, une autre en tulle brodé et deux pièces de gros de Naples. Ces objets de toilette avaient été choisis avec soin, dans le but de faire connaître à la reine la beauté des produits de nos manufactures.

Pendant sa visite, M. Gourbeyre eut occasion de remarquer les préparatifs de défense qui se faisaient. Des boulets arrivaient d'Imerne et la garnison de Tamatave avait été augmentée. Des corps hovas devaient également être dirigés sur Tintingue, dans le but, sans doute, de s'opposer à notre établissement sur ce point.

Ces dispositions déterminèrent le commandant français à ne pas envoyer d'officiers vers la reine, et, afin de ne pas s'exposer à perdre en pourparlers un temps précieux, il écrivit, le 14 juillet 1829, à Ranavalo, pour lui notifier nos prétentions et nos griefs. Il fixa, pour sa réponse, un délai de vingt jours, passé lequel le silence de la reine devait être considéré comme un refus de reconnaître nos droits.

Pour mettre cet intervalle de temps à profit, la division se rendit de Tamatave à Tintingue, dont la reprise de possession eut lieu le 2 août. On s'y occupa immédiatement des travaux de fortification et d'établissement. Des fossés larges et profonds furent creusés autour de l'enceinte qu'on avait choisie ; huit canons mis en batterie en défendirent l'approche. Les officiers de *la Chevrette* levèrent le plan de la baie et balisèrent les passes. De toutes parts, on rivalisait de zèle et d'ardeur. Les Betsimsaracs, à la bravoure desquels on eut trop de confiance plus tard, vinrent en foule féliciter le commandant et lui faire des offres de services et des protestations de dévouement à notre cause contre les Hovas. Le 19 septembre 1829, le fort se trouva assez avancé pour qu'on pût y arborer le drapeau français.

A quelque temps de là, une députation d'officiers hovas se présenta devant le commandant français, pour lui remettre une lettre par laquelle le général en chef de l'armée hova, Andrian Mihaza, demandait les motifs de notre établissement à Tintingue.

M. Gourbeyre répondit en rappelant les droits de la France à la possession de diverses parties de la côte orientale de Madagascar. Puis il réclama à son tour des explications sur un acte de violence des plus outrageants commis, trois ou quatre mois auparavant, contre un traitant français, nommé Pinçon, par le chef hova de Fénériffe. Ce barbare, au mépris de toutes les lois humaines, avait fait vendre publiquement notre compatriote, jeté par la tempête sur la côte voisine, et ce n'avait été qu'au prix de cinquante piastres d'Espagne que celui-ci avait pu racheter sa liberté. De plus, sur plusieurs autres points de la côte, les Français étaient notoirement maltraités par les autorités hovas. Après avoir exprimé la vive indignation que lui inspirait une telle conduite, M. Gourbeyre déclarait qu'il se rendrait bientôt, avec sa division, à Tamatave pour exiger la réparation de tous les griefs que les Français avaient à reprocher au gouvernement des Hovas.

Malheureusement, notre expédition manquait de guides et d'alliés capables de seconder l'incontestable mérite et l'indiscutable bravoure de nos officiers et de nos soldats. L'ancien secrétaire de Radama, Robin, qui s'était éloigné de Tananarive, pour fuir les persécutions auxquelles étaient en butte les serviteurs du feu roi, aurait pu rendre de grands services au commandant, en l'éclairant sur la situation réelle des Hovas, sur le fort ou le faible de leurs établissements militaires. Il était alors auprès de Ramanetak, à Anjouan, avec quelques centaines de partisans. Robin persistait à engager ce prince à se rendre sur la côte nord-ouest de Madagascar, à y soulever les Sakalaves du nord, impatients du joug des Hovas et à s'efforcer de reconquérir le trône d'Imerne, auquel il avait des droits. Ce plan, que Ramanetak adopta avec joie et qui, en cas de succès offrait les plus grands avantages à la France, n'eut pas même un commencement d'exécution, parce que l'on ne mit à la disposition du prince que soixante fusils et vingt barils de poudre. Ramanetak, qui manquait d'armes et de munitions, ne pouvait songer à attaquer, avec des moyens aussi pauvres, une armée formidable comme l'était alors celle de la reine. Il fut donc forcé d'ajourner ses projets de descente à la côte, après s'être fait une idée peu flatteuse de la générosité et de la puissance de la France.

Laissant la gabare *l'Infatigable* et trois cents hommes de garnison à Tintingue, M. Gourbeyre se dirigea le 3 octobre sur Tamatave, avec *la Terpsichore*, *la Nièvre* et *la Chevrette*, et vint, le 10 octobre, s'embosser à trois cents toises du fort hova. Le lendemain, dès le point du jour, ces trois bâtiments et les troupes expéditionnaires se préparèrent au combat; mais, avant de commencer le feu, M. Gourbeyre fit demander au prince Coroller, commandant en chef de la côte orientale de Madagascar, s'il avait reçu de la reine Ranavalo les pouvoirs nécessaires pour traiter. Sur sa réponse négative, un officier de la frégate lui remit, avec une déclaration de guerre, une lettre qui lui annonçait que les hostilités allaient immédiatement commencer. C'est ce qui eut lieu, en effet.

Peu d'instants suffirent pour détruire le fort, et quelques obus bien dirigés ayant causé l'explosion du magasin à poudre, les Hovas épouvantés abandonnèrent leurs retranchements. Pour rendre le succès complet, on mit à terre un détachement de deux cent trente-huit hommes de troupes de débarquement sous les ordres du capitaine Fénix, et l'ennemi, forcé bientôt de lâcher pied, s'enfuit dans les montagnes d'Yvondrou, laissant en notre pouvoir vingt-trois canons ou caronades et plus de deux cents fusils. Les Hovas eurent dans cette affaire plus de cinquante hommes tués. Poursuivis vivement par nos soldats dans l'intérieur des terres jusqu'à Ambatoumanoui, ils y éprouvèrent une nouvelle défaite, qui leur fit perdre à peu près autant de monde (1).

L'impression que ce succès produisit sur l'esprit des Betsimsaracs fut telle qu'ils offrirent de se soulever contre les Hovas et ne demandèrent que quelques jours pour mettre sur pied six à huit mille hommes et exterminer leurs ennemis; mais il aurait fallu leur laisser un bâtiment, avec un détachement de soldats français, et l'hivernage approchait : cette double circonstance ne permit pas de profiter de leurs bonnes dispositions.

Après le poste de Tamatave, le plus important de ceux que les Hovas occupaient sur la côte était sans contredit Foulepointe. M. Gourbeyre crut devoir s'y porter pour continuer les hostilités. Retenue quelque temps à Tamatave par les vents contraires et par la nécessité de protéger l'évacuation des traitants, la division ne put jeter l'ancre à Foulepointe que le 26 octobre. Là, nos armes ne furent pas aussi heureuses qu'elles venaient de l'être à Tamatave. Le 17, le canon des bâtiments était parvenu à déloger les ennemis des batteries qu'ils avaient établies pour la défense du rivage, et nos troupes mises à terre s'étaient avancées en bon ordre contre une redoute d'où partait une très vive fusillade, lorsque leur ardeur à se porter en avant vint mettre la confusion dans leurs rangs. En ce moment, une décharge subite de sept à

---

(1) Les fuyards étaient tellement effrayés par l'artillerie des vaisseaux, qu'ils arrivèrent en cinq jours à Tananarive, répandant la terreur sur leur route; ce qui faisait dire au prince Coroller, qu'à la place du capitaine Gourbeyre, sur le coup de l'affaire de Tamatave, il se serait emparé de l'île entière. (*Madagascar et la France*, par H. Chauvot.)

huit coups de canons ennemis chargés à mitraille déconcerta le sang-froid de nos soldats.

L'échec éprouvé dans cette rencontre était d'autant plus inattendu que ce fut précisément au moment où la victoire était à nous, que quelques-uns de nos soldats lâchèrent pied sous les huit décharges de mitraille. Si la colonne d'attaque eût été formée comme elle devait l'être par le capitaine qui la commandait, la redoute était enlevée à la baïonnette et nos troupes triomphaient en un instant d'un ennemi trois fois supérieur en nombre. Malgré la fâcheuse issue de notre attaque, les Hovas n'eurent pas moins de soixante-quinze tués et de cinquante blessés, tandis que le nombre de nos morts ne s'éleva pas à plus de onze et celui de nos blessés à plus de quinze.

Dans l'espoir d'effacer le souvenir de cette journée, M. Gourbeyre conduisit, le 3 novembre, sa division à la Pointe-à-Larrée, où les Hovas avaient établi un poste militaire qui menaçait à la fois nos établissements de Tintingue et de Sainte-Marie.

La victoire ici fut complète : le feu ayant commencé le 4 au matin, nos boulets ne tardèrent pas à faire une brèche au fort des Hovas. La plupart des canonniers ennemis périrent sur leurs pièces. Les Hovas, qui avaient fait jusque-là une courageuse résistance, ayant vu succomber les plus intrépides d'entre eux, abandonnèrent des bastions qui ne les défendaient plus contre les obus et la mitraille et ne songèrent plus qu'à la fuite. Poursuivis par nos tirailleurs, ils perdirent encore beaucoup de monde. A midi, le pavillon français flottait sur le fort des Hovas.

Cette journée, dans laquelle l'ennemi eut cent vingt-cinq hommes tués, nous valut huit canons, sept cents livres de poudre et un troupeau de deux cent cinquante bœufs. Il est juste d'ajouter que toutes les précautions avaient été prises pour assurer le succès de cette attaque et que le moral de nos troupes avait été relevé par les chaleureuses harangues de leur brave commandant. Les bâtiments de la division restèrent deux jours au mouillage, pour qu'on mît à bord tout ce qui pouvait être emporté, et ils partirent le 6 novembre pour retourner à Sainte-Marie.

Après le combat de la Pointe-à-Larrée, le chef de l'expédition aurait désiré pouvoir parcourir la côte et détruire successivement tous les postes occupés par les Hovas au nord de Tintingue, afin d'assurer la conservation de cet établissement; mais les bâtiments avaient peu de munitions de guerre, les équipages et les troupes étaient affaiblis par les travaux et les maladies et le moment approchait où la saison deviendrait un obstacle à de nouvelles hostilités. Ces considérations déterminèrent le commandant français à suspendre les opérations qu'on ne pouvait plus continuer sans danger pour les équipages comme pour les troupes de l'expédition. Les mêmes motifs lui firent sentir combien il était important d'achever les fortifications de Tintingue avant l'hivernage. Il porta, en conséquence, jusqu'à quatre cents hommes la garnison de cette place, dont le commandement fut confié à M. Gailly, capitaine d'artillerie. Quant à la garnison de Sainte-Marie, son effectif fut fixé à cent cinquante hommes. Deux bâtiments, *l'Infatigable* et *la Chevrette*, restèrent en croisière sur la côte pour protéger ces deux établissements.

Cependant, le bruit de la première victoire remportée par nos troupes répandit une terreur panique à Imerne, où résidait Ranavalo, et disposa le gouvernement hova à négocier. D'après leurs propres aveux, les Hovas auraient eu trois cent quatre tués et cent seize blessés, dans les quatre combats dont il a été parlé plus haut. Le 20 novembre, deux envoyés de ce gouvernement, le prince Coroller et le général Ratsitouhaine firent demander à M. le commandant Gourbeyre un sauf-conduit pour se rendre auprès de lui, afin de lui remettre deux lettres de la reine et traiter de la paix. M. Gourbeyre consentit à les recevoir à la Pointe-à-Larrée. L'entrevue eut lieu à bord de *la Terpsichore*, le 22 novembre. Les envoyés manifestèrent les sentiments les plus pacifiques et déclarèrent à M. Gourbeyre que la reine était disposée à accorder toutes les réparations demandées pour les griefs dont la France avait à se plaindre. Il repartirent, le 26 novembre, emportant un traité, dont la ratification par Ranavalo devait avoir lieu au plus tard le 31 décembre.

Pour preuve de son désir de voir la bonne harmonie rétablie entre les Français et les Hovas, le prince Coroller, avant de quitter la Pointe-à-Larrée, remit au commandant Gourbeyre une invitation à tous les traitants français de rentrer à Tamatave et dans les autres lieux occupés par les Hovas, un ordre aux chefs de la côte de cesser immédiatement les hostilités, et une lettre portant que les navires du commerce français seraient admis comme par le passé dans les ports sous la domination de Ranavalo.

En attendant la réponse de la reine, M. Gourbeyre quitta les côtes de Madagascar où sa présence n'était pas alors nécessaire, et se rendit à l'île Bourbon, pour se concerter avec le gouverneur de cette colonie sur les opérations ultérieures. D'après les sentiments manifestés par les envoyés hovas, la ratification du projet de traité ne paraissait pas douteuse ; elle fut pourtant refusée et la teneur des réponses de Ranavalo porte à croire que ce refus fut l'œuvre des missionnaires anglais établis dans la capitale du pays des Hovas (1).

Ainsi commençait déjà cette série de tergiversations calculées, de temporisations ironiques, nous n'osons pas dire de mystifications éhontées, dont le gouvernement hova a donné tant de preuves depuis cinquante ans, sous le couvert de la prétendue médiation anglaise.

Il fallut, dès lors, songer à recommencer les hostilités. Sur la demande de M. le capitaine de vaisseau Gourbeyre et du conseil privé de Bourbon, le gouvernement de la métropole ordonna l'envoi, à Madagascar, de huit cents hommes du seizième léger, d'un certain nombre d'artilleurs et d'un matériel de guerre proportionné. On affecta au transport de ces troupes la frégate *la Junon*, la corvette de charge *l'Oise* et la corvette *l'Héroïne*. L'expérience ayant démontré que les soldats noirs étaient la force sur laquelle on devait principalement compter pendant la mauvaise saison, le département de la marine fit organiser au Sénégal deux nouvelles compagnies d'Yoloffs pour les établissements de Madagascar. L'envoi de ces renforts était d'ailleurs d'autant plus nécessaire que les garnisons de Tintingue et de Sainte-Marie avaient subi les effets de l'hivernage de 1829 à 1830.

En accordant le personnel et le matériel que le conseil privé de Bourbon, d'accord avec M. le commandant Gourbeyre, avait déclarés être nécessaires pour continuer la guerre contre les Hovas,

---

(1) *Précis sur les établissements français* à Madagascar, publié par le département de la marine, page 58 ; 1836

e gouvernement métropolitain avait eu principalement en vue de donner, par un déploiement de forces imposantes, assez de poids aux négociations ultérieures pour que la paix se rétablît, sans qu'il fût besoin d'employer de nouveau la voie des armes.

Le ministre de la marine ne le laissa point ignorer au gouverneur de Bourbon. « C'est à une conclusion prompte, honorable et sans effusion de sang, lui écrivait-il le 8 juin 1830, que doivent tendre tous vos soins et ceux de M. Gourbeyre. A cet effet, sans négliger les secours que l'on peut tirer de la jalousie des peuples rivaux ou mécontents des Hovas, il faut éviter de prendre avec ces peuples des engagements tels qu'une conciliation ultérieure avec la reine devînt impossible (1). »

M. Duval-Dailly, qui venait de succéder à M. de Cheffontaines dans le poste de gouverneur de Bourbon, ne négligea rien, de son côté, pour éviter la reprise des hostilités. Vers le milieu de 1830, les relations indirectes de l'administration de Bourbon avec Imerne ayant fait connaître que le gouvernement hova se trouvait dans des dispositions pacifiques et qu'il céderait volontiers les territoires réclamés, cette administration crut devoir profiter des moments où l'absence des forces demandées en France ne lui permettait pas d'agir hostilement, d'abord pour s'assurer du véritable état des esprits à la cour d'Imerne et éclairer la reine sur les dangers où l'exposerait la continuation de la guerre, et ensuite pour chercher à conclure un traité sur des bases également avantageuses aux deux parties. Cette mission fut confiée à MM. Tourette, secrétaire greffier de l'administration de Sainte-Marie, et Rontaunay, négociant de Bourbon, lequel possédait, de compte à demi avec la reine, une sucrerie à Mahéla, auprès de Tamatave. Ce dernier devait se rendre à Tananarive sans caractère officiel, afin de pouvoir mieux seconder de son influence les démarches de son collègue. Les deux commissaires voyagèrent séparément. M. Tourette partit de Tamatave le 21 juillet; de son côté, M. Rontaunay avait quitté Mahéla quelques jours auparavant, pour se rendre auprès de la reine Ranavalo.

---

(1) *Précis sur les établissements français à Madagascar*, publié par le ministère de la marine, page 60 ; 1836.

Après quelques difficultés qui furent bientôt aplanies, le prince Coroller, commandant les troupes hovas du littoral, donna à M. Tourette une garde pour l'accompagner ; mais, arrivé à quelques lieues en avant de la capitale, M. Tourette fut obligé de s'arrêter dans un village, où le général Andrian Mihaza, premier ministre de Ranavalo, accompagné d'agents dévoués au gouverneur de Maurice, vint à sa rencontre, pour lui signifier qu'il était chargé par la reine de conférer avec lui sur l'objet de sa mission.

M. Tourette avait appris la veille, par des rapports secrets, que la démarche du premier ministre n'avait d'autre but que de l'empêcher d'arriver jusqu'à Ranavalo et d'entrer en relation avec les personnes influentes de la cour qui désiraient la paix. Après avoir inutilement insisté pour obtenir la permission de continuer son voyage jusqu'à Tananarive, M. Tourette fut contraint, à la fin, de revenir sur ses pas, sans avoir pu même entamer une négociation (1).

M. Rontaunay, qui n'avait pas pris de titre officiel, fut plus heureux. Il parvint, sur la fin d'août 1830, à Tananarive. Il y trouva le parti du premier ministre trop puissant et trop contraire à un arrangement pour que ses démarches pussent obtenir un résultat immédiat. Il ne réussit pas à voir la reine ; mais, il employa les moyens qui étaient à sa disposition pour faire comprendre aux personnages du parti opposé à celui d'Andrian Mihaza les avantages que la paix procurerait au pays hova et combien il y avait de danger pour Ranavalo à continuer la guerre avec les Français ; puis il quitta Tananarive, après une résidence de quinze jours, sans avoir pu agir ouvertement dans le sens de sa mission.

Cependant, ses efforts, quoique tentés par une voie indirecte, ne furent pas sans succès. Après son départ, le parti favorable à la paix triompha, à la suite d'une émeute, dans laquelle Andrian Mihaza fut assassiné. On attribua la mort de ce général au mécontentement produit par son opposition à toute transaction avec

(1) On éconduisit M. Tourette dans les formes les moins diplomatiques. C'est ainsi que le plus puissant ministre de la reine, raconte M. Carayon, lui adressa le billet suivant : *Monsieur Tourette, j'ai reçu votre lettre. Les conférences sont terminées. Vous pouvez vous en retourner par l'est; moi, je m'en retourne par l'ouest.* Signé : ANDRIAN MIHAZA.

la France. On trouva dans ses papiers toutes les lettres adréssées par M. Gourbeyre au gouvernement hova. Le prince Coroller assura, plus tard, qu'elles n'avaient jamais été communiquées à la reine ni aux autres ministres et que Andrian Mihaza faisait seul les réponses, en employant abusivement le nom et la signature de Ranavalo.

Peu de temps après cet événement, le général Coroller fit savoir au commandant de l'un des bâtiments de la station française que la reine Ranavalo devait adresser prochainement au gouverneur de Bourbon des propositions de paix conformes à la convention arrêtée précédemment par M. Gourbeyre.

D'après la réception faite à nos commissaires, il ne convenait plus à la dignité de la France d'entamer de nouvelles négociations, avant de connaître la nature de ces propositions. Cependant, afin de ne pas perdre une occasion de terminer à l'amiable la lutte où nous étions engagés, le gouverneur de Bourbon chargea, le 8 novembre 1830, M. le lieutenant de vaisseau de Marans de se rendre à Tamatave avec la frégate *la Junon* et de sonder adroitement le général Coroller sur les véritables intentions de la reine. Celui-ci écrivit à cette occasion à M. Duval-Dailly, que sa souveraine, inspirée par des conseils plus sages, était disposée à consolider par un traité une paix avantageuse aux deux nations. Mais l'entretien que M. de Marans eut avec ce général ne lui donna point une opinion favorable de sa sincérité et aucun message de la reine ne vint confirmer les dispositions pacifiques qu'on lui attribuait. Il était certain, pourtant, que nos bâtiments étaient bien accueillis sur tous les points occupés par les Hovas et que les traitants français n'étaient ni inquiétés ni molestés.

Cependant les troupes hovas, éclairées par l'expérience ou plus habilement conseillées, avaient reculé leur ligne de défense dans l'intérieur, hors de la portée des canons de nos bâtiments, en sorte qu'il était devenu impossible de les attaquer avec avantage, avant d'avoir reçu le matériel d'artillerie demandé en France; d'un autre côté, on ne pouvait reprendre l'offensive qu'après la rupture des négociations entamées, et le résultat définitif de ces négociations ne devait parvenir à la connaissance de l'administration de Bourbon qu'à une époque de la saison qui n'eût pas laissé assez de temps pour assurer le succès des opérations commencées.

Il fut donc décidé que les hostilités, dans le cas où elles devraient être reprises, ne le seraient qu'au mois de juillet 1831.

M. Gourbeyre crut devoir profiter de ce délai pour repasser en France, dans la pensée que sa présence à Paris le mettrait à même de donner au ministre de la marine beaucoup de renseignements qu'on avait peut-être négligé de lui transmettre et de répondre à une foule de questions toujours trop tardivement résolues par la correspondance.

C'est à cette époque que des ouvertures pacifiques furent faites à la reine Ranavalo par le gouvernement français représenté par M. le prince de Polignac, alors président du conseil des ministres et chargé du portefeuille des relations extérieures. Le roi Charles X ordonna à cet homme d'État de proposer à la reine Ranavalo l'occupation par la France des principaux points de l'île, sous la garantie d'un protectorat, dont les conditions eussent été débattues sur des bases très larges. Ces ouvertures n'eurent malheureusement aucune suite. Le prince de Polignac, cependant, écrivit, de sa propre main, à la reine des Hovas une longue lettre, dans laquelle il lui déclara que la France attachait le plus grand prix à l'occupation de Madagascar, qu'elle avait toujours considéré la possession définitive de cette colonie comme le contre-poids naturel de la puissance coloniale de l'Angleterre en Orient. Le journal anglais *le Times,* en annonçant en 1845 la découverte de la lettre autographe du ministre français, ajoute : « Par cette lettre, le premier ministre du roi Charles X promettait à la reine, de la part de Sa Majesté Très Chrétienne, de lui fournir abondamment des armes et des munitions, une certaine somme d'argent et de lui envoyer des officiers français pour discipliner ses troupes, avec la condition que la France ferait de grands établissements dans la baie de Saint-Augustin, dans celle de Diego-Suarez et dans deux ou trois autres ports de l'île (1).

La révélation posthume de ce curieux et important document fait honneur à la mémoire de M. de Polignac. Si, comme prési-

---

(1) *The Times of* 12th *May* 1845.

dent du conseil et comme ministre politique, sa conduite fut à blâmer à l'intérieur, comme ministre des affaires étrangères l'histoire doit lui tenir compte de la hauteur de vue et de la grandeur d'attitude qu'il conseilla au roi Charles X et dont l'un des résultats glorieux fut la conquête d'Alger. Il est permis de penser qu'au refus de la reine des Hovas d'approuver l'établissement des Français dans les grands ports de Madagascar, le président du conseil eu eût ordonné l'occupation par la force, comme on venait de le faire à Alger. Depuis un demi-siècle, la France, en prenant possession définitive de la grande île, eût repris, en même temps, la prépondérance militaire et maritime qu'elle n'aurait jamais dû perdre dans les mers de l'Inde.

CHAPITRE V.

LE ROI LOUIS-PHILIPPE ET LA REINE RANAVALO.

Sommaire : Révolution de Juillet. — Louis-Philippe ordonne d'évacuer Tintingue et Sainte-Marie. — Évacuation de Tintingue. — Sainte-Marie est conservée. — Nouvelles tentatives faites en 1832 pour arriver à fonder un établissement à Madagascar. — Exploration de la baie de Diego-Suarez, par ordre de M. le comte de Rigny, ministre de la marine. — Ressources présentées par cette baie. — Moyens proposés pour y former un établissement maritime. — Avis du conseil d'amirauté à ce sujet. — Ce projet est abandonné. — Dispositions relatives à Sainte-Marie. — Cette île est de nouveau conservée par la France. — Coup d'œil rétrospectif sur les projets ambitieux de sir Robert Farquhar. — Il veut conquérir Madagascar à l'Angleterre par des voies détournées. — Les missionnaires, l'armée hova, les ouvriers anglais. — Vains efforts! — Situation des missionnaires anglais à Tananarive. — La reine forme le projet de les chasser et de détruire le christianisme. — Sinistres paroles prononcées par elle à ce sujet. — Discours de l'un des grands chefs à la reine. — Mesures prises par Ranavalo pour arriver à l'abolition du christianisme à Madagascar. — Elle enjoint d'abord aux missionnaires de respecter les coutumes du pays, de s'abstenir de baptiser les naturels et de célébrer le dimanche. — Doléances adressées à ce sujet à la reine par les missionnaires. — Il est répondu à ces doléances par un édit plus rigoureux encore, à la suite d'un *kabar*. — Texte de cet édit de la reine, sous forme de proclamation adressée au peuple. — Cet édit reçoit son exécution. — Les missionnaires anglais abandonnent Tananarive, le 18 juin 1835. — Réflexions à ce sujet. — Rébellions vers le sud réprimées par les Hovas. — Renseignements donnés au ministre de la marine par un capitaine au long cours sur le commerce de Madagascar. — M. l'amiral Duperré envoie un émissaire à la reine. — L'envoyé français est mal reçu. — Deux corvettes anglaises et deux corvettes françaises se présentent à Tamatave, pour réclamer des explications sur les persécutions infligées aux traitants européens. — Repos momentané. — Émissaires anglais envoyés à la reine pour demander l'envoi à Maurice de travailleurs malegaches. — Leur peu de succès. — Nouvel échec de M. Campbell, agent officiel envoyé à Madagascar dans le même but. — Histoire des acquisitions de la France dans le canal de Mozambique. — Traités pour l'acquisition de Mayotte, Nossi-Bé, Nossi-Mitsiou, etc. — Arrêté de M. l'amiral de Hell. — Récit des événements de Tamatave, d'après le *Moniteur*. — Rapport de M. Romain Desfossés. — Dernières années du règne de Ranavalo.

Sur ces entrefaites, la révolution de Juillet s'accomplit. L'un des premiers soins du département de la marine fut d'examiner si, dans la situation grave où cette révolution plaçait la France, il ne convenait pas de surseoir à toute entreprise sur Madagascar. M. le lieutenant général comte Sébastiani, qui venait d'être chargé du portefeuille de la marine, convoqua le conseil d'amirauté qui, réuni sous sa présidence, exprima l'avis « que le parti le plus sage à prendre à l'égard de Madagascar était de renoncer, au moins quant à présent, à tout projet d'établissement sur cette île *en prenant toutes les précautions nécessaires pour sauver l'honneur de nos armes* ». Le ministre de la marine adopta, hélas! cet avis et, sur sa proposition, le roi Louis-Philippe, qui avait déjà ébauché *l'entente cordiale* par l'entremise de M. de Talleyrand à Londres, décida, le 27 octobre 1830 :

1° Que l'on rappellerait immédiatement en France les quatre bâtiments de guerre affectés à l'expédition et tout ce qui, en infanterie et en artillerie, excéderait l'effectif des garnisons ordinaires de Bourbon et de Sainte-Marie ;

2° Que le gouverneur de Bourbon serait chargé de négocier avec la reine des Hovas un traité *où l'on s'abstiendrait, au besoin, de discuter la question de souveraineté*, et qui aurait pour but essentiel de régler les relations commerciales entre la France et Madagascar.

Cette décision fut immédiatement notifiée à M. Duval-Dailly; mais, avant qu'elle lui parvînt, ce gouverneur avait déjà ordonné quelques dispositions en ce sens. Quoique la paix ne fût pas faite avec les Hovas, nos établissements se trouvaient alors à l'abri de leurs attaques et il avait jugé suffisant de conserver à Bourbon, en sus des forces affectées au service ordinaire de Madagascar, deux cents hommes d'infanterie pour renforcer, au besoin, la garnison de Tintingue et quatre bâtiments pour assurer les communications avec Bourbon.

Comme la colonie de Bourbon souffrait beaucoup de cette guerre, ses caboteurs n'étant plus admis dans les ports de la côte orientale et les approvisionnements en riz et en bœufs qu'elle tire annuellement de Madagascar lui manquant depuis longtemps, M. Duval-Dailly dut s'empresser d'exécuter les ordres du ministre. Ces dispositions ne parurent pas influer, d'ailleurs, défavorablement sur notre situation politique à Madagascar. La reine des Hovas, sans se montrer toutefois mieux disposée à la paix, laissait les navires français commercer en toute liberté sur les côtes de la Grande Terre.

La dépêche ministérielle qui notifiait au gouverneur de Bourbon les ordres du roi Louis-Philippe, relativement à Madagascar, l'autorisait en outre à faire évacuer Tintingue et Sainte-Marie. Afin de rendre plus avantageux le traité de commerce qu'il lui était recommandé, par cette dépêche, de conclure avec les Hovas, M. Duval-Dailly ouvrit avec le gouvernement d'Imerne des négociations où l'évacuation de Tintingue, quoique arrêtée à l'avance, fut cependant présentée comme une compensation des avantages commerciaux réclamés par la France; mais le gouvernement hova, instruit par ses communications anglaises avec l'île Maurice des intentions de la France, quant à l'évacuation, et certain dès lors d'obtenir ce qu'il désirait par la temporisation et sans aucun sacrifice, se refusa à tout traité.

Cette dernière tentative ayant ainsi échoué, l'évacuation de Tintingue fut définitivement ordonnée par le gouverneur de Bourbon, le 31 mai 1831. Elle s'effectua paisiblement, du 20 juin au 3 juillet, sous la protection de la corvette *l'Héroïne* et de la gabare *l'Infatigable*. Un corps de trois mille Hovas s'avança seulement jusqu'en vue de la place, mais il ne fit aucune démonstration hostile. Les fortifications de Tintingue furent détruites et l'on livra aux flammes les édifices en bois élevés par nous, attendu que leur démolition et les frais de transport auraient coûté au delà de la valeur des matériaux. Le personnel et le matériel furent ensuite embarqués et transportés, soit à Sainte-Marie, soit à Bourbon.

L'évacuation de Sainte-Marie fut indéfiniment ajournée. Il fallait donner aux colons, qui s'y étaient établis sur la foi des promesses du gouvernement, le temps nécessaire pour exporter les produits et le matériel de leur exploitation. D'un autre côté, un assez grand nombre d'indigènes, ennemis des Hovas et qui avaient pris parti pour la France, s'étaient réfugiés dans l'île au moment de la destruction du fort de Tintingue, et on leur devait asile et protection jusqu'à ce qu'ils eussent pu se soustraire à la vengeance des Hovas, en choisissant une autre retraite. Il parut nécessaire, d'ailleurs, de conserver des moyens de protection efficaces, à l'égard de notre commerce sur la Grande Terre, et de constater, par la présence de notre pavillon, que la France *maintenait tous ses droits sur nos anciennes possessions à Madagascar* (1).

On réduisit, au reste, le personnel salarié de Sainte-Marie au strict nécessaire et l'on fit rentrer dans la condition d'engagés travailleurs les Malegaches qui avaient été incorporés dans les compagnies militaires de Yoloffs. Aussitôt que les Français eurent quitté le rivage de la grande île indienne, les Hovas massacrèrent un grand nombre de Betsimsaracs, qui avaient reconnu l'autorité de la France et construit des villages sous la protection de nos forts : c'était là le premier résultat de l'abandon par la France de ses alliés à Madagascar.

Telle fut la fin lamentable de l'expédition de 1829, durant laquelle des fautes nombreuses et capitales, ainsi qu'on vient de le voir dans ce qui précède, furent commises par tout le monde. L'évacuation de Tintingue, en nous éloignant du sol même de Madagascar, fut le premier pas fait par le gouvernement de Juillet dans la voie des concessions offertes bénévolement à l'*entente cordiale,* pour aboutir, par la suite, au désaveu de M. Dupetit-Thouars à Taïti, à l'indemnité Pritchard, en un mot au système de la *paix à tout prix,* comme si ce système n'était pas le plus fécond de tous en résultats désastreux pour le pays.

Nous verrons, trente ans plus tard, ces mêmes fautes politiques se reproduire à Madagascar, sous Napoléon III, au grand préjudice de la dignité et des intérêts de la France.

Depuis cette époque, les hostilités semblèrent cesser entre les Français et les Hovas. Nos relations commerciales parurent se rétablir sur le littoral comme par le passé, mais cette apparente quiétude politique ne devait pas être d'une longue durée.

Lorsque les premières années qui suivirent la révolution de Juillet se furent écoulées, malgré le peu de succès des tentatives précédemment faites pour fonder un établissement durable à Madagascar, l'importance de la possession de grands ports dans ces parages ne pouvant être méconnue, le projet d'y rétablir avec honneur le pavillon français parut trouver quelque faveur dans les Chambres et au dehors.

(1) *Précis sur les établissements français* de Madagascar, publié par le ministère de la marine; 1836.

Vers le milieu de l'année 1832, M. le comte de Rigny, alors ministre de la marine, pensa qu'il ne serait pas impossible de choisir à Madagascar un territoire plus sain et offrant des facilités pour y établir à peu de frais un comptoir, en attendant qu'on pût y former un établissement maritime.

La baie de Diego-Suarez, située au nord de Tintingue, avait été indiquée à l'administration de la marine comme réunissant ces avantages. M. de Rigny chargea M. le contre-amiral Cuvillier, nommé gouverneur de Bourbon, du soin de la faire explorer, en même temps que les parties avoisinantes du littoral. Cette exploration fut exécutée en 1833 par le commandant et les officiers de la corvette *la Nièvre*. Des diverses parties de la côte visitées par les explorateurs, aucune ne leur parut plus propre, en effet, à la formation d'un établissement maritime que la baie de Diego-Suarez. Cette baie est extrêmement vaste et contient plusieurs beaux ports; l'eau douce, à proximité, y est suffisamment abondante; les terres qui la bordent, d'une bonne qualité, nourrissent de nombreux troupeaux et, à en juger par la bonne santé que l'équipage de la corvette *la Nièvre* avait conservée pendant un séjour de trois mois sur cette côte, comme par les renseignements recueillis auprès des marins du commerce qui la fréquentent, on n'y avait point à craindre l'insalubrité qui règne dans les parties de Madagascar où nous nous étions précédemment établis.

Les moyens d'exécution furent discutés. M. le contre-amiral Cuvillier et M. Bédier, commissaire-ordonnateur à Bourbon, tombèrent d'accord que c'était par la force qu'il fallait procéder, en enlevant aux Hovas l'usurpation du littoral de Madagascar et en faisant rentrer cette horde dominatrice dans ses anciennes limites, avec le secours de toutes les peuplades auxquelles elle avait imposé son joug. Huit bâtiments de guerre, douze cents hommes de troupes blanches, un corps de soldats yolofs, avec un matériel d'artillerie assez considérable, telles étaient les forces jugées indispensables pour cette expédition. L'importance des questions qui se rattachaient à ce nouveau plan détermina le successeur de M. le comte de Rigny, M. le contre-amiral Jacob, à en renvoyer l'examen au conseil d'amirauté. Un projet si bien conçu devait échouer comme les autres dans les mains d'un gouvernement pusillanime.

Le conseil d'amirauté considérant :

D'une part, que les dépenses qu'il faudrait faire pour fonder dans la baie de Diego-Suarez l'établissement projeté seraient très considérables et qu'on n'obtiendrait que difficilement des Chambres les crédits spéciaux nécessaires pour y subvenir ;

D'autre part, que le gouvernement manquait de renseignements suffisants sur les avantages que pouvait présenter la localité proposée, fut d'avis qu'il y avait lieu d'ajourner tout projet d'établissement maritime à Madagascar, *quelque utile qu'il dût être pour la France de posséder un port dans une mer où nous en manquions absolument.*

Cet avis fut malheureusement adopté par M. l'amiral Jacob.

Quant à l'île Sainte-Marie, on ne crut pas devoir l'abandonner. Les intérêts des colons français qui s'y étaient établis sur la foi des promesses du gouvernement ne pouvaient être ainsi sacrifiés. D'un autre côté, un assez grand nombre d'indigènes, ennemis des Hovas et qui avaient pris parti pour la France, s'étaient réfugiés dans l'île au moment de la destruction du fort de Tintingue et on leur devait asile et protection jusqu'à ce qu'ils pussent se soustraire à la vengeance des Hovas en choisissant une autre retraite. Il parut nécessaire, d'ailleurs, de conserver des moyens de protection efficaces à l'égard de notre commerce sur la côte orientale de Madagascar et de constater, par la présence de notre pavillon, que la France maintenait ses droits sur ses anciennes possessions. On se borna donc à réduire le personnel et les dépenses de l'établissement au strict nécessaire.

Depuis lors, l'état de guerre avait semblé disparaître entre les Français et les Hovas ; mais les relations commerciales ne furent qu'imparfaitement rétablies, même sur la côte orientale de Madagascar.

D'un autre côté, la puissance anglaise voyait s'éteindre rapidement, dans la personne de ses missionnaires, le peu d'influence qui leur restait depuis l'avènement au trône de Ranavalo. La reine manifestait hautement une haine croissante contre eux.

Le moment nous paraît venu, à ce propos, de ramener le lecteur, par un mouvement rétrospectif, au sommet des faits historiques que nous avons essayé de dérouler sous ses yeux. Nous voudrions mesurer avec lui, de cette hauteur, le chemin parcouru depuis 1816, à Madagascar, par la politique tortueuse de l'Angleterre.

Ainsi que nous l'avons fait remarquer déjà, c'est à sir Robert Farquhar que l'histoire doit faire remonter la responsabilité de ces actes. Notre impartialité nous oblige à reconnaître que la trame de ces hautes intrigues fait honneur à cet officier général, au point de vue des intérêts anglais. En effet, après avoir essayé d'escamoter les droits de la France sur Madagascar, en interprétant à sa manière les traités de 1814, et après s'être vu désavouer par son propre gouvernement, sir Farquhar ne se découragea pas; ne pouvant attaquer et enlever de front la position, il résolut de l'aborder et de la prendre par le travers. Dans ce but, il organisa ainsi son plan, composé de trois parties : Premièrement, il inventa Radama et l'armée hova, pour tenir tête, au besoin, aux velléités d'occupation de la France. Secondement, il imagina l'envoi des missionnaires à Madagascar, afin de protestantiser et d'angliciser l'île par l'éducation de la jeune population malegache. C'est à cette seconde partie de son plan que se rattache l'arrivée, dès 1818, à Madagascar, des pasteurs Bevan et Jones, mais ce n'est que le 8 décembre 1820 que fut ouverte, enfin, à Tananarive la première école anglaise. Troisièmement, M. Farquhar adjoignit à ses missionnaires, à titre d'auxiliaires pratiques, toute une colonie d'ouvriers très habiles dans les métiers, tels que la charpenterie, la tannerie, le tissage, etc. Il leur envoya aussi des typographes pour la propagation des Bibles, des grammaires anglaises, des journaux anglais. De 1822 à 1826, ces immigrations, où figuraient, en plus, des missionnaires-médecins, continuèrent sous la direction du pasteur Jones. Vêtus de la peau de l'agneau, ces loups dévorants se trouvèrent introduits, petit à petit, dans la bergerie.

Ainsi se développait la politique à outrance de sir Farquhar, sous ses trois aspects : Organisation militaire des Hovas; propagation religieuse par les missionnaires; colonisation industrielle par les ouvriers anglais. Ce qu'il n'avait pu arracher par les traités de 1814, il tentait de l'assurer à son pays par la ruse. Il faut bien le dire, si cette politique n'était pas loyale, elle était profonde et il est à jamais regrettable que la France hésite sans cesse et depuis si longtemps à féconder un pays qui lui appartient, quand on voit une nation rivale lui disputer, d'autre part, ce même pays par des efforts habiles et par des sacrifices persévérants.

La destinée, cependant, semble ne pas vouloir se prêter à l'issue favorable des menées britanniques à Madagascar, et le lecteur va voir, par le récit des faits ultérieurs, que tout ce savant échafaudage politique, que toute cette architecture artificielle va crouler devant la barbarie asiatique. Les Anglais vont être chassés de Madagascar pendant vingt-cinq années. Quant à l'armée hova, ce n'est plus aujourd'hui, comme nous le démontrerons, qu'une horde, sans discipline, sans munitions, sans cadre et sans officiers anglais pour les commander.

Durant les hostilités de l'expédition de 1829, qui tinrent les Hovas dans la terreur, les missionnaires anglais vécurent un instant oubliés ; mais, dès que la crainte cessa de glacer ces débiles courages, la persécution recommença plus ardente que jamais.

Cependant, la reine ne voulut songer à l'expulsion des étrangers qu'après avoir obtenu d'eux tout ce qu'ils pouvaient enseigner à son peuple dans l'art de tisser les étoffes, de fondre de fer, de travailler le bois, de construire les machines. Ses intentions restèrent, ainsi, à peu près secrètes jusqu'en 1835. Vers cette époque, la reine se montrait plus assidue au culte des idoles, culte que les missionnaires s'étudiaient à flétrir et à déconsidérer. Elle n'agissait, comme nous l'avons dit, que par les conseils des prêtres ou ombiaches, qui entretenaient chez elle les superstitions les plus folles. Un jour, Ranavalo, qui relevait de maladie, allant en procession solennelle remercier l'idole du rétablissement de sa santé, passa devant la chapelle des missionnaires anglais, d'où les chants sacrés vinrent frapper son oreille et réveiller sa haine assoupie. Elle prononça alors ces paroles sinistres : « Ils ne se tairont que lorsque la tête de l'un d'eux sera tombée. »

L'opposition non déguisée des missionnaires anglais contre le culte des idoles croissait de jour en jour et, d'autre part, les naturels s'irritaient de voir ainsi des étrangers attaquer sans cesse les objets de leurs antiques croyances.

Il était visible qu'un événement se préparait.

A cette époque, un chef influent et d'un rang élevé se présenta au palais de la reine et demanda à être admis à lui parler. Quand il fut en sa présence, il lui dit : « Je suis venu demander une sagaye à Votre Majesté, une sagaye acérée. J'ai vu le discrédit jeté par des étrangers sur les gardiens sacrés de cette terre, sur la mémoire des illustres ancêtres de Votre Majesté, à la protection desquels notre pays doit son salut. Les cœurs de votre peuple sont détournés des coutumes de nos ancêtres et de celles de Votre Majesté ; c'est que les instructions, les livres, la fraternité prêchée par ces étrangers ont déjà gagné à leurs intérêts bien des hommes puissants, dans l'armée et dans le gouvernement, bien des hommes libres et un nombre immense d'esclaves. Tout cela n'est fait que *pour préparer l'arrivée de leurs compatriotes, qui fondront sur nous, au signal que tout est prêt, et qui s'empareront d'autant plus aisément de notre pays que le peuple leur sera acquis.* Telle sera la conséquence de leur enseignement, et comme je ne veux pas vivre pour voir une telle calamité infligée à mon pays, et nos propres esclaves employés contre nous, je viens vous demander une sagaye, une sagaye acérée pour me percer le cœur, afin de mourir avant la venue de ce jour fatal. »

Après avoir entendu ce discours d'une sauvage énergie, on dit que la reine versa des larmes de douleur et de rage et qu'elle resta sans paroles pendant un long moment ; puis elle s'écria qu'elle mettrait fin au christianisme, dût-il en coûter la vie à tous les chrétiens de l'île.

Le plus profond silence régna alors dans le palais. La musique, les danses, les fêtes, les amusements ordinaires, furent suspendus durant quinze jours entiers. Toute l'Imérina semblait comme frappée d'une calamité nationale et la consternation régnait dans tous les cœurs.

Enfin, des mesures furent prises pour arriver à cette abolition tant souhaitée du christianisme. Un premier message de la reine enjoignit aux missionnaires de respecter les coutumes du pays, tout en suivant librement les leurs, et de s'abstenir de baptiser ses sujets ou de leur faire célébrer le dimanche, cérémonies formellement contraires aux coutumes ou aux lois du peuple hova.

Les missionnaires adressèrent à ce sujet des représentations à la souveraine de Tananarive. Il n'y fut répondu que par un édit plus rigoureux encore publié solennellement dans un kabar convoqué le 1ᵉʳ mars 1835.

Voici cet écrit reproduit littéralement et adressé à son peuple par Ranavalo en manière de proclamation directe, mélange inouï de formules barbares et d'idées empruntées, dans ce qu'elle a de moins éclairé, à la civilisation moderne :

« Je viens vous le déclarer. Je ne suis pas une souveraine qui trompe et vous n'êtes pas des sujets trompés. Je vais vous dire ce que je me propose de faire et comment je vous gouvernerai. Quel est l'homme qui voudrait changer les coutumes de vos ancêtres et des douze souverains de cette contrée ? A qui le royaume a-t-il été laissé en héritage par Dianampouine et par Radama, si ce n'est à moi ? Eh bien, si quelqu'un d'entre vous veut changer les coutumes de vos ancêtres et des douze souverains, j'abhorre cela.

« Maintenant, quant à avilir les idoles, à traiter la divination de plaisanterie, à renverser les tombes des Vazimbas (1), je déteste ces crimes. Ne faites point cela dans mon royaume. Les idoles, dit-on, ne sont rien. Mais n'est-ce pas par elles que les douze rois ont été établis ? Et maintenant elles seraient changées au point de ne devenir rien ! La divination que vous traitez de la même manière et les tombes des Vazimbas, ne sont-ce pas là des témoignages de leur puissance ? Le souverain lui-même les regarde comme sacrées et vous, le peuple, vous les estimeriez moins que rien ? C'est là mon affaire et je tiens pour criminel quiconque détruit les tombes des Vazimbas.

« Quant au baptême, aux associations, aux lieux de prière autres que les écoles, et aux prescriptions du dimanche, combien y a-t-il donc de souverains sur cette terre ? N'est-ce pas moi, moi seule qui règne ? Ces choses ne se doivent pas faire, elles sont illégales dans mon pays, car elles ne font point partie des coutumes de nos ancêtres et je ne changerai point leurs coutumes, excepté pour les choses qui peuvent être utiles au bien de mon pays.

« Eh bien donc, je vous accorde un mois pour vous dénoncer,

(1) Les *Vazimbas* sont les aborigènes de l'île. Leurs tombes sont regardées comme sacrées. Voyez à ce sujet, et pour plus de détails, le chapitre Ethnographie, mœurs et coutumes, dans le second livre de cet ouvrage.

vous qui avez reçu le baptême, qui faites partie des associations ou qui allez prier dans des maisons séparées, et si vous ne venez pas dans ce délai et attendez d'être découverts et accusés par d'autres, je vous déclare dignes de mort. Remarquez bien le délai fixé. C'est un mois, à partir du coucher du soleil, que je vous donne pour confesser votre état coupable.

« Vous, écoliers, voici mes ordres. Tant que vous serez écoliers et recevant l'instruction des Européens dans leurs maisons, observez le dimanche. Cependant, ce sera pour les leçons seulement que vous devrez l'observer et non pour toute autre chose, quelle qu'elle soit. Et plus tard, dès que vous aurez quitté les écoles, vous n'observerez en quoi que ce soit le dimanche; car, moi, la souveraine, je ne l'observe pas du tout et pareille chose ne doit pas avoir lieu dans le pays.

« Souvenez-vous que ce n'est pas au sujet de ce qui est sacré dans le ciel comme sur la terre et qui a été tenu pour sacré par douze souverains, ni pour offense aux idoles sacrées que vous êtes accusés maintenant, mais parce que votre conduite n'est pas d'accord avec les coutumes de vos ancêtres et c'est ce que j'abhorre. »

Ce fut vainement que plusieurs des grands chefs intervinrent pour faire modifier la rigueur de cet édit, en proposant de ne pas lui donner d'effet rétroactif et de ne pas exiger que les coupables se dénonçassent eux-mêmes. Tout fut inutile, et le lendemain la reine fit publier par ses officiers qu'au lieu d'un mois, elle ne donnait qu'une semaine pour se dénoncer. Placés entre l'obéissance ou la mort, les nouveaux chrétiens, sous l'empire de la terreur inspirée par l'édit royal, vinrent en foule remettre entre les mains des officiers désignés à cet effet les exemplaires des livres saints qu'ils tenaient des missionnaires anglais. Plus de quatre cents officiers furent privés de leurs grades et ceux d'entre le peuple qui se trouvèrent du nombre des coupables furent condamnés à des amendes plus ou moins fortes.

Ce fut le 18 juin 1835 que les missionnaires anglais abandonnèrent définitivement la capitale des Hovas.

Telle fut la triste fin de cet apostolat qui déjà avait duré plus de quinze ans. Cette tentative de la Société des Missions à Madagascar n'atteignit que la moitié de son but plus politique encore que religieux, ainsi qu'on a pu le voir par tout ce qui a été dit précédemment. Les missionnaires s'éloignèrent donc, laissant le terrain à des successeurs plus heureux ou plus habiles. Ce départ fut un échec notable pour la politique britannique, qui vit ainsi détruit, en un jour, sur cette terre qu'elle avait disputée sourdement à la France avec tant de persévérance, le fruit de ses efforts prolongés et des sommes considérables que ses agents avaient jetées en pure perte dans le gouffre toujours ouvert et toujours inassouvi de l'avidité hova.

Après le départ des missionnaires anglais, les Hovas eurent à réprimer de redoutables rébellions qui se déclarèrent surtout dans les provinces du sud de l'île. Les actes de la plus horrible cruauté signalèrent les victoires remportées par ces féroces usurpateurs, dont le joug odieux, secoué sans cesse par les peuplades de la côte, ne s'impose jamais que par le massacre et la terreur.

On put croire, pendant quelque temps, que le gouvernement d'Imerne se montrerait disposé à céder, à l'égard de la France, aux sentiments des tribus qui, en grand nombre, nous étaient restées fidèles. En effet, à la fin de 1835, M. l'amiral Duperré, alors ministre de la marine, reçut de plusieurs capitaines marchands qui venaient de faire le voyage de Madagascar des rapports de nature à attirer de nouveau l'attention du gouvernement sur la grande île indienne. L'un de ces capitaines avait été parfaitement accueilli à Tamatave et y avait placé sans difficulté une cargaison de la valeur de deux cent quarante tonneaux. La reine Ranavalo avait fait dire à ce capitaine, par le prince Coroller, alors commandant de Tamatave, qu'elle verrait avec plaisir la France signer avec elle un traité de commerce et d'amitié, traité d'autant plus désirable et d'autant plus avantageux que les Français paraissaient alors préférés aux Anglais, malgré tous les efforts faits antérieurement par ceux-ci pour s'emparer moralement du pays.

Enfin, en adressant son rapport au ministre de la marine, ce capitaine y exprimait l'avis que si la France voulait, dans le but indiqué, envoyer un agent officiel à la cour de Tananarive et ne soumettre qu'à de faibles droits les marchandises importées de Madagascar en France, on obtiendrait d'excellents résultats commerciaux dans nos rapports avec cette grande île, peuplée, selon le rapport, de cinq à six millions d'habitants et où les produits de notre industrie s'échangeraient avantageusement contre des denrées coloniales de toute nature.

Ce fut sans doute pour tirer parti de ces prétendues dispositions si favorables que M. l'amiral Duperré envoya à Tananarive, en décembre 1837, un capitaine de navire qu'il chargea de jeter les bases d'un traité de commerce et d'amitié avec la reine Ranavalo. Arrivé dans la capitale des Hovas, l'envoyé français n'eut pas de peine à se convaincre que le gouvernement d'Imerne n'avait aucun désir sincère de nouer des relations sérieuses avec les étrangers, de quelque nation qu'ils fussent. Les conseillers de la reine lui firent savoir, avec l'accent de la mauvaise humeur la plus marquée, « qu'on ne pouvait accéder aux articles du traité de commerce qu'il présentait et qu'on le ferait sortir du pays, s'il en reparlait ».

Depuis cette époque, les farouches oppresseurs de la grande île malegache, vivant dans leur inquiet et stupide isolement, regardaient avec crainte à l'horizon si personne ne venait donner à leurs victimes les armes destinées à anéantir leur tyrannie chancelante. Habitués à maltraiter sans contrôle les populations indigènes, les Hovas n'ont pas craint de reporter jusque sur les traitants européens l'infâme oppression qu'ils imposent à l'île entière. Des plaintes nombreuses et fréquentes vinrent dénoncer hautement les vexations et les persécutions dont les Européens avaient à souffrir sur toute la côte où étaient établies leurs factoreries.

En 1838, un capitaine anglais appartenant au cabotage de Maurice faillit être victime d'un guet-apens de la part des Hovas. Le gouverneur, sir William Nicolay, expédia à Madagascar deux corvettes pour exiger une réparation de cet outrage. Des munitions de guerre avaient été embarquées sur ces deux bâtiments. Quand ces bâtiments anglais arrivèrent à Tamatave, ils y trouvèrent *le Lancier* et *le Colibri,* corvettes françaises, envoyées également par le gouverneur de Bourbon, pour demander des explications au gouvernement hova sur ses mauvais procédés à notre égard.

Le moment paraissait venu de châtier ces oppresseurs barbares, si les réparations exigées n'étaient pas accordées sur-le-champ. L'apparition de ces forces jeta une consternation aussi grande chez les traitants européens que chez les naturels. En effet, à la moindre agression de la part des étrangers, les ordres de la reine étaient d'incendier indistinctement toutes les propriétés des blancs.

Ces craintes se réalisèrent, ainsi que le redoutaient les Européens. Le feu se déclara dans la nuit avec violence, mais grâce aux secours des marins français, on se rendit bientôt maître de l'incendie. Le lendemain, des garanties furent exigées de Ramanache, gouverneur du fort, et ces garanties donnèrent pour quelque temps un peu de sécurité aux traitants établis sur la côte et qui purent ainsi continuer leur négoce.

Comme on le voit, depuis la mort de Radama, la présence des Européens à Madagascar n'avait été que l'occasion des plus indignes traitements de la part du gouvernement d'Imerne. Les conseillers de la reine n'avaient su que la maintenir dans des sentiments d'hostilité aussi bien contre les Anglais que contre les Français. Nous avons vu ce règne sanglant inauguré par l'expulsion des missionnaires et de l'agent de la Grande-Bretagne. Les traitants des deux nations eurent à souffrir des mêmes vexations, aussi insensées que contraires aux véritables intérêts de ces peuples. Ce système sauvage n'a pas cessé de prévaloir dans les conseils de la reine Ranavalo qui, tantôt paraissait encourager les étrangers à l'acquisition de terres dans l'île, à la formation d'établissements, et tantôt les soumettait aux plus odieuses persécutions.

Il était évident que son gouvernement se refusait à toutes relations, même les plus avantageuses et les plus utiles pour lui, avec les Européens.

En effet, au commencement de 1839, un négociant de Maurice vint à Madagascar, avec l'autorisation du gouvernement anglais, dans le but de solliciter de la reine Ranavalo la permission d'emmener avec lui huit cents naturels pour cette colonie que l'affranchissement des esclaves avait privée de bras nécessaires au travail agricole et manufacturier. La reine ne voulut accepter aucune proposition à ce sujet et l'envoyé du gouvernement de Maurice fut obligé de repartir sans avoir obtenu de résultat. Une mission officielle ayant le même objet fut donnée, peu de temps après, à M. Campbell. Ranavalo fit entendre à cet envoyé qu'il était étrange que les Anglais, qui avaient affranchi leurs esclaves, vinssent chercher ses sujets libres pour le travail de leurs terres ; elle défendit, sous peine de mort, tout engagement pour Maurice, et l'on dit que plusieurs Malegaches, qui avaient traité secrètement avec M. Campbell, ayant été découverts, furent sagayés par les ordres de la reine, sous les yeux mêmes de l'envoyé britannique.

Tel était l'état des choses à Madagascar, lorsque d'importantes acquisitions dans le canal de Mozambique vinrent apporter une force nouvelle à notre influence dans ces parages. Dès 1838, un homme de grande valeur, M. l'amiral de Hell, alors gouverneur de Bourbon, avait résolu de doter la France de stations navales dans le nord-ouest de Madagascar et, aussi, d'établissements sur la côte occidentale, de telle sorte que la grande île indienne fût comme enveloppée dans les plis tutélaires du pavillon français. Sans avoir les inconvénients d'une occupation sur les côtes mêmes de l'île, des établissements formés dans l'archipel des Comores avaient l'avantage d'être comme des citadelles maritimes, toutes prêtes à porter secours, au besoin, à nos alliés contre les exactions tyranniques des Hovas.

M. l'amiral de Hell, né en Alsace, dont il fut depuis le député, sous Louis-Philippe, et petit-neveu, croyons-nous, de cette spirituelle baronne d'Oberkirch, dont on a publié de nos jours les intéressants *Mémoires*, M. de Hell était un de ces marins doués d'initiative personnelle, tels qu'en présentait la vieille marine française des beaux temps du règne de Louis XVI : il en avait les traditions chevaleresques et les entraînements patriotiques. Le gouverneur de Bourbon chargea son aide de camp, M. Passot, capitaine d'infanterie de marine, de s'enquérir des moyens les plus efficaces de réaliser ces projets ; il mit à sa disposition le brick *le Colibri*. Les Sakalaves, l'une des principales peuplades de Madagascar, plus considérable que celle des Hovas, s'étaient réfugiés en grand nombre dans l'île voisine de Nossi-Bé avec la jeune reine du Boueni, Tsioumeka. Ces infortunés, pressurés et persécutés par les Hovas, avaient adressé une demande de secours à l'iman de Mascate, Saïd Saïd : c'était leur unique ressource ; mais cette demande restait sans réponse.

Quand M. Passot arriva à Nossi-Bé, les réfugiés lui firent connaître leur situation dans toute sa gravité et ils n'hésitèrent pas à invoquer l'appui des Français. Conformément aux ordres de M. l'amiral de Hell, M. Passot accueillit leurs doléances, leur rendit l'espoir et se présenta immédiatement à bord du *Colibri* devant le poste de Mourounsang. Il intima, alors, l'ordre au commandant hova d'avoir à s'abstenir, sous peine de châtiment, de toute hostilité contre les habitants de Nossi-Bé, placés désormais sous la protection du pavillon français.

Dès ce moment, les Hovas ne firent aucune tentative sur l'île, et si ce n'avait été les désordres intérieurs qu'amenaient les mésintelligences de leurs chefs, les réfugiés auraient pu y trouver un peu de repos et de bien-être. Les dispositions manifestées par les chefs des Sakalaves de Nossi-Bé, dernier débris de la population du Bouéni, bien qu'elles fussent inutiles pour établir vis-à-vis de toute puissance étrangère nos droits de souveraineté sur Madagascar, n'en étaient pas moins bonnes à constater, en tant qu'adhésion de la population à cette souveraineté, pour le moment où il conviendrait de l'exercer (1). Aussi, M. le gouverneur de Hell envoya-t-il, à peu de temps de là, M. Passot à Nossi-Bé avec l'autorisation de dresser un acte, par lequel les grands chefs concéderaient leur pays à la France et se reconnaîtraient, eux et leurs tribus, sujets français.

L'iman de Mascate n'avait, dans cet intervalle, donné aucun signe de vie, ni la moindre espérance pour l'avenir. Il avait eu connaissance des droits qui nous étaient acquis depuis longtemps sur Madagascar, à l'exclusion de toute autre puissance et il prévoyait que l'opposition de la France viendrait bientôt rendre inutiles les dépenses qu'il aurait pu faire pour établir son autorité sur quelque point du Bouéni.

Les chefs Sakalaves et la jeune Tsioumeka, reine du Bouéni, signèrent alors, le 14 juillet 1840, l'acte de cession au roi des Français, de l'île de Nossi-Bé et de l'île de Nossi-Cumba, et, de plus, lui abandonnèrent tous leurs droits de souveraineté sur *la côte oc-*

---

(1) Documents sur la partie occidentale de Madagascar, par M. le capitaine e corvette Guillain, page 141; 1846.

cidentale de Madagascar, depuis la baie de Passandava jusqu'au cap Saint-Vincent (1). En 1841, Tsimiaro, roi d'Ankara, fit également, de son côté, cession à la France de l'île de Nossi-Mitsiou, des autres îles qui entourent son royaume d'Ankara, ainsi que de ses droits de souveraineté sur cette partie de Madagascar (2). Andrian-Sala, chef de Nossi-Fali, a aussi transmis au roi des Français la propriété de cette dernière île.

Nous croyons devoir reproduire, ici, dans notre texte, l'arrêté de prise de possession de ces îles rédigé par l'amiral de Hell, comme gouverneur de Bourbon. Ce document a un caractère politique qui n'échappera à personne. Le brave amiral ne craint pas d'y mettre en jeu l'exemple de l'Angleterre prenant possession de Botany-Bay, pour invoquer son droit de souveraineté sur l'Australie.

(1) DE CLERCQ, *Recueil des traités de la France,* page 594.
(2) Voici le texte du traité conclu avec Tsimiaro :

*Moi, Tsimiaro, fils de T'sialan, roi d'Ankara, de Nossi-Bé, de Nossi-Mitsiou, de Nossi-Leva, de Nossi-Fali et autres îles environnant nos possessions de la Grande Terre, vous déclare, en présence de mes frères et de mes grands, que je cède à Sa Majesté Louis-Philippe I*er*, roi des Français, tous mes droits sur les terres de Madagascar, lesquels droits je tiens de mes ancêtres, et que je lui fais cession de toutes les îles qui entourent mon royaume d'Ankara. — Nous demandons à être regardés par Sa Majesté le grand Roi comme sujets français et à être traités comme tels. Je suis persuadé que Sa Majesté le grand Roi, auquel je fais don de mes États, me considérera comme son fils, me protégera contre tout ennemi et éloignera de moi toute espèce de mal. Je suis persuadé, aussi, que Sa Majesté le roi des Français voudra bien étendre sa bienveillance sur nos sujets. Nous porterons désormais le nom de Français; quiconque sera l'ennemi du grand Roi sera le nôtre et nous emploierons nos armes contre lui; quiconque sera son allié sera le nôtre et nous l'aiderons de tous les moyens en notre pouvoir. Si Sa Majesté le roi des Français fait planter son pavillon sur un point quelconque de mes États, nous jurons par Dieu et par le jugement dernier que nous le défendrons jusqu'à la mort. Je prie Sa Majesté le grand Roi de nous envoyer des soldats pour rester à Nossi-Mitsiou et un bâtiment de guerre pour nous protéger contre les Hovas ou tout autre ennemi.*

Cet acte a été rédigé par moi, Tsimiaro, en présence de M. Passot, officier de Sa Majesté le roi des Français, et envoyé de M. le gouverneur de Bourbon baron de Hell, de M. Jehenne, commandant la gabare du roi la Prévoyante, *et de tous les officiers de ce bâtiment.*

Signé : TSIMIARO. — PASSOT. — JEHENNE. — G. CLOUÉ. — SOUZY.
(DE CLERCQ, *Recueil des traités de la France,* page 597.)
Ce traité, conclu en avril 1841, a été ratifié en juin de la même année.

Voici cet arrêté devenu historique comme la protestation de M. Blévec :

Saint-Denis, île Bourbon, le 13 février 1841.

AU NOM DU ROI, — *Nous gouverneur de l'île Bourbon et de ses dépendances, vu l'acte daté du 12 du mois de Djoumad 1256 de l'hégire, — 14 juillet 1840, — par lequel la reine des Sakalaves, Tsioumeka, de l'avis de son conseil, a fait cession au roi des Français de tous ses droits de souveraineté sur les pays situés à la côte ouest de Madagascar (depuis la baie de Passandava jusqu'au cap Saint-Vincent) et sur les îles de Nossi-Bé et de Nossi-Cumba;*

Vu la dépêche de M. le ministre de la marine et des colonies du 25 septembre, n° 326;

Considérant que les droits de la France sur Madagascar et les îles qui en dépendent résultent de l'antériorité de sa prise de possession et de son occupation d'une partie de cette grande île à une époque où les autres nations n'entretenaient que peu ou point de relations avec ces pays et n'y avaient aucun établissement stable;

Que la France n'a jamais renoncé à ses droits à cet égard, puisqu'elle les a invoqués et proclamés toutes les fois que les circonstances l'ont exigé;

Que, de même que l'Angleterre fonde son droit de souveraineté sur le continent de la Nouvelle-Hollande (Australie) sur ce fait de la prise de possession de Botany-Bay, de même on ne saurait contester à la France la souveraineté de toute l'île de Madagascar, par application du même principe et en conséquence de la prise de possession et de l'occupation par elle de diverses parties de la côte est, notamment du Fort Dauphin, de Foulepointe, Tamatave, la Baie d'Antongil, etc.;

Qu'il en résulte que la cession faite par la reine des Sakalaves et les chefs placés sous son autorité ne peut être considérée que comme une nouvelle reconnaissance des droits antérieurs de la France sur cette partie de Madagascar précédemment ou actuellement occupée par les tribus Sakalaves;

Considérant qu'il est nécessaire de régulariser l'occupation des îles Nossi-Bé et Nossi-Cumba et d'y organiser le service;

Sur le rapport du commissaire ordonnateur et le Conseil privé entendu, avons arrêté ce qui suit :

(*Suivent les dispositions administratives et militaires.*)

Signé : BARON DE HELL,
Contre-amiral, gouverneur de Bourbon (1).

C'est deux mois et demi après cette prise de possession, en 1841, le 25 avril, qu'Andrian-Souli, roi des Sakalaves émigré à Mayotte, dont il devint sultan, fit cession de cette île à la France (2).

Ces diverses acquisitions et surtout celle de Mayotte, la plus importante de toutes, en enveloppant Madagascar d'un réseau de stations françaises, auraient dû donner à réfléchir au gouvernement d'Imerne. En effet, la puissance si douteuse et si précaire de la petite tribu des Hovas se trouve, maintenant, comme noyée au milieu des nombreuses peuplades qui lui sont hostiles et qui sont dévouées à la France.

Quelques années après, en 1846, le chef de la province de Vohémar, au nord-est, ainsi qu'un grand nombre d'autres chefs réfugiés à Nossi-Bé, cédèrent à la France leurs droits personnels et confirmèrent par ce fait les donations et cessions de leurs ancêtres. Elles furent renouvelées en 1848 par le prince Tsimandrou et la reine Panga. Enfin, en 1860, les traités conclus par M. le commandant Fleuriot de Langle avec les chefs de la côte sud-ouest ont ouvert au commerce français, en franchise de droit d'ancrage, les baies et ports de Mazi Boura, Salor, Saint-Augustin, Tolia et Manambou. Nous reparlerons, plus loin, de ces derniers traités.

(1) *Bulletin de l'île Bourbon,* année 1841, tome IV.
(2) Le roi Louis-Philippe approuva l'heureuse initiative de l'amiral de Hell, mais il n'osa pas prendre possession de la côte nord-ouest de Madagascar, se contentant de déclarer *terres françaises* les îles de Mayotte, Nossi-Bé, Nossi-Cumba et Nossi-Mitsiou.
On offrit même à la France, à cette époque, Anjouan, la principale des Comores ; mais le ministère n'accepta point cette offre, malgré les instances du maréchal Soult et de l'amiral Duperré. Le maréchal Soult, dans une note lue au conseil des ministres, déclara que ces prises de possession n'étaient qu'un point d'attache pour l'occupation de la Grande Terre et que ces vues, communiquées au cabinet de Londres, n'y avaient soulevé aucune objection. (C. BARBAROUX, *De la Transportation,* Droits de la France, ch. VI, p. 283.)

Nos fidèles alliés, les Betsimsaracs, les Bétanimènes, les Sakalaves, attendent aujourd'hui encore avec impatience le jour de la délivrance et sont prêts à nous servir d'auxiliaires, pour le moment où la France voudra sérieusement soutenir leur dévouement à notre nationalité (1). C'est à ce point de vue politique que nos acquisitions dans le canal de Mozambique doivent être envisagées selon leur importance relative. Sainte-Marie a toujours été le refuge des Betsimsaracs et des Bétanimènes fuyant les Hovas et se jetant dans nos bras. Mayotte, Nossi-Bé, Nossi-Mitsiou et Nossi-Fali, sont également l'asile des Sakalaves nos alliés et des familles du Bouéni.

La plus grande partie de la population indigène de Madagascar a donc des sentiments et des intérêts français.

La minorité seule évidemment est du côté des tyrans d'Ancôve.

La présence de la France dans le canal de Mozambique aurait dû inquiéter les Hovas et convaincre la reine du ferme dessein qu'a la France de faire respecter à jamais dans ces mers son pavillon et d'y étendre son commerce sur de plus grandes proportions.

Il n'en fut rien pourtant, comme on va le voir par le récit des événements de Tamatave survenus trois ans après. Des persécutions inqualifiables, un ordre brutal d'expulsion qui ne fut motivé sur aucun acte répréhensible de la part de nos nationaux, sont venus mettre le comble aux mauvais traitements infligés en toute circonstance par le gouvernement d'Imerne aux traitants européens et pousser à bout la longanimité de la France.

Voici les raisons politiques, commerciales et d'humanité qui motivèrent notre intervention. A dater de 1840, les Hovas, en présence de l'attitude énergique de l'amiral de Hell et dépourvus, d'ailleurs, de navires pouvant opérer sur les côtes, furent obligés de respecter ces nouvelles conventions, dont le caractère contractuel et libre venait ajouter à nos droits anciens une consécration nouvelle. Les Hovas se bornèrent à maltraiter les populations de l'intérieur : ils massacrèrent impitoyablement celles qui

(1) Le lecteur trouvera dans le livre second, un chapitre consacré spécialement à nos possessions du canal de Mozambique.

leur résistaient et firent peser sur l'île et particulièrement sur les provinces du Bouéni et de l'Ankara placées géographiquement en face des Comores, où le pavillon français venait d'être arboré, le joug le plus arbitraire et le plus odieux. Ces pirates de terre ferme, comme nous nous plaisons à les qualifier, s'attaquèrent notamment aux traitants européens qui, au péril de leur vie et de leur fortune, s'étaient établis dans l'île, pour tirer parti de l'extrême fertilité du sol, en y installant des plantations sucrières qui faisaient l'honneur et la richesse du pays.

Le 13 mai 1845, à deux heures de l'après-midi, sans préliminaires, sans causes connues, les sujets français, anglais, les habitants de Tamatave et de ses environs furent convoqués, par ordre de la reine Ranavalo, chez le grand juge Philibert, où se trouvaient déjà réunis les officiers hovas et cent cinquante hommes. On donna alors lecture aux assistants de l'ukase suivant :

ORDRE DE LA REINE.

A partir de ce jour, tous les habitants et commerçants seront tenus de prendre la loi malegache faite en ce jour, concernant les étrangers, c'est-à-dire de faire TOUTES LES CORVÉES *de la Reine, d'être assujettis à tous les travaux possibles,* MÊME CEUX QUE FONT LES ESCLAVES;

De prendre le tanguin, lorsque la loi les y oblige;

D'être vendus et faits esclaves, s'ils ont des dettes;

D'obéir à tous les officiers et même AU DERNIER DES HOVAS, *ne leur accordant aucune des prérogatives que la loi malegache accorde à ses sujets;*

De ne sortir de Tamatave, sous aucun prétexte et de ne faire aucun commerce avec l'intérieur de l'île.

Quinze jours de réflexion sont accordés aux traitants et commerçants. Si, à ce terme, ils n'ont pas accédé, leurs clôtures seront brisées, leurs marchandises LIVRÉES AU VOL ET AU PILLAGE *et eux-mêmes seront embarqués sur le premier navire qui se trouvera en rade* (1). »

(1) *Revue de l'Orient*, 1846. *Journal des événements qui ont eu lieu à Tamatave du 13 mai au 16 juin 1845, signé par les témoins*, tome III, p. 146.

En présence de ces sauvages injonctions, les sujets français et anglais, les traitants et commerçants européens n'avaient qu'une ressource, celle d'adresser au *Caligula femelle* de Madagascar des observations sur ces ordres sauvages. Dans une adresse, ils crurent pouvoir rappeler que les Hovas eux-mêmes les avaient *engagés à bâtir des maisons, qu'ils avaient loué leurs terres à de longs termes, leur promettant protection en amis et frères.* Vaines réclamations : il fut répondu *que les Hovas étaient les maîtres chez eux de changer du jour au lendemain.*

Les 14, 15 et 16 mai, les Hovas firent de nouvelles sommations intimidant les Européens par la violence de leurs menaces et de leurs actes. Ils obligèrent, séance tenante, les négociants à s'embarquer immédiatement et dévastèrent sur-le-champ les propriétés de ces malheureux.

C'était donc un duel entre la barbarie et la civilisation. Grâce à l'inconsistance des gouvernements en France, on va voir que ce fut la barbarie qui triompha (1).

Dès le mois de juin 1845, le commandant de la station française des côtes orientales d'Afrique, M. Romain Desfossés apprit, par des rapports officiels, les persécutions dont nous parlons. Deux heures après la réception de ces rapports, il fit partir *la Zélée* pour Tamatave, avec ordre au capitaine Fiéreck de couvrir de la protection du pavillon français les Européens qui lui demanderaient asile et assistance, quelle que fût leur nationalité. *Le Berceau*, monté par M. Romain Desfossés lui-même, mouilla peu de temps après devant Tamatave, mais il avait été devancé de deux heures par la corvette anglaise, *le Conway*, venant de Maurice dans un but analogue. Cependant, *le Conway* avait été primé lui-même par *la Zélée* qui avait déjà offert aux traitants anglais et français un asile sous la sauvegarde de notre pavillon. Le capitaine Fiéreck avait eu avec le second chef ou grand juge hova, un *kabar* ou entretien, sans résultat avantageux pour nos traitants. Le capitaine Kelly, commandant *le Conway*, n'avait

(1) Nous reproduisons scrupuleusement le récit des faits qui vont suivre d'après les rapports adressés les 7, 13, 16 et 17 juin 1845, au ministre de la marine par M. Romain Desfossés et tels qu'ils ont été insérés au *Moniteur* par le gouvernement de cette époque.

pas été plus heureux. La reine avait signé un décret d'expulsion contre tous les Européens et ce décret était exécutoire sur-le-champ, sous peine de mort pour tout agent hova qui chercherait à l'éluder.

M. Romain Desfossés ne crut pas devoir demander une entrevue au gouverneur de Tamatave qui, prétextant une indisposition, avait déjà refusé de recevoir le capitaine Kelly et M. Fiéreck. Le commandant français se borna à envoyer un officier lui porter deux lettres, l'une pour lui, l'autre pour la reine Ranavalo. Les officiers français et anglais envoyés à terre pour recueillir les traitants, avec tous les objets transportables qu'ils pouvaient embarquer, ne purent mettre le pied sur la plage que gardaient de nombreux détachements de Hovas.

Une conférence eut lieu entre le capitaine Kelly et M. Romain Desfossés. La position des traitants des deux nations était identique. Douze traitants anglais et onze traitants français avaient été dépouillés et chassés de Tamatave (1). Le commandant du *Berceau* et celui du *Conway* reconnurent d'un commun accord que s'ils exerçaient, sans une provocation bien patente, un acte d'hostilité contre les Hovas, ils exposeraient peut-être à de graves dangers les Français et les Anglais qui résidaient encore sur d'autres points de Madagascar, depuis le fort Dauphin jusqu'à Vohémar. Cette puissante considération contint dans de sages limites l'indignation ressentie par les deux commandants, en présence de la sauvage spoliation qui venait de frapper leurs nationaux. Ils rédigèrent et signèrent une protestation énergique qu'ils firent partir pour être remise à la reine Ranavalo.

Le Berceau, *la Zélée* et *le Conway* s'étaient embossés à trois cents toises des forts de Tamatave et, sous la protection de leurs batteries et avec l'aide de leurs embarcations, le transport des marchandises appartenant aux traitants des deux nations se continua. Le capitaine Kelly déclara à M. Romain Desfossés que son opinion personnelle était que les Hovas, déjà aussi insolents que leurs sauvages instincts le comportent, seraient enhardis par notre modération et prendraient l'initiative des hostilités. Telle ne fut

---

(1) Rapport officiel du 13 juin 1845, inséré au *Moniteur*.

pas la pensée du commandant français ; mais celui-ci assura qu'il était décidé, quoi qu'il arrivât, à châtier tout acte d'agression comme toute insulte de la part des Hovas.

Nous allons maintenant laisser la parole au brave commandant du *Berceau,* pour le récit des événements qui ont suivi ces préparatifs et ces courtes négociations.

M. Romain Desfossés s'exprimait ainsi, dans le rapport adressé par lui à M. le ministre de la marine, sous la date du 16 juin 1845 :

« Monsieur le ministre, lorsque, le 13 de ce mois, je rendais compte à Votre Excellence des événements qui m'avaient amené à Tamatave, et que je l'entretenais de la situation si déplorable et si digne d'intérêt, dans laquelle je venais de trouver les Français qui, pendant plusieurs années, avaient vécu et travaillé dans ce pays sous la sauvegarde du droit des gens, j'espérais encore que les représentations énergiques que j'allais adresser à la reine Ranavalo ainsi qu'au gouverneur de la place ne seraient pas sans résultat heureux pour nos traitants et, qu'en attendant une nouvelle décision du gouvernement d'Imerne, le délégué de la reine à Tamatave jugerait prudent et sage de suspendre l'exécution de la loi spoliatrice qui venait de frapper d'une manière si inattendue les Européens.

« Cette espérance a été déçue, monsieur le ministre ; *je n'ai pas tardé à me convaincre que j'avais affaire à des hommes pour qui toutes les questions de justice, de droit des gens, de respect des personnes et des propriétés sont des choses inconnues ou méprisées, qui, enfin, ne savent céder qu'à la force se déployant menaçante et inexorable.* Votre Excellence sera convaincue, j'ose l'espérer, par la lecture des divers documents que je viens de réunir pour les joindre à ce rapport, qu'avant de me résoudre à punir l'insolent orgueil de ces insulaires, j'ai tenté tous les moyens de conciliation, et fait, de concert avec le capitaine William Kelly, de la frégate de S. M. Britannique *le Conway,* tout ce qu'il était honorablement possible de faire pour arriver à un arrangement amical de cette affaire.

« Vendredi dernier, 13 juin, après avoir longuement conféré avec les principaux traitants et acquis la certitude positive que, indépendamment de ce qu'ils étaient exposés à de continuelles et grossières insultes, beaucoup d'entre eux sont créanciers des chefs hovas et tous possesseurs d'immeubles ou de marchandises d'une grande valeur, qu'ils vont se trouver forcés d'abandonner, j'écrivis à la reine Ranavalo, ainsi qu'au gouverneur de Tamatave.

« L'officier que j'envoyai à la plage pour faire remise de ces lettres demanda au chef de la douane l'autorisation de les porter lui-même au gouverneur, ou tout au moins au grand juge ; mais il ne put l'obtenir. On l'empêcha même de sortir de son canot, et il lui fut dit, après d'interminables pourparlers, que la nuit étant proche et le grand juge occupé, il eût à revenir à la plage le lendemain et qu'on verrait.

« Dans ce moment, tous nos traitants, à l'exception d'un seul, qui avait voulu mettre en sûreté sa femme et ses enfants, étaient encore à terre occupés à emballer ce qu'ils avaient de plus précieux ; je leur fis dire de hâter, le lendemain, l'embarquement de ces objets, ainsi que celui de leurs personnes et je me décidai à endurer jusque-là, sans mot dire, tous les procédés hostiles des chefs de Tamatave. Dans la nuit, les magasins et l'habitation du sieur Bédos, qui était venu coucher en rade avec sa famille, furent pillés par les Hovas. Ce commerçant, ayant voulu embarquer une chèvre qui allaitait son enfant, âgé de quatre mois, les douaniers lui arrachèrent brutalement cet animal, quoiqu'il leur offrît une forte somme, pour qu'il lui fût possible de l'embarquer.

« Au point du jour, je fis une nouvelle tentative pour faire parvenir entre les mains d'un des chefs mes lettres à Ranavalo, ainsi qu'au gouverneur, et cette fois, je les envoyai porter par le second de *la Zélée*, qui parlait la langue sakalave et avait pu mettre pied à terre la veille. J'employai ce moyen détourné, ayant été informé par les traitants que j'étais l'objet de l'animosité toute spéciale des Hovas, parce qu'en arrivant sur la rade, je m'étais refusé à dire au capitaine du port ce que j'y venais faire, et que, fatigué de l'insistance inconvenante de cet officier, je l'avais prié de se retirer. Le lieutenant de *la Zélée* revint à huit heures avec le paquet que je lui avais remis. Il n'avait pu descendre ni obtenir du chef de la garde qui bordait la plage qu'on reçût mes lettres. Le gouverneur et le grand juge étaient, lui dit-on, à la campagne et n'avaient que faire des lettres des Français. Un officier anglais du *Conway*, arrivé là dans un but analogue, reçut le même accueil que mon envoyé. Je pense, néanmoins, que mes lettres auront suivi leur destination, parce que je les confiai, en désespoir de cause, à un de nos traitants, qui me dit depuis avoir trouvé moyen de les faire parvenir chez le gouverneur.

« Durant tous ces essais de conciliation, les embarcations françaises, armées en guerre, opéraient en commun, et sans distinction de personnes ni de pavillons, tant sur les bâtiments de guerre que sur quelques caboteurs de Bourbon et de Maurice, qui se trouvaient sur la rade, l'embarquement de tout ce que les traitants pouvaient enlever de leurs établissements. Ces effets et marchandises étaient portés ou traînés jusqu'au bord de la mer par nos malheureux traitants eux-mêmes ou par des Hovas qui ne prêtaient qu'à prix d'or leur coopération, les marins ne pouvant quitter leurs embarcations qu'au danger d'une collision qu'il était urgent d'éviter tant qu'il resterait à terre un Européen. Au coucher du soleil, ces travaux cessèrent. Les traitants français, répartis sur *le Berceau*, *la Zélée* et le navire français *le Cosmopolite*, me firent connaître qu'ils étaient tous en sûreté, et que le temps ainsi que l'espace à bord des navires, leur manquant totalement pour l'embarquement des lourdes marchandises que renfermaient leurs magasins, telles que salaisons, sel, riz, vin, alcools, etc., il les abandonnaient forcément, se réservant d'en constater régulièrement l'état et de le soumettre ultérieurement à qui de droit.

« Telle était, avant-hier soir, monsieur le ministre, la situation des choses à Tamatave. L'œuvre de spoliation méditée depuis longtemps sans doute par les Hovas allait se consommer, car nos traitants n'auraient pu rester un instant de plus au milieu de ces hommes rapaces et sanguinaires, sans compromettre gravement leur existence ou, tout au moins, sans s'exposer à être enlevés et vendus comme esclaves dans l'intérieur de Madagascar. Ils étaient tous en sûreté, mais ruinés pour la plupart. A ce juste grief s'en joignaient d'autres, dont j'avais à demander un compte sévère au chef de Tamatave. La maison d'un Français avait été pillée, la nuit précédente, sous le canon de deux bâtiments de guerre de notre nation ; enfin, je considérais comme une insulte directe faite à notre pavillon le refus de toute explication et surtout celui de recevoir les lettres que j'avais adressées à la reine, ainsi qu'à Razakafidy. J'étais à bout de toute patience, de toute longanimité et j'avais d'ailleurs, monsieur le ministre, la conviction profonde qu'en apprenant aux Hovas à mieux respecter à l'avenir le pavillon de la France, je remplirais le premier des devoirs dont Votre Excellence m'a confié l'accomplissement.

« Le capitaine William Kelly se trouvait dans une situation parfaitement analogue à la mienne. Comme moi, il avait inutilement réclamé un sursis à l'exécution de la loi d'expulsion des traitants; ses officiers, comme les officiers français, n'avaient pu descendre sur la plage durant l'embarquement des effets et marchandises. Seulement, le capitaine anglais avait obtenu, à son arrivée, un kabar, dans lequel un agent subalterne hova, se disant délégué du gouverneur, lui avait déclaré que *les lois de la reine étaient sans appel* et qu'il fallait s'y soumettre. Cette déclaration s'était reproduite encore, le 13, dans une lettre de Razakafidy au capitaine Kelly. Ce digne officier étranger, qui, dans toutes ces conjonctures difficiles, n'a cessé de me donner des témoignages de parfait accord, de déférence empressée et de loyal concours, vint avant-hier m'annoncer que tous ses nationaux étaient embarqués.

« Le moment était venu de nous communiquer nos sentiments sur la conduite des Hovas à notre égard. Nous nous trouvâmes parfaitement d'accord sur la réalité de l'insulte faite à nos pavillons et sur la nécessité d'en punir à tout prix les auteurs. Néanmoins, avant d'en venir à ce dernier argument, nous voulûmes faire parvenir à Razakafidy, pour qu'il la transmît à la reine, notre protestation contre la loi d'expulsion et contre la manière dont elle avait été mise à exécution. Cette protestation, rédigée immédiatement en triple expédition, fut écrite en anglais et en français ; les deux textes de chaque expédition furent signés en commun par moi et le capitaine Kelly, et nous nous séparâmes.

« Hier matin, 15 juin, le premier lieutenant du *Berceau* et celui du *Conway* se présentèrent à la plage pour remettre la protestation ; mais, après avoir vainement demandé qu'un officier supérieur vînt la recevoir, ils la rapportèrent et le capitaine

Kelly fut alors obligé d'aller lui-même, accompagné de mon lieutenant, demander impérativement à parler à un officier du gouverneur, qui se présenta enfin au canal et reçut la protestation, ainsi que l'avertissement verbal de ces deux messieurs, que nous attendrions jusqu'à deux heures de l'après-midi l'accusé de réception de Razakafidy.

« Pendant toute la matinée, nous remarquâmes que les Hovas évacuaient la ville, en emportant des bagages ou des fardeaux, et qu'ils se dirigeaient pour la plupart vers les trois forts devant lesquels nos trois bâtiments étaient embossés depuis la veille sur une ligne parallèle à la plage et aussi rapprochée du rivage que le permettait le tirant d'eau de nos bâtiments. *Le Berceau*, placé au centre de la ligne, était à 660 mètres du fort principal des Hovas.

« Les travaux de fortification de Tamatave se composent de deux batteries à barbette, à parapets en terre, très peu élevées au-dessus du sol, et d'un fort principal auquel les deux premiers se relient au moyen de chemins couverts. Le fort principal, peut-être unique en son genre, est, dit-on, l'œuvre de deux Arabes de Zanzibar, qui furent chargés par Ranavalo d'entreprendre ce travail, après l'expédition du capitaine Gourbeyre, en 1829, et qui l'ont terminé depuis quelques années seulement. Ce fort, bâti en pierre, est protégé par une double enceinte en terre, plus élevée que son parapet et qui en est séparée par un fossé de dix mètres environ de largeur sur six mètres de profondeur ; il est circulaire et se compose d'une galerie couverte et casematée, percée de sabords dans l'épaisseur de sa muraille extérieure comme un navire, ne laissant sur la cour intérieure qu'elle domine, que de rares et de petites ouvertures. L'enceinte extérieure en terre est percée de larges embrasures qui correspondent à celles des galeries couvertes et qui permettent de diriger le feu partant de ces dernières sur la rade et sur la campagne.

« Les traitants européens, n'ayant jamais pu voir de près ces travaux de défense, n'en avaient aucune idée. Ils me firent seulement connaître que la garnison de Tamatave se composait d'un millier d'hommes, dont 400 Hovas de troupes régulières et 600 Betsimsaracs ou Bétanimènes auxiliaires.

« Dès midi, j'avais fait connaître aux équipages et troupes passagères des deux bâtiments français qu'ils auraient vraisemblablement à punir les Hovas avant la fin du jour. Les réfugiés français me demandèrent à suivre comme volontaires nos compagnies de débarquement. Je le leur accordai et leur fis donner des armes, dont ils se sont tous bravement servis.

« A deux heures, un canot, qui attendait à la plage la réponse demandée à Razakafidy, revint avec la courte réponse dont voici la traduction littérale : « *Nous avons reçu votre lettre et nous vous déclarons clairement que nous ne pouvons changer la proclamation que nous avons donnée comme loi de Madagascar. Je vous salue.* Signé RAZAKAFIDY, *commandant gouverneur de Tamatave.* » Le capitaine Kelly me quitta aussitôt pour retourner à son bord, et, cinq minutes après, *le Berceau* et *le Conway* ouvrirent le feu sur le fort principal, tandis que *la Zélée* placée en tête de notre ligne dirigeait le sien sur la batterie rasante du sud.

« Le feu des forts y répondit immédiatement, mais sans beaucoup d'activité. Toutefois, le tir des Hovas avait une précision dont nous aurions eu lieu de nous étonner, si nous n'avions été informés d'avance que leur artillerie était dirigée par un renégat espagnol, homme aussi intelligent que méprisable. Un quart d'heure à peine s'était écoulé que nos obus avaient occasionné un violent incendie dans l'intérieur et les alentours de la batterie hova du nord, qui, à partir de ce moment, fut abandonnée. A trois heures et demie, un grand nombre d'obus avaient été lancés et avaient éclaté à notre vue dans les deux forts que nous combattions. Je pensai, avec le capitaine Kelly, qu'ils avaient perdu bon nombre de leurs défenseurs et qu'il était temps de jeter à terre nos détachements. Il nous importait, d'ailleurs, de terminer cette opération avant la nuit. 100 marins et 68 soldats du *Berceau*, 40 matelots et 30 soldats de *la Zélée*, 80 matelots et soldats de marine du *Conway*, furent embarqués simultanément et avec un ordre parfait dans 14 embarcations qui, un quart d'heure après, et suivant un plan d'attaque que j'avais fait de concert avec le capitaine Kelly, se formèrent entre *le Berceau*, et *la Zélée*, sur une ligne parallèle à la plage : les Anglais à droite, *le Berceau* au centre et *la Zélée* à gauche.

« Au signal du lieutenant de vaisseau Fiéreck, capitaine de *la Zélée*, que j'avais chargé de diriger, conjointement avec le premier lieutenant du *Conway*, l'opération du débarquement, tous les canots nagèrent vers la plage qu'ils abordèrent à la fois, à cent toises du fort principal, qui était en grande partie masqué par un rideau de palétuviers. En moins de dix minutes, nos 300 combattants furent formés en bataille, ayant au centre de leur colonne les deux obusiers du *Berceau*, montés sur leurs affûts de montagne.

« L'ennemi se borna, durant ce débarquement, à tirer quelques coups à mitraille qui produisirent peu d'effet. Le capitaine Fiéreck donna bientôt le signal de la charge et la petite troupe s'élança avec une ardeur indicible vers l'ennemi qui n'avait pas osé sortir de ses retranchements. Les hommes de *la Zélée*, auxquels j'avais adjoint 20 matelots et un élève du *Berceau*, entrèrent à l'instant dans la batterie rasante du sud, y enclouèrent trois canons, en culbutèrent deux autres et refoulèrent les Hovas qui la défendaient dans le fort principal, où ils s'efforcèrent vainement de pénétrer avec eux.

« Tandis que la batterie du sud avait été envahie et en partie désarmée, le gros de la colonne formé par *le Berceau* et *le Conway* s'élançait sur le fort principal et couronnait en un instant son enceinte extérieure. Là, et dans le fossé qui sépare les deux enceintes, commença une lutte opiniâtre, corps à corps, dans laquelle Français et Anglais ont rivalisé de dévouement et de résolution. Le drapeau de Ranavalo, après avoir été abattu deux fois par le feu de nos bâtiments, était suspendu à une gaule au bord du rempart. L'élève de première classe de Grainville et quelques matelots anglais et français parvinrent, malgré une vive fusillade des Hovas et en montant les uns sur les autres, à saisir et à arracher ce pavillon, qui fut ensuite loyalement partagé entre Français et Anglais.

« Quarante minutes s'étaient écoulées depuis que nos marins occupaient l'enceinte extérieure et le fossé du fort principal ; les Hovas, après avoir combattu longtemps et bravement à ciel découvert, s'étaient retirés dans leurs casemates ; *nous manquions des moyens matériels indispensables pour y pénétrer après eux,* car les obusiers de montagne du *Berceau*, que l'enseigne de vaisseau Sonolet avait mis en batterie sur le parapet extérieur, ne purent tirer *qu'un seul coup,* les étoupilles ayant été mouillées dans l'opération du débarquement. Dans ce moment, M. Prévost de la Croix, mon premier lieutenant, qui, depuis quelque temps, remplaçait le capitaine Fiéreck, blessé dans la direction de nos pelotons, me fit connaître que nos hommes, ainsi que les Anglais, avaient épuisé *presque toutes leurs cartouches.*

« Les Hovas n'osaient plus se montrer à découvert. Ils avaient fait des pertes considérables ; et, bien que *la destruction complète de leur artillerie fût le but primitif de notre entreprise,* et que ce but *ne fût pas atteint,* la leçon que nous venions de donner aux barbares spoliateurs de nos traitants était de nature à ne point être oubliée par eux.

« *Je fis battre le rappel sur la plage,* où nos divers détachements se reformèrent dans leur ordre primitif. Je fis embarquer nos obusiers, nos blessés et même nos morts, sauf cependant les cinq hommes tués dans la batterie rasante du sud, et que le détachement de *la Zélée,* privé de la direction de ses officiers et emporté par l'ardeur du combat, oublia d'enlever.

« Après avoir fait sur la plage une halte d'une heure, durant laquelle les Hovas n'osèrent plus se montrer, je dirigeai la colonne vers l'extrémité de la pointe Hastie, où l'embarquement était plus facile. Un détachement d'infanterie du *Berceau* et un des soldats de marine anglais formait l'arrière-garde.

« Chemin faisant, en longeant la ville, je fis mettre le feu à quelques misérables cases en paille, ainsi qu'à un magasin de la douane, à l'abri desquels les Hovas auraient pu gêner notre embarquement. Je ne voulus pas consentir à la proposition qui me fut faite de brûler toute la ville.

« A six heures et demie, toutes les embarcations se dirigeaient vers nos bâtiments et je quittais moi-même le rivage avec les officiers du *Berceau* et du *Conway.* Le capitaine Kelly, à son bord, et M. Durant-Dubraye, lieutenant de vaisseau, à bord du *Berceau,* n'avaient cessé de protéger tous les mouvements de nos détachements de débarquement par un feu d'artillerie habilement dirigé. *Le Berceau* a tiré six cent vingt coups de canon ; *le Con-*

way, qui présentait deux pièces de plus en batterie, en a tiré environ sept cents ; *la Zélée* ne m'a pas encore fait connaître sa consommation de munitions de guerre.

« Ainsi que je crois l'avoir dit plus haut, le feu des forts hovas était peu actif, mais assez bien dirigé. *Le Berceau* a reçu dans sa coque, sa mâture ou son gréement, treize boulets, dont un a brisé son petit mât de hune. Ces projectiles sont du calibre de 18. *La Zélée* a également reçu quelques atteintes et a eu, comme *le Berceau*, son petit mât de hune brisé : ces avaries sont, à l'heure qu'il est, réparées, et les deux bâtiments prêts à faire voile. *Le Conway* n'a point d'avaries. Dans une lutte de la nature de celle qui a eu lieu à terre, et dans laquelle *les forces étaient numériquement si disproportionnées*, nous ne pouvions manquer de faire des pertes sensibles. *Le Berceau* compte neuf morts et trente-deux blessés ; *la Zélée*, sept morts et onze blessés ; *le Conway*, quatre morts et douze blessés.

« Je viens de mettre à la hâte sous vos yeux, monsieur le ministre, le récit fidèle de tous les faits qui m'ont amené irrésistiblement à une prise d'armes contre les Hovas.

« Ainsi que Votre Excellence semble l'avoir pressenti, lorsqu'elle traça mes instructions du 17 juin 1844, j'ai eu à Tamatave « à « demander des réparations pour des actes contraires à la dignité « de notre pavillon », comme aussi « pour des violences et des « spoliations exercées à l'égard de nos traitants ».

« Après avoir vainement essayé tous les moyens de conciliation, j'ai frappé aussi vigoureusement qu'il m'a été possible de le faire, et l'honneur du pavillon est sorti pur de cette épreuve.

« J'attends avec confiance et respect le jugement de Votre Excellence et les ordres qu'il lui plaira de me donner. Jusque-là, je ne modifierai en rien la conduite qu'il m'est prescrit d'observer dans le cours ordinaire des choses, à l'égard de la nation dominatrice de Madagascar.

« Depuis hier soir, les Hovas restent silencieux dans leurs batteries. Deux des leurs se sont évadés ce matin et sont venus se présenter à bord du *Berceau;* ils ont déclaré avoir éprouvé hier une perte de deux cents tués et d'un plus grand nombre de blessés. Neuf de leurs principaux chefs, et entre autres le second gouverneur, le porte-sagaye ou porte-étendard de la reine, le chef de la douane, sont au nombre des tués. Ce matin, nous avons rédigé, le capitaine Kelly et moi, une lettre pour la reine des Hovas. Cette lettre, écrite dans les deux langues, sera déposée à Foulepointe par *la Zélée*.

« Ce matin, j'ai voulu faire encore *acte d'autorité* sur cette même plage où nous étions descendus hier et dont nous allions bientôt nous éloigner. J'ai mis pied à terre avec quarante matelots armés du *Berceau*; j'y ai fait embarquer dans nos canots un assez grand nombre de barils de salaisons, appartenant à l'un de nos traitants et dont il lui sera fait remise à Bourbon ; ce travail a duré *une heure*, et a été fait sans que les Hovas aient osé sortir de leurs casemates.

« Le 17 au matin, notre présence était devenue désormais inutile à Tamatave ; *le Berceau* et *le Conway* ont mis à la voile, il y a une heure, ainsi que les cinq navires du commerce qui se trouvaient sur la rade. *La Zélée* fait route pour Foulepointe, Fénériffe, Sainte-Marie, Vohémar et Louquez. Nos traitants rentrent à Bourbon sur le navire *le Cosmopolite*. »

Tel est, d'après ce document officiel, le récit de l'expédition de Tamatave en 1845. Comme toujours, les moyens d'attaque, le nombre d'hommes étaient en disproportion avec le but proposé. Le manque de munitions, au début même, vint annihiler par imprévoyance les héroïques efforts de nos troupes.

On sait que la Reine et ses soldats, avec la forfanterie qui caractérise leur faiblesse, se vantèrent fièrement d'avoir *vaincu ensemble les Français et les Anglais coalisés*. Ces vantardises firent hausser les épaules, même aux Malegaches, et, à Tamatave, les naturels, comme les traitants, ne désignèrent plus les Hovas que sous le sobriquet ironique de « les braves ».

Nous ne devons pas omettre d'ajouter qu'à peine l'amiral Romain Desfossés était-il remonté à son bord, que, le lendemain même, les marins des deux grandes nations européennes purent voir les têtes de leurs infortunés camarades fixées au bout de sagayes et plantées en vue le long des côtes : elles y restèrent de longues années (1).

(1) Pendant une dizaine d'années, les têtes de nos malheureux compatriotes

En France, on apprit avec indignation les outrages et les atrocités des Hovas : le gouvernement, il faut lui rendre cette justice, prépara immédiatement une expédition placée sous les ordres du général Duvivier, l'une de nos illustrations d'Algérie. Malheureusement, comme toujours encore, la politique vint tout entraver et la Chambre des députés, tout en constatant la légitimité de nos droits, se montra indirectement hostile aux expéditions lointaines. Le ministère n'osa donner suite à ses projets sur Madagascar.

Il faut lire, dans le *Moniteur,* la séance du 5 février 1846 : c'est la plus édifiante des lectures. On y voit des hommes comme M. Guizot, M. de Mackau, luttant énergiquement en faveur d'une intervention sérieuse. On y voit, d'autre part (c'était à propos de la discussion dite de l'*adresse*), des avocats tels que M. Billaut et Berryer, se livrant à une discussion subtile et absolument byzantine, pour savoir si l'on doit, dans ladite adresse, placer un mot au lieu d'un autre. M. Billaut avait écrit la phrase : *La France ne recule pas devant les sacrifices que lui imposent des intérêts aussi graves.* M. Crémieux, autre avocat, propose : *Ne regrette pas* ou *n'hésite pas.* M. Odilon Barrot, troisième avocat, voudrait : *Est prête à faire.* M. Berryer, quatrième avocat, s'élance à la tribune et demande qu'on dise : *La France accepte.* M. le président Sauzet, cinquième avocat, intervient et suggère : *La France ne se refuse pas.* Enfin, M. Billaut l'emporte avec sa phrase : *La France n'abandonne aucun de ses droits,* et, en même temps il émet le vœu que *la France ne s'engage pas sans nécessité dans de lointaines et onéreuses expéditions.* C'est ainsi que, pendant dix-huit ans, ces mêmes avocats ont déclaré solennellement que *la nationalité polonaise ne périrait pas.* Vaines paroles indignes des représentants d'un grand peuple ! Un député se disant ancien officier de marine, M. d'Angeville, réédite à la tribune tous les lieux communs, tous les préjugés rebattus sur *l'insalubrité de ce tombeau des Européens* (1).

restèrent exposées ainsi à tous les outrages, jusqu'au jour où elles furent enlevées courageusement et ensevelies par M. Charles Jeannette, créole de la Réunion.

(1) On a dit de toutes les colonies que nous avons fondées, même des plus salubres, qu'elles étaient le *tombeau des Européens.* Le lecteur trouvera au second livre, au sujet de cette prétendue insalubrité, l'opinion des médecins qui ont visité Madagascar et fait justice de ce préjugé.

Il faut ajouter, toutefois, que la susceptibilité de la Chambre fut éveillée à juste titre par la crainte que le gouvernement n'associât l'Angleterre au redressement de nos griefs à Madagascar. Sur de vives interpellations à ce sujet, M. de Mackau eut le tort de balbutier et de prétendre que les Anglais et les Français s'étaient rencontrés fortuitement devant Tamatave. Ce mot *fortuitement* lui fut immédiatement jeté à la face par M. Berryer dans une réplique, à la grande joie de l'opposition. Tout affligeante qu'ait été cette séance, elle eut au demeurant ce résultat de faire proclamer à la fois par le ministère et par la Chambre, dans un vote public, le maintien de nos droits sur Madagascar. Le ministère, par suite de ce vote qui lui sembla dirigé contre l'expédition, fut obligé, malgré lui, de surseoir à toute opération militaire contre les Hovas (1).

Tous les hommes préoccupés en France de la dignité politique du gouvernement furent néanmoins attristés de voir le drapeau couvrant les intérêts français à l'extérieur, abaissé par la Chambre des députés devant la sauvagerie insolente des Hovas.

On trouvera plus loin les adresses rédigées à ce sujet par le conseil colonial de Bourbon, avant comme après la séance du 6 février 1846, et remises au roi Louis-Philippe.

Malheureusement encore, et comme par une périodicité fatale, la Révolution de 1848 vint éloigner, en la faisant oublier, toute idée d'une revanche à Madagascar. En 1830, une révolution politique avait annihilé les ordres du roi Charles X et nous avions ainsi manqué l'occupation définitive de Madagascar, qui eût coïncidé avec celle de l'Algérie; de même, après 1848, ces grandes questions extérieures furent reléguées par la politique au second plan.

Qu'il nous soit permis, à propos de l'inconsistance de notre politique à Madagascar, depuis soixante-dix ans, de faire re-

---

(1) M. Barbié du Bocage, dans son intéressant ouvrage intitulé : *Madagascar* (page 212), dit que la Chambre *refusa les fonds nécessaires*. Le fait n'est pas exact; aucun crédit n'avait été demandé par le ministère et ce n'est qu'indirectement et à propos de l'adresse au roi que la Chambre émit un vœu contre les *expéditions lointaines;* c'était une arme d'opposition qui visait aussi bien la Plata que Madagascar, mais qui atteignait surtout le ministère.

marquer que cette inconsistance est constamment et très habilement exploitée contre nous par les Anglais. Toutes les fois qu'une expédition, depuis 1815, se prépare en France contre les Hovas, les émissaires anglais, méthodistes ou traitants, ne manquent jamais de dire aux Hovas : *Attendez un peu : une révolution nouvelle va se faire à Paris, le ministère, le gouvernement lui-même va tomber d'ici à peu de temps; vous n'avez rien à craindre, il ne s'agit que de temporiser*. Et, en effet, les ministres de la marine et des affaires étrangères changent, les gouvernements eux-mêmes s'effondrent en 1830, en 1848, en 1870, et les Anglais triomphent alors, en démontrant aux Hovas, par les faits, la justesse de leurs perfides prédictions. Cette inconsistance politique a un autre inconvénient non moins grave, celui de décourager nos alliés, c'est-à-dire les trois quarts des peuplades de l'île, les Sakalaves, les Bétanimènes, les Betsimsaracs, etc. Ces malheureux se mettent en avant pour nous ; ils sont nos auxiliaires contre les Hovas, et c'est la France qui les abandonne toujours au bout de quelque temps et qui les livre ainsi à la vengeance de leurs dominateurs. Aussi nos alliés n'osent plus s'avancer, car ils disent avec raison : *Les Français, nos alliés, passent, mais les Hovas restent*.

Quand la situation devient tout à fait grave à Tananarive et qu'on y prévoit que la France va perdre patience, les Anglais, pour gagner du temps et paralyser absolument notre action, conseillent alors aux Hovas, comme en 1864 et récemment en 1882, *d'envoyer une ambassade à Paris* (c'est le grand moyen), et alors, ce sont eux, les Anglais, qui se présentent au quai d'Orsay, comme interprètes et comme *médiateurs*. Cette comédie se joue sérieusement. On verra, plus loin, que, l'année dernière, l'avisé ministre des affaires étrangères, président du conseil, M. Duclerc, a refusé cette fois de prendre au sérieux et les ambassadeurs et les médiateurs officieux.

Un incident caractéristique fut la suite de l'expédition Romain Desfossés : les Anglais, nous voyant occupés de nos discordes intestines, jugèrent le moment opportun pour ressaisir à Madagascar leur influence aussi compromise que la nôtre ; ils se présentèrent devant Tamatave avec quatre navires de guerre. Ainsi soutenus par cet imposant appareil, ils ne craignirent pas de venir solliciter de la Reine la reprise des négociations. Ils crurent même pouvoir s'excuser, auprès de Ranavalo, d'avoir pris part au bombardement de Tamatave en 1845, de concert avec l'amiral Romain Desfossés. On assure même qu'ils offrirent à la reine des Hovas de lui payer, à titre d'hommage, une sorte d'amende réparatrice pour les coups de canon dont ils l'avaient gratifiée dans cette occasion (1). Les Anglais allèrent plus loin, ils demandèrent au commandant des forces françaises dans les mers de l'Inde de vouloir bien s'associer à leurs démarches ; mais l'officier français refusa de prendre sa part d'une intervention pour laquelle il ne jugeait pas avoir besoin du concours d'autrui, nos droits incontestables sur Madagascar nous fournissant les moyens de l'effectuer seuls et par nous-mêmes.

Les Anglais ne se découragèrent pas : Ranavalo eut beau les rebuter par ses prétentions exorbitantes ou ses refus, ils revinrent à la charge pendant plusieurs années et leurs efforts, au bout de huit ans, furent couronnés d'un commencement de succès. En 1856, ils obtinrent de Ranavalo qu'un résident anglais serait reçu à Tananarive. Le 24 septembre de la même année, le gouverneur de Maurice publia une proclamation dans laquelle il rappela, en l'accentuant, les relations amicales qui existaient entre l'Angleterre et les Hovas. C'était une prétention non déguisée à se substituer à la France et à reprendre les choses au point où elles étaient du temps de Radama (2). Cette proclamation datait, comme on l'a vu, de ce mois de septembre 1856, où Sébastopol venait de tomber sous les drapeaux réunis de la France et de l'Angleterre. En présence de l'*entente cordiale* existant à cette époque entre les deux grandes puissances, le gouverneur de Maurice ajoutait dans sa proclamation qu'il punirait, suivant la rigueur des lois, toute occupation par des sujets anglais d'une partie quelconque des possessions de la Reine, et cela avec d'autant plus de rigueur que de semblables tentatives *pourraient donner de l'ombrage au gouvernement d'une puissance amie.*

(1) BARBAROUX, *De la Transportation. Les droits de la France à Madagascar*, 3ᵉ époque, ch. VI, p. 288.
(2) *Revue des Deux-Mondes*, du 15 novembre 1849; *Journal d'une station dans l'océan indien*, par M. le commandant Page.

Pour la seconde fois, les Anglais s'inclinaient devant la légitimité et l'ancienneté de nos droits sur la grande île indienne.

L'histoire doit ajouter que ce commencement, cette apparence de bonnes relations ne dura pas longtemps. En effet, dès la fin de 1857, la reine Ranavalo, toujours soumise aveuglement aux conseils des vieux Hovas et des prêtres des idoles, dont l'intérêt était de la dominer, fit publier un ordre analogue à celui du 13 mai 1845 dont nous avons publié le texte. Ce nouvel ukase, sans donner de raisons, sans rien expliquer ou justifier, interdit de rechef *à tous les Européens* le séjour sur les côtes et dans les ports de l'île. Par le même ordre, il fut défendu aux indigènes, sous les peines les plus sévères, de commercer avec eux.

L'Angleterre recevait, enfin, le prix de sa politique antifrançaise, nous pourrions dire antihumaine : les Anglais étaient chassés, comme nous, de Tananarive. En donnant aux sauvages de l'Ancôve les moyens de nous paralyser, en leur envoyant des missionnaires, des instructeurs, des armes et de l'argent pour nous tenir en échec, elle leur avait fourni les instruments nécessaires pour la combattre elle-même.

Mais, si elle se blessait avec ses propres armes, l'Angleterre, en parlant si haut de ses bonnes relations avec les Hovas, leur soufflait en même temps une arrogance nouvelle envers les malheureux Français restés sur quelques points de l'île. L'effet ne fut pas long à se produire. En effet, un mois après la proclamation du gouverneur de Maurice, le 19 octobre 1856, un affreux événement vint jeter, une fois encore, l'indignation et la terreur parmi les Français des mers de l'Inde. M. d'Arvoy, ancien consul de France à l'île Maurice, s'était établi, depuis un an, à la baie de Bavatoubé près la grande baie de Passandava, en face de l'île de Nossi-Bé, devenue territoire français depuis la prise de possession par l'amiral de Hell. Il était donc dans un pays, sur un sol acquis à la France par des traités, comme on l'a vu plus haut, et il y exploitait une mine de houille pour le compte de M. Lambert, négociant de l'île Maurice, qui remplira bientôt un grand rôle à Madagascar. Or, dans la nuit du 19 octobre 1856, ainsi que nous l'avons dit, quinze cents ou deux mille Hovas faisant partie des troupes régulières de la reine Ranavalo envahirent le domicile de M. d'Arvoy, le mirent à mort et le mutilèrent cruellement, ainsi que plusieurs autres Français et un grand nombre de Sakalaves. L'établissement fut entièrement saccagé et de nuit. Les Hovas emmenèrent comme prisonniers quatre-vingt-dix-sept travailleurs échappés au massacre, en tout, une centaine d'hommes, dont un Français grièvement blessé. Ils emportèrent, en outre, cinq canons, des fusils, de la poudre ; le tout fut immédiatement dirigé sur Tananarive. Ce fut pour la compagnie française organisée par M. Lambert et dont M. d'Arvoy était le représentant, une perte d'environ un demi-million : c'était aussi, pour la puissance française, un outrage de plus.

Ce qui ajouta encore à la gravité de cet outrage, ce sont les faits suivants qui le caractérisèrent. La reine Ranavalo, à la réception de ces nouvelles, fit assembler les populations de l'Imerne : elle leur fit lire les dépêches du chef de l'expédition, montra le canon pris à Bavatoubé, puis elle fit tirer sept coups de canon en réjouissance *de la victoire remportée par ses troupes sur les Français*. Il n'est pas inutile de rappeler, ici, que les Français étaient au nombre de huit et les Hovas au nombre de deux mille (1). Le malheureux Français blessé fut amené à pied à Tananarive et on l'exposa pour être vendu à la porte du palais de la reine. Ce fut grâce à un Français influent, à M. Laborde, que notre compatriote ne fut pas réduit en esclavage. Avec des atermoiements, de la patience et beaucoup d'argent, cet homme de bien épargna encore cette humiliation à la France.

Nous sommes obligé de dire que l'établissement industriel de M. d'Arvoy avait été créé au compte de M. Lambert, après avis donné au gouvernement français, que cette création avait été encouragée avec *promesse de protection*. Et cependant, sur les cinq canons emmenés comme trophées à Imerne, deux avaient été fournis par la frégate l'*Érigone*. La reine, le croira-t-on ? la reine s'empressa d'écrire au gouverneur de Maurice une lettre à l'occasion de la *victoire* de Bavatoubé. Le représentant anglais se hâta, de son côté, de lui répondre qu'il faisait toutes sortes de compliments à Sa Majesté *sur sa victoire* et promettait d'envoyer inces-

(1) Nous empruntons ces détails et ces observations au *Cernéen*, journal français de l'île Maurice (n° du 24 décembre 1856).

samment une frégate pour saluer son pavillon. Un officier général anglais osait louer une reine sauvage de sa barbarie envers des Européens !

Tant d'infamies restèrent néanmoins impunies, malgré le haut rang militaire que la France venait de reconquérir dans le monde, par suite des succès de la guerre de Crimée.

Vers la même époque un autre fait également déplorable avait lieu. Cinq hommes de l'équipage d'un navire français, *l'Augustine*, qui venait de faire naufrage, furent faits prisonniers par les troupes hovas, sous prétexte qu'ils étaient soupçonnés de chercher à engager des travailleurs pour la Réunion, crime puni de mort par Ranavalo. Les cinq Français furent amenés à Tananarive. Mais le prince Rakout et M. Laborde obtinrent encore de la reine qu'elle ferait grâce aux prisonniers, moyennant toutefois une rançon de trois mille cinq cents francs. Pour payer cette somme, le généreux M. Laborde, dont les ressources étaient épuisées, emprunta de l'argent à ses amis, et nos compatriotes lui durent la vie et la liberté.

La situation ne fit, du reste, qu'empirer de jour en jour. Les nuages s'amoncelaient au-dessus de Tananarive. La mort de la reine, âgée alors de près de quatre-vingts ans, pouvait seule mettre un terme à tant de misères. Il fallut attendre patiemment ce dénouement.

Nous allons, maintenant, exposer les graves événements qui qui l'ont précédé et suivi. Ce sont les pages les plus tristes et en même temps les plus émouvantes de l'histoire de Madagascar.

CHAPITRE VI.

ÉPOQUE CONTEMPORAINE.

NAPOLÉON III ET RADAMA II. — LA RÉPUBLIQUE FRANÇAISE.

Sommaire : Premiers établissements industriels français à Madagascar. — M. Arnoux, M. de Lastelle. — M. Laborde. — M. Lambert. — Immenses usines fondées par M. Laborde. — Son histoire. — Rakout, prince héritier. — Son amitié pour les Français. — Ses vues généreuses pour la civilisation de son pays. — Il s'adresse à l'empereur Napoléon III. — Il envoie M. Lambert en France pour plaider sa cause. — Intrigues des méthodistes anglais. — M. Ellis. — Rainizouare et la terreur à Madagascar. — Horrible tableau du règne de Ranavalo. — Nobles qualités du prince héritier. — Retour de M. Lambert à Madagascar. — Sa réception à Tananarive. — Le palais de la reine. — Le palais d'argent. — Détails sur le gouvernement odieux de la reine. — On suppose une conjuration du prince, de M. Laborde et de M. Lambert, pour détrôner la reine. — Deux cents Français sont exilés. — Curieux incidents. — Les sikidys. — Désespoir du prince. — Il se sent abandonné. — Mort de Ranavalo. — Avènement du prince Rakout sous le nom de Radama II. — Amnistie générale. — Radama rappelle ses amis, MM. Laborde et Lambert. — Ses réformes spontanées. — M. Brossard de Corbigny. — La France reconnaît Radama comme roi de Madagascar, sous réserve de nos droits. — Pourquoi ce titre ? — M. le commandant Dupré vient assister au couronnement de Radama II, comme représentant de Napoléon III. — Intéressante réception à Tananarive. — M. Lambert est envoyé en France pour fonder la *Compagnie de Madagascar*. — Cette Compagnie est formée au capital de cinquante millions. — Son admirable organisation. — Elle envoie à Madagascar une mission d'ingénieurs. — Assassinat de Radama II. — Proclamation de sa veuve sous le nom de Rasoahérina. — Le traité de 1868 en projet. — Dissolution de la Compagnie. — L'empereur Napoléon exige une indemnité. — Elle est payée, après des pourparlers sans nombre. — Traité anglais. — Voyage de la reine. — Mort de la reine. — Ranavalo II lui succède. — Son mariage avec le premier ministre. — Ils se font baptiser tous les deux protestants. — Progrès de l'Église anglicane. — Traité français. — Les lois de Madagascar.

La république française à Madagascar. — Intrigues des vieux Hovas et des Anglais pour prendre possession des territoires appartenant à la France dans le nord et l'ouest. — La succession de M. Laborde est convoitée par les Hovas. — Difficultés insurmontables. — Mauvaise foi des Hovas. — La France prend sous sa protection les héritiers Laborde. — Elle s'oppose à l'occupation de ses territoires par les Hovas. — Le consul de France quitte Tananarive. — Les envoyés malegaches à Paris. — Conférences diplomatiques rompues. — Le commandant le Timbre. — M. de Mahy, ministre intérimaire de la marine et des colonies. — M. Brun. — L'amiral Pierre est chargé d'occuper Mazangaye et Tamatave. — Conclusion.

Avant d'aller plus loin, il convient, en remontant un peu en arrière, de mettre le lecteur au courant des tentatives isolées que firent plusieurs de nos compatriotes pour relever à Madagascar l'influence des idées françaises. Même avant le règne de Ranavalo, dans les dernières années de celui de Radama, avant 1830, la maison Rontaunay, de l'île Bourbon, avait créé, par les soins d'un Français, homme d'énergie et de persévérance, M. Arnoux, une sucrerie importante à Mahéla (1). Après la mort de Radama, inquiet sur l'avenir, M. Arnoux était décidé à retourner à Bourbon, lorsqu'il eut la pensée de se rendre à Tananarive, auprès de la reine Ranavalo, dans le but d'invoquer sa protection et de sauver l'établissement qu'il avait fait prospérer. En mars 1829, il fut reçu par la reine et il réussit à lui faire agréer comme son successeur M. de Lastelle. Il était temps, car notre malheureux compatriote, au moment où il quittait Imerne, succomba aux suites d'un flux de sang, au village d'Ambatouaraona. L'expédition Gourbeyre ne put que compliquer la situation de M. de Lastelle ; elle devint difficile. Il avait reçu des moulins à eau et s'apprêtait à les installer, lorsqu'il vit arriver chez lui vingt-cinq officiers hovas qui le sommèrent de monter à Tananarive. Au lieu d'un accueil défavorable, M. de Lastelle fut assez heureux pour inspirer quelque sympathie à la reine et à son entourage. Il sut vaincre l'esprit ombrageux de la nouvelle cour et obtint l'autorisation d'établir une guildiverie ou fabrique de tafia. De plus, comme M. Arnoux l'avait fait avant lui, il afferma les droits de douane de Fénériffe, Manourou, Mananzary, sans d'ailleurs être investi d'aucun privilège commercial.

La faveur dont jouissait M. de Lastelle à Imerne amena la reine à le charger de se rendre en France et d'y acheter à son compte des objets de luxe. En janvier 1839, M. de Lastelle emporta sur *le Pionnier* un chargement de cire, de peaux, de riz, de gomme copal et de sucre fabriqué à Mahéla. Il revint de France avec les objets manufacturés à Paris. En même temps, à son retour, il plantait à Madagascar le blé, l'avoine, l'orge et la plupart des arbres fruitiers de France. En février 1841, *la Marie-Mathilde* emporta une nouvelle cargaison et rapporta, avec l'autorisation du gouvernement français, dix mille fusils et six cents

(1) Lorsqu'en 1817, Radama Ier vint à Tamatave pour y supplanter, avec l'aide des Anglais, le roi de Tamatave Jean René et son frère Fiche, le roi d'Yvondrou, il accueillit avec bienveillance les traitants français qui se trouvaient dans cette ville et particulièrement M. Arnoux, qui y représentait, alors, le commerce de nos nationaux.

barils de poudre anglaise. En 1843, M. de Lastelle obtint encore du gouvernement français, qui se chargea de les expédier à la reine, vingt-trois mille fusils. L'expédition Romain-Desfossés vint troubler de nouveau les établissements de M. de Lastelle : il n'en resta pas moins vingt ans à Madagascar (1). Telles sont les premières et les principales relations de nos négociants avec les Hovas.

Un autre de nos compatriotes devait fonder à Madagascar des établissements plus importants encore.

Un peu après 1830, un homme faisant naufrage avait abordé à la nage à Madagascar. Il s'y était créé, par ses talents et surtout par son caractère, une situation considérable ; cet homme était notre compatriote M. Laborde (2). Après avoir servi quelque temps dans un régiment de cavalerie française, il s'était livré à des opérations de commerce, qui l'avaient tout jeune amené dans les mers de l'Inde. A la suite de son naufrage au Fort-Dauphin (3), il avait gagné la confiance de la reine elle-même, à laquelle il avait été recommandé par M. de Lastelle, dont nous venons de parler.

Doué des plus belles qualités morales, que relevait encore une grande simplicité de langage et de manières, M. Laborde acquit sur l'esprit de la reine un ascendant considérable qu'il fit tourner au profit de la France et de la civilisation européenne. Habile aux procédés manuels, auxquels l'avait accoutumé sa première profession, qui était aussi celle de son père, il s'établit à Madagascar, tout près de Tananarive, non loin du palais même de la Reine. La douceur de son caractère, la gravité habituelle de ses allures, une rare solidité de jugement, quelque chose d'attrayant dans sa personne et de persévérant dans ses idées, avait réussi à séduire, ou tout au moins, à adoucir la nature

(1) M. de Lastelle a publié un intéressant article sur ses établissements à Madagascar, dans la *Revue de l'Orient*, 1851, 2ᵉ série, X, p. 75.

(2) Jean Laborde était né à Auch, le 24 vendémiaire an XIV (16 octobre 1805). Il était fils de Jeanne Baron et de Jean Laborde, maître charron, forgeron et sellier-bourrelier. (Archives municipales de la ville d'Auch.)

(3) M. Laborde avait fait naufrage sur un navire commandé par M. Savoie. Ce fut M. de Lastelle qui recueillit les naufragés. M. Savoie se maria par la suite avec la sœur de la princesse Juliette Fiche, dont il sera parlé plus loin.

défiante, capricieuse et féroce de la reine des Hovas. Sur les conseils de M. Laborde, Ranavalo avait consenti à l'établissement de manufactures de toute sorte, dont notre compatriote lui suggéra l'idée et dont il prit la direction. Quel instrument, quel levier, quelles ressources avait-il pour essayer de doter ce pays de tous les métiers qu'il avait vu pratiquer en France? Le levier, c'était son génie; l'instrument, c'était une collection des *Manuels encyclopédiques Roret*. C'est avec ces petits volumes décrivant les procédés de tous les arts, de toutes les industries, que M. Laborde se lança dans ses fondations si admirables et si variées. Grâce à sa rare intelligence, à son entente des professions mécaniques, à son activité persistante, ces essais furent portés en peu de temps, malgré tous les obstacles, au plus haut point de prospérité.

Ce grand homme ignoré eût fait honneur à tous les peuples; c'est une figure française; son nom appartient à l'histoire.

M. Laborde avait organisé à Mantasoua, près Tananarive d'immenses ateliers, dans lesquels dix mille ouvriers travaillaient le fer, fondaient des boulets et des canons, fabriquaient de la porcelaine, du verre, du savon, filaient la soie. Outre ces ateliers industriels, M. Laborde avait créé des établissements agricoles, des plantations de cannes et des usines à sucre, des distilleries pour le rhum. Quiconque arrivait à Tananarive pour la première fois était surpris, émerveillé qu'un seul homme, dans un tel pays et avec de tels agents, eût pu arriver à des résultats aussi extraordinaires par les seuls efforts de son génie pratique. Ajoutons que notre compatriote faisait exécuter par les indigènes tous les instruments nécessaires à l'installation et au fonctionnement de ses manufactures. Lorsque M. Laborde mourut, le 27 décembre 1878, l'inventaire de ses biens dans l'île en porta la valeur à la somme de 218,400 piastres, soit 1,088,000 francs.

Les rares voyageurs admis dans l'Ankôve ont tous rendu un tribut d'éloges aussi bien au caractère qu'aux travaux de M. Laborde. M. le docteur Vinson en a parlé en ces termes : « A Mantasoua, nous étions chez M. Laborde, et, chez lui, *on est en France*. Il y a là une cour spacieuse, une vaste maison, une salle immense, des varangues partout, les chambres les plus commodes du monde. Un gigantesque paratonnerre va se perdre dans le puits. Ce palais a été nommé par M. Laborde Soatsimananapiouvanana (mot composé qui veut dire, en malgache, *lieu charmant qui ne changera jamais*). Nous allâmes visiter sa fonderie de canons, sa tuilerie, sa verrerie, sa magnanerie, qui sont des monuments et où se fabrique ce que l'industrie et les mécaniques offrent de plus utile aux peuples ; la menuiserie, la charpenterie, la serrurerie, le charronnage, les puissants travaux de forge étaient alors en pleine activité et portés à leur dernière perfection au milieu de ce peuple demi-sauvage. C'était dans cette ville, fondée par lui sur un site choisi et pourvu de riches cours d'eau, que M. Laborde avait fait sortir de son cerveau, comme une Minerve armée, ces mille ateliers fonctionnant et tout un peuple d'artisans ; il était parvenu à mettre en mouvement tous ces ressorts divers d'industrie et à étonner Ranavalo elle-même. Quelle prodigieuse idée une telle visite donne de l'homme qui a été l'âme de ces œuvres merveilleuses ! Tout y est colossal et artistique : de vastes bâtiments en pierre, grands comme des palais, soutenus par des colonnes octogones de granit rose ; des roues hydrauliques, faites sur des modèles, exactement pareilles, et, ce qu'il y a de plus touchant, un tombeau monumental, qui est un chef-d'œuvre de solidité, élevé par M. Laborde à la mémoire de son frère mort sur cette terre étrangère. En faisant de Mantasoua le centre de tant de merveilleuses industries inconnues des Hovas, il recevait souvent la visite de la reine Ranavalo et de sa cour. Elle y eut bientôt une demeure, entourée de pavillons pour son fils, pour sa famille et ses officiers, et même un trône en plein air et construit en pierre, sur lequel elle montait pour présider les assemblées et les fêtes qui avaient lieu dans cette enceinte. Elle oubliait dans ces lieux les atrocités qui ensanglantèrent son règne et le joug de sa pesante couronne de sagayes. M. Laborde avait le talent de l'intéresser, en l'initiant au secret des arts français dont elle redoutait la magie pour son peuple. On peut dire qu'il châtiait la barbarie, en la charmant. Quand M. Laborde quitta le pays momentanément, aussitôt les ouvriers chômèrent, les ateliers furent silencieux ; la jolie ville si bien percée devint veuve d'habitants. Les quinze cents familles employées par le fait d'un seul homme se dispersèrent. Alors la ville fut un tombeau et ces ateliers magnifiques demeurèrent comme des ruines colossales qui parleront longtemps encore de l'effort gigantesque qu'un seul de nos compatriotes a pu faire, par une ferme volonté, pour inaugurer les arts de la civilisation au milieu d'une nation barbare (1). »

Après avoir su captiver le naturel farouche de Ranavalo, après avoir jeté, à force de mesure et d'adresse, les premières assises d'un État civilisé, M. Laborde poursuivit son œuvre en inspirant les mêmes sentiments au jeune héritier présomptif, le prince Rakout, pour l'amener peu à peu à aimer la France et les Français : cette visée patriotique fut couronnée de succès. Le jeune prince était comme préparé à cet essai d'instruction morale. D'un naturel très doux, d'un esprit très ouvert, curieux de toutes les choses de l'intelligence, le prince écoutait M. Laborde avec respect et avec affection. Un amour profond de la France, une philanthropie sincère mêlée à des aspirations libérales, inspiraient notre compatriote dans l'espèce d'éducation familière qu'il tenta de donner indirectement au jeune prince. Dans ses conversations fréquentes avec cet homme ingénieux et bienveillant, Rakout avait puisé une vive admiration pour les nations européennes ; aussi forma-t-il de bonne heure le projet de soustraire ses futurs sujets au régime abrutissant qui les opprimait. De là cette résolution, qu'il manifesta plus tard, quand il parvint à l'âge d'homme, mais qui était arrêtée de longue date dans son esprit, d'obtenir à tout prix le concours des gouvernements européens pour cette grande œuvre (2).

La reine sa mère était dominée, comme nous l'avons dit, non seulement par les prêtres, ombiaches ou sikidys, mais encore par l'influence odieuse d'un chef favori, nommé Rainizouare, et du premier ministre Raïnivonahitriniony (3), qui tous deux exerçaient sur elle un empire déplorable, avec la complicité et par l'intermédiaire des sorciers. Vivement affecté du spectacle des exécutions sanglantes ordonnées chaque jour par sa mère, sur la suggestion

(1) A. Vinson, *Voyage à Madagascar*, page 215.
(2) *Documents sur la Compagnie de Madagascar, Notice historique*, page 11, Paris, 1867.
(3) Ce nom signifie *Père de la fleur de l'herbe de la rivière*.

de ses misérables conseillers, le prince Rakout songeait surtout à y mettre fin d'une manière ou d'une autre.

Quelques années avant la mort de la reine, vers 1855, un jeune négociant français établi à l'île Maurice avait été recommandé à Ranavalo par M. Laborde. Ce négociant était M. Lambert, que le lecteur va retrouver bientôt jouant un rôle de premier ordre à Madagascar, aussi bien qu'en France. M. Lambert, né en Bretagne, avait passé sa jeunesse à Nantes (1). Venu aux colonies, il avait épousé une créole de l'île Maurice. Intelligent, actif, plein de cœur et d'ardeur, il créa dans cette île une importante maison de commerce. Ayant rendu à la reine un signalé service politique, en ravitaillant ses troupes bloquées à Fort-Dauphin par des peuplades ennemies, Ranavalo lui avait fait demander ce qu'il désirait comme récompense. Saisissant cette occasion de servir la France, notre compatriote s'était empressé, en bon et spirituel courtisan, de lui demander d'abord la permission de monter à Tananarive, pour avoir le plaisir de la voir. C'était alors une grande faveur; elle lui fut accordée. Les piastres espagnoles et celles de l'Amérique du Sud avaient été jusque-là la seule monnaie en cours à Madagascar; M. Lambert profita des bonnes grâces de la reine et obtint que les pièces de cinq francs de France et leurs subdivisions jouiraient du même privilège : cette concession était d'une grande importance pour notre commerce, elle lui fut concédée et, aujourd'hui encore, la seule monnaie légale à Madagascar est notre pièce de cinq francs (2).

A dater de ce moment, M. Lambert eut à la cour d'Imerne,

---

(1) Joseph-François Lambert était né à Redon (Ille-et-Vilaine), le 14 février 1824, de Rosalie-Marie-Joseph Dubois la Retaudière et de Amable-Joseph Lambert, vérificateur des douanes royales. (Archives municipales de la ville de Redon.)

(2) La piastre espagnole était, avant la pièce de cinq francs, la monnaie courante; cependant, on s'étonne de trouver à Madagascar, quand a lieu un paiement considérable en argent, une grande variété de pièces françaises de la première République, du Consulat, du premier Empire de Louis XVIII, de Charles X, de Louis-Philippe, de la seconde République. Cette agglomération démontre qu'avant même que M. Lambert demandât le cours légal de la pièce de cinq francs, elle était déjà en faveur à Madagascar.

ainsi qu'auprès du jeune prince héritier, une situation analogue à celle de M. Laborde. Tous deux, en bons Français, s'entendaient parfaitement ensemble sur les vues que leur suggérait l'avenir. C'étaient, du reste, deux hommes assez différents par leur âge, leur personne et leur caractère ; mais les cœurs battaient à l'unisson par le sentiment national, le lien le plus puissant sur la terre étrangère.

Plus âgé que M. Lambert, M. Laborde était un de ces méridionaux de l'ancien temps, tels qu'on en rencontre encore dans les colonies françaises, natifs de Pau ou de Bordeaux. Comme on l'a dit, il était simple de manières, aucunement démonstratif, ne recherchant pas l'éloge, n'aimant pas naturellement le faste, très ingénieux dans le maniement des outils, une sorte d'industriel philosophe, un Franklin pratique égaré parmi les sauvages, dont il ne redoutait rien, parce qu'il leur était utile et même indispensable. Sans besoin, hormis celui de faire le bien, il eût pu amasser des millions avec ses sucreries et ses manufactures : ses ambitions étaient bornées. Il se plaisait seulement à cultiver sur les hauteurs de Tananarive les fruits et les fleurs de France. Il avait fini par épouser une Malegache et il vivait heureux, selon l'expression du poète, loin de son pays, « oubliant, oublié ». On verra bientôt de quelle ingratitude les Hovas payèrent les services de cet homme de bien doué de tant de genres de mérite. Vingt ans après, ils se laisseront faire la guerre par la France en refusant de rendre compte des biens de M. Laborde à ses héritiers !

Tout autre était M. Lambert ; jeune, actif, brillant, chevaleresque, agréable de sa personne, il séduisait à première vue par l'affabilité de ses façons et la vive faconde de sa parole. Autant M. Laborde était sédentaire, autant M. Lambert se plaisait à franchir rapidement les distances, pour nouer des affaires et les conduire à bien. Tel est l'effet qu'il produisait sur ceux qui entraient en relation avec lui. Naturellement, cet effet fut le même sur la reine et surtout sur son héritier présomptif.

Préparé déjà à cette initiation par M. Laborde, le prince Rakout trouva dans M. Lambert un homme sympathique à ses propres inspirations, qui prenaient tous les jours une forme plus précise dans ses méditations. Il espérait, avec ses nobles illusions, régénérer un jour par le travail ce peuple abruti par la superstition et par la paresse. A défaut de l'idée religieuse, qui commande le labeur et l'obéissance, ce jeune prince espérait amener son peuple au travail par les nécessités de la vie civilisée, seule politique, du reste, qui réponde au caractère imprévoyant, sensuel, avide et vaniteux de ces peuples grossiers.

Le prince Rakout, plein de confiance dans l'intelligence et dans la loyauté de M. Lambert, s'ouvrit à lui sur ses projets futurs ; il ne lui cacha pas qu'il comptait surtout sur l'assistance des grandes puissances et particulièrement sur le concours de la France, auprès de laquelle il avait déjà fait des démarches depuis longtemps. Il dit à M. Lambert qu'il espérait en lui, car ses voyages le mettaient sans cesse sur la route de France. Pour sanctionner par un acte solennel son amitié pour M. Lambert, le prince voulut, selon la coutume malegache, faire avec lui serment du sang. Chacun des deux nouveaux amis répandirent quelques gouttes de leur sang et les mêlèrent dans un même breuvage. Dès ce moment, M. Lambert se dévoua entièrement à cette grande œuvre pour ouvrir pacifiquement Madagascar à la France et au monde entier sans effusion de sang. On va voir que ce but, qui paraissait chimérique, M. Lambert et M. Laborde furent sur le point de l'atteindre.

Ce n'était pas seulement en 1855 que le prince héritier avait songé à arrêter le cours du règne sanguinaire de sa mère et à souhaiter la régénération de ce peuple qu'il était appelé à gouverner. En 1847 déjà (il n'avait que dix-huit ans), il avait écrit dans ce sens à l'amiral Cécille, commandant *la Cléopâtre*, devant Sainte-Marie de Madagascar. L'amiral lui répondit, le 3 juillet de cette année, par une lettre encourageante. En 1852, le jeune prince fit une démarche analogue auprès de M. Hubert Delisle, gouverneur de Bourbon ; il en reçut les mêmes marques de sympathie.

Enfin, en 1854, il se décida à écrire directement à Napoléon III. Dans cette lettre, le prince déclarait qu'il n'avait d'autre but que de faire pénétrer à Madagascar les bienfaits de la civilisation. Il rappelait que son père Radama avait fait autrefois alliance avec les blancs ; mais qu'un gouvernement aveugle, celui des prêtres idolâtres et des jongleurs qui entouraient sa mère, avait arrêté tout progrès et que les maux de son peuple étaient au comble ; que sa mère, âgée (elle avait alors soixante-quatorze ans, étant née en 1780) et fort superstitieuse, n'était plus capable de modifier en rien son déplorable système de gouvernement. En conséquence, le jeune prince demandait à l'empereur Napoléon III de venir à son secours et de l'aider, par l'envoi de quelques troupes et de quelques ingénieurs, à tirer de l'abîme le peuple malegache. Il suppliait l'empereur de faciliter l'établissement d'une grande Compagnie qui exploiterait les richesses naturelles du sol et par l'habitude du travail relèverait ce peuple, que sa paresse maintenait dans la situation la plus misérable. « Il suffirait pour cela, disait-il, sans faire aucun mal à la reine, d'éloigner d'elle le vieux Rainizouare et les autres jongleurs qui la circonvenaient et abusaient, dans l'intérêt de leur domination, de sa superstition et de sa faiblesse. »

Le prince, pour faire parvenir cette lettre à l'empereur, s'adressa à l'un des Pères de la mission catholique de Madagascar, à la Réunion, qui voulut bien se charger de la transmettre. Il fut convenu que le secret serait gardé, car une telle démarche eût emporté la peine de mort.

Lorsque, l'année suivante, M. Lambert fut reçu à Tananarive, le prince et ses amis lui demandèrent, comme au missionnaire, de les aider dans cette grande entreprise. M. Lambert, à l'exemple de M. Laborde, comprit qu'une occasion unique s'offrait à la France ; qu'il y avait là un intérêt de justice et d'humanité supérieur à toute considération d'intérêt commercial ou industriel. Dès ce moment, il se dévoua tout entier à la noble pensée du prince Rakout et se disposa à tous les sacrifices (comme il le fit bien voir plus tard) pour faire triompher sur cette terre barbare le christianisme et la civilisation. Il commença par obtenir de la reine qu'un missionnaire français pût résider à Tananarive et ce fut grâce à lui que, dans la capitale malegache, le 8 août 1855, en présence du prince Rakout, le père Finaz célébra pour la première fois la messe. Il va sans dire que l'habitation de M. Laborde devint la demeure du pieux missionnaire.

Il faut avoir quitté la patrie, pour savoir ce que dit au cœur d'un Français sur la terre étrangère le spectacle des cérémonies de la religion catholique, pour comprendre à ce moment la joie de M. Laborde, de M. Lambert et de leurs amis. « Tel qui ne va jamais à la messe à Paris a chanté de toute son âme le *Te Deum* en pays étranger (1). »

Le prince, appréciant toute l'importance d'un concours tel que celui de M. Lambert, songea à en faire son plénipotentiaire auprès de Napoléon III. Il lui confia donc, en 1855, une mission auprès de l'empereur. Il renouvela sa demande de protectorat faite l'année précédente, en le priant de recevoir les paroles de M. Lambert comme les siennes propres. Il répétait que les malheurs du peuple dépassaient toute mesure et le suppliait de venir à son secours. A cette lettre il en joignait une autre, non moins explicite, des principaux chefs, qui disaient : « Sire, sauvez-nous promptement, et le Très-Haut ne manquera pas de vous bénir. Il bénira la France et tous ceux qui auront coopéré à notre salut. » Ces chefs déclaraient que leur prince Rakout avait en horreur, comme eux, la superstition et le fanatisme des courtisans de la reine et qu'il était seul capable de comprendre et de désirer la civilisation. Ils rappelaient tous les fléaux qui désolaient ce malheureux pays, la multitude des personnes assassinées chaque jour, les femmes et les enfants vendus comme esclaves, le tanguin administré sur de simples soupçons, les corvées continuelles infligées au peuple arbitrairement et qui enlevaient tous les hommes à leurs travaux, sans la moindre rémunération ni compensation, comme si le but unique des courtisans, promoteurs de tant de maux, était de dépouiller le peuple malegache et de faire mourir de faim ce qui aurait échappé à la sagaye ou au tanguin. Les chefs malegaches ajoutaient, dans leur lettre, que les princes parents de Rakout cherchaient à le perdre dans l'esprit de la reine et avaient conçu le projet de l'assassiner, comme le seul moyen de l'empêcher de régner par la suite, fatale prévision qui montrait que les chefs malegaches étaient bien au courant des sentiments d'atroce défiance contre le prince, ayant cours alors dans l'entourage de la reine. Ils imploraient donc un prompt secours pour mettre fin à un aussi déplorable état de choses.

---

(1) M. Francis Riaux, Introduction au *Voyage* de madame Pfeiffer, p. xxxvij.

Enfin, le prince écrivit à M. Lambert lui-même la lettre la plus pressante et la plus touchante pour le prier d'intervenir avec la plus grande ardeur auprès de l'empereur, dans l'intérêt de son pays.

« Vous avez vu de vos yeux, lui disait-il, la misère de mon malheureux peuple et les fléaux qui pèsent sur lui et, touché de compassion, vous avez juré, en présence de Dieu et devant moi, de faire tout votre possible pour procurer, soit par vous-même, soit par les autres, tout ce qui pourra faire le bonheur de Madagascar. Confiant dans votre noble cœur, que je sais ne faire qu'un avec le mien, je vous donne, par la présente, toute autorisation et tout pouvoir pour tenter tout ce que vous jugerez devoir entreprendre dans ce but... Que Dieu vous bénisse et tous ceux qui vous sont chers! qu'il vous aide à mener à bonne fin notre délicate entreprise! Pour vous, poursuivez avec courage ce que vous avez commencé. Ne craignez ni les peines ni les fatigues; car les misères de mon peuple sont arrivées à une extrémité intolérable et ce n'est pas par ouï-dire que vous les connaissez; mais vous les avez vues de vos propres yeux. »

M. Lambert, muni de ces instructions, quitta Tananarive dans le courant de 1855. Arrivé à Tamatave, il apprit, au moment de s'embarquer, l'affreux événement de Bavatoubé, qui le frappait si gravement dans ses intérêts et que nous avons raconté plus haut, l'assassinat de son mandataire, M. d'Arvoy, le pillage de ses établissements et les horreurs qui en furent la suite. Ce singulier gouvernement voulait bien faire accueil à M. Lambert personnellement, parce qu'il avait rendu service à la reine; mais ses États, ou ce qu'elle appelait tels, n'en restaient pas moins fermés aux autres Européens. Ainsi le voulait Rainizouare.

Dès son arrivée à Paris, M. Lambert s'empressa de solliciter une audience de Napoléon III et lui remit les lettres du prince, des principaux chefs, ainsi que les cadeaux qui les accompagnaient. Il y joignit une note explicative avec proposition de fonder une grande Compagnie pour la colonisation de Madagascar. Avec son expérience des choses et des hommes de ce pays, M. Lambert insistait pour qu'un corps de troupes vînt appuyer les essais de la Compagnie, condition sans laquelle, avec les Hovas, rien ne pouvait se traiter avec sécurité (1). Hélas! il n'en fut rien! cette condition essentielle fut négligée bien malheureusement, imprévoyance à jamais regrettable.

Le gouvernement français accueillit avec le plus vif intérêt l'envoyé du prince; mais la guerre de Crimée et la prochaine réunion du Congrès de Paris, après la prise de Sébastopol, occupaient alors tous les esprits : toute idée au sujet du protectorat fut ajournée.

La France et l'Angleterre venaient d'unir leurs drapeaux en Orient; la reine Victoria venait d'être reçue à Paris, auprès du tombeau de Napoléon Ier, par son neveu et son héritier, abjurant tous deux, au nom de deux grandes nations, les jalousies et les griefs du passé. En présence de ces circonstances extraordinaires, M. Lambert pensa qu'il était de bonne politique d'aller à Londres et c'est ce qu'il fit. Il y aborda lord Clarendon; mais cet homme d'État n'était point à la hauteur de ces grands sentiments de magnanimité. Il ne vit dans cette démarche qu'un acheminement secret au protectorat de la France et à son relèvement dans la mer des Indes. Il ne voulut, en conséquence, approuver ostensiblement que la création d'une Compagnie anglo-française d'industrie et de commerce.

En même temps que M. Lambert était reçu par lord Clarendon, ce dernier recevait aussi M. Ellis, cet ennemi acharné de la France et lui donnait une mission secrète pour Madagascar, dans le but de divulguer les projets du prince et de M. Lambert et de les déjouer par tous les moyens possibles. M. Ellis débarqua à Tamatave en juillet 1865, et arriva à Tananarive avec des lettres qui l'accréditaient comme ayant toute la pensée et toute la confiance du gouvernement britannique (2). C'était dire qu'il venait

---

(1) Nous empruntons les précieux détails qui précèdent et ceux qui suivent à l'excellente Introduction placée par M. Francis Riaux en tête du *Voyage* de Mme Pfeiffer *à Madagascar*; Hachette, in-12.

(2) Quand le jeune prince demanda à M. Ellis une preuve des pouvoirs qu'il s'attribuait, celui-ci ne put lui montrer qu'un billet insignifiant du secrétaire de lord Clarendon et une lettre du gouverneur de Maurice ainsi conçue :
« *A Sa Majesté la Reine de Madagascar. — J'envoie à Votre Majesté, par mon ami Ellis, des cadeaux que je la prie d'accepter.* »

avec la mission de dénoncer à la reine les projets du prince, des chefs malegaches et des Français. M. Ellis s'acquitta de la commission avec l'habileté et les procédés des clergymens anglais, c'est-à-dire en faussant la vérité et en ayant recours à toutes les ressources du jésuitisme protestant. Son premier soin fut de raconter à la reine tous les détails du voyage de M. Lambert à Paris et à Londres, en le traitant d'espion et d'homme dangereux. Il ajouta qu'il était à sa connaissance que très prochainement une armée française allait arriver à Madagascar, pour la détrôner au profit de son fils. Au lieu de travailler à une grande œuvre de civilisation et de paix, en dehors de toute politique, selon l'exemple qu'en donnait lui-même le prince Rakout, ce prétendu ministre chrétien n'avait qu'une pensée, un dessein infernal, celui de faire échouer cette belle entreprise, par cela seul qu'elle devait concourir à la grandeur de la France. M. Ellis ne craignit pas d'adresser un sermon au jeune prince, en lui reprochant de se révolter contre sa mère, et il osa avancer ce mensonge pour couronner tous les autres, à savoir que la cour de Londres était si affligée de ce complot *qu'elle en avait pris le deuil.*

Le jeune prince voulut bien répondre à M. Ellis; il lui dit qu'il ne cherchait point à écarter sa mère du trône, mais à lui retirer le pouvoir, dont on abusait en son nom pour commettre des cruautés; qu'il lui laisserait volontiers tout le reste, ne demandant rien pour lui-même. Malgré ces explications, le révérend méthodiste n'arrêta pas le cours de ses impostures et il répandit partout le bruit que le prince n'avait signé les lettres portées en France par M. Lambert qu'après un repas où celui-ci l'avait enivré. Instruit de cette abominable calomnie, le prince Rakout la démentit auprès de tous ceux qui l'entouraient. Il répéta que l'histoire de l'enivrement était une invention infâme, qu'il avait signé avec la pleine conscience de ce qu'il faisait et qu'il ne s'en repentait point. A cette occasion, il parla de M. Ellis avec amertume et mépris, et, blessé dans sa conscience, il adressa à lord Clarendon une lettre très catégorique, par laquelle il se plaignait des procédés et des insinuations de l'émissaire non accrédité du gouvernement britannique. Le prince déclarait, en outre, qu'il n'avait chargé M. Ellis d'aucune espèce d'affaire. Il ajoutait que lui attribuer la passion du pouvoir, c'était le calomnier; qu'il n'avait qu'une ambition, celle de sauver le peuple malegache de sa ruine et de lui faire prendre part aux bienfaits de la civilisation européenne.

Le prince, d'ailleurs, ne dissimula pas à M. Ellis lui-même le déplaisir que ses insinuations avaient causé, et il lui dit en propres termes : « Je suis le seul ici qui ait de la bienveillance pour vous. » Tout cela n'empêcha pas M. Ellis de répandre partout ce mensonge que M. Lambert, à son retour de France, serait banni par la reine; mais ce fut le contraire qui arriva. Malgré ses cadeaux, malgré l'argent qu'il semait en même temps que ses calomnies, il fut obligé, au bout d'un mois, et malgré la saison des fièvres, de quitter Tananarive. La reine était irritée contre lui parce qu'il avait distribué des Bibles, et le prince Rakout parce qu'il n'avait cessé de calomnier M. Lambert. Ce personnage s'éloignait donc sans avoir pu faire accepter un traité d'alliance avec l'Angleterre qu'il avait apporté dans ses bagages.

On vit bientôt, par une proclamation du gouverneur de Maurice, que ce Bazile protestant, qui qualifiait d'espion M. Lambert, n'était lui-même qu'un odieux délateur. C'est lui qui avait rapporté dans la colonie anglaise tous les secrets de la mission de M. Lambert à Londres. Or, on sait que M. Lambert, Français et Breton, s'était marié avec une jeune femme de Maurice et qu'il y résidait comme étranger, mais avec sa qualité hautement revendiquée de négociant français. La proclamation lancée tout à coup par le gouverneur de Maurice, sur les dénonciations de M. Ellis, menaçait de *la déportation* tout sujet anglais, ou *tout étranger résidant à Maurice*, qui tenterait une démarche pouvant être considérée comme faite au mépris *des lois de Madagascar*. Cette proclamation produisit un grand émoi dans les environs. Un courageux et honorable journal français qui se publie à Maurice même, *le Cernéen,* demanda spirituellement si M. le gouverneur possédait, pour en parler, le code des lois de Ranavalo qu'il prenait sous sa protection. En réalité, c'était à M. Lambert seul que s'adressait cette menace et il était glorieux pour notre compatriote d'agiter ainsi à lui seul les foudres britanniques. Ces foudres, c'était l'écho des propos envenimés de M. Ellis.

Pendant le séjour en France de M. Lambert, la terreur organisée par Rainizouare, au nom de la reine, se déchaînait contre les populations infortunées de Madagascar. La misère, à la fin de 1856, y était poussée à ses dernières limites. Des populations entières, condamnées à des corvées perpétuelles dans les forêts, pour le service des courtisans et des grands, sans rétribution ni compensation, corvées sur les routes, dans les champs, et, pour tout cela, pas un grain de riz à manger, pas un morceau de toile pour se couvrir : c'est la grande plaie de Madagascar. A part les grands, qui vivent dans l'abondance et qui abusent du travail des malheureux, le reste des habitants est courbé dans la misère et son sort est au-dessous de celui de l'esclave, car celui-ci, du moins, est nourri et défrayé par son maître. Le jour où l'on abolira la corvée dite royale, qui ne sert qu'aux courtisans et aux ministres, à Madagascar, les Hovas eux-mêmes se dévoueront à ceux qui les auront délivrés de ce joug abhorré.

Ce fut surtout l'année suivante, en mars et avril 1857, que la misère prit des proportions qu'il serait impossible de dépeindre. On ne peut se faire une idée des cruautés commises alors au nom de Ranavalo. Voici comment un témoin oculaire rend compte de cette terreur, telle qu'elle régnait alors à Tananarive :

« Je ne saurais mieux comparer l'état actuel du pays qu'à notre règne de la Terreur en France. A la moindre dénonciation d'un ennemi, l'accusé est un homme perdu : on l'exécute, sans même l'avertir du motif de sa condamnation. Tous les jours presque, il y a quatre ou six individus condamnés juridiquement à mort, plusieurs pour cause de sorcellerie, et sans preuves ; d'autres, pour être les compagnons et les amis des condamnés ; quelques-uns pour des fautes légères, très peu pour des crimes. Le prince Rakout en sauve beaucoup ; mais il ne peut suffire à tout, d'autant plus que les gardiens de ceux qui ne sont pas exécutés sur-le-champ répondent sur leur tête du prisonnier. Dernièrement, le prince avait fait détacher un homme condamné à être jeté dans l'eau bouillante, comme accusé d'être sorcier. Les envoyés du prince ont été pris et mis à mort. Je ne parle que de ceux qui sont exécutés par condamnation et dans la seule ville de Tananarive. Que serait-ce s'il fallait ajouter ceux qui succombent tous les jours à l'épreuve du tanguin! Aussi, tout le monde est sous l'impression de la terreur, mais de cette terreur qui étouffe jusqu'au courage du désespoir, jusqu'à l'idée de se soustraire à cet état. On n'ose sortir, de crainte de ne pas rentrer chez soi ; on n'ose rester chez soi, parce que, au moment où l'on s'y attend le moins, on est tiré de sa maison pour être condamné au supplice. On tremble pour sa femme et ses enfants ; car ils seront vendus et tous les biens confisqués, si le chef de famille est accusé ; je dis accusé, ce qui veut dire condamné. »

Ranavalo, ou plutôt Rainizouare, ne sachant qu'inventer pour torturer ces malheureuses populations, imagina d'ordonner une confession générale pour le mois de mai. Chacun devait s'accuser spontanément de toutes ses fautes et les juges de la reine décideraient quel châtiment les *coupables* mériteraient. Un grand nombre, perdant l'esprit, s'accusèrent de fautes qu'ils n'avaient pas même pu commettre. D'autres, voulant sauver les membres de leur famille, se dénoncèrent comme coupables de sorcellerie, l'éternelle accusation de l'ignorance malfaisante, dans l'espoir qu'une victime dans une famille sauverait le reste de la même famille. Plus de quinze cents individus s'accusèrent ainsi. Le prince Rakout se multipliait partout pour empêcher ces innocents terrifiés de se charger ainsi de crimes imaginaires. Mais un grand nombre échappèrent à ses conseils tutélaires. Une seule sentence en fit périr soixante-dix-neuf par le feu et la sagaye. La reine faisait procéder aux exécutions par l'eau bouillante pour la plupart des autres. Le même jour, elle fit mettre aux fers douze cent trente-sept individus. Et des fers dont le poids seul les faisait promptement succomber ! Elle avait assemblé à Tananarive la plupart des forgerons de Madagascar pour cette monstrueuse opération ! Il va sans dire que les biens des condamnés étaient toujours confisqués et les femmes avec les enfants vendus comme esclaves. Dans cette seule catégorie, on compta plus de cinq mille individus !

Accablé de désespoir, le prince Rakout déclarait à ses amis que, si la France n'acceptait pas le protectorat, si l'expédition demandée n'arrivait pas, il irait lui-même se jeter aux pieds de l'empereur et lui exposer tous les maux de son peuple, en implorant son puissant secours.

Ce fut à ce moment tout à fait critique que M. Lambert revint de France; il arriva à Tamatave le 30 mai 1857, après une absence de près de deux ans. Est-il besoin d'ajouter qu'un *alter ego* de M. Ellis survenait sur les pas de M. Lambert, en la personne d'un autre révérend ministre méthodiste, pour organiser comme toujours une lutte sourde contre l'influence française ?

A mesure que M. Lambert approchait de Tananarive, l'impatience gagnait tous ses amis. « Le désir de voir arriver les Français avec l'espérance du protectorat, dit une lettre d'un habitant d'Imerne, allait jusqu'à la folie. De toutes parts on venait lui demander ainsi qu'à M. Laborde quand les Français arriveraient, ce qu'il fallait faire pour leur éviter les ennuis de la route, etc. » Le prince était le plus impatient de tous; M. Laborde eut toutes les peines du monde à l'empêcher d'aller lui-même au-devant de son ami. M. Lambert arriva enfin, avec les magnifiques cadeaux qu'il rapportait pour la reine et pour son fils. Une réception splendide lui fut faite par Ranavalo et par les soins du prince. Jamais aucun blanc n'avait été traité ainsi. Il est vrai de dire que M. Lambert, chargé de quelques commissions par la reine, avait fait les choses royalement, dépassant de beaucoup, à ses frais, la somme consacrée aux royales acquisitions.

M. Lambert avait eu la gracieuseté d'amener avec lui la célèbre voyageuse Mme Pfeiffer, et c'est à elle que nous emprunterons les détails les plus intéressants de la réception faite à Tananarive à M. Lambert, ainsi que le portrait du prince héritier, à propos d'un banquet chez M. Laborde.

« A quelques milles, dit-elle, du village d'Ambotomanga où nous avions passé la dernière nuit, nous vîmes venir à notre rencontre une grande foule, musique militaire en tête. C'était une espèce de députation que le prince Rakout, fils de la reine Ranavalo et héritier présomptif de la couronne, envoyait au-devant de M. Lambert pour lui témoigner son affection et son estime.

« La députation se composait de douze des fidèles du prince, de beaucoup d'officiers et de soldats et de tout un chœur de chanteuses. Les fidèles de Rakout, au nombre de quarante, sont de jeunes nobles qui ont tant d'amour et de vénération pour ce prince qu'ils se sont engagés par serment à le défendre contre tout danger jusqu'au dernier homme. Ils demeurent tous dans son voisinage, et dans chacune de ses excursions le prince est toujours accompagné au moins d'une demi-douzaine de ses fidèles, bien qu'il n'ait pas besoin de cette espèce de garde, aimé comme il l'est de la noblesse et du peuple.

« M. Lambert fut reçu par cette députation avec les mêmes honneurs que s'il eût été un prince de la famille royale, distinction qui jusqu'alors n'avait encore été accordée à personne de la plus haute noblesse de l'empire, ni à plus forte raison à un blanc. Personne ne pouvait s'expliquer cette distinction, car personne n'avait encore vu pareille chose. Dans le village d'Ambatomanga, M. Lambert fut surpris par une nouvelle preuve d'affection du prince Rakout : nous y trouvâmes son fils unique, âgé de cinq ans. Empêché, par une indisposition de la reine, de venir lui-même au-devant de M. Lambert jusqu'à Ambatomanga, le prince lui avait envoyé son enfant, que M. Lambert avait adopté pendant son premier séjour à Tananarive.

« Le prince Rakout, en faisant la connaissance de M. Lambert, l'avait tellement pris en affection, qu'il voulut lui donner la plus grande preuve de son estime et de son amitié en lui offrant son bien le plus cher, son fils unique. M. Lambert l'adopta, mais sans profiter de tous les droits d'un père adoptif; il donna son nom à l'enfant, mais le laissa chez son véritable père. »

Dans tout Madagascar, mais surtout à la cour, on est habitué, pour les affaires les plus importantes comme pour les plus insignifiantes, à consulter le sikidy. Cela se fait de la manière suivante, qui est extrêmement simple. On mêle une certaine quantité de fèves et de cailloux ensemble, et, d'après les figures qui se forment, les personnes qui se prétendent douées de ce talent prédisent une bonne ou une mauvaise fortune. Il y a à la cour seule plus de douze interprètes des oracles, et la reine les consulte pour la moindre bagatelle. Veut-elle, par exemple, faire une excursion, il faut d'abord consulter l'oracle pour savoir le jour et l'heure où elle pourra l'entreprendre. Elle ne met pas de robe, elle ne mange d'aucun mets sans avoir interrogé le sikidy. Même pour l'eau qu'elle boit, le sikidy doit indiquer à quelle source il faut l'aller chercher (1).

« Il était quatre heures de l'après-midi, écrit Mme Pfeiffer, quand nous arrivâmes chez M. Laborde. Notre aimable hôte nous présenta aussitôt à deux Européens, les seuls qui demeurassent à Tananarive. C'étaient deux ecclésiastiques, dont l'un restait déjà chez M. Laborde depuis deux ans et l'autre depuis sept mois. Le moment ne leur semblait pas opportun pour se présenter comme missionnaires, et ils cachaient cette qualité avec le plus grand soin. Il n'y avait que le prince et nous autres Européens qui fussions dans le secret. L'un passait pour un médecin, et l'autre pour le précepteur du fils de M. Laborde, revenu depuis deux ans de Paris, où son père l'avait envoyé faire son éducation.

« Un superbe banquet nous réunit, bientôt après, autour de la table, que je trouvai dressée et servie à l'européenne, avec cette particularité que toutes les assiettes et tous les plats étaient en argent massif ; les verres même étaient remplacés par des coupes d'argent. Je dis en plaisantant à M. Laborde que je n'avais encore vu un pareil luxe à aucune table et que je ne me serais guère attendue à le trouver à Tananarive. Il me répondit que ce luxe existait déjà dans toutes les maisons riches (qui, il est vrai, n'étaient pas nombreuses) et qu'il l'avait introduit lui-même, non par prodigalité, mais au contraire par économie ; car la porcelaine aurait dû être renouvelée à tout instant, à cause de l'extrême habileté des esclaves à la mettre en très peu de temps en pièces, et serait revenue ainsi beaucoup plus cher.

« Notre joyeux repas était encore loin de finir; on était au champagne et on commençait à porter des toasts, quand un esclave

(1) M. le docteur Lacaze a eu la curiosité, en 1868, d'aller visiter dans sa cabane l'ancien sikidy de Ranavalo Ire. Le vieux serviteur était malade et désirait une consultation que sa science magique était impuissante à lui donner. « Couché sur une natte par terre, dit le docteur, dans une chambre misérable, l'augure se souleva et nous tendit la main. J'avais devant moi une espèce de monstre, de la taille d'un nain, avec des jambes, des bras écourtés et difformes, une figure diabolique, le tout couvert d'ulcères, d'exostoses. Le malheureux était réduit et n'en pouvait plus. Il avait besoin d'un traitement à fond, que le reste de ses forces devait le rendre incapable de supporter. » (Souvenirs de Madagascar; in-8°, 1881.)

vint nous annoncer l'arrivée du prince Rakout. Nous nous levâmes aussitôt de table, mais nous n'eûmes pas le temps d'aller au-devant du prince. Dans son impatience de voir M. Lambert, il était venu sur les pas de l'esclave. Les deux hommes se tinrent longtemps embrassés et aucun d'eux ne put trouver un mot pour exprimer sa joie. On voyait qu'ils éprouvaient réellement l'un pour l'autre une profonde amitié. Nous tous qui assistions à ce touchant spectacle, nous ne pûmes nous défendre d'une vive émotion.

« Le prince Rakout, ou, pour l'appeler de son nom entier, Rakodond-Radama, est un jeune homme de vingt-sept ans. Je ne lui trouvai, contre mon attente, rien de désagréable. Sa taille est courte et ramassée. Sa figure et son teint ne répondent à aucune des quatre races qui habitent Madagascar. Il a tout à fait le type des Grecs de Moldavie. Ses cheveux noirs sont crépus, mais non cotonneux ; ses yeux foncés sont pleins de feu et de vie ; il a la bouche bien faite et les dents belles. Ses traits expriment une bonté si candide qu'on se sent de suite attiré vers lui. Il s'habille souvent à l'européenne.

« Ce prince est également aimé et estimé des grands et des petits, et, au dire de MM. Lambert et Laborde, il mérite entièrement cette estime et cet amour. Autant la reine sa mère est cruelle, autant le fils est bon ; autant elle aime à verser le sang, autant il en a une horreur invincible. Aussi, tous les efforts du prince tendent-ils à empêcher le plus possible les exécutions sanglantes et à adoucir les châtiments rigoureux que la reine inflige à ses sujets. A toute heure, il est prêt à écouter les malheureux et à leur venir en aide ; il a défendu à ses esclaves de la manière la plus sévère de renvoyer qui que ce fût, sous le prétexte qu'il dormait ou prenait son repas. Les gens qui le savent viennent souvent au milieu de la nuit éveiller le prince et implorer son secours pour des parents qui doivent être exécutés le lendemain de grand matin. S'il ne peut obtenir leur grâce de sa mère, il prend comme par hasard le même chemin, au moment où les malheureux, liés avec des cordes, sont conduits au lieu du supplice, et il coupe leurs liens et les engage à fuir ou à rentrer tranquillement chez eux, selon qu'ils doivent courir plus ou moins de danger. Quand on rapporte ensuite à la reine la conduite tenue par son fils, elle ne fait pas la moindre observation. Seulement, elle cherche à garder le plus secrètes possible les condamnations et à en hâter l'exécution. Le jugement et le supplice se succèdent si rapidement que, quand par hasard le prince est absent de la ville, le message lui arrive trop tard pour qu'il puisse intervenir.

« Il est étrange qu'avec cette différence complète de caractères la mère et le fils aient, l'un pour l'autre, la plus tendre affection. Le prince a le plus grand attachement pour la reine ; il cherche à excuser de toutes manières ses cruautés et rien ne lui fait plus de peine que la pensée que sa mère pourrait ne pas être aimée. Le noble caractère du prince est d'autant plus digne d'admiration que, dès sa plus tendre enfance, il a toujours eu devant les yeux le mauvais exemple de sa mère et qu'on n'a rien fait pour son éducation. Sur cent cas semblables, quel fils n'eût-on pas vu adopter les préjugés et les défauts de sa mère ! A part quelques mots d'anglais, on n'a rien cherché à lui apprendre. Tout ce qu'il est et tout ce qu'il sait, il le doit à lui-même. Que n'aurait-on pas pu faire de ce prince si son esprit et son talent avaient été développés par une instruction solide ! J'eus souvent occasion de le voir et de l'observer, car il ne se passait guère de jour qu'il ne visitât M. Lambert. Je n'ai remarqué en lui d'autres défauts que trop peu de fermeté et de confiance en lui-même, et la seule chose que je redoute, si jamais le pouvoir arrive en ses mains, c'est qu'il n'ait pas l'énergie nécessaire pour exécuter ses bonnes intentions.

« Je ne raconterai que quelques traits de sa vie qui feront mieux connaître sa noblesse d'âme. Il arrive souvent que la reine ordonne à des centaines de ses sujets d'exécuter, pour tel ou tel grand seigneur du pays, les travaux les plus rudes, comme par exemple d'abattre du bois de construction, de le traîner à trente milles de là, de tailler des pierres, sans que les gens aient le droit de réclamer la moindre indemnité (1). Quand le prince apprend cela, il se fait porter à l'endroit où ces malheureux travail-

---

(1) C'est là cette *corvée royale*, — *fanompoang*, — sous laquelle le malheureux peuple hova gémit depuis si longtemps.

lent, feint de les rencontrer par hasard et s'informe pour qui ils exécutent ces travaux ; puis, il leur demande s'ils reçoivent la nourriture (naturellement il n'est jamais question de salaire); il lui est répondu d'ordinaire que, non seulement ils ne reçoivent pas de nourriture, mais que souvent même ils ont épuisé les provisions qu'ils avaient apportées et qu'ils sont réduits, pour apaiser leur faim, à chercher des racines et des herbes. Le prince donne aussitôt l'ordre de tuer, selon le nombre des ouvriers, un ou deux bœufs et d'apporter et de distribuer plusieurs quintaux de riz, le tout aux frais du seigneur. Si le maître, étonné de cette conduite, vient trouver le prince pour s'en plaindre, celui-ci le renvoie avec cette réponse : « Il est de toute justice que vous nourrissiez celui qui travaille pour vous et, si vous ne voulez pas le faire vous-même, je me ferai l'intendant de vos dépenses. »

« Il y a quelques années, un vaisseau périt sur la côte de Madagascar avec la plus grande partie de l'équipage. Cinq matelots échappés au naufrage furent, selon l'habitude, conduits à la capitale pour y être vendus comme esclaves. Le prince les rencontra dans une de ses excursions à environ une journée de Tananarive et, remarquant qu'un des matelots n'avait pas de chaussure et suivait les autres avec peine en boitant, il quitta ses propres souliers pour les lui donner ; puis il prit soin de les faire tous bien traiter. M. Laborde acheta ces cinq matelots, les habilla, leur donna de l'argent pour leur voyage et des lettres de recommandation, et les aida à retourner dans leur pays. Une autre fois, le prince vit un Européen amené à la capitale comme prisonnier par des Malegaches. Le malheureux était poussé et chassé à force de coups comme une bête ; il était si fatigué et si épuisé d'un long voyage et des mauvaises routes, qu'il avait de la peine à se traîner. Le prince reprocha aux gardes leur cruauté, descendit de son *tacon* et invita le prisonnier à prendre sa place. Souvent, il sacrifie son dernier écu et distribue toutes ses provisions de riz et de vivres et il éprouve une double joie, quand il peut venir en aide à un malheureux, sans que celui-ci apprenne par qui il a été sauvé. »

M. Lambert fut enfin reçu par la reine le 2 juin. D'ordinaire, il faut attendre huit ou dix jours après l'arrivée à Tananarive.

Voici comment Mme Pfeiffer, que M. Lambert voulut bien associer à cette réception, en raconte les curieux détails : « Vers quatre heures de l'après-midi, nous nous fîmes porter au palais, au-dessus de la porte d'entrée duquel plane un grand aigle doré aux ailes déployées. Conformément à l'étiquette, nous dûmes passer le seuil d'abord du pied droit ; nous passâmes de même une seconde porte qui conduisait à une grande cour devant le palais. Là, nous vîmes la reine assise sur le balcon du premier étage. On nous fit ranger en ligne, dans la cour, en face d'elle. La reine, selon l'usage du pays, était enveloppée d'un large simbou de soie et, comme coiffure, elle portait une énorme couronne d'or. Quoiqu'elle fût assise à l'ombre, on n'en tenait pas moins déployé au-dessus de sa tête un très grand parasol en soie cramoisie, qui fait partie de la pompe royale. D'un teint assez foncé, d'une forte complexion, elle est, malgré ses soixante-quinze ans, pour le malheur du pauvre pays, encore robuste et alerte. Autrefois, elle était, dit-on, très adonnée à la boisson ; mais elle a déjà renoncé depuis longtemps à ce vice. A la droite de la reine était son fils, le prince Rakout ; à sa gauche son fils adoptif, le prince Ramboasalama ; derrière elle, se tenaient debout ou assis quelques neveux, nièces et autres parents des deux sexes, ainsi que plusieurs grands du royaume. Le ministre, qui nous avait conduits au palais, adressa à la reine un assez bref discours, après lequel nous dûmes nous incliner trois fois et prononcer ces mots : « *Esaratsara tombokoë,* » ce qui signifie : « Nous te saluons de notre mieux ; » elle répondit : « *Esaratsara,* » ce qui veut dire : « C'est très bien. »

« Nous nous tournâmes ensuite à gauche, pour faire les mêmes trois révérences au tombeau du roi Radama, placé de côté à quelques pas de là, puis nous retournâmes à notre ancienne place devant le balcon et fîmes de nouveau trois révérences. M. Lambert, à cette occasion, leva en l'air une pièce d'or de cinquante francs et la mit dans la main du ministre qui nous accompagnait. Ce don, que doit offrir tout étranger présenté pour la première fois à la cour, s'appelle *manahasina.* Il n'est pas nécessaire que ce soit une pièce de cinquante francs : la reine se contente même d'un écu d'Espagne ou d'une pièce de cinq francs. Après la remise de la pièce d'or, la reine demanda à M. Lambert s'il avait quelque chose à lui dire ou quelque souhait à formuler. Il répondit que non. Sa Majesté daigna aussi s'adresser à moi et me demander si je me portais bien et si je n'avais pas été atteinte de la fièvre. L'étranger même n'échappe que très rarement dans la belle saison à la fièvre intermittente. Dès le second jour après notre arrivée à Tananariva, M. Lambert eut un léger accès, et dans la suite elle nous éprouva tous deux bien rudement (1). Après avoir répondu à la question de la reine, nous restâmes encore quelques minutes à nous regarder les uns les autres, puis les salutations et les révérences recommencèrent. Nous dûmes aussi prendre congé du tombeau de Radama, et en sortant on nous rappela de nouveau de ne pas passer le seuil, d'abord, du pied gauche. »

Voici maintenant la description que la célèbre Autrichienne donne du palais de la reine : « Ce palais est un grand édifice en bois, composé d'un rez-de-chaussée et de deux étages avec une toiture très élevée. Chaque étage est garni de larges galeries. Tout l'édifice est entouré de colonnes en bois, de vingt-six mètres de haut, sur lesquelles repose le toit qui s'élève encore à plus de treize mètres et dont le centre est appuyé sur une colonne de trente-neuf mètres d'élévation. Toutes ces colonnes, sans en excepter celle du centre, sont d'un seul morceau, et quand on songe que les forêts dans lesquelles il y a des arbres assez gros pour fournir de pareilles colonnes sont éloignées de cinquante à soixante milles anglais de la ville ; que les routes, loin d'être frayées, sont presque impraticables et que le tout, amené sans l'assistance de bêtes de somme ou de machines, a été travaillé et mis en place avec les outils les plus simples, on doit considérer l'érection de ce palais comme une œuvre gigantesque, digne d'être assimilée aux sept merveilles du monde. Le transport de la plus haute colonne seule a occupé 5,000 hommes et l'érection a duré huit jours.

« Tous ces travaux ont été exécutés par le peuple comme *corvées*, sans qu'il reçût ni salaire ni nourriture. On prétend que, pendant la construction du palais, 15,000 hommes ont succombé à la peine et aux privations ; mais cela inquiète fort peu la reine, et la moi-

---

(1) On sait que Mme Pfeiffer mourut aussitôt après à son retour à Vienne, en Autriche, son pays natal, le 28 octobre 1858.

tié de la population peut périr, pourvu que ses ordres suprêmes s'accomplissent. Au principal édifice se rattache, du côté gauche, le *Palais d'argent,* ainsi appelé, parce que toutes les arêtes des voûtes, ainsi que tous les encadrements des portes et des fenêtres sont garnis d'innombrables petites clochettes d'argent. Ce palais est la résidence du prince Rakout, qui ne l'habite, cependant, que très rarement. »

« A côté du palais d'argent est le tombeau du roi Radama, une toute petite maison en bois sans fenêtres, mais à qui l'absence même de fenêtres et le piédestal sur lequel elle repose donnent l'aspect d'un monument. Dans ce tombeau a été enfermé le trésor de Radama, évalué à cinquante mille piastres. »

Dans les deux avant-dernières années du règne de Ranavalo, en 1859 et 1860, M. le capitaine de vaisseau Fleuriot de Langle, commandant la station des côtes d'Afrique, avait visité la côte orientale de Madagascar, pour y réprimer des actes de violence commis contre des commerçants et des missionnaires français par les populations de ces provinces qui nous appartiennent. Cet officier profita de cette occasion pour s'enquérir de la situation de nos alliés les Sakalaves et pour consolider nos anciens droits de souveraineté par des traités nouveaux avec les rois de ce pays. C'était surtout à propos de l'affaire du brick *la Marie-Angélique,* dont l'équipage avait été victime de la barbarie des indigènes, que l'expédition vengeresse avait été organisée. A bord de ce brick se trouvait un délégué du gouvernement français. Chargé de présider à l'engagement des travailleurs libres recrutés dans ces parages, cet agent avait été tué par les indigènes de Rabouki et de Mahogoulou, villages situés sur la côte où le navire avait été pillé. M. le commandant Fleuriot de Langle commença par envoyer aux rebelles quelques obus de 80, puis il détruisit un boutre dans la baie de Baly et imposa à la contrée une contribution de guerre de soixante-dix mille francs. Ces premiers actes de vigueur suffirent pour rétablir la sécurité, en faisant comprendre aux naturels que la France ne perdait pas de vue l'intérêt de ses nationaux. Puis l'ordre fut donné à *la Cordelière* de se porter dans la baie avec toutes les ressources nécessaires pour opérer un débarquement. On débarqua en effet, et le commandant s'empara, en guise de trophée, de la reine Outsingou, sous l'autorité de laquelle se trouvaient les villages de Rabouki et de Mahogoulou. En vertu de son pouvoir discrétionnaire, le commandant déclara cette reine déchue de sa portion de souveraineté et plaça la partie septentrionale de la baie de Baly, en vertu d'un traité, sous l'autorité de Isiahouan, roi de l'Ambougou, qui gouvernait déjà la partie du sud-ouest. Celui-ci fit accepter le traité par ceux des princes et rois de sa famille qui gouvernaient alors les peuplades voisines. En outre, M. Fleuriot de Langle conclut un autre traité analogue avec Iboine, roi des Sakalaves du Bouéni, et avec le roi Angarezza qui régnait sur le reste de la baie de Baly. Ce dernier envoya au commandant français une députation chargée de faire le serment d'allégeance à la France et d'invoquer sa protection. On remarquait parmi les membres de cette ambassade les tantes des rois, filles d'Andrian Souli, prédécesseur du roi Angerezza, et qui, on se le rappelle, nous céda Mayotte en 1841. Ces divers traités portaient la date du 2 février 1859. Quelques mois après, la reine de Baly ayant fait amende honorable, M. Fleuriot de Langle, en vertu de nos droits de souveraineté, la releva de la déchéance qu'il avait prononcée contre elle. Plus tard, le 26 septembre de la même année, un nouveau traité définitif fut signé avec la participation de tous les chefs du pays.

Pour compléter son œuvre, le commandant de la station française continua sa route dans le sud de la côte occidentale. Dans le but d'y constater nos droits de souveraineté, il visita la baie de Saint-Augustin et fit lever les plans de Salar, de Tolia, de Ramoubé, de Saint-Augustin; puis, le 10 août 1859, il conclut un traité d'alliance avec le roi des Mahafales Radigoun, assisté des chefs de cette tribu, et le 19 août il en signa un autre avec Lahimeriza, roi de la vaste province du Féérègne, comprise entre la rivière Mangoki (ou Saint-Vincent), au nord, et la rivière Ongalahé (ou de Saint-Augustin), au sud.

En résumé, cette campagne de 1859-1860 fut féconde en résultats politiques; elle renoua avec ces populations les liens de notre ancienne domination. Le lecteur lira avec intérêt les principales stipulations contenues itérativement, dans ces traités, comme les marques de notre souveraineté : Faculté de s'établir et de commercer dans toute l'étendue du pays, de remonter les cours d'eau, de les utiliser comme force motrice ou autrement, de cultiver les terres, *de les posséder en toute propriété,* après la mise en culture, de créer des écoles ; — libre exercice des cultes religieux ; — en cas de naufrage d'un navire, obligation pour les riverains de prêter leur concours, soit pour le renflouer, soit pour toutes autres opérations de sauvetage ; obligation de fournir des vivres, des logements aux naufragés, de mettre en magasin et de garder les marchandises sauvées qui appartiennent aux armateurs, mais dont un tiers devra être employé à payer les frais du sauvetage ; — au cas où les indigènes auraient des plaintes à porter contre des Français, c'est au commandant de la station navale que ces plaintes devront être adressées pour être transmises au commandant de Mayotte et de Nossi-Bé et au gouverneur de l'île de la Réunion. Cette législation tutélaire fut acclamée comme un bienfait par les habitants et les rois de la côte occidentale, depuis la baie de Baly jusqu'à celle de Saint-Augustin. Enfin, M. Fleuriot de Langle prit solennellement acte de la soumission de ces peuplades et de la reconnaissance des droits de la France, dont il consigna les témoignages dans les différents actes signés par lui.

Avant d'aller plus loin et de raconter la part que prirent le prince Rakout, M. Laborde et M. Lambert aux efforts qui avaient pour but de délivrer le peuple hova du joug qui l'abrutissait sous Ranavalo, nous croyons devoir placer sous les yeux du lecteur l'éloquent tableau de ces misères tracé d'une main virile et indignée par Mme Pfeiffer, qui tenait ces détails, pris sur le vif, de ceux qui en étaient à la fois les témoins et les victimes. Quoique ce récit soit assez long, nous ne voulons rien en retrancher, parce qu'il justifie le noble but de la généreuse révolution qui aurait eu pour effet d'empêcher à jamais le retour de telles horreurs. On dirait sous cette plume de femme, des pages de Suétone : « En moyenne, il périt à Madagascar, tous les ans, de 20 à 30,000 personnes, soit par les exécutions et les empoisonnements, soit par les *corvées* et par les guerres. Les exécutions et les massacres ont souvent lieu en grand et frappent particulièrement les Sakalaves, qui paraissent être surtout odieux à la reine ; mais, elle ne traite guère plus doucement les Malegaches et les autres peuplades, et la seule race qui trouve en quelque sorte grâce à ses yeux est, comme nous l'avons déjà dit, celle des Hovas, dont elle est elle-même issue. En 1831, à une époque où la discipline introduite dans l'armée par le roi Radama n'était pas encore tout à fait oubliée, la reine voulut soumettre une grande partie de la côte orientale, dont la principale population se compose de Sakalaves. Elle ordonna à tous les hommes du pays conquis de venir lui rendre hommage. Quand tous ces malheureux, au nombre de vingt-cinq mille, furent assemblés, on leur enjoignit de déposer leurs armes. Puis, on les conduisit sur une grande place qu'on fit entourer de soldats. On les força de s'agenouiller en signe de soumission. A peine eurent-ils fait ce qu'on leur demandait, que les soldats se précipitèrent sur ces malheureux et les massacrèrent tous. Quant aux femmes et aux enfants de ces pauvres victimes, on les vendit comme esclaves. Tel est le sort réservé par la reine aux vaincus; mais celui des sujets ne vaut guère mieux. Ainsi, en 1837, les ministres apprirent à la reine qu'il y avait parmi le peuple beaucoup de magiciens, de voleurs, de profanateurs de tombeaux et d'autres criminels. La reine décréta aussitôt un *kabar* (session judiciaire) de sept semaines, et fit publier en même temps qu'elle ferait grâce de la vie à tous ceux qui se dénonceraient eux-mêmes, tandis que tous ceux qui ne se déclareraient pas seraient punis de mort. Il y eut un nombre total de près de seize cents coupables; environ quinze cents s'étaient livrés spontanément au tribunal; quatre-vingt-seize avaient été dénoncés. De ces quatre-vingt-seize, quatorze furent brûlés et quatre-vingt-deux furent, les uns précipités par-dessus un haut rocher, situé dans la ville de Tananariva et qui a déjà coûté la vie à des milliers d'hommes, les autres jetés dans une fosse et couverts d'eau bouillante, d'autres enfin exécutés avec la lance ou empoisonnés. Quelques-uns furent décapités; à plusieurs, on coupa les membres les uns après autres; mais on réserva au dernier la mort la plus affreuse. Il fut mis dans une natte, sans qu'on lui laissât de libre que la tête, et son corps fut livré tout vivant à la pourriture. Ceux qui s'étaient dénoncés eux-mêmes échappèrent, selon la promesse royale, au supplice, mais ils furent traités encore plus cruellement que ceux qui avaient été condamnés à mort. La reine déclara qu'il serait trop dangereux de rendre la liberté à un aussi grand nombre de criminels et qu'il fallait en tout cas leur ôter au moins les moyens de nuire. Elle leur fit river de lourds fers autour du cou et des poignets, et fit attacher ensemble, par quatre ou cinq, ces malheureux avec de grosses barres de fer de cinquante centimètres de longueur. Après cette opération, on les laissa libres d'aller où bon leur semblait ; seulement, il y avait partout des surveillants chargés de veiller sévèrement à ce qu'aucun ne limât ses fers. Si un homme du groupe venait à mourir, il fallait lui couper la tête, pour pouvoir délivrer le corps du fer qu'il avait au cou et les fers du mort restaient à la charge des survivants ; de sorte que ceux-ci, à la fin, pouvaient à peine se traîner et périssaient misérablement sous le poids écrasant des fers.

« Ranavalo, dès son avènement au trône, s'est appliquée de la manière la plus cruelle à étouffer le christianisme, introduit à Madagascar du temps du roi Radama. Cependant, on dit qu'il y a encore dans l'île beaucoup de chrétiens, qui cachent naturellement autant que possible leur croyance. Malgré toutes les mesures de précaution employées, une petite société chrétienne n'en fut pas moins dénoncée à Tananarive, il y a environ six ans. Tous ces malheureux ayant été arrêtés, on en brûla six (d'ordinaire on ne condamne au bûcher que les nobles, les officiers et les soldats) ; quatorze furent précipités par-dessus le rocher et beaucoup d'autres périrent sous le bâton. Quant aux autres, les nobles furent dépouillés de leurs titres et de leurs dignités ; ceux qui n'étaient pas nobles furent vendus comme esclaves. Les Bibles qu'on trouva furent brûlées publiquement sur la grande place du marché.

« Un des châtiments les moins sévères que la reine inflige à ses sujets est de les faire vendre comme esclaves. Les exemples suivants prouvent la prodigieuse facilité avec laquelle cette peine se pratique. Un jour, la reine avait fait fondre des écus d'Espagne et fabriquer avec ce métal des plats d'argent. Quand on les lui apporta, elle ne les trouva pas à son gré. Elle appela au palais les orfèvres et leur commanda de lui fournir un meilleur travail. Les bonnes gens firent de leur mieux et, pour leur malheur, réussirent à faire de plus beaux plats que la première fois. La reine en fut contente, les loua et en récompense fit vendre toute la corporation des orfèvres, même ceux qui n'avaient pas été chargés de l'ouvrage et cela pour le motif qu'ils n'avaient pas fourni dès la première fois d'aussi beaux plats qu'ils pouvaient en faire.

« C'est un crime non moins grand pour les sujets de devenir riches, et, aussitôt que leur richesse commence à être connue, elle leur attire les plus grandes persécutions. La reine apprend-elle, par exemple, qu'un village a acquis un peu d'aisance, en amassant du bétail, du riz et autres objets (on conçoit que chez des gens de la campagne il ne puisse être question d'argent), aussitôt elle impose aux malheureux habitants quelque corvée qu'ils ne peuvent pas accomplir, comme de transporter tant de bois ou de pierres ou d'autres objets dans un temps fixé et à un endroit déterminé. Mais la quantité d'objets demandés est si grande, et le temps assigné pour se les procurer si court, qu'avec la meilleure volonté et les plus grands efforts du monde, les pauvres gens ne peuvent exécuter l'ordre. Ils sont donc condamnés à une amende de quelques centaines d'écus, et, comme ils ne les possèdent pas, ils sont obligés de vendre leur bétail, leur riz, leurs esclaves et souvent de se vendre eux-mêmes.

« Cependant, comme les châtiments de tout genre, les exécutions et les empoisonnements ne font pas encore assez vite la besogne de la reine Ranavalo, et que ses ressources en fait de cruautés sont inépuisables, elle a encore imaginé d'autres moyens pour décimer le peuple et pour le rendre plus misérable. Un de ces moyens employés de temps en temps par la reine est un voyage dans ses États. C'est ainsi que la reine s'est rendue en 1845 dans la province de Manerimerina, sous le prétexte d'une chasse aux buffles. Dans ce voyage, elle s'est fait accompagner de plus de cinquante mille personnes; elle y avait invité tous les nobles et les officiers des pays environnants de Tananariva et, pour donner plus d'éclat à la marche triomphale, chacun d'eux avait dû emmener ses serviteurs et ses esclaves. Dix mille soldats et à peu près autant de porteurs accompagnaient la reine; douze mille hommes étaient toujours envoyés en avant pour élargir et réparer les routes. Les habitants des villages où la reine passait n'étaient pas non plus épargnés, et la moitié de chaque village était forcée de suivre le cortège avec femmes et enfants. Beaucoup d'hommes étaient encore envoyés en avant pour disposer le coucher de la reine, ce qui n'était pas une mince besogne, car il fallait entourer d'un haut retranchement les maisons ou tentes destinées à la famille royale, pour que Sa Majesté ne fût pas surprise la nuit par l'ennemi et enlevée à son peuple chéri.

« Comme dans un pareil voyage la noble et généreuse souveraine ne prend des précautions que pour son propre entretien et qu'elle ne donne à ses compagnons que la permission de se nourrir des provisions que chacun apporte avec lui (si toutefois il en a les moyens), la famine n'éclate que trop tôt parmi les soldats, le peuple et les esclaves. Cela arriva aussi dans ce voyage, et, pendant les quatre mois qu'il dura, environ dix mille personnes, parmi lesquelles surtout beaucoup de femmes et d'enfants, succombèrent. La majeure partie des nobles même subit les plus dures privations ; car, là où il y avait encore un peu de riz, on le vendait à un prix si exorbitant qu'il n'y avait que les gens les plus haut placés et les plus riches qui fussent en état de le payer.

« La reine n'aime rien tant que les combats de taureaux, et ce noble amusement a souvent lieu dans la grande cour du palais. Parmi ses combattants à cornes, elle a plus d'un favori ; chaque jour elle s'informe de leur santé et en prend autant de soin que nos dames européennes de leurs petits chiens, et, ainsi que ces dernières, elle s'intéresse souvent beaucoup plus à son animal favori qu'à ses amis et à ses serviteurs. Un jour, un des taureaux qu'elle aimait le plus périt dans un combat (c'était le cheval *Incitatus* de ce Caligula femelle). La pauvre reine fut inconsolable de cette perte. Jusqu'à ce jour, personne ne l'avait vue pleurer. Elle avait pourtant essuyé plus d'un malheur dans sa vie, car elle a perdu son père et sa mère, son mari, plusieurs enfants, des frères et des sœurs. Mais que sont-ils tous à côté de son taureau favori ? Elle le pleura amèrement, et elle fut longtemps sans pouvoir se consoler. La bête fut enterrée avec tous les honneurs appartenant à un grand du royaume ; on l'enveloppa de beaucoup de simbous, on la couvrit d'un grand drap blanc et des maréchaux furent chargés de la porter au tombeau. Les maréchaux prouvèrent à cette occasion que la race des courtisans fleurit aussi à Madagascar. Ils se trouvèrent très honorés de cette distinction et ils s'en vantent encore aujourd'hui. Deux grosses pierres furent posées sur la tombe, en souvenir du mort bien-aimé et on dit que la reine se souvient toujours de lui avec une profonde douleur. Ce tombeau est placé dans l'intérieur de la ville. »

Telle était l'horrible situation où l'on se trouvait à Madagascar, quand y arriva M. Lambert.

En dehors de la satisfaction qu'on éprouva en le revoyant après une si longue absence, le prince, ainsi que M. Laborde et les amis de la France écoutèrent avec une douleur profonde le récit des vains efforts tentés à Paris par M. Lambert et de l'échec complet de sa mission : ce fut un accès de désespoir universel.

Le malheureux prince héritier, dès qu'il apprit le refus de la France d'accepter le protectorat projeté, tomba dans le plus profond découragement. Sa douleur patriotique s'exhalait en plaintes amères et même, dit-on, en sanglots. « Ah ! disait-il, on laissera donc périr ce malheureux peuple ! Me prend-on pour un ambitieux, qui ne veut qu'un trône ? Si c'est une couronne que l'on désire, je la donne de grand cœur, car je n'y tiens pas ; mais, de grâce, qu'on sauve mon peuple, mon pauvre peuple ! » Et de grosses larmes roulaient dans ses yeux (1).

Après s'être remis d'une aussi cruelle déception, le prince pensa qu'il ne fallait plus compter que sur lui-même et sur ses auxiliaires. Dans ce but, M. Lambert et ses amis, pour recruter des partisans au prince, comprirent qu'il fallait tout d'abord renverser Rainizouare et, dans cet espoir, ils n'hésitèrent pas à employer les moyens que pratiquaient depuis si longtemps les étrangers : ils répandirent l'argent, distribuèrent des cadeaux, pour amener dans leur parti les grands et les courtisans. On approchait peu à peu du but, lorsque les Anglais, sentant le péril, jugèrent que le moment était venu de porter un grand coup. Rainizouare avait été reçu comme pasteur dans la secte méthodiste ; il fut prévenu par un de ses frères en religion, par l'entremise d'un Hova, de tout ce qui se tramait contre lui.

(1) M. Francis Riaux, Introduction au *Voyage* de Mme Pfeiffer. Ces détails sont tellement précis qu'on a lieu de croire qu'ils sont exacts, n'ayant pu être communiqués à l'auteur que par des témoins oculaires.

Dès ce moment, les projets généreux dont nous avons parlé étaient dénoncés. Rainizouare résolut de les faire avorter. Il avait dans son parti tous les vieux Hovas qui voyaient à l'avance leur domination anéantie par l'arrivée des Français; il avait aussi pour lui les créatures et les séides de Ranavalo, qui ne pouvaient supporter la pensée d'être écartés avec elle; il avait, enfin, dans son jeu les Anglais de toutes les sectes. Le premier ministre en forma autour de la reine comme un faisceau d'influences liguées contre M. Laborde, M. Lambert et le jeune prince. On les dénonça à la reine comme ayant formé une conjuration pour la détrôner et pour proclamer, après elle, la république à Madagascar. Ce mot de république étant inconnu aux peuples d'origine asiatique, l'emploi seul de ce mot révélait l'ingérence et la main des méthodistes anglais. On fit, enfin, craindre à la reine pour sa propre vie : les sikidys se livrèrent à leurs pratiques habituelles, pour effrayer l'imagination de Ranavalo. L'effet de toutes ces menées était prévu d'avance.

La reine décréta immédiatement l'exil en masse de tous les blancs. Elle alla même jusqu'à confisquer les biens de celui qu'elle considérait, depuis tant d'années, comme son meilleur ami, de M. Laborde. Tout cela se passait en septembre 1857.

Pour donner une idée de la manière de gouverner de la Reine, disons que, lorsque la prétendue conspiration contre ses jours fut découverte et que le premier ministre en mit les preuves, fournies par les méthodistes anglais, sous les yeux de Ranavalo; celui-ci lui proposa de soumettre à l'épreuve du tanguin des poulets représentant chacun un blanc : MM. Lambert, Laborde, Mme Pfeiffer, MM. Marius Arnauld, Goudot, le père Finaz, le père Webber (Joseph), etc. Le ministre avait sous la main les administrateurs du poison; il était maître de la vie et de la mort des volailles. Mais le père Webber, en qualité de chirurgien (on l'avait présenté comme tel), avait soigné avec beaucoup de zèle le frère de ce ministre, opéré quelques mois auparavant par le docteur Milhet Fontarabie. En conséquence, Rainizouare ordonna à ceux qui administraient le tanguin de faire périr toutes les poules, à l'exception de celle de M. Joseph Weber (1).

(1) M. Francis Riaux, Introduction au *Voyage* de Mme Pfeiffer, p. LXV.

Convaincue alors que les blancs sont coupables, à l'exception du père Joseph Webber, la superstitieuse Ranavalo les condamne à mort et délibère si elle les fera exécuter, comme les religionnaires hovas. Mais le prince Rakout lui représente que cela serait dangereux, parce qu'on était persuadé que M. Lambert était un agent secret du gouvernement français. Cette croyance sauva les blancs de la mort.

Enfin, le 17 juillet, vers midi, les juges de Tananarive, accompagnés de quelques personnes du peuple, se présentent dans la cour de la maison de M. Laborde, où ils convoquent tous les blancs. « Vous avez, leur dirent-ils, réuni quatre fois les conjurés ; vous avez voulu établir la république, affranchir les esclaves, établir l'égalité de tous sans distinction des nobles. Nous vous chassons ; sortez du pays dont Ranavalo est la maîtresse. Ce n'est point la reine qui vous chasse, ce ne sont pas les grands ni l'armée ; c'est nous, *peuple,* avec les juges, qui sommes les chefs de l'armée. »

La pauvre Mme Pfeiffer se trouvait ainsi englobée dans cette grotesque accusation de vouloir établir la république.

Quant à M. Laborde, la reine avait fait confisquer ses biens. Cependant, soit par le souvenir des services rendus, soit par la force de l'habitude, elle hésitait à le proscrire. Dans cette grave circonstance, comme dans toutes les autres, elle s'adressa à ses prêtres ou sorciers et les pria de consulter le sikidy. On sait que le sikidy est une pratique de la sorcellerie des ombiaches par laquelle ces charlatans jettent de petites noix rondes sur une sorte de damier à trous creux et tirent des horoscopes d'après la position de ces noix par rapport aux trous, comme nos tireuses de cartes consultent le marc de café, l'as ou le valet de cœur (1). Il va sans dire que les sikidys s'arrangent toujours pour que le résultat soit favorable à leurs desseins.

La reine, vivement contrariée d'être obligée de se séparer de

---

(1) Nous devons ces curieux détails où se révèle toute la fourberie des prêtres malegaches, soudoyés par les vieux Hovas, à l'obligeance de M. Alfred Grandidier. M. le docteur Lacaze les a racontés dans les *Souvenirs de Madagascar,* mais avec de légères variantes, qui ne changent rien au fond du récit.
— Le mot *sikidy* s'applique à la fois au sorcier et au jeu à l'aide duquel il tire ses horoscopes.

M. Laborde, fit tous ses efforts pour l'éloigner le moins possible de sa personne. Dans ce but, elle posa d'abord aux devins la question préalable de savoir s'il fallait bannir M. Laborde. Les devins firent jouer le sikidy, qui répondit, « Oui ». La reine leur demanda ensuite si M. Laborde pouvait rester, chez lui, aux environs, à huit lieues de Tananarive : réponse, « Non » ; s'il pouvait rester dans la province d'Ankôve : réponse, « Non »; s'il pouvait être banni seulement à Tamatave : réponse, « Non ». La reine demanda enfin s'il fallait que M. Laborde franchît la mer et fût par conséquent exilé de Madagascar. Cette dernière réponse ne pouvait être douteuse et cette réponse, ce fut, « Oui ». C'est ainsi que, semblable à Bérénice, la reine fut forcée de congédier le nouveau Titus *invitus invitam*.

M. Laborde fut donc exilé comme M. Lambert, comme les autres, et ce digne homme fut obligé de se réfugier à l'île Bourbon avec sa famille.

Après la déclaration des juges, que nous venons de reproduire, la maison fut entourée de soldats et les proscrits devinrent prisonniers. Cependant, le prince et quelques chefs intercédaient auprès de la reine pour les blancs, surtout pour M. Laborde. Mais la reine, tantôt furieuse, tantôt émue, était toujours ramenée à la sévérité par Rainizouare, qui, craignant de laisser échapper sa vengeance, se gardait bien de quitter Ranavalo un seul instant. Elle s'emporta même une fois jusqu'à menacer de mort son fils qui l'implorait pour les blancs, ainsi que la princesse Raboude, sa belle-fille.

Le soir du 17 juillet, le prince, éperdu de douleur, se déguisa en esclave et affronta la garde qui cernait la maison de M. Laborde, pour aller serrer une dernière fois la main de ses courageux amis; l'entrevue fut déchirante. Il leur disait sans cesse : « Je n'ai rien pu obtenir pour vous ; méfiez-vous des Anglais ; prenez garde aux Anglais, etc. » Ils s'embrassèrent tous, comme des amis qui n'espèrent plus se revoir : le prince, en dernier adieu, supplia encore M. Lambert, s'il échappait, de s'adresser de nouveau à l'empereur Napoléon III pour les sauver tous.

Le lendemain, la première bande des proscrits se mit en route, et le surlendemain, ce fut le tour de la famille de M. Laborde, qui formait le second convoi. On avait confié leur garde à une multitude d'officiers et à une compagnie entière de soldats. Les ordres étaient sévères, vexatoires; défense de communiquer avec personne, de quitter les rangs, etc. Mais le prince, fidèle à l'amitié et au malheur, veillait sur les proscrits. Ceux-ci éprouvèrent peu à peu, à mesure qu'on s'éloignait de Tananarive, les bons effets de ses chaleureuses recommandations et de la sympathie de leurs propres gardiens, qui n'ignoraient pas le motif vrai de leur expulsion et qui, dans le fond, les aimaient, les plaignaient et les honoraient.

Sur leur passage à Tananarive, le peuple se porta en foule, morne et silencieux; c'était la seule protestation que pouvait faire entendre la population terrifiée.

A peine étaient-ils sortis de la ville, que les tambours et les musiques appellent le peuple au lieu du supplice. On y conduisit les dix personnes dénoncées comme chefs de la conjuration et on les lapida.

Après le départ de M. Laborde, ses amis renouvelèrent leurs instances auprès de la reine pour obtenir son rappel ou du moins son exil sur les frontières de la province de l'Imerina. Outre les grands, le corps des juges rappela les services que ce blanc avait rendus au pays. Mais Ranavalo, plus que jamais sous l'influence funeste de son favori, maintint la proscription.

Les bannis mirent deux mois à faire les soixante-dix lieues qui séparent Tananarive de Tamatave et restèrent dix-neuf jours dans la forêt. M. Lambert et Mme Pfeiffer furent tout le temps en proie à la fièvre et plusieurs soldats de l'escorte en moururent. Les ordres étaient donnés d'aller le plus lentement possible. Rainizouare, qui n'avait osé exécuter les blancs, espérait que la fièvre les tuerait au milieu de ces forêts épaisses, où le soleil ne pénètre jamais et où se développe une chaleur humide, aussi propice aux végétaux que mortelle à tout être vivant.

Le premier convoi de proscrits, arrivé, le 31 août 1857, au village de Trano-Maro, sur les bords du lac Nossi-Bé, rencontra là l'honorable docteur Milhet Fontarabie, aujourd'hui sénateur de la Réunion, qui était appelé à Tananarive. « A la vue de ces pauvres bannis, dit le docteur dans sa relation (1), je n'ai pu me départir d'un sentiment de tristesse et de vive sympathie. Je me suis dirigé vers eux ; mais les Hovas m'ont empêché de les approcher. »

Aussitôt que M. Laborde fut parti de Tananarive, le gouverneur confisqua tous ses biens, ainsi que les propriétés et les noirs de M. de Lastelle. Le ministre Rainizouare était satisfait : il avait dépouillé et banni les blancs.

Est-il besoin de dire que leur souvenir resta vivant dans le cœur du jeune prince ; il avait écrit, dès le 13 juillet, la lettre suivante à M. Lambert (2) :

« Mon cher ami,

« J'éprouve le besoin de vous remercier, vous et M. Laborde, de tout ce que vous avez fait pour la cause du peuple de Madagascar, cause que j'ai fait mienne par le seul désir de procurer le bonheur à une nation si maltraitée. Votre zèle à tous les deux n'a abouti, hélas ! qu'à vous faire perdre votre fortune et à vous faire persécuter du pays même que vous vouliez sauver. Votre dévouement, qui a été jusqu'à exposer votre vie, et son résultat malheureux, me navrent le cœur : avec cela, je vois, ce que je n'aurais jamais pu croire, que la misère des Malegaches empire chaque jour et que bientôt il ne restera plus que quelques débris errants de ma pauvre nation.

« Ah ! cher ami, quelle déception pour moi, lorsqu'à votre arrivée vous m'avez annoncé que l'empereur, malgré tout l'intérêt qu'il nous porte, ainsi que vous me l'aviez assuré, n'avait pu envoyer une expédition pour nous sauver. Aujourd'hui, vous le voyez, sans cela il n'y a rien à faire.

« Je vous prie donc et vous supplie de retourner auprès de Sa Majesté l'empereur, de vous jeter à ses pieds, comme je le ferais moi-même si je le pouvais, et de lui demander de venir à notre

(1) *Revue algérienne*, février 1860, page 83.
(2) Nous empruntons cette lettre si intéressante, ainsi que les détails qui l'accompagnent à l'Introduction déjà citée placée par M. Francis Riaux en tête du *Voyage* de Mme Pfeiffer.

secours, s'il ne veut pas que nous périssions tous. Dites-lui bien que, quant à moi, ce n'est point un intérêt personnel qui me fait parler. Persuadez-lui que l'ambition de régner est bien loin de moi dans mes démarches. Je proteste ici, par écrit, comme je l'ai fait plusieurs fois de vive voix en votre présence, que je suis prêt à renoncer, dès à présent, à tous mes droits au trône et que j'y renonce s'il juge que ce soit nécessaire pour assurer un prompt secours expéditionnaire.

« De grâce, ne vous rebutez pas ; souvenez-vous que la destinée d'un peuple entier est entre vos mains.

« Que Dieu vous aide dans vos démarches.

« Rakotond-Radama. »

« Quand on ne saurait pas, dit M. Francis Riaux, que le prince était chrétien (1), l'expression seule de ces généreux sentiments montrerait les traces vivantes d'une éducation vraiment et profondément chrétienne, qui a su inspirer à un prince né dans un pays barbare un pareil renoncement à toutes les grandeurs du pouvoir. »

Ses vœux furent religieusement accomplis. M. Lambert retourna plusieurs fois à Paris et y vit notamment le prince Napoléon, qui se trouvait alors chargé du ministère de l'Algérie et des colonies. Le prince Napoléon s'intéressa vivement aux efforts de nos compatriotes. Dans une longue note rédigée par les amis du prince Rakout et des missionnaires français, on rappela au cousin de l'empereur, devenu ministre, la demande de protectorat faite à Napoléon III et la nécessité de mettre un terme aux *atrocités*

(1) Radama II était-il chrétien? C'est là un point historique controversé. M. le docteur Vinson (page 372 de son *Voyage*) dit expressément : « Radama, malgré ses beaux instincts, n'eut jamais le courage de se faire chrétien. C'est à tort que M. Ellis a imprimé dans son ouvrage que le prince avait été baptisé et converti à la secte des méthodistes; lorsqu'un jour on lut ce passage devant le roi, il en fut vivement contrarié ; il s'en expliqua avec M. Ellis, qui rejeta la faute sur l'imprimeur anglais. »
En réalité, Radama n'a jamais voulu opter entre le protestantisme et le catholicisme, par esprit politique, espérant par cette neutralité, tenir la balance égale entre les deux communions et aussi par crainte d'offenser la majorité de la nation.

révoltantes (le mot était écrit dans la note) qui se commettaient chaque jour à Tananarive. « Le prince Rakout, disait cette note, est doué de qualités supérieures, intelligence prompte, cœur d'or. Il n'a pas reçu d'autre éducation que celle qu'il cherche à se procurer par des conversations de tous les jours avec M. Laborde d'abord, puis avec les missionnaires, durant leur séjour à la capitale. Ceux-ci passaient des journées et souvent des nuits entières dans ces entretiens instructifs, où il s'est montré extrêmement avide de tout ce qui touche à la civilisation et à la manière de bien gouverner. Il ne parle point le français ; c'est en langue hova qu'avait lieu l'entretien... Il est extrêmement populaire et la reine le sait si bien qu'elle a fait défendre, sous peine de mort, d'accuser son fils, attendu que l'héritier de son trône est impeccable. »

La note se terminait par ces hautes considérations que c'était poser la France en libératrice ; qu'attendre la mort de la reine (elle avait alors soixante-dix-sept ans) ou celle de son ministre, c'était attendre que notre protectorat ne fût plus demandé, pour l'imposer alors. On ajoutait, avec un grand sens politique, que renoncer à l'établir ou l'ajourner indéfiniment, c'était priver ce beau pays de garanties pour son avenir ; que jamais les Européens n'y entreprendrait rien d'important, même sous le règne de Rakout, parce qu'ils craindront qu'à la mort de ce prince, à défaut d'une autorité tutélaire, ce qui a eu lieu à la mort de son père ne se renouvelât.

Toutes ces considérations étaient frappantes de justesse. Malheureusement encore, l'horizon politique se rembrunissait du côté de l'Italie et préoccupait le gouvernement.

De son côté, M. Laborde ne restait pas inactif. Lui aussi écrivit au prince Napoléon pour lui exposer la situation de Madagascar et lui renouveler les instances du prince Rakout pour obtenir le protectorat de la France. Le prince Napoléon accueillit toutes ces démarches avec le plus patriotique empressement et conseilla à M. Laborde, dans les circonstances où il se trouvait, de ne pas quitter la Réunion, où sa présence pouvait être fort utile pour éclairer les amis de la France.

En effet, le 28 septembre 1858, à onze heures du matin, le

vaisseau anglais de 70 canons *le Boscawen* mouillait en rade de Tamatave. Pendant les trois jours qu'il y séjourna, les Malegaches parurent épouvantés. Dans le premier moment, ils ne songeaient qu'à fuir et à cacher leurs richesses : ils se trompaient, *le Boscawen* n'était venu que pour miner notre influence ; officiers et matelots répétaient sans cesse leur éternelle formule — : que la France est une petite nation qui ne possède pas de vaisseaux comme l'Angleterre ; que les menaces de la France *ne signifient rien ; que l'Angleterre, si les Français allaient plus loin qu'elle ne voulait, saurait bien les arrêter.*

Cependant, le prince héritier adressait à ses amis de nouveaux appels. M. Lambert fit encore un voyage à Paris, où il passa trois mois, mais sans pouvoir obtenir une décision conforme à son mandat. D'ailleurs, le prince Napoléon, qui conseillait à son cousin une vigoureuse action à Madagascar, n'était plus ministre et la guerre d'Italie venait d'éclater.

Entre temps, le prince Rakout avait obtenu de sa mère que M. Laborde revînt à Madagascar ; mais il fut interné à Tamatave, sans pouvoir encore monter à Tananarive.

Quant à M. Lambert, revenu à Paris plein d'ardeur, il y trouvait toujours un bon accueil dans les régions du gouvernement ; il s'efforçait d'avancer la question, mais sans pouvoir l'amener à un dénouement.

« Et quand on pense, dit M. Francis Riaux (1), aux difficultés qu'éprouvent les questions coloniales et maritimes à être bien comprises à Paris, ce centre de toutes les agitations de la politique et de la diplomatie, on ne s'étonnera pas de voir une aussi grosse question que celle de Madagascar faire son chemin *avec lenteur* dans les esprits. »

C'est à ce moment où tout le monde désespérait du succès de tant et de si hautes démarches que la reine Ranavalo vint à mourir, le 18 août 1861, à l'âge de quatre-vingt-un ans. Comme à la mort de Radama Ier, on intrigua pour que le pouvoir passât entre les mains d'une femme, ou tout au moins de Ramboasalama. Grâce au sang-froid de ses amis, et surtout de Rainilaia-

---

(1) Introduction au *Voyage* de Mme Pfeiffer, page LXXV.

rivoni et de Raharla, le prince Rakout fut proclamé, sous le nom de Radama II, aux applaudissements et à la joie du peuple qu'il était appelé à gouverner.

Enfin, cette grande question de Madagascar, posée depuis plus de deux siècles et soumise à tant de fluctuations, allait avoir sa solution naturelle par la rencontre inattendue de circonstances heureuses dont la principale était l'avènement au trône du prince qui en était, avec l'assentiment de l'Europe civilisée, le porte-drapeau prédestiné.

L'un des premiers actes de ce généreux prince fut de rendre la liberté à son cousin Ramboasalama, qui avait eu l'ambition malheureuse de se faire son compétiteur au trône, qui même avait payé, dit-on, une certaine somme pour le faire assassiner et que dans le premier moment il avait fallu arrêter. Une de ses premières mesures fut aussi de donner l'ordre d'arracher de partout les plantations de tanguin, ce hideux instrument des violences et des sanguinaires superstitions de la reine Ranavalo. Les chrétiens purent pratiquer hautement leur religion et leur culte, et on fut étonné de leur nombre. Radama II ouvrit ses ports et l'accès de l'île à tous les étrangers, et même, pour donner un élan au commerce, il abolit provisoirement les douanes. On ne pouvait se montrer plus libéral mais en même temps plus imprévoyant.

Après avoir vidé ce débat de famille, Radama II songea à ses amis français, qu'il nommait ses frères, et il appela aussitôt auprès de lui M. Laborde et M. Lambert, qui redevinrent ses conseillers intimes, comme par le passé. Ce qu'il avait de mieux à faire, il le fit : il envoya M. Lambert en France, chargé d'une mission spéciale auprès de Napoléon III et aussi des souverains de l'Europe.

Comme on le pense bien, les Anglais de Maurice s'empressèrent de mettre à profit, pour leurs intérêts, l'avènement du nouveau roi et la bienveillance qu'il témoignait pour les Européens. Le gouverneur de cette île, dès qu'il fut informé des intentions de Radama II, envoya le colonel Midleton avec une députation pour le féliciter sur son avènement. Partie de Maurice le 22 septembre 1861, à bord de *la Jessie-Byrne,* la mission anglaise arriva à Tamatave dans l'après-midi du 26. Le pavillon de Radama II, blanc, bordé d'une bande rouge, venait pour la première fois d'y être arboré ; la mission anglaise fut accueillie avec courtoisie, mais rien de plus (1).

M. le baron Brossard de Corbigny, capitaine de frégate chargé de complimenter Radama II sur son avènement de la part du gouvernement impérial, n'arriva à la Réunion que trois mois après, et ce ne fut qu'en janvier 1862 qu'il débarqua à Tamatave. Parti de Paris le 26 novembre, il était à Bourbon un mois après jour pour jour. Il ne put être reçu à Tananarive que le 8 février suivant. Ce brillant officier a consigné les incidents de sa mission dans deux articles de revue (2). Son récit est sommaire ; néanmoins il présente quelques particularités intéressantes. M. Brossard de Corbigny fait de Radama le même portrait que Mme Pfeiffer : il parle de ses cheveux noirs ondés, *ni raides comme chez les Hovas, ni laineux comme chez les Malegaches indigènes* (3).

Le résultat de la mission de l'envoyé français fut la reconnaissance par la France de Radama II en qualité de roi de Madagascar, titre que, dans le passé, le gouvernement français, jaloux avec juste raison de ses droits deux fois séculaires de souveraineté, n'avait jamais accordé au roi des Hovas. Cette reconnaissance eut lieu, *sous la réserve des droits de la France* (4). Il ne faut pas oublier que ce titre de roi de Madagascar avait été précisément mis en avant par les Anglais sous la Restauration et que le gouvernement français ne l'avait jamais accepté. On va voir, par le récit des événements qui vont suivre, que cette appellation de pure forme demeura comme non avenue, le traité qui la contenait et les actes qui s'ensuivirent ayant été annulés ou déchirés par le gouvernement des Hovas lui-même.

A la date du 9 avril 1862, M. Lambert, qui remplissait à Paris

---

(1) Voir la lettre de Radama au colonel Midleton, dans l'Introduction au *Voyage* de Mme Pfeiffer, page LXXVIII.

(2) *Revue maritime et coloniale,* juillet-août 1862, t. VI, p. 565-605.

(3) Le portrait de Radama II a été publié, en 1863, par le journal *l'Illustration*. M. Bureau, photographe, en a exécuté un cliché grandeur naturelle.

(4) On sait que la reine Ranavalo Ire, sur les conseils des Anglais, ne recevait aucune communication, même diplomatique, sans exiger sur la suscription ces mots : *A la Reine de Madagascar;* mais, nous le répétons, cette appellation n'était qu'une simple formalité.

les fonctions d'ambassadeur de Radama II, adressa à toutes les chancelleries une sorte de circulaire diplomatique qui fut reproduite par les journaux; elle était conçue en ces termes : « J'ai l'honneur d'informer Votre Excellence que j'ai été chargé par S. M. Radama II de faire connaître aux gouvernements de l'Europe son avènement au trône et son vif désir d'entretenir avec eux les relations les plus amicales. J'ai reçu également mission de faire savoir que le royaume de Madagascar est ouvert au commerce de toutes les nations et que l'ordre a été donné aux gouverneurs des différentes provinces de protéger, en toutes circonstances, les personnes et les biens des étrangers qui viendraient se fixer dans le pays ou y faire le négoce. »

M. Lambert, créé par Radama II duc d'Imerne, avait été chargé de composer une décoration nationale pour être conférée par le nouveau souverain. Il avait fait exécuter cette décoration à Paris par Krètly, le fabricant d'ordres du Palais-Royal. Elle se composait d'un ruban rouge auquel était suspendue une étoile qui portait sur une face le portrait de Radama II et de l'autre un palmier. Mettant au service du prince, son ami, une activité de dévouement, dans laquelle le patriotisme français avait sa part, M. Lambert se rendit auprès des différentes cours européennes et obtint la reconnaissance de Radama en Angleterre, en Belgique, à Rome même.

Le 23 juin de la même année, M. Dupré, capitaine de vaisseau, commandant la station navale des côtes orientales d'Afrique, reçut par voie ministérielle la mission de représenter le gouvernement impérial à la cérémonie du couronnement de Radama II (1). M. le commandant Dupré a raconté dans son livre, *Trois mois de séjour à Madagascar,* tous les incidents si intéressants de sa mission, c'est donc à lui que nous demanderons les éléments de ce curieux récit.

La mission arriva à Tamatave le 5 juillet 1862. Elle se composait du commandant Dupré, de deux lieutenants de vaisseau de *l'Hermione,* M. Ferrières et M. Dewatre, aides de camp du com-

(1) On trouvera les lettres patentes remises à M. le commandant Dupré pour sa mission à Madagascar dans l'ouvrage de M. le docteur Vinson, *Voyage à Madagascar* (Pièces justificatives, n° 1).

mandant, d'un jeune chirurgien, M. Capitaine, tous trois nommés par le chef de la mission. Le gouverneur de Bourbon, de son côté, avait désigné le colonel Lasseline, les capitaines Mazière et Prudhomme et le docteur Vinson. Le père Jouen fut, sur sa demande, adjoint à la mission, ainsi que M. Soumagne, négociant français établi à Madagascar.

Arrivé à Tamatave, on se livra aux apprêts du voyage, véritable caravane, puisque, comme on le sait, les voyageurs sont portés à dos d'homme (1). Le commandant Dupré fut aide dans cette circonstance par tous ceux qui portaient intérêt à notre nation. Au premier rang il faut nommer cette femme remarquable, la princesse Juliette Fiche, que tous nos compatriotes nous ont présentée sous les couleurs les plus sympathiques.

M. Rontaunay, négociant de Bourbon, dont la maison, depuis le règne de Radama Ier, avait fondé des établissements à Bavatoubé et dont nous avons déjà parlé, avait donné à la mission des lettres d'introduction pour Juliette Fiche. Cette princesse est nièce de Jean René, ancien roi des Bétanimènes, qui avait voulu arracher à Radama Ier la suprématie dans l'île, et fille de Fiche, frère de Jean René et ancien interprète de Sylvain Roux. Juliette Fiche fut, dans son enfance, amenée à Bourbon par M. Arnoux et y resta trente ans. C'est là qu'elle a reçu l'éducation française. En 1857, revenue à Madagascar, elle secourut des naufragés de l'île Bourbon échoués sur la côte malegache et l'empereur Napoléon III lui envoya pour ce fait une médaille d'or. Radama II la releva de la disgrâce où elle était tombée sous le règne précédent et lui rendit le titre et le rang de princesse royale. Intelligente, spirituelle et cordiale, elle nous a constamment aidés de ses bons offices. « Elle a fait avec nous, dit le commandant Dupré, le voyage de Tananarive, pendant lequel elle nous a rendu de grands services et s'est acquis des droits à notre reconnaissance et à notre affection. » M. Brossard de Corbigny en parle dans les mêmes

---

(1) M. le docteur Vinson a tracé un tableau charmant de cette arrivée. Nous sommes obligé, faute d'espace, de renvoyer le lecteur à son livre. Le bon docteur, en vrai Français, écrit : « Je foulais enfin ce sol, l'objet de mes rêves les plus ardents. *J'aurais voulu l'embrasser et en prendre possession.* » (*Voyage à Madagascar, au couronnement de Radama II*, p. 12.)

termes. « C'est chez Juliette Fiche, dit le docteur Vinson, que se faisaient nos préparatifs de départ ; elle déployait une activité prodigieuse. Nous la trouvâmes, la plume à la main, expédiant des Malegaches, écrivant à la reine Raboude et à divers hauts personnages pour leur annoncer notre départ (1). » Il avait fallu trouver quatre cents porteurs malegaches, qu'on appelle des maromites ou vulgairement *marmites* (2), et qui emportent les voyageurs sur un *tacon* ou *filanzane,* siège posé sur des montants comme la chaise à porteurs et dont Flacourt donne déjà la description avec une estampe à l'appui. Le siège est construit la plupart du temps en rabane, étoffe faite avec les fibres du palmier rafia. Parfois, il est composé d'une simple peau de bœuf carrée, tendue entre deux traverses en bois éloignées l'une de l'autre par une tige en fer. Les Européens préfèrent un fauteuil en rotin et les femmes voyagent habituellement dans un cadre-palanquin abrité par des rideaux et dans lequel elles peuvent s'étendre au besoin. Le tout s'appuie directement sur les épaules de quatre porteurs.

Nous ne redirons pas les péripéties de ce voyage, racontées plusieurs fois, notamment par le commandant Dupré et le docteur Vinson. Aux approches de la capitale, la mission apprit avec quelle émotion on l'attendait.

« Nous avons trouvé à Andraï-Souri, dit le commandant Dupré, de nouveaux envoyés pour nous féliciter et nous offrir des cadeaux. Mais la visite qui m'a été le plus agréable a été celle de M. Laborde, dont la physionomie franche et ouverte m'a inspiré, dès le premier abord, une confiance et une sympathie complètes. Après quelques instants passés avec nous, il nous a quittés pour aller, le soir même, porter à Radama et à Raboude de nos nouvelles. Celles qu'il apportait étaient satisfaisantes : tout le cérémonial de notre entrée avait été réglé par lui ; le roi et la reine

---

(1) Juliette est aujourd'hui retirée à Soamandrakisaï, dans l'ancienne habitation tombée en ruines de M. de Lastelle, qui mourut en 1857 à Tamatave.

(2) Ce nom est la corruption du mot malegache *maromita* qui signifie *passeur de gué*. On donnait d'ordinaire trois piastres à chacun. Ils demandèrent un supplément d'une demi-piastre, qu'on dut leur accorder, malgré les efforts de la princesse Juliette qui était du voyage, parce que la prochaine arrivée d'une mission anglaise, celle de M. Lambert, qui était annoncée, établissaient une sorte de concurrence, dont les *maromites* surent profiter.

étaient pour nous dans les meilleures dispositions et attendaient notre arrivée avec impatience. »

Le 28 juillet, la mission arriva à Tananarive.

« Dès le matin, dit le commandant Dupré, le roi et la reine nous ont envoyé saluer par quelques-uns de leurs officiers; puis, des troupes, de la musique et la députation de la ville, augmentée de Razafikaref, ministre de la police, sont venues nous chercher. Le roi avait eu l'attention de m'envoyer un cheval et un filanzane avec des porteurs à lui. A notre sortie, les troupes ont présenté les armes et la musique a joué l'air royal, composé par Rainibesa en collaboration avec Ratsimanga, et, dit-on, avec les conseils du roi, qui a trouvé plus digne d'avoir son air à lui que d'emprunter, comme avaient fait son père et sa mère, celui du *God save the Queen* au souverain de la Grande-Bretagne. Après cet air, on a joué celui de la *Reine Hortense* en l'honneur de l'empereur, puis la *Marseillaise* pour moi, et enfin un autre air pour le commandant du cortège. »

Au moment où la mission se trouve devant la ville et prête à y entrer, le premier coup de canon tiré en son honneur se fait entendre. On escalade les abords de la ville, on s'arrête devant la grande porte du palais, où de nouveaux saluts sont faits ; enfin, on arrive, au milieu d'une foule de Malegaches à la mine curieuse et bienveillante, à la maison de M. Laborde, nommé consul de France à Tananarive. Le vingt et unième coup de canon éclatait à ce moment. Aussitôt après une collation, les cadeaux commencèrent à arriver : c'étaient d'abord ceux du roi et de la reine ; puis successivement ceux des principaux membres de la famille royale, du premier ministre, du commandant en chef et de leurs familles. Ces cadeaux consistent en bœufs, moutons, porcs, volailles, œufs, riz, légumes et fruits du pays. C'est la manière traditionnelle de souhaiter la bienvenue à l'étranger de distinction, avec cette formule invariable : « C'est la main qui offre, c'est le cœur qui donne. » Le commandant Dupré fut logé chez le ministre de l'intérieur, Raharla, un excellent homme, qui était venu en 1837 en Angleterre et en France et qui avait eu l'occasion de dîner chez le roi Louis-Philippe.

C'est le 31 juillet, à midi, qu'eut lieu la présentation de la mission à Radama II. Ici nous laissons parler M. Dupré lui-même : « Ratsimanga, cousin du roi, et quelques officiers du palais venaient nous prendre au consulat de France avec des troupes et de la musique. Comme ils étaient arrivés à pied, nous avons congédié nos porteurs et nous nous sommes rendus processionnellement au palais, sous un soleil d'airain, au milieu des tourbillons de poussière soulevés par une foule avide de considérer de près tant d'étrangers. Les troupes étaient rangées en équerre sur l'esplanade du palais, faisant face à la porte d'entrée et à la *maison d'argent,* où nous devions être reçus. A notre entrée dans la cour, la garde a présenté les armes et deux musiques ont joué l'air de Radama et celui de l'empereur. Après les avoir écoutés, nu-tête, nous avons été introduits dans le salon, où le roi, la reine et la cour étaient réunis. Radama et Raboude étaient assis au nord de la salle, à gauche de la porte d'entrée, qui est percée dans la façade occidentale. Derrière eux se tenaient debout les officiers du palais, les dames placées à gauche de la reine, et les hommes à la droite du roi. Une rangée de fauteuils vides, disposés devant leurs sièges, était préparée pour les membres de la mission. Le roi portait l'uniforme d'officier général français, culotte collante et bottes molles : c'est le costume qui lui sied le mieux. Le roi et la reine se sont levés pour me recevoir et m'ont gracieusement tendu la main. Je leur ai présenté tous les membres de la mission ; puis, j'ai exposé en peu de mots au roi l'objet de notre voyage à Tananarive, motivé par les sentiments de sympathie qu'il avait inspirés à l'empereur Napoléon et par le sincère désir de Sa Majesté Impériale de l'assister dans l'œuvre de civilisation si généreusement entreprise à Madagascar ; j'ai terminé en priant la reine de vouloir bien me prêter son bienveillant appui pour m'aider à obtenir et à conserver la confiance du roi pendant mon séjour dans sa capitale. »

M. le docteur Vinson ajoute une touche piquante à ce tableau : « Plusieurs de nous, dit-il, avaient remarqué une figure étrange, qui s'était glissée au milieu des officiers hovas et qui se dissimulait mal parmi eux. C'était M. Ellis, épiant avec inquiétude les phases de cette journée, si fatale à son influence. On le reconnaissait facilement par la fine gravure anglaise placée à la première page de son histoire de Madagascar. Le roi crut devoir le présenter au commandant Dupré, qui répondit qu'il connaissait déjà M. Ellis par ses ouvrages, dont le moindre mérite n'était pas le manque de sincérité dans ses sentiments à l'égard des Français. Le missionnaire anglais, qui recevait le compliment fait à ses œuvres avec le contentement d'un auteur applaudi, fut un peu déconcerté de cette fin mêlée d'épines.

Après la réception, la mission fut reconduite au consulat avec le même cérémonial. Le lendemain, les Français apprirent que le roi, dans l'expansion de sa joie, répétait à tout le monde : « Voilà donc ces Français qu'on me représentait obstinément comme mes ennemis ! Vous avez entendu ce que leur empereur me fait dire. Si ce sont là des ennemis, où sont donc mes amis ? » Un dîner fut offert à la mission au nom du roi, que l'étiquette empêchait d'y assister. La députation anglaise arriva le 8 août. Le roi s'efforça de tenir en public la balance égale entre les deux missions ; mais, dès qu'il était seul, il reprenait son laisser-aller naturel et laissait échapper ses sentiments de sympathie pour la France.

Le couronnement était fixé au 28 septembre, Radama désirant attendre l'arrivée de M. Lambert, qui était annoncé comme devant arriver à Tananarive vers la fin d'août.

En attendant, M. le commandant Dupré et M. Laborde s'étaient concertés pour donner une grande fête, où le roi et la reine s'étaient spontanément invités, en l'honneur du 15 août, fête de la Saint-Napoléon. La fête devait commencer au consulat, se continuer à la chapelle catholique et finir à Ambouit-Sirouit, propriété de M. Laborde, au pied de la ville. Cette cérémonie, il faut le dire, eut un grand éclat, auquel la présence de la mission anglaise donnait un caractère particulier au point de vue politique. Donc, avant dix heures, tous les membres de la mission en grande tenue étaient rassemblés au consulat, où se rendit un détachement de la garde avec la musique. A dix heures précises, le pavillon français était solennellement arboré dans la capitale des Hovas aux cris enthousiastes de *Vive l'empereur!* Les troupes présentaient les armes, les tambours battaient au drapeau, tandis qu'une salve de vingt et un coups de canon saluait nos couleurs et annonçait à la population la fête de l'empereur des Français. « Nous étions tous profondément émus, dit le commandant Dupré ; mais que pouvait être notre émotion comparée à celle de M. Laborde, de l'homme qui, après plus de la moitié de sa vie passée sur la terre malegache, voyait en ce moment son vœu le plus cher enfin réalisé ? Il pleurait, me serrait les mains avec effusion, et, muet de joie, il me remerciait de son regard attendri. »

Avant la fin de la cérémonie, le roi parut au milieu de ses officiers. Il était à pied ; la reine était portée sur un fauteuil monumental recouvert d'une capote d'étoffe rouge et surmonté d'un immense parasol de soie cramoisie bordé de doubles franges d'or. Ce *tacon* gigantesque était soutenu et manœuvré par huit hercules malegaches. C'était quelque chose comme la *sedia gestatoria* des papes. La reine était entourée et suivie d'une troupe nombreuse de chanteurs et de musiciens, ceux-ci les accompagnant du tambourin malegache ou soufflant dans d'énormes conques marines. M. Dupré alla au-devant du roi et sur son invitation offrit la main et le bras à la reine, quand elle descendit de son trône mouvant pour se rendre à l'église. Notre modeste église de paille reçut les souverains, qui prirent place sur une petite estrade attenant au chœur, au milieu des membres de la mission. Dans une tribune se trouvaient les chanteurs et les musiciens. Pendant la messe, on chanta le *Kyrie*, l'*O salutaris*, le *Tantum ergo*, et le *Domine, salvum* pour l'empereur et pour le roi. Les chœurs, très nombreux, étaient composés en grande partie d'enfants malegaches n'ayant pas six mois d'études musicales. Le roi fut surpris des progrès de ces jeunes élèves de nos missionnaires, et il fut surtout frappé du grand caractère de la musique du *Tantum ergo*, qu'il a voulu entendre de nouveau après la messe. A midi seulement, le roi donnait le signal du départ.

Voici le portrait que le commandant Dupré trace de Radama II ; ce portrait, le plus complet, est, à peu de chose près, le même que celui donné par Mme Pfeiffer et M. Brossard de Corbigny : « Le roi est petit, il a les épaules larges et un peu arrondies, toutes les apparences de la vigueur et de la santé. Ses cheveux sont lisses, durs et épais ; il a un beau front, de grands yeux intelligents et doux, le nez légèrement arqué, les lèvres grosses, les pommettes saillantes, le bas du visage assez fort, et peu de barbe, comme la plupart des Malegaches. Sa physionomie ouverte et souriante respire la confiance, la franchise et la bonne humeur, le désir d'être agréable et de rendre heureux tous ceux qui l'entourent. Cette bienveillance naturelle n'empêche pas ses yeux de lancer des éclairs, lorsqu'il est irrité par quelque contrariété un peu vive. » M. le docteur Vinson ajoute à ces portraits divers quelques traits se rattachant à l'expression morale du modèle et dignes d'être rapportés : « Radama II, dit-il, de petite taille et bien pris de corps, large d'épaules, avec sa figure jaune, un air souriant et doux, et de très beaux yeux noirs, était debout. Sa tenue était simple, sa pose franche, aisée et gracieuse. Il paraissait avoir trente-quatre ans. Sa figure arrêtait et reposait agréablement la vue ; elle était jeune et respirait une douceur impassible qui se montrait sans effort, tant elle était naturelle. On pouvait dire presque sans exagération que son âme se peignait dans la sérénité de son visage. C'était la bonté résolue à n'être que la bonté, la conscience d'une mission de paix s'offrant avec abandon, décidée à ne varier jamais. S'il sortait d'une rêverie à peu près permanente et surtout s'il riait, outre les belles dents blanches que ses lèvres mettaient à découvert, l'intelligence, l'esprit et la gaieté brillaient dans chacun de ses traits et la placidité d'une bonté infinie ne cessait de régner sur le tout. Radama me parut être, ce jour-là, le modèle des souverains : il avait rêvé, du reste, d'en être l'idéal. » Mais revenons au dîner et à la fête de la Saint-Napoléon.

M. Laborde avait disposé le salon de sa villa avec un goût et un luxe sur lesquels la reine, le roi et toute la compagnie s'extasièrent en chœur. Notre digne consul avait, de plus, disposé la salle du festin sous une tente immense dressée dans la cour. Cette tente formait un carré long où partout on voyait suspendus les drapeaux réunis de Madagascar, de France et d'Angleterre, au-dessus d'écussons de feuillages où se lisaient les initiales N. R. V. NAPOLÉON, RADAMA, VICTORIA. Dès que le général Johnstone, son aide de camp et la mission anglaise furent arrivés, on se mit à table. Le roi et la reine occupaient le haut bout. A la droite du roi était le commandant Dupré, à la gauche de la reine était le général Johnstone. Radama avait réclamé l'honneur de porter lui-même la santé de l'empereur Napoléon III. « Le roi, dit M. le commandant Dupré, le roi, dont le visage rayonnait à la vue de cette table entourée de plus d'Européens qu'il n'en avait vu dans sa vie, s'est levé et a porté la santé de l'empereur, de l'impératrice et du prince impérial, en nous exprimant le bonheur qu'il éprouvait de pouvoir célébrer la fête de Napoléon III au milieu de nous. Vingt et un coups de canon ont salué ce toast, pour lequel je l'ai immédiatement remercié, en portant sa santé et celle de la reine, accueillies par des cris enthousiastes de *Vive Radama! vive Raboude!* En même temps, je demandai la permission de porter un toast à la reine Victoria. La plus franche cordialité animait ce repas. Le roi exprimait hautement sa joie; la reine, plus réservée, n'était pas moins satisfaite. Habitués à n'entendre parler que des rivalités et même des haines de la France et de l'Angleterre, ils paraissaient profondément frappés tous deux des paroles cordiales, empreintes d'une mutuelle estime échangées entre le général anglais et moi et franchement applaudies par tous les Européens présents à la fête. Le soir même, le roi dit à M. Laborde que, pendant ce repas, il s'était fait comme une révélation dans son esprit. »

Après le commandant Dupré, ce fut M. Laborde qui, en sa qualité de consul, but à la prospérité de Madagascar, en ajoutant quelques mots dictés par son excellent cœur. « Je lui ai dit, ajoute M. Dupré, que là où il se trouvait nul ne pouvait prétendre à porter ce toast et que nous avions dû lui en laisser l'honneur, que nous nous unissions tous aux vœux dont il se rendait l'interprète. » Dans une conversation qui suivit le repas, le commandant Dupré, en tête-à-tête avec le roi et se servant de la langue anglaise, lui parla à cœur ouvert et lui donna des conseils inspirés par le dévouement le plus vrai, sans craindre même de les faire trop sévères. « Je me rappellerai toujours, dit le commandant, l'intensité d'attention avec laquelle le jeune roi m'écoutait, les yeux fixés sur les miens. De temps à autre, il traduisait mes paroles au commandant en chef et tous deux me serraient les mains avec effusion pour me remercier. Je me sentais gagné à l'émotion de tous deux. Je sentais la bonté native du roi, ses instincts de droiture, de grandeur et de beauté morale. En les réveillant en lui, j'aurais voulu lui inspirer en même temps ce ferme vouloir, sans lequel les plus belles aspirations restent stériles. Il y a vraiment quelque chose de magnanime dans ce jeune cœur si largement ouvert à tous les sentiments nobles et humains. J'ai conservé de cette soirée une impression triste et douce à la fois et un sincère attachement pour cette bonne et généreuse nature, dont on peut regretter la faiblesse, sans pouvoir se défendre de l'aimer. » Le repas se termina par un toast à la santé de M. Laborde, l'organisateur de cette fête superbe qu'il avait fait précéder de trente ans d'honorables efforts.

Deux jours après le banquet du 15 août, le consul anglais à Tananarive, M. Packenham, y faisait son entrée au bruit du canon et venait y prendre son poste, qu'il devait garder vingt et un ans. Porteur d'instructions signées de la reine d'Angleterre elle-même, il lui était enjoint de maintenir entre tous une entente parfaite. Obéissant à ces prescriptions, il fut, dès son arrivée, aux prises avec l'esprit de sectaire propre à M. Ellis. La lettre de la reine venait mettre fin à toutes les résistances. Et cependant on se persuadait que, de M. Packenham ou de M. Ellis, c'était ce dernier qui était le véritable agent britannique. Nous avons vu que Radama, par esprit politique, ne voulait se prononcer ni pour les catholiques ni pour les protestants. M. Ellis allait souvent trouver Radama dans le lieu de plaisir appelé la *Maison de pierre* : c'est là que Radama se rencontrait avec sa maîtresse Marie, dont il venait d'avoir un enfant, et aussi avec la jeune troupe de ses amis, les *mena-maso,* qui lui étaient dévoués absolument.

Cette *Maison de pierre,* qui, ainsi qu'on le verra, sera bientôt le théâtre du drame le plus affreux, était une sorte de maison de plaisance où le roi se retrouvait dans la vie intime au milieu des plaisirs et loin des affaires. M. Ellis y venait souvent, pour affecter une sorte de familiarité avec Radama. Le commandant Dupré le trouva un jour expliquant la Bible au roi. De plus, il le faisait assister tous les dimanches à une espèce d'office célébré dans la *Maison de pierre* et il conçut la pensée hardie de l'enrôler dans sa secte. Pour cela, il fit courir le bruit qu'il l'avait baptisé : il s'était fait donner le titre de chapelain pour accréditer ce mensonge. Mais Radama, qui avait accordé le titre sollicité par M. Ellis sans en mesurer, dans sa bonne foi, toutes les conséquences, Radama, instruit de ces menées, nomma le père Finaz, de la Compagnie de Jésus, son aumônier ordinaire, afin de montrer clairement que, si sous son règne catholiques et protestants étaient libres, il n'avait, en ce qui le concernait personnellement, aucune préférence exclusive pour l'une ou l'autre des deux religions. « Cette petite leçon bien méritée, écrit M. Dupré, mais à laquelle je restai complètement étranger, augmenta l'animosité de M. Ellis contre nous. Ses mauvais sentiments se traduisaient surtout par des calomnies sourdement semées parmi les nombreux prosélytes que les méthodistes se sont faits à Tananarive depuis plus de quarante ans, calomnies qui, de là, se propageaient avec une incroyable facilité *dans le peuple entier.* »

Les quelques lignes qu'on vient de lire expliqueront au lecteur les moyens qui furent employés l'année suivante et qui malheureusement furent couronnés de succès, pour amener à Madagascar la plus honteuse, la plus blâmable des révolutions politiques.

Si la fête du 15 août avait répandu la joie dans tous les cœurs, un autre événement allait porter au comble, le 25 août, la satisfaction de Radama II, c'était le retour à Tananarive de son ambassadeur, de son ami, M. Lambert, accompagné d'un groupe de Français. On se rappelle que le jour du couronnement avait été différé pour l'attendre. Le roi lui avait fait une concession de terrain considérable, aux termes d'une charte dont il sera parlé plus loin, et qui devait être le point de départ de l'organisation d'une grande Compagnie d'exploitation à Madagascar. Le 4 août, M. Lambert était débarqué à Tamatave, venant de France. Il était accompagné de M. Charles Richard, délégué par la chambre de commerce de l'île Bourbon, de M. Arthur Vergoz, comme secrétaire, de M. Marius Arnaud, comme interprète, et de M. Richard fils.

On conçoit aisément l'émotion du jeune roi : des ordres furent expédiés pour que, le long de la route, tous les honneurs fussent rendus à M. Lambert. Ces ordres étaient peut-être superflus ; la générosité du nouvel ambassadeur était si connue que les Malegaches n'avaient pas besoin d'être stimulés sous ce rapport.

Le roi voulut recevoir l'ambassadeur, son ami, en présence des deux missions réunies. Le bruit du canon avertit au loin que M. Lambert arrivait à Tananarive. Il était midi, le roi, la reine, la cour, les princes et princesses, les membres des deux missions, les ministres, tous les officiers, se tenaient au palais, en attendant le moment solennel. Cette scène est si intéressante, elle fait vibrer la fibre patriotique d'une manière si profonde, que nous ne résistons pas au plaisir de la faire raconter par un éloquent témoin, M. le docteur Vinson : « Le roi était dans son costume de général français, bottes molles et pantalon de peau. Il était joyeux, le contentement de revoir un frère et ami, auquel il s'était lié dans des jours difficiles, lui donnait encore plus d'expansion que de coutume. Il causait, riait, et, comme on entendait à chaque instant retentir des salves au dehors, il dépêchait, dans son impatience, courrier sur courrier pour être exactement informé des progrès de la marche de son ambassadeur. Tout à coup, M. Lambert entra en marchant vivement; il alla droit au roi. Sachant, par une longue habitude, que le meilleur moyen de gagner les peuples qu'il visitait était de les éblouir comme des enfants, il apparaissait à leurs yeux sous un riche costume d'ambassadeur, auprès duquel pâlissaient tous les uniformes de la cour. Plus d'un officier de Radama dut le considérer avec envie. Sa figure était pâle. Les fatigues d'un long voyage, les traces anciennes de la fièvre de Madagascar et les indices déjà prochains d'un nouvel accès se peignaient sur ses traits, autant que l'émotion mal contenue d'une joie vive. Il embrassa le roi avec effusion, en recevant de Sa Majesté un témoignage semblable; il tendit ensuite la main à Raboude, qui la serra affectueusement. Bien que la reine ne se départît en aucune circonstance de sa réserve habituelle, elle laissa voir cependant tout le plaisir que lui causait l'arrivée d'un tel hôte. Le chargé des intérêts malegaches en Europe rendit un compte succinct de sa mission : la France, l'Angleterre, la Belgique, la cour du Rome adhéraient sympathiquement à la reconnaissance de Radama II. Le roi parut très flatté de ces témoignages. C'était le cas de célébrer une santé d'à-propos : le roi fit circuler des verres remplis de vin de Champagne et porta, dans un même vœu, un toast à la prospérité et à l'union de la France, de l'Angleterre et de Madagascar. Il fit alors jouer à la fois les trois airs nationaux par des musiques différentes, afin de mieux exprimer cette fusion : il en résulta une cacophonie inexprimable. Des drapeaux faits à Paris furent présentés à Radama ; ils offraient au centre un vourounmahère (le faucon de Madagascar, mot à mot, *l'oiseau intrépide*) embrassant Madagascar sous la forme d'un globe étoilé. Puis on se mit à causer, et la cérémonie se termina par la santé du roi (1). »

M. Laborde, qu'on retrouve toujours dans toutes les réceptions cordiales à offrir à ses compatriotes, avait eu une idée très heureuse, celle de faire venir de sa villa d'Ambouit Sirouit à Tananarive, au consulat de France, la magnifique salle du banquet du 15 août. Ce bâtiment aux lambris de toile, dressé sur des piquets plantés dans la cour, abritant une table de trente couverts autour de laquelle se réunissaient, chaque jour, au moins vingt-quatre convives, était le rendez-vous de tout le clan européen. Plusieurs fois, des étrangers, des gentlemen, des missionnaires, les princes, les princesses, le roi, la reine, vinrent s'asseoir à ces agapes et les partager sous la présidence de notre consul qui représentait si noblement la France. « L'abondance et la bonne humeur, dit M. Dupré (2), y ont régné jusqu'au jour de la dispersion. La bonne figure, toujours franche et ouverte, de notre excellent hôte, sa cordialité et son entrain étaient faits, d'ailleurs, pour ramener la gaieté chez les plus disposés à la mélancolie. C'était, à chaque repas, quelque anecdote nouvelle tirée de l'inépuisable répertoire dans lequel il a enfoui les souvenirs de trente années passées sur la terre malegache et racontés avec la verve intarissable du Gascon. L'ennui n'avait pas de prise sur nous. »

Septembre arrivait et le moment était venu pour le commandant Dupré d'aborder la grande affaire de la mission, la conclusion d'un traité de commerce et d'amitié avec Radama II. Cette négociation, comme on le pense bien, ne se poursuivit pas sans de vives oppositions. Le ministre Rahaniraka ayant eu connaissance du projet de traité, l'avait communiqué à M. Ellis. Celui-ci mit tout en usage pour le faire échouer, en agissant sourdement sur la population. Un grand kabar fut tenu où les sentiments les plus hostiles éclatèrent contre la France. Le roi semblait indécis,

---

(1) *Voyage à Madagascar,* par M. le docteur Vinson, pages 411 et suiv.
(2) *Trois mois de séjour à Madagascar,* par le commandant Dupré, p. 222.

et il avoua un jour à M. Laborde et au commandant Dupré les intrigues adverses de M. Ellis. Sur une ouverture de M. Laborde, le surlendemain, Radama accueillit avec empressement la pensée d'en finir, et il fixa lui-même la date du 12 septembre pour la signature du traité, cérémonie à laquelle il invita la mission anglaise. Il voulut donner à cet événement un éclat extraordinaire. Il dit à cette occasion : « On verra bien que ce mouton a une tête de fer. »

Le jour venu, le roi ouvrit avec beaucoup de dignité cette séance mémorable, qui eut lieu dans le palais particulier de Raboude. Radama était en habit noir et en gants blancs. Sur les tentures on voyait trois portraits d'amis de Raboude, c'étaient ceux de MM. Laborde, Lambert et Charles Richard. Après l'échange des pouvoirs et la lecture du traité en français et en malegache, Radama II prit la plume pour signer. Rahaniraka lui fit observer que les plénipotentiaires seuls devaient donner leur signature. Au lieu d'insister pour avoir cette signature royale, l'envoyé français dit au roi que sa parole valait sa signature et déclara qu'il était prêt à passer outre. Le roi ne le laissa pas achever pour commencer à signer. Vingt et un coups de canon annoncèrent ce grand événement à la population attentive. Le commandant Dupré signa après le roi et les trois plénipotentiaires après lui. L'envoyé français demanda alors à Radama, pour donner une nouvelle consécration à la charte qu'il avait concédée depuis longtemps à M. Lambert, de la signer de nouveau publiquement, ce à quoi le roi consentit avec toute la bonne grâce possible. L'acte, reproduit sur parchemin, fut derechef signé, contresigné et transcrit en présence d'une nombreuse assistance de Français, d'Anglais et de Malegaches, parmi lesquels on distinguait le général anglais et M. Ellis. « Je vais maintenant, s'écria le roi, radieux, sceller le traité de la France avec le champagne et le canon. — Nous sommes à présent plus unis encore qu'auparavant, » repartit M. Dupré. Radama lui serra la main, et, sur un signe, le canon se fit entendre, faisant rouler ses échos jusqu'au bord de la mer.

On fit courir le bruit que la signature du traité coûtait quatre cent quatre mille piastres à la France ; c'était encore une nouvelle calomnie anglaise.

On connaît la teneur de ce traité, l'un des plus honorables que la France ait jamais conclus. Toutes les nations y étaient appelées, par l'article vingt et un, à jouir des avantages qui y étaient stipulés : c'était une nouvelle application du même système qui avait inspiré à Napoléon III les traités de 1860 avec l'Angleterre. La liberté de conscience, le libre exercice de tous les cultes, avec une égale tolérance pour tous, y étaient inscrits ; la juridiction des consuls de chaque pays y jetait les fondements d'une juridiction internationale dominant le barbare despotisme exercé jusque-là par les Hovas. En vertu de l'article sept, l'île de Madagascar était ouverte aux savants, aux géographes, aux naturalistes et aux autres voyageurs de toutes les nations, placés sous la protection des autorités malegaches et des consuls européens. Par l'article quatre, les Français avaient la faculté d'acheter, de vendre, de prendre à bail, d'exploiter les terres, maisons et magasins. « C'était, dit M. le docteur Vinson, la même grandeur qui faisait en 89 la France l'aînée des nations. C'était le même esprit qui créait l'Institut d'Égypte au temps du premier Bonaparte. »

Le moment était venu de présenter au roi et à la reine les riches présents que M. Lambert leur avait apportés de la part de l'empereur et de l'impératice. Exposés dans la grande salle du Palais d'argent, « ces charmants objets, dit un témoin, M. Vinson, ces objets arrivés si frais sous le ciel lointain de l'Ankôve, étaient tout empreints encore des parfums de Paris. » Le roi et la reine furent charmés à l'aspect de toutes ces richesses et de toutes ces élégances qui transformaient leur palais en un bazar merveilleux créé par la baguette d'un magicien. Ces présents, en effet, étaient magnifiques : c'était une couronne pour le roi, un diadème pour la reine, des uniformes en velours rouge rehaussé d'or, des habits bourgeois, des robes en moire blanche avec des dessins en or fin sur liséré rouge, un manteau pour le roi, un autre pour la reine, des bottes, des bottines, des chapeaux d'ordonnance et de fantaisie. La couronne royale surtout était un chef-d'œuvre d'orfèvrerie : elle était en or, surmontée de la croix latine et enrichie d'un grand nombre de beaux rubis et de pierres précieuses. L'uniforme pour Radama était complet et semblable à celui que portait l'empereur Napoléon III dans les jours de grande tenue militaire. Radama se revêtit de l'uniforme français, du manteau rouge semé d'étoiles d'or, puis il mit sur son front la couronne. La reine elle-même revêtue du manteau, avait ceint le diadème en face d'une grande glace placée exprès dans le salon. A ce moment, et en voyant son époux couronné, Raboude, saisie d'une vive émotion, se prosterna devant Radama pour lui baiser les pieds, donnant ainsi l'exemple de la soumission. Elle pleurait abondamment ; le roi la releva avec bonté. Cette scène inattendue produisit, comme on peut le penser, un effet extraordinaire sur les Européens qui en furent les témoins.

Quelques jours auparavant, les Anglais avaient offert à Radama, de la part de leur souveraine, son portrait en pied peint d'après Winterhalter. Les Français aussi avaient apporté de Paris, pour Radama, les copies des portraits en pied de l'empereur et de l'impératrice, peints également d'après Winterhalter; mais ces divers objets, et les armes destinées par Napoléon III à Radama, restèrent en chemin sur la route de Tamatave à Tananarive, dans ces affreuses fondrières qui séparent la côte de la capitale. Ces derniers présents, très pesants d'ailleurs, ne parvinrent que deux mois après à leur destination. Tel est l'état de cette route dite royale, telle est l'exactitude du service des postes et transports, chez les Hovas, lenteurs systématiques dont ils souffrent eux-mêmes.

M. Lambert avait ajouté à tant de magnificence par les dons qu'il apportait en son nom, et pour l'achat desquels il avait, comme toujours, prodigué ses ressources personnelles. En passant en Égypte, il y avait fait l'acquisition, pour être offert à Radama, d'un cheval arabe de race pure et d'une performance admirable. « Rien ne manquait à ce présent, dit M. Vinson, ni la housse, ni la bride historiée, ni la selle de velours aux clous d'or, ni même l'Égyptien, à la voix duquel le noble animal avait l'habitude d'obéir. »

Le jour du couronnement approchait : le roi ne voulut pas garder en prison sous son règne les malheureux qui s'y trouvaient et dont quelques-uns étaient de pauvres chefs sakalaves, détenus depuis celui de Radama Ier, c'est-à-dire depuis plus de trente ans. Il donna à l'amnistie qu'il méditait toute la solennité d'une fête. Le 18 septembre, à huit heures du soir, on entendit tout à coup retentir le canon : c'était l'annonce du pardon accordé par le roi aux partisans de son compétiteur Ramboasalem.

« Depuis ce jour, dit M. le commandant Dupré, il n'a plus été question que des préparatifs de la fête du couronnement, qui devait avoir lieu une semaine plus tard. Le pauvre M. Laborde passait sa vie à courir du palais au champ de Mars et du champ de Mars au palais. Ici, c'était pour ordonner les apprêts du banquet ; là, pour prendre les dispositions d'ordre que rendait indispensables un concours de peuple tel qu'on n'en avait jamais vu dans le pays. Le dîner devait réunir plus de cent personnes ; trois bœufs, autant de veaux, douze moutons engraissés, cinquante dindes et cinquante oies, deux cents poules ou poulets devaient être sacrifiés pour ces nouvelles noces de Gamache, sans parler des accessoires, tels que gibier, poisson, écrevisses, insectes de toute espèce, les uns à l'état parfait, les autres à l'état de chrysalide ou de larve. » — « Au champ de Mars, ajoute le même narrateur, il y avait à faire placer le trône sur la *pierre sacrée* que les pieds du roi seul devaient fouler, à élever et à décorer le dais destiné à l'abriter, à construire les tribunes ou estrades réservées à la famille royale, aux hôtes étrangers, aux ministres et aux grands dignitaires. Il fallait assigner, par grandes divisions, les places que devaient occuper les habitants de la capitale et chacune des nombreuses députations accourues des extrémités les plus éloignées de l'île. Il y avait jusqu'à des Sakalaves, ces vieux ennemis des Hovas, qui étaient venus de différents points de la côte ouest. »

Le roi avait fait disposer quelques sièges dans la vaste cour d'Ambouimitsine et il voulut recevoir ces Sakalaves en présence du commandant Dupré, sans grande cérémonie. Il fit asseoir l'envoyé de France à sa droite et lui donna la main pendant toute la durée de la représentation. Il voulait sans doute montrer aux chefs sakalaves dans quelle intimité il vivait avec l'envoyé du puissant empereur des Français et leur faire sentir par là qu'ils n'avaient désormais aucun appui à attendre de ce côté, s'ils étaient tentés de recommencer leurs guerres. Chacun des chefs offrit alors au roi la pièce de monnaie d'usage. Chacun d'eux prononça un discours prolixe. Puis, des chants et des danses nationales, du caractère le plus bizarre, terminèrent la fête au son du tambour, des chansons monotones des femmes et du mugissement sauvage des trompes marines. La veille du couronnement, eut lieu l'illumination subite et générale de toute la province d'Imerne. Soudain, des feux de torches et des lumières de toute sorte, se reflétant sur les rivières, les marais, les lacs dans le lointain, illuminèrent l'horizon immense de l'Ankôve, pendant près d'une heure, offrant le spectacle le plus splendide et le plus grandiose à l'imagination émerveillée. On prétend que dans des assemblées populaires, on entendit des orateurs s'écrier : « Nous avons été assez longtemps dans les ténèbres, nous voulons entrer dans la lumière. »

Le vieux parti hova ne partageait pas ces nobles aspirations. Tout au contraire, au milieu de l'ivresse générale, ses chefs ne sommeillaient point et préparaient, sous l'inspiration cachée de la jalousie britannique, les brandons qui devaient commencer à jeter les nuages de la discorde dans un ciel aussi pur. Les mots qu'on vient de lire ne sont pas de vaines métaphores, car, au moment de l'illumination dont nous venons de parler, on vit, au loin, au milieu de Tananarive même, une colonne de feu et un vaste tourbillon de fumée qui enveloppaient une des cases situées auprès du palais. C'était un incendie allumé par la malveillance et destiné sans doute à tout dévorer dans cette ville de bois et de paille. Alors, mille cris éclatèrent à la fois, les vociférations les plus étranges se firent entendre avec le son du canon et le bruit des tambours. Toute cette population sauvage surexcitée formait une cohue indescriptible, mettant en péril la vie de ces quelques Français cernés au milieu des cris de quatre cent mille sauvages, le sabre et la sagaye à la main. Le roi dit aux Français de ne pas sortir de leurs demeures et d'y faire bonne garde, de peur du pillage. M. Laborde fit entourer les maisons de ses hommes de confiance. Avec l'aide de ces serviteurs dévoués et le concours des officiers hovas, on parvint à éteindre l'incendie ; mais l'émotion populaire ne se calma que vers une heure du matin. Cet incendie était si bien le prélude de quelque scène de carnage destinée à mettre fin à la réception faite aux Européens que le bruit courut, presque en même temps, à Tamatave qu'une révolution avait éclaté à Tananarive au moment du couronnement, que le chef de la mission française était mort et que tous les Français avaient été massacrés par le peuple. Le roi fit savoir, le lendemain matin, combien il était mécontent du bruit et des excès qui avaient eu lieu la veille. Le 22 septembre, veille de son couronnement, tout dormait dans la ville, dans un silence absolu qui semblait préluder par le recueillement à la fête toute royale du lendemain.

Le soleil du 23 septembre se leva enfin sur la capitale, où tout le monde était en habits de fête, où retentissaient des cris de joie, le son des tambours et des musiques. Dès huit heures du matin, le roi voulut avoir auprès de lui dans son palais, avant même l'arrivée de ses ministres, les députations françaises et anglaises réunies. La première place, pendant toute la cérémonie, était réservée au représentant de la France, la seconde au général anglais, en vertu des traditions de préséance. La cour du palais était pleine de soldats en ligne ; on y distinguait surtout les fiers Sakalaves dans leur costume indigène. Ils avaient le turban, la longue pelisse et le fusil, vêtement qui contrastait avec les uniformes cosmopolites des Hovas. La soumission qu'ils venaient de faire personnellement à Radama n'empêchait pas ces Sakalaves, dit M. Vinson, d'avoir un profond mépris pour les Hovas.

On donna le signal du départ au son des musiques. Le roi montait le cheval arabe offert par M. Lambert ; celui-ci chevauchait sur un pur-sang anglais appartenant à Radama : tous deux étaient les seuls à cheval, marque de haute distinction accordée à M. Lambert. Les autres invités étaient en tacon. Le peuple suivait. La reine était portée par les huit hercules malgaches dans son fauteuil monumental, dont nous avons donné la description.

Le lieu du rendez-vous était la place de la Imahamasina, qu'on appelait en français le champ de Mars. Le cortège descendit par la rue principale sur la place d'Andohalo. C'est là qu'est une pierre fameuse sur laquelle Ranavalo avait présenté le prince encore enfant comme son successeur légitime. Le roi s'arrêta et passa sur la roche sacrée. Un hourrah unanime salua cette action qui rappelait à ce peuple une coutume traditionnelle. Le roi reprit sa marche vers le champ de Mars, où était entassée une foule évaluée à plus de deux cent mille âmes. Le cortège s'avançait entre deux haies de soldats, sous des arcs de triomphe de verdure chargés de drapeaux, sur une étendue d'environ une lieue. Vers midi, le roi était arrivé au champ de Mars. Au milieu se trouve aussi une roche sacrée, sur laquelle le roi des Hovas a seul le droit de monter : c'est un énorme bloc de granit de deux mètres de haut sur un mètre carré. C'est là que le trône royal était posé sous un dais de pourpre et d'or, avec un autre fauteuil à côté, pour la reine, posé sur une plate-forme en bois. Deux estrades, à droite et à gauche, étaient destinées aux assistants de distinction.

Arrivé au bas de l'escalier, entre les deux estrades, le roi mit pied à terre, reçut le manteau royal et gravit les degrés de la roche sacrée. Là, en présence de cet immense concours de peuple, Radama II saisit la couronne de sa main droite et la posa sur sa tête, puis il plaça le diadème sur le front de la reine. A ce moment, la foule poussa une acclamation où dominait le mot *Tarente*, qui est le *vivat* hova.

Cette fête était un véritable *champ de mai*, car, après ce couronnement solennel, Radama II adressa à son peuple un discours très éloquent. Sabre nu, suivant l'usage, le roi parla avec une facilité d'expression, une puissance d'organe, une sorte d'inspiration oratoire qui ajoutaient beaucoup à la grandeur de la scène. Allant d'un bord à l'autre de l'estrade, ému comme le dieu antique sur son trépied, il gesticulait et paraissait s'adresser à tous comme à chacun. Il dit qu'il voulait régner avec équité et douceur. « Je suis roi, disait-il, non parce qu'il m'a plu de le devenir, mais par la volonté de Dieu et le consentement des puissances européennes. » Ce discours fut accueilli avec les plus grandes marques d'enthousiasme, qui se traduisent dans ce pays par des grognements sourds qu'augmente encore le son des conques marines.

Après ce discours, Radama II, déposant sa couronne et son manteau, s'assit sur son trône et reçut les vœux et les félicitations de la mission française. Puis, pendant plusieurs heures, les grands, les dignitaires et tous les chefs défilèrent en lui présentant la *hasina*. On y voyait des députations de Sakalaves, de Betsiléos, des peuples du Menabé, des Betsimsaraks, des Bétanimènes. Les chefs adressèrent au roi de vrais discours qu'il écoutait avec une profonde attention. Tout était fini vers trois heures. La reine repartit dans son fauteuil royal et le roi monta à cheval ; mais, arrivé devant le consulat, sur la place d'Andohalo, il demanda à boire, et, lorsqu'on lui apporta la carafe et le verre, le choc du cristal fit cabrer le cheval arabe. Le roi perdit l'équilibre un moment ; mais, avant qu'il ne touchât la terre, cent bras le reçurent pour l'empêcher de tomber. La reine accourt éperdue et descend de son palanquin. M. Laborde, qui avait constamment accompagné Radama et qui le surveillait comme une mère son enfant, ne voulut pas qu'il remontât sur le même cheval. M. Lambert lui céda le sien, qui était beaucoup plus doux. Le roi regagna ainsi le grand palais de Mandrakamiadana, où devait avoir lieu un banquet de cent vingt personnes et qui ne s'était pas encore ouvert depuis la mort de Ranavalo. On avait dressé au rez-de-chaussée une table immense en forme de T et tous les Européens en ce moment à Tananarive, les missions anglaise et française, tous les ministres et les dignitaires y étaient conviés. Servi avec une profusion homérique, ce banquet offrait le coup d'œil le plus pittoresque. Le premier toast fut porté, par le commandant Dupré, à la santé du roi et à la prospérité de Madagascar. Ce toast était accompagné de conseils sur les obligations qu'imposait au roi son nouveau titre. Radama répondit en portant la santé de la reine Victoria et de l'empereur Napoléon. Le général Johnstone but à la santé de la reine. Cette journée, déjà si remplie, se termina par un bal qui dura jusqu'à une heure avancée de la nuit.

La mission anglaise quitta Tananarive le 25 septembre, mais la reine et le roi insistèrent pour que la légation française restât encore huit jours. Le 29, la reine donna son congé aux Français dans son palais de Miadamafana (*la maison tiède*). Tous deux allèrent se faire photographier chez les pères Jésuites. Ensuite, ils acceptèrent le déjeuner offert par les Français. « Le roi, dit M. Dupré, désira achever à sa maison de campagne de Mahouzarivou une journée si bien commencée. « Il voulait, dit ce dernier, que je m'y fisse porter pendant qu'il s'y rendrait à pied. Comme je me refusais à me séparer de lui, il s'est décidé à monter avec moi sur mon siège. Il a fait ainsi tout le trajet, assis sur mes genoux, un bras passé autour de mon cou, et moi le tenant par la taille pour l'empêcher de tomber par-dessus les porteurs, dans les épouvantables sentiers de chèvre que nous étions forcés de suivre. Nous avons traversé ainsi une grande partie de la ville, au milieu de la foule qui se pressait sur le devant des maisons pour voir passer le roi. En arrivant à Mahouzarivou : « Radama, lui dis-je, je viens de vous porter comme mon enfant. — Il ne tient qu'à vous d'être mon père, me répondit-il. — Puisque vous le permettez, je vous adopte : soyez mon fils. » Je lui offris en même temps la *hasina*, qu'il reçut en m'embrassant. Il n'y a pas d'autre formalité pour l'adoption, qui est extrêmement commune à Madagascar. Cet acte a couronné en quelque sorte la mission que j'avais à remplir à Tananarive ; il a dignement scellé les rapports nouveaux établis entre la France et la grande île africaine, qui, par la voix de son jeune et généreux souverain, promettait de s'ouvrir sans obstacles à notre influence pacifique (1). »

Le 4 octobre 1862, la mission française quittait Tananarive avec les mêmes honneurs que ceux qu'elle avait reçus en arrivant. « Jamais je n'oublierai, ajoute M. Dupré, cette douce hospitalité et surtout le noble caractère de M. Laborde, les nombreuses preuves de dévouement et d'amitié qu'il nous a données chaque jour. Puisse ce généreux enfant de la France recevoir la digne récompense du labeur de toute sa vie et jouir longtemps de l'union féconde de la France et de Madagascar, objet de ses constants efforts et de ses vœux les plus ardents ! »

« Nous embrassâmes, ajoute M. le docteur Vinson, non sans une vive et véritable émotion, l'excellent M. Laborde. La plupart des Français présents à Tananarive nous escortèrent dans leurs tacons. Le peuple était partout sur les terrasses. Devant le palais, nous mîmes pied à terre ; on joua l'air du roi. Tournés vers leur demeure, nous saluâmes le roi et la reine des cris trois fois répétés de *Vive Radama! vive Raboude!* Aux limites de la ville, dans la plaine, le même salut fut répété une dernière fois ; le chapeau levé, nos regards étaient tournés vers Ambohimitsim-

---

(1) *Trois mois de séjour à Madagascar*, page 244.

bina, où se tenait le roi. De loin, les murailles de cette enceinte se montraient garnies de spectateurs parmi lesquels était Radama. Il nous vit partir avec regret et les Français, demeurés à Tananarive après nous, étant allés le visiter, dans la soirée, le trouvèrent plongé dans une morne tristesse.

M. le commandant Dupré et M. Lambert quittèrent presque en même temps Madagascar, le premier le 14 octobre, le second le 17. Tous deux reçurent des habitants de l'île Bourbon le plus cordial accueil et tous deux partirent pour la France vers le milieu de novembre, M. Dupré pour soumettre le traité à la ratification de l'empereur, M. Lambert pour s'occuper de la fondation de la Compagnie destinée à la colonisation de Madagascar.

Il se produisit, alors, un de ces faits historiques si rares dans la destinée des peuples, et bien dignes de faire éclore les espérances les plus favorables à l'expansion de la civilisation moderne. Cette grande terre de Madagascar, conquise par nos armes et qui nous avait sans cesse échappé depuis plus de deux siècles, s'ouvrait enfin à nos efforts, à notre commerce, à notre industrie, par la seule influence d'une négociation pacifique.

Aussitôt après le départ des Français, Radama avait pris des mesures pour que rien ne pût entraver ni retarder, à l'époque où elle pourrait agir, les opérations de la Compagnie en projet. Il expédia des ordres écrits à différents chefs, sur les côtes et dans les parties les plus saines de l'île, pour faciliter aux agents de M. Lambert les prises de possession des terrains qui lui étaient abandonnés en vertu de la charte. Ce fut ainsi que sur plusieurs points de la côte orientale des déclarations de prise de possession eurent lieu, et entre autres celle d'une superbe forêt de copaliers, dans la province de Vohemar, renommée par sa salubrité.

Comprenant que la Compagnie ne pouvait compter sur la sécurité et la durée sans le concours d'un gouvernement puissant, M. Lambert s'adressa directement à Napoléon III ; il lui demanda de prendre sous son patronage immédiat cette entreprise destinée à servir nos grands intérêts nationaux, lesquels n'étaient jusque-là garantis, sous forme de traité, que par de simples feuilles de papier. Pour M. Lambert, il s'agissait de créer quelque chose de semblable à la Compagnie des Indes anglaises, qui n'est elle-même qu'une fille de notre grande Compagnie des Indes fondée par Richelieu.

Napoléon III accueillit les vues de M. Lambert et chargea de la réalisation de cette vaste conception l'homme le mieux préparé pour la mener à bien, M. Paul Panon des Bassyns de Richemont, appartenant à la famille de M. de Villèle, alors sénateur et ancien député, et, si je ne me trompe, créole de l'île Bourbon, où il avait séjourné neuf ans. L'envoi préalable d'une mission à Madagascar fut d'abord décidé ; on s'occupa ensuite de la question financière. On résolut, pour éviter les risques, de constituer immédiatement, sous le patronage du gouvernement, la *Compagnie de Madagascar*, mais avec la faculté de la dissoudre dans le cas où les résultats de la mission ne justifieraient pas les espérances conçues. On lui donna un gouverneur, comme à la Banque et au Crédit foncier et ce gouverneur fut M. Paul de Richemont. Le nouveau gouverneur exprima dès le début le désir de ne recevoir aucun traitement. Un décret du 2 mai 1863 donna enfin une existence légale et authentique à la Compagnie de Madagascar. Pour compenser la mesure plus que libérale par laquelle le jeune Radama avait supprimé les droits de douane, source de ses principaux revenus, l'empereur Napoléon, plus prévoyant que lui, voulut qu'une certaine somme, prélevée sur les premiers fonds appelés, fût remise avant tout au roi. M. Lambert en reçut une semblable, pour le dédommager de tous les sacrifices qu'il avait faits jusqu'ici sans compensation.

Le conseil d'administration fut composé de MM. Adolphe Fould, député, et Armand Heine, représentants de la maison Fould ; Frémy, conseiller d'État et gouverneur du Crédit foncier de France ; duc de Galliera, administrateur du Crédit mobilier ; Lacroix, député, et Revenaz, administrateurs de la Compagnie des Messageries maritimes ; Baptistin Pastré, administrateur de la même Compagnie et président de la chambre de commerce de Marseille ; baron Seillière, Raymond Seillière et Demachy, représentants de la maison Seillière et le vicomte de Vougy, directeur général des lignes télégraphiques. M. Armand Béhic, directeur-fondateur de la Compagnie des Messageries maritimes et depuis ministre des travaux publics, fut le conseil de la Compagnie.

Le fonds social de la Compagnie de Madagascar était fixé à la somme de cinquante millions de francs, divisée en cent mille actions de cinq cents francs chacune. La durée de la société devait être de cinquante ans. Par mesure de prudence et pour faire face seulement aux premiers besoins, il ne fut émis d'abord que cinq mille actions, avec appel seulement de la moitié du capital, soit un million deux cent cinquante mille francs.

Ainsi donc, à deux siècles de distance, sous deux gouvernements de principes différents, de puissants efforts étaient tentés pour assurer à la France la grande route maritime de l'Inde. Aux deux époques, les souverains, Louis XIV et Napoléon, ne craignaient pas d'engager leurs nationaux à soutenir de leurs capitaux cette entreprise patriotique (1).

La Compagnie anonyme, ainsi constituée, avait pris la dénomination de *Compagnie de Madagascar* foncière, industrielle et commerciale. L'entreprise ayant un caractère national, l'empereur voulut néanmoins y intéresser l'Angleterre : cette pensée libérale ne fut pas accueillie. Le gouvernement et les capitalistes anglais ne s'y montrèrent nullement favorables. Ainsi éclatait, au grand jour, cet esprit étroit d'égoïsme britannique qui repousse le bien lui-même, lorsqu'il est accompli par d'autres.

Les détails spéciaux qui devaient assurer le succès de l'entreprise furent réglés par M. de Richemont avec une intelligence, une prudence et un esprit de prévision qui ne laissèrent rien au hasard. Ainsi que nous l'avons dit, une sorte d'*Institutd'Égypte*

(1) Nous avons donné quelques détails sur la souscription du capital de dix millions au temps de Louis XIV. Voici des informations analogues en ce qui touche la *Compagnie de Madagascar,* formée en 1863. On y lisait les noms de MM. Bartholony, Demachy, Fould et Cie, Seillière, Raymond Seillière, banquiers, chacun figurant dans la souscription pour une somme de *cent vingt-cinq mille francs;* MM. de Richemont, Pastré (de Marseille), pour *soixante-quinze mille francs;* MM. Armand Heine, Michel Heine, Fleuriot de Langle, Michelet, négociant, Robin, délégué de Bourbon, pour *soixante-deux mille francs;* MM. Béhic, Auguste Chevalier, Frémy, Albert Lacroix, Lambert, envoyé du roi Radama, Baptistin Pastré (de Marseille), Revenaz, de Vougy, le duc de Galliera, pour *cinquante mille francs.* La société des Messageries impériales souscrivit pour *deux cent mille francs,* les Forges et fonderies pour *cent mille francs,* la Compagnie de Suez pour *quatre-vingt trois mille cinq cents francs,* etc., etc.

fut organisé, composé d'ingénieurs, de négociants et de savants chargés de recueillir toutes les notions utiles à la colonisation projetée. Chacun avait son programme tracé à l'avance et tous devaient se rallier sous un chef de section, dans chacun des centres et sous l'autorité si sympathique du commandant Dupré ou du chef de la station française des côtes d'Afrique. Les routes étant impraticables dans l'intérieur des terres, il était indispensable que les communications fussent faites le long des côtes par nos bâtiments. Des instructions techniques, rédigées par les hommes les plus compétents, quant à la connaissance du climat et de l'état des choses à Madagascar, furent remises à chacun de nos missionnaires scientifiques, en dehors de leurs instructions professionnelles. Toutes les précautions leur étaient indiquées et recommandées à l'avance pour leur permettre de vivre sous ce ciel sans être exposés aux atteintes de la maladie. Le matériel nécessaire à une telle expédition, les tentes, les abris, les pharmacies portatives, les instruments d'optique et de science pratique, les armes défensives, tout fut préparé à l'avance. Enfin, deux pontons de huit cents tonneaux, achetés à l'île Maurice, furent dirigés, l'un à Bavatoubé, l'autre à Vohemar, pour y servir d'asile salubre, de magasins d'approvisionnement et, au besoin, de poste de défense. On peut dire que toute cette mise en train préliminaire émanée de l'initiative de M. le baron de Richemont, fut un véritable chef-d'œuvre d'organisation. Nous n'avons pu en donner au lecteur qu'un aperçu sommaire (1).

Nous ne devons pas omettre, toutefois, de parler des hommes distingués qui furent choisis pour composer la mission d'exploration, désignés, les uns par le gouvernement, les autres par les autorités ou habitants de l'île Bourbon, les autres, enfin, par M. Lambert et les personnes versées dans les affaires de Madagascar.

Le côté pratique de cette organisation ne fut pas négligé :

---

(1) On trouvera tout ce qu'il est intéressant de savoir sur ce sujet dans le volume intitulé *Documents sur la Compagnie de Madagascar*, in-8°, Paris, 1867. En publiant ce recueil plein de renseignements précieux, M. le baron de Richemont a rendu un nouveau service à la question de Madagascar ; car, le jour où la France sera résolue à la trancher, on pourra consulter avec fruit les instructions qui y sont contenues.

aux savants et aux ingénieurs furent adjoints des mécaniciens, des mineurs, des fondeurs, des niveleurs, des agents forestiers, des sériciculteurs, des agriculteurs, des naturalistes, des photographes, tous pleins d'ardeur et de bonne volonté. Jamais entreprise ne se prépara sous de meilleurs auspices.

On résolut de s'occuper, d'abord et surtout, des localités salubres, c'est-à-dire du nord et du centre. La mission fut partagée en trois sections : une, pour le Nord-Est, embrassant Vohemar et les terres comprises entre la baie d'Antongil et Diégo Suarez ; la seconde, pour le Nord-Ouest, comprenant Baratoubé et le pays situé entre la montagne d'Ambre et le Port-Radama ; la troisième, au centre, avait pour théâtre Tananarive, y compris toute l'Ankôve. Dans la capitale, la mission était assurée de la protection du roi ; dans les deux autres centres, la mission était sous la tutèle de notre marine et des établissements français du voisinage. De Vohemar on devait se rendre à Diego Suarez, à Nossi-Bé, à Baratoubé, déjà connu pour ses gisements de lignite et de houille. Les autres membres devaient visiter successivement Mouzangaye, Bombetock, Madsanga, Baly, Saint-Augustin, Fort-Dauphin et après un voyage de circumnavigation, remonter à Tamatave. Il était recommandé aux explorateurs de ménager, en toute chose, les mœurs et les croyances des indigènes, de ne s'occuper en rien des querelles religieuses entre catholiques et protestants, d'entretenir avec les sujets anglais une entente parfaite et enfin, quand il y aurait lieu de prendre possession d'un territoire, d'y planter un poteau indicateur, avec cette inscription en langue du pays : *Compagnie de Radama.*

M. Lambert, nommé résident général de la Compagnie auprès du roi, devait assister, autant que possible, aux prises de possession des terrains, dont la vente et la location avait été l'objet d'instructions spéciales rédigées avec le plus grand soin pour prévenir toute contestation. M. Lambert devait, en outre, veiller à ce que ces actes fussent bien compris des chefs hovas. La colonisation ne pouvant prospérer que par la vente et le facile transport de ses produits, il était indispensable d'ouvrir des routes dans ce pays où il n'y en a pas. Dans ce but, M. Laborde, nommé consul de France à Tananarive depuis l'avènement de Radama II, avait été invité particulièrement à expliquer aux Hovas le caractère purement commercial et agricole de la Compagnie. Cet homme si remarquable à tant de titres, et qui s'était acquis une influence extraordinaire par le seul ascendant de son caractère, était chargé de faire en sorte de déterminer le roi à autoriser l'ouverture d'une route de Tananarive à la côte, négociation dans laquelle, comme on l'a vu, tous les agents britanniques accrédités auprès de Radama Ier avait constamment échoué.

Les membres désignés pour faire partie de la mission étaient tous, ainsi que nous l'avons dit, indiqués à l'avance par la spécialité de leurs études.

La mission d'exploration se divisait, comme nous l'avons dit, en trois sections : 1° section de Vohemar ; 2° section de Bavatoubé, et 3° section de Tananarive.

M. Coignet était l'ingénieur en chef de la première, M. Guillemin de la seconde et M. Simonin de la troisième. M. Coignet avait pour sous-ingénieur M. Aumont ; M. Guillemin était suppléé par M. Girard et M. Simonin pouvait être remplacé, en cas de force majeure, par M. Guérin.

Tout étant ainsi préparé, combiné et ordonné, les membres de la mission étant au complet, le commandant Dupré quitta Paris le 16 mai 1863 et arriva à Marseille le 19. M. Lambert s'embarqua, le 28, dans le même port, chacun avec une partie des explorateurs.

Comme nous venons de le dire, jamais entreprise plus généreuse, plus désintéressée, plus pure dans ses intentions, ne fut organisée pour la colonisation de Madagascar ; jamais, non plus, circonstances ne s'étaient présentées ni plus grandes ni plus favorables. La vapeur traversant l'isthme de Suez depuis peu de temps et inaugurant, pour ainsi dire, ce trajet européen vers l'Inde par une mission civilisatrice, un essor nouveau, inconnu de nos pères et tant souhaité par eux, le rêve du général Bonaparte de traverser l'Égypte pour aller aux Indes, se réalisant sous le règne de son neveu, les produits du monde asiatique mis à vingt jours de Marseille, le développement de cette navigation de commerce augmentant le nombre des matelots nécessaires à la puissance maritime de la France, la création, enfin, dans l'océan Indien, où nous n'avons plus un seul port, de ce grand établissement dans un pays vierge plus grand que la France, où Richelieu, Louis XIV et Colbert avaient planté d'une main ferme le drapeau national, telle était la perspective qui s'ouvrait alors devant nous. On était bien en présence de faits réels, palpables, combinés dans toutes les prévisions de la sagesse humaine. La France avait bien devant elle une réalité. Ainsi que nous l'avons montré, tout avait été organisé sur des bases pratiques, avec l'appui d'un grand gouvernement que les victoires de Crimée et d'Italie semblaient rendre invincible, avec une réserve de capitaux qui pouvaient s'élever jusqu'à cinquante millions. Tout allait réussir, car rien ne pouvait échouer.

Le récit qui va suivre apprendra au lecteur que cette réalité ne devait être bientôt qu'un rêve. Lorsque, le 19 mai, le mission française partait de Marseille, il y avait déjà huit jours qu'à Tananarive tout l'édifice sur lequel reposait la Compagnie s'était écroulé en quelques minutes.

Tandis qu'en France tant de nobles efforts se faisaient vers le bien, le génie du mal veillait dans l'ombre. Le lecteur connaît assez maintenant le théâtre de la politique à Madagascar pour n'avoir pas à s'étonner des passions de toute sorte qui s'éveillèrent autour du jeune roi et des éminents Français qui en secondaient avec tant de dévouement les vues généreuses. Est-il besoin de dire qu'une opposition formidable, faite d'éléments indigènes et étrangers, s'était formée contre les projets de Radama II et de ses amis. En première ligne, il faut bien le dire, se trouvaient les sectaires méthodistes, qui, en leur qualité de sujets anglais, ne pouvaient assister qu'avec un dépit mal dissimulé à tous les actes du nouveau souverain, visiblement porté à favoriser la légitime influence de la France. Or, l'Anglais étant essentiellement patriote et le sectaire méthodiste ne reculant devant rien, même le mensonge et le crime, pour faire triompher sa nationalité, il était évident que Radama et ses amis avaient tout à redouter des menées protestantes, auxquelles l'argent répandu à profusion donne toujours une force considérable, surtout parmi ces populations corrompues et misérables, sans autre religion que celle de l'or.

Le jeune Radama, qui dans sa destinée eut tant de points de

ressemblance avec le jeune Louis XVI, avait eu l'imprudence de procéder, comme le roi français, par une abondance de réformes qui, indiquées par l'intérêt public, excitèrent la colère et la révolte des classes privilégiées. L'une des fautes de Radama II, outre l'inconsistance de ses ordres, donnés ou retirés tour à tour, fut la suppression des douanes et celle des corvées. Pour comprendre la gravité de cette mesure, il faut savoir que le produit des douanes était perçu par l'entremise des commandants ou gouverneurs des ports, lesquels percevaient les droits à peu près à leur fantaisie, avec des bénéfices considérables qui restaient entre leurs mains, sans compter les cadeaux qu'eux et leurs intermédiaires recevaient couramment des marchands et des traitants. Il arrivait presque toujours que les chefs hovas achetaient directement les cargaisons, se chiffrant par des sommes considérables, et s'attribuaient ainsi une sorte de monopole que la suppression des douanes venait leur arracher tout à coup. D'autre part, la suppression des corvées ne permettait plus aux grands et aux courtisans de faire faire gratis au peuple des travaux qui leur profitaient exclusivement. Ajoutez à ces griefs d'une importance capitale cette espèce de dépossession générale de la terre, des immeubles et du commerce dont l'immigration européenne menaçait toutes ces antiques familles des vieux Hovas, qui jouissaient de toute éternité des privilèges inhérents aux propriétaires indigènes du sol, sans compter l'abandon des croyances nationales foulées aux pieds par les chrétiens envahisseurs, et toutes ces passions étaient surexcitées, échauffées par les ombiaches, les devins, les jongleurs, les sikidys, intéressés à entretenir dans le peuple des superstitions d'un très bon rapport pour eux.

Telles sont les difficultés graves et de plus d'un genre contre lesquelles le jeune souverain avait à se heurter. Malheureusement, sa nature droite et franche ne les apercevait même pas et son caractère faible et hésitant ne lui laissait pas la ressource d'une énergie capable de maîtriser les circonstances, dans un moment de transition où il aurait fallu une main plus habile ou plus ferme.

En résumé, le vieux parti hova, représenté par Ramboasalem et revenu à Tananarive avec lui, par suite de l'amnistie accordée par Radama, n'avait point désarmé devant le pardon. L'esprit novateur du jeune souverain était exploité par les mécontents et contre lui. Les intentions régénératrices de Radama n'étaient point comprises aisément de ses sujets hovas, tous plongés dans une ignorance profonde et abrutis par le régime odieux du règne précédent. Travaillés, d'ailleurs, d'un côté par les ombiaches et les sikidys, et de l'autre par les méthodistes anglais, ils étaient sans cesse à l'état de suspicion et de désaffection vis-à-vis de leur souverain. Les ombiaches, comme nous l'avons vu, après la mort de Radama Ier, avaient réussi à placer sur le trône une femme qui avait été entre leurs mains un instrument passif et que ses superstitions leur avaient livrée entièrement : ils avaient, pour ainsi dire, régné pendant trente-trois ans sous son nom. Pendant ce long laps de temps, ils avaient bénéficié de tous les privilèges du pouvoir, de toutes les jouissances que procure la richesse. Ils avaient voulu s'opposer à la proclamation de Radama et nous avons vu comment leurs compétitions avaient échoué ; mais, battus pour le moment par l'avènement du jeune souverain, ils n'avaient pas perdu l'espoir de le détrôner ou de le faire disparaître. Leur intérêt était par conséquent de miner son pouvoir, de lui susciter des obstacles, de l'acculer à une situation désespérée, prélude de la chute ou de la mort. Soutenus par les menées anglaises, ils avaient l'espoir fondé de pouvoir arriver bientôt à la réalisation de leurs vœux exécrables. Quand, d'ailleurs, ces hommes, généralement apathiques, s'endormaient dans l'oubli de leurs rancunes, les sectaires méthodistes étaient là pour les réveiller et les aiguillonner.

Aussitôt que la ratification du traité par l'empereur Napoléon fut terminée à Paris, elle fut connue à Londres et de là à Madagascar. Cette nouvelle fut comme une traînée de poudre qui mit le feu à toutes les passions diverses, dont nous venons de tracer un fidèle tableau. Deux partis bien distincts, s'appuyant l'un sur l'autre, furent formés sur-le-champ en hostilité avec la pensée du traité et avec la ferme volonté d'en empêcher l'exécution, à quelque prix que ce fût. On verra tout à l'heure que ce prix, devant lequel les conjurés ne reculèrent pas, ce fut un crime. Ces deux partis étaient celui de l'Angleterre et celui des vieux Hovas ; un auxiliaire les unissait entre eux et leur servait d'intermédiaire : c'était la caste des sikidys, décidés à recourir à tous les moyens de la sorcellerie, même les plus criminels, pour venir à bout de la situation. Le même problème se posait en 1863 comme en 1828. Le but à atteindre était le même : ramener le règne des femmes, sur lesquelles les sikidys ont un empire assuré et dont la crédulité permet aux vieux Hovas de régner sous leur nom et sous le protectorat caché des éternels ennemis de l'influence française. Pour arriver à faire monter une reine sur le trône, il fallait absolument supprimer le jeune roi : c'est le projet infernal qui fut conçu, à la nouvelle de la ratification du traité et qui fut mis à exécution à l'aide des combinaisons à la fois les plus sauvages et les plus raffinées.

On comprend l'impatience avec laquelle le jeune roi attendait les membres de la mission et les ingénieurs et autres agents de la Compagnie : c'était pour lui une force réelle. Radama parlait chaque jour avec exaltation de tout le bien qu'il méditait pour l'avenir de son pays. Sachant que la disette du coton, par suite des guerres d'Amérique, se faisait sentir en Europe, il avait ordonné de consacrer à la culture de cette plante une grande étendue de terrain. Son désir était que la Compagnie trouvât à son début une riche moisson toute préparée. La plupart des chefs hovas ne comprenaient pas que la Compagnie, en faisant appel à leur concours et en leur payant le prix du travail qu'elle ferait exécuter, allait leur rendre, à l'aide de ce moyen, plus qu'ils n'avaient perdu par la suppression des douanes et par celle des corvées. Trompés d'ailleurs et excités sous main par les Anglais, ils se persuadèrent facilement, dans leur ignorance, que la Compagnie achèverait de les ruiner : ils en conçurent une sourde colère qui les prédisposa aux dernières extrémités.

Radama avait formé autour de lui un corps de trente ou quarante jeunes gens de son âge, appartenant aux plus grandes familles du pays et élevés comme lui dans des idées opposées à celles de l'oligarchie rétrograde des vieux Hovas. Ces jeunes gens, les *mena masos*, constituaient à Radama une sorte de gardes du corps qui se rattachait à lui moins dans la pensée de le défendre militairement que de l'entourer d'un dévouement constant et inviolable. Ils se réunissaient la plupart du temps avec le roi à la *Mai-*

son de pierre, où résidait Marie, la maîtresse en titre de Radama, qui venait de lui donner un enfant. C'est là que Radama se réfugiait souvent pour échapper aux importuns. Il s'entretenait là avec ses amis des projets de régénération qu'il avait conçus pour son pays ; chacun y apportait ses idées, ses inspirations, ses conseils. Comme dans toute réunion de jeunes gens, les plaisirs avaient leur part. Il n'en fallut pas davantage aux méthodistes anglais pour attribuer à ces réunions, où ils n'étaient pas admis d'ailleurs, et dont par conséquent ils ignoraient les détails, un caractère *shocking*. Les Anglais firent courir le bruit que ces réunions intimes ne pouvaient cacher que des orgies, des saturnales (1). Il s'agissait d'irriter le peuple contre les amis de Radama, de les séparer du prince, et, en isolant celui-ci, d'en venir plus facilement à bout. Cette sinistre manœuvre, qui fut la cheville ouvrière du complot, réussit au gré des conjurés et, avec la complicité des sikidys qui mirent en mouvement toutes les ressources de la sorcellerie et de l'art d'administrer les poisons, le drame lugubre, en réunissant tous ces ressorts cachés, allait toucher à son sinistre dénouement.

Sous l'action impérieuse et incessante des méthodistes anglais coalisés avec le parti des vieux Hovas, les sikidys ne craignirent pas de distribuer à la population pauvre, en même temps que des boissons alcooliques, des infusions de plantes excitantes propres à faire éclore tous les symptômes d'une maladie nerveuse qui se manifesta sous la forme de mouvements convulsifs. On mit la maladie sur le compte d'une prétendue épidémie contagieuse. La capitale et les villages environnants se remplirent tout à coup de convulsionnaires, comme on en avait vu en France, sous Louis XV, au cimetière de Saint-Médard. Ces malheureux, en proie aux spasmes et aux contorsions les plus extravagantes, parcouraient les rues, comme de véritables fous, et se répandaient même dans les maisons, où ils se livraient à des pratiques inouïes. Les fous étant en vénération à Madagascar, ceux-ci avaient la prétention d'être

---

(1) Ces jeunes gens, au contraire, étaient connus pour leur intelligence et leur savoir : ils s'étaient adonnés spécialement aux études pratiques de la profession d'ingénieur et ils commençaient à y exceller : c'est à eux qu'on doit la construction des quelques ponts jetés sur les petites rivières des environs de Tananarive.

salués par la foule, et, quand un passant, sommé de se découvrir, se refusait à cette injonction, il était battu à coups de bâton. Un Anglais brutal, non impliqué dans la conspiration et en ignorant les secrets, ne voulut pas, en pareil cas, obtempérer à de tels ordres, et, au lieu de saluer, il se rua sur son agresseur et le boxa, par devant avec ses mains et par derrière avec ses pieds. Ces espèces de possédés, devant causer une immense émotion populaire, avaient été mis dans cet état par les sikidys et poussés à ce degré d'inconscience pour être amenés, par une pente naturelle et d'une manière, pour ainsi dire insensible, au désordre, à l'insanité et finalement à l'assassinat. Le moyen était trouvé : c'était de porter cette foule sur la Maison de pierre, de la lancer sur les *mena maso*, de les séparer du roi, et lorsque celui-ci serait, sous le coup du désordre, à la merci des conjurés, de l'obliger à abdiquer en faveur de la reine Raboude et, s'il s'y refusait, de le tuer. Ce programme devait être rempli de tous points et jusqu'au bout.

La *ramanenjana* (c'était le nom de la prétendue épidémie) étendit son cercle dans toute la ville et jusque dans ses environs : c'était parmi les misérables, les esclaves, et surtout parmi les femmes, qu'elle sévissait. Ces épileptiques, pris en commisération par la population, inspiraient à la fois la pitié et la terreur par leurs gestes, leurs cris et leurs convulsions, qui paraissaient l'effet d'une souffrance intérieure et mystérieuse. « Ils parcouraient les rues, dit le docteur Vinson, la tête en feu, l'œil hagard, l'esprit perdu, les bras levés refroidis jusqu'à la température de la glace, évoquant hautement les mânes des anciens rois de l'Ankôve et conversant avec les morts. Ils disaient avoir vu la vieille reine Ranavalo en personne, sortie de son sépulcre, pour protester contre les coutumes nouvelles qui tendaient à se substituer à celles des ancêtres ; elle les avait chargés de messages pour le roi et ils en donnaient la *preuve* en montrant des vêtements, des objets qui lui avaient appartenu. Elle lui reprochait d'avoir *vendu son pays* à l'étranger : ses aïeux en souffraient dans leurs tombeaux ! Le peuple, qui regardait ces fanatiques en délire comme des êtres sacrés, eut pour eux le respect que dans le pays on a pour les fous. Il les escortait en chantant et en battant des mains, et eux allaient dansant autour de la *Roche sacrée* où l'on couronne les rois et autour des mausolées où reposent les morts. C'était l'époque de l'année où l'on récolte le haschish, cette plante aux effets fantastiques : nul ne vit dans ces scènes la main intéressée des sikidys ou prêtres des idoles. Tels étaient les moyens par lesquels on voulait frapper d'impopularité les actes du nouveau règne, en accusant le roi de complaisance coupable envers les étrangers, de mépris pour les coutumes anciennes, d'inclinations contraires à l'esprit traditionnel des Hovas. Les conjurés s'appuyaient sur l'amour du sol, sur les vieux rites et la religion des pères, sur tout ce qui, en un mot, va droit au cœur des peuples. Leur audace s'accrut et la contagion gagna un plus grand nombre. On vit, pendant une revue, des soldats jeter leurs fusils, se livrer à des contorsions et même battre leur général. Il devenait urgent de mettre un terme à ces désordres : on arrêta les visionnaires, et *l'on sut que c'était une manière de masser les conjurés et d'exciter le peuple*. En même temps, on remarquait que cette folie étrange et passagère respectait les grands et les chrétiens. Il était évident qu'on s'adressait au sentiment populaire. Bientôt les chrétiens méthodistes se soulevèrent à la voix de leur chef, sous le prétexte des prétendus égards accordés à ces *envoyés des idoles*. La lutte était imminente entre les deux factions, la secte des idolâtres et la secte des méthodistes. On avait perdu le roi dans l'esprit du peuple, en exploitant les concessions faites à l'étranger ; il s'agissait maintenant de l'immoler au mécontentement de deux partis religieux, entre lesquels on lui faisait une obligation de se prononcer. Radama fut accablé par les plaintes des idolâtres et par les récriminations des chrétiens méthodistes. C'était la situation la plus perplexe pour un prince dont l'esprit tolérant voulait la liberté pour tous et répugnait aux difficultés politiques (1). »

Déjà, le jeune roi avait été obligé de prendre différentes mesures d'une grande portée politique et dont, avec sa bonne foi ordinaire et cette sorte de candeur morale qui lui était propre, il n'avait pas mesuré les conséquences. Les méthodistes lui avaient tendu un premier piège, en lui demandant l'autorisation de faire des prédications à Ambouimanga où avait été enterrée la reine Ra-

---

(1) *Voyage à Madagascar*, par M. le docteur Vinson, p. 497 et suiv.

navalo. Si le roi avait refusé, il eût paru donner un démenti au principe de la liberté de propagation du christianisme qu'il avait lui-même proclamé. S'il cédait, il blessait vivement les idées superstitieuses des habitants de la localité, adonnés, plus que les autres indigènes, aux pratiques du fétichisme, et qui auraient regardé comme une souillure pour la sépulture royale la prédication, dans ce lieu, d'une religion qui tendait à renverser leurs croyances traditionnelles. Ne soupçonnant pas la perfidie de cette demande et naturellement porté à s'exagérer toute chose, Radama se persuada, sans doute, qu'en refusant il manquerait aux engagements pris envers les méthodistes et au principe de l'égalité religieuse : il donna l'autorisation à ceux qui la demandaient. A cette nouvelle, la population du village (Ambouimanga) se souleva et s'opposa à ce qu'elle considérait comme une profanation. Radama crut sa dignité intéressée au maintien de l'autorisation accordée et les Hovas, secrètement excités, se mirent en insurrection ouverte. M. Ellis, en prêchant, avait donc sciemment compromis le roi aux yeux de son peuple : auxiliaire habile et secret des conjurés, il jouait son rôle dans cette tragédie suprême.

Ajoutez à ces imprudentes concessions faites par le jeune roi, le décret qu'on obtint de sa bonté et de sa faiblesse et en vertu duquel les *ramanenjanes,* ou hallucinés, devaient être respectés dans leur démence et, aux termes du décret, rendus inviolables. On comprend alors l'effet de ces mesures, qui portèrent le désordre à son comble dans une capitale de soixante-dix mille habitants : c'est ce que souhaitaient et ce qu'avaient préparé les conjurés; mais ce n'était pas encore assez.

Le malheureux Radama devait ajouter une faute nouvelle à celles qu'il avait déjà commises, tombant ainsi, en vertu de sa bonne foi, dans tous les pièges que tendait sous ses pas la perfidie de ses ennemis. Le 7 mai, la lutte prenant un caractère général, Radama, se reconnaissant impuissant à maîtriser ceux qui prenaient parti pour les chrétiens ou ceux qui tenaient pour les prêtres des idoles, eut la malheureuse idée de sanctionner cette lutte en autorisant les duels d'individu à individu et même de tribu à tribu. En voulant se décharger du soin de prononcer entre deux sectes religieuses, il assumait sur lui la grave responsabilité de sanctionner par un acte public le plus dangereux de ces désordres. A la promulgation de l'édit du 7 mai, les rumeurs ne firent que s'accroître (1). Les rassemblements et les députations se succédèrent. On alla prier le roi de revenir sur cette décision funeste. Radama, ébranlé, céda, comme un nouveau Louis XVI ; puis, changeant encore d'avis, à l'instar du même monarque français, il fit maintenir, par une faiblesse succédant à une faiblesse, les termes de sa fatale ordonnance. Ces concessions enhardirent les conjurés. Le 8, ils vinrent présenter au roi des doléances, des reproches ; ils allèrent jusqu'à vouloir lui imposer un conseil destiné à borner son autorité et à lui imprimer une direction. Le jeune prince ne cacha point son indignation. On lui enjoignit alors de retirer son édit sur les duels : il refusa. Le premier ministre, qui avait été acheté à prix d'or et qui, d'ailleurs, voyait son influence passer aux mains des *mena maso*, dit alors au roi : « C'est bien, nous allons nous armer. » C'était dire à Radama : « Nous allons nous armer contre vous. » A l'issue de cette conférence, on s'assembla chez le premier ministre pour concerter les dernières mesures précédant le crime et pour y dresser les listes de proscription. La vie des citoyens passa au scrutin. On n'excepta pas même les membres de la famille royale. On arrêta la mort de trente-trois *mena maso*, les plus chers amis du roi et ses gardes du corps dévoués. Les nobles les dénoncèrent à la colère du peuple. Bientôt, excitée par les discours du premier ministre, qui avait déclaré hautement sa rébellion, et par la voix des chefs, la foule ne connut plus de bornes : le drame sinistre touchait à son dénouement.

L'agent britannique jugeant sans doute que les choses étaient venues à point, que dès lors sa présence n'était plus utile, que cette présence, d'ailleurs, sur les lieux, ne pouvait que le compromettre, l'agent britannique quitta précipitamment Tananarive. Voulait-il, en se retirant, mettre son caractère officiel à l'abri d'un soupçon de complicité ou bien craignait-il simplement pour sa personne ? Toujours est-il qu'il s'éloigna, laissant commettre

(1) Voir sur les causes qui amenèrent cette révolution une lettre de M. Laborde, consul de France, publiée dans la *Revue maritime et coloniale*, t. VIII, 1863, p. 774.

le crime, en se bornant à détourner les yeux. Sur ces entrefaites, arrivent de la côte le même jour, et comme par une coïncidence fortuite, mais en réalité par suite d'un concert évident, quatre mille Hovas armés, guidés par les chefs que l'abolition des douanes avait ruinés. Ce renfort achève de donner confiance aux conjurés. Ceux-ci en profitent pour demander audacieusement au roi le retrait des décrets et l'annulation des concessions faites aux étrangers, c'est-à-dire l'abolition de la charte Lambert et enfin la mort des *mena maso*. Le roi refuse sur tous les points avec mépris; il s'indigne qu'on ose solliciter de lui le sacrifice de ses meilleurs amis. La foule, toujours en armes, se porte alors autour du palais et demande à grands cris la mort de ces jeunes gens. Le roi se présente bravement aux émeutiers et leur dit qu'on prendra sa vie avant celle de ses fidèles compagnons. Il ajoute que, pour les défendre, il les couvrira de son corps, que jamais il ne les livrera de son plein gré. Il s'était réfugié avec ses amis à la Maison de pierre. Sept fois, les conjurés, à la tête de la sédition, se présentent pour renouveler la même demande; sept fois, le jeune roi leur oppose, avec sa poitrine, le même refus. Il revient alors dans sa capitale; les conjurés massacrent plusieurs de ses amis et demandent à grands cris qu'on leur livre les autres. Le 9, huit avaient été massacrés dans les rues. L'un d'eux, l'ami d'enfance de Radama, avait été tué sur les marches même du consulat de France.

Pendant quatre jours, les assassins ont à lutter contre le courage du roi qui résiste héroïquement à leur fureur. Pour en finir, et dans l'espérance d'apaiser ces tigres déchaînés, le jeune souverain consent à quelques changements qui ne suffisent pas à la rage de ses adversaires. Il veut bien descendre à quelques concessions, mais il s'indigne à l'idée de manquer à ses engagements envers la France. Ce serait, à ses yeux, le déshonneur, une abdication morale : il ne peut s'y résoudre. Il refuse surtout de livrer ses amis. Cette fière et noble attitude arrête un moment les conjurés; mais, les meneurs sont derrière eux, ils veulent aller jusqu'au bout. Le désordre augmente alors. La foule demande, elle veut les *mena maso*. Le roi supplie de nouveau qu'on les épargne; « qu'ils n'aient, s'écrie-t-il, ni pouvoir ni dignités, mais qu'on les épargne ; qu'ils soient bannis, si l'on veut, mais qu'on leur laisse la vie sauve, dans un lieu exempt de la fièvre. » On revient encore, pour demander qu'ils soient enchaînés dans une prison perpétuelle : « Non, réplique Radama, les fers sont pis que la mort. » Alors, la foule, toujours animée par les conjurés, brise les portes du palais ; on porte la main sur les amis du roi. Celui-ci, au dernier degré de la douleur, s'adresse aux assassins et leur crie en langue hova : « Grâce ! je lècherai vos pieds ; mais laissez la vie à mes amis : j'aime mieux mourir que de les abandonner ! » Vains efforts ; les conjurés s'élancent sur les amis de Radama, les garrottent et les entraînent. La reine, qui était jalouse de l'espèce de cour que ces jeunes gens entretenaient à la Maison de pierre autour de Marie, la favorite du roi, et convaincue, d'ailleurs, que les conjurés n'en voulaient qu'aux *mena maso* et qu'ils n'oseraient pas s'en prendre au roi, dont elle pourrait diriger la politique, la reine avait voulu s'éloigner, quelques jours seulement, pour laisser s'accomplir cette révolution de palais ; mais, dès qu'elle apprit que les jours de son mari étaient menacés, elle accourut et ne voulut plus le quitter. Elle avait cru, comme il est arrivé souvent en pareil cas, qu'il s'agissait d'une émeute et non d'une révolution. Ici, nous laissons la parole à M. le docteur Vinson, qui lui-même a emprunté son récit au père Finaz, témoin oculaire : « Il y avait dans le gouvernement d'Imerne un homme haineux, vindicatif et cruel, auquel les prérogatives de sa charge donnaient un pouvoir immense : c'était Rainivouninahitrinioni, le premier ministre. Chargé d'ouvrir les portes du palais aux conjurés sous Ranavalo, il avait par trahison fait échouer la conspiration du prince Rakout. Vendu depuis à l'or de l'Angleterre, il avait été l'instrument servile de M. Ellis. Il rêvait maintenant le rôle de ministre-roi, celui qu'avait joué Rainihare (ou Rainizouare), son père, l'amant de l'ancienne reine. Aussi, retiré durant les fêtes du couronnement, en alléguant une maladie feinte ou réelle, il couvait de noirs desseins : il avait résolu la mort du roi. Les *menam aso*, arrachés du palais, jetés dans des cases auprès du tombeau de Rainihare, y furent laissés jusqu'au lendemain sans qu'on leur donnât une seule goutte d'eau, pêle-mêle, attachés comme des animaux qui attendent le couteau de l'égorgeur. Une

femme brune, pour laquelle on savait les prédilections du roi,
avait été saisie, traînée au milieu des soldats et sagayée sans pitié :
ce fut la seule femme immolée. Marie, qui avait prévu, avec son
instinct habituel, un revirement de fortune, s'était hâtée de rapporter au roi ses présents. « Je ne suis plus à vous, lui dit-elle ;
je suis chrétienne et méthodiste. » Puis, elle se réfugia sous l'égide
de M. Ellis, qui n'avait point été étranger à cette défection et qui,
de sa fenêtre, contemplait avec bonheur la révolution qui ensan-
glantait la ville et ruinait les projets de la France pour la civilisation de Madagascar.

« On était au 12 mai : l'entourage du roi avait été abattu ;
il était lui-même seul et prisonnier dans son palais. Cependant,
on n'osait frapper encore ; le respect traditionnel est si grand,
chez les Hovas, pour le sang des rois, qu'il n'existe pas de crime
qui puisse égaler celui de le répandre. Si, au début de cette
lamentable histoire, Radama II avait eu le courage, en retour
du sacrifice qu'on lui demandait de ses amis, d'exiger la tête
du premier ministre, il l'eût obtenue, car le peuple lui disait,
en le priant d'écarter ses favoris : « Nous vous avons fait roi,
c'est vous seul que nous voulons. » Dans sa détresse, il écrivit à
M. Laborde pour lui demander du secours. Les lettres n'arrivèrent pas. Il fallait en finir : le premier ministre s'était trop
avancé pour reculer désormais. Les troupes étaient sous les armes
depuis le matin ; elles y passèrent encore la nuit. On décida
l'assassinat de Radama II. A neuf heures du matin, douze conjurés pénètrent dans le palais ; ils avaient à leur tête celui-là
même qui avait circoncis le roi dans son enfance et qui seul pouvait porter la main sur sa personne. Au bruit qu'elle entend,
la reine accourt éperdue pour sauver le roi, mais on la repousse. L'infortuné prince, qui devine le projet des assassins, se
jette sur les mains de Raboude pour la sauver, et la croyant en
danger, demande à périr avec elle ; mais on lui fait lâcher prise
à coups de plat de sabre. Ses bras sont meurtris, il est sans armes,
on le terrasse. Voyant sa dernière heure arrivée en présence
de la mort, il s'écrie : « Je n'ai jamais versé le sang de personne. » On entraîne Raboude, pendant qu'avec une écharpe
de soie blanche on étrangle le roi de Madagascar, l'usage chez

les Hovas ne permettant pas de répandre le sang des nobles et des rois (1). »

Ainsi périt, à trente-quatre ans à peine et après un court règne de moins de huit mois, ce jeune prince, dont la faiblesse égalait la bonté. Doué des qualités les plus nobles de l'homme, l'intelligence, le courage, la générosité, l'aménité, il n'avait pas à un aussi haut degré celles qui font les princes, l'esprit politique et la fermeté du caractère. On put dire de lui, comme du roi Louis XVI : *Dignus imperii, nisi imperasset.* Son prédécesseur, Radama Ier, moins heureusement doué que lui, sut régner néanmoins dix-huit ans, grâce à l'énergie de son caractère et à la fermeté de ses vues politiques. Il avait dit : « Je ne veux pas mourir comme le roi de France Louis XVI. » Ces lacunes dans un souverain prenaient une grande importance en raison de la sauvagerie du peuple que Radama II avait à gouverner. Quoi qu'il en soit, son sort est digne des regrets de l'histoire et sa mémoire mérite d'être honorée. Il a succombé pour n'avoir pas voulu, ce qu'il considérait comme une lâcheté, manquer à sa parole envers la France (2). Lorsque la nouvelle de cet attentat, avec toutes ses circonstances, parvint en Europe, une immense pitié s'éleva de toutes parts, même en Angleterre. Cette mort imméritée d'un souverain si jeune, si juste et si bon, arracha des larmes à tous, et l'on put dire de lui ce que Tacite dit de Germanicus : *Etiam flebant ignoti,* « Les étrangers eux-mêmes l'ont pleuré (3) ».

Seul, M. Ellis osa écrire que ce prince « avait avili la royauté (4). »

(1) A. Vinson, *Voyage à Madagascar*, pages 505 et suiv.

(2) Outre le souvenir de Louis XVI, la mort du jeune Radama éveille aussi celui du czar Paul Ier, qui, épris d'admiration pour le premier consul Bonaparte, s'allia avec lui et, pour prix de cette alliance, fut étranglé dans son lit, avec sa propre écharpe, le 12 mars 1801.

(3) Radama II, comme on le sait, vint au monde deux ans après la mort de son père putatif Radama. La veuve de celui-ci, la reine Ranavalo, déclara qu'elle était allée faire visite au tombeau de son mari et que là elle avait conçu. Cette légende, qui fut acceptée par les Hovas, le fut moins par les étrangers. On sut depuis, à n'en pas douter, que le vrai père de Radama II fut Andrian Mihaza, favori et premier ministre de la reine, qui, par une singulière analogie de la destinée, périt lui-même assassiné.

(4) « Radama had injured the kingdom. »

La haine des assassins de Radama II le poursuivit jusque dans la tombe. Ils le déclarèrent roi vaincu, comme s'il avait succombé devant l'ennemi, et ils annulèrent son règne, comme si un décret pouvait anéantir l'histoire. De sinistres épisodes vinrent achever le drame au lendemain du 12 mai 1863. Pendant que les soldats étaient en armes, on leur fit procéder à l'exécution des malheureux amis de Radama, emprisonnés, comme on l'a dit, auprès du tombeau de Rainihare. Par les ordres du premier ministre, ils furent massacrés et, quand cette œuvre de sang fut terminée, on désarma la population, afin de pouvoir, sans crainte de représailles, lui annoncer les événements de la nuit. On fit croire au peuple que le roi était mort de chagrin de la perte de ses favoris. On fit courir, en outre, le bruit que le roi n'était pas décédé, mais que blessé et transporté sans connaissance loin de Tananarive, il avait repris ses sens et qu'il vivait chez des tribus fidèles. Ce dernier bruit parvint jusqu'en Europe, jusqu'à Paris, et il y obtint créance pendant plusieurs mois (1).

Nous ne devons pas clore le récit de l'attentat du 12 mai 1863 sans faire remarquer que M. Ellis, pendant le moment le plus critique, était resté constamment sous la protection et dans la demeure du premier ministre, promoteur de cette conspiration d'assassins, et qu'aussitôt l'exécution, il crut prudent de chercher un refuge au consulat d'Angleterre, sous le drapeau de sa nation : l'opinion publique lui reprocha l'apparence de complicité que lui donnait nécessairement sa présence chez celui qui passait pour avoir désiré, préparé et exécuté la mort de Radama II (2).

La reine Raboude fut proclamée, à la grande satisfaction du premier ministre, des sikidys et des Anglais ; on lui donna le

---

(1) L'assassinat avait eu lieu la nuit et, dès le matin, le premier ministre se présenta chez M. Laborde, consul de France, et lui dit simplement : « Le roi est *parti*; le traité ne subsiste plus, » comme si le roi et le traité étaient une seule et même chose devant disparaître ensemble.

(2) Les journaux anglais de cette époque et les livres publiés depuis par les méthodistes et traduits par des protestants français, ne craignirent pas de présenter l'assassinat du malheureux Radama II comme un événement *profitable* au *pays*, comme la fin d'un *despote manqué*. MM. Lambert et Laborde y sont qualifiés d'*artificieux étrangers poussant le roi à l'ivrognerie* et voulant *usurper de vastes et riches régions à Madagascar.*

nom de Rasoaherina, ce qui veut dire en malegache *belle et forte* (de *soa*, beau et *heri*, fort).

Pendant que ces événements s'accomplissaient à Madagascar, la mission, partie de Marseille à la fin de mai, arrivait à la Réunion le 1er juillet, rapportant la ratification par Napoléon III du traité du 12 septembre 1862. Le commandant Dupré avait appris déjà à Maurice la tragédie du 12 mai, et les lettres de M. Laborde, notre consul à Tananarive, ne laissaient aucun doute sur les intentions du gouvernement hova d'annuler le traité et, par suite, la charte concédée à M. Lambert. M. le commandant Dupré jugea qu'un assez long temps s'écoulerait, pendant lequel les agents de la Compagnie, qu'il devait conduire à Madagascar, resteraient forcément inactifs. En conséquence, des mesures, à la fois convenables et économiques, furent prises pour l'installation provisoire de la plus grande partie du personnel à la Réunion. Quatre membres de la mission seulement et M. Lambert furent amenés à Madagascar. Le matériel de la Compagnie, les instruments et les appareils divers, les provisions de toute nature furent placés en lieu sûr.

Le 30 juillet 1863, l'*Hermione* appareillait de Saint-Denis de la Réunion pour Tamatave, où elle mouillait le 1er août.

M. Dupré refusa de recevoir les fonctionnaires hovas qui se présentèrent à bord. Il voulait connaître, avant tout, la réponse de ce gouvernement : elle arriva bientôt. Elle se bornait à inviter le représentant de la France à *monter à la capitale*, pour faire un nouveau traité, à la place de celui qui avait été consacré par la signature de l'empereur et par celle du roi Radama.

On apprenait, en même temps, qu'à la réception des lettres du commandant, la reine et tous ses ministres avaient tenu conseil et avaient été d'avis, à l'unanimité, d'exécuter le traité ; mais que le premier ministre, revenant le lendemain sur son opinion, s'était péremptoirement prononcé pour le refus de ce même traité. Ce brusque revirement était dû à M. Ellis. Les lettres particulières disaient, en propres termes, que ce personnage n'avait reculé devant aucun argument pour influencer le premier ministre Rainivouninahitriniony et n'avait cessé de lui répéter que si le gouvernement hova ne cédait pas, il n'avait rien à redouter du commandant de la division navale, *qui n'était pas autorisé à l'y contraindre.*

M. Dupré rejeta nettement la proposition de faire un nouveau traité, en déclarant qu'il n'avait aucun pouvoir à cet égard et que *la signature de l'empereur n'était pas un vain mot avec lequel on pût jouer;* quant à l'invitation de monter à Tananarive, il en subordonnait l'acceptation à l'envoi préalable à Tamatave de deux membres du gouvernement qui jureraient que tous les engagements pris avec la France seraient maintenus.

M. Dupré invitait en même temps le consul de France résidant à Tananarive, dans le cas où ses propositions seraient rejetées par le gouvernement hova, à amener son pavillon et à descendre à Tamatave pour se concerter avec lui.

Ce fut malheureusement cette dernière prévision qui se réalisa. On apprit bientôt qu'à l'arrivée à Tananarive des réponses du commandant, la reine et ses ministres avaient été, de nouveau et à l'unanimité, d'avis d'exécuter le traité fait avec Radama; mais que, de nouveau, aussi, Rainivouninahitriniony, empêché par la maladie d'assister au conseil, s'était opposé à cette résolution de sa souveraine et de ses conseillers. On recevait, d'un autre côté, de la part de personnes qui connaissaient bien le caractère hova, l'avis que des mesures de rigueur pourraient seules mater l'orgueil du gouvernement et le ramener au respect des engagements contractés.

Le 4 septembre, M. Laborde arriva à Tamatave avec le ministre Raharla; celui-ci était accompagné d'un haut fonctionnaire revêtu du titre de quinzième honneur. Il était habillé à la française et en grand costume. On lui rendit les honneurs attribués au rang d'ambassadeur. Raharla annonça que son gouvernement ne voulait point exécuter le traité signé par Radama et qu'il était chargé de proposer un contre-projet en sept articles, dont la rédaction et les restrictions trahissaient une main anglaise. Le commandant Dupré repoussa avec dédain ce projet, qu'il qualifia justement de dérisoire. Il consentit, toutefois, à attendre jusqu'au 20 septembre la réponse de la reine. Pendant ce temps, la frégate *l'Hermione*, avec son aviso, vint s'embosser devant Tamatave, ce qui jeta la terreur chez les Hovas. Enfin, la réponse arriva dès le 18 et ne fit que confirmer l'offre du traité aux sept articles et le rejet du traité signé par Napoléon III.

Le 19, dès la matinée, les canons du fort de Tamatave avaient annoncé le rétablissement des droits de douane, tels qu'ils existaient avant le règne de Radama. L'oligarchie hova, qui vivait des exactions et des concussions sur les transactions douanières, était satisfaite.

Lorsque le ministre Raharla eut, dans l'après-midi, notifié aux représentants de la France la réponse de son gouvernement, M. Dupré donna l'ordre à l'agent consulaire français d'amener son pavillon. De son côté, le gouverneur de Tamatave appela le peuple au Fort et fit faire de bruyantes promenades militaires dans les rues. La population de la ville était dans l'attente ; son anxiété était extrême ; bien des gens fuyaient le pays emportant leurs effets les plus précieux. Cependant, les chefs hovas affectaient un grand calme ; les missionnaires anglais les avaient rassurés en leur disant *qu'ils n'avaient rien à redouter des Français*. La terreur du peuple se dissipa devant le silence des canons de nos bâtiments. La signature de Napoléon n'était qu'un vain mot.

Le 26 septembre, M. Laborde retournait à Tananarive, mais, cette fois, sans caractère officiel et public et, le 1er octobre, le dernier de nos bâtiments quittait la rade de Tamatave.

Ainsi donc, tous les efforts du commandant Dupré avaient échoué. Sa modération, sa longanimité dans le cours des négociations, son attitude tour à tour ferme ou conciliante, tout avait été inutile devant le parti pris du premier ministre, souverain de fait du pays, et qui, non content d'avoir supplanté Radama dans son pouvoir, avait, au grand scandale des Hovas, saisi les rênes de la royauté et contraint la veuve de ce prince à l'épouser. M. Ellis obtenait un triomphe complet. Les rapports politiques de la France avec Madagascar étaient rompus ; aucune des garanties sur la foi desquelles la Compagnie avait été fondée n'existait plus ; le pays, que le traité devait lui ouvrir, lui demeurait fermé et tout établissement y devenait impossible. La charte Lambert n'était plus qu'une lettre morte, comme la parole de Napoléon.

Ce déplorable état de choses n'avait pu entrer dans les prévisions de la Compagnie et se rattachait exclusivement à la politique. La question restait entière aux mains du gouvernement impérial et voici en quels termes l'appréciait son représentant :

« Si l'empereur, disait le commandant Dupré, dans une lettre du 29 septembre 1863, juge devoir punir l'offense qui lui est faite et revendiquer un droit indiscutable, la Compagnie, généralement désirée et appelée par tout ce qu'il y a de plus considérable à Tananarive, s'établira, de prime abord, dans des conditions de sécurité et de prospérité dont elle n'aurait jamais joui qu'après bien des années dans l'état agité où se trouve le pays.

« Si des considérations d'un ordre supérieur empêchent, au contraire, que la force soit mise au service de notre bon droit, il n'y a plus ni Compagnie, ni entreprise individuelle, quelle qu'elle soit, possible pour aucun Français à Madagascar avant bien longtemps. Une révolution, déterminée par les intrigues d'hommes étrangers au pays, est venue remettre en question des résultats qui paraissaient définitivement acquis et tous mes efforts sont venus se briser contre un obstacle factice, que la première manifestation de la puissance de la France fera tomber en poussière. »

Il n'y a rien à ajouter à ce tableau tracé au moment même où ces événements venaient de s'accomplir.

Quant à la Compagnie, son avenir était entièrement subordonné aux intentions du gouvernement impérial : le commandant Dupré, le juge le plus compétent de la situation, le déclarait nettement.

On ne pouvait compter que sur sur une résolution vigoureuse pour faire respecter *le droit par la force* et pour *punir une offense*, on peut même le dire, *un affront fait à la France* et précédé de tant d'autres. Le gouvernement impérial devait une protection énergique, effective à la Compagnie dont il avait encouragé et patronné la formation. Le commandant Dupré n'était pas autorisé à prendre des mesures dictées par l'honneur du pavillon et du drapeau. Les Anglais avaient assuré au gouvernement des Hovas que la France n'avait pas *le droit de tirer un coup de canon à Madagascar*. On sait, cependant, que l'unique moyen de châtier l'insolence des pirates de terre cantonnés à Tananarive est de leur infliger une correction.

La nouvelle reine ne pouvait oublier sitôt les nobles instincts de son infortuné mari : le traité de 1862, on se le rappelle avait été signé dans son propre palais. Elle paraissait animée de sentiments loyaux, elle voulait tenir les engagements pris par Radama ; mais elle en fut empêchée par le parti hostile à la France, qu'excitaient et que patronnaient les adversaires acharnés de notre pays. Une démonstration vigoureuse de la part de la France aurait secondé et fait triompher la bonne volonté de la reine et anéanti en même temps cette opposition cachée, dont nos hésitations ont toujours fait la force depuis deux siècles.

Cette démonstration si juste, si nécessaire, si opportune, l'empereur Napoléon III ne la fit pas. Toujours disposé à ménager l'Angleterre au delà de ce que peut permettre le sentiment du patriotisme et de la prudence la plus élémentaire, toujours porté à suivre les errements désastreux de cette politique de dupe dont nous n'avons jamais recueilli les avantages, l'empereur sacrifia à la plus chimérique et à la plus onéreuse de ses alliances la plus magnifique occasion qui se soit jamais offerte à la France de reprendre sa prépondérance politique et commerciale dans la mer des Indes.

Malgré l'échec politique de la Compagnie de Madagascar, M. le commandant Dupré ne voulut pas que la mission retournât en France sans avoir utilisé son voyage et sans avoir recueilli, autant que possible, de précieuses observations sur l'objet de ses études. Dans ce but, il autorisa les ingénieurs de la première et de la deuxième section, MM. Coignet et Guillemin, à faire une excursion, l'un à la côte nord-ouest, et l'autre à la côte nord-est.

Enfin, deux Français et un Allemand, MM. Cochin, Quinet et Guntz, firent également une série d'explorations dont les résultats, très utiles à consulter pour des opérations ultérieures, ont été publiés comme annexes aux *Documents sur la Compagnie de Madagascar* (1). Un photographe-historiographe, M. Charnay, avait été attaché à l'expédition ; il en a rapporté des clichés fort intéressants, dont la plupart ont été gravés sur bois et publiés par lui-même comme illustrations de son *Madagascar à vol d'oiseau*, édité par la maison Hachette dans le *Tour du monde*.

(1) On trouvera ces différents travaux dans les *Documents*, p. 264. M. Simonin, chargé de la section de Tananarive, a publié ses *Souvenirs d'un voyage dans l'océan Indien* (*Revue des Deux Mondes* du 15 avril 1864).

Il n'est pas sans intérêt de constater que, pendant ces excursions, aucun des explorateurs ne fut malade ni même atteint par un accès de fièvre. Il est acquis aujourd'hui à l'expérience que la sobriété du régime en préserve parfaitement les Européens et que le sulfate de quinine les guérit au besoin.

En résumé, les explorations de la mission, quoique très incomplètes, les renseignements recueillis par nous sur les lieux mêmes et auprès des personnes les mieux informées, les produits indigènes, dont nous avons constaté l'existence ou rapporté des échantillons, l'étude des ressources de diverse nature que présente le pays, sont venus confirmer l'exactitude des documents d'après lesquels la pensée de la Compagnie avait été conçue par les Français. Ces informations démontrent que la Compagnie de Madagascar avait les plus belles chances d'avenir. Elle aurait sans doute rencontré dans la réalisation de son œuvre des difficultés sérieuses, mais l'organisation admirable de ses rouages, nous avons tout lieu de le croire, aurait permis de les surmonter.

En dehors de la question politique, il en restait une autre à vider, celle-là relevant du droit des gens commun à toutes les nations. Un traité avait été conclu par l'empereur des Français. Sa signature avait été placée au bas de cet acte, des intérêts moraux et financiers étaient nés sous la sanction de cette signature et sous sa sauvegarde : elle ne pouvait demeurer *un vain mot,* ainsi que l'avait dit le plénipotentiaire français. Les capitaux engagés, les dépenses faites par la Compagnie sur la foi de cette signature et sur celle de Radama II, l'abandon fait par la Compagnie et par M. Lambert lui-même de la charte qui lui avait été concédée avec tous ses privilèges, ne pouvaient rester en souffrance, par suite de la rupture du traité par l'une des parties. Une indemnité en argent devait couvrir les pertes et compenser les débours de la Compagnie. En conséquence, M. Drouyn de Lhuys fit connaître au gouvernement hova l'intention formelle où était Napoléon III d'exiger une juste indemnité, proportionnelle aux pertes éprouvées, soit une somme de neuf cent mille francs. En conséquence, une négociation fut ouverte dans ce but ; mais, comme il fallait s'y attendre, les Hovas opposèrent à sa liquidation cette lenteur calculée et ces moyens de temporisation et de fourberie propres aux Asiatiques et destinés à lasser la patience des Européens. Il nous paraît utile, ne fût-ce que pour éclairer sur ce point nos politiques de l'avenir, de donner ici un récit succinct, mais exact, de ces tergiversations de leur tactique expectante, que la France a toujours été trop disposée à subir dans tous les temps.

Les Hovas commencèrent par envoyer à Paris une députation, vers le milieu de l'année 1864; mais, n'ayant pas d'instructions pour consentir au paiement de l'indemnité, ils retournèrent à Tananarive pour y chercher de nouveaux pouvoirs. Quatre mois étaient nécessaires pour obtenir une solution. Il était évident pour tous ceux qui connaissent les mœurs des Hovas, leur vanité naïve et insolente, leur esprit de ruse grossier, leur rapacité, leur duplicité, qu'ils ne reculeraient devant aucun moyen d'échapper à la nécessité de payer une indemnité aux Européens sous le coup de la puissante injonction de l'empereur des Français. D'un autre côté, les Anglais, dans la personne des méthodistes, continuaient à battre en brèche à Tananarive ce qui restait encore du prestige indélébile de la France; ils conseillaient et excitaient à nouveau les Hovas contre la Compagnie. L'hivernage de 1864 s'écoula ainsi, mais en vain, dans l'attente de promesses non suivies d'effet. La reine Rasoaherina persistait à se montrer personnellement favorable à une entente avec la France; mais la plupart des des ministres qui l'entouraient, et qui la dominaient par l'entremise des *sikidys* et des prêtres des idoles, l'entraînaient dans une voie tout opposée. Ils reprenaient en sous main la vieille légende dont nous avons parlé et ils faisaient courir le bruit que Radama n'était pas mort et qu'il avait été sauvé au dernier moment. C'était un piège tendu à la fidélité des partisans du jeune et malheureux roi, pour les amener à se faire connaître; c'était aussi un moyen habile, ils le croyaient du moins, de paralyser l'action de la France, qui aurait hésité à compromettre Radama dans le cas où il eût été encore vivant. Cette pitoyable comédie fut jouée si effrontément et avec tant de persistance que M. Laborde lui-même avait fini par croire à l'existence du roi (1).

(1) Ces curieux détails et la plupart des faits relatifs à la Compagnie de Madagascar et à la politique des Hovas ont été empruntés par nous à l'Introduction placée par M. Francis Riaux en tête des *Documents*.

Le premier ministre, qui dominait la reine, fut renversé par une révolution de palais, en juillet 1864, et remplacé par Raharla, nommé gouverneur de Tamatave. Cela se passait pendant que les envoyés malegaches parlementaient à Paris avec M. Drouyn de Lhuys. Revenus à Tananarive, ces envoyés racontèrent que, sous la conduite d'un méthodiste anglais qui leur servait d'interprète, ils s'étaient vainement présentés au ministère des affaires étrangères, où il leur avait été signifié, de la part du ministre, que le gouvernement français, avant toute reprise de relations diplomatiques avec Madagascar, exigeait que la Compagnie fût indemnisée de ses déboursés et de ses pertes. Un grand kabar eut lieu pour délibérer sur le parti à prendre. Quelques chefs proposèrent de reconnaître le traité signé par Radama ; mais ils ne furent pas écoutés, quoique la reine, assure-t-on, fût favorable à cet avis. Les représentants du parti des vieux Hovas, toujours conseillés par les Anglais et persuadés par eux que la France est *une puissance secondaire, soumise aux volontés de l'Angleterre,* proposèrent nettement de rejeter tout traité avec la France et tout arrangement avec la Compagnie. D'autres chefs, plus modérés, ne se refusaient ni à un nouveau traité ni au payement d'une indemnité, pourvu que celle-ci fût *très faible* et à une *échéance indéterminée.* En définitive, il fut décidé que la reine écrirait à l'empereur Napoléon III pour lui proposer un nouveau traité et lui demander une réduction dans le chiffre de l'indemnité. Faut-il le dire ? L'empereur des Français crut devoir répondre *lui-même* à la reine, par une lettre écrite tout entière de sa main, destinée à confirmer la demande d'indemnité, dont le chiffre était maintenu et à insister pour que le payement ne se fît pas attendre : on était au commencement de 1865.

La lettre impériale fut reçue à Madagascar avec un cérémonial pompeux. Ainsi que le fait remarquer à ce sujet M. Francis Riaux, les Hovas prodiguent volontiers les hommages qui ne les engagent à rien et ne doivent rien leur coûter. Les démonstrations de respect sont même d'autant plus grandes, de leur part, qu'au fond ils sont moins disposés à accorder ce qu'on leur demande. En fait de tenue, d'égards, de dignité, en un mot, de tout ce qui tient aux formes extérieures, nos diplomates les plus majestueux n'auraient rien à apprendre à ces sauvages asiatiques, et l'on a su qu'à leur retour à Madagascar les émissaires hovas s'étaient montrés fort peu impressionnés par l'accueil qu'on leur avait fait en France et qu'on avait cru de nature à les intimider (1). »

La lettre de Napoléon III n'en produisit pas moins un certain effet et donna lieu, dans le conseil de la reine, à d'interminables discussions. M. Laborde s'efforça de leur en faire comprendre toutes les conséquences. Enfin, après de longs et orageux débats, il fut décidé que la reine adresserait une seconde lettre à l'empereur, dans laquelle, — le croirait-on? — elle feignait d'avoir oublié le chiffre de l'indemnité et demandait à le connaître exactement, moyen misérable de gagner du temps. C'était véritablement abuser de la longanimité du gouvernement français et pousser la temporisation jusqu'à l'impertinence. M. Laborde, en sa qualité de consul de France, crut devoir faire d'énergiques efforts pour que le payement immédiat de l'indemnité eût lieu entre les mains du chef de notre station navale, insistant sur la gravité des conséquences d'un refus opposé à la volonté si formelle de l'empereur des Français. Le langage de M. Laborde détermina une telle irritation dans le parti des vieux Hovas qu'on essaya de l'effrayer par des menaces, tantôt sourdes, tantôt directes. Un instant, cet homme de cœur put croire sa vie en péril; mais ces tristes menées échouèrent devant la fermeté de son attitude.

La situation devenait difficile; les missionnaires anglais craignaient que le refus de l'indemnité, fait directement à l'Empereur, n'amenât une armée française à Madagascar et alors l'événement eût détruit leur calomnie, en montrant que la France n'avait besoin de personne pour se faire respecter et qu'elle pouvait tirer le canon sans la permission de l'Angleterre. Ils savaient, d'ailleurs, qu'une invasion française sérieusement organisée eût été la délivrance des autres peuplades de Madagascar, et par conséquent la fin de l'odieux gouvernement des Hovas. Les journaux anglais de Maurice le sentaient si bien qu'ils firent aux Hovas des représentations pressantes sur leur hésitation calculée à remettre aux Français la légitime indemnité que leur souverain stipulait pour

---

(1) Francis Riaux, Introduction historique aux *Documents*, p. 84.

eux. Les Hovas comprirent enfin que le moment de s'exécuter était arrivé : ils se décidèrent à réunir la somme réclamée. La reine fournit plus de la moitié des neuf cent mille francs, les chefs apportèrent le reste.

Le lecteur se dit que voilà une grosse affaire terminée ; le lecteur se trompe. Quand le jour fut venu d'expédier ce convoi d'argent à Tamatave, il y eut dans la capitale une émeute, sérieuse ou feinte. On fut obligé de l'apaiser et le convoi qui emportait l'argent put partir, non sans peine, sous l'escorte d'une troupe de quinze cents hommes. Ce n'était pas tout encore : les fonds arrivés à Tamatave, la frégate *la Junon* se présenta pour en prendre livraison. Peine perdue ; le gouverneur Raharla déclara, alors seulement, qu'il ne pouvait, d'ordre de son gouvernement, verser les fonds aux Français, sans avoir en mains propres les textes originaux de la charte qui seraient brûlés en présence du peuple : ces originaux étaient à Paris. Malgré toutes les insistances du commandant de la *Junon*, qui expliqua que sa signature était une quittance, il fallut attendre encore et demander à Paris les originaux : on était au 8 octobre 1865.

C'est ainsi que les Hovas parvinrent à ajourner le payement de l'indemnité. Dans leur opinion, gagner du temps, c'était se donner de grandes chances de sauver l'argent ; on leur assurait, en effet, qu'une complication européenne, peut-être une révolution à Paris, pourrait survenir dans l'intervalle. D'ailleurs, le bruit courait à Tamatave qu'une fois en possession des textes originaux de la charte, les Hovas, avant de payer, demanderaient aussi la renonciation officielle et écrite de la France à tous ses anciens droits sur Madagascar.

Grâce à toutes ces manœuvres calculées, on arriva ainsi aux premiers jours de 1866. Alors, seulement, les originaux demandés à Paris parvinrent à Tamatave et furent remis à Raharla. L'indemnité fut, enfin, livrée, le 2 janvier 1866, au commandant de l'aviso *le Loiret*, en piastres espagnoles et de divers États de l'Amérique. Le 18 février suivant, les fonds, contenus dans quatre-vingt-six barils et pesant près de cinq tonnes de mille kilogrammes, étaient débarqués à Marseille, puis expédiés à Paris et déposés au Trésor. La vente de ces piastres, dont la réalisation donna lieu à une foule d'opérations délicates et minutieuses, dans le but d'en constater le titre et la valeur, produisit une somme de 906,184 fr. 21 c., qui, défalcation faite des frais de toute nature, réduisit l'indemnité au chiffre de 870,246 fr. 12 c., net. Cette somme servit à couvrir les frais préparatoires de l'expédition et à rembourser les fonds aux premiers souscripteurs qui n'avaient pas hésité à offrir leurs capitaux et à encourager cette belle et féconde entreprise (1).

Ainsi fut liquidée la *Compagnie de Madagascar,* qui, en pleine disposition de tous les moyens de succès, était forcée de se dissoudre par suite d'événements imprévus et d'une politique fatale. Le 26 mars 1866, après en avoir clos les opérations, M. le baron de Richemont fut autorisé à prononcer ces nobles et éloquentes paroles : « L'œuvre était grande, généreuse, civilisatrice. Radama en avait conçu le premier la pensée. Convaincu qu'après le christianisme, dont il favorisait la propagation, les éléments les plus actifs des sociétés modernes, le commerce, l'agriculture, l'industrie, pourraient seuls transformer son peuple, il considérait notre Compagnie comme devant être l'instrument du progrès à Madagascar. De détestables calculs ont fait échouer cette entreprise, et je n'apprends rien à personne en disant que, dans la lutte horrible qui eut lieu à Tananarive entre la barbarie et la civilisation, et qui se termina par le meurtre de Radama, les *passions envieuses des civilisés ont armé le bras des barbares.* Qu'il me soit permis d'exprimer ici l'espoir que nous n'aurons jamais la douleur de voir cette terre de Madagascar, qui intéresse la France à tant de titres, tomber entre les mains de la puissance européenne dont la rivalité nous a été si fatale dans ce pays (2). »

Le règne de Rasoaherina n'eut qu'une courte durée. Imbue des idées de Radama II, ayant pris une part, quoique indirecte, au

---

(1) Les écrivains anglais, sous l'instigation des méthodistes, ont osé écrire et répéter dans leurs livres que l'indemnité remise aux Français fut de six millions. C'est ainsi que ces Loriquet du protestantisme écrivent l'histoire et ce sont des protestants français qui se chargent, en traduisant ces ouvrages, d'en propager les impudents mensonges.

(2) *Documents sur la Compagnie de Madagascar*, Rapport fait par M. le baron de Richemont à l'assemblée générale du 26 mars 1866, page 92.

traité de 1862, elle en avait compris tous les avantages. Encouragée et appréciée par les différentes missions françaises, amie de M. Laborde et de M. Lambert, elle eût pu rendre de grands services avec le temps. M. le docteur Vinson a crayonné en peu de mots son portrait en 1863 et ce portrait mérite de trouver sa place ici : « Raboude, dit-il, était une femme remarquable. Plus âgée que Radàma II, elle paraissait avoir quarante-six ans. Elle avait un front luisant, un nez aquilin, des lèvres minces, une figure énergique, un peu maigre, des yeux petits, noirs et brillants d'une vive expression : telle était la reine. Sa taille égalait presque celle du roi ; son teint était jaune et sans fraîcheur ; mais son cou et ses épaules, parfaitement conservés, révélaient une remarquable beauté. Personne n'offrait plus de dignité dans le maintien, plus de distinction dans les manières, plus de fierté dans la pose. Malgré le hâle et le bronze de son teint, cette femme présentait dans sa personne un caractère empreint de tant d'aristocratie qu'elle eût figuré avec aisance au milieu des salons de Paris et de Londres (1). » M. le commandant Dupré en parle dans les mêmes termes : « La reine sourit rarement, mais son sourire est d'une remarquable douceur. L'expression habituelle de sa physionomie indique une volonté ferme ; son maintien est distingué et empreint d'une véritable majesté (2). »

On avait pu fonder sur elle de légitimes espérances ; l'un de ses premiers actes fut de congédier son principal ministre, son favori célèbre, Raïnivoninahitrinioni, qu'elle avait épousé après la mort de Radàma II, et qui avait conseillé à Ranavalo Ire tant d'actes cruels et désastreux. On crut voir dans cet acte un changement heureux pour la politique ; mais il n'en fut rien. La nouvelle reine choisit pour premier ministre le propre frère de l'ancien, c'est-à-dire Raïnilaiarivoni. Celui-ci va gouverner sous les deux reines qui se succéderont et va continuer les mêmes errements de politique barbare.

Il n'est pas hors de propos de faire remarquer au lecteur que les méthodistes, en tant qu'agents politiques, posaient déjà les jalons de leurs intrigues futures. Certains de tenir la reine par le

(1) A. Vinson, *Voyage à Madagascar.*
(2) J. Dupré, *Trois mois à Madagascar.*

premier ministre, qui se laisse acheter facilement, ils essayèrent de la lier par un serment conditionnel et, lorsque la mort de Radama II leur offrit l'occasion désirée par eux de se saisir du gouvernement, ils s'entendirent pour lui imposer leurs volontés. En lui offrant la prétendue couronne de Madagascar, les ministres et les grands officiers exigèrent d'elle un serment qu'on semblait vouloir élever à la hauteur d'une charte et dont les points principaux étaient les suivants : « Liberté absolue et protection sous garanties à tous les étrangers, sauf la condition de se soumettre aux lois du pays. — Protection, liberté de conscience, de culte, d'enseignement et de propagande assurées aux chrétiens indigènes. » Cette dernière clause contenait le germe de l'immense propagande protestante que les méthodistes se proposaient de faire par les naturels eux-mêmes convertis au protestantisme.

Il faut le reconnaître, Rasaohérina, durant son règne, laissa jouir le peuple d'une tolérance assez complète au point de vue religieux : elle n'était pas chrétienne, il est vrai, elle était même passionnée pour le culte des idoles, comme toutes les femmes de son pays ; mais, intelligente et douée d'un certain sens politique, elle ne persécuta aucune secte. Seulement, elle ne voulait pas, entre autres prohibitions, que les officiers, les soldats, les ouvriers du gouvernement fussent forcés de s'abstenir de tout travail le dimanche ; elle les obligeait, même, ce jour-là, soit à travailler, soit à prendre part à des danses, à des fêtes publiques. A part ces restrictions dirigées surtout contre les protestants, le régime public fut assez doux sous ce règne de cinq ans.

Il est inutile d'ajouter que les méthodistes ne manquèrent pas d'exploiter activement cette tolérance. Ils établirent à Tananarive des temples, une imprimerie, un dispensaire et un hôpital. A la fin de 1867, à la veille de la mort de la reine, il y avait douze congrégations protestantes dans la capitale de l'Ancôve, quatre-vingt-six en province. Les Anglais annonçaient avec joie dans leurs journaux ou publications qu'on comptait cinq mille communiants dans les environs et environ vingt mille convertis. Ils formaient déjà des prédicateurs indigènes pour protestantiser le pays, distribuaient des bibles revues par M. Griffith, publiaient des catéchismes, des livres d'école, des traités religieux répandus partout à profusion.

Ce n'est pas tout : dès le mois de janvier 1866, les méthodistes publièrent le premier journal hova, recueil bi-mensuel illustré, écrit en langue du pays sous le titre *Sehoni-Soa,* « les Bonnes paroles ». L'année suivante, on édita un évangile avec commentaires. Ce volume fut imprimé à l'imprimerie des méthodistes par de jeunes Hovas qui avaient appris à composer, à tirer, à relier sous la direction de M. John Parrett, personnage remuant et fanatique que nous retrouverons bientôt sur un autre théâtre.

Les trois dernières années du règne de Rasoaherina furent employées aux soins de sa santé délabrée et à l'élaboration des traités, dont, depuis la mort de Radama II, les Français, les Anglais et les Américains avaient ébauché les prémisses avec son premier ministre.

Dès le mois de novembre 1864, l'année qui suivit la mort de Radama II, M. Packenham, le consul britannique à Madagascar, arrivant bon premier, s'était empressé de venir à Tananarive pour y négocier un traité. Il s'agissait de prendre sa revanche du traité français de 1862, inspiré par M. Lambert, et rompu par la mort de Radama II. M. Packenham fut reçu par la reine, assise sur son trône, et en grande pompe, au bruit du canon, au son du *God save the Queen.* La reine était entourée de ses ministres et de tous les grands officiers. Après avoir baisé la main de la reine, le consul britannique lui adressa un discours pour lui témoigner la satisfaction qu'éprouvait la reine Victoria à la pensée que les missionnaires anglais étaient en faveur à Madagascar : « L'Angleterre est puissante, dit-il, et aussi longtemps que la reine de Madagascar sera l'amie de l'Angleterre, elle sera puissante comme elle. Si vous en doutez, ajouta-t-il avec fierté, demandez à vos ambassadeurs qui ont vu nos soldats et nos vaisseaux, SI NOUS NE SOMMES PAS UNE NATION FORTE. »

Les ratifications du traité en projet retardèrent sa conclusion, qui n'eut lieu que l'année suivante, le 27 juin 1865. Ce traité, tout en faveur de l'Angleterre, proclamait l'abolition de l'épreuve du tanguin, la liberté religieuse pour les Européens et pour les indigènes, la protection assurée aux églises évangéliques et à tous les édifices élevés par les missionnaires protestants, et, enfin, l'abolition de l'interdiction qui éloignait les Européens des villes à idoles, dites cités saintes. On assure, et c'est le bruit qui courut, après certaines paroles échappées à M. Packenham, qu'un article secret du traité anglais contenait cette clause, que le protestantisme devait être bientôt la religion d'État à Madagascar. Ce fait sera confirmé par les événements postérieurs.

Un traité analogue fut signé deux ans après par la reine avec les États-Unis d'Amérique ; mais ce dernier acte ne contenait que des dispositions absolument commerciales. Quant à la France, comme il arrive trop souvent en pareil cas, elle demeura en arrière. L'empereur Napoléon III avait envoyé à Tananarive, M. le comte de Louvières comme son plénipotentiaire pour la négociation du traité. Ce diplomate éprouva de grandes peines, malgré les efforts et le crédit de notre consul, M. Laborde, pour arriver à relier les fils épars de nos relations interrompues. De nombreuses difficultés lui furent opposées et il dut en référer à Paris, ce qui absorba beaucoup de temps. Sur ces entrefaites, M. le comte de Louvières vint à mourir, le 31 décembre 1866, et les négociations suspendues par cet événement ne purent être reprises, comme on le verra plus loin, que sous le règne suivant.

Le bruit courut que notre plénipotentiaire avait été empoisonné (1).

La santé de la reine était devenue chancelante et, dans l'été de 1867, un voyage fut jugé nécessaire pour lui faire prendre les eaux thermales de Rano-Mafana, à la côte orientale. Le premier ministre, prévoyant sa fin, voulait aussi montrer aux populations de l'est l'armée dont paraissait disposer le gouvernement. La reine, toujours plus malade, partit au mois de juin ; son voyage offrit un spectacle des plus caractéristiques de la manière de voyager dans ce pays privé systématiquement de routes et même de

---

(1) Il faut ajouter, toutefois, que le comte de Louvières, selon une autre version, mourut de la fièvre contractée durant son trajet de Tamatave à Tananarive. Ce voyage dura douze ou quinze jours, par une pluie battante ; le voyageur mouillé constamment, du haut de son *tacon,* en tomba malade et ne se releva plus. Le comte de Louvières fut enterré à Tananarive, où l'on montre encore aujourd'hui son tombeau.

chemins. Un seul Européen, notre consul, M. Laborde, l'ami de Radama II, avait été autorisé à faire partie du cortège. On avait réuni tout ce qu'on pouvait rassembler de troupes, toute l'armée, environ six mille soldats, afin de la faire voir, ainsi qu'on vient de le dire, aux populations (1).

Ce voyage ne répondit pas aux espérances de la reine ; il était visible qu'elle touchait à sa fin. C'est à ce moment que se présenta à elle le successeur du comte de Louvières, M. Garnier, officier de marine, chargé de mener à bien les négociations relatives au traité français. La reine, alitée et mourante, n'avait plus de volonté ; le premier ministre était plus que jamais le maître ; aussi le plénipotentiaire reçut-il un accueil plus que froid et, par contraste, toutes les politesses furent pour l'officier anglais, le capitaine Brown, qui commandait alors la frégate *la Vigilante* dans les eaux de Tamatave. Le séjour à Rano-Mafana et les fatigues d'aller et de retour, dans de telles conditions, épuisèrent les forces de Rasaohérina. Rentrée à Tananarive, elle sentit sa fin approcher. Dans ce moment suprême, et la veille de sa mort, on dit qu'obéissant à ses vœux, le R. P. Jouen, supérieur de la mission catholique, avec l'aide de M. Laborde, lui administra le baptême ; elle expira le 1er avril 1868, âgée d'un peu plus de cinquante ans, non sans être regrettée des Français pour lesquels, en souvenir de Radama II, elle conserva toujours des sentiments de sympathie.

(1) L'ensemble de cette caravane, en y comprenant les ministres, les grands officiers et leur suite, ne formait pas moins de quarante mille personnes qui durent se pourvoir à l'avance, ou chemin faisant, de leurs aliments et de leurs tentes, la route n'offrant ni vivres ni abri. Malgré ces précautions, un grand nombre de voyageurs périrent pendant le trajet, par suite de la fatigue et du manque d'abri. La reine, portée dans un gigantesque palanquin, avait à sa suite les deux idoles de la famille royale, lesquelles, au repos, étaient placées sous une tente spéciale auprès de celle de la reine. Quinze cents palanquins s'avançaient à la suite. Quand le palanquin de la reine se trouvait arrêté, dans les forêts, par quelque passage difficile, le premier ministre se joignait à d'autres fonctionnaires pour retirer de l'ornière, avec efforts, ce trône ambulant et embourbé. Il fallut tout un jour aux quinze cents palanquins pour traverser la rivière Mangourou, et la queue de la colonne n'arrivait au lieu de ralliement que plusieurs jours après la tête. Le voyage de Tananarive à la côte dura un mois.

Pendant ce voyage, une conspiration de palais avait été ourdie par l'ancien premier ministre, le trop fameux Raïnivoninahitrioni, tombé dans l'ivrognerie, que Raboude avait épousé en 1864, après la mort de Radama II, et qui, supplanté par son frère, s'efforçait de renverser celui-ci du pouvoir. Il avait donné l'ordre d'arrêter la reine elle-même ; mais ce fut lui qu'on arrêta (1).

Lorsqu'on apprit, le mercredi 1ᵉʳ avril 1868, que Raboude, la veuve de Radama II, était morte, de solennelles obsèques lui furent préparées. Jusqu'au mardi suivant, la ville fut en cérémonies funèbres. Le lendemain de la mort, on annonça au peuple, dès le matin, que la reine avait *niamboho,* c'est-à-dire *tourné le dos,* et que sa cousine, Ramoma, lui succédait sous le nom de Ranavalo II. Les populations furent appelées pour lui élever un magnifique tombeau. Le vendredi matin, le peuple tout entier, selon l'usage à la mort du souverain, reçut l'ordre de se raser les cheveux et ce fut un spectacle à la fois triste et grotesque que cette multitude de crânes chauves se livrant aux élans de la douleur officielle. Pendant la construction du tombeau, les coups de canon et les coups de fusil se faisaient entendre de minute en minute. Au milieu des sanglots des pleureuses, les orfèvres faisaient fondre des piastres pour confectionner le cercueil de la reine, qui coûta plus de cent mille francs. En huit jours, le tombeau fut terminé ; c'était un massif plaqué en granit, surmonté d'une petite

---

(1) « Des bruits étranges circulaient ; l'ancien premier ministre et ses complices étaient dans les fers ; le vieux Raïnisohara était exilé et n'avait guère de représentant actif ; mais leurs partisans pouvaient les délivrer et les ramener sur la scène. Les Pères, M. Laborde, le commissaire, répétaient souvent : Ce n'est pas fini et nous entendrons bientôt parler d'une nouvelle révolution de palais. Heureusement que le chef de la conspiration, le frère du premier ministre actuel, avait mal combiné son complot. Presque toujours en état d'ivresse, ses actions étaient sans suite. D'une nature douce et facile, l'alcool le rendait féroce. Le commandant en chef qu'il somma de partir pour arrêter la reine et ses partisans eut l'air de se soumettre à ses injonctions et donna ordre en secret à ses officiers de l'arrêter lui-même. Il fut, en effet, saisi facilement et les combinaisons des révoltés échouèrent. Le jour arriva et apprit à la reine que les conspirateurs, que les révoltés étaient aux fers. Abrutis par l'ivrognerie, la plupart ne pouvaient lutter avec avantage. » (Docteur Lacaze, *Souvenirs de Madagascar,* page 77.)

maison en bois avec véranda et coiffée d'un toit rond de style oriental.

L'enterrement eut lieu le mardi après midi, au milieu de ce cortège indescriptible de têtes chauves, défilant entre une triple haie de pleureuses à genoux embrassant la terre, gesticulant et vociférant. Les grands officiers précédaient la bière et à leur tête apparaissait le premier ministre Raïnilaiarivoni, en tunique de velours violet brodée d'or ; il paraissait pleurer à chaudes larmes, dit un témoin oculaire (on sait qu'il s'était déjà fiancé lui-même à la nouvelle reine). On déposa dans le tombeau de Rasoaherina les principaux objets que, selon la coutume, on ensevelit avec la personne royale ; on mit, aussi, dans le tombeau de la reine, plus de deux cents robes de soie, de satin ou de velours et même des objets usuels de ménage, deux commodes, une selle de cheval pour dame, des vases à rafraîchir l'eau, des carafes, un beau surtout de table, en or et argent, une petite toilette, une table à ouvrage, plusieurs lampes, un grand fauteuil, des chaises d'or et, enfin, un coffre-fort contenant onze mille piastres que vingt hommes avaient peine à porter. Le canon se fit entendre jusqu'à minuit : on fit au peuple une distribution de trois mille bœufs.

La mort de Radama II avait délivré le parti des vieux Hovas du règne des hommes. La mort de Raboude leur sembla, ainsi qu'aux Anglais, une occasion favorable pour perpétuer le règne des femmes, qui, superstitieuses par nature, ainsi que nous avons eu à le dire plusieurs fois et dominées par le premier ministre, demeurent, par l'entremise des *sikidys* et des prêtres des idoles, entre les mains des principaux chefs. Il parut, dès lors, essentiel de renouer la tradition qui avait eu cours de 1828 à 1863, et la nouvelle reine, la princesse Ramoma, cousine de la reine, fut choisie d'un commun accord et proclamée sous le nom de Ranavalo II.

Cette espèce d'abolition de la loi salique, à Tananarive, faisait trop bien le jeu des missionnaires anglais pour qu'on ne s'aperçût pas de la présence de leurs mains dans cette partie politique. Une circonstance relative à la princesse Ramoma, que le lecteur connaîtra plus loin, achèvera de démontrer la réalité de cette ingérence dont l'habileté consistait à introniser chez les Hovas une dynastie de reines, rappelant, à peu près dans les formes, la souveraine de la Grande-Bretagne, dynastie à laquelle ils méditent de faire jouer, la quenouille à la main, le rôle rempli, dans la coulisse, par des ministres hovas achetés pour eux. Ce qui démontre absolument l'ingérence que nous signalons, c'est le choix de Ramoma pour succéder à Rasaohérina. Cette princesse, en effet, était connue particulièrement des méthodistes; elle avait appris à lire, dans son enfance, par les soins d'un pasteur protestant; elle était, donc, plus qu'à moitié acquise à la secte anglicane et il n'est pas interdit de penser que ce fut là son premier titre au choix qu'on en fit dans les circonstances que l'on sait; on verra, par la suite, que cette intrigue amenée de si loin fut couronnée de tout le succès que les missionnaires anglais étaient en droit d'en attendre.

Avant d'en déduire les conséquences, nous avons à entretenir le lecteur du traité français laissé en suspens par la mort de Rasaohérina. Le deuil public ordonné dans cette circonstance avait interrompu tout pourparler à ce sujet. Trois mois après cet événement, les négociations furent reprises par M. Garnier. Il nous en coûte de le dire, mais des témoins dignes de foi nous ont assuré que, grâce aux agissements de la mission anglicane, notre plénipotentiaire se trouva exposé, à cette occasion, à tous les procédés mortifiants, à toutes les fins de non-recevoir propres à la diplomatie des Hovas. En fin de compte, il ne put obtenir qu'un traité assez banal, plagiat à peine déguisé du traité anglais dicté en 1864 par M. Packenham. Les seules parties qu'il est intéressant de rappeler ici sont les articles 3 et 4, dont voici le texte :

Art. III. — *Les sujets français, dans les États de S. M. la reine de Madagascar, auront la faculté de pratiquer librement et d'enseigner leur religion, de construire des établissements destinés à l'exercice de leur culte, ainsi que des écoles et des hôpitaux, etc. Ces établissements religieux appartiendront à la reine de Madagascar, mais ils ne pourront jamais être détournés de leur destination. Les Français jouiront, dans la profession, la pratique et l'enseignement de leur religion, de la protection de la reine et de ses fonctionnaires, comme les sujets de la nation la plus favorisée. Nul Malegache ne pourra être inquiété au sujet de la religion qu'il embrassera, pourvu qu'il se conforme aux lois du pays.*

Art. IV. — *Les Français à Madagascar jouiront d'une complète protection pour leurs personnes et leurs propriétés. Ils pourront, comme les sujets de la nation la plus favorisée, et en se conformant aux lois et règlements du pays, s'établir partout où ils le jugeront convenable, prendre à bail ou acquérir toute espèce de biens, meubles et immeubles, et se livrer à toutes les opérations commerciales et industrielles qui ne sont pas interdites par la législation intérieure. Ils pourront prendre à leur service tout Malegache qui ne sera ni esclave ni soldat et qui sera libre de tout engagement antérieur. Cependant, si la reine requiert ces travailleurs pour son service personnel, ils pourront se retirer, après avoir préalablement pourvu ceux qui les auront engagés*, etc. (1).

A peine ce traité fut-il signé, le 4 août 1868, qu'il fut violé par le premier ministre de plusieurs façons. La stipulation contenue dans l'article 4, notamment, qui autorisait les Français à *acquérir des immeubles*, fut annulée par une prétendue loi portant le n° 85, contenant défense à tout Malegache de vendre ses terres à un *vasa* (étranger) sous peine de dix ans de fers. On verra, plus loin, que lorsque M. Laborde mourut, en 1878, le gouvernement hova, invoquant cette même loi et au mépris de l'article 4 du traité français, refusa de rendre compte aux héritiers de ce grand Français des biens immeubles qu'il a laissés à Madagascar. Cette violation du traité de 1868 prit place au premier rang parmi les justes griefs contre les Hovas, qui ont amené la guerre actuelle.

Un mois après la signature de ce traité, le 3 septembre 1868, le couronnement de Ranavalo II eut lieu avec des incidents nouveaux. Cette cérémonie, d'ordinaire banale dans sa magnificence, fut signalée par des détails caractéristiques qui vinrent confirmer les progrès accomplis par les Anglais, dans le dessein de conduire, à Tananarive, les affaires publiques sous le masque du premier ministre et sous le nom de la reine. Les cérémonies, les allocutions, les innovations même firent éclater ces ingérences au grand jour et à tous les yeux; elles ne pouvaient être que l'œuvre des missionnaires anglais.

Pour n'être pas exposé à être accusé de partialité et d'inexac-

---

(1) De Clercq, *Recueil des traités de la France*.

titude, nous emprunterons les principaux traits de ce tableau au récit qu'en ont publié les Anglais eux-mêmes :

On avait dressé sur la place d'Andohalo, au centre de la ville, une vaste plate-forme triangulaire surmontée d'un trône, autour duquel vinrent se ranger le premier ministre, les dignitaires, les consuls étrangers, etc. Le peuple, avec les députations des environs, occupait le milieu de la place. A neuf heures du matin, la reine arriva dans son palanquin, et, après être montée sur la *pierre sacrée,* elle s'assit sous un dais splendide. Sur le dôme du baldaquin, on voyait écrites dans des cartouches les phrases suivantes à la mode des sentences qui se lisent sur les murs dans les temples protestants : *Gloire à Dieu. — Paix sur la terre. — Bonne volonté envers les hommes. — Dieu soit avec nous.* A la droite de la reine se trouvait une petite table sur laquelle on voyait une Bible hova richement reliée, ainsi qu'un exemplaire, dit le récit anglais que nous reproduisons, des Lois de Madagascar. Qu'était-ce, donc, que ce recueil, inconnu jusqu'ici, qui surgissait, tout à coup, au lendemain du règne de Rasaohérina ? Qui donc avait pu improviser un code tout entier, code qui se trouva tout prêt, comme à point nommé, pour apparaître dans cette cérémonie ? Qui l'avait rédigé (1) ? Ce n'était, certes, pas la reine, que la maladie tenait alitée depuis quelque temps ; ce n'était pas, non plus, le premier ministre, incapable de se livrer à un tel travail. La lecture de ce recueil suffit à montrer quels en pouvaient être les auteurs : c'étaient ces mêmes hommes qui, depuis un demi-siècle, essayent d'arracher Madagascar à la France par leur sourde et active propagande.

Ce code hova a été publié dans un très bon recueil spécial (2), et nous pouvons en parler à nos lecteurs : nous le ferons le plus brièvement possible, en nous inspirant des justes observations du rédacteur, M. Jore, qui connaît parfaitement le pays. Ce code com-

(1) Voici comment s'exprime, sans ambage, l'auteur de la plus récente brohure (1883) et qui parle d'après des témoins dignes de foi. « Actuellement, tout ce qui émane du gouvernement malegache est l'œuvre des anglicans. Les proclamations de la reine, ils les rédigent ; les lois civiles et militaires, ils les inspirent. Placés dans les coulisses, ils font mouvoir, à leur gré et dans l'intérêt de la politique britannique, tous les rouages du gouvernement. » (*La question de Madagascar,* par M. Brénier, directeur du *Courrier du Havre;* in-8°, Paris.

(2) *Bulletin de la Société des études coloniales et maritimes.*

prend 305 articles insérés dans 31 chapitres, dont voici les titres, dans l'ordre arrêté :

1° Les douze grands crimes punis de mort ; — 2° Les meurtres ; — 3° Les crimes passibles de dix ans de fers et au-dessus ; — 4° Les vols ; — 5° L'esclavage ; — 6° Le mariage ; — 7° L'avortement ; — 8° Lèpre et variole ; — 9° Boucherie ; — 10° Poids et mesures ; — 11° Méridien ; — 12° Grande et petite voirie ; — 13° Vente et baux de terrains ; — 14° Baux de maisons ; — 15° Forêts ; — 16° Le peuple libre ; — 17° Propriété ; — 18° Les condamnés ; — 19° Les perturbateurs ; — 20° Diverses lois ; — 21° L'argent ; — 22° La police ; — 23° Les médicaments ; — 24° Les ministres ; — 25° Lois relatives aux procès : 1° Les juges ; — 26° Lois relatives aux procès : 2° Les procès ; — 27° Lois pour les écoles ; — 28° Entrée des enfants aux écoles ; — 29° Clameurs ; — 30° Les instituteurs ; — 31° Lois concernant le rhum.

Il n'est pas difficile de s'apercevoir, à l'incohérence de cette nomenclature, que l'inspirateur anglais a voulu laisser croire par ce désordre calculé que l'œuvre émanait d'un Hova quelconque. Les horreurs y abondent au milieu de dispositions prétendues libérales. C'est une indigeste compilation où la législation civile coudoie la législation criminelle, et réciproquement. Certains de ces articles font sourire, d'autres font hausser les épaules ; il y en qui soulèvent le dégoût. En résumé, l'ensemble consacre la plus affreuse tyrannie ; c'est le despotisme, l'arbitraire sauvage, à peine masqué par quelques exhibitions de principes libéraux. C'est, de plus, le mensonge organisé. La délation est obligatoire, même entre parents. Les *intentions* sont punies et passibles des mêmes peines que le crime accompli. La dernière réflexion que vous inspire cette macédoine panachée d'articles contradictoires est que le législateur anglo-hova est, avant tout, un agent du fisc. Il n'y a pas une disposition qui ne contienne une recette pour le trésor de la reine. L'argent ! toujours l'argent ! — Les missionnaires anglais n'ont pas besoin de s'écrier : *Me, me, adsum qui feci!*

Les douze grands crimes emportant la peine capitale et la confiscation des biens, sans distinction de sexe, sont :

1° Préparer des poisons avec intention de donner la mort à la reine ; — 2° Excitation du peuple à la révolte ; — 3° Faire partie des insurgés ou rebelles avec intention de provoquer ou encourager la rébellion ; — 4° Provoquer la rébellion ; — 5° Exciter les esprits à la rébellion ; — 6° Désigner un usurpateur aux rebelles ; — 7° Calomnier le gouvernement de Sa Majesté avec intention de provoquer la révolte ; — 8° Intention d'homicide pour provoquer la révolte ; — 9° Violation des palais du gouvernement avec intention de provoquer la révolte ; — 10° Fabrication de poignards devant servir à la révolte ; — 11° Subornation pour faire partie des révoltés en recevant toutes sommes d'argent ; — 12° Homicide volontaire.

« Voilà, dit le code, les douze grands crimes emportant le peine capitale. Et quiconque en commettrait un seul serait puni de mort et ses biens confisqués, alors même qu'ils seraient passés en d'autres mains. »

Le genre de supplice qui doit être infligé aux coupables n'est pas indiqué. Ce détail est laissé à l'arbitraire.

Nulle procédure. — Aucunes garanties aux accusés.

Ces douze paragraphes forment l'article premier du 1ᵉʳ chapitre du code.

L'article 2 est ainsi conçu :

« La femme et les enfants d'un rebelle ayant eu connaissance du crime de leur époux ou de leur père, à défaut de dénonciation faite par eux, seront condamnés aux fers à perpétuité. » Cette obligation de dénoncer, imposée aux parents, est étendue par l'article 3 à « toutes autres personnes, sous peine des fers à perpétuité. » On ne peut rien imaginer de plus odieux.

L'introduction d'esclaves, et surtout d'esclaves mozambiques, à Madagascar, est punie de dix ans de fers et au-dessus ; mais l'esclavage est maintenu dans l'intérieur de l'île.

La fabrication des poisons est punie de vingt ans de fers. La même peine atteint toute personne qui fouillerait l'or, l'argent ou les diamants ou qui frapperait de la monnaie ou fouillerait même dans des terres prises à bail, des minerais d'or, d'argent, de cuivre, de fer, de plomb, des pierres précieuses, des diamants, du charbon de terre, etc.

Voilà où en est à Madagascar la propriété garantie par les traités faits avec la France.

Les incendiaires sont punis de dix ans de fers et leurs biens confisqués.

« Toutes ventes ou achats de poudre, sans autorisation du premier ministre et commandant en chef, seront punies de dix ans de fers. »

Le vol est puni de l'amende, de la prison, ou des fers, sans trop de distinctions.

La bigamie est défendue et punie d'une amende de dix bœufs et de dix piastres. — Le bigame est frappé de 500 francs d'amende ; il est obligé de rendre la femme à son mari.

Le concubinage est puni de cinquante piastres d'amende. — Celui qui prend en concubinage la femme d'autrui est passible de cent francs d'amende, un tiers à la charge de la femme, deux tiers à la charge du délinquant.

Le divorce est permis, mais seulement dans les cas graves.

L'avortement est puni de deux ans de prison.

Les varioleux et les lépreux doivent être séquestrés dans les hôpitaux spéciaux. Ceux qui connaissent des lépreux ou des varioleux sont obligés de les dénoncer sous peine d'amende.

Cet article n'est qu'un moyen d'alimenter le fisc. Comme la contrainte par corps existe, l'amende non payée entraîne la prison.

Les chapitres XIV et XV, sur les ventes et baux de terrains et sur les baux de maisons, notamment l'article 85, sont la violation flagrante des traités. Cet article est ainsi conçu :

« Les terres malegaches ne peuvent être vendues ni données en échange d'une valeur quelconque aux étrangers, ni à qui que ce soit, excepté entre les sujets malegaches et celui qui les vendrait ou donnerait en échange d'une valeur quelconque aux étrangers, serait condamné *aux fers à perpétuité*. Le prix de la vente ne pourrait pas être réclamé et le reçu retournerait au gouvernant. »

C'est cet article que, par voie rétroactive, les Hovas osent invoquer pour contester la légitimité des propriétés de feu M. Laborde à Madagascar.

La partie où l'inspiration directe des Européens, c'est-à-dire des Anglais, se trahit, ce sont les articles où sont réglementés le « régime de la presse, les réunions publiques ou kabars, et la mise en vente des livres ou gravures obscènes ».

Dans le chapitre XXIV, intitulé *les Médicaments,* l'inspirateur anglais a introduit un article assez curieux, qui interdit la culture du pavot. Or, l'usage de l'opium, à Madagascar, n'existe pas comme dans certaines parties de l'Inde et en Chine. L'Angleterre prévoyante veut réserver à ses possessions de l'Inde la culture de l'opium et à ses nationaux le monopole de ce commerce si lucratif.

Les extraits qu'on vient de lire suffisent pour donner une idée de ce code anglo-hova, qu'on pourrait intituler plus exactement : *les Lois de l'Angleterre chez les Hovas.*

La circonstance remarquable de cette cérémonie du couronnement, après l'apparition des *Lois de Madagascar,* ce fut l'absence des idoles et des talismans, qui, d'habitude, figuraient à l'intronisation des rois hovas. La cérémonie, nous pourrions dire la mise en scène, était évidemment, comme on vient de le voir, l'œuvre des missionnaires protestants ; on s'en aperçut encore dans le discours de la reine qui, ainsi que cela se pratique en Europe, était imprimé à l'avance avec les presses de la mission méthodiste. Ce discours était émaillé des mêmes sentences que le baldaquin sous lequel trônait la reine. Le premier ministre parla après la reine. « Cette allocution, dit naïvement le narrateur anglais, ressemblait fort, en certains passages, à un sermon. Il roulait sur un des textes de l'*Écriture* cités par la reine. »

La séance avait duré cinq heures.

Six mois à peine s'étaient écoulés depuis cette cérémonie lorsque, le 19 février 1869, à l'exemple de Rasohérina, qui avait épousé son premier ministre, Ranavalo II se mariait avec Raïnilaiarivoni, également son premier ministre et frère de celui qui avait été élevé au rang d'époux par la veuve de Radama II. Ainsi donc, depuis près d'un demi-siècle, les pouvoirs publics, dont sont exclus les nobles et les descendants des anciens rois, sont comme inféodés dans cette famille des deux frères, tous deux premiers ministres, tous deux maris de la reine, tous deux dominés par les missionnaires anglais, tous deux pressurant la malheureuse population malegache. Serait-il téméraire de supposer que les missionnaires anglais, dans cette circonstance du mariage royal de Raïnilaiarivoni, comme dans toutes les autres, ne demeurèrent pas étrangers à cette intrusion dans le régime politique des Hovas de ces fonctions nouvelles de *prince-consort?* Ne serait-ce pas là à leurs yeux une analogie de plus avec le mécanisme du gouvernement de leur pays, qu'ils méditent d'imposer à Tananarive, au risque de pousser l'innovation jusqu'aux limites de la plus inconvenante des assimilations?

Quoi qu'il en soit, il ne leur suffisait pas d'avoir uni deux cœurs si bien faits pour s'entendre ; ils préparaient encore pour le surlendemain, 21 février suivant, un coup de théâtre machiné dès longtemps et non moins édifiant. Ce dénouement, c'était le baptême de la reine et du premier ministre. Cet événement eut lieu dans des conditions spéciales. Les missionnaires ne voulurent pas qu'il fût dit qu'ils avaient trempé directement, de près ou de loin, dans les motifs de cette conversion spontanée. Ils s'arrangèrent pour que la reine et son premier ministre fussent baptisés par deux pasteurs hovas, Andrianhilo et Rahanamy, convertis au protestantisme.

Le moment nous paraît venu de présenter au lecteur les deux époux. « Ranavalo II, dit le docteur Lacaze, est une femme d'au moins quarante ans, au teint jaune, assez foncé, maculé. Les traits sont vulgaires, mais respirent la douceur. Elle paraît, ce qu'elle est en réalité dans le gouvernement, *un fétiche* autour duquel se meuvent les ambitions. » Quant au premier ministre, voici comment ses traits sont dessinés par le même auteur. « Raïnilaiarivoni est de petite taille ; ses cheveux sont un peu crépus. Le teint est brun, mulâtre, la bouche épaisse, avancée, la tête sans caractère d'ensemble. Je ne retrouve pas en lui le type malais ni chinois. C'est un plébéien ; il a l'air timide, embarrassé, et, pourtant, il passe pour avoir une grande volonté et une éloquence remarquable. Il porte des bottines, un pantalon blanc de soie brochée, une chemise en foulard, un lamba de mousseline blanche, avec un grand rebord de soie verte (1). »

On connaît maintenant, jusque dans leur aspect physique, les deux intéressants personnages qui vont jouer, entre des mains étrangères, un rôle actif, rempli dans l'intérêt exclusif de l'An-

(1) *Souvenirs de Madagascar,* 1868-1869, pages 61, 64, 65.

gleterre. De ce qui précède il résulte ce fait que le protestantisme est enfin assis sur le trône des Hovas, et, comme tous les fanatismes se ressemblent, nous allons voir les nouveaux convertis donner carrière à leur zèle de prosélytisme, au grand détriment de la mission catholique, nous allons voir apparaître les *dragonnades protestantes*.

Dès le milieu de cette nouvelle année 1869, en juin, la mission anglaise de Tananarive, non contente d'être en pied dans la capitale, songe à étendre sa propagande parmi les peuplades malegaches, en dehors de l'Ankôve. Elle envoie des prédicants, pour y résider, dans la province des Betsiléos, au sud, et dans celle de l'Antscianac, au nord ; c'est un réseau de propagande dont l'île est enveloppée.

Le protestantisme devenant *religion d'État*, les missionnaires songent à construire à Tananarive une *chapelle royale*. Pour arriver à imposer cette religion d'État aux Hovas, il fallait d'abord leur arracher leurs dieux ; ce n'était pas assez d'avoir exclu les idoles de la cérémonie du couronnement, il fallait encore les détruire. L'entreprise était difficile, délicate, dangereuse, mais elle parut nécessaire. La mission anglaise n'hésita pas. Au mois de novembre 1868, lorsque les prêtres, gardiens des idoles, virent la reine poser les premières pierres de la « chapelle royale », dans la cour même du palais, ils comprirent que leur pouvoir était ruiné dans la racine par les Anglais et qu'il en était fait d'eux. Ils se montrèrent naturellement très courroucés ; ils exhalèrent ce courroux en paroles imprudentes ; ils allèrent jusqu'à menacer la reine de la vengeance des idoles elles-mêmes, c'est-à-dire du poison. Le premier ministre, qui ne se souciait pas de subir le sort du malheureux Radama II, crut devoir prendre les devants et ordonna des mesures extrêmes. Sur l'instigation des missionnaires, il fut convenu que les fétiches seraient détruits, même par la force. C'étaient les dieux lares des Malegaches ; ils leur rappelaient et symbolisaient pour eux le culte des ancêtres et du foyer. Chacun avait un *sampy* dans sa maison, comme le Romain ses pénates. Outre les idoles privées, il y en avait de publiques, et parmi celles-là quatre principales qui portent les noms de *Manjaka-Tsy-Roa, Rakely-Malaza, Ramahafaly* et *Rafantaka*. Ces quatre idoles avaient une existence légale ; elles avaient chacune une maison à elle, des revenus, des prêtres pour veiller à sa conservation. Elles avaient, entre autres privilèges communs, celui d'accompagner la reine dans ses voyages ; on les y portait avec solennité et, comme on l'avait vu récemment, lors du voyage de Rasaohérina à la côte, l'idole avait sa tente spéciale, dressée à côté de celle de la reine. Quand l'idole passait dans les rues, portée par ses gardiens, le peuple était tenu de lui rendre hommage, les hommes en chantant le *Miholy* et les femmes en faisant entendre des cris de joie accompagnés de battements de mains cadencés. La plus fameuse de ces idoles, celle qui avait le plus de crédit auprès de Ranavalo Ire, c'était *Rakély-Malaza*. Ces fétiches, du reste, étaient des morceaux de bois représentant grossièrement la figure humaine, c'étaient aussi des fragments d'aérolithes tombés du ciel, semblables à celui qui, à Éphèse, était adoré comme pierre envoyée par Jupiter. Tels quels, ces *sampys* étaient révérés de toute éternité par les Malegaches. Comme nous venons de le dire, le premier ministre, à l'instigation des Anglais, en ordonna la destruction et, en nouveau néophyte, il y fit procéder *manu militari*. Un peloton de soldats se mit en route pour le village sacré d'Ambohimanambola, et, à la grande terreur des habitants, l'idole fut réduite en cendres et sa maison détruite. Le lendemain, les autres idoles furent livrées aux flammes.

Il est, pour ainsi dire, superflu d'ajouter qu'en bons courtisans tous les fonctionnaires annoncèrent à la reine qu'à son exemple, ils brûlaient tous leurs *sampys* et qu'ils étaient décidés à brûler, au besoin, ceux des autres. Telle fut cette mémorable exécution, prélude des conversions en masse, qui, au dire des écrivains anglais, ont suivi cette hécatombe d'un nouveau genre. Quoi qu'il en soit, cette mesure impolitique, qui s'attaquait, pour y mettre fin brutalement et en un jour, à un culte se rattachant au souvenir des ancêtres depuis tant de siècles, laissa dans le cœur de ces populations un ferment de haine contre les protestants : cette haine survit à toutes les prétendues conversions.

Nous n'étonnerons personne en disant que, depuis cette époque, c'est-à-dire depuis plus de douze ans, la mission anglaise à Madagascar a fait par les mêmes moyens des progrès considérables, qu'il serait trop long d'énumérer pas à pas, mais sur lesquels il est impossible de fermer les yeux.

Il y a, aujourd'hui, à Tananarive, quatre ou cinq sectes protestantes qui se disputent la prétendue conversion des naturels. Il y a, d'abord, la principale Église anglicane placée sous la direction de l'évêque (*bishop*) Kestell Kornisch et dont on appelle, à cause de cela, les fidèles les *bishop*. C'est la religion officielle de Londres, c'est celle des grandes familles d'Angleterre, des lords, des ministres, des baronnets, etc. Il y a, ensuite, la secte des indépendants *London missionars Society*, qui est celle du peuple et qui, par là, tend à prendre une grande influence. C'est à cette secte que les méthodistes ont réussi à affilier la reine et, avec elle, le premier ministre, afin d'arriver à ce résultat qu'ils ont acquis, d'obtenir leur protection pour leurs religionnaires. Ils ont fait mieux, ils ont arraché à la reine et au ministre l'ordre que le protestantisme soit promulgué à Tananarive comme *religion d'État*. Leur action si habilement combinée, ils s'attachent à la propager au loin ; ils ont élevé au protestantisme de jeunes Malegaches et ils s'en font des auxiliaires précieux, en les transformant en *prêcheurs*. Ces jeunes gens parcourent les campagnes et deviennent ainsi, à leur tour, des missionnaires ardents apportant avec eux la ferveur des néophytes. Ils organisent partout ce qu'ils appellent la *prière* et l'imposent aux populations comme étant « le culte officiel de la reine et du premier ministre ». Ils fondent des établissements d'instruction et des églises partout où s'étend la domination des Hovas et notamment à Fiaranantsona, dans le Betsiléo, la seconde capitale du pays, après Tananarive. Ils ont déjà posé les bases d'institutions plus importantes encore, c'est-à-dire d'écoles normales ou séminaires protestants où se formeront de jeunes prêtres et de jeunes prédicateurs. Et, comme les Anglais répandent l'argent avec profusion, ils paient les jeunes prédicateurs ou pasteurs malegaches, à raison d'une subvention première de 300 francs par an, avec les avantages du logement, etc. Chaque missionnaire anglais un peu important a une église à Tananarive qui est comme l'Église mère enfantant une foule d'autres construites dans les campagnes, sans bourse délier, car elles sont bâties à l'aide de la *corvée royale,* c'est-à-dire par les mains et les bras des malheureux Hovas auxquels on ne donne aucun salaire.

Il y a ensuite la *Société des amis (Friend's Association)*, composée surtout de protestants des États-Unis, dont la spécialité paraît être d'apporter les fournitures scolaires pour la fondation des établissements d'instruction religieuse.

Des *sœurs* ont été envoyées par la « Société des amis », pour aider à la propagande parmi les femmes. Il y a encore la secte des luthériens de Norwège, dont les deux premiers missionnaires, Eng et Nilsson, arrivèrent à Madagascar dans le milieu de 1869. Après avoir séjourné à Tananarive pendant quelques mois pour apprendre la langue, ils y reçurent la visite de leur évêque, qui amenait avec lui leurs fiancées. Le mariage se célébra dans la capitale des Hovas et les époux missionnaires se transportèrent à Béfalo, gros village à douze lieues au sud, où ils s'établirent. Il y a, enfin, dans l'île, quelques autres sectes aussi diverses que remuantes, parmi lesquelles celle des quakers, la *société de propagation Gospel*, etc., ce qui ne fait qu'ajouter au désordre et à la confusion. Mais, ces sectes n'ayant pas le pouvoir en main, comme celle des *Indépendants*, végétèrent longtemps et même eurent des luttes cruelles à soutenir contre ceux-ci. Les luthériens de Norwège, en particulier, eurent à éprouver de véritables persécutions qui les forceront probablement, sous peu, à quitter le pays. Cependant, ces différentes sectes, tenues en respect par les *Indépendants*, se résignent, en général, à transiger avec leurs oppresseurs. Ceux-ci les *Indépendants*, se réservent ainsi les plus gros morceaux, gardant pour eux la capitale et ses environs : ils abandonnent aux autres les plus mauvaises portions du pays.

On ne peut savoir au juste quel est le nombre exact des établissements protestants à Madagascar, ainsi que de leurs œuvres de conversion et de leur personnel, par la double raison que les prétendues conversions se font en masse et qu'ensuite les méthodistes faussent très volontiers la vérité dans leurs *comptes rendus* (1). Ainsi, le lecteur se rappelle que M. Ellis écrivit har-

---

(1) Les deux sociétés les plus importantes comptaient, d'après une statistique établie pour l'année 1878-1879 : 1,142 congrégations, 518 pasteurs hovas,

diment que Radama II s'était fait protestant, et que, sur la réclamation du roi, il rejeta la faute « sur les typographes qui avaient imprimé son livre ». On comprend, d'ailleurs, que la proclamation officielle par la reine du protestantisme comme religion *d'État* est et ne peut être qu'une vaste et peu édifiante comédie. La reine déclare, par un ordre, que plusieurs milliers de ses sujets sont protestants, et voilà l'opération mystérieuse par laquelle se fait cette conversion. Les choses en sont venues, depuis 1868, à ce point scandaleux, que les écrivains protestants eux-mêmes avouent que cette conversion générale est toute de surface et qu'elle n'est obtenue que *par la pression*.

Mais ce n'est pas tout encore ; le fanatisme protestant ne pouvait s'arrêter en chemin, et voici le tableau éloquent et douloureux que l'un des voyageurs les plus récents et les plus impartiaux, M. Alfred Grandidier, fait de la situation religieuse à Madagascar. On y verra que les *Indépendants* s'y livrent impunément à de nouvelles *dragonnades*, même contre leurs coreligionnaires qui ne partagent pas leurs doctrines, et que les conversions se font maintenant *à coups de fouet*. Vous avez bien lu, *à coups de fouet*. Les traités conclus par la reine, en 1865-68, ont stipulé la liberté des cultes. « Cependant, dit M. Grandidier, cet article est violé tous les jours ; la corruption par l'argent anglais fait, chaque jour, de nouveaux prosélytes à la nouvelle religion d'État. Il a été donné des ordres aux commandants des diverses provinces pour que, chaque dimanche, tout le peuple se réunît dans une maison d'assemblée spéciale où il prierait pour le souverain. Ce jour du dimanche, personne ne devait travailler, personne ne de-

---

253 évangélistes, 3,907 prédicateurs hovas, 70,124 churchs members, 253,182 adhérents, 25,535 adultes ; 36,255 bibles and testaments.

Il y a une évidente exagération dans ce document fourni par les missions protestantes ; ce qui le prouve, c'est que, d'après la statistique ci-dessus, la *London missionnary Society* et *la Friend's foreign mission association* ne seraient établies que dans vingt-deux stations et auraient 882 écoles comprenant : 48,364 scholars (garçons et filles). Si l'on songe que ces vingt-deux stations sont dans des localités peu peuplées, on admettra que le chiffre de 882 écoles et de 48,364 élèves est une exagération un peu trop évidente pour figurer décemment dans une publication, même méthodiste. (*La question de Madagascar*, par J. Brenier.)

vait ni vendre, ni acheter même les objets les plus nécessaires à la vie et les commandants ont, sinon ouvertement menacé de peines sévères ceux qui manquaient à cette loi, du moins ils ont toujours trouvé des prétextes pour infliger des amendes et même des châtiments corporels à ceux qui s'étaient abstenus de paraître au prêche.

« Près de Tananarive, il y a eu, durant mon séjour, des *mpitory teny*, ou prédicateurs malegaches, qui ont poussé le fanatisme jusqu'à *fouetter publiquement* ceux des catholiques qui ne venaient pas assister à leurs prédications. Dans quelques autres villages, les plus dures corvées sont réservées à ces *gueux de catholiques*. J'ai vu aussi des villages entiers qui étaient venus chercher les missionnaires français pour recevoir l'instruction et le baptême, et qui s'étaient, de leur propre gré, réunis pour construire des églises, être mandés chez les grands du royaume et y être invités, sous peine de voir leurs chefs mis aux fers, à quitter l'idolâtrie catholique.

« Les *Indépendants* ont été jusqu'à menacer l'évêque anglican qu'on a voulu récemment nommer à Madagascar, d'un procès, s'il mettait les pieds dans ce pays, sous le fallacieux prétexte qu'il y a eu une convention verbale entre l'évêque de Maurice et M. Ellis, par laquelle la province d'Imérine serait abandonnée aux *Indépendants* et que les anglicans se confineraient momentanément à la côte est.

« Si je me suis étendu sur ces divers faits, c'est qu'il m'a paru intéressant d'appeler l'attention sur la conversion instantanée de trois millions de Malegaches qui, païens la veille, se font chrétiens le lendemain à l'ordre de leur reine. Mais, au lieu de tendre à un but philanthropique, la plupart des missionnaires anglais indépendants, obéissant peut-être à leurs intérêts privés, ne semblent pas faire tous leurs efforts pour arriver à une solution si désirable. Ils ont même fait récemment ajouter à la corvée de la reine la *corvée de Dieu*, que les Malegaches ont dénommée la corvée des Anglais (*fanompoana angilisy*). A l'esclavage du corps qui atteint quelques-uns des membres de la société malegache, est venu s'ajouter l'esclavage de l'âme, l'esclavage religieux qui atteint toute la population, et c'est à des Anglais, à des membres de l'*Église indépendante*, cette Église libérale par-dessus toutes, qu'on a à reprocher d'être plus intolérants que les plus intolérants des inquisiteurs espagnols du moyen âge. Ces apôtres d'une religion toute d'amour et de liberté permettent qu'on pousse, la menace à la bouche, le fouet à la main, des populations entières dans les temples où on ne devrait entendre que des paroles de charité et de pardon. Aujourd'hui, en effet, depuis 1869, les officiers hovas exercent, dans toute la partie de l'île qui est soumise à leur autorité, une persécution religieuse très regrettable (1). »

Ainsi donc, d'après des témoignages irrécusables, la situation religieuse et politique à Madagascar peut se résumer de la sorte : par le lien religieux, la reine et le premier ministre s'assurent la soumission du peuple et, par le lien politique, les missionnaires anglais usurpent l'influence morale sur ce même peuple, dans une possession française et contre nous. Ces manœuvres ne tendent à rien moins qu'à substituer l'Angleterre à la France au cœur de Madagascar, car protestantiser le pays, c'est l'angliscaniser, et le plus sûr moyen de s'emparer en fait du pays, c'est de mettre en présence, non pas seulement des Hovas contre des Français, mais des protestants contre des catholiques.

Mais que deviennent, au milieu de ces conflits, nos missionnaires français? Ils luttent, et s'il y a quelque chose dont il faille s'étonner, c'est qu'ils n'aient pas encore succombé. Nous ne nous étendrons pas ici sur les travaux de la mission catholique française, pour deux raisons : la première, c'est que les documents recueillis jusqu'ici, de nos jours, sont peu nombreux, presque nuls ; la seconde, c'est qu'il s'imprime, en ce moment même, un livre écrit sur ce sujet par le supérieur de la mission, le R. P. de Lavayssière, et qu'on y trouvera tout l'historique de notre mission depuis l'époque de saint Vincent de Paul jusqu'à nos jours (2).

Nous nous bornerons à emprunter aux plus récentes publications un exposé des efforts faits par nos missionnaires, pour soutenir le drapeau de la France sur ce sol français. Sans remonter aux

---

(1) A. Grandidier, *Bulletin de la Société de géographie*; avril 1872.
(2) *Histoire de la mission catholique de Madagascar*; in-8°, chez Lecoffre.

siècles précédents, disons que ce fut seulement de 1824 à 1832 que M. le comte de Solages put reprendre la mission évangélique à Madagascar. Nommé préfet apostolique de Bourbon, de Madagascar et de l'Océanie, au commencement du règne affreux de Ranavalo Ire, il voulut monter à Tananarive, mais il ne put y arriver; il mourut en chemin à Andevourante, le 8 décembre 1832. Le bruit le plus accrédité fut que les méthodistes l'avaient présenté à la reine comme un magicien dangereux, venu pour la faire périr, et que celle-ci le fit arrêter et détenir dans une case où on le laissa mourir de faim (1). M. Dalmond, vice-préfet apostolique, lui succéda. En 1845, il vint à l'île de Nossi-Bé, nouvellement acquise à la France, et c'est lui qui appela les Pères jésuites à Madagascar. Ces débuts furent très difficiles, lorsque les nouveaux missionnaires voulurent pénétrer dans l'intérieur des terres. Bientôt, M. Dalmond succomba comme M. de Solages.

C'est de cette époque que date, peu après, en 1847, l'expulsion des chrétiens de la grande île indienne. Nos missionnaires mirent cet ostracisme à profit et fondèrent à l'île Bourbon leur établissement de *Notre-Dame de la Ressource*, sorte de séminaire où de jeunes Malegaches étaient élevés, pour aller ensuite évangéliser leurs compatriotes. On leur apprenait, là, un état : ils imprimaient des livres, savaient les relier. Quelques-uns même, qui montraient une vocation, étaient appelés au sacerdoce. Comme nous l'avons vu plus haut, dans les dernières années de Ranavalo, grâce au crédit de M. Laborde et de M. Lambert, on permit la résidence à Tananarive d'un missionnaire français, le père Finaz, qui, le 8 août 1855, y célébra la messe, en présence du prince Rakout

Nous avons raconté les événements qui marquèrent le règne si court du malheureux Radama II. Comme on sait, il avait, dès le début, rappelé les missionnaires. Sa mort ralentit le mouvement; cependant, ainsi que nous l'avons dit, la reine Rasoahérina ne leur fut pas absolument défavorable. C'est à cette époque que se rattache la lutte, si honorable, de nos missionnaires contre l'in-

---

(1) M. de Lastelle fit élever à M. de Solages un petit tombeau surmonté d'une croix, qu'on voit encore à Andevourante.

fluence anglicane : nous venons d'en esquisser les principaux incidents. Nos lecteurs, du reste, connaissent déjà les noms de ceux de nos missionnaires qui se sont fait un nom à Madagascar, le père Jouen, qui en fut le supérieur et qui fonda un établissement dans la baie de Bâly, le père Finaz, célèbre par ses connaissances médicales et qui a joui d'un crédit si légitime auprès de l'infortuné Radama, le père Weber, à qui la haute philologie doit la meilleure grammaire malegache écrite en français, le père Ailloud, enfin, qui a réédité, en l'améliorant, la grammaire du père Weber.

Nos missionnaires ne disposent que des modestes subsides de la *Propagation de la Foi* et ne peuvent lutter avec les abondantes ressources des sociétés anglaises, et, cependant, ils réussissent dans leur apostolat, malgré les incessantes menées de leurs adversaires. Mêlés à toutes les intrigues, les méthodistes se constituent les auxiliaires de l'ambition britannique. Tout autre est le caractère de nos missionnaires : ils ne recherchent que les périls et les gloires d'un apostolat. Nous voudrions, toutefois, les voir animés d'un patriotisme aussi ardent que celui dont leurs antagonistes leur donnent un exemple si remarquable.

M. le docteur Lacaze a publié de précieux renseignements sur les succès qu'obtiennent les Pères et les Frères, tant à Tananarive qu'à Tamatave (1). « Les jésuites, dit-il, commencent à prendre une assez large assiette à Tamatave. Leur église, assez grande, n'attire encore qu'un nombre restreint de fidèles, mais ils augmentent tous les jours leurs prosélytes. Les enfants qui vont chez les Sœurs lisent, écrivent déjà assez bien ; elles sont bien organisées pour la musique et chantent des cantiques avec beaucoup d'ensemble et de justesse.

« Les frères de la Doctrine chrétienne sont venus compléter l'œuvre. Les jeunes garçons vont à l'école chez eux.

« Les Pères et les Sœurs se multiplient à l'envi, charpentent, jardinent, sont souvent en course pour aller porter aux malades des soins et des médicaments. On abuse souvent de leur zèle, qui ne marchande jamais les peines et les fatigues. J'ai vu la Mère chargée des malades, appelée plusieurs fois la nuit, le jour. Elle

---

(1) *Souvenirs de Madagascar,* passim.

accourait, et, comme il arrive souvent, ces soins, ces médicaments, donnés gratis, étaient demandés avec d'autant plus d'instance et sans scrupule. Le sommeil de la pauvre Mère n'était compté pour rien. Il en est résulté qu'épuisée de fatigue et de fièvre, elle a été obligée d'abandonner son poste et de venir recouvrer ses forces à la Réunion.

« Les Pères, un grand bâton à la main, arpentent le sable et vont, nuit et jour, porter leurs soins dans les cases malegaches. Les Pères, les Sœurs, n'ont ni l'aspect ni la vie que donne la fortune : des chapelets, des images, quelques médicaments, sont leurs dons habituels. Les Pères étendent déjà assez loin sur le rivage leur résidence et ils l'agrandissent tous les jours.

« A Tananarive, ajoute M. Lacaze, les frères de la Doctrine chrétienne rendent de grands services. Les Malegaches apprécient tout de suite une belle écriture, un dessin bien fait. La reine elle-même est sensible à l'impression agréable que reçoit l'œil humain à l'aspect de ces œuvres habilement exécutées. Elle donna, un jour, quatre-vingts piastres, deux esclaves et le riz annuel pour la consommation de la famille, à un jeune Malegache, âgé de quatorze ans, et élève des Frères, qui avait copié d'une admirable écriture, ornée d'enjolivements, le traité de 1868 conclu avec la France. C'est le plus grand succès de l'enseignement de la calligraphie par les frères de la Doctrine chrétienne (1). Les Pères sentent tout le parti qu'ils pourront tirer de cette institution et ils s'efforcent d'augmenter autant que possible les écoles chrétiennes à Madagascar.

« Les Pères jésuites ont une église voisine du consulat de France. Cette église, en bois, est très simple ; elle fait partie du grand établissement qui est le siège de la mission catholique. De jeunes Malegaches y chantent souvent des cantiques en chœur, et chaque partie est exécutée avec mesure. L'église alors se remplit du peuple qui vient écouter. L'un des Pères est organiste et enseigne la musique ; une sœur l'apprend aux jeunes filles malega-

(1) Ce jeune Malegache s'appelait Babély-Kély, ce qui veut dire *petit animal*. La reine ordonna qu'il s'appelât à l'avenir Babély-Soa, c'est-à-dire *animal qui fait du bien*. Cet enfant est venu à Paris, vers 1876, pour étudier dans l'établissement des Frères de la rue Saint-Antoine.

ches. Naturellement, les méthodistes anglais sont jaloux des succès musicaux de leurs rivaux et ils en sentent l'importance chez un peuple fou de musique. Les jours de fête les églises sont pleines et les portes en sont assiégées par une population nombreuse attirée par le plaisir d'entendre les chants catholiques. Les méthodistes ont bien aussi la musique ; mais ils avouent la supériorité musicale des Pères. »

Aujourd'hui la mission catholique est en voie de prospérité. Son personnel se compose de quarante-huit prêtres missionnaires, dont un est un Malegache indigène ; vingt et un frères coadjuteurs, huit frères des Écoles chrétiennes, vingt sœurs de Saint-Joseph de Cluny, trois novices indigènes, trois postulantes indigènes, deux procureurs de la mission, dont l'un réside à Paris et l'autre à la Réunion.

La mission catholique à Madagascar comptait, il y a un an (au 1er juillet 1882), trois cent seize postes ou stations catholiques ; deux cent vingt-quatre églises et chapelles, dont cent soixante-dix construites et cinquante-quatre en construction. Elle a sous ses ordres cinq cent trente maîtres et maîtresses d'école et catéchistes ; elle possède des dispensaires où, tous les jours, des remèdes sont donnés à cent trente malades environ. Une léproserie est desservie par la mission et quatre-vingt-dix-huit malades y sont à la charge des Pères. La mission a son centre dans l'Ankôve, à Tananarive et aux alentours, à Tamatave et à Fianarantsoua, seconde capitale des Hovas. En dehors de l'Imerne, elle a encore des stations à Masindrano, près Mananzari ; à Ambohimandrou, près Métatane. La mission, enfin, a installé à Tananarive une imprimerie et un atelier de reliure, comme à Bourbon. C'est dans cet établissement qu'ont été imprimés les *Dictionnaires* et les *Grammaires* dont nous avons parlé. Parmi les ouvriers typographes et relieurs attachés à l'imprimerie, quelques-uns sont de jeunes Malegaches déjà fort habiles dans leur profession.

Voici un tableau comprenant les actes principaux de la mission catholique pendant l'espace d'une année et tel qu'il a été publié par les soins de la Compagnie à Paris :

ŒUVRES SPIRITUELLES DU 1ᵉʳ JUILLET 1881 AU 1ᵉʳ JUILLET 1882.

Baptêmes d'adultes, 1,611; d'enfants, 2,882	4,493
Catholiques et adhérents	80,905
Confessions	55,406
Premières communions	580
Communions ordinaires	45,266
Confirmations	860
Extrêmes-onctions	53
Mariages	190
Écoles : garçons, 9,134; filles, 9,969	19,103

Malgré tant de zèle et de dévouement, nos missionnaires ne peuvent lutter, aujourd'hui, contre l'intrigue qui a réussi à faire décréter en masse les conversions au protestantisme et contre les difficultés incessantes et insurmontables qui leur sont opposées.

Dès le couronnement de Ranavalo II, en 1868, où fut signé le traité avec la France, commençait cette série, non interrompue depuis, de menées sourdes jusque-là, mais qu'un œil clairvoyant pouvait discerner aisément. On peut citer de nombreux faits qui prouvent la pression exercée par le gouvernement pour enlever aux Malegaches la liberté de conscience et l'exercice du culte catholique en violation du traité de 1868 avec la France : les enfants exposés aux plus mauvais traitements de la part des agents anglicans et même des agents de l'autorité, quand ces enfants fréquentent les écoles catholiques, la privation de sépulture dans le tombeau des ancêtres, etc. En ce qui concerne la construction des églises ou des écoles, même violation du traité. Quand il s'agit des protestants, écoles ou temples, il n'y a jamais de difficulté. Sur un ordre émané de Tananarive, le prédicant anglais, de concert avec les notables de l'endroit, choisit le terrain à sa convenance, et puis la fameuse *corvée royale* se charge du reste. Les bâtiments s'élèvent, sans même qu'on ait songé à indemniser le propriétaire.

Mais lorsqu'il est question des catholiques, les poids et les mesures ne sont plus les mêmes. On invoque alors le célèbre *Code des lois de Madagascar*, et l'on y trouve le n° 49, qui porte pour intitulé : « ÉGLISES ET ÉCOLES. — *Liberté de bâtir.* » Voici comment les Hovas, nous allions dire les Anglais, ont arrangé les choses. L'article en question est ainsi libellé : *Pour ce qui regarde les églises ou les écoles, liberté de bâtir.* Si c'est un vaza (étranger) qui construit, vous lui parlerez ainsi : « Montrez-nous le contrat de loyer dûment signé et muni du sceau de l'autorité de Tananarive. » Si le contrat est régulier, laissez marcher la construction. Mais s'il n'a pas de contrat, dites-lui : « Vous commencez une église ou une école sans avoir de contrat signé et muni du sceau de l'autorité de Tananarive ; allez d'abord à Tananarive régulariser vos pièces avec l'autorité ; sans cela, vous ne pouvez pas construire. »

Jusqu'en novembre 1871, on s'en tenait purement et simplement au traité de 1868, et, d'ordinaire, les missionnaires s'entendaient à l'amiable avec l'autorité ; mais, à ce moment, le récit de nos désastres fut propagé, exagéré et exploité à Madagascar par nos bons amis les Anglais, auprès des Hovas. Ceux-ci, alors, ne se crurent plus tenus à observer les traités qui les lient à une puissance qu'on montrait comme « abattue et humiliée ». Le 9 novembre 1871, en présence de M. Laborde, consul de France, le premier ministre signifia aux missionnaires que, toutes les fois qu'ils voudront bâtir une église, ils devront l'avertir. C'était un acheminement vers une mesure absolument arbitraire.

Si l'on songe que Madagascar est plus étendue que la France, que Tananarive est au centre, que, pour y parvenir, il n'y a pas de routes carrossables, les transports se faisant tous avec des porteurs, on verra que l'obligation d'aller à Tananarive pour faire apposer le sceau de l'autorité sur le contrat, c'était, pour la plupart des cas, rendre les transactions impossibles.

Si les parties intéressées avaient le courage d'entreprendre ce voyage, voici ce qui se passait. Le Malegache qui voulait louer ou vendre sa terre comparaissait devant les autorités ; celles-ci le manaçaient, alors, de toutes les colères du gouvernement, s'il se dessaisissait de sa propriété. A la suite de ces menaces, le Malegache refusait naturellement de donner suite au projet. Quand le vaza (Français) se présentait à son tour, les autorités lui disaient qu'il s'était mépris sur les intentions du propriétaire, lequel n'entendait nullement vendre ou louer sa propriété. Elles prenaient à témoin le Malegache présent, qui confirmait leur dire, et le tour était joué. Voilà ce que les Hovas, alliés aux Anglais, appellent *la liberté de bâtir !*

En déchirant ainsi le traité de 1868, en interdisant aux Malégaches, sous peine de dix ans de fers et même des fers à perpétuité, de vendre leurs terres aux étrangers, c'est-à-dire en fait aux Français, la reine Ranavalo II a pris une attitude plus hostile, mais plus franche. Évidemment, elle estime, avec ses conseillers anglicans, qu'il n'est plus nécessaire de recourir à la ruse et qu'elle peut désormais se moquer effrontément d'un gouvernement qu'on lui représente comme « ne comptant plus sur la carte du monde ».

Si le lecteur a suivi avec soin le développement historique de ce livre, s'il veut bien se rappeler que nous avons essayé de fixer son attention sur les moyens plus ou moins honorables indiqués et employés, dès 1810, par sir Robert Farquhar, dans le but d'enlever par la ruse Madagascar à la France, il verra que c'est par suite d'une déduction raisonnée que nous avons placé sous ses yeux, tout à l'heure, le tableau fidèle de la situation actuelle, tableau qui démontre péremptoirement que sir Robert Farquhar a fait école et que le génie britannique, qui a été personnifié en lui, au début de ce siècle, dans tous ses défauts comme dans toutes ses qualités, revit aujourd'hui tout entier dans ses disciples et successeurs. En effet, nous avons montré que trois moyens pratiques avaient été imaginés par sir Robert Farquhar pour arriver, par le travers, à accomplir ce qu'il n'avait pu amener à bien par l'interprétation libre des traités de 1814, c'est-à-dire la soumission de Madagascar à l'Angleterre. Ces trois moyens étaient l'envoi à Madagascar : premièrement, de missionnaires méthodistes, pour s'emparer du moral de la population ; secondement, d'instructeurs pour l'armée de Radama, inventé par lui souverain de Madagascar, afin de le mettre en mesure de nous combattre, et troisièmement, enfin, d'artisans et d'ouvriers pour façonner les naturels aux mœurs et aux industries de la nationalité anglaise.

On vient de voir que la première partie de ce programme machiavélique vient d'être accomplie de la manière la plus large, sinon la plus loyale, par les missionnaires anglais, de 1862 à 1882.

Nous allons examiner maintenant avec le lecteur les deux autres parties du programme ; nous verrons qu'elles n'ont pas été, sauf le succès, moins fidèlement suivies que la première. Le succès, en effet, ne s'est point encore dessiné ; mais il s'en faudrait de peu, si la France n'y met ordre, que nous soyons prévenus et distancés sur ces deux points, comme sur le premier. C'est pour empêcher, autant que possible et dans la mesure de nos forces, d'aussi désastreux résultats que nous croyons remplir un devoir, en donnant à l'avance un avertissement à notre pays. Après avoir tracé l'exposé des intrigues des méthodistes, nous passerons aux manœuvres anglaises, en ce qui concerne l'armée des Hovas.

L'organisation d'une armée hova pour s'opposer, au besoin, à une occupation générale de l'île par la France, était pour sir Robert Farquhar une idée corrélative à la nécessité de la propagande protestante des missionnaires. Aussi, dès 1816, cette idée prit une forme pratique dans les diverses tentatives qui datent de cette époque ; nous n'avons pas à revenir sur cette période historique que nos lecteurs connaissent. Nous avons montré que les efforts des Anglais, secondés si habilement par James Hastie, amenèrent les Hovas à mettre en ligne un certain nombre de soldats disciplinés plus ou moins par le sergent Brady et le sergent Robin. Nous avons vu manœuvrer, sous Radama Ier, ces troupes plus nombreuses qu'aguerries, et c'est avec cette force militaire, redoutable à des ennemis désarmés, que le chef des Hovas parvint, afin de s'emparer des revenus douaniers de la côte, à se frayer une route jusqu'à Tamatave, en renversant notre allié, Jean René, roi de Tamatave, et son frère, Fiche, roi d'Ivondrou. Ces résultats si considérables pour les Hovas de s'être frayé un chemin vers le port de Tamatave, aussi bien que leur établissement à Mazangaye, étaient dus en grande partie à la politique anglaise qui leur avait fourni de l'argent, des armes, des munitions, pour faire du gouvernement central des Hovas, déjà maîtres du plateau supérieur de l'île, une espèce de puissance maritime, ayant aussi sous sa main les ports commerçants de la côte orientale et occidentale. Nous avons même vu cette armée hova marcher sur Foulepointe, un peu au nord de Tamatave, et dans ses rangs les officiers anglais, qui la commandaient, combattre ainsi, ostensiblement, contre les troupes françaises. Telle était, alors, la constitution, et, il faut le dire, la force relative de l'armée de Radama Ier dont les Anglais s'empressèrent de vanter la supériorité; mais il ne nous est pas interdit de faire remarquer que ce fantôme d'armée n'eut jamais à combattre que les peuplades de l'île, les Betsimsaracs, les Bétanimènes, les Sakalaves, qu'elle pouvait exterminer à l'aide des fusils et des instructeurs anglais, et que, cependant, elle n'a jamais pu soumettre, les trois quarts de l'île, même aujourd'hui, s'étant refusé à en subir le joug odieux.

Ces efforts étant tout artificiels ne pouvaient durer. Après la mort de Radama, on vit tomber en poussière cette apparence d'armée qu'il avait essayé, sous les yeux des Anglais, d'élever à la hauteur d'un régime militaire permanent. Cette décadence ne fut pas seulement la conséquence assez naturelle de l'avènement d'une femme à la tête du gouvernement; elle tient à d'autres causes que nous allons faire connaître au lecteur et qui ont réduit l'armée hova à l'état misérable où elle est en ce moment, c'est-à-dire à l'état de horde indisciplinée, sans cadres, sans artillerie, sans munitions, sans officiers pour la commander. Dix ans après la mort de Radama, le fantôme d'armée dont nous avons parlé s'était évanoui et, en 1849, un officier général des plus distingués, M. l'amiral Page, écrivait : « L'armée de Radama n'existe plus et la puissance des Hovas perd chaque jour de ses moyens de résistance contre les armées de l'Europe (1). » Cet état de décadence n'a fait que s'accroître sous le long règne de la reine Ranavalo Ire, qui n'a pas duré moins d'un quart de siècle. Sous Radama, les soldats, instruits et conduits par des Anglais, avaient ordre de revêtir l'habit rouge, et des négociants en importèrent une certaine quantité gratuitement; mais cette importation cessa vite, lorsque ces négociants exigèrent que cette marchandise fût payée.

Deux causes ont amené la décadence du semblant d'armée hova que les Anglais avaient réussi à mettre sur pieds, l'une est extérieure, l'autre intérieure. La première fut le lâche abandon, en 1832, par Louis-Philippe, de Tintingue, de ce sol où ses aïeux Louis XIII et Louis XIV avaient planté d'une main ferme le

---

(1) *Journal d'une station dans l'océan Indien. Revue des Deux Mondes*, 15 novembre 1849.

drapeau de la France, où son ancêtre Louis XV avait fondé une glorieuse colonie, que le roi Louis XVIII avait disputé à l'Angleterre en 1814 et dont il s'était empressé de reprendre possession en 1818; de ce sol, enfin, que son prédécesseur immédiat, le roi Charles X, avait donné l'ordre d'occuper en même temps qu'Alger. En présence de la couardise du gouvernement de Juillet, les Hovas furent rassurés pour leur propre compte, et renseignés d'ailleurs par les Anglais, qui leur représentaient la France comme « étant dans l'impuissance de rien entreprendre à l'extérieur », ils ne jugèrent pas qu'il fût nécessaire de maintenir sur pied les troupes nombreuses de Radama, en présence d'un gouvernement complaisant qui se bornait à une revendication platonique des droits de la France sur Madagascar. Peu à peu, et pendant vingt ans, cette armée tomba dans le marasme et ne fut plus qu'une ombre d'elle-même.

La seconde cause, inhérente au gouvernement hova lui-même, dont elle est le germe de mort, c'est l'absence de tout système financier et par conséquent de toute puissance publique. Or, qui n'a pas de finances n'a pas d'armée. On sait qu'en dehors des amendes et de la confiscation, ce gouvernement n'a qu'une source de revenus, ce sont les douanes. Ces revenus sont perçus, comme on l'a déjà vu, par des gouverneurs placés dans trois ou quatre villes maritimes, dont Tamatave et Mazangaye sont les principales. Ces revenus, assez peu considérables d'ailleurs et passant par les mains d'un certain nombre de fonctionnaires, la plupart officiers, qui en retiennent la plus grande partie, il n'en arrive guère, d'après de sérieuses évaluations, qu'un quart environ dans le trésor de la reine, quand ils ne sont pas arrêtés, à la dernière station, par l'avidité du premier ministre. On comprend dès lors que, même du temps de Radama, il n'y avait pas, à proprement parler, de finances, pas plus qu'aujourd'hui, et il était impossible, par conséquent, de solder des troupes. Aussi le système adopté par Radama Ier, et qui est encore en vigueur, consiste à ne pas les solder du tout.

Au temps de Radama Ier, les soldats étaient forcés de s'entretenir eux-mêmes. Soumis à une discipline sévère, avec la perspective des fers pour la moindre faute, on leur laissait une semaine par mois pour aller par détachements faire le commerce dans les campagnes. Radama Ier leur donnait à chacun, pour le trafic, selon son grade, un petit capital de quelques piastres; ils vivaient, tant bien que mal, avec l'intérêt de cet argent, en se gardant bien, sous des peines draconiennes, de toucher à ce petit capital qui était la propriété du roi. On comprend à quelles exactions se portaient, pour vivre, ces soldats armés de sabres et de fusils, vis-à-vis des malheureux Malegaches, qu'ils exploitaient. Telle est la seconde et la plus efficace des causes qui ont concouru à empêcher toute organisation sérieuse d'une armée hova.

Nous n'étonnerons donc personne en disant qu'une pareille organisation militaire n'a pu, par les causes précitées, que péricliter avec le temps et tomber enfin dans l'état où on la voit aujourd'hui. Malgré la verge de fer que le despotisme asiatique des Hovas fait peser sur le malheureux peuple malegache, l'armée n'est plus qu'une cohue, la risée des étrangers. Le même principe de mort subsistant encore de nos jours, les mêmes effets de décomposition s'accentuant, nous allons montrer par les témoignages des voyageurs et des explorateurs les plus récents dans quel état misérable se trouve en ce moment la prétendue armée des Hovas.

Nous avons vu que l'amiral Page déclare, en 1849, *qu'elle n'existe plus.* Huit ans après, Mme Pfeiffer, qui a dû recueillir ces détails de la bouche de témoins sérieux, tels que ses amis français, MM. Laborde et Lambert, en parle dans des termes significatifs. Elle fait un tableau des misères de ces soldats « plus malheureux que les esclaves, » obligés de se nourrir à leurs frais, mourant de misère dans les marches et même dans les revues. « On se ferait difficilement une idée, dit-elle, de ce qu'il périt de monde dans les marches militaires chez les Hovas. Dans la dernière guerre, par exemple (1857) contre les Sakalaves, sur dix mille hommes entrés en campagne, plus de la moitié succomba pendant la marche, faute de nourriture; beaucoup s'enfuirent, et, en arrivant sur le théâtre de la guerre, l'armée ne comptait plus que trois mille hommes. Les prisonniers sont mieux traités. On en prend soin, parce qu'on tire un profit de leur vente. Même esclaves, ils sont *bien moins malheureux que les soldats :* leurs maîtres les habillent, les nourrissent et les logent.

« Les officiers sont, comme ceux de Tamatave, habillés en grande partie à l'européenne et n'ont pas l'air moins comique ni moins ridicule que les soldats : l'un a un frac, dont les basques lui descendent jusqu'au talon ; un autre a un habit de cambrésine à fleurs ; un troisième porte une jaquette d'un rouge à moitié passé qui peut avoir servi autrefois à un soldat de la marine anglaise. La coiffure est aussi variée et aussi bien choisie. Il y a des chapeaux de paille et de castor de toutes grandeurs et de toutes couleurs, ainsi que des bonnets et des casquettes de formes inouïes. Les généraux portent, comme ceux d'Europe, des chapeaux à cornes et sont à cheval.

« La hiérarchie des grades est tout à fait calquée sur celle d'Europe ; il y a quatorze degrés, depuis le simple soldat jusqu'au maréchal de camp.

« Je fus également assez heureuse, ajoute Mme Pfeiffer, pour rencontrer à Madagascar les titres de noblesse d'Europe : les barons, les comtes et les princes y fourmillent comme dans les cours d'Allemagne.

« Les revues de l'armée hova ont lieu ordinairement dans le champ de Mars, belle prairie qui s'étend au pied de la colline devant Tananarive. Il doit toujours y avoir dans la ville de dix à douze mille hommes ; mais ce chiffre est probablement exagéré de moitié. Les troupes mises en mouvement à cette occasion ne dépassent certainement pas quatre mille cinq cents à cinq mille hommes. Elles forment un grand double carré au milieu duquel se tiennent les officiers et la musique. On fait l'appel des noms, et, quand il ne manque que peu d'hommes dans une compagnie, le capitaine en est quitte pour une réprimande ; mais, s'il en manque trop, il est puni sur place et reçoit une douzaine de coups ou davantage. Ce dernier cas se présente, dit-on, assez souvent, car, sur un si grand nombre de soldats, il y en a beaucoup dont le pays est à plusieurs journées de distance de la capitale et qui ne trouvent pas d'une revue à l'autre le temps d'y aller, de cultiver leur champ, de se munir de provisions et de revenir. Il n'y a pas d'exercices militaires et la guerre se fait sans aucune tactique arrêtée et à peu près comme chez les peuples tout à fait sauvages. Quand une troupe se croit perdue, la subordination cesse aussitôt et les hommes se mettent à fuir de tous côtés (1). »

M. le docteur Lacaze, venu un peu plus tard, nous donne, dans ses *Souvenirs de Madagascar*, une idée à peu près semblable sur le même sujet. Il s'exprime ainsi : « Les soldats en costumes divers, en chemise, nu-pieds, avec des chapeaux de feutre râpés, ou en paille, marchent avec un sérieux imperturbable et battent la mesure avec un de leurs pieds.

« Des officiers avec des chapeaux variés sont affublés de costumes aussi divers ; il y en a, même, en robe de chambre avec des fleurs peintes ; ils sont à pied ou portés sur leurs filanzanes par leurs esclaves, dont quelques-uns tiennent l'épée, le sabre, le chapeau de parade ou un costume de rechange. Ce défilé ressemble à une parade de foire. Les officiers sont agents commerciaux du premier ministre, font le courtage à Tamatave, achètent, revendent et cherchent avant tout à gagner de l'argent. Ils prennent une part proportionnelle dans les revenus douaniers. La plupart sont sans uniformes réguliers ; mais *depuis quelque temps, des compagnies, avec un commencement d'uniforme, ont été créées.* »

Enfin, l'un des plus récents explorateurs, M. Grandidier, achève en ces termes de peindre le tableau. « Les Hovas, dit-il, qui ont reçu des Européens quelques notions sur l'organisation des armées et sur la tactique militaire, sont sous ce rapport très supérieurs aux autres peuplades, dont ils sont pour cette raison très redoutés. Les Sakalaves de la côte ouest, seuls, ont pu résister à Radama Ier, parce qu'avec leurs habitudes semi-nomades, il ne leur est pas difficile de se cacher dans leurs forêts ou leurs vastes prairies et de dépister ainsi leurs ennemis. L'armée des Hovas est, dit-on, de trente-cinq mille hommes, mais comme aucun soldat ni aucun officier n'est payé et que chacun d'eux est obligé, pour vivre, de cultiver ses champs ou de se livrer au commerce, il serait impossible de réunir, à un moment donné, l'armée tout entière. Elle serait du reste d'autant moins capable de résister à un corps d'expédition européen que, malgré la discipline sévère à laquelle elle est soumise et qui a été la cause de sa supériorité incontestée

---

(1) *Voyage à Madagascar*, Hachette, page 160.

à Madagascar, la plupart des soldats, las de l'oppression tyrannique sous laquelle ils sont courbés, *seraient heureux, au premier échec, de déserter et de se joindre aux ennemis.*

« J'ai visité, ajoute M. Alfred Grandidier, la plupart des forts hovas; *il n'en est aucun qui puisse résister une heure à quelques obusiers de montagne.* Ils sont néanmoins très suffisants pour protéger la garnison hova, qui est toujours très peu nombreuse, contre un coup de main des indigènes (1). »

Autrefois, lorsqu'un chef, dans les tribus d'Imerne, voulait récompenser un de ses soldats, il cueillait une fleur, *vouninahitra*, en malgache, fleur d'herbe, et la lui offrait en signe d'honneur. Radama Iᵉʳ prit cet usage comme base de sa hiérarchie et créa douze *honneurs*, qui représentent à peu près les grades européens et dont le dernier équivaut au grade de maréchal. Le 1ᵉʳ est le bon soldat, le 2ᵉ est le caporal, le 3ᵉ le sergent, le 4ᵉ le sergent-major, le 5ᵉ le lieutenant, le 6ᵉ le capitaine, le 7ᵉ le major, le 8ᵉ le lieutenant-colonel, le 9ᵉ le colonel, le 10ᵉ le colonel-général, le 11ᵉ le général, le 12ᵉ enfin le lieutenant général. Depuis Radama, sa veuve, Ranavalo a ajouté plusieurs *honneurs*. Un écrivain anglais, après 1870, nous apprend qu'aujourd'hui le plus haut honneur est le *seiziême*. Il ajoute à cette information de curieux détails. « Les officiers sont appelés *mananvonjahitra*, c'est-à-dire *qui possèdent des honneurs*. Le quart, dit-il, et même le tiers de l'armée se compose d'officiers. Il y a *trois cents maréchaux de camp ou généraux*. Hors du service, ces maréchaux de camp sont contre-maîtres, un colonel est maçon ou charpentier, un commandant est briquetier et ainsi de suite. Cette profusion de grades n'inspire naturellement aucun respect. L'armée, que les derniers voyageurs ne portent guère qu'à *cinq mille hommes*, ne se sert que de fusils à pierre; elle n'a pas d'artillerie, sinon quelques pièces de campagne fort mal agencées, disent ces voyageurs, et dont chaque pièce se charrie avec des peines infinies. Il est superflu d'ajouter que cette armée n'a aucune cavalerie. » Quant à l'artillerie des Hovas, d'après les témoignages les plus récents et les plus vraisemblables, car ils émanent d'écrivains anglais, elle

(1) A. Grandidier, *Bulletin de la Société de géographie;* avril 1872.

consiste en une soixantaine de pièces de canon de divers calibres que les Anglais donnèrent à Radama Ier. Elles portent les initiales G. R. (Georgius Rex) et sortent pour la plupart des fonderies de Woolwich. La moitié de ces canons se trouve placée à Tananarive entre les pieds des arbres qui en couronnent la plus haute enceinte, grands arbres qu'on nomme *anavys* et dont l'immense ramure atteste un âge plusieurs fois séculaire. Trente autres de ces canons sont disséminés dans la partie basse de la ville. Ces canons sont là, *posés sur le sol*, quelques-uns sont montés sur des affûts en bois plus ou moins délabrés. « Ces engins, dit le narrateur anglais, donnent un faux air de place forte à cette partie de la ville, mais ils ne seraient probablement pas d'une grande utilité pour la défense, car les naturels ne sont pas experts en artillerie. » Il faut ajouter que, quand on les fait partir, les servants sont si maladroits et si inexpérimentés qu'il y a toujours, par suite du recul, des blessés et même des morts. En somme, ces canons ne sont bons qu'à annoncer le coucher du soleil ou à tirer des salves d'artillerie pour les réjouissances publiques. Dans les ports de la côte, où ils ont des postes, les Hovas ont encore quelques pièces, dont beaucoup proviennent de navires naufragés; c'est avec cela qu'ils tentent de résister aux bombardements qui les menacent sans cesse, à cause de leurs méfaits. Quant aux boulets et à la poudre, ces munitions coûtent cher et ils ne s'en approvisionnent guère. On connaît le peu de solidité de leurs forts bâtis médiocrement par des renégats arabes. Ces casemates, comme l'a dit M. Grandidier, ne résistent pas à quelques bordées de nos vaisseaux. Le brave amiral Pierre a montré ce qu'ils valent. En résumé, il n'est pas téméraire de penser que le jour où une armée française mettra le pied sur la route qui conduit de la côte occidentale à Tananarive, elle n'aura pas à rencontrer devant elle des adversaires bien redoutables. Sa tâche ne sera, on peut le dire, ni bien difficile ni bien périlleuse.

Si nous avons pris le soin de montrer au lecteur, par des témoignages impartiaux et de diverses sources, le triste état de l'armée des Hovas, ce n'est pas sans intention que nous avons réuni les traits épars de ce tableau, pour le rendre plus frappant; notre intention était d'attirer ses regards et ceux de nos gouvernants sur ce fait grave, qu'à l'heure qu'il est, les Anglais se croyant inféodés à Madagascar par suite des intrigues des méthodistes, sentent le besoin d'agrandir, de consolider cette influence, en relevant, par tous les moyens, cet auxiliaire indispensable à ressusciter contre nous, l'ancienne armée de Radama. Quand ils se sont vus maîtres de la reine Ranavalo II, convertie, avec son premier ministre, au protestantisme, ils recommandèrent à leurs protégés et coreligionnaires une réorganisation nouvelle de l'armée, et, vers 1876, voici sur quelle base Raïnilaiarivoni s'occupa de cette réorganisation, où le sacré et le profane se prêtent un appui mutuel, au grand jour :

« 1° Licenciement des vieux soldats instruits antérieurement par les Français ;

« 2° Remplacement de ces soldats par de jeunes conscrits placés sous la direction d'officiers instructeurs *anglais;*

« 3° Service militaire obligatoire pour tous les Malegaches pendant cinq ans ;

« 4° Sont exemptés du service : les malades, les infirmes, les hommes âgés, les *missionnaires indigènes et les jeunes gens qui suivent les cours aux écoles protestantes.* »

Les missionnaires *catholiques indigènes* et les jeunes gens qui suivent les cours *aux écoles catholiques* sont, eux, *astreints au service militaire.*

En 1878, pour utiliser les vieux soldats au profit de leur influence exclusive, les méthodistes imaginèrent de les faire constituer en un corps spécial, connu sous le nom d'Amis des Villages. On les plaça dans toutes les localités un peu importantes, où ils devinrent les intermédiaires entre la reine et ses sujets, comme des espèces de maires ou d'officiers d'état civil. Ils furent chargés d'enregistrer les naissances, les décès, les mutations de propriété, d'envoyer les enfants aux écoles (*protestantes*), aux églises (*protestantes*), de constater les délits (surtout ceux mis à la charge des Français et de leurs amis), etc., etc. Ce sont eux qui délivrent les permis pour bâtir des églises et qui contrecarrent ainsi toutes les entreprises des catholiques.

Comme ces agents, instruits par des Français, pouvaient n'être pas assez dociles au gré des anglicans, ces derniers conseillèrent à la reine de leur adjoindre, à titre de suppléants, des jeunes indigènes *sortis de leurs écoles;* ce qui fut fait.

Grâce à cette organisation, les agents de l'Angleterre ont, comme à la cour, la haute main sur toute la surface du pays, enveloppé dans un réseau dont ils tiennent tous les fils (1).

Mais, nous le répétons, quelle que soit la volonté des Anglais de ressusciter contre nous une nouvelle armée de Radama, dressée par des *instructeurs anglais,* leurs efforts seront impuissants, parce que l'absence de finances régulières paralysera toujours leurs projets. Nous avons cru, toutefois, qu'il était utile de signaler à nos compatriotes et au gouvernement la mise en train de cette seconde partie du programme antifrançais de sir Robert Farquhar.

Il nous reste à exposer brièvement la troisième partie de ce programme trop célèbre. Sir Robert Farquhar se bornait à expédier aux Hovas, comme auxiliaires des missionnaires protestants, des charpentiers, des menuisiers, des forgerons. A la place des artisans, ce sont, maintenant, des artistes. Aujourd'hui ces émissaires sont des médecins, des pharmaciens, des architectes, des imprimeurs, des photographes qui remplissent le même but et qui encombrent, à l'heure qu'il est, Tananarive et ses environs.

Le principal de ces personnages, et non le moins important, est le docteur Andrew Davidson, établi depuis quelques années dans la capitale des Hovas, où il a organisé un dispensaire très suivi, auquel sont annexés un hôpital et une clinique.

Il faut lire dans les livres de voyages, surtout dans les ouvrages anglais, le récit des travaux de M. Davidson. Il traite *gratis* environ cinq mille malades par an, et chaque malade venant, en moyenne, au moins trois fois à la consultation, c'est un total de quinze mille malades qui ont reçu ses soins. Il est inutile de dire que toute consultation est précédée du service divin protestant, auquel les consultants sont astreints, sous peine de n'être pas reçus. A ce dispensaire est annexé un hôpital qui admet environ cinq cents malades par an, mais ceux-ci sont tenus de subvenir à leurs dépenses; les médicaments seuls sont *gratuits.*

(1) *Bulletin de la Société des Études coloniales et maritimes.* (Année 1881.)

Cet hôpital est, aussi, une clinique où le docteur Davidson forme de jeunes Hovas comme élèves en médecine et pour lesquels il a fait traduire en malgache le Nouveau Formulaire britannique, ainsi que beaucoup d'autres ouvrages de science médicale (1). Nous n'avons pas besoin de faire remarquer au lecteur l'importance du rôle que remplit le docteur Davidson dans la propagande de l'Angleterre à Madagascar.

Nous ne nous arrêterons pas sur celui, plus humble, mais non moins ardent, que jouent les pharmaciens. Répandus dans les villes secondaires, ces disciples de Purgon sont des auxiliaires non moins dévoués des méthodistes : ils se distinguent surtout par les façons insinuantes et souvent hardies dont ils administrent leurs bienfaisants ou maléficieux remèdes. La notoriété acquise en ce genre par M. le méthodiste Shaw nous dispense d'insister sur l'habileté de ces pasteurs-pharmacopoles à introduire la religion et les toxiques actifs de la politique britannique.

L'architecture a sa part dans le concert. M. Cameron, architecte distingué, s'est chargé de faire oublier à Tananarive son prédécesseur, un Français, M. Legros, qui, sous Radama Ier, construisit les principaux édifices et jardins de la capitale des Hovas et cet autre Français, M. Laborde, qui, lui aussi, fut le grand charpen-

(1) Voici quelques détails curieux donnés à ce sujet par M. le docteur Lacaze : « J'avais fait annoncer ma visite au docteur Davidson. Sa demeure et son hôpital sont à l'ouest de la ville et dans une région basse. C'est la mission méthodiste qui fait les frais de l'établissement dont il a la direction. On lui donne 15,000 fr. d'appointements, le logement, le service et d'autres petits avantages sans doute. Le docteur est Écossais et habite Madagascar depuis six ans. Ses journées se passent à son hôpital, où il est accablé de malades de toute sorte. On m'avait dit que la lèpre était très commune à Madagascar et le docteur Davidson avait bien voulu en réunir plusieurs cas à mon intention. Si n'étaient les maladies vénériennes, ce peuple serait en général d'une belle santé. Mais je ne comprends pas que, rongé comme il l'est, surtout à Tananarive, sans soin d'aucun genre, il puisse conserver la faculté de se reproduire. Aussi, l'aspect de ces populations est, en général, rachitique et, si cela continue, dans un temps limité, ce peuple s'en ira en morceaux. Beaucoup de femmes ne peuvent sauver leurs enfants, pour cette cause. Une fois la maladie acquise, elle est livrée à elle-même. Ils épuisent les pharmacies d'iodure de potassium, de préparations mercurielles et de soufre. Excepté ceux qui peuvent se faire curer à l'hôpital, tous les autres sont mal soignés et ne guérissent point. (*Souvenirs de Madagascar*, pages 66, 67). »

tier de ces palais de bois. M. Cameron a élevé, il y a environ quinze ans, un nouveau et magnifique palais pour la reine. Cet édifice, construit tout entier à l'aide de la *corvée royale* ou *fanompoana*, c'est-à-dire par le peuple et gratuitement, est situé au sud du *Trano-Vola* ou *Maison d'argent*, ancien palais que le lecteur connaît déjà, et à l'est de l'autre ancien palais *Manjaka-Miadana*. Bâti sur une terrasse, il est plus petit que les deux autres palais, mais supérieur comme plan et comme construction; on l'appelle *Manampy-Soa*, c'est-à-dire *addition d'une bonne chose*. Tel est ce nouveau et royal palais que l'Angleterre s'est empressée d'offrir à Ranavalo II à l'aide de la *corvée royale* et par conséquent sans bourse délier (1).

D'autres architectes ont été envoyés par la *Missionary Society* de Londres, pour bâtir à Tananarive et aux environs des églises, des temples, des chapelles, des écoles. M. Ellis en a expédié un chargé spécialement d'y construire des *églises commémoratives* destinées à perpétuer le souvenir des Hovas protestants que la reine Ranavalo Ire a fait mettre à mort autrefois, après l'expulsion des missionnaires par ses ordres. En réalité, l'érection de ces églises est un moyen de couvrir l'île de contructions protestantes, d'y loger des écoles, d'y former des centres. C'est ainsi que quatre de ces églises sont déjà construites à Ampamarinana, à Ambohipotsy, à Faravohitra et à Ambatonakanga.

Passons maintenant, à d'autres auxiliaires non moins précieux que les médecins, les pharmaciens et les architectes : ce sont les imprimeurs. Le plus célèbre de tous, à Madagascar, est le fameux M. James Parrett, qui cumule des professions diverses, dont les moins importantes ne sont pas celles d'agitateur et d'agent se-

---

(1) Le bois, coupé dans les forêts, a été transporté à dos d'homme jusqu'à la capitale ; les principales pièces sont énormes. Un auteur anglais, en donnant ces détails, ajoute : « Comme les forêts se trouvent à des distances de 30 à 40 kilomètres, sans qu'il existe aucune route frayée, c'est un travail effrayant que le transport de ces poutres colossales. Pendant toute la journée et quelquefois pendant la nuit, on entendait les vociférations étranges des escouades d'hommes qui traînaient, à force de bras, de gigantesques pièces de bois sur les chemins abrupts qui mènent à la ville, et cela dura presque sans interruption pendant plusieurs mois : les malheureux ne reçurent aucune espèce de salaire. »

cret de l'Angleterre. Personne n'ignore qu'il a fondé à Tananarive un vaste établissement d'imprimerie, de reliure et de photographie (1). Il a su former à ces métiers des jeunes Hovas qui lui servent d'ouvriers. Il ne s'imprime pas moins à Tananarive de huit publications périodiques, dont six en langue malegache. Voici les titres de ces journaux et le chiffre de leur tirage :

1° *Ny-Gazety-Malagasy*, premier journal fondé à Madagascar, le 1ᵉʳ janvier 1875 ; 3,000 exemplaires ;

2° *Seny-Soa* (les bonnes paroles), mensuel ; 3,500 exemplaires ;

3° *Varytou-drahanTantely*, illustré, paraît tous les deux mois ; 3,000 exemplaires ;

4° *Mpanolo-Tsaina*, trimestriel ; 700 exemplaires ;

5° *Sakaizany-Ankizy madineka*, revue annuelle ; 2,500 exemplaires ;

6° *Isan-Kerintaona*, revue annuelle, illustrée ;

7° *Antananarivo annual and Madagascar magazine* (en anglais) ; 700 exemplaires ;

8° *Proceedings* (Mémoires) de la Société savante malegache.

Ainsi a été très habilement organisée la troisième partie du programme de 1816. Nous croyons avoir rempli un strict devoir patriotique en plaçant l'exposé qu'on vient de lire sous les yeux du public et du gouvernement. Après soixante-dix ans bientôt et malgré une assez longue interruption, l'ensemble de ce programme a été couronné d'un certain succès, sauf, comme on l'a dit, sur un point important, qui est l'armée. Ce succès a fait croire aux méthodistes que le moment était venu de faire un pas tout à fait décisif et d'amener au profit des Hovas et à notre détriment la soumission des peuplades qui, liées d'ailleurs par les traités avec la France, ont toujours repoussé leur joug odieux. C'est cette folle tentative

(1) « L'île a maintenant un photographe, M. J. Parret. Il nous présenta à sa femme qui habite un petit appartement près de l'imprimerie. Ces Anglais s'adaptent d'une manière merveilleuse à tous les pays. Les ministres, les employés de toutes sortes acceptent d'emblée leur nouveau séjour ; ils y vont avec femme, enfants et s'installent de suite comme s'ils étaient chez eux, en Angleterre. Nous fûmes reçus dans un salon très simple, mais de bon goût, avec une table garnie de livres ; sur les murs, écrites en lettres gothiques, des pensées tirées de la Bible. » Lacaze, *Souvenirs de Madagascar*, page 74.

qui est l'origine des difficultés actuelles. A ce titre, il nous paraît essentiel d'en tracer ici l'exposé véridique et complet d'après des informations authentiques.

Dès 1877, la baie de Passandava avait été visitée par l'évêque anglican Kestell Kornisch, en compagnie du missionnaire Bachelor. Ils avaient parcouru successivement les territoires du nord appartenant à la France ; les îles de Nossi-Bé, Nossi-Faly, nossi-Mitsiou jusqu'au cap d'Antongil. Ces pérégrinations parurent suspectes : on leur attribua un caractère politique non déguisé, et, en effet, l'évêque lui-même a raconté ce voyage dans l'*Antanarivo annual magazine*, de Christmas, 1877, où il a avoué sa visite aux princes sakalaves et antankares qui reçoivent de la France des pensions, par suite de la cession qu'ils nous ont faite en 1841 de leur pays. En juin 1881, un autre missionnaire, M. Pickgerschil, qui habite depuis longtemps Mazangaye, était venu dans les mêmes parages, accompagné de M. Parrett, à bord du navire anglais le *Sparten*. Ils explorèrent la baie de Bavatoubé et la côte nord-ouest. Toutes ces visites avaient pour but de sonder les chefs qui se sont placés sous notre protection et qui résistent à l'usurpation des Hovas. Leur première visite fut pour notre alliée, Binao, reine de Bavatoubé, petite-nièce de Tsioumeka et petite-fille d'Andrian-Souli, qui nous a cédé l'île de Mayotte. La seconde visite fut pour Mounza, petit-fils de Tsimandrou et roi d'Ankify (Ankify et Bavatoubé sont les deux presqu'îles de la baie de Passandava). Enfin, la dernière visite de M. Parrett et de M. Pickgreschil fut pour le vieux et brave Tsimiaro, ancien roi des Antankares, le seul survivant des traités de 1841, résidant aujourd'hui à *Nossi-Mitsiou*.

Pendant que les missionnaires nouaient leurs intrigues à la côte nord-ouest, d'un autre côté, l'amiral Gore Jones montait à Tananarive et avait de longues conférences avec la reine et le premier ministre. On a supposé, non sans raison, que le voyage de l'amiral anglais avait quelque connexité avec l'autre voyage à la côte.

Quoi qu'il en soit, que venaient faire les missionnaires auprès de nos alliés les Sakalaves ? On regarde, certainement avec raison, M. Parrett comme un agent politique. On sait également qu'il a ses grandes et petites entrées auprès du premier ministre et que, la plupart du temps, il lui impose ses volontés. Sa mission, révélée par les chefs qu'il avait visités, avait pour but de leur persuader de se rendre à Tananarive et d'aller y saluer la reine des Hovas, seulement à titre de bons voisins et d'amis, les assurant qu'ils seraient admirablement reçus, et, en tout cas, défrayés de toutes leurs dépenses. Il leur offrit même, de la part de Ranavalo, la moitié du produit des douanes sur leurs côtes. Ébranlés, mais non convaincus, nos alliés n'allèrent pas à Tananarive ; mais ils y expédièrent leurs ministres, lesquels étaient, pour Tsimiaro, Dzavondzou ; pour Mounza, Bémananghi, et Fanahy pour la reine Binao. M. Parrett s'empressa de les accompagner lui-même, les deux premiers jusqu'à Mazangaye. Ils ne revinrent qu'en janvier 1882. Ils avaient été fort bien traités, mais ils se trouvaient maintenant accompagnés d'officiers hovas porteurs du pavillon de la reine Ranavalo-Manjaka. Cette reine leur avait conseillé de l'accepter à titre purement gracieux et avait donné, en sous-main, l'ordre, à ses officiers, de le faire arborer, quand même, sur le territoire des chefs dont elle venait de recevoir la visite.

Le consul de France à Tananarive, M. Baudais, avertit le gouvernement français, à la fin de 1881, des projets menaçants des Hovas contre nos établissements du canal de Mozambique, en demandant des instructions et, au besoin, des secours.

Antérieurement à ces faits, et dès le 9 janvier 1880, le gouvernement français était informé officiellement de l'étrange attitude prise par les Hovas à propos de la succession de M. Laborde, notre ancien consul et le bienfaiteur de ce pays, décédé en 1878. Des démarches aussi nombreuses qu'infructueuses avaient été faites depuis ce moment par le consulat de France pour entrer en possession de cette succession. Le ministre des affaires étrangères du gouvernement hova répondait, malgré l'article 4 du traité de 1868, que « les Français, M. Laborde pas plus qu'un autre, n'avaient pas le droit de posséder des terres à Madagascar ». L'agent français lui ayant répliqué qu'il serait obligé d'en référer au gouvernement de la République, le ministre hova lui répondit, *en riant*, que c'était là son affaire (1).

---

(1) *Livre jaune, Affaires de Madagascar, Documents diplomatiques,* 1881-1883. Imprimerie nationale.

Les nombreux pourparlers qui suivirent n'obtinrent pas plus de succès. Devant la résistance des Hovas, qui, comme on sait, ne cèdent qu'à la force, on songea à une transaction. M. Laborde, par son testament, a institué pour ses seuls héritiers ses neveux, M. Édouard Laborde et M. Campan, ce dernier chancelier du consulat de France à Tananarive. Comme nous l'avons déjà dit, la valeur de ces propriétés est estimée à 217,400 piastres, soit, en valeur française, à 1,086,000 francs. Ce chiffre est loin de représenter la valeur réelle de ces biens, car la seule propriété dont il a été si souvent parlé par nous, Soatsimananampiovana, vaut à elle seule plus d'un million pour une compagnie qui voudrait l'exploiter.

Les Hovas, pour arriver à leurs fins, se gardèrent bien de contester ledit héritage. Seulement, lorsque les héritiers voulurent construire sur les terrains une maison de rapport, on leur laissa commencer les travaux, puis on leur défendit de les continuer, déclarant qu'ils n'avaient pas le droit de *construire* sur ce terrain. La maison resta inachevée et les vexations devinrent si nombreuses que M. Campan se résigna à envoyer sa famille à la Réunion, où elle a séjourné deux ans. On trouva un acheteur pour les immeubles de la place d'Andohalo, où nous avons vu M. Laborde offrant l'hospitalité à tout ce qui portait un nom français. C'était la maison du consulat, de la chancellerie, celle de la famille Laborde. La Mission catholique en offrait cent mille francs : le marché était conclu et les acquéreurs devaient entrer en jouissance le 1er septembre 1879. Le premier ministre déclara alors que la succession Laborde n'était pas propriétaire du terrain, qu'il ne pouvait être vendu, en vertu de l'effet rétroactif de la loi n° 85, promulguée seulement en 1868, qui déclare que toute la terre de Madagascar appartient à la reine, qu'elle ne peut être vendue ou donnée en garantie qu'entre sujets du gouvernement malegache et qu'elle reviendra toujours à l'État. Le marché fut résilié forcément.

Lorsque, pour la première fois, le premier ministre, après la mort de M. Laborde, contesta les droits de propriété du défunt, on lui en mit sous les yeux les titres. L'un d'eux portait la signature des deux officiers du palais présents à l'audience. On leur demanda si les signatures étaient bien les leurs. Le ministre des affaires étrangères leur intima l'ordre de ne pas répondre à cette question. « Pourquoi cette défense de parler ? demanda-t-on au ministre. — Parce que, répondit-il, si ces officiers reconnaissent aujourd'hui et en public leur signature, ils ne pourront pas la nier, s'il est besoin, en d'autres circonstances (1). »

Voyant que la fermeté n'avait pas réussi, on songea à employer un autre moyen. Les héritiers avaient besoin d'argent ; ils ne pouvaient suffire aux dépenses de réparations exigées par les immeubles en mauvais état ; on leur proposa d'essayer d'une transaction. M. Campan accepta l'idée suggérée, préférant toucher immédiatement une certaine somme plutôt que de rester propriétaire de terrains dont la vente devenait, de fait, impossible.

Il y eut des pourparlers avec le premier ministre. Les propriétés étaient estimées à 1,086,000 francs ; les héritiers, afin d'en finir, consentirent à transiger pour la somme de 450,000 francs. Le premier ministre rejeta à grands cris cette proposition, d'une extrême modicité cependant, et, toujours feignant de vouloir en terminer, finit par faire baisser la demande au chiffre de 300,000 francs. Il essaya bien d'obtenir encore de nouveaux rabais, refusant toujours de dire lui-même le chiffre qu'il consentirait à donner, affirmant qu'en tout cas il n'irait pas à 300,000 francs.

Le premier ministre demanda, alors, à voir les titres. M. Campan les lui montra ; c'étaient des copies certifiées conformes, bien entendu, car il avait pris le soin de déposer les originaux en lieu sûr. Cette fois, le premier ministre ne contesta plus leur valeur, mais, à propos du titre de propriété de la concession de Soatsimanampiovana, le plus important sans contredit, puisqu'il s'agit de trente lieues carrées de terrain, avec mines de cuivre, charbon de terre, etc., le premier ministre déclara qu'il se refusait à toute transaction avant qu'il ne fût fait abandon entre ses mains du titre original, du reste, ajouta-t-il, *sans grande importance*. M. Campan refusa, naturellement, de se dessaisir de ce titre. C'était au mois de septembre 1881 que ces faits se passaient.

M. Baudais, consul de France et commissaire du gouvernement

(1) *Livre jaune. Affaires de Madagascar,* page 5.

français à Tananarive, écrivait, à ce sujet le 13 décembre 1881, à M. Gambetta, ministre des affaires étrangères : « Un jour viendra, et il n'est peut-être pas éloigné, où tout propriétaire sera dépouillé, si le gouvernement français n'exige pas l'abrogation de cette loi comme contraire au traité. Les Hovas marchent lentement, mais d'une façon continue, vers le même but, depuis plusieurs années : c'est l'expulsion du pays de tout ce qui est français. D'abord, il n'est pas de vexations de toute nature qu'ils ne fassent endurer à nos traitants disséminés sur les côtes. Ceux-ci souffrent en silence et ne portent de plaintes que poussés à bout par les exactions et les abus de pouvoirs des gouverneurs de la côte. Quand ces plaintes me parviennent, je transmets la réclamation au gouvernement hova, qui toujours demande avant tout à prendre lui-même des informations; les communications sont longues, sinon impossibles; le temps se passe, les mois et les années même s'écoulent et satisfaction n'est jamais donnée. Je dois dire que, si le fait se passe en un point de la côte où, par le plus grand des hasards, se trouve un navire de guerre qui prenne en main la réclamation, la plainte n'a pas besoin de m'être transmise à Tananarive ; satisfaction est toujours accordée. Il faut un mois pour qu'une réclamation parvienne ici de la côte, car ce n'est jamais à Tamatave que les vexations ont lieu.

« A Tananarive, le gouvernement a trouvé un moyen de forcer, quand il le voudra, les Français à quitter la capitale. Même avant la promulgation de cette loi n° 85, la défense avait été tellement bien faite de vive voix aux Hovas, sous les peines les plus sévères, de vendre des immeubles aux Français que pas un seul d'entre eux n'a pu devenir propriétaire.

« La Mission catholique a pu acheter, mais il est stipulé que les bâtiments construits par elle appartiendront à l'État. Les Français ont donc dû recourir à des locations; mais, ici, malgré le traité qui dit que les Français pourront prendre à loyer, etc., etc., les baux ne peuvent être faits qu'avec l'assentiment du gouvernement; le consentement des deux parties contractantes ne suffit pas, elles doivent se présenter pour y rédiger leurs conventions devant l'autorité, qui se refuse à toute rédaction s'écartant du modèle qu'elle a fait afficher et qui rend tout contrat illusoire.

« D'abord, le gouvernement ne consent qu'à de très rares exceptions à ce que la location soit faite pour plus d'une année, mais il impose toujours pour clauses que le bailleur aura le droit de reprendre la jouissance de son immeuble, en prévenant un mois d'avance, et que la reine, si elle a besoin de l'immeuble, tout étant censé lui appartenir, pourra le reprendre et même sans prévenir d'avance. Ces conditions sont essentielles pour que le gouvernement consente à donner son approbation; c'est ce qu'il appelle permettre librement les locations (1). »

L'affaire de la succession Laborde n'est pas seulement un acte inqualifiable d'ingratitude envers la mémoire d'un homme qui fût la providence du pays et le protecteur constant de tous, elle ne présente pas seulement cette gravité particulière que les intérêts des Français s'y trouvent lésés; elle s'élève encore à la hauteur d'un fait de politique internationale, en ce qu'elle met en cause le principe même du droit de propriété consacré par le traité de 1868. Non content, d'ailleurs, de l'atteinte ainsi portée indirectement à ses engagements envers la France, le gouvernement hova, selon ses traditions de mauvaise foi, n'a pas hésité à y faire brèche ouvertement par la promulgation d'une loi qui en est, dans la pratique, la négation même.

Si, maintenant, on rapproche des faits dont nous venons de parler l'insolente prétention des Hovas à arborer leur drapeau sur les territoires du nord et les îles voisines qui, en outre de nos anciens droits séculaires, nous appartiennent en vertu des traités de 1840, on aura l'ensemble des griefs dont la France est en droit de leur demander compte. Il y a donc, aujourd'hui, en 1884, entre la République française et le gouvernement hova, un différend qui embrasse en même temps deux ordres d'idées non moins respectables, l'intérêt lésé de nos nationaux, d'une part, et, de l'autre, l'intérêt supérieur de notre pavillon et de nos droits.

C'est sur ce terrain que sont concentrés les efforts de la diplomatie et que doit s'engager l'action militaire de la France : protection des droits de nos nationaux, méconnus par les Hovas; défense de nos anciens droits de possession, de notre souveraineté qu'ils foulent insolemment et agressivement à leurs pieds.

(1) *Livre jaune, Affaires de Madagascar*, page 10.

Le gouvernement de la République française, il faut lui rendre cette justice, a jusqu'à ce jour soutenu, avec modération, mais avec énergie, les droits supérieurs dont nous venons de parler, tout prêt à faire suivre ses déclarations pacifiques de l'emploi de la force, si l'obstination des Hovas l'y contraint à la dernière extrémité. Dans une dépêche du 28 mars 1882, M. de Freycinet, ministre des affaires étrangères, écrivait à notre consul à Tananarive : « Je tiens à affirmer la ferme résolution du gouvernement de la République de ne point *laisser porter directement ou indirectement atteinte à la situation qui nous appartient à Madagascar* (1). »

Invité à faire une enquête sur le bruit qui avait couru d'une visite spontanée des chefs sakalaves à Tananarive, bruit répandu évidemment par les vieux Hovas et les agents anglais, M. Baudais, notre consul, écrivait, le 3 février 1882, à M. de Freycinet qu'en réalité les chefs sakalaves, de leur propre aveu, ne sont point allés à la capitale pour y faire leur soumission, mais bien pour supplier la reine de retirer de la côte les postes de soldats hovas qu'elle y avait établis et dont ils subissent journellement les tracasseries. Ils ont ajouté qu'on leur avait assuré qu'ils seraient accueillis favorablement à Imerne, mais qu'ils avaient été trompés ; car, non seulement aucune satisfaction ne leur a été donnée, mais qu'au contraire ils se voient à la veille d'être *chassés de leur pays* qui appartient à la France, s'ils ne reconnaissent la suzeraineté de la reine. Telle est la vérité sur le voyage des Sakalaves à Imerne, voyage à la suite duquel le secret de l'ambition des Hovas de s'emparer de territoires qui sont à nous fut connu de tous : il était temps d'aviser.

Prévenu de ces faits, le commandant de Nossi-Bé fit défense aux chefs sakalaves de laisser le pavillon hova s'implanter à Nossi-Mitsiou et Nossi-Faly. A ce moment, des événements d'une certaine importance se préparaient à la côte ouest, au sud de Mazangaye. C'est une nouvelle et audacieuse tentative d'usurpation des Hovas, qui cherchent à établir leur domination sur la côte ouest et sud-ouest, où, jusqu'ici, elle n'a été que purement fictive.

Les gens de l'intérieur savent que c'est leur ruine, si ce projet

---

(1) *Livre jaune, Affaires de Madagascar,* page 16.

réussit ; aussi ont-ils fait alliance entre eux. Les guerriers de Baly et des environs se sont réunis pour repousser l'agression dont ils sont menacés. Ils forment un corps plus que suffisant pour n'avoir rien à redouter des Hovas, en admettant, toutefois, qu'ils restent unis.

Les Hovas donnèrent pour raison de cette expédition une demande de protectorat qui leur aurait été adressée par Beravouny, reine de Marambitsy, afin de se mettre à l'abri des déprédations dont elle est victime de la part de ses voisins du Souhalala. Ce n'est là qu'un prétexte. Au contraire, la reine de Souhalala, Safy-Ambala, fille d'Andrian Souly et par conséquent héritière de tous ses droits sur le Bouëni, actuellement suzeraine de Souhalala, Marambitsy et Maroutia (tous ces peuples entourent la baie de Baly), s'oppose à ce que sa nièce Beravouny, reine de Marambitsy, aliène aucune partie de son territoire. Les Sakalaves, comme on sait, sont un des peuples que Radama Ier et ses successeurs n'ont pu réussir à réduire sous leur domination. Ils occupent la côte ouest, se divisant en un grand nombre de peuplades dans un pays de plus de 1,100 lieues carrées, offrant un développement de 250 lieues de côtes. Si l'on ajoute à cela, au nord, l'Ankara (100 lieues carrées environ) sur lequel Tsimiharo, en 1840, nous a cédé tous ses droits, et au sud un immense territoire de plus de 900 lieues carrées sur lequel la reine des Hovas ne règne que de nom, on peut trouver au moins singulier le titre de *reine de Madagascar* qu'elle s'attribue. Souvent le gouvernement hova a essayé de lutter contre les peuplades sakalaves ; des expéditions ont été entreprises, elles sont toujours restées sans résultat, quand elles n'ont pas été désastreuses pour l'agresseur. La distance à parcourir, l'étendue considérable de territoire qu'il s'agit de soumettre, le manque complet de troupes équipées et instruites, lui défendent absolument de songer à cette conquête par terre. Ce n'est pas, d'ailleurs, le territoire qu'il convoite principalement, c'est la côte. Jusqu'ici, il ne lui a été possible d'établir que deux ou trois postes de douane, pour percevoir les droits d'importation et d'exportation. Le commerce étranger se fait avec les Sakalaves *sans leur intermédiaire.* C'est une perte sérieuse pour le trésor hova. Aussi, a-t-il bien moins pour visée de soumettre les Sakalaves que de réussir à s'emparer des points de la côte où les navires viennent faire leurs échanges, pour y établir partout des postes douaniers et faire rentrer dans les caisses de la reine des fonds que le défaut de toute organisation financière dans le pays rend de plus en plus rares.

Les choses en étaient arrivées au point où le gouvernement français ne pouvait plus reculer devant les moyens de coercition. M. de Freycinet, dont le caractère de modération est bien connu, se sentit obligé de prendre un parti. Le 25 avril 1882, il écrivait au consul de France, commissaire de la République, la lettre suivante, dont les termes sont trop honorables pour que nous hésitions à la donner. « Monsieur, le rapport que vous m'avez adressé le 3 février dernier confirme et accentue même le caractère inquiétant des informations que vos précédentes dépêches m'avaient apportées touchant les efforts du gouvernement hova pour *étendre, au mépris de nos droits, son autorité sur diverses tribus sakalaves de la côte septentrionale avec lesquelles nous avons des traités déjà anciens.* Vos dernières indications se trouvent, d'ailleurs, pleinement d'accord avec celles que le ministre de la marine a recueillies de son côté et dont il vient de me faire part, en me signalant la nécessité d'adopter *sans retard* les mesures propres à arrêter l'exécution de desseins, sur la portée desquels il ne nous est plus possible aujourd'hui de conserver aucun doute.

« La situation que révèlent les dernières communications parvenues à nos deux départements nous imposait, en outre, à l'amiral Jauréguiberry et à moi, le devoir d'examiner s'il n'y avait pas lieu de compléter, dès à présent, les dispositions que nous avions arrêtées de concert, dès la première nouvelle des projets manifestés par le gouvernement hova et dont ma dépêche du 2 mars vous a fait part.

« Je ne doute pas que vous n'ayez déjà pris vous-même vis-à-vis de la cour d'Imerne les mesures conservatoires que vous prescrivaient ces instructions et que vous n'ayez *réservé, par un acte formel, la situation qui nous est conventionnellement acquise sur la côte nord-ouest de l'île.* Malheureusement, les termes de votre rapport ne permettent pas d'attendre de ces premières protestations un résultat entièrement satisfaisant et j'ai dû prévoir le cas où nous aurions à insister auprès du gouvernement hova pour le ramener à une appréciation plus exacte de ses obligations internationales.

« Si, lorsque vous recevrez cette dépêche, la situation ne s'est pas modifiée dans un sens conforme à nos légitimes exigences, vous ne manquerez pas de rappeler, encore une fois, au gouvernement de Tananarive l'état de choses créé, à notre profit, *par les traités conclus avec les chefs sakalaves de l'Ankara* et les obligations aussi bien que les droits qui résultent pour nous des engagements ainsi intervenus entre ces chefs et la France. Il ne saurait ignorer l'existence d'arrangements publics qui datent déjà d'un demi-siècle et dont le principal intéressé, Tsimiharo, n'aurait pas hésité à opposer les stipulations aux émissaires hovas. Le soin, d'ailleurs, qu'on a pris à Tananarive de tenir secret tout ce qui se rattachait à ces négociations suffit à démontrer que le gouvernement de la reine Ranavalo ne se méprenait pas sur le caractère qu'elles devaient avoir à nos yeux. Ces précautions, il est vrai, ont été rendues inutiles *par la vigilance de nos agents et par l'attitude loyale* des principaux chefs de la région menacée.

« Il importe de ne pas laisser au gouvernement de Tananarive l'impression qu'en provoquant l'incident qui fait plus spécialement l'objet de cette communication, il ait réussi à nous faire perdre de vue le règlement de nos anciens griefs, dont vous connaissez l'importance.

« Mais, si vos représentations amicales devaient demeurer sans effet, vous n'hésiteriez pas à déclarer que notre intention bien arrêtée est de ne point souffrir qu'aucune atteinte soit portée aux droits que le traité de 1841, portant cession de Nossi-Bé, nous assure également sur la côte elle-même, ou à l'autorité que les chefs de l'Ankara, et notamment les souverains de Nossi-Mitsiou et de Nossi-Faly, exercent à l'abri de conventions qui les lient à nous, et que nous userons, à cet effet, de tous les moyens dont nous pouvons disposer. La présence dans les eaux de Madagascar de plusieurs de nos bâtiments ne saurait, d'ailleurs, laisser aucun doute aux Hovas sur l'intérêt avec lequel nous suivons les événements dont le littoral nord-ouest est le théâtre et sur le prix que nous attachons au maintien de la situation attribuée sur ce point à la France (1). »

Lorsque le commissaire français à Tananarive donna communication de ces résolutions au ministre des affaires étrangères de la reine des Hovas, on vit se reproduire la comédie familière à ces sortes de ministres. Le lecteur connaît déjà cette comédie : c'est la même qui eut lieu lorsqu'il s'agit, en 1865, de négocier les préliminaires de l'indemnité due à la Compagnie française et réclamée par l'empereur Napoléon III. Ils feignent de ne pas savoir de quoi il s'agit. Avec une impudence qu'il est superflu de qualifier, les ministres hovas, sentant derrière eux les Anglais, ont joué le même jeu une seconde fois. C'est ainsi qu'en 1882, quand notre agent fit part au premier ministre de la reine du contenu des dépêches de France, celui-ci garda d'abord le plus grand silence. Lorsqu'il fut question des traités de 1840, il feignit d'en ignorer l'existence ; il s'informa, à plusieurs reprises et avec affectation, si les points dont il était question étaient sur la grande terre, ce qu'il savait parfaitement bien. Peu de temps après, notre représentant insistant auprès du ministre des affaires étrangères de la reine sur la violation du traité de 1840, relatif aux territoires de la côte nord-ouest, le ministre hova feignit, comme son supérieur le premier ministre, d'ignorer où se trouvaient ces territoires. Il demanda alors à M. Baudais de lui laisser prendre copie d'une carte spéciale donnant le tracé de ces territoires. Puis, à la fin de la conversation, notre agent lui offrant cette même carte, le ministre lui répondit : « C'est inutile, depuis longtemps nous en avons de semblables au palais. » C'était joindre l'impertinence à la mauvaise foi. Dans une entrevue qui suivit, le ministre hova refusa de discuter avec l'agent français.

Enfin, le 17 mai, ce même ministre des affaires étrangères faisait part officiellement à notre agent *du refus formel d'enlever le pavillon hova de la côte ouest et de la négation de nos droits sur cette côte*. Immédiatement, la population, mise au courant de ce qui se passait, se répandit dans Tananarive. Des émissaires circulant dans les rues et dont il n'était pas difficile de reconnaître

---

(1) *Livre jaune, Affaires de Madagascar*, p. 29.

les instigateurs, haranguaient la foule, s'écriant que les Français « voulaient prendre la terre de la reine, qu'il ne fallait pas le souffrir, qu'elle était souveraine de toute l'île sans restriction, etc., etc. » L'attitude de la population devint si menaçante que le consul français, craignant que sa dignité ne fût compromise, prit le parti de se retirer ; le refus de discuter avec lui était, d'ailleurs, un motif suffisant pour s'éloigner de Tananarive. Il en partit, laissant le chancelier du consulat à son poste. Le 29 mai au matin, M. Baudais était à Tamatave.

A peine huit jours s'étaient-ils écoulés que les nouvelles les plus alarmantes arrivaient de la capitale des Hovas. M. Campan, le chancelier du consulat, était exposé aux plus grands périls. Dès le 5 juin au soir, il trouvait apposée sur la porte du consulat de France une affiche proférant contre lui des menaces de mort avec promesse de jeter son cadavre en pâture aux chiens : ce placard était signé, *l'armée (soloalindahy,* mot à mot, *les cent mille hommes*). C'était la manière de signer dont s'était servi en quelques circonstances le premier ministre de la reine, commandant en chef de l'armée. La foule, le jour venu, une foule grondante et surexcitée, lisait et commentait l'affiche. Les ministres firent enlever le placard dans la journée, mais sans exprimer aucun regret. Dès lors, le pavillon français était exposé à de graves insultes et M. Campan dut quitter aussi Tananarive. Peu de jours après, à Mitinandry, sur la route et près de Tamatave, on releva assassiné le directeur de la plantation française de la maison Roux de Fraissinet. Le corps de notre malheureux compatriote fut trouvé le cou coupé, la tête tenant à peine au tronc ; la maison était pillée et saccagée. Enfin, le 12, la surexcitation était si grande à Tananarive qu'on proférait tout haut, dans les rues, des menaces contre les Français, sachant être agréable au gouvernement hova ; on ne parlait de rien moins que de les chasser et de les faire descendre à pied jusqu'à la côte. Des affiches continuaient à être placardées, entre autres sur la porte de deux Français, les sieurs Cadière et Lamothe. Le gouvernement hova, au lieu de calmer les esprits, s'efforçait de les animer. Ces affiches, le peuple en convint, étaient l'œuvre du gouvernement lui-même.

Vers le mois de mars 1882, M. le commandement le Timbre,

qui était à Zanzibar, avait reçu un rapport de M. le lieutenant de vaisseau Campistro, commandant *la Pique*, l'informant des faits qui s'étaient passés à la côte nord-ouest et que nous venons de raconter, c'est-à-dire de la visite des missionnaires anglais et de ses suites. Cet officier vigilant annonçait, en outre, que des envoyés de la reine Ranavalo parcouraient en même temps le pays et agissaient par tous les moyens, cadeaux, intimidations, menaces, pour déterminer les chefs sakalaves placés sous notre protectorat à adopter le pavillon de la reine des Hovas et à se soumettre à sa domination. Ils avaient même réussi à planter le drapeau hova sur deux villages, dans la baie de Passandava, en face et à peu de distance de notre colonie de Nossi-Bé. Le 12 janvier, à peine arrivés, ils l'avaient planté chez la reine Binao, au village de Mahavanona, et, le 15, chez Mounza, au village de Beharanandsay, à la rivière de Sambirano. Enhardis par ce premier exploit, les envoyés hovas s'étaient dirigés sur le pays des Antankares, dans le but d'intimider le vieux chef Tsimiharo, notre sujet et de l'obliger à arborer le pavillon hova, dans nos îles de Nossi-Faly et de Nossi-Mitsiou, tout près de Nossi-Bé.

Le commandant le Timbre, après en avoir référé au ministre par télégraphe, n'hésita pas à se rendre à Nossi-Bé avec *le Forfait*, et il y appela les deux autres navires de la station, *l'Adonis* et *la Pique*. La présence de ces forces, arrivées en temps opportun, vint en aide au courage et à la fidélité de Tsimiharo. Il rejeta avec mépris les propositions des envoyés hovas. En même temps que M. le lieutenant Campistro avait informé le commandant le Timbre, M. Seignac-Lesseps, commandant de Nossi-Bé, avait adressé au ministre de la marine et des colonies des rapports circonstanciés sur les envahissements des Hovas.

En réponse à ces rapports, M. l'amiral Jauréguiberry prescrivit à M. le Timbre de se rendre à Mazangaye en vue de maintenir les droits de la France sur Madagascar, *mais sans recourir, toutefois, à l'emploi de la force*, à moins d'attaque contre son navire ou d'insulte au pavillon.

Mazangaye, en plein territoire itérativement cédé à la France, était occupé par un poste hova. Là, le commandant le Timbre put s'assurer, par lui-même, des projets dont le chef du poste hova ne faisait pas mystère. Ces projets consistaient à soumettre tout le littoral nord-ouest de Madagascar et des troupes étaient attendues, à cet effet, par *l'Antananarivo*, le seul navire que possède la reine des Hovas. Ce navire devait incessamment partir de Tamatave pour Mazangaye.

Le commandant le Timbre appareilla, sans tarder, pour Tamatave, où il arriva dans les premiers jours de mai. Il y trouva des lettres de notre excellent agent à Tananarive, M. le commissaire de la République Baudais, qui achevaient de le mettre au courant des manœuvres des ennemis de la France. Le commandant se rendit à la batterie hova, il protesta contre les envahissements de cette peuplade et rappela hautement les droits de la France sur Madagascar. Il déclara sans valeur les drapeaux arborés dans nos possessions et annonça qu'il s'opposerait à tout débarquement des troupes à Mazangaye ou ailleurs. Il alla ensuite se ravitailler à l'île de la Réunion et revint en toute hâte à Tamatave, où il était de retour dès le 11 juin. Il y trouva M. Baudais, qui avait été obligé, comme nous l'avons raconté, de quitter Tananarive, à la suite des actes inqualifiables du gouvernement hova, provoqués par les intrigues et les excitations des missionnaires anglais.

On ne se gênait pas pour dire à Tananarive, à Tamatave, à Mazangaye, partout à Madagascar, que les Hovas pouvaient aller de l'avant et que, quoi qu'ils fissent, ils n'avaient rien à craindre des Français, car, leur assurait-on, *défense avait été faite au commandant des forces françaises de recourir à aucun moyen coercitif.* On avait l'audace d'ajouter que, s'il agissait, il serait désavoué.

Quelques lignes imprudentes et irréfléchies de la préface française d'un livre écrit par un architecte anglais avaient fait naître dans l'âme de nos adversaires cette illusion de supposer que le protestantisme anglo-hova avait trouvé un auxiliaire dans le protestantisme français, contre les droits et les intérêts de la France à Madagascar (1). L'invraisemblance, l'impossibilité, l'impiété de la

---

(1) L'ouvrage anglais dont il est ici question a été traduit en notre langue en 1873 par un pasteur protestant *français*, qui a fait précéder le livre d'une préface signée de lui et dans laquelle, mettant le fanatisme religieux au-dessus du patriotisme, il n'a pas craint d'écrire ces lignes : « *Nous sommes obligé de*

supposition n'arrêtait pas ceux qui s'en servaient. C'était un moyen nouveau de discréditer la France. On l'exploitait avec la même bonne foi que les autres calomnies depuis longtemps en usage.

La situation se compliquait. *L'Antananarivo* avait fait des achats considérables d'objets de matériel pour des troupes en campagne. D'accord avec le commissaire de la République, le commandant le Timbre déclara qu'il allait visiter la côte et que si *l'Antananarivo* essayait de débarquer quelque part de la troupe ou du matériel de campagne, il n'hésiterait pas à s'en emparer.

En effectuant la tournée annoncée, M. le Timbre passa à Nossi-Bé et prit à son bord le commandant Seignac-Lesseps. Tous deux se proposaient d'enlever les drapeaux hovas, insolemment plantés sur notre territoire, dans le voisinage immédiat de Nossi-Bé. La difficulté était de mener à bonne fin cette opération *sans recourir à l'emploi de la force*, conformément aux instructions ministérielles. Le 16 juin, M. le Timbre mouilla avec *le Forfait* devant Ampassimiène, village de la reine Binao, dans la baie de Passandava, territoire français. Le lendemain au point du jour, le commandant militaire, M. le Timbre et le commandant civil de la colonie, M. Seignac-Lesseps, mirent pied à terre, sans armes. Deux hommes seulement les accompagnaient. Ils allèrent droit à la maison sur laquelle était arboré le drapeau hova. Nulle résistance ne fut faite; le drapeau hova fut abattu et remis à M. le Timbre. Pendant ce temps, une embarcation venue du *Forfait* mettait à terre quelques charpentiers de marine, qui abattirent le mât de pavillon et le coupèrent en morceaux, le tout en présence de la population.

Cette exécution terminée, nos compatriotes se rembarquèrent à bord du *Forfait* et allèrent mouiller dans l'entrée de la rivière de Sambirano, que MM. le Timbre et Seignac-Lesseps remontèrent en canot. Cette fois, ils se firent suivre par une baleinière. A cinq mille dans l'intérieur des terres, ils descendirent et se dirigèrent sur le village de Behamaranga, éloigné d'un kilomètre du bord de la rivière. Le drapeau hova fut abattu et enlevé de la

---

reconnaître qu'il est heureux, pour le vrai bien de Madagascar, que l'influence anglaise ait prévalu dans cette île sur celle de la France et le christianisme évangélique sur celui de Rome. Marseille, février 1873. »

même manière que dans l'autre village. Quelques heures plus tard, la petite expédition était de retour à Nossi-Bé

On raconte que M. le commandant le Timbre, à qui les instructions de M. l'amiral Jauréguiberry prescrivaient de ne pas *brûler une amorce*, exécuta ces ordres *à la française*. Il se présenta, pour faire abattre le pavillon hova, en veston de coutil blanc, avec une simple canne à la main.

La nouvelle de ce qui s'était passé au nord produisit une grande sensation à Madagascar. Les populations, opprimées par les Hovas commencèrent à espérer la délivrance. Mais, à Tananarive, le premier ministre, en apprenant que les Français s'étaient permis d'abattre les drapeaux qu'il avait fait planter chez eux, entra dans une grande colère, bruyamment partagée par les missionnaires anglais. Une telle audace de la part d'un marin français, une telle humiliation à l'orgueil hova, ne pouvaient être tolérées. Ils promettaient que M. le Timbre serait châtié de sa témérité (1).

Cela n'empêcha pas le commandant de revenir à Tamatave, où son premier soin fut de mettre l'embargo sur *l'Antananarivo*, qui faisait ostensiblement ses préparatifs de départ pour aller porter de la troupe à Mazangaye.

L'habile fermeté qu'il avait déployée et l'attitude non moins excellente de M. Baudais, avaient fini par impressionner fortement le premier ministre hova, qui allait enfin céder à nos justes réclamations lorsqu'à la suggestion des missionnaires anglais, ce ministre ne chercha plus qu'un moyen de gagner du temps.

Les choses en étaient arrivées à ce point et les Hovas ne pouvaient se dissimuler que le moment approchait où la France allait perdre patience. C'est alors, comme en 1865, à propos de l'indemnité réclamée par Napoléon III, qu'ils eurent recours au même moyen dilatoire destiné à leurrer leurs adversaires : le gouvernement hova annonça qu'il envoyait une ambassade à Paris. C'est, comme nous l'avons dit, l'expédient suprême pour gagner du temps.

(1) Les excellents services de cet officier d'élite n'ont pas été oubliés. Quelques mois plus tard, un décret de M. le président de la République, rendu sur la proposition de M. de Mahy, élevait le commandant le Timbre au grade de contre-amiral.

Cette mission se composait des personnages suivants :

1° Ravoninahitriniarrivo, 15ᵉ honneur, officier de palais, 1ᵉʳ chargé des affaires avec les étrangers ;

2° Ramaniraka, 14ᵉ honneur, officier du palais ;

3° Moïse Andrianisa, né à Maurice de parents malegaches, maître d'école du palais ;

4° Marc Rabibisoa, ancien élève des missionnaires français, interprète de la mission pour la langue française.

Les envoyés étaient accompagnés d'un ancien missionnaire anglais, le sieur Tacchi, traducteur.

Cette ambassade partit de Tamatave le 1ᵉʳ août 1882 et arriva en France à la fin d'octobre.

Avant le départ de cette mission, vers la fin de juin, le commandant le Timbre, à bord du *Forfait*, avait déjà fait enlever, comme on l'a vu, les pavillons hovas dans les deux postes de Behammananja et de Mahavanona, à la côte ouest. Le gouvernement hova n'osant les faire replacer, envoya à la reine Binao, par un officier supérieur, des *lambas* d'investiture et des bagues, signes de commandement ; mais Binao refusa de recevoir cet envoyé et prévint de ces faits notre commandant de Nossi-Bé.

On connaît l'insuccès de l'ambassade envoyée à Paris et à Londres par le gouvernement hova. Le *Livre jaune* a publié un résumé, sous forme de Notes, des conférences tenues au ministère des affaires étrangères par la commission qui représentait le gouvernement de la République et dans laquelle figurait au premier rang l'amiral Peyron, aujourd'hui ministre de la marine. Toutes les subtilités que peut inspirer la diplomatie asiatique y furent développées par les envoyés de la reine des Hovas : elles ne constituent qu'une fastidieuse répétition de tout ce que nous avons déjà mis sous les yeux du lecteur. On les retrouvera dans le fascicule du *Livre jaune*, *Affaires de Madagascar*, cité plusieurs fois par nous. Ceux que ne fatigue pas la pénible lecture de ces Notes diplomatiques, où tant de modération naïve est tenue en échec par tant de mauvaise foi calculée, y puiseront d'amples sujets d'observations sur l'inutilité d'une telle logomachie, dont le dernier mot devait être le canon.

Nous nous bornons à louer le gouvernement français de la

fermeté de son attitude le jour où, par l'organe de M. Duclerc, dans la dépêche du 4 janvier de cette année, il a décliné fièrement l'offre que lui faisait l'Angleterre de *prêter ses bons offices à la France dans ses différends avec les Hovas* (*to press their good offices upon the french government*). Dans cette même dépêche notre ministre, après ce refus, ajouta ces nobles paroles : « Cette déclaration nous dispense d'insister sur une autre expression de la note anglaise. Je ne sais ce que les Anglais entendent par *to press their good offices upon the french government;* mais, pour nous, cette expression est intraduisible en français, car le mot que donnerait la traduction littérale serait absolument inadmissible. »

Le lecteur connaît le dénouement de cette tragédie à Tamatave et de cette comédie à Paris.

L'importance croissante des affaires de Madagascar exigeait la présence dans la mer des Indes d'un plus grand nombre de navires que n'en comptait une simple station navale. L'organisation d'une division fut décidée et le commandement en chef en fut confié à l'amiral Pierre qui est mort depuis, calomnié, lui aussi, par les Anglais, parce qu'il fut un Français héroïque et irréprochable.

Une nouvelle ère allait donc s'ouvrir pour la question de Madagascar, à laquelle l'honneur de la France est attaché indissolublement. Un élan remarquable en ce sens avait été donné par le gouvernement lui-même, depuis la rupture des négociations avec la ridicule ambassade des Hovas. Il faut le reconnaître bien haut et s'en applaudir, comme d'une heureuse et patriotique nouveauté, M. Duclerc avait imprimé aux affaires de Madagascar une direction énergique. Le cabinet présidé par M. Fallières adopta les vues de l'éminent ministre des affaires étrangères, dont la retraite, causée par la maladie, a été si regrettable ! Il n'y avait plus à atermoyer, il fallait agir vigoureusement. M. de Mahy alors ministre intérimaire de la marine et des colonies, fit partir l'amiral Pierre et lui donna pour première instruction de chasser les Hovas de toute la côte, depuis Mazangaye jusqu'à la baie d'Antongil ; à cet effet, il ordonna à la préfecture maritime de Toulon d'approvisionner *la Flore* d'armes, de munitions et de tous les objets de matériel nécessaires au débarquement et au campement dans les pays chauds. Ces préparatifs, activement menés, furent vite terminés, et l'amiral fut en mesure de quitter Toulon avec *la Flore* le jeudi 15 février. Le ministre lui prescrivit de prendre immédiatement la mer et de toucher à Aden et à Zanzibar, pour y recevoir les communications ultérieures du gouvernement.

Elles lui furent adressées par l'honorable successeur de M. de Mahy, M. Charles Brun. En même temps, M. Baudais, commissaire de la République, muni des instructions du département des affaires étrangères, rejoignait l'amiral à Zanzibar.

Le cabinet présidé par M. Jules Ferry avait, en effet, adopté avec une approbation marquée la politique inaugurée par M. Duclerc et par le cabinet Fallières. Il y donna suite et dut prescrire l'occupation nécessaire de Tamatave.

L'histoire dira avec quelle promptitude, quelle habileté militaire, quelle sûreté d'action l'amiral Pierre s'est successivement emparé de Tamatave et de Mazangaye (1).

Le 15 février, quinze jours à peine après la rupture des conférences, le contre-amiral Pierre partait de Toulon pour Madagascar sur *la Flore,* muni des instructions formelles du gouvernement de la République française, rédigées par M. de Mahy. Peu de temps après il recevait à Zanzibar les instructions complémentaires rédigées par le nouveau ministre de la marine, M. Charles Brun. Ainsi que l'a déclaré nettement à la tribune de la chambre des députés M. Challemel-Lacour, ministre des affaires étrangères, ces instructions lui prescrivaient d'assurer l'exercice de nos droits sur la côte nord-ouest de l'île, en faisant disparaître successivement, après les notifications d'usage, les postes et pavillons qui y avaient été indûment établis par les Hovas. Pour prévenir de nouvelles tentatives d'empiètement, il devait se saisir de Mazangaye et mettre garnison dans cette place qui commande la route de Tananarive et l'entrée du plus vaste estuaire de Madagascar. En second lieu, il devait compléter sa mission en faisant

---

(1) Les Arabes et les Sakalaves disent *Moudzangaye,* les Français de la Réunion disent *Mazangaye;* les Anglais seuls disent *Majunga.* Il est regrettable que les Français et même nos officiers de marine écrivent *Majunga.* Quant à nous, nous avons adopté l'orthographe française et coloniale, qui se rapproche le plus de l'appellation arabe et sakalave, *Mazangaye.*

une reconnaissance sur la côte orientale et en se rendant devant Tamatave. Si les conditions que notre consul transmettrait à Imerne étaient rejetées, l'amiral Pierre avait pour instruction de s'emparer de la ville de Tamatave, de s'y établir et d'y percevoir les droits de douane jusqu'à concurrence de la somme qui nous est due.

Le 18 mai, l'amiral Pierre, dans un premier télégramme, annonçait que le 16 du même mois, après avoir supprimé les pavillons des Hovas établis sur la côte, il s'était saisi de vive force de Mazangaye. 2,000 Hovas, qui y étaient renfermés, avaient pris la fuite : cette occupation n'avait coûté la vie à personne des nôtres ; l'amiral Pierre s'était fortifié dans la ville et qualifiait sa position d'inexpugnable.

Nous voulons conserver à l'histoire les ordres du jour signés par le brave amiral et qui contiennent le récit le plus éloquent des faits d'armes de l'expédition française à Madagascar en 1883. Voici celui qui concerne la prise de Mazangaye.

ORDRE DU JOUR.

Flore, Mazangaye, 22 mai 1883.

Officiers et marins,

Par la supériorité de vos armes, vous avez, en huit jours, chassé les Hovas de leurs garnisons et détruit toutes leurs possessions sur la côte nord-ouest de Madagascar. Vous leur avez enlevé le fort et la place de Mazangaye où flotte désormais le pavillon de l'occupation française.

Je félicite avec plaisir les canonniers de leur adresse, le corps de débarquement de sa fermeté, tout le monde du zèle et de la constance déployés dans les travaux et les fatigues des opérations accessoires.

Vous ferez de même à la côte est, si l'obstination du gouvernement hova persiste à nous refuser la juste satisfaction qu'il nous doit.

Si l'on osait plus longtemps se jouer des traités et méconnaître les droits de la France, vous saurez les faire respecter par la force.

Officiers, marins et soldats du corps d'occupation,

La division navale a planté le drapeau de la France à Mazangaye, j'en confie la garde à votre valeur et à votre discipline.

A votre discipline surtout, qui constitue la supériorité de l'Européen et par laquelle soixante soldats français, s'ils savent obéir, peuvent attendre de pied ferme quelques masses de Hovas que ce soit, dans la position où vous êtes retranchés, et les exterminer, si elles osaient approcher de nos murailles.

Le commandant Gaillard à votre tête double votre force.

Le présent ordre du jour sera lu aux équipages et affiché à bord de chaque navire, ainsi qu'au fort.

Le contre-amiral, commandant en chef,
PIERRE.

La prise de Mazangaye, située dans une contrée dont les habitants nous sont dévoués, ne paraissait pas devoir faire naître aucune difficulté. Il n'en était pas de même de Tamatave : cet obstacle n'a pas arrêté nos soldats plus longtemps que le premier.

Arrivé en rade de Tamatave, l'amiral Pierre a aussitôt envoyé à la reine Ranavalo Manjaka un *ultimatum* qui a été immédiatement expédié à Tananarive, la capitale. Cet *ultimatum* demandait aux Hovas de reconnaître nos droits et d'accorder satisfaction aux héritiers de M. Laborde, sinon Tamatave serait bombardé et occupé par les Français. Une réponse négative est arrivée le 9 au soir, et dès le lendemain matin, les navires de guerre français *la Flore*, *le Forfait*, *le Boursaint*, *le Beautemps-Beaupré*, *la Nièvre* et *la Creuse* ouvraient le feu sur le fort et les batteries de Tamatave. Au premier coup de canon, les Hovas se sont tous enfuis vers leur camp retranché qui se trouve à sept kilomètres à l'intérieur.

Le bombardement a duré pendant toute la journée du 10 juin. Le 11, quatre cents marins et quatre cents soldats de l'infanterie de marine ont débarqué et le fort a été occupé sans résistance (1).

Aussitôt que l'amiral eut pris possession de la ville, il adressa aux troupes les félicitations qu'on va lire :

(1) Détail piquant : nos braves marins, en entrant dans le fort, n'y ont trouvé qu'une poule et ses poussins gardés par un chat. (Journaux de la Réunion).

ORDRE DU JOUR.

Flore, Tamatave, le 14 juin.

Officiers, équipages et soldats,

Un arrogant ennemi avait osé défier nos armes, en refusant à la France les plus légitimes satisfactions.

Dans l'espace d'un mois, vous avez pris et détruit tous les établissements hovas sur le littoral des deux côtes de Madagascar.

Vous occupez Tamatave et Mazangaye, sources principales de la prospérité commerciale et financière de l'ennemi et vous vous y maintiendrez contre toute attaque.

Ces résultats sont dus à l'activité de la division navale. Je l'en félicite.

Il reste à chasser l'ennemi de quelques retraites où il s'est retranché à l'intérieur des terres. Vous saurez l'y atteindre.

La Creuse, qui n'est restée avec nous que quelques jours, nous laissera le souvenir de sa promptitude à surmonter toutes les difficultés, pour nous faire part de toutes ses ressources. Elle a dignement occupé sa place au feu, témoignant ainsi que c'est à la manière de servir qu'on reconnaît le véritable bâtiment de guerre et non pas à la coque.

De nombreux militaires, passagers sur ce transport et ayant accompli leur temps de service colonial, se sont proposés pour renforcer les garnisons de l'occupation, en renonçant à leur retour en France.

Honneur aux braves soldats qui font volontairement ce sacrifice au drapeau de la patrie.

La Nièvre a rivalisé d'ardeur avec la division navale.

Officiers, équipages et soldats, au nom de la France, dont vous soutenez les droits, je vous remercie tous.

Le contre-amiral, commandant en chef,

PIERRE.

A l'heure actuelle, Tamatave et Mazangaye sont des villes françaises : elles ont leur maire, leur conseil municipal, leur juge de paix et leur capitaine de port.

Depuis ce moment, les Hovas n'ont pas essayé sérieusement d'inquiéter nos troupes. A Tamatave, le 26 juin et le 5 juillet, des attaques de nuit furent repoussées sans difficulté et avec des pertes considérables pour les Hovas. Ce fait d'armes a donné lieu à un troisième ordre du jour de l'amiral que tout Français aimera à relire; le voici :

Le contre-amiral commandant en chef signale à l'estime du corps expéditionnaire l'intrépide défense du sous-lieutenant Castanié et des vingt-cinq braves qui occupaient avec lui le poste avancé du fort de Tamatave dans la nuit du 25 au 26, où ils ont repoussé, pendant quatre heures, les attaques réitérées d'un corps ennemi d'au moins 1,000 hommes et l'ont mis en fuite, en lui infligeant des pertes importantes.

Ce fait d'armes fait le plus grand honneur au lieutenant Castanié, chef du poste, qui a su faire partager à ses compagnons son sang-froid et son courage.

Le contre-amiral, commandant en chef,
PIERRE.

A l'égal de l'héroïsme militaire, il faut honorer l'héroïsme civil. Les malheureux Français habitant Tananarive ne purent abandonner cette capitale que tardivement et à travers mille difficultés. Leurs compatriotes, maîtres de Tamatave, s'élancèrent au-devant d'eux à travers le pays ennemi. L'amiral les en a félicités dans l'ordre du jour suivant :

« L'amiral félicite le détachement d'infanterie de marine et de marins de *la Flore*, qui, dans la journée du 21 juin, s'est avancé avec quelques citoyens français dévoués jusqu'à Ivondrou, pour recueillir les Français expulsés de Tananarive, au nombre de quatre-vingt-dix, et les a ramenés sains et saufs à Tamatave. »

L'amiral cite particulièrement, pour la part énergique qu'ils ont prise à cette expédition :

MM. Maigrot, capitaine d'infanterie de marine; Hennecart, aspirant de 1re classe; Cadière, employé de la maison Roux de Fraissinet et Cie, qui, arrivant le premier de Tananarive, après vingt-cinq jours de marche, est reparti aussitôt avec une ardeur infatigable, pour guider le détachement à la recherche des fugitifs.

A l'heure où nous écrivons les dernières pages de cette histoire politique de Madagascar, les circonstances permettent d'espérer le succès continu de notre expédition. M. Jules Ferry, président du conseil, secondé par les Chambres, entre résolument dans la grande politique nationale des intérêts maritimes et coloniaux, qui fut celle de Richelieu et de Colbert. M. l'amiral Peyron, qui a succédé à M. de Mahy et à M. Charles Brun, n'a pas hésité à poursuivre, avec le même patriotisme, les opérations commencées. Le ministre de la marine a donné l'ordre à M. l'amiral Galiber, successeur de l'amiral Pierre, de faire reconnaître notre autorité sur d'autres points de la côte, notamment à Vohemar, à Mouroundava et à Fort-Dauphin.

Ce n'est que justice de féliciter M. le président du conseil et ses honorables collègues et de reconnaître les services éminents rendus en cette occasion par le département de la marine et par le département des affaires étrangères, dont la politique nationale ne saurait être trop encouragée. M. Jules Ferry a droit, au premier rang, à nos éloges, pour avoir non seulement proclamé à la tribune les grands principes de l'expansion coloniale nécessaire à la France, mais encore d'avoir veillé aux détails même de notre expédition à Madagascar. Nous trouvons dans les journaux de la Réunion et nous nous empressons de donner à nos lecteurs la lettre adressée au gouverneur de cette colonie par M. Jules Ferry, qui accepte le concours des volontaires de Bourbon à l'occupation de Madagascar.

PRÉSIDENCE DU CONSEIL.

Paris, le 6 juillet 1883.

Monsieur le Gouverneur,

J'ai trouvé, joint à la lettre que vous m'avez adressée le 24 mai dernier, numérotée 22, le texte de l'adresse au Président de la République, rédigée par un certain nombre d'habitants de la Réunion et demandant la formation d'un corps de volontaires créoles, destiné à venir en aide aux troupes régulières dans leur action contre les Hovas.

Le Gouvernement n'a pu qu'être profondément touché du sentiment patriotique qui a fait agir, dans cette circonstance, la population de l'île et il s'est empressé de chercher les moyens permettant à nos compatriotes de la Réunion de donner au pays ce nouveau gage de leur dévouement. En attendant qu'une décision définitive soit prise à ce sujet, je me suis arrêté à la combinaison suivante : Vous êtes autorisé à former deux compagnies mobiles de la milice, dans les conditions déterminées par l'ordonnance du 15 mai 1819 et les divers arrêtés sur les milices. Chaque compagnie comprendra actuellement :

1 lieutenant, 1 sous-lieutenant, 6 sous-officiers, 12 caporaux, 120 soldats, 3 clairons.

Ces compagnies de milices mobiles, formées de volontaires appartenant aux compagnies existantes, seront, comme ces dernières, entretenues complètement sur les fonds de la Colonie, l'État payant les dépenses afférentes à l'armement, au grand équipement et aux munitions.

Nous pourrons ainsi disposer, si cela est reconnu nécessaire, d'un noyau de troupes déjà organisées et exercées. Dans le cas où ces compagnies seraient appelées à faire campagne, elles seraient complétées par deux officiers et deux sous-officiers d'infanterie de marine.

Recevez, etc.

Le président du Conseil, ministre par intérim de la Marine et des Colonies,

JULES FERRY.

Par suite à cette lettre approbative, M. l'amiral Peyron a pu, par une dépêche du 1ᵉʳ novembre 1883, ordonner l'envoi à Mazangaye de ces deux premières compagnies de nos volontaires de la Réunion.

Nous ne saurions trop louer le gouvernement d'avoir accepté et encouragé l'élan patriotique des volontaires de la Réunion, pour l'occupation de Madagascar. Nous envoyons toutes nos sympathies aux habitants de ce noble petit rocher que l'éloignement ne fait que grandir en perspective, car, on le voit, au loin, au milieu des flots, tenant dans sa main, depuis soixante-dix ans, le drapeau de la France dans la mer des Indes. Nous sommes persuadé qu'il y a, dans toutes nos colonies, des milliers de créoles qui, sur un signe du gouvernement, s'empresseraient de venir partager, à Madagascar, les mêmes dangers et la même gloire.

Au moment où nous terminons le long récit de l'histoire de la grande île française de la mer des Indes, histoire si jeune encore et cependant si tourmentée, nous ne voulons pas cacher que nous éprouvons un sentiment de juste orgueil national, que le lecteur partagera certainement, à la pensée que la France, à l'heure qu'il est, a mis le genou sur la poitrine de ses sauvages ennemis. Il ne nous reste qu'un vœu à formuler, c'est qu'elle n'imite pas les gouvernements pusillanimes du passé et qu'elle persiste dans sa reprise de possession, afin qu'un jour, en s'avançant pas à pas, elle se trouve en mesure de cerner les Hovas dans leur nid de pirates et de délivrer les malheureux Malegaches du joug de leurs tyrans détestés, à la grande gloire de la patrie, de la civilisation et de l'humanité.

Ainsi se trouvera réalisée par la République, la grande conception de Louis XIII et de Richelieu, de Louis XIV et de Colbert, longtemps entravée par les événements, poursuivie sans cesse par nos gouvernements, avec des vicissitudes diverses, mais jamais abandonnée par eux, la FRANCE ORIENTALE.

FIN DU LIVRE PREMIER.

LIVRE SECOND.

GÉOGRAPHIE DE L'ILE DE MADAGASCAR.

CHAPITRE PREMIER.

GÉOGRAPHIE PROPREMENT DITE DE L'ILE DE MADAGASCAR.

SOMMAIRE : Situation géographique de l'île de Madagascar. — Son étendue. — Sa position comme point maritime. — Sa superficie plus vaste que celle de la France. — Sa distance de Bourbon et du port de Brest. — Sa division politique et ethnographique. — Il n'y a pas de roi de Madagascar. — Liste des rois et reines sujets de la France. — Les villes principales de Madagascar. — Orographie ou étude de ses formes extérieures. — Montagnes. — Opinion de M. Grandidier conforme à celle de l'auteur. — Des principales chaînes de l'île. — Hydrographie ou étude des eaux. — Description des côtes, baies, havres, ports et mouillages. — Iles de la côte nord-ouest. — Étude des rivières. — Description des principaux cours d'eau. — Lacs de l'île. — Lacs de la côte. — Lacs de l'intérieur. — Route de Tamatave à Andévourante. — Climat de l'île de Madagascar. — Météorologie. — Saison sèche. — Saison pluvieuse ou *hivernage*. — Insalubrité de la côte orientale. — Caractère des fièvres. — Traitement de ces maladies. — Vents. — Orages. — Ouragans. — Raz de marée. — Description des montagnes et des vallées d'après M. Grandidier. — Histoire naturelle de l'île de Madagascar. — Des races propres à Madagascar. — Découvertes de M. Grandidier. — Productions du sol. — Botanique. — Zoologie. — Les lémurides. — Les makis. — Les fossiles. — L'œpyornis. — Les oiseaux propres à Madagascar. — *Testudo gigantea*. — L'erpétologie. — Détails sur les découvertes de M. Grandidier. — Ichtyologie. — Minéralogie. — Pierreries. — Cristal de roche. — Gisements de houille. — Mines de diamants, d'or, de cuivre, d'argent et de fer.

L'île de Madagascar, située parallèlement à la côte orientale d'Afrique, dont elle n'est séparée que par le canal de Mozambique, est la plus importante île du monde, après Bornéo et l'Angleterre et l'australie.

Comprise entre les 11° 57′ et 25° 45′ de latitude sud, et les 40° 50′ et 48° 10′ de longitude est, elle se trouve ainsi placée, comme la clef des deux routes de l'Inde, à l'entrée de l'océan Indien d'où elle domine à la fois le passage du cap de Bonne-Espérance, le canal de Mozambique et le détroit de Bab-el-Mandeb.

L'île de Madagascar a 1,600 kilomètres, 360 lieues, de long du nord au sud et 470 kilomètres, 105 lieues, de l'est à l'ouest, dans sa largeur moyenne. Sa superficie, d'environ 25,000 lieues carrées, est à peu près égale à celle de la France (1). Elle est éloignée de l'île Bourbon d'une distance de 150 lieues, de 85 lieues de la côte orientale d'Afrique, et de 3,380 lieues du port de Brest, en touchant à Bourbon. Par le canal de Suez, elle est à vingt jours de Paris.

Avant d'aller plus loin, qu'on nous permette d'exposer succinctement les différentes divisions de l'île.

Les Hovas, dans leur prétention de dominer l'île entière, l'ont divisée en 22 provinces, dont la disposition se présente, en allant du nord au midi, telle que nous la donnons ici :

Dix s'échelonnent le long de la côte orientale;
Cinq occupent la côte occidentale;
Sept occupent le centre.

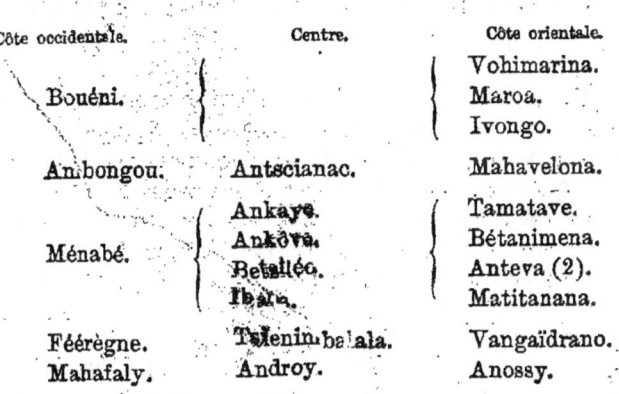

Côte occidentale.	Centre.	Côte orientale.
		Vohimarina.
Bouéni.		Maroa.
		Ivongo.
Ambongou.	Antscianac.	Mahavelona.
	Ankaye.	Tamatave.
Ménabé.	Ankova.	Bétanimena.
	Betalléo.	Anteva (2).
	Ibara.	Matitanana.
Féérègne.	Tsienimbalala.	Vangaïdrano.
Mahafaly.	Androy.	Anossy.

Mais à cette division arbitraire et tout artificielle répond une division ethnographique plus vraie, et surtout plus intéressante, parce qu'elle se rattache à l'histoire même du pays. La voici :

(1) M. Grandidier estime que l'île de Madagascar est plus grande que la France. « Sa superficie, dit-il, peut être évaluée à plus de 590,000 kilomètres carrés, chiffre supérieur à celle de la France, qui ne compte aujourd'hui que 528,576 kilomètres carrés. Même avant la guerre de 1870, la superficie totale de la France était inférieure à celle de Madagascar, car elle ne comptait encore que 543,051 kilomètres carrés. » (*Revue scientifique*; mai 1872.)

(2) Ce nom est celui d'une des divisions des Hova.

A l'est, les deux provinces de Vohimarina et de Maroa sont habitées par les *Antankares*, qui occupent l'extrémité la plus septentrionale de l'île. Ivongo répond au pays des *Antanvarts*, Mahavelona et Tamatave à celui des *Betsimsaracs* ; les *Bétanimènes* n'ont pas été dénationalisés. Mais Antavara cache les *Antatchimes*, Matitanana les *Anta'ymours* et Vangaïdrano les *Antaray*. Au centre, les deux noms de provinces sont deux noms de peuples, *Ibara* est celui des *Vourimes*, Tsienimbalala celui des *Machicores*. Les Mazikouras désignent d'une manière générique les gens de l'intérieur. Ces deux noms se confondent aujourd'hui dans celui de Bares, *Bara* ou *Ibara*, qui en malgache désigne les Vourimes. Ankôve est la patrie adoptive des Hovas; sa partie centrale, où s'élève leur capitale Tananarive, est connue sous le nom d'*Imerina*, *Imerne* ou vulgairement *Emirne*. Ankaye est occupée par des Bétanimènes et des Betsimsaracs. A l'ouest, Mahafaly est le pays des *Mahafales*, Féérègne celui des *Andraivoulas*; Ménabé, Ambongou et le Bouéni sont occupés par le grand peuple des *Sakalaves*, qui enveloppe aussi le Fééregne (1).

(1) Il est difficile, pour ne pas dire impossible, d'établir des divisions territoriales précises dans un pays où il n'existe pas de délimitation certaine, encore moins de cadastre, et où chaque province n'est que l'agglomération d'une peuplade, sans contours ni frontières. Nous avons maintenu la vieille division en vingt-deux provinces, en leur laissant leurs noms francisés. M. Grandidier les groupe ainsi qu'il suit, avec leurs subdivisions et en leur conservant leurs dénominations malegaches : « Au nord, les Antankaranas, peuplade qui comprend une partie indépendante sur la côte occidentale entre le cap d'Ambre et la rivière Sambirano et sur la côte orientale les districts occupés par les Hovas d'Ambohimarina, de Vohemar et de Soavinandriana ; sur la côte orientale, les Betsimisarakas, dont le pays se divise en plusieurs districts, qui sont Anonibe, Maroa, Mananara, Ivongo, Vohimasina, Mahavelona, Toamasina (ou Tamatave) et Anteva (ou Tanimandry); les Betanimenas, les Antambahoakas, les Aantaimoros, les Antaisakas et les Antaimoros; au sud, les Tsienimbalalas et les Antandroys; à l'ouest, les Mahafalys et les Sakalavas, dont le pays comprend presque tout l'occident de Madagascar et qui se subdivise en sept provinces, à savoir : Fihérénana, Ménabé, Mahilaka, Maraha, Milanja, Ambongo et Iboina; au centre, les Antantsihanakas, les Tafiravinas et les Tafitenonas, qui sont dans l'est du lac Alaotra; les Antankays ou Bezanozanos, les Antaimerinas ou Merinas, qu'en Europe on désigne improprement sous le nom d'Hovas, les Betsileos, les Antanalas, les Baras, enfin les Antaivondros, et les Ampelafahas, qui vivent dans l'est des précédents. (*Bulletin de la Société de géographie*; 1883.)

Au point de vue politique, l'île de Madagascar se divise aujourd'hui en deux parties bien distinctes qui sont à peu près d'égale étendue, la partie opprimée par les Hovas et la partie indépendante. Toute la région située à l'est du 44ᵉ degré de longitude et au nord du 22ᵉ degré de latitude est le pays des Hovas, qui, sous Andrianampouine, Radama Iᵉʳ et sa femme Ranavalo, se sont successivement rendus maîtres des diverses provinces comprises dans ces limites. Il faut, toutefois, ajouter que les habitants de la portion de la côte comprise entre Manafiafe et la rivière Ménanare se sont révoltés contre leurs oppresseurs et ont secoué le joug ; ils sont aujourd'hui indépendants. Sont aussi indépendantes les peuplades sakalaves qui habitent les baies de Narinda et de Mazangaye, ainsi que la côte voisine.

Quant à toute la partie ouest et sud de l'île, elle n'a pu encore être soumise par les Hovas et elle est gouvernée par une foule de chefs indigènes, à l'exception du sud du Ménabé qui s'est mis, il y a déjà longtemps, sous la protection de la reine Ranavalo. Les tribus malegaches qui ont conservé leur indépendance sont les Antandroys, les Mahafales, les Bares, la plupart des Sakalaves et une partie des Antankares et des Antscianacs (1). Toutes ces peuplades ont leur roi, comme les Hovas, et leur obéissent comme de véritables sujets. Il est donc exact de dire qu'il n'y a pas de *roi de Madagascar;* car il y a dans l'île autant de rois que de peuplades. Ces rois ont une autorité absolue sur leurs sujets ; ils ne font, du reste, rien par eux-mêmes et prennent, dans toute affaire, les conseils des principaux du pays. Ils sont, en effet, obligés de flatter les chefs dont ils ne peuvent contrôler les actes et qui sont d'autant plus redoutables pour leur maître qu'ils peuvent facilement passer à l'ennemi avec famille, clients et esclaves ; ces défections sont fréquentes.

Les peuples indépendants n'ont pas d'armée régulière ; tout homme, libre ou esclave, ne sort jamais qu'armé de son mousquet et de sa sagaye. En temps de guerre, ils se réunissent en corps irrégulier et font leurs attaques de nuit ; ils n'ont jamais pensé et ils ne pensent encore aujourd'hui qu'à enlever du butin et non à agrandir leur territoire par le sort des armes.

(1) A. Grandidier, *Bulletin de la Société de géographie;* août 1872.

Parmi ces rois et ces reines, nous nommerons, au courant de la plume, sur la côte occidentale et méridionale, ceux et celles d'abord qui vivent sous le protectorat de la France, tels que Binao, reine des Bavatoubé; Outsingou, reine de Rabouky, Mounza, roi d'Ankify et de Sambirano; Tsimiharo, roi de Nossi-Mitsiou; Triahouan, roi de l'Ambongou; Narouve, reine d'une partie du Ménabé. Il faut citer encore Vinany, son frère, ancien roi de ce même Ménabé, qui avait succédé à Ramitrah, tous deux morts récemment; Iboine, roi des Sakalaves du Bouéni; Soumonga, roi de Morombé, assassiné depuis par les Bares, et cousin de Lahimeriza; Toueyre, roi des Antimènes, qui a succédé à Vinany; Réandy, roi des Bares. Aux environs et au delà de la baie de Saint-Augustin, nous trouvons Lahimeriza, roi de Tullear; feu Refialle ou Fiaye, roi de Salar, auquel a succédé en 1882 son frère cadet Lahetafigue; Tafara, roi des Mahafales, successeur de Radigoun; Laï Salam, roi d'Itampoul et de Langrano; Ibara, roi d'Ampalaze; Befanille, roi des Caremboules, et enfin Tsifanihi, roi du cap Sainte-Marie, et Razoumaner, roi émigré des Antanosses. Tous ces rois et reines ont des traités avec la France.

Les droits de ces rois sur les îles et sur les provinces qu'ils nous ont cédées ne font doute pour personne, pas même pour la reine des Hovas, qui n'a que la prétention de les conquérir. C'est pour se soustraire à ces prétentions que, depuis, les rois sakalaves ont toujours reconnu et invoqué le protectorat de la France. Les cessions, qui datent de 1841, concernent, entre autres, la province d'Ankara et la région nord qui comprend la vaste baie de Diego-Suarez. Peu d'années après, en 1846, le chef de la province de Vohemare, au nord-est, ainsi qu'un grand nombre d'autres chefs réfugiés à Nossi-Bé, confirmèrent les cessions de leurs ancêtres, lesquelles, d'ailleurs, n'étaient que la reconnaissance itérative de nos droits antérieurs à la souveraineté de Madagascar. Enfin ces cessions furent renouvelées encore, en 1848, par le prince Trimandrou et la reine Panga (1).

(1) Sous le règne de Napoléon III, des traités de commerce conclus avec les chefs de la côte sud-ouest ont ouvert au négoce, en franchise de droits d'ancrage, les baies et ports de Machicoura, Salar, Saint-Augustin, Tullear

A Madagascar, on ne compte que cinq villes importantes : Tananarive (75,000 âmes), Fianarantsoua (10,000), Tamatave (7,500), Mazangaye (6,000), et Foulepointe (4,000).

Toutes les autres villes ne sont, à proprement parler, que des bourgs occupés par une seule et même famille. Les villages les plus importants ne contiennent pas plus d'un millier d'habitants, et la plupart n'atteignent certainement pas le nombre de vingt feux. C'est, du reste, un pays très peu peuplé, si l'on excepte la vallée d'Imerne, celle d'Antsianac et quelques parties du pays des Betsiléos ; on marche souvent une journée entière sans rencontrer une petite bourgade et il est des régions, comme celle qu'on trouve en allant de Mazangaye à Tananarive, où on est quelquefois quatre jours sans apercevoir une seule maison, ou bien comme celle comprise entre Manza et Moudounghy, où M. Grandidier a dû dormir sept nuits consécutives en plein désert.

Les routes à Madagascar n'existent, pour ainsi dire, pas : ce sont de simples sentiers tracés par les pieds des voyageurs ; il y est le plus souvent impossible à deux personnes de marcher de front. Le pays pourrait toutefois être facilement sillonné de routes carrossables ; il est montagneux, cela est vrai, mais on monte graduellement et l'altitude totale n'est nulle part très grande ; le sol argileux est dur, et en macadamisant avec les roches qui affleurent de tous côtés, il serait aisé d'établir de bonnes et belles voies de communication (1).

L'île de Madagascar, résultat de soulèvements probablement contemporains de ceux des chaînes de l'Afrique orientale, est, comme ces dernières, dirigée dans le sens des méridiens, c'est-à-dire du nord au sud. Cette direction n'est cependant pas d'une exactitude strictement rigoureuse et l'axe de l'île, incliné du

---

et Manhanomby, droits tombés en désuétude selon les dernières informations. Ajoutez à ces postes les ports ou comptoirs construits et occupés par nous depuis deux siècles et demi, le *Port-Choiseul* dans la baie d'Antongil, *Tintingue* et la *Pointe-à-Larrée* dans la province des Antavares, *Foulepointe* et *Tamatave* chez les Betsimsaracs, *Mananzari* et *Matatane* chez les Antaymours, *Manentena* sur l'Amboule, *Maugafiat* dans la baie de Sainte-Luce, le *Fort-Dauphin* et enfin *Sainte-Marie*; on reconnaîtra, alors, que nous avons sans cesse gardé pied à Madagascar, hormis seulement dans l'Ankôve.

(1) A. Grandidier, *Bulletin de la Société de géographie*; avril 1872.

N.-N.-E. au S.-S.-O. fait, avec la méridienne un angle d'une vingtaine de degrés.

La plupart des cartes et la plupart des livres ont montré les choses tout autrement, en ce qui concerne l'île de Madagascar. Trompés par des théories sans consistance, les cartographes et les écrivains se sont plu à créer, vers la tête des eaux, une chaîne qui se tenant en équilibre à égale distance des deux mers et qui traversant l'île dans toute sa longueur, en constituait comme l'épine dorsale, ainsi qu'on l'a beaucoup trop répété depuis.

Il ne paraît exister, cependant, aucune chaîne de montagnes s'étendant du nord au sud à travers l'île entière. On verra plus loin que M. Grandidier a tranché la question dans le sens de notre opinion.

Mais si la présence de cette chaîne centrale est due à la poursuite, jusqu'aux limites de l'impossible, d'une idée systématique, il n'en est pas de même des chaînes qui, à l'est et à l'ouest, limitent le plateau. La chaîne orientale, avec la seconde chaîne qui lui est parallèle, a été traversée par tous les Européens se rendant de Tamatave à Tananarive.

Voici ce que dit l'un d'eux (1), qui eût dépeint d'une manière complète les formes extérieures de la Grande Terre, s'il ne se fût laissé dominer par l'idée de la chaîne centrale. « Le versant occidental de cette chaîne a une pente très douce qui se régularise en un immense plateau : le versant oriental est escarpé, mais, après s'être subitement abaissé de 1,000 à 1,500 mètres, une assise horizontale succède à cette pente rapide et forme un autre plateau également d'une grande étendue dont l'escarpement, du côté de l'est, vers la mer, descend aussi très rapidement. Ces deux plateaux, par leur inégalité de hauteur au-dessus du niveau de la mer, peuvent se désigner par les dénominations de *supérieur* et d'*inférieur*, et, par suite, les montagnes qui les couronnent se classer également en deux chaînes distinguées entre elles par les mêmes dénominations caractéristiques de *supérieure* et d'*inférieure*. De la base de cette dernière se détachent, en se ramifiant

---

(1) *De l'Établissement français de Madagascar*, pendant la Restauration, par M. Carayon, page 8.

vers le littoral, des chaînons et contre-forts qui, d'abord très élevés, s'abaissent graduellement jusqu'à la zone des marais qui règne sur toute l'étendue de la côte orientale. »

Quant à nous, pour tâcher d'être mieux compris encore, nous ajouterons aux dénominations de supérieures et d'inférieures, celles de chaînes orientales ou chaînes occidentales pour désigner celles des parties est et ouest de l'île. En insistant autant que nous venons de le faire sur le véritable caractère de la physionomie orographique de Madagascar, notre but était d'amener l'explication toute simple de faits relatifs aux climats, à l'agriculture, à la politique et dans lesquels la nature de cette physionomie joue un rôle fort important.

Les indigènes ont caractérisé l'originalité naturelle des lignes de sommets les plus saillantes par des noms particuliers, mais nous ne citerons que les plus remarquables. Depuis l'extrémité la plus méridionale de l'île, jusque vers la latitude de Tamatave, les indigènes désignent sous le nom d'*Ambohitsmènes* « les montagnes rouges », la chaîne supérieure orientale ; mais cette dénomination s'applique surtout à certains pics isolés.

« On ne trouverait pas, dit M. Grandidier (1), dans beaucoup d'autres pays une aussi vaste surface de terrain couverte d'une pareille masse de montagnes ; plus de 90,000 milles carrés ont été bouleversés par les deux éruptions granitiques qui semblent s'être succédé à Madagascar. Le voyageur qui débarque sur la côte est et pénètre dans l'intérieur, commence, dès le rivage, à gravir péniblement une chaîne de montagnes qui s'élève graduellement jusqu'à une altitude de 8 à 900 mètres, montant et descendant tour à tour, sans trouver nulle part le moindre espace de terrain plat ; çà et là seulement, quelques étroits vallons ou plutôt quelques ravins abrupts sillonnés par de petits torrents. Cette chaîne peut mesurer, de sa ligne de faîte à la côte orientale, une largeur de vingt lieues ; elle paraît s'étendre de Port-Louky au Fort-Dauphin, sur une longueur de plus de 300 lieues, tantôt baignant son pied dans la mer, d'autres fois s'en écartant de quelques milles, mais lui restant toujours parallèle. Parvenu à l'arête supérieure, le

---

(1) *Revue scientifique;* mai 1872.

voyageur descend le versant occidental, mais il ne tarde pas à arriver soit dans une vallée profonde mais étroite (entre 19° 1/2 et 21° 1/2 de latitude), soit sur un plateau plus ou moins large (à Ankaye et à Antsianake), dont la formation est due aux détritus et aux éboulis qui se sont accumulés dans une ancienne vallée où les eaux n'avaient point d'issue. Il lui faut ensuite gravir le versant oriental de la seconde chaîne granitique, versant très abrupt qui le conduit en peu de temps à 400 ou 500 mètres plus haut; c'est là qu'est la limite de distribution des eaux. Les torrents qui coulent sur la pente orientale vont se jeter dans l'océan Indien; les rivières qui prennent naissance au contraire à l'ouest de l'arête portent leurs eaux au canal de Mozambique, et ont un parcours trois ou quatre fois plus long que celles de l'est, sauf le Mangourou et son affluent l'Ounivé.

« Mais il ne faudrait pas conclure de ce que cette arête supérieure forme la ligne de partage des eaux à Madagascar, que le voyageur en poursuivant sa route descend graduellement vers la côte occidentale; il a, au contraire, à traverser une région large de trente à trente-cinq lieues, dont le niveau général se maintient à une altitude moyenne de 800 à 1,000 mètres, région toute montagneuse et très tourmentée; puis, tout à coup, en quelques instants, il arrive par une pente très rapide dans une plaine qui n'a plus que 200 mètres au-dessus du niveau de la mer. Cette plaine, qui est sablonneuse, peu accidentée et sillonnée en tous sens de petits ravins creusés par les eaux, ne mesure pas moins de 140 à 150 kilomètres de largeur; elle est coupée du nord au sud, entre le 16° et le 25° degré de latitude, par une étroite chaîne de montagnes, large de 5 à 6 milles, le Bémaraha. Plus à l'ouest, dans le sud de l'île et au long de la côte occidentale, il existe une seconde chaîne qui commence vers le 21° degré de latitude et qui, à partir du 22°, forme un vaste plateau avec la précédente. Enfin une autre, qui commence aussi au 21° degré et suit environ le 43 degré de longitude, s'arrête par 23° 30'.

« La masse de montagnes qui couvre tout le centre et le nord de l'île ne continue pas au delà de 22° environ; plus au sud s'étendent jusqu'à la mer de vastes plateaux secondaires légèrement ondulés et coupés de ravins creusés par les eaux.

« On voit que nous sommes loin de cette arête centrale de montagnes avec leurs ramifications orientales et occidentales, que les géographes ont toujours marquée sur les cartes de Madagascar. Les immenses plaines secondaires qui forment tout le triangle occidental ont échappé aux bouleversements violents qui ont soulevé toute la région nord et est; elles sont restées ce qu'elles étaient à l'âge secondaire. Loin de diminuer, elles tendent journellement à s'accroître; les contre-courants qui apportent sans cesse des sables sur le rivage, et les rivières, qui charrient des terres arrachées aux montagnes de l'intérieur, comblent peu à peu les estuaires et les baies formés par les polypiers, qui trouvent sur cette côte, surtout dans la partie sud-ouest entre 21° 1/2 et 24° de latitude, toutes les conditions nécessaires à leur facile développement. Il n'en est pas de même sur la côte orientale où le grand courant équatorial des mers de l'Inde vient buter avec violence contre l'île et se divise en deux branches, l'une se portant vers le nord-nord-est, l'autre se dirigeant au sud-sud-ouest; les polypiers ne peuvent pas s'y développer, et il se produit une érosion continuelle des côtes dont la nature rocheuse retarde heureusement l'action destructive de ces courants très rapides (1). »

M. Grandidier a porté la lumière dans ces obscurités, quant à l'étude orographique de l'île. Il a reconnu à Madagascar l'existence de cinq chaînes de montagnes qui ont toutes plus ou moins la même direction du N.-N.-E. au S.-S.-O. environ.

La première chaîne qu'on rencontre, en partant de la côte ouest, est comprise entre 21 et 25 degrés de latitude sud. La seconde, le Bémaraha, s'étend du 16° au 25° degré; d'abord étroite, elle forme à partir du 22° degré un vaste plateau avec la chaîne précédente. La troisième commence comme la première au 21° degré, mais elle s'arrête vers 23° 30'. A l'ouest de 43° 20' de longitude est, il n'y a plus qu'une immense masse de montagnes granitiques qui semblent dues à deux soulèvements différents au moins; l'un aurait donné naissance à la grande chaîne qui, de la presqu'île d'Anourountsangane, s'étend jusqu'au 22° degré de la-

---

(1) *Revue scientifique;* mai 1872.

titude, mesurant une largeur moyenne de plus de 100 milles, l'autre à celle qui coupe l'île du nord au sud dans toute sa longueur, de Vohémar au fort Dauphin.

Les trois premières chaînes sont séparées les unes des autres par des plaines sablonneuses ou par des plateaux arides, coupés de ravins peu profonds. Elles appartiennent à la formation secondaire. Le grand massif granitique central, qui est très tourmenté, ne mesure que 1,000 à 1,200 mètres d'altitude comme niveau général. Il n'y existe, ainsi que dans toute la région est, d'autre terrain plat que les petites vallées qu'utilisent les indigènes pour la culture du riz. Çà et là, au milieu de ces montagnes plutoniques, apparaissent, comme autant d'îles, des portions de terrain micaschisteux. Dans le sud de la chaîne granitique qui finit par 22 degrés, il y a de vastes plaines secondaires légèrement ondulées qui s'étendent jusqu'à la côte.

On voit que M. Grandidier conteste avec nous cette arête centrale de montagnes qui aurait divisé l'île en deux parties à peu près égales et qu'on avait établie sur de simples hypothèses.

Ainsi, toute la zone située au sud et à l'ouest des montagnes granitiques appartient au terrain secondaire, dont la limite nord semble être le côté sud de la baie de Narinda. Dans toute cette vaste étendue, comprenant près de la moitié de la superficie de l'île, le sol est peu fertile et le pays n'est guère habité que le long des cours d'eau assez rares qui l'arrosent. Toute la masse des montagnes plutoniques qui est située à l'ouest du versant oriental est plus stérile encore, à l'exception des vallées formées par les anciens lacs ou marais qu'ont comblés les détritus des montagnes voisines. Le versant qui regarde l'océan Indien est assez fertile, grâce aux pluies continuelles qui arrosent la côte est; il offre une ligne étroite, mais non interrompue du nord au sud, de forêts qui se relient à celles de l'ouest, formant ainsi une ceinture, au centre de laquelle il n'y a que désolation et aridité.

En résumé, M. Grandidier divise, comme nous, Madagascar en deux versants principaux : le versant de l'est est peu étendu ; il n'a guère plus de 30 à 40 milles de largeur dans la partie sud; au nord, il atteint jusqu'à 60 et 80 milles. Celui de l'ouest, au contraire, large de 3 et 4 degrés, donne naissance à des rivières importantes par l'étendue de leurs cours et leur volume d'eau (1).

En ce qui touche ses caractères géologiques, le savant voyageur a constaté que la grande île semble formée d'un noyau micaschisteux qu'entoure à l'ouest et au sud une vaste zone de formation jurassique. Il est probable que tout autour du centre primitif s'était jadis développée une immense surface de terrain secondaire se prolongeant au loin vers l'est et formant un vaste continent comparable à l'Australie ; il n'en reste plus aujourd'hui que la ceinture occidentale d'une largeur moyenne de 40 lieues.

Cette zone, qui supporte une bande étroite de terrain nummulitique parfaitement caractérisé par des *Neritina schmideliana*, et pétri de foraminifères (appartenant aux genres *Alveolina, Orbitoïdes, Triloculina*, etc.), s'étend du bord sud de la baie de Narinda au versant ouest des montagnes granitiques, auxquelles est adossé le fort Dauphin. Elle est formée, comme on sait, de plaines coupées dans leur longueur par trois chaînes de montagnes qui courent du nord au sud.

Quant aux terrains micaschisteux, ils ont été bouleversés par des soulèvements granitiques ; on en retrouve, çà et là, des traces.

Ces caractères géologiques, du reste, sont aussi remarquables que variés. Les formations primitives apparaissent dans un grand nombre de localités où l'on voit le granit, la syénite et des blocs d'un quartz singulièrement pur, souvent accompagné d'un quartz rose très beau. On y rencontre aussi fréquemment un cyst entrecoupé de larges veines de quartz et une substance ressemblant au grauwacke. Les formations schisteuses, on l'a dit, y sont étendues, et on y a observé le silex entremêlé d'une belle chalcédoine, le calcaire primitif, ainsi que différentes espèces de grès. De superbes cristaux de schorl se rencontrent fréquemment dans le pays des Betsiléos, où l'on a trouvé aussi des fossiles nombreux de serpents, de lézards, de caméléons et de végétaux revêtus d'une enveloppe calcaire. La pierre à chaux ne paraît pas exister dans les parties orientales, où les divers coraux la remplacent d'une manière avantageuse.

On voit, quelquefois, dans le Betsiléo, sur une étendue de plu-

---

(1) *Bulletin de la Société de géographie;* février 1872.

sieurs milles, des masses d'une lave terreuse homogène; d'autres laves y abondent en beaux cristaux d'olivine; les scories et les pierres ponces se montrent sur plusieurs points. Mais cette partie de l'île n'est pas la seule où l'action violente des anciens foyers volcaniques ait été signalée. Sur la route d'Andevourante à Tananarive, dans la vallé des Bezonzons (Bezanozano), des crevasses considérables, des pierres noires et brûlées annoncent que des feux aujourd'hui éteints ont bouleversé jadis cette contrée. Au N.-E. de la capitale du Ménabé et à quelque distance, se dresse la cime noirâtre du mont *Tangoury* aux flancs arides. Un cratère ouvert à son sommet, plusieurs cavités considérables d'où jaillissent les sources du *Ranouminti* (l'eau noire), des éboulements de terre et des laves ne permettent pas de douter que ce ne soit un ancien volcan. La tradition du pays vient, du reste, confirmer cette assertion. « Tu vois, disait un indigène à un voyageur, en indiquant les cavernes de la montagne, la demeure de celui que les Sakalaves appellent l'ennemi des hommes; c'est sous ces voûtes ténébreuses qu'il a bâti son palais; il est le maître du feu qui dévorerait, s'il le voulait, les Malegaches et leurs troupeaux. La terre elle-même ne pourrait résister à son intensité. Aussi le roi Ramitrah a-t-il soin, pour apaiser ce génie, de lui sacrifier des taureaux à toutes les nouvelles et pleines lunes; car ce sont les époques où il a soif de sang. Les ombiaches et les ampaanzares disent que plusieurs générations de Sakalaves ont existé avant celle que tu vois et que toutes ont été ensevelies dans l'estomac de feu du géant. Cependant, depuis plusieurs siècles, il reste enfermé dans son palais, couché sur des monceaux d'or, qui lui servent de lit (1). »

Aujourd'hui l'action volcanique paraît avoir entièrement cessé à Madagascar. Des voyageurs ont assuré à Dumaine qu'il existait un volcan au nord-ouest de la baie de Diego-Suarez, auprès de l'île nommée *l'Ile boisée*. Toutefois, les voyageurs qui ont le

---

(1) M. Grandidier révoque en doute l'existence de traces de volcan et même celle d'aucune montagne isolée pouvant être identifiée avec le Tangoury; il estime que ces informations, y compris la légende du *géant* du Tangoury, sont dues à l'imagination malheureusement trop féconde de M. Leguevel de Lacombe.

plus récemment exploré ces parages ne signalent rien de ce genre.

Les terres des provinces du nord de Madagascar sont noires et vigoureuses; aussi, le Bouéni est-il une des plus fertiles contrées de l'île. Celles du milieu de la côte de l'est sont sablonneuses jusqu'à une ou deux lieues des bords de la mer. Plus loin, la végétation devient très riche. Dans le sud, c'est-à-dire vers Sainte-Luce, le terrain est mêlé de sable, mais il est supérieur aux terres qui avoisinent le cap Sainte-Marie. Celles des environs du fort Dauphin sont excellentes. La partie peu montagneuse du pays des Sakalaves du nord (le Bouéni) est fertile, surtout auprès des rivières et des marais, et abonde en *fataka* et en esquine, fourrages excellents. La plus grande partie des plateaux de l'intérieur est au contraire rocailleuse et stérile; le terrain y est en général ocreux et ferrugineux. Dans la province d'Andrantsaï, qu'habitent les Betsiléos, les terres sont noires, brunes, rouges, jaunes et blanches. Le sol rouge y est le plus commun et il est extrêmement productif. Tels sont les champs rougeâtres des Bétanimènes.

Voici comment le plus récent et le plus compétent des explorateurs, M. Grandidier, décrit l'aspect général de ces contrées, montagnes et vallées.

« A Madagascar, dit-il, le sol des montagnes est argileux, dur comme le granit dans la saison sèche, glaiseux et glissant à l'époque des pluies; ce n'est que dans les vallées, où se sont accumulés des détritus végétaux, qu'il s'est formé une couche d'humus, plus ou moins profonde, dont la culture puisse tirer parti. Le sol des plaines est sablonneux, souvent pierreux, et c'est principalement sur les rives des cours d'eau que les indigènes font leurs plantations de maïs, de cannes à sucre, de banniers, etc.; malheureusement les rivières y sont rares. Il pousse, cependant, abondamment dans ces terrains secs une grande graminée; l'ahidambou, forme, surtout au Ménabé, des pâturages excellents pour le bétail; les zébus (bœufs à bosse) qu'on y élève y acquièrent une taille remarquable.

« Les forêts sont exceptionnellement rares à Madagascar; il existe tout autour de l'île une ceinture étroite de bois, large de trois à quatre lieues, qui tantôt suit les contours de la côte, tantôt s'en écarte de plusieurs milles, et dans l'est de la baie d'Antongil on trouve un vaste espace boisé.

« Dans toute la région montagneuse, ainsi que sur la côte nord-ouest, le riz forme la base de la nourriture des indigènes ; aussi, partout où, dans ce chaos de montagnes, il s'est trouvé une vallée, si étroite qu'elle fût, qui pût être utilisée pour la culture et où il fût possible de construire des terrasses faciles à irriguer, on voit quelques huttes de terre, suspendues sur des ravins, où sont entassées des familles nombreuses. Le riz est la seule des céréales dont le prodigieux rendement puisse permettre une agglomération de peuple semblable à celle qui existe dans les vallées de Tananarive, d'Isandra et de Bétafou. »

On conçoit, du reste, facilement qu'une région aussi vaste que Madagascar doit offrir les aspects les plus divers, les sites les plus variés, les panoramas les plus grandioses. Vue de la mer, cette île magnifique offre dans le lointain à l'œil de celui qui y arrive un vaste amphithéâtre de montagnes superposées, qui sont comme les échelons des chaînes principales. Ces échelons gigantesques forment une sorte d'escalier colossal de verdure, où la pensée émerveillée monte involontairement de marche en marche, des bords de la mer jusqu'aux plateaux supérieurs de l'île, en passant par toutes les nuances propres aux montagnes, depuis le vert vif ou sombre de la végétation jusqu'aux teintes azurées des sommets les plus élevés qui se confondent avec le bleu plus foncé du ciel.

A l'exception de cette partie des côtes sud-est qui avoisine le fort Dauphin, la côte est en général plate, très souvent basse et marécageuse. Elle forme une sorte de zone de 10 et 80 kilomètres de largeur à l'est, de 80 à 160, et quelquefois plus, vers l'ouest. Sur la côte orientale, le pays devient tout à coup montagneux à quelques lieues du rivage. Au delà de ces plages, la contrée est entrecoupée de montagnes boisées, de collines, de plaines, tantôt désertes, tantôt cultivées, de sombres forêts, de savanes couvertes de hautes herbes.

Si l'on suppose Madagascar coupé en deux parties par une ligne tirée de Tamatave au cap Saint-André, toute la partie de ses côtes, tant à l'est qu'à l'ouest, située au midi de cette ligne, et comprenant près des trois quarts de leur développement total qui est de 4,000 kilomètres ou 850 lieues, offre peu de bons mouillages, quelques rades foraines seulement, tandis que la partie qui resterait au nord, l'extrémité septentrionale, contient, surtout au nord-ouest, les baies les plus vastes, les ports les plus beaux, les mouillages les plus sûrs. L'importance de ces différents points pour les relations commerciales nous engage à en dire quelques mots. Dans ces observations, pour plus de précision et de clarté, nous conserverons la division pratique de ses côtes en côtes de l'est, du nord-ouest, et de l'ouest.

La première baie que l'on trouve après avoir doublé le cap d'Ambre pour descendre le long de la côte orientale est celle d'Antombouc ou de Diego-Suarez, qui offre d'excellents mouillages ; elle se compose, à proprement parler, de trois baies appelées par les Malegaches *Douvouch-Foutchi*, la baie des cailloux blancs, *Douvouch-Varats*, la baie du Tonnerre, *Douvouch-Vasa*, la baie des blancs et, enfin, d'une quatrième baie moins praticable à laquelle on parvient par un canal sinueux, et qui, reconnu par la corvette *la Nièvre*, en a pris le nom de *port de la Nièvre*. Rapprochée des autres mouillages sous le rapport de la salubrité et de la commodité des approvisionnements, la baie de Diego-Suarez présente des avantages qu'on chercherait vainement ailleurs. Aussi le gouvernement songea-t-il plusieurs fois à y former un établissement à la fois militaire et commercial. Nous reviendrons, dans le chapitre suivant, sur cette baie splendide, unique au monde, et qui laisse loin derrière elle celle si célèbre de Rio-Janeiro (1).

Un peu plus au midi se trouvent le *port Louquez*, la *baie de Manghérévi*, puis celle de *Vohémar* (Vohimarina), puis beaucoup plus loin la vaste *baie d'Antongil*, occupée longtemps par la France. A 90 kilomètres, au midi de la *baie d'Antongil*, s'étend, parallèlement à la côte, l'île Sainte-Marie, dont l'extrémité nord forme, avec la Pointe-à-Larrée, la *baie de Tintingue* où peuvent mouiller les vaisseaux de haut bord. De l'autre côté de la Pointe-à-Larrée et de l'île Sainte-Marie, mais un peu au sud, se présente la *baie de Fénériffe*, réputée la plus mauvaise de la côte de l'est.

(1) Voir le plan de la baie de Diego-Suarez, levé en 1833 par M. L. Bigeault, lieutenant de vaisseau, et les officiers de la corvette *la Nièvre*, sous la direction de M. Garnier, capitaine de frégate. (*Dépôt des cartes et plans de la marine.*)

Le mouillage est très loin de la terre, les courants y sont si violents que les bâtiments y sont sans cesse ballottés, la communication avec la terre y est difficile et, à la moindre apparence de mauvais temps, il faut prendre le large. Un peu plus loin que la baie de Fénériffe est *Foulepointe*, en malegache *Marofototra*, station commode à cause de son voisinage de Tamatave, de Sainte-Marie et d'Antongil.

Tamatave, qui n'était autrefois qu'un petit village de pêcheurs, est aujourd'hui reconnu pour le principal marché de la côte orientale. Aussi sa rade spacieuse et sûre est-elle la plus fréquentée par les bâtiments de Maurice et de Bourbon. Nous consacrerons une page toute spéciale (au chapitre III) au port et au commerce de Tamatave.

A partir de Tamatave jusqu'à la baie de Sainte-Luce, à 800 kilomètres ou 180 lieues de là, il n'existe aucun abri pour les navires et ceux qui fréquentent cette côte, obligés de mouiller au large ou dans des rades foraines peu sûres, sont souvent dans la nécessité de faire leur trafic sous voile. Cependant, les chargements de riz y sont tellement profitables, que quelques points, comme *Mananzari* et *Matatane* n'en sont pas moins fréquentés par les navires de commerce. La baie de Sainte-Luce, qui a environ 6,000 mètres de développement, est le premier point de Madagascar où la France ait eu un établissement.

La côte méridionale de l'île ne présente guère de mouillage remarquable, hormis le fort Dauphin.

En s'éloignant, la première anfractuosité de la côte occidentale que l'on rencontre est la *baie de Saint-Augustin*, nommée *Isalaré* par les indigènes, et dans la partie septentrionale de laquelle se trouve le *Port de Tolia* ou Tuléar, en malegache *Ankoutsaoka*, ainsi appelée à cause d'une rivière qui débouche à quelques kilomètres plus au nord. A deux heures de Tuléar, au sud, se trouve la presqu'île de Tsaroundrano, dont, il y a une vingtaine d'années, le commandant Fleuriot de Langle prit solennellement possession, sous Napoléon III (1). Elle nous fut cédée par Lahimérisa, roi des Antifiérénanes.

---

(1) A. Grandidier, *Excursion chez les Antanosses émigrés*. (*Bulletin de la So-*

Beaucoup plus loin, toujours au nord, on mouille quelquefois dans le chenal compris entre les *îles du Meurtre* et la côte. Ce sont là les trois seuls points de la province de Féérègne où puissent séjourner de grands navires.

D'octobre en avril, le mouillage est plus sûr à Tuléar qu'à Saint-Augustin.

A un demi-degré, assez loin des *Iles du Meurtre*, est l'embouchure de la rivière *Mangouki*, qui est, avec celle du *Sizoubounghi* ou Tsidsoubon, le seul point de la côte visité aujourd'hui dans un but commercial. Le village de *Mouroundava* (c'est le nom de la rivière), placé entre les deux rivières, était le mouillage fréquenté par les boutres et les navires de traite, à l'époque où les rois de Ménabé avaient leur résidence dans les environs. Le nom du village est *Ambondrou*, situé à l'embouchure du Mouroundava, recouverte par les dernières marées. Un fort hova, apelé *Andakabé*, est situé sur la rive sud de la rivière, à deux lieues environ dans l'intérieur. En dedans de Nossi-Marouantali, une des *Iles stériles*, en vue des terres de Kivinza, est un mouillage vaste et le plus sûr pour les bâtiments destinés à séjourner sur cette côte.

La branche sud de la rivière Sambaho, par 16° 57', offre un tirant d'eau assez considérable pour les boutres du plus fort tonnage, et, dans les grandes marées, des navires calant 9 et 10 pieds y entreraient avec un bon pratique.

Au nord de cette rivière et de l'île qu'elle forme, *Nossi-Valavou*, s'avance le cap Saint-André, l'un des points les plus remarquables de ceux qui jalonnent les rivages de Madagascar. Après l'avoir doublé, on rencontre successivement les plus beaux mouillages, baies larges et sûres qui offrent l'abri de leurs eaux magnifiques à des flottes entières : les baies de Bâli, Cagembi, Bouéni, Bombetock, Mazangaye, Mouramba, Narinda, Mourounsang, Saumalaza, et la baie de Passandava, en face de Nossi-Bé. Bâli, que quelques cartes désignent sous le nom de *Boyanna*, est la seule baie de la province d'Ambongou. La baie de Cagembi est presque complètement barrée à son ouverture par un banc de sable, et, d'après le plan qu'en ont donné des hydrographes, elle serait difficilement

ciété de géographie; octobre 1867.) Dans le premier livre, nous avons, on se le rappelle, parlé avec détails des traités conclus par M. Fleuriot de Langle.

praticable pour des bâtiments de moyen tonnage, mais avec un bon pratique ou en se donnant la peine de baliser un chenal, on pourrait, dans une marée de syzygie, y faire entrer une corvette. Au fond est le village de Kiakombi.

La baie de Bouéni aussi a son entrée obstruée de bancs et de récifs qui laissent entre eux un chenal d'une profondeur suffisante pour les plus grands navires et qui doit être compté au nombre des excellents havres de la côte nord-ouest.

Vis-à-vis de son entrée est située l'île Makambi.

C'est à quelques lieues seulement du port de Bouéni, que s'ouvre la baie dite de *Bombetock,* corruption bizarre du mot indigène *Ampombitokana* ainsi altéré par les Européens. La baie s'étend dans une direction moyenne N.-N.-O. et S.-S.-E., à environ 18 milles de 1,854 mètres dans les terres. Sa largeur est, à l'entrée, de 3 milles 1/2, mais, en dedans, elle varie de 3 à 6 et 7 milles. Les terres qui circonscrivent ce magnifique bassin présentent un aspect agréable et varié, où tout accuse la présence et l'activité de l'homme.

« Aucun port malegache n'offre autant d'avantages et de sécurité que le port de Bombetock. Ses parages sont ordinairement épargnées par les tempêtes qui désolent les autres plages de l'île. La fièvre y est peu dangereuse, attendu que les plages sont sablonneuses et que la mer marne de quatre mètres au moins.

« Sa position dans le canal de Mozambique, offrant un port au centre des lieux les plus commerçants du monde, en ferait un des plus grands entrepôts commerciaux maritimes; il s'y ferait avec l'Afrique, l'Arabie, l'Inde et l'Europe, un commerce très actif. La campagne qui environne ce magnifique bassin présente à la vue un ensemble d'un aspect splendide. Le sol malegache étale avec un luxe inouï la richesse de sa fécondité : l'œil charmé contemple avec bonheur le majestueux panorama qui se déroule sous les yeux (1). »

Quant à la baie de *Mourounsang* ou de Rafala, ce n'est, à bien dire, que la partie septentrionale d'un immense bassin qui comprend, en outre de cette baie, celle de Saumalaza et une troisième

(1) Bonnavoy de Premot, *la Question malegache et la colonisation de Madagascar;* in-8°, Paris, 1856.

nommée *Raminitok*. Le mouillage de Mourounsang est entièrement ouvert au nord-ouest et ne doit pas être très bon dans la saison d'hivernage. La baie de Saumalaza est un bras de mer qui, sur une largeur de 2 à 5 milles et avec des profondeurs inégales et très irrégulières, s'avance à environ 25 milles dans les terres. Avec vent sous vergue, il serait praticable d'une extrémité à l'autre pour les plus grands navires ; mais les bancs et les récifs dont il est parsemé, surtout dans la partie nord, leur rendraient les mouvements de louvoyage fort difficiles.

Nossi-Bé commande l'entrée de la grande *baie de Passandava*, dont les bords sont aujourd'hui déserts. Dans la partie S.-O. gît un petit groupe d'îles appelé *Nossi-Télou*, les *Trois îles*. Entre ces îlots et la Grande Terre il y a un très bon mouillage, et sur le côté occidental du plus grand de ces îlots, se trouve une anse où l'on pourrait établir à peu de frais un excellent quai de carénage. Non loin de l'entrée occidentale de cette baie, à 15 milles dans le S.-O. de Nossi-Bé, est la baie de *Bavatoubé*, qui offre un excellent mouillage pour les navires de tout rang et dont on pourrait faire une position nautique et militaire importante. A l'est de Nossi-Bé, est la baie de *Tchimpayki* où l'on a 20 à 30 mètres d'eau et enfin près du cap d'Ambre, *Ambavani-bé* (1).

Des plateaux qui embrassent les parties élevées de Madagascar, des chaînes boisées qui les couronnent, s'échappent un grand nombre de rivières qui s'en vont aux deux mers, à l'est et à l'ouest. A l'est ce sont : le *Tingbale*, qui a son embouchure au fond de la baie d'Antongil, le *Manahar*, le *Manangourou*, l'*Onibé*, le *Mangourou*, le *Mananzari*, le *Namour*, le *Faraon*, le *Matitane*, le *Mananghare*; au midi : le *Mandréré*, le *Ménérandre*; à l'ouest :

(1) Les hydrographes de la marine britannique n'ont pas craint de donner sur leurs cartes des noms anglais à presque tous les ports de Madagascar ; le capitaine Owen n'y a pas manqué. Pour lui, par exemple, Ambavani-bé est le port *Liverpool*. On trouve sur ces cartes les ports *Leven*, *Ienkinson*, *Chancelor*, *False cape*, *English Bay*, *Irish Bay*, *Windsor's Castle*, *British Sound*, etc. Nous avons soigneusement expurgé notre livre de ces insidieuses dénominations. Les Anglais, quand ils font, à Londres, une exposition des *produits de l'île Maurice*, y ajoutent *les produits de Madagascar*, comme si Madagascar était toujours pour eux, au moins par ce côté, une *dépendance* de Maurice.

l'*Ongn'lahé*, qui se jette dans la baie de Saint-Augustin, et le *Tolia*, dans la province de Féérègne, le *Mangouki* ou rivière Saint-Vincent qui la borne au nord, le *Sango*, le *Mandéloulo*, le *Ranouminti*, l'*Andahanghi* (1), le *Sizoubounghi*, ou Tsidsoubon, le *Manemboule*, le *Douko*, qui arrosent le *Ménabé*; l'*Ounara*, la grande rivière de l'*Ambongou*; le *Mandzaraï*, le *Betsibouka* qui débouche dans la baie de Bombetock et reçoit l'*Ikoupa*, la rivière de Tananarive; le *Soufia*, dont les eaux se perdent dans la baie de Matzamba, toutes rivières du Bouéni.

Nous dirons quelques mots des plus remarquables, le Manangourou, le Mangourou, le Mananghare, l'Ongn'lahé, le Mangouki, la Sizoubounghi, l'Ounara, le Betsibouka, et l'Ikoupa. Le *Mangourou* est probablement la seconde des rivières de Madagascar. Son cours est d'environ 400 kilomètres ou 90 lieues; elle descend, ainsi que le Manangourou, du point culminant du plateau inférieur et leurs sources paraissent être voisines. Elles se dirigent d'abord dans un sens opposé, l'une au sud, l'autre au nord, tournant ensuite brusquement vers l'est, pour couper la chaîne inférieure et se rendre à la mer. Elles forment ainsi, en quelque sorte, un arc immense, dont la corde ou la distance qui sépare leur embouchure de la mer, peut être de 355 kilomètres ou 80 lieues. Tous les cours d'eau qui se trouvent entre elles, quelque considérables qu'ils soient, ne viennent ainsi que de la chaîne inférieure. Tous les renseignements puisés sur les lieux s'accordent pour faire venir ces deux rivières de la province d'Antsianac (2), et, selon les uns, le Mangourou sortirait du grand lac d'Alaotra qui se trouve dans cette contrée, tandis que selon les autres, ce serait seulement le Manangourou (3). Quoi qu'il en soit, la première de ces deux rivières, dont les eaux sont si impétueuses dans la partie inférieure de son cours, parcourt d'abord avec lenteur l'immense

---

(1) Nous ne mentionnons que sous toutes réserves les noms de ces quatre rivières, d'après les travaux géographiques des Anglais. Des voyageurs récents en contestent l'existence.

(2) Par 18° dans le sud des montagnes qui séparent le plateau d'Ankaye de la vallée de l'Antscianac. (A. Grandidier, *Bulletin de la Société de géographie;* février 1872.)

(3) M. Grandidier estime que le Mangourou ne vient pas du lac d'Alaotra.

plaine d'Ancaye dans toute sa longueur ; déjà même, quoique non loin de la source, elle y serait susceptible de porter bateau, si les cascades qu'elle forme en coupant la chaîne inférieure, dont elle couronne à peu près le sommet, n'étaient un obstacle à ce qu'on l'utilisât pour la navigation. Le lieu où elle forme son coude se trouve à quarante lieues de la mer environ. Là, cette rivière reçoit un affluent considérable venant du sud et que les naturels assurent être navigable, pour les pirogues, l'espace de deux journées (1) ; puis elle se jette dans l'océan Indien, à quelques milles au sud de Mahanourou. Son lit, même aux abords de son embouchure, est coupé de rapides et semé d'îlots de roches.

Aucun cours d'eau de la côte est, du reste, n'est navigable, même pour les plus petites pirogues, au delà de 8 à 10 milles. Ces rivières sont remarquables par la foule de petits chenaux, larges tantôt de 100 à 200 mètres, tantôt de 2 à 3 mètres seulement, quelquefois de 2 à 3 kilomètres, qui réunissent plusieurs d'entre elles. De Foulepointe jusqu'à Matatanane, on peut presque faire tout le trajet en pirogue ; il n'y a que, çà et là, des isthmes variables de 1 à 10 kilomètres où il serait bien facile de creuser de main d'homme des tranchées pour faire un seul canal de 150 lieues de long. Ces chenaux sont dus à ce que la mer, amoncelant continuellement du sable sur la plage, ferme les embouchures toutes les fois que le courant des rivières n'est pas rapide. Cette barrière force alors les eaux à se répandre à droite et à gauche. Beaucoup de ces cours d'eau ont, outre les barres mobiles de sable, des roches qui empêchent les embarcations d'y pénétrer.

De toutes les rivières de la côte orientale la plus importante après la Mangouru est la *Mananghare,* dont les sources se cachent dans les hautes vallées de l'Ibara, chez les Vourimes, et qui peut avoir une centaine de lieues ou 450 kilomètres de développement.

La rivière Ongn'lahé sert de limite aux pays de Féérègne et de Mahafali. Elle paraît venir, ainsi que la Mangouki, du pays des Vourimes. Leur cours peut être de 350 à 400 kilomètres.

Le Sizoubounghi ou Tsidsoubon, ainsi que la plupart des rivières de la partie septentrionale du Ménabé, descend, comme l'Ou-

---

(1) *Histoire de l'établissement français de Madagascar,* p. 13, 14.

nara, de cette chaîne qui longeant la frontière orientale du pays, a reçu le nom de Bongoulava, *la longue montagne* (1). Si l'on regarde l'Ikoupa comme la partie supérieure de la Betsibouka, cette dernière rivière sera la plus considérable de Madagascar, car elle aurait alors 500 kilomètres ou 115 lieues de cours, l'Ikoupa ayant à elle seule plus de 400 kilomètres, depuis sa source dans les montagnes d'Angavo jusqu'à son confluent avec la Betsibouka, à une centaine de kilomètres de l'embouchure de celle-ci dans la baie de Bombetock. Nous avons déjà fait observer que l'Ikoupa passe à Tananarive : elle reçoit toutes les eaux de la province d'Ancôve.

Si la région est et la région nord-ouest abondent en cours d'eau, il n'en est pas de même des contrées ouest et sud; à partir du fort Dauphin, on ne trouve que les rivières suivantes :

1° Le Mandréré;
2° Le Mananbouvou;
3° Le Menarandra;
4° L'Ilinta, qui se jette dans la baie de Masikoura;
5° Le Saint-Augustin;
6° Le Fihérénane;
7° Le Manoumbe;
8° Le Kitoumbou et le Mangouka ou Saint-Vincent;
9° Le Maïtampak et deux autres ruisseaux à petite distance;
10° Le Mouroundava;
11° L'Andranoumène;
12° Le Tsidsoubon ou Sizoubounghi, cité plus haut, et le Mananboule, deux branches du Mania.

Les quatre premiers cours d'eau ont peu d'importance et leur embouchure est souvent à sec. Entre l'Ilinta et le Saint-Augustin, il y a un espace de plus de 50 lieues sans le moindre ruisseau; entre le Manoumbe et le Mangouka, il y a également une portion de côte de quarante lieues sans eau courante (2).

Au nom de quelques-unes de ces rivières se rattachent des lé-

---

(1) M. Grandidier la signale comme remontée par les pirogues jusqu'au pied du grand massif granitique central, de même que le Batsibouka que les boutres d'un certain tonnage remontent jusqu'à Maevatanane et jusqu'auprès d'Andribe, en suivant le cours de son affluent, l'Ikoupa.

(2) A. Grandidier, *Bulletin de la Société de géographie;* avril 1872.

gendes qui leur ont donné aux yeux des populations riveraines un caractère particulier.

Le Matitanana, sur la côte orientale, est aussi sainte pour les Malegaches que le Gange pour les Indous, et elle a même donné son nom à la province qu'elle arrose. *Matitanana*, dans la langue du pays, est un mot composé de *mati*, mourir, mort, et de *tanana*, main, littéralement *la main morte (rivière de)*. Les traditions locales racontent, sur l'origine de cette dénomination étrange, que deux géants d'une stature extraordinaire et séparés par la rivière, se querellaient. Durant leur contestation, l'un d'eux saisit la main de l'autre d'une étreinte si violente qu'elle se détacha et tomba dans la rivière, qui depuis en a gardé le nom.

Du reste, les sources, les fontaines, les eaux en général, abondent à Madagascar. Ainsi Tananarive, bâtie sur trois collines, est approvisionnée par ce que l'on nomme *Ranou-vélona*, les eaux *vivantes*, qui surgissent de points subjacents de son territoire.

D'après le nombre des rivières, il ne faudrait pas conclure que les communications fluviales soient, à Madagascar, étendues et commodes, puisque la main de l'homme ne les a jamais ni rectifiées ni canalisées. La constitution physique de l'île le défendait, et c'est un des inconvénients qu'elle présente. Il tient à ce que le sol commençant à monter très rapidement à quelques lieues du littoral, les rivières y forment des chutes plus ou moins élevées ou sont embarrassées par des blocs ou bancs de rochers, que les petites pirogues peuvent seules contourner. Quelques-unes de ces cataractes sont fort belles et il en est qui sont même célèbres pour les gens du pays. Les rivières, d'ailleurs, quoique profondes pour la plupart avant d'arriver à la mer, ont généralement leur embouchure obstruée par des hauts fonds et par des barres qui en rendent l'entrée difficile et souvent dangereuse. Beaucoup d'entre elles sont fermées, comme nous l'avons dit, par les sables qu'amoncellent les vents battant en côte et par le mouvement de la mer. Il arrive alors que ces sables ainsi entassés arrêtent le cours de ces rivières jusqu'à ce que leurs eaux soient assez fortes pour s'ouvrir de nouveau un passage dans la direction du large.

Mais, quelquefois, ces opérations spontanées de la nature n'ont pu avoir lieu et il s'est formé à droite et à gauche de ces rivières des lacs ou des marais souvent très étendus. D'autres fois, la double influence des vents et des flots sur le sable des grèves a aussi produit le même résultat, de sorte qu'en certaines parties des côtes, telles par exemple que celle qui s'étend de Tamatave à Sakalion, sur un développement de 290 kilomètres ou 65 lieues, on voit en arrière du rivage une chaîne de lacs qui lui est parallèle. Les uns sont isolés et séparés par des isthmes appelés *pangalane* (littéralement : *où l'on fait son chemin*), les autres communiquent entre eux ou avec les rivières voisines.

On a mis à profit cette disposition des eaux pour faciliter les communications et la première partie de la route de Tamatave à Tananarive jusqu'à Vobouaze se fait au moyen de ces lacs. Après avoir quitté Tamatave, on remonte pendant quelque temps la rivière d'Ivondrou. Elle est séparée du premier lac, le lac de Nossi-Bé (de la grande île), par une *pangalane* sur laquelle on traîne les pirogues; aussi faut-il une heure pour le traverser, bien qu'il n'ait pas 200 pas de longueur. Le lac *Nossi-Bé*, qui a 35 kilomètres de tour, est très beau et très diversifié par de pittoresques îlots couverts de plantes et d'arbres remplis de milliers d'oiseaux. L'un d'eux fut, suivant les Malegaches, le séjour d'une sorcière Mahao, fameuse dans les traditions du pays et qui leur inspire une telle frayeur que les rameurs n'ouvrent jamais la bouche, en traversant le Nossi-Bé dans la crainte de la voir apparaître.

Du lac on gagne le village de Fitanou près du second lac, celui d'Iranga. La terre qui les sépare est appelée *Tanfoutchi, terre blanche*. Il existait dans ce lieu, disent les Malegaches, un serpent monstrueux, un *fangane* terrible qui dévorait les hommes et les bœufs. Ses dimensions étaient telles qu'il pouvait entourer dans ses replis jusqu'à des villages de trois cents familles; les habitants investis de cette façon étaient atteints par les sept dards dont sa langue était armée et périssaient d'une mort affreuse. La désolation était à son comble, quand Dérafif, le bon principe, parut dans le canton et résolut de le délivrer de ce fléau destructeur. A cet effet, il ordonne qu'on lui fabrique une serpe proportionnée à la taille du monstre. Muni de cette arme gigantesque, il épie l'instant où le fangane se livre au sommeil, l'attaque, le dompte, divise son corps en tronçons qu'il disperse dans toute la contrée.

La caverne où se retirait le fangane, l'étang où il se baignait, se voient encore à Tanfoutchi, langue de terre qui n'a pris, disent les naturels, cet aspect argileux et blanchâtre, d'où lui vient son nom, que parce qu'elle était le passage habituel du dragon.

Le lac *Iranga* est beaucoup plus petit que le lac Nossi-Bé et l'on n'y trouve que 4 à 5 brasses de fond. Mais le lac *Rassouabé* qui lui succède est beaucoup plus grand. Il peut avoir 50 à 55 kilomètres de tour et abonde en poissons et oiseaux aquatiques. D'après les indigènes, le géant du feu y commande ; aussi a-t-on soin, pour le traverser, en toute sécurité, d'apporter de Tamatave des *fanfoudis*, ou charmes protecteurs. Ce lac communique au lac *Rassoua-massaye* par un canal étroit où l'on trouve à peine assez d'eau pour les pirogues. On a bientôt rencontré alors le village de Vavoune. La route traverse une forêt pendant plusieurs lieues. On arrive à Andevourante, d'où l'on peut remonter vers Tananarive.

Outre ces lacs côtiers, il en existe d'autres dans l'intérieur, mais ils ne sont connus encore que très imparfaitement. Les plus étendus sont l'*Ihotry*, dans la partie nord du pays de Féérègne, l'*Alaotra*, dans l'Antsianak (1) ; le lac *Ima* ou *Imania*, au nord du Sizoubounghi (Ménabé) ; le lac *Safé*, dans le Milanza (Ambongu), celui que les Malegaches ont nommé *Saririaka, image de l'Océan*, à l'est de la montagne de Bemarana, dans la partie occidentale de l'Ancôve, l'*Itasy*, fameux par l'excellence de son poisson ; enfin, à l'ouest de la baie de Bombetock, le lac *Kinkouni* qui verse le trop plein de ses eaux dans la *Mandzaraï*. C'est dans une île du Nossi-Vola, mot à mot l'*Ile d'argent*, que s'élevait l'ancienne capitale de l'Antsianak, *Rahidranou*. Le lac *Ima* a 31 kilomètres de long, sur 15 à 16 de large, le *Kinkouni* dans la partie sud-ouest du Bouéni, est assez large pour que de l'un des bords on ne puisse apercevoir le bord opposé, sa profondeur, vers le milieu et en certains autres endroits, va jusqu'à dix brasses ou vingt mètres ; l'eau en est belle et le poisson y est très abondant. Ses bords sont très peuplés et au milieu il y a trois petites îles dans lesquelles les habitants cherchent un refuge en temps de guerre.

(1) Ce lac est quelquefois désigné sous le nom d'*Imanangora,* qui est le nom mal orthographié de *Maningory*, rivière qui en sort.

On ne devra pas s'étonner si nous disons que le climat d'une terre aussi vaste, aussi diverse dans ses formes que l'est Madagascar, est très varié. Pendant que l'on supporte à peine sur la côte une chaleur parfois étouffante, les plateaux et les hautes vallées de l'intérieur dans les provinces d'Ancôve, des Betsiléos et d'Antsianak, d'Ibara (Vourimes), jouissent d'une température généralement peu élevée, souvent même très fraîche. Le froid y est assez vif de juin à septembre, souvent très piquant même en en décembre et en janvier qui sont l'été de ces pays. Les cimes des monts *Ankaratra* se couvrent alors de pellicules de glace et la grêle y tombe avec abondance.

Les côtes et les deux versants de l'île sont soumis au régime climatérique des contrées intertropicales. L'année s'y divise en deux saisons, nommées par les Européens, l'une *saison sèche* ou *bonne saison*, l'autre *saison pluvieuse* ou *mauvaise saison*, la *hors-saison* de Flacourt. Cette dernière époque pendant laquelle ont lieu les pluies d'orage, les bourrasques et les ouragans, est communément désignée, dans les colonies, sous le nom d'*hivernage*. La première commence en mai et finit vers le milieu d'octobre. La chaleur est alors tempérée; de très fortes brises soufflent pendant le jour, renouvellent et purifient l'air. La saison pluvieuse commence vers la fin d'octobre et continue jusqu'à la fin du mois d'avril. C'est dans les mois de janvier et de février que la chaleur atteint son maximum, et que le climat est le plus malsain dans les endroits marécageux.

Les vents soufflent à Madagascar à des époques fixes, suivant des directions connues. Ils se divisent en *mousson* de nord-est et de sud-ouest. Depuis le fort Dauphin jusqu'au 22⁰ degré de latitude, les vents règnent presque constamment du nord-est. En mer, leur action ne se fait pas sentir régulièrement à plus de dix lieues de la côte. Les vents du sud-est sont rares dans ces parages.

Sur la côte occidentale de Madagascar, la brise du N.-E. règne perpétuellement d'octobre en avril, le reste de l'année elle varie du S. à l'O., depuis midi jusqu'au soir, pendant la nuit, elle passe du sud à l'est et se fixe au matin dans cette dernière aire de vent.

C'est de terre que viennent la plupart des orages. Les nuages, refoulés dans le jour par la brise de nord-est sur les montagnes de Madagascar, y forment, vers le soir, une large bande bleue bien connue des navigateurs; puis, violemment repoussés vers le large, dans la nuit et quelquefois avant le coucher du soleil, ils laissent échapper de leur sein la pluie, les éclairs et la foudre. Quant aux ouragans, ils n'exercent jamais leurs ravages sur une grande étendue de territoire. Ils paraissent moins à craindre dans le nord que dans les autres parties.

L'insalubrité reprochée au climat des côtes de Madagascar lui est commune avec celle de toutes les régions de terres basses situées entre les tropiques, où les mêmes causes amènent les mêmes effets. Elle est presque exclusivement due aux pluies diluviales qui inondent chaque année le pays et surtout au débordement des rivières dont les eaux, fréquemment arrêtées par les sables qu'y accumulent les vents généraux et l'action des flots, se répandent sur un sol bas et plat qu'elles envahissent. Cette observation est surtout applicable à la côte orientale de l'île, du fort Dauphin à la baie d'Antongil. En janvier et février, lorsque les fortes chaleurs arrivent et dessèchent une partie de ces marais, où beaucoup de matières végétales et animales sont en décomposition, il s'exhale de leur sein des miasmes délétères que les vents, arrêtés par les montagnes et les forêts du littoral, ne peuvent emporter au loin et qui, maintenues ainsi dans les lieux mêmes où ils croupissent, engendrent, notamment à Manghafia, à Angontsy, à Tamatave, à Foulepointe et à Sainte-Marie, les fièvres dangereuses qui y règnent particulièrement à cette époque. C'est à ces miasmes mortifères qui règnent le long de la côte orientale, surtout pendant six mois de l'année, que cette côte doit le funèbre surnom qui lui a été donné par les blancs effrayés de *Cimetière des Européens*. Les indigènes de l'intérieur n'en sont pas plus à l'abri que ces derniers. Il a été reconnu, du reste, que ces fièvres ne sont pas différentes de celles de la Zélande et de Rochefort. Elles sont surtout bilieuses et ne deviennent putrides ou malignes que lorsqu'on les néglige ou qu'on emploie dans leur traitement des médicaments contraires ou insuffisants. Elles cèdent assez ordinairement à d'abondantes transpirations, à une dose de sulfate de quinine. Des douleurs aux articulations, une pesanteur de tête insupportable annoncent la présence du mal.

La côte orientale de Madagascar ne cessera d'être insalubre que lorsqu'on aura détruit les causes qui la rendent telle ; opération considérable sans doute, mais qui n'a rien d'impossible avec les procédés de desséchement que la civilisation européenne pourrait mettre aux mains des naturels.

Le littoral occidental et surtout le littoral nord de Madagascar, sont complètement exempts de l'insalubrité reprochée à la côte orientale. On trouve sur la côte nord des plateaux élevés, parfaitement exposés aux brises de la haute mer. Les forêts y sont éloignées du rivage, qui ne présente que des arbres disséminés, parmi lesquels l'air circule librement. Les marais y sont rares et peu étendus, les pluies moins fréquentes et la température plus sèche que dans l'est. Les marins qui ont visité ces parages et qui y ont séjourné quelquefois pendant toute la durée de l'hivernage, s'accordent à dire qu'il n'y règne ni fièvres ni autres maladies endémiques ou épidémiques, à aucune époque de l'année (1).

Il y a parfois des ouragans à Madagascar ; mais ils n'exercent jamais leurs ravages sur une grande étendue de territoire et méritent tout au plus le nom de rafales, si on les compare à ceux qui désolent, de temps à autre, les îles Bourbon et Maurice. Les ouragans paraissent, du reste, moins à craindre dans le nord de Madagascar que dans les autres parties de l'île. Les raz de marée sont assez fréquents sur les côtes de l'île; mais, sur toute la côte orientale qui s'étend du fort Dauphin à la baie de Diego-Suarez, la mer ne s'élève guère de plus d'un mètre dans les plus fortes marées, tandis qu'à la côte occidentale, la mer monte de deux à trois mètres.

Du reste, les miasmes morbides des côtes de Madagascar, lorsque ces côtes sont peu salubres, n'étendent leur influence qu'à dix lieues à peine dans l'intérieur des terres. A cette distance de la mer, le sol est déjà plus élevé, l'air y est généralement plus frais et le pays devient de plus en plus sain, à mesure qu'on y pénètre. Si, au delà des côtes, on observe quelques maladies, elles sont dues à des causes tout à fait étrangères au climat. La salubrité des plateaux de l'intérieur habités par les Hovas est même renom-

---

(1) *Notices statistiques* publiées par le ministère de la marine, 1840, 4ᵉ partie, page 27.

mée. Des voyageurs ont été jusqu'à dire que, sous ce rapport, le climat de la province d'Ancôve était supérieur au climat de la France.

On se ferait difficilement une idée de la richesse et de l'abondance des productions naturelles de Madagascar; elle a de tout temps excité l'étonnement et l'admiration des voyageurs qui l'ont visitée. Les botanistes surtout en ont été ravis. On connaît la lettre enthousiaste de Philibert Commerson, si souvent reproduite : « Quel admirable pays que Madagascar ! écrivait-il à Lalande en 1771. Ce pays mériterait seul non pas un observateur ambulant, mais des académies entières. C'est à Madagascar que je puis annoncer aux naturalistes qu'est la terre de promission pour eux. C'est là que la nature semble s'être retirée comme dans un sanctuaire particulier pour travailler sur d'autres modèles que ceux dont elle s'est servie ailleurs : les formes les plus insolites, les plus merveilleuses, s'y rencontrent à chaque pas. Le Dioscoride du Nord (Linnée) y trouverait de quoi faire dix éditions de son *Système de la nature* et finirait par convenir de bonne foi qu'on n'a soulevé qu'un coin du voile qui la couvre. »

Plusieurs naturalistes, et notamment Sonnerat, ont, depuis lors, exploré quelques filons de cette mine si riche et ils se sont toujours retirés en avouant qu'une telle exploration lasserait l'activité des hommes les plus ardents pour la science. Elle n'a pu lasser cependant ni l'ardeur scientifique, ni le savoir, ni la patience, ni les forces physiques, ni le courage moral de M. Alfred Grandidier, qui a passé plusieurs années à Madagascar et qui, réalisant le vœu de Commerson et faisant l'œuvre d'une académie tout entière, a révélé dans ses observations si profondes et si complètes tous ces mystères impénétrables avant lui.

Aussi, dans une telle matière, nous laisserons toujours à M. Grandidier lui-même le soin de présenter au lecteur un résumé de ses découvertes : « Quand, dit-il, on parcourt du nord au sud cette ceinture de bois ou de forêts dont la faible largeur ne semble pas devoir promettre de riches récoltes, on est étonné de la diversité des types qui se présentent de tous côtés. » En effet, la flore et la faune de Madagascar sont très riches en formes nouvelles inconnues aux autres contrées ; les forêts n'y sont pas cependant nombreuses. L'île est enveloppée d'une ceinture à peu près continue de bois, ceinture qui est large de 10 à 20 milles suivant les endroits (sauf à l'ouest de la Pointe à Larrée où elle a un degré 1/2 de profondeur) et qui est le plus généralement à une petite distance de la côte. Les fonds marécageux des vallons, toujours très étroits, qui séparent ces montagnes sont transformés, comme nous l'avons dit, par le travail de l'homme en riches rizières, mais les versants et les sommets sont abandonnés à leur stérilité.

Lorsque par hasard, aux portes de quelques villages, les indigènes plantent des maniocs, des patates, du coton, seules plantes dont la rusticité peut jusqu'à un certain point s'accommoder de ce sol et qui partout demandent des soins, on n'obtient que de tristes produits, bien faits pour décourager le cultivateur. Il n'est pas douteux que quelques parties de l'île peuvent être considérées comme assez impropres à la culture, au moins dans l'état actuel de la population et avec les moyens de travail et d'amendement dont elle dispose. Le reste de l'île est moins ingrat, mais si l'on excepte la partie nord-est qui s'étend de la pointe à Larrée au nord de la baie d'Antongil et qui semble plus généralement fertile, il faudrait néanmoins que les colons fissent bien attention aux choix des terrains où ils voudraient établir leurs plantations.

La culture du café aurait quelque chance de réussir dans le nord-est sur les montagnes de la côte; mais la canne à sucre pousse trop vite dans ces régions qui sont inondées par des pluies continuelles et où, dans les bonnes terres, la végétation est trop luxuriante pour que le *vesou* soit épais et donne un rendement en sucre suffisant; on obtiendrait un meilleur résultat dans des régions de l'île plus sèches. Le coton pourrait être avantageusement cultivé en beaucoup d'endroits de la côte est et de la côte ouest, ainsi que le sésame et l'arachide. Malheureusement, les Européens n'ont pas le droit de posséder des terres à Madagascar, et, eussent-ils ce droit, ils ne pourraient compter sur les travailleurs qu'ils engageraient à l'année; car la reine et ses gouverneurs ont, d'après les traités, le pouvoir de requérir pour la corvée, quand c'est leur bon plaisir, ces travailleurs à gages et de briser violemment leur contrat; la moindre querelle avec le chef de la province suffirait donc pour amener la ruine d'une entreprise sérieusement établie : c'est ce qui a toujours eu lieu jusqu'ici : cette grande et vaste contrée ne rendra tout son prix que le jour où elle sera occupée définitivement par la France.

Sur la côte ouest et dans le sud de l'île, où la sécheresse est continuelle, les cultures ne se font guère que le long des rivières et des cours d'eau, et comme ceux-ci sont relativement rares, cette partie de l'île ne paraît pas appelée à un grand avenir sous le rapport agricole. Mais, les excellents pâturages du Ménabé permettent l'élève de nombreux troupeaux.

La flore de Madagascar, dit M. Grandidier, a deux physionomies distinctes : celle des côtes est et nord-est est la plus riche et a déjà été étudiée par beaucoup de savants. Celle des côtes méridionale et occidentale est moins variée; elle est aussi assez bien connue, du reste, et il n'y a plus beaucoup de découvertes à faire dans le règne végétal. La flore de l'intérieur est pour ainsi dire nulle, puisqu'on n'y voit que quelques herbes grossières et quelques humbles plantes dont les fleurs dépassent à peine les prairies environnantes (1).

Nous ne saurions donner ici la nomenclature de toutes les plantes, de tous les arbres et arbustes connus de Madagascar.

En nous bornant aux plus remarquables et à ceux dont l'homme a su tirer parti, notre nomenclature sera encore assez longue. Voici une énumération succincte qui peut en être faite : le *fotabé* (*barringtonia speciosa*), le *filao* (*casuarina equisetifolia*), le baobab (*adansonia digitata*), ce géant des arbres, le plus grand des végétaux connus; le *rofia*, espèce de cyrus précieux pour les indigènes; l'*ampaly*, espèce de *morus* dont la feuille rugueuse est employée à polir le bois; l'*avoha* (*dais Madagascariensis*), avec lequel on fait, sur la côte de l'est, une sorte de papier grossier; le *tapia edulis*, qui sert de nourriture aux vers à soie indigènes; l'*amiena* (*urtica furialis*), l'*aviavy*, espèce de figuier indien, l'*amontana* et le *voara*, autres variétés du même arbre; le *bétel indien;* le *foraha callophyllum inophyllum* ou dragonnier, le *vakoa* (*vaquoi*) ou pandanus, dont il y a trois espèces : *P. hofa, P. syl-*

---

(1) A. Grandidier, *Bulletin de la Société de géographie;* avril 1872.

vestris, *P. longifolius pyramidalis*, la dernière qui fleurit à la baie d'Antongil, et le *bambou* (*bambusa arundinacea*), assez abondant pour avoir donné son nom, *volo*, à ce pays appelé I-volo-ina.

L'azaina (*azign* de Chapelier) est regardé comme un des arbres les plus utiles de Madagascar; c'est le *chrysopia* dont il y a quatre espèces et qui appartient à la famille des guttifères. Il vient très droit, ne pousse de branches qu'à son sommet en forme de couronne, atteint 60 pieds et assez de grosseur pour donner 2 pieds d'équarrissage. Il est propre à la construction des plus grands mâts de vaisseau. Les indigènes en tirent une résine ou suc jaune appelé *kisty*, qui leur sert à fixer leurs couteaux et autres objets dans leurs manches. C'est une huile comestible au dire de certains voyageurs modernes. On emploie la tronc de cet arbre pour la construction des pirogues, à laquelle sert aussi singulièrement le *vounoutre* ou arbre chevelu. L'*hymenœa verrucosa* fournit une abondante quantité de gomme copal. Le *vouhéma*, qui donne la gomme élastique, y abonde, ainsi que le *roindambo*, espèce de *smilax*; l'*avozo*, *laurus sassafras*, le *cubèbe*, le *bélahy*, espèce de *simarouba*, mais il ne paraît pas y exister de salsepareille. Le *zahana bignonia articulata*, et le *voankitsihity*, le *bignonia telfaria* de Boyer, fournissent les sagayes ou javelots, les cannes, etc. N'oublions pas le bois de tek, *teka grandis*, qui sert à la construction des vaisseaux (1). Le *zozoro* est le papyrus de Madagascar.

On y voit plusieurs espèces d'*hibiscus* et de *mimosa;* ce dernier arbre, appelé *fano*, se voit fréquemment auprès des tombes des Vazimbas, l'autre sert à fabriquer des cordages et un feutre grossier. Les bords du Sohani, du Manamboule, du Maramouki et d'autres rivières du pays sakalave, surtout au sud, abondent en bois de sandal.

Il faut ajouter à cette liste un nombre prodigieux d'orchidées et de fougères, l'*orseille*, très commune sur les roches des bords de la mer et dont on fait un si grand commerce; le seva, *buddleia*

---

(1) Le bois de *tek* ou *teck* a été signalé à Madagascar par les voyageurs anglais. Dans l'antiquité asiatique, on en faisait des boiseries pour le revêtement intérieur des palais. Il ne faut pas confondre le teck avec le *bois de natte*, rival de l'acajou, qui se trouve aussi à Madagascar.

Madag.; l'*arivou-taon-vélou* (*mille ans de vie*), la panacée des Malegaches ; le *cytisus cajanus* ou pois à pigeon (en malegache *ambarivatry*) ; le *songosongo*, une belle espèce d'euphorbe, dont on environne souvent les terres cultivées ; le *laingio, sophonicus lingum,* dont les indigènes se servent pour nettoyer leurs dents, enfin le *tanghinia veneniflua* qu'un usage terrible a rendu si célèbre. Nous en reparlerons en étudiant les mœurs et les coutumes des peuples de Madagascar.

Les bois de charpente et de construction sont très nombreux dans l'île. On en compte jusqu'à huit espèces ; les voici avec leurs noms malegaches et l'indication de leur usage, d'après un voyageur anglais, le colonel Middleton (1861) :

1° Le *volombodipona*. C'est un bois très dur, d'un rouge foncé, qui se polit très bien. C'est une sorte d'acajou qu'on a employé dans le *Palais d'argent* à Tananarive ; c'est, sans doute, le *bois de natte*.

2° Le *voamboana*. Bois très léger, d'un parfum agréable, employé pour les travaux ordinaires.

3° Le *hazomena*. Un très grand arbre qui doit atteindre une hauteur d'environ soixante mètres. Il a fourni le support central du palais de la reine des Hovas : c'est probablement le nom malegache du *chrysopia*, dont nous venons de parler.

4° Le *varongy*. Grand arbre dont le bois est surtout employé pour la construction des canots.

5° L'*ambora*. Bois très dur et qui se conserve longtemps : on l'a employé dans la construction des balcons du palais.

6° Le *hetatra*. Est employé pour les constructions ordinaires.

7° Le *volamia*. Grand arbre dont on fait des madriers, et, pour les cases des Hovas, des supports d'angle dont les extrémités dépassent le toit de quelques pieds.

8° Le *harabara*. Beau bois d'un grain serré qu'on emploie dans la facture des instruments de musique.

Les bois propres à l'ébénisterie de luxe abondent aussi à Madagascar. En voici quelques-uns : le bois d'ébène (*azo arina*, bois de charbon), l'*andramena* (bois d'andromène) ; l'*azo vota* (bois de rose) ; l'*azo mainty* (bois de palissandre) ; le *mahimbo holatra* (bois de ruban) ; la gomme de l'*aronga* donne un joli vernis rose ; celle du *takamaka* (*vintaro*) en donne un couleur jaune-paille ;

nous en omettons un grand nombre, car, à Madagascar, on trouve des arbres résineux à chaque pas.

Parmi les graines oléagineuses, nous ne nommerons, outre l'*azyng* de Chapelier, que la graine du *rava* et celle du *foura* qui contiennent, non pas de l'huile, mais une substance grasse dont les Malegaches se servent en guise de pommade.

Les teintures indigènes sont : la teinture rouge, retirée des feuilles de l'*arongadahy* et des racines de l'*hontry;* la teinture jaune, retirée de l'écorce du *toivahibahitra;* ces deux couleurs, bien préparées, sont indélébiles. Pour avoir la couleur bleue, les Malegaches emploient la feuille de l'indigotier sauvage (*ingitry*) et pour avoir la couleur noire, ils se servent de la boue de marais (*fotaka*) dans laquelle ils laissent séjourner pendant deux jours l'objet qu'ils veulent teindre. Ces deux dernières couleurs sont inaltérables. Pour le jaune, on emploie aussi le *curcuma* ou safran des Indes (*gingisy* ou *tamotamo*).

Le cotonnier, le chanvre et l'indigotier viennent à l'état sauvage.

Un arbre dont il est fréquemment question dans les relations est le ravinala (*uranisa speciosa*) connu des Européens et des créoles des Antilles, des îles de France et de Bourbon sous le nom d'*arbre du voyageur*, parce que l'on trouve entre les aisselles de ses feuilles de l'eau très fraîche et très bonne à boire. Les Malegaches le nomment *voafousty*. Il a le tronc d'un palmier et les feuilles d'un bananier, avec cette différence que, plus épaisses et plus fortes, celles-ci se redressent vigoureusement et se disposent en éventail régulier au sommet de l'arbre. Le bois du ravinala sert à former la charpente, les feuilles les parois extérieures, les cloisons et le toit des cases. On emploie sa feuille à d'autres usages domestiques. Le ravinala croît près des ruisseaux et dans les marécages et non dans des lieux secs et arides, comme on l'a prétendu, pour colorer d'un peu de merveilleux la propriété qu'il a de fournir au voyageur altéré une boisson rafraîchissante qui n'est autre que de l'eau de pluie.

Madagascar possède de riches épices : l'*agathophyllum aromaticum*, traduction de l'appellation indigène *ravintsara*, la *feuille excellente*, ainsi nommée à cause de sa délicieuse odeur; le longoza, *curcuma zedoaria*, le gingembre, le poivre sauvage, le capsicum, le tantamo, *curcuma longa*, qui sert aussi à la teinture. On extrait de différents arbres douze espèces d'huiles, dont la plus connue est celle de palma-christi.

Le riz est aujourd'hui la plus importante production agricole du pays. On n'en distingue pas moins de onze variétés, qui toutes donnent des produits considérables dans les terres propres à la culture de cette céréale. Il y en a plusieurs espèces qui se cultivent dans les terrains secs et qui, sans être aussi productives que celles des terres humides, donnent cependant des récoltes abondantes et d'aussi bonne qualité. Le riz de Manourou est le plus beau de l'île; on lui préfère cependant, à Bourbon, un riz rouge qui vient des environs du fort Dauphin. Les vieillards s'accordent à dire que l'introduction du riz à Madagascar est récente; mais il est probable qu'ils entendent par là son introduction dans l'intérieur, car Flacourt, dans sa relation, donne la description des différentes espèces de riz cultivées dans l'île.

On pense aussi qu'il n'y a pas plus de deux siècles que le cocotier a commencé à croître à Madagascar, où sa noix, selon quelques naturalistes, aura été jetée sur le rivage par les vagues. L'arbre à pain y est d'une origine encore plus moderne, mais la patate et la banane y sont connues de temps immémorial. On y recueille différentes espèces d'ignames appelées par les naturels *ovy*, du manioc (*mangahazo*), du maïs, du gros millet, plusieurs espèces de fèves, des concombres, des melons, des pommes de pin, des noix de terre, des choux, des ognons, des giraumons. Les citrons, les oranges, les limons, les pêches, les mûres, y croissent merveilleusement et on voit encore au voisinage du fort Dauphin la plantation d'orangers qu'y firent jadis les Français. La base de la nourriture des Sakalaves du sud est l'arrow-root, et, selon M. Grandidier, le *kabarou*, gros haricot qui remplace pour eux le riz impossible à cultiver, à cause de l'aridité et de la sécheresse du sol. La culture de l'*arrow-root*, qui demande une bonne terre, montre que le sol du pays possède cette qualité. Le sagoutier est un arbre indigène à Madagascar et la canne à sucre y est cultivée sur un grand nombre de points.

Beaucoup de racines et de plantes potagères venant pour la

plupart du cap de Bonne-Espérance ou d'Europe, y ont été introduites, dans ces derniers temps, par les voyageurs ou les différents missionnaires, et surtout par M. Laborde, qui y a acclimaté beaucoup d'arbres fruitiers et de plantes d'Europe et des colonies. M. Grandidier a aussi tenté l'importation de l'olivier, du noyer, du châtaignier, du chêne-liège et autres arbres utiles, notamment des arbres fruitiers greffés, cerisiers, amandiers, pommiers, qu'il a envoyés à grands frais à notre consul, M. Laborde. Cet excellent homme les a plantés dans son jardin. Que sont-ils devenus ? Ils sont, sans doute, morts faute de soins.

L'île possède plusieurs variétés de la vigne du Cap, le figuier du Cap, les grenades, les noix. Le pays d'Ancôve est, du reste, le seul endroit où l'on trouve du raisin, qui pourrait être excellent, si l'on attendait pour le cueillir qu'il eût atteint sa maturité. Les vignes y viennent sans culture et produiraient assez pour faire du vin, mais les Hovas ne savent pas en tirer parti. Le froment, l'orge et l'avoine sont peu estimés des indigènes et ne paraissent se plaire que médiocrement dans le pays. Il n'en est pas de même de la pomme de terre, qui y est très recherchée.

Dans les différents lieux de la côte orientale, à Tamatave, à Mananzari, où l'on a planté le café, il a parfaitement réussi. Son produit était comparable aux meilleures sortes de Bourbon.

Le tabac de Madagascar est d'une qualité supérieure ; il réussit également bien dans l'intérieur et sur les côtes. Le coton, dont les importations annuelles vont en France à près de cent millions de livres, réussit admirablement bien dans les basses terres comme sur les plateaux du centre, dans l'Ancôve. Dans toutes les terres légères de l'île, on voit croître spontanément trois espèces d'indigotier et les naturels sont depuis longtemps en possession de moyens plus ou moins perfectionnés d'appliquer le principe colorant de cette plante à la teinture de leurs vêtements.

Le bois d'ébène que l'on a tiré jusqu'à présent de Madagascar, est ordinairement d'une qualité inférieure. Cela vient de ce qu'il est coupé dans les forêts marécageuses, où l'exploitation en est bien plus facile ; mais, dans l'intérieur et dans la partie nord de l'île, entre Vohémar et Diego-Suarez, on trouve des forêts en terrain sec où la qualité de ce bois est de beaucoup supérieure, et égale à celui de Maurice; c'est là que croît la plus belle espèce d'ébène, le *diospyrus ebenaster*.

Quelques espèces de bois d'aigle, de benjoin et de rose se trouvent dans les forêts de Madagascar, qui abondent aussi en une foule d'autres arbres donnant les matières premières nécessaires aux ateliers de teinture, de marqueterie et de tabletterie. On y trouve encore des écorces fort estimées, telles que le quinquina rouge. Elle renferme un nombre incalculable de copaliers.

L'étendue de forêts de Madagascar est considérable et elles traversent l'île dans toutes les directions, se développant surtout le long des plateaux inférieurs, comme pour défendre l'approche de la région centrale. Là, au milieu d'une solitude qui n'est pour ainsi dire jamais troublée, sous la double influence d'un soleil tropical et d'une atmosphère humide, la plante naît et meurt en revêtant sans cesse les formes infinies et inépuisables d'une spontanéité que rien n'arrête. Depuis la création, il s'y produit dans le silence des phénomènes admirables, rare privilège d'un petit nombre de régions de ce globe. En présence de ce monde d'une variété si merveilleuse, ne doit-on pas déplorer amèrement les difficultés qui depuis si longtemps en séparent la civilisation et la science sa compagne?

Les quatre principales forêts de Madagascar sont Alamazaotra, Ifobara, Bémarana et Betsimihisatra, qui n'en font pour ainsi dire qu'une seule traversant, semblable à une immense ceinture, assez peu large, presque toutes les provinces de l'île sous des noms d'ailleurs différents. Cette ceinture porte le nom général d'*Ala*, c'est-à-dire la forêt, les villages qui y sont semés çà et là, donnent leur nom aux parties qui les environnent.

Ainsi, sur la route d'Andévourante à Tananarive on l'appelle forêt de Fanghourou, et le chemin de cette dernière ville à la baie de Bombetoek la traverse non loin d'Anhala-Vouri (*le bois rond*); elle sépare le Bouéni de l'Antsianac. La vaste forêt de Magnérineri, qui couvre toute la partie orientale de l'Ambougou, n'est encore qu'un morceau de cet immense cordon. Les productions végétales de Madagascar sont du reste moins remarquables encore par leur nombre que par leur variété et si l'on a bien saisi ce que nous avons dit plus haut de la nature de sa surface, on comprendra facilement cette vérité.

En effet, sur les plans inclinés qui conduisent de la mer à plusieurs mille pieds au-dessus de son niveau on rencontre pour ainsi dire toutes les températures. Aussi les cultures intertropicales et celles des régions tempérées s'y trouvent-elles dans d'admirables conditions, selon les zones dans lesquelles les y ont placées la main de l'homme ou la main de Dieu! Toutes les productions qui font la richesse des différentes nations du monde pourront se cultiver à Madagascar, le jour où cette île magnifique sera tout à fait entre nos mains.

Le détroit qui sépare Madagascar de la côte d'Afrique est trop large, pour que les grands quadrupèdes de ce continent aient pu venir s'y fixer. Aussi, n'y rencontre-t-on ni éléphants, ni lions, ni tigres, ni aucun des hôtes de nos forêts du continent. En fait d'animaux sauvages, Madagascar a seulement des Zébus, ou bœufs sauvages, des sangliers, des chats et des chiens errants, échappés à la domesticité et revenus à l'état sauvage.

Quant aux animaux qui n'y ont pas été importés, tels que les makis (le *lémur* de Linnée, en malgache *varik*), les aye-aye, les tendracs, ils ont leur place propre dans l'échelle zoologique.

M. Grandidier a traité supérieurement cette question spéciale si nouvelle et si intéressante. Nous ferons donc sur ce sujet une digression scientifique que le lecteur, nous l'espérons, n'aura pas à regretter. « Un fait curieux, qui frappe le naturaliste dès son début à Madagascar, c'est la répartition géographique si nette des espèces les plus élevées de l'ordre. Les indris sont en effet confinés dans la partie de l'étroite bande de forêts qui s'étend à petite distance de la côte orientale, entre le 15e et le 20e degré, de la baie d'Antongil au sud de Mahanourou, et vivent dans les mêmes bois avec le *propithecus diadema*. Mais dans le sud de la rivière Mashoura (20° 9′ lat.), aux *propithèques diadema* succèdent les *P. Edwardsii* (Grand.); dans l'est du fort Dauphin, ce sont les *P. Verreauxii* (Grand.) qui habitent les bois des pays Androuï, Mahafale et Sakalave; plus au nord, viennent les *propithèques Coquerelii* (Alph. Milne Edw.) et *P. coronatus* (Pollen) qui ont chacun leur aire parfaitement délimitée.

« L'avahis, qui est commun sur toute la côte est et dans les forêts du nord-ouest, n'a jamais été tué dans la région méridionale ni occidentale.

« On ne trouverait peut-être nulle part ailleurs des espèces appartenant au même genre cantonnées d'une manière aussi nette que ces divers propithèques et sans que jamais, assurent les naturels, ils se mêlent et dépassent leurs limites naturelles. Il n'y a cependant aucune cause qui puisse expliquer la raison de ces limites si nettement définies. Les *P. diadema* et *P. Edwardsii*, par exemple, habitent des bois qui contiennent les mêmes essences d'arbres ; ils sont soumis au même climat, aux mêmes pluies, et cependant ils ont chacun leur habitat.

« Si des indrisinés nous descendons aux *lemur*, nous trouverons dans les forêts de Madagascar une foule d'animaux très différents par le pelage ; à les voir isolés, on croirait que ce genre se subdivise en une multitude d'espèces.

« En effet, il suffit d'ouvrir un catalogue zoologique pour y voir figurer plus de vingt espèces de *lemur*. Si cependant on réunit une série nombreuse de ces quadrumanes, comme M. Alph. Milne Edwards et moi nous l'avons fait au Muséum d'histoire naturelle de Paris, qui en possède aujourd'hui une très riche collection, on pourra se convaincre que si quelques individus pris isolément semblent nettement caractérisés par des différences bien tranchées et faciles à reconnaître à première vue, il n'en est plus de même, lorsqu'on a entre les mains un grand nombre de ces animaux tués dans la même localité et souvent dans la même troupe.

« Les variations ne sont pas seulement dues au sexe ou à l'âge ; dans les *lemur*, presque tous les individus sont différents les uns des autres, et lorsqu'on les compare, en les rangeant par séries, on arrive à être dans l'impossibilité de savoir où commence et où finit une de ces espèces si nettement définies dans les ouvrages de zoologie. Aussi on est d'accord devant l'évidence des faits pour réduire à six au plus le nombre des espèces qui autrefois n'était pas moindre de vingt ou vingt-deux.

« Le plus souvent les variétés forment des races locales qui ont leur habitat bien délimité, mais dont les caractères, déjà assez variables au centre même de leur aire géographique, se modifient davantage sur les limites et qui offrent des passages d'une race à l'autre; quelquefois on retrouve la même race séparée par de vastes espaces où il n'existe aucun de leurs représentants. Ce n'est, du reste, pas le pelage seul qui varie chez ces animaux; dans les *lemur*, comme dans les indrisinés, des caractères anatomiques considérés d'ordinaire comme fixes sont soumis à de nombreux changements, et bien des crânes eussent pu être attribués à des espèces nouvelles si je n'avais tué moi-même l'animal et conservé sa peau.

« Les makis ne sont pas les seuls chez qui on remarque cette variabilité excessive : les trois espèces de *Lepilemur* connues, *L. mustelinus* (Geoff.), *L. ruficaudatus* (Grand.), *L. dorsalis* (Gray), ne sont par le fait que des races d'une seule et même espèce. Enfin, le nombre des espèces de *chirogale* est aussi appelé à diminuer.

« Ces chirogales ont la curieuse faculté d'emmagasiner autour de leur queue et dans diverses parties de leur corps une provision de graisse qui sert à leur nutrition pendant les six mois de la saison sèche qu'ils passent en léthargie. Ce fait, qui n'avait été signalé par aucun naturaliste avant moi, ajouté à des variations assez considérables dans leur coloration, m'avait fait croire au premier abord à la découverte d'espèces nouvelles.

« Les indrisinés sont frugivores et surtout phytophages, ainsi que le montrent leurs dents tuberculeuses et leurs muscles masséter et ptérygoïdiens très développés, et leur cœcum d'une dimension anormale. Les lémuriens sont également frugivores et phytophages, mais ils ne dédaignent pas, à l'occasion, les tout jeunes oiseaux, les œufs, les reptiles et les insectes. Quant aux chirogales et aux aye-ayes, ce sont plutôt des insectivores, comme le montrent leurs dents à tubercules plus aigus, leur petit cœcum et leurs muscles masséter et ptérygoïdiens beaucoup moins développés.

« On sait que ces quadrumanes si curieux forment, dans la série des êtres, un ordre à part. M. Alph. Milne Edwards, continuant les recherches de son père sur le mode de placentation qu'on observe dans les divers groupes naturels de la classe des mammifères, a étudié plusieurs fœtus appartenant aux genres *Propithecus*,

Hapalemur, *Lemur* et *Chirogale*, et il a constaté l'existence d'un placenta diffus tout différent du placenta discoïde des singes, ainsi que la présence d'une vésicule allantoïde très grande.

« Ce ne sont pas les lémurides seuls qui, au reste, méritent de fixer l'attention du zoologiste à Madagascar. Ils sont de tous les mammifères qui habitent l'île les plus nombreux en espèces et en individus, mais on ne peut se dispenser de parler de quelques autres types curieux qu'on y a aussi trouvés. Le *Cryptoprocta ferox*, qui a sa place nettement marquée dans la tribu des félides, où il est le seul représentant de la famille des chats plantigrades, n'est pas un des animaux les moins curieux de cette terre si riche en formes bizarres. On doit aussi citer l'euplère de Goudot, le gros rongeur herbivore du Ménabé, pour lequel j'ai fait le genre *Hypogeomys*, les insectivores, tels qu'éricules, échinops et tenrecs d'une part, oryzorictes (Grand.) et geogales (A. Mil. Edw. et Grand.), d'autre part, qui, comme les précédents, appartiennent au groupe si naturel des centétinés, mais n'ont point comme eux le corps couvert d'épines, et rappellent en petit le solénodon de Cuba, enfin, le *Chœropotamus Edwardsii* (Grand.), qui semble bien distinct des autres espèces connues.

« Les *Galidia* et *Galidictis* sont de vraies mangoustes; elles n'en diffèrent que par le système de coloration. Les musaraignes (*Sorex*) et les chiroptères, qui appartiennent aux genres bien connus *Pteropus*, *Emballonura*, *Nyctinomus* et *Rhinolophus*, n'offrent pas grand intérêt. »

M. Grandidier termine ses observations si intéressantes par l'exposé de ses découvertes fossiles, qui ne sont pas les moins importantes parmi tant d'autres. « Si nous remontons, dit-il, à une époque antérieure, nous trouverons dans des terrains de transport les restes d'animaux fort curieux. C'est d'abord une espèce d'hippopotame (*Hippopotamus Lemerlei*, Grand.), de petite taille, dont les débris abondent dans les sables quaternaires de la côte sud-ouest, mélangés à des vertèbres et fragments de mâchoires de crocodiles et à quelques ossements de petits carnassiers; puis le squelette de la patte de l'*Æpyornis*, cet oiseau colossal dont les œufs ont excité si vivement la curiosité des savants en 1851. Jusqu'à mes dernières recherches, on n'en avait qu'un fragment très incomplet du tarso-métatarsien ; aujourd'hui, nous possédons le fémur, le tibia, le péroné et le tarso-métatarsien entier. J'ai aussi trouvé une des vertèbres dorsales et une des vertèbres cervicales.

« Avec ces ossements, qui appartiennent à l'*œpyornis maximus* et qui nous ont permis d'établir avec précision les affinités naturelles de cet oiseau et de rétablir en partie ses formes extérieures, j'ai recueilli les fémurs de deux espèces nouvelles d'*œpyornis* de taille beaucoup plus petite (*Æp. medius* et *Æp. modestus* (1), et les carapaces avec les os de l'épaule de deux tortues colossales.

« L'une (*Emys gigantea*, Grand.) est certainement la plus grande de toutes les tortues d'eau douce connues ; l'autre (*Testudo abrupta*, Grand.) est remarquable par l'angle droit que forment les plaques latérales avec le plastron et par les fentes irrégulières qui, traversant ces plaques, communiquent intérieurement avec des protubérances osseuses dont il semble difficile de comprendre l'usage.

« Si nous voulions encore remonter plus haut dans les temps géologiques, nous pourrions appeler l'attention sur les fossiles nummulitiques (*Neritina Schmideliana*, *Terebellum*, Vois. *T. obtusum*, *Ostrea Pelecydion*, Fish, *Ostrea Grandidieri*, Fish, etc.)

(1) La découverte par M. Grandidier, à Amboulitsate, d'une partie fossile du squelette de l'*œpyornis*, a donné lieu à des observations rappelant les belles études de Cuvier sur la reconstitution des animaux antédiluviens.

On connaissait en Europe les œufs de l'*œpyornis* de Madagascar, on en possédait des exemplaires et Geoffroy-Saint-Hilaire en fit dès 1851 l'objet d'un rapport à l'Académie des sciences. Ces œufs ont une capacité de plus de huit litres et leur volume correspond à celui de six œufs d'autruche ou à celui de cent quarante-huit œufs de poule. Mais quelle était la nature de cet oiseau, haut de deux mètres? Était-ce un oiseau de proie du genre des vautours, le *roc* ou *ruc*, tel que l'a désigné Marco Polo? Ou bien était-ce un brévipenne, ou encore un oiseau du genre des pingouins ou des manchots? Les ossements trouvés à Madagascar par M. Grandidier permettent aujourd'hui d'affirmer que l'*œpyornis maximus* est un oiseau du groupe des brévipennes, et non point un oiseau de proie, comme on inclinait à le penser jusqu'ici.

Quant à l'hippopotame dont les débris fossiles ont été recueillis par M. Grandidier, ils démontrent que Madagascar a possédé de grands pachydermes comme ceux d'Asie et d'Afrique.

et sur les foraminifères du même horizon géologique (*Alveolina*, *Orbitoïdes*, *Trilaculina*, etc.), que j'ai recueillis dans la chaîne de la Table, près de Tuléar; sur les *Nerinœa*, *Ammonites*, *Astrate*, *Nucula*, etc., et surtout sur les *Rhynchonella*, caractéristiques des terrains secondaires qui couvrent la moitié de l'île; mais il me suffira de dire qu'en dehors de la bande extrêmement étroite de terrain tertiaire inférieur qui, s'étendant au long de la côte ouest, s'appuie immédiatement sur le terrain secondaire, la formation la plus récente qu'on trouve dans l'île semble être ce terrain secondaire lui-même. Dans le nord, on trouve des traces de terrains palæozoïques; j'en ai rapporté un fragment d'*Orthoceras*; mais ils ne semblent pas avoir une étendue considérable. C'est là qu'existent les seules mines de houille explorées jusqu'à ce jour à Madagascar; on connaît déjà les mines de lignite de la baie de Bombetock (1). »

Ainsi qu'on vient de le voir, la faune de Madagascar abonde en espèces et en genres particuliers à la grande île indienne : les savantes découvertes de l'explorateur français ont mis cette vérité en évidence. Les formes curieuses qu'on y rencontre, presque à chaque pas, donnent à ce pays une physionomie à part dans les règnes de la nature et démontrent, en la justifiant, l'excellence des appréciations passionnées de Commerson.

Les idées reçues jusqu'ici en histoire naturelle se trouvent rectifiées, il faut le reconnaître, et complétées par les heureuses recherches de M. Grandidier sur les lémurides, les chirogales, les félins, qui tous, à Madagascar, se présentent sous une forme plantigrade qu'on ne trouve nulle part ailleurs. Les insectivores y ont aussi un aspect qui leur est propre (2).

Il y a beaucoup de sangliers à Madagascar, on les nomme *lambo anala*, ou porcs des bois. Ils sont de deux races; la plus nombreuse est de la grosseur des nôtres. Leurs soies sont d'un brun foncé et deviennent très dures, quand ils sont âgés; ils ont les habitudes du sanglier d'Europe, mais la structure de

(1) A. Grandidier, *Revue scientifique;* mai 1872.
(2) Voir les Rapports présentés à l'Institut (Académie des sciences) au sujet des découvertes de M. Grandidier. Séances des 9 septembre 1867, 14 décembre 1868, 15 juillet 1872.

leur tête est différente ; celle de la laie est beaucoup plus allongée que celle du mâle. Elle a aux joues des os saillants qui laissent à peine apercevoir ses yeux dans les cavités profondes qui existent entre ces os et ceux du front. Mais si la tête de la laie est singulière, celle du sanglier est effroyable. Les sangliers de la petite espèce sont assez rares; leur conformation est la même. Ces deux races de sangliers ont du reste assez de dispositions à se faire à la vie domestique (1). Les naturels les chassent aux chiens et armés de la sagaye. A Madagascar, on a tant de vénération pour ceux qui chassent le sanglier, que, partout où ils passent, on leur offre des bœufs en cadeaux. Les chasseurs sont même autorisés par la coutume à disposer, dans un pressant besoin, des choses qui sont nécessaires à la vie. C'est un privilège que l'on est convenu de leur accorder pour les récompenser des dangers qu'ils courent et reconnaître les services qu'ils rendent aux agriculteurs. En effet, dans les contrées où les chasses ne sont pas fréquentes, ces animaux sont très nombreux, dévastent les rizières et détruisent une partie des récoltes. Marco Polo parle d'une défense de sanglier qui de son temps pesait quatorze livres.

Le zébu bison, appelé par les Malegaches *ombé hala* (bœuf du bois), est encore plus terrible à chasser que le sanglier.

Le chien malegache ressemble au renard ; il a le poil fauve, les oreilles droites, le museau allongé, la queue longue et fourrée. Un certain nombre vit sauvages dans les forêts. Lorsqu'ils mènent la vie domestique, ils paraissent avoir moins d'instinct que les nôtres. Ceux d'Ancaye sont renommés dans l'île pour la chasse au sanglier.

Nous avons parlé des makis. Il y en a plusieurs espèces à Madagascar; les plus petites et les plus jolies sont de la grandeur d'un chat ordinaire, mais plus minces. Leur fourrure tachetée de gris, de blanc et de noir, ressemble à celle de l'hermine et pourrait avoir de la valeur en Europe, s'il était possible de la conserver : on pourrait s'en procurer par milliers. La plus grande de toutes les makes, la *vari-kanda*, est noire et blanche ; elle a à son cou une sorte de fraise noire qui contraste singulièrement avec

(1) M. Grandidier a amené un de ces sangliers vivants au Jardin des Plantes de Paris, où il a vécu plusieurs années.

l'extrême blancheur du reste du corps. Ses pattes sont, en outre, couvertes jusqu'aux genoux de poils noirs disposés exactement comme des gants de Crispin. Sa queue est d'un noir luisant ; elle est grosse comme un angora et de mœurs très douces. Il y a encore la *vari-hena*, maque rousse (*Lemur ruber*) ; la *vari-kosy*, maque grise, et enfin le babacoute ou *baba-koto* (*père-enfant*) grand lémuridé grisâtre et sans queue, *Indris brevicaudatus*. Il faudrait citer aussi, parmi les petites maques, le *bopombolo* (*Hapalemur*), l'*ampongy*, le *fotsifé* ou *simpan*, le *sidy*, mignonne petite maque de poils longs et soyeux qu'on élève à l'état domestique.

Le tendrac *cantates* n'est pas un des animaux les moins curieux qu'il y ait à Madagascar ; c'est une sorte de hérisson du genre insectivore, il est parfois gros comme un lapin domestique. Il dort en terre pendant près de sept mois, s'engraisse et devient excellent à manger ; ses formes et son organisation ne diffèrent pas beaucoup de celle du hérisson. Ce dernier animal, appelé *saoky* ou *sora*, est très commun. La mangouste ou *von-t'sira galida* est un petit animal carnassier, sorte d'ichneumon, qui, d'après Buffon, détruit toutes sortes d'animaux nuisibles dans le sable. Le nombre des rats est quelquefois prodigieux. Le caméléon est commun et est devenu, par suite d'une tradition superstitieuse, un objet d'effroi pour les femmes malegaches. Aux troncs et aux branches des arbres on voit souvent suspendues des chauves-souris grosses comme des poules et dont la chair est aussi bonne que celle du lièvre. Les petites chauves-souris ressemblent à celles d'Europe. Nous venons de parler du babakoute (*père enfant*, en malegache), c'est une espèce très curieuse. Les plus grands ont trois pieds de haut ; ils sont presque toujours par troupes et n'habitent que les grands bois. Leur poil est ras et de la couleur de celui de la souris ; ils n'ont pas de queue. Ces animaux ont des mœurs bizarres. Ils sont peu intelligents, peu actifs et très différents des singes sous tous les rapports.

Les espèces ailées sont très variées à Madagascar. Les forêts sont peuplées de colibris au plumage brillant, de pintades, de merles, de faisans, de perdrix, de veuves au dos noir et au ventre orange, de perruches noires babillardes, de perroquets (*boezabé*), de ramiers verts, de pigeons bleus (*finango-maitsou*) ou hollandais à la crête rouge (*finango-adabo*). Les perroquets sont plus gros que ceux que l'on voit en Europe et parlent plus distinctement. Souvent, en longeant une rivière, on aperçoit tranquillement posé sur une feuille de songe (plante aquatique), un oiseau gros comme un pigeon, au plumage roux, que les Malegaches appellent *vourount saranioui, le bel oiseau de la rivière*, et qui, selon eux, étant le protecteur des hommes, leur annonce toujours la présence du caïman; c'est le *parra albinucha*. Aux bords des rivières et des lacs apparaissent sans nombre le sirira, sarcelle à la tête rouge, le vourounkouik, au plumage brillant, la spatule, *Platalea tenuirostris*, remarquable, sauf sa tête, par sa couleur de feu, le kabouk, sorte de cygne gris orné d'une crête bleue et rouge, la bécassine (*ravoraxo*), la poule d'eau bleue, ou poule sultane à bec rouge (*taleva*), le héron (*langoro*), la pintade sauvage (*akanga*), le canard sauvage (*kaboko*), la caille grise (*kibo*), le merle (*sikorova*) et la tourterelle (*domohy* ou *lamoka*). Au-dessus des rivages des mers planent le courli ou corbigeau au cri mélancolique (*mantavaza*), l'alouette de mer, la frégate, le fou, qui doit son nom à la facilité avec laquelle il se laisse prendre.

Outre une petite alouette de mer (*viky-viky*) qui ne s'éloigne pas de la plage, mais qui ne vaut rien, il y a, à Madagascar, un oiseau appelé *voronbato* ou *eto-eto*, qui a beaucoup d'analogie avec l'alouette : c'est un excellent gibier.

Parmi les petits oiseaux, mentionnons : la perruche verte (*karoko*); le cardidal (*fody*), qui fait tant de ravages dans les plantations de riz; l'oiseau vert (*tsara maso* aux jolis yeux); le colibri (*sohy*); dont le mâle a un délicieux plumage; la veuve (*dronga*), qui a un plumage noir de jais très brillant et qui imite les chants, les cris et les sifflements de tous les autres oiseaux; la *papangue* (*papango*) et d'autres oiseaux de proie fuient devant la veuve. Il n'y a pas d'oiseau de paradis à Madagascar; on y trouve seulement la *terpsiphone*, à laquelle on applique quelquefois le nom d'oiseau de paradis, à cause des deux longues plumes étroites qu'elle porte à la queue; mais ces plumes n'ont aucune valeur.

Les oiseaux de nuit sont : le hibou (*vorondolo*), le chat-huant (*ankan*); le *fikédy*, espèce de grand duc; le *vorombé*, petit vautour; l'épervier, qui porte ce nom imitatif, *hitskitsiky*. Nommons encore le corbeau à plastron (*goaka*), l'oiseau appelé l'ibis de Madagascar (*akoho-vohitra*), est le lophotibis à crête : c'est un excellent gibier. Enfin, au premier rang des oiseaux de proie, on remarque le vouroun-mahère, ce qui, dans la langue malegache, signifie oiseau *fort*, *courageux*. Il est beaucoup plus grand que l'épervier, auquel il ressemble, et ne se trouve que sur les hautes montagnes d'Ancôve, où il fait son nid dans les cavités des rochers les plus sauvages et les plus escarpés. Nous avons dit que Radama, roi des Hovas, en avait fait un oiseau royal, qu'il prenait pour emblème.

M. Grandidier a appelé particulièrement l'attention des naturalistes sur le nombre considérable d'espèces d'oiseaux propres à cette terre (1). « Si l'on excepte, en effet, dit-il, les oiseaux de haut vol, tels que la plupart des palmipèdes, des échassiers et quelques rares oiseaux de proie (*Buteodeser torum*, *Falco concolor*, *F. communis*, *Milvus parasiticus*), il n'en est pas un seul qui ne lui soit particulier, sauf peut-être le *Scops menadensis* (Q. et G.) (syn. *Scops rutilus*), qui se retrouve aussi dans la Malaisie. Sur les cent soixante oiseaux dont l'existence à Madagascar est reconnue aujourd'hui, il y en a plus de cent qui lui sont propres; les genres *Leptosoma*, *Brachypteracias*, *Falculia*, *Mesites*, *Artamia*, *Xenopirostris*, *Vanga*, *Euryceros*, *Coua*, sont surtout dignes d'étude.

« Une remarque intéressante, c'est que la faune ornithologique de Madagascar manque, comme celle d'Australie, de représentants de la famille des pics, qui est si répandue partout ailleurs ; la présence de perroquets noirs, *boëzabé*, dans les deux pays, quoiqu'ils n'appartiennent pas cependant au même genre, n'est pas aussi sans devoir être mentionnée.

« Il semble du reste que si les grandes espèces éteintes rapprochent l'île, que sa proximité du continent a fait nommer à tort africaine, des îles polynésiennes où ont vécu les *Dinornis*, la faune actuelle de ces régions si distantes nous montre encore d'autres points de rapport. »

La volaille est très abondante partout à Madagascar. « Le

---

(1) Voir dans le grand ouvrage de M. Grandidier l'intéressant texte et les admirables planches de la série ornithologique, dont un grand nombre sont coloriées.

coq blanc, disent les Betsimsaracs, est l'oiseau chéri du géant Dérafif, fils de Zanahary (le bon génie), le protecteur des habitants de cette terre. Le coq blanc a le pouvoir de nous soustraire aux embûches des mauvais esprits ; il exerce sur les chefs des villages où nous passons une influence favorable et les dispose à nous bien recevoir ; enfin lorsque l'on traverse la forêt, il préserve les chiens de la dent meurtrière du sanglier, qui, frappé de vertige, vient lui-même se précipiter sur le fer aigu des sagayes. » Aussi, se mettait-on rarement, autrefois, en route à Tamatave sans emporter un coq blanc qui doit d'ailleurs être toujours bien nourri. Cette coutume est tombée en désuétude.

La mouche phosphorescente se trouve par milliers à Madagascar, surtout pendant les chaleurs de l'hivernage, et les papillons y sont magnifiques. Il y a dans l'île quelques insectes malfaisants et même dangereux, tels que le scorpion et une araignée noire, grosse comme un petit crabe, qui vit sous terre et dont la piqûre est dangereuse ; elle est heureusement assez rare. Les sauterelles se montrent quelquefois dans l'air par masses noires et compactes, pour s'abattre sur les champs de riz. Elles ressemblent à la cigale d'Europe, ont le corps gris, et les ailes d'un brun foncé.

Le ver à soie est particulier aux environs du fort Dauphin et on y voit, dans les bois que l'on traverse en marchant vers l'orient, des cocons aussi gros que des concombres. Les Malegaches en cardent la soie et la filent avec des fuseaux de bambous.

On trouve dans les ruisseaux de grosses sangsues comme les nôtres et dans les forêts humides beaucoup de sangsues de la grosseur d'une aiguille et très vivaces. Les premières ne prennent pas ; les autres piquent, au contraire, douloureusement et ne tirent que très peu de sang, ce qui oblige à les poser en nombre considérable.

Il y a, à Madagascar, des serpents de diverses espèces et de grosseurs différentes ; M. Leguevel dit (*a beau mentir qui vient de loin*), qu'il en a tué un de seize pieds de long, dont la morsure était inoffensive. Outre la couleuvre ordinaire (*monagoro* ou *bibi-kava*), il y a aussi le *mandotro* et l'*ankoma*, qui sont des boas ne faisant de mal qu'aux poulaillers. Il y en a de très petits ; ce sont le *fanorak-atody*, qui, dit-on, perce les œufs, et le *matsiviry*, qui s'introduit dans le nez des animaux pour sucer le sang : ce dernier tue ainsi des bœufs et des sangliers. Ce prétendu serpent est plutôt un hémiptère aquatique.

« L'erpétologie, dit M. Grandidier, n'est pas la branche d'histoire naturelle qui offre le moins de nouveautés à Madagascar ; plusieurs des types s'éloignent de ce qu'on a trouvé jusqu'à ce jour dans d'autres contrées. Mon genre *Dumerilia,* qui est intermédiaire entre les peltocéphales et les podocnémides américains, est fort intéressant. Parmi les sauriens les plus curieux, il faut citer le *Tracheloptychus* (Peters), dont le sillon caractéristique ne s'étend que sur les côtés du cou, l'*Oplurus* (représenté aujourd'hui par quatre espèces), qui est très voisin de genres américains, le *Pygomeles* (Grand.) et surtout mon *Geckolepis* qui, à lui seul, mérite de former une sous-famille ; avec l'organisation d'un geckotien, il a la tête et la peau couvertes d'écailles entuilées, semblables partout, qui rappellent celles des scincoïdiens ou plutôt celles des poissons. J'ai découvert à Madagascar près de trente espèces nouvelles de sauriens, dont quelques-unes appartiennent à des genres dont on n'y avait pas encore trouvé de représentants (*Acontias*, *Sceloles*, etc.).

« Je me suis aussi convaincu que le crocodile de Madagascar (*Crocodilus madagascariensis*, Grand.) n'était point une simple variété du *C. vulgaris*, comme l'avaient cru Duméril et Bibron, mais bien une espèce distincte nettement caractérisée. Par l'apparence extérieure, il se rapproche plus du *C. cataphractus* que d'aucun autre de ses congénères connus ; car il a, comme lui, le bouclier cervical contigu aux écussons dorsaux, ce qui rappelle un peu la disposition qu'on voit chez les caïmans : mais il y a de grandes différences dans les crânes des deux espèces ; le prolongement des os nasaux qui pénètrent entre les intermaxillaires ne permet pas, en effet, de confondre le *C. madagascariensis* avec le *C. cataphractus*. Enfin, je ferai remarquer que le genre *Chamæleo* est représenté à Madagascar par un nombre considérable d'espèces (dix), tandis qu'on n'en compte que huit en Asie, en Afrique et en Océanie. Ce type si aberrant dans la série des sauriens, qui semble survivre à un autre âge, ne se rencontre donc nulle part sous tant de formes diverses.

« Les ophidiens ne comptent pas dans toute cette grande île un seul serpent venimeux ; les espèces, au reste, n'y sont pas très variées. Je n'y ai rencontré, outre celles déjà bien connues, qu'un *Psammophis* auquel j'ai donné le nom de *Mahafalensis*, et un *Onychocephalus*.

« Dans la classe des batraciens, j'ai décrit deux espèces nouvelles de *Dendrobates;* la présence à Madagascar de ce genre qui, jusqu'à ce jour, était connu comme exclusivement américain, est un fait zoologique des plus intéressants. Ce sont, avec mon petit *Hemisus obscurus,* les seuls bufoniformes qui y aient encore été signalés. J'ai aussi découvert un genre nouveau assez curieux qui appartient à la famille des raniformes ; je lui ai donné le nom de *Dyscophus*.

« Les espèces de poissons d'eau douce sont peu nombreuses. Les embouchures des rivières sont fréquentées à certaines saisons par des poissons de mer, mais ceux qui vivent exclusivement dans l'eau douce sont rares ; citons, cependant, au nombre de ces derniers le *Chromis nilotica,* qui occupe une aire géographique des plus étendues, puisqu'on le retrouve depuis l'Algérie jusqu'à Madagascar. Je terminerai en disant que si la faune malegache n'est pas aussi aberrante qu'on le croyait, puisque j'y ai retrouvé des rongeurs et des pachydermes, animaux dont l'existence avait été niée jusqu'à mes derniers voyages, elle n'en a pas moins son facies particulier qui ne permet nullement, comme je l'ai déjà dit plus haut, de considérer Madagascar comme une dépendance du continent voisin, comme une île africaine, ainsi qu'il est trop souvent d'usage de la dénommer. C'est bien certainement un pays qui a eu son existence propre, sa vie indépendante, et il ne me semble pas douteux qu'à l'époque secondaire il formait un continent s'étendant au loin vers l'est (1). »

Voici la liste des animaux découverts à Madagascar par M. Grandidier :

Seize mammifères, dont quatre genres nouveaux : *Propithecus Verreauxii,* Grand. ; *Pr. Edwardsii,* Grand. ; *Pr. Coquerelii,* Alph. Edwards ; *Pr. Senceus,* Edwards et Grand. ; *Lepilemur ruficau-*

---

(1) A. Grandidier, *Revue scientifique;* 11 mai 1872.

datus, Grand.; *Chirogalus Coquerelii*, Grand.; *Myzopoda aurita*, Edwards et Grand.; *Nyctinomus miarensis*, Grand.; *Felis cafra var. madagascariensis*, Grand.; *Oryzorictes hova*, Grand.; *Or. tetradactylus; Geogale aurita*, Edwards et Grand.; *Hypogeomys antimena*, Grand.; *Potamochœrus Edwardsii*, Grand.; *Bos madagascariensis*, Grand. (fossile et vivant); *Hippopotamus Lemerlei*, Grand. (fossile).

Quatorze oiseaux dont un genre nouveau : *Circus Humbloti*, Edwards et Grand.; *Heliodilus Soumagnei*, Grand.; *Coua pyrrhopyga*, Grand.; *C. Verreauxii*, Grand.; *C. Coquerelii*, Grand.; *C. cursor*, Grand.; *Chœtura Grandidieri*, Verreaux; *Ellisia Lantzii*, Grand.; *Thamnornis chloropetoïdes*, Grand.; *Bernieria Crossleyi*, Grand.; *tylas madagascariensis*, Grand.; *Ardea Humbloti*, Edw. et Grand.; *Æpyornis medius*, Edw. et Grand. (fossile); *Æ. modestus*, Edw. et Grand. (fossile).

Deux poissons : *Gobius Grandidieri*, Playfair; *Xiphogadus madagascariensis*, Playfair.

Quatre tortues, dont un genre nouveau : *Testudo planicauda*, Grand.; *Dumerilia madagascariensis*, Grand.; *Testudo abrupta*, Grand. (fossile); *Emys gigantea*; Grand. (fossile).

Vingt-huit sauriens dont deux genres nouveaux : *Crocodilus madagascariensis*, Grand. et Vaillant.; *Cr. robustus*, Grand. (fossile); *Platydactylus mutabilis*, Grand.; *Hemidactylus Taolampiyæ*, Grand.; *Phyllodactylus Androyensis*, Grand.; *Geckolepis typicus*, Grand.; *Chamœleo antimena*, Grand.; *Ch. Labordei*, Grand.; *Ch. Campani*, Grand.; *Ch. furcifer*, Grand. et Vaillant.; *Tracheloptychus Petersi*, Grand.; *Oplurus montanus*, Grand.; *Op. saxicola*, Grand.; *Op. fiherenensis*, Grand.; *Gerrhosaurus quadrilineatus*, Grand.; *G. laticaudatus*, Grand.; *G. Kersteni*, Grand.; *G. Æneus*, Grand.; *Euprepes aureo-punctatus*, Grand.; *E. bilineatus*, Grand.; *E. Sakalava*, Grand.; *Gongylus igneo-caudatus*, Grand.; *G. Polleni*, Grand.; *G. splendidus*, Grand.; *G. Morondavæ*, Grand.; *Acontias rubro-caudatus*, Grand.; *Pygomeles Braconnieri*, Grand.; *Scelotes fiherenensis*, Grand.

Deux serpents : *Psammophis Mahafalensis*, Grand.; *Onychocephalus arenarius*, Grand.

Sept batraciens, dont deux genres nouveaux : *Pyxicephalus ma-*

dagascariensis, Grand.; *Dyscophus insularis*, Grand., *Eucnemis Antanasi*, Grand.; *E. Betsileo*, Grand.; *Dendrobates madagascariensis*, Grand.; *D. Betsileo*, Grand.; *Hemisus obscurus*, Grand.;

Cinq crustacés, dont un genre nouveau : *Telphusa madagascariensis*, A. Edwards; *Hydrotelphusa agilis*, A. Edwards; *Pisa brevicornis*, A. Edwards; *Cyphocarcinus minutus*, A. Edwards; *Caprella megacephala*, A. Edwards.

A cette liste il faut ajouter de nombreux insectes : coléoptères (*Calosoma Grandidieri*, *Hexodon rotundatum*, *Ateuchus madagascariensis*, *Cantharis madagascariensis*, etc.); lépidoptères (*Acræa Turna*, *mycalesis*, *menamena*; *Pieri affinis*, *Pieris Grandidieri*, *Eronia Lucasii*, *E. Grandidieri*; *Anthocaris zoe*, *A. siga*; *Idmais*, *Philamene*, *Nymphali Antamboulou*, *N. betanimena*; *Cylogramma Rabodo*, *Lithosia Lahimerisa*, etc.); hyménoptères, hémiptères, orthoptères, etc.; des myriapodes (*Scolopendra Grandidieri*, etc.); des mollusques vivants et fossiles (*Ostrea Grandidieri*, *O. Pelecydion*; *Nerinæa sp. nov.*, *Terebellum Vois.*, *T. obtusum*; *Cyclostoma nov. sp.*, *Helix nov. sp.*, etc.).

Les rivières de Madagascar, au-dessus des cascades, abondent en poissons les plus fins et les plus délicats : l'anguille de roche, la carpe, le turbot, le poisson plat, une espèce de gouramier, le *camaron* (crevette énorme), l'écrevisse, y sont à foison. Au-dessous des cascades, les rivières sont aussi très poissonneuses, mais les variétés de cette région, quoique bonnes, ont un léger goût de vase qui ne se retrouve pas dans le poisson des cascades. Quant au poisson de mer, il y en a beaucoup, mais c'est du poisson de récifs. Pour en avoir de meilleur, il faudrait aller en dehors des brisants, pêcher dans les grands fonds, ce que les Malegaches ne font pas, par sentiment inné de paresse. Les côtes sont fréquentées sur plusieurs points par le caret (*Testudo imbricata*), qui ne diffère de la tortue de mer que parce qu'il est moins gros et que sa carapace donne de l'écaille travaillée dans l'industrie. Il se trouve dans le nord, du côté de Vohémar, de Diego-Suarez, du cap d'Ambre et de Nossi-Bé. Les Arabes sont les seuls à faire ce commerce et paient l'écaille jusqu'à 15 et 20 piastres (75 à 100 fr.) la livre.

On trouve aussi, sur les côtes, un dugong (sirénien) appelé

lambohara (porc des récifs); c'est plutôt un porc marin qu'un veau marin, car il a la tête et le museau du porc ; il est aussi gros qu'un beau bœuf et ne vient jamais à terre. Sa chair est excellente. Les Malegaches en harponnent souvent ; mais c'est une pêche très dangereuse. Dès que l'animal est pris, il se livre à des soubresauts qui parfois font chavirer l'embarcation.

Le seul animal dangereux, parfois, qu'il y ait à Madagascar est le caïman (*voay*). Il n'est d'aucune utilité et très vorace dans l'eau ; aussi l'appelle-t-on « la terreur des eaux ». Jamais il n'attaque l'homme à terre ; mais il ne fait pas bon de tomber à l'eau devant le caïman. Ces animaux voraces ne font que guetter une proie. On les voit souvent, montés sur des arbres déracinés le long des cours d'eau, se chauffer au soleil pendant des heures entières : ce n'est vraiment pas un spectacle attrayant. Le caïman pond dans le sable ; ses œufs sont à peu près de la grosseur d'un œuf d'oie ; mais l'enveloppe en est très épaisse. Sa ponte est de 50 à 60 œufs ; c'est le soleil qui se charge de les faire éclore, comme pour les œufs de tortue. Il y a des caïmans qui ont jusqu'à cinq mètres de long. Les Malegaches les prennent, comme on le fait en Égypte, au moyen d'un émérillon très dur, semblable à ceux dont on se sert pour pêcher les requins. Ils y accrochent, pour appât, un morceau de bœuf et le déposent sur le bord des eaux. Plusieurs hommes cachés dans les joncs tiennent une corde à laquelle cet appareil est fixé et attendent que l'animal l'ait avalé, puis deux ou trois d'entre eux résistent aux efforts qu'il fait pour s'en débarrasser pendant que d'autres l'attaquent et le tuent à coups de sagaye. Du reste, malgré l'effroi général qu'inspirent les caïmans, les Malegaches prétendent qu'ils ne sont pas tous dangereux. Dans quelques endroits, ils s'opposent même à ce qu'on les tue et les Antarayes les regardent même comme leurs dieux protecteurs. A Matatane, chez les Anta'ymours, ils jouissent d'un singulier privilège ; on leur confère, nous le verrons plus tard, le grave privilège de rendre la justice.

Le mulet (en malegache *zompou* ou *rompou*), la carpe et le gourami (*Osphronemus olfax* de Commerson) sont les meilleurs poissons d'eau douce de Madagascar. Ils sont abondants et très gras après l'hivernage. Le mulet est plus gros de corps que celui d'Europe, mais sa tête, terminée en pointe, est beaucoup plus petite ; il a le goût du saumon ; les plus gros ont un mètre de long. Le gourami est un poisson plat qui devient plus grand que le turbot ; sa chair est blanche et délicate. Le gourami est originaire de Chine ; il a été introduit à l'île Bourbon et de là à Madagascar, au dire des écrivains anglais. La carpe ne diffère pas de la nôtre. On trouve à Madagascar un poisson monstrueux qui ressemble à la vieille ; sa chair est insipide et dégoûtante, tant elle est huileuse. Il devient aussi gros que les plus forts marsouins et dévore quelquefois les enfants qui se baignent. La mer, à la hauteur d'Andévourante, est fréquentée par des baleines ; mais les naturels ne harponnent que les baleineaux.

Les Malegaches placent la pêche au premier rang de leurs moyens d'existence. Ils fabriquent d'excellentes et très fortes lignes de pêche en crin végétal (*angolafa*) qui peuvent soulever des poissons d'une brasse et même plus ; ce crin est inaltérable au tranchant des récifs. En outre de la pêche à la ligne, ils posent des casiers (*vovo ary*) dans les récifs et établissent des barrages aux embouchures des petites rivières (*vily*) ; ils vont encore la nuit, avec un flambeau, piquer à la fouine le poisson endormi dans les anfractuosités des récifs.

La minéralogie de Madagascar n'a été explorée sérieusement que de nos jours.

M. Grandidier a constaté à Madagascar l'existence de belles mines de cuivre et de plomb dans les massifs métamorphiques situés à 20 lieues au sud-ouest de Tananarive ; je ne doute pas qu'il n'y en existe beaucoup d'autres qui deviendront un jour une source de richesses pour ces contrées. Mais, des lois sévères étant édictées contre ceux qui recherchent les mines, il est fort difficile de réunir des renseignements complets à cet égard.

Il y a en outre, à Imerne, des mines de manganèse et des gisements de plombagine, avec quoi les indigènes vernissent leurs poteries. Le minerai de fer oligiste ou d'hématite se rencontre à chaque pas dans la partie montagneuse. Le marbre blanc est assez commun au centre de l'île. M. Fleuriot de Langle, en 1859, a trouvé à Salar des carrières de marbre veiné blanc et jaune de la plus grande beauté. Il a constaté aussi, dans la baie de Baly, des mines de houille et des gisements d'asphalte.

En 1863, M. Guillemin, ingénieur de la *Compagnie de Madagascar*, avait fait une courte exploration de la côte nord-ouest dans les baies de Passandava et de Bavatoubé. Nous empruntons au Rapport de M. Guillemin le résumé suivant :

« La position de la partie du bassin houiller, matériellement constatée, est comprise entre le cap Saint-Sébastien, situé par 12° 26′ et le cap Bernahomai par 13° 37′ de latitude. La projection rectiligne des côtes est de 180 kilomètres entre ces deux points ; leur développement est beaucoup plus considérable en suivant toutes les sinuosités des baies. Dans l'intérieur des terres, le terrain houiller paraît occuper, à peu de chose près, toute la profondeur de la grande terre, jusqu'à la chaîne granitique ancienne, qui forme comme l'axe de Madagascar.

« Il se peut qu'il existe entre la chaîne centrale ou ses contreforts et le terrain houiller des terrains de transition, ce qui limiterait à une moyenne de 40 kilomètres la largeur du bassin dans sa partie reconnue. La partie du bassin houiller recouverte par les eaux de la mer, depuis les côtes jusqu'à la ligne de soulèvement basaltique qui met au jour, sur les îles, des lambeaux de terrain houiller, est tout aussi considérable. Mais cette dernière partie ne peut pas être estimée comme utile.

« Sur la terre ferme, de nombreux massifs des roches éruptives diminuent la surface exploitable, non seulement par l'espace qu'elles y occupent, mais surtout par l'action qu'elles ont eue sur les roches du terrain houiller et particulièrement sur la houille. Par ces considérations, la surface *réellement utile*, quoique fortement réduite, peut encore être évaluée à 3,000 *kilomètres carrés*, surface supérieure à celle de tous les bassins houillers de la France qui n'est, en effet, que de 2,800 *kilomètres carrés*. Cinq affleurements de houille ont été trouvés sur les bords de la baie de Bavatoubé. La qualité de ces houilles offre à peu près toutes les variétés : houille sèche, houille grasse et houille à gaz. Analysés à l'École des mines à Paris, les échantillons ont donné des résultats satisfaisants (1). »

(1) *Documents sur la Compagnie de Madagascar*, p. 250.

Nous n'avons pas besoin d'insister sur l'immense importance qu'il y a pour la France à posséder ce vaste gisement houiller placé entre Toulon et la mer des Indes.

On a nié l'existence de l'or à Madagascar, quoiqu'elle ait été annoncée d'une manière positive par d'anciens voyageurs dignes de foi, mais des indices certains ne permettent plus de douter de la présence de ce précieux métal. M. Grandidier assure qu'on a trouvé récemment de la poudre d'or dans un petit affluent de l'Ikioupa, du côté de Maevatanana. D'ailleurs, s'il nous était permis de juger de ce fait par ce qui a lieu dans le voisinage, nous nous déciderions pour l'affirmative, car les chaînes de l'Afrique orientale qui sont parallèles et d'une formation semblable à celle de Madagascar, la grande île indienne, offrent ce métal, mêlé au cuivre et au fer, en très grande abondance. « J'ai appris, dit Flacourt, que vers le nord de la rivière d'Yonghe-lahé (l'*Ongn'-lahé* de la baie de Saint-Augustin) il y a un pays où l'on fouille de l'or. Et j'ai toujours ouï dire par les grands d'Anossi (province du Sud) que c'est vers ces pays-là qu'est la source de l'or. »

Quelques Français qui avaient parcouru le sud de l'île disaient avoir vu de la poudre d'or entre les mains des indigènes. Nous avons rapporté la nature des légendes sakalaves au sujet du mont Tangouri. Ces traditions parlent de l'or qu'il recèle et ce métal est si abondant sous ces rochers que souvent pendant l'hivernage les pêcheurs de la Ranou-minti en trouvent des morceaux dans leurs filets. Les devins disent que le géant qui garde ce riche dépôt sera vaincu un jour par les ombiaches venus de l'Orient et qu'alors les Sakalaves pourront disposer des richesses du Tangouri. C'est dans l'espoir de reconnaître ces mines que James Hastie, le célèbre agent anglais à Tananarive, poussa Radama à faire la guerre au roi Ramitrah, grand chef des Sakalaves du sud pour conquérir ces trésors chimériques (1).

L'une des raisons qui portent à penser qu'il y a des mines d'or

---

(1) James Hastie était sous l'empire des légendes qui vantaient le mont Tangouri et ses mines d'or gardées par un géant. Ainsi qu'on l'a vu plus haut, les voyageurs qui ont visité et parcouru avec soin le pays, comme M. Grandidier, contestent la réalité de ces fables et l'existence même du mont Tangouri.

à Madagascar, c'est la loi qui défend, sous peine de mort, d'en révéler l'existence aux vazas, c'est-à-dire aux blancs. Une loi plus récente, le fameux *code anglo-hova* de 1868, va même jusqu'à défendre la fouille des *mines de diamants* à Madagascar.

Les Malegaches assurent que leur île possède des mines d'argent et d'anciens voyageurs affirment en avoir reconnu le minerai. Les Antscianacs passent pour être riches en argent ; c'est le peuple de l'île qui en possède le plus, dit-on, mais on ne sait s'ils le tirent de leur sol ou de l'étranger

Le cuivre paraît n'être l'objet d'aucune exploitation, mais il n'en est pas du même du fer, dont les riches, on pourrait dire les inépuisables minerais sont mis à profit sur un grand nombre de points. Le plateau central, le Betsiléo, l'Ancôve, l'Antscianac sont surtout remarquables à cet égard, et avant d'être les dominateurs de Madagascar, les Hovas avaient acquis une grande réputation relative comme forgerons de fer. Les monts Ambohimiangara, à l'ouest de Tananarive, en renferment de telles masses, que les indigènes les ont surnommés *montagnes de fer*. Dans le Ménabé (côte occidentale), le minerai de fer est très abondant et d'une extraction facile. Les gîtes les plus riches, disent les naturels, sont entre le Sizoubounghi et la Mouroundava. Les ocres et terres colorantes sont également abondants.

Les pierres précieuses trouvées jusqu'à présent à Madagascar ne sont ni très belles ni très variées ; ce sont des améthystes, des aigues-marines, des opales. Mais le cristal de roche (*vatomahita*) y est en monceaux d'une abondance et d'une beauté extraordinaire. Fressange va jusqu'à donner aux plus gros blocs vingt pieds de circonférence, exagération qui peut-être ne doit donner qu'une idée de leur dimension démesurée. Une des montagnes de Béfourne, sur la route de Tamatave à Tananarive, en est parsemée et brille d'un éclat magnifique, lorsque le soleil y darde ses rayons (1). On en a surtout de belles carrières à Vohemar, qui en fait l'exportation. Malgré la loi, les Hovas les

---

(1) L'effet produit par les pentes de Béfourne, qui font l'admiration des voyageurs par leur éclat métallique, provient, non des gisements de cristal de roche, mais des filons de quartz, sans transparence et sans valeur intrinsèque.

exploitent et l'achètent des indigènes, à raison de quinze à vingt piastres (75 à 100 francs) les cent livres (1).

Le sel gemme paraît exister près de certaines parties de la côte et on y a observé des pyrites contenant une grande quantité de soufre. Le nitre, appelé *sira tany* sel de terre, se montre à la surface des escarpements et d'autres endroits saillants.

Tel est l'exposé très abrégé des richesses naturelles de Madagascar.

En un mot, le riz, le blé, le maïs, le coton, le safran, le tabac, l'indigo, la canne à sucre, la vigne, tous les bois de construction, tous les arbres à épices et à fruits des climats intertropicaux, toutes les racines nutritives, l'igname, le malanga, le manioc, l'arbre à pain, poussent spontanément, comme nous l'avons dit, dans cet admirable sol, où la croûte végétale profonde et vigoureuse n'a besoin que d'être remuée avec le pied et de recevoir des semailles pour les rendre, en quelques mois, au centuple. D'immenses savanes nourrissent des troupeaux innombrables de bœufs. Les vastes forêts de l'intérieur offrent des arbres gommeux et résineux d'un précieux rapport et les plus beaux, les plus solides bois de construction. Enfin, si vous fouillez la terre, vous y trouvez les métaux les plus recherchés et les minéraux les plus utiles, le diamant, disent les Hovas, l'or, l'argent, quelques pierreries, le fer, le cuivre, l'étain, le plomb, le mercure, le cristal, le sel gemme et la houille elle-même, ce produit qui joue aujourd'hui un si grand rôle dans notre industrie et dans notre navigation, comme si la nature prévoyante avait voulu ménager à nos vaisseaux à vapeur, à moitié chemin de l'Inde, un dépôt de cet indispensable combustible. Les côtes, échancrées de baies spacieuses et de ports excellents, présentent à nos navires de guerre

---

(1) Un voyageur prétend (nous voulons bien le croire, sous toutes réserves, néanmoins) avoir vu un bloc de cristal à sept faces, d'un mètre de haut sur à peu près vingt centimètres de large, d'une transparence parfaite, au milieu duquel on distinguait nettement deux poissons cristallisés, semblables aux poissons rouges d'Europe, et dont l'un avait environ douze à quinze centimètres de long. M. de Froberville raconte, aussi, qu'un traitant nommé Valigny possédait un morceau de cristal de cinquante centimètres de long, sur une largeur à peu près égale, au milieu duquel on voyait, les ailes ployées, une mouche commune, qui semblait vivante.

et de commerce toutes les ressources imaginables, les plus riches cargaisons, les vivres les plus abondants et les plus variés.

Tel est Madagascar, telle est cette île qui a toujours excité la convoitise des Européens, et si à tous les avantages du sol, à la facilité de ses abords, à la sûreté de ses mouillages, vous ajoutez celui de sa situation géographique; si vous songez qu'elle est là, dans le siècle de la vapeur, jetée entre le cap de Bonne-Espérance et la presqu'île asiatique, comme pour dominer la voie de l'Océan entre l'Europe et l'Inde, vous vous rendrez parfaitement compte de l'importance que la France doit attacher à la possession de cette admirable position militaire et maritime considérée par tous les voyageurs comme unique dans le monde.

CHAPITRE II.

ETHNOGRAPHIE, MOEURS ET COUTUMES.

SOMMAIRE : Population de l'île de Madagascar. — Chiffre approximatif de cette population. — Des trois classes principales. — On compte environ vingt-cinq tribus ou peuplades, à Madagascar. — Distribution de cette population sur la surface de l'île. — Trois zones générales. — Zone orientale. — Les Antankars. — Les Antavarts. — Les Betsimsaracs. — Les Bétanimènes. — Les Ambanivoules. — Les Bezonzous. — Les Antancayes. — Les Affravarts. — Les Antatchimes. — Les Anta'ymours. — Les Tsavouaï. — Les Tsafati. — Les Antarayes et les Antanosses. — Zone occidentale. — Les Sakalaves. — Les Sakalaves du Bouéni, de l'Ambongou, du Ménabé. — Le Féérègne. — Les Mahafales. — Zone centrale. — Les Antscianacs. — Les Hovas. — Les Betsiléos. — Les Vourimes ou Bares. — Les Machicores ou Masikouras. — Les Androny. — Les Antampates et les Caremboules. — Les villes principales. — Caractères physiques et moraux des différentes tribus et des Malegaches en général. — Leurs habitudes. — Leur origine. — Leurs préjugés. — Habitations. — Costumes. — Ablutions journalières. — Polygamie. — Naissance. — Funérailles. — Cérémonies qui les accompagnent. — Musique et instruments de musique. — Le Fifanga. — Les kabars. — Chants, danses et fêtes. — Éloquence des Malegaches. — Le fattidrah ou serment du sang. — Hospitalité malegache. — Vie intérieure des naturels. — Religion. — Circoncision. — Devins. — Fanfoudis. — Industrie. — Le vieux code hova. — Lois pénales et jugement. — Épreuves judiciaires par l'eau, par le feu, par le tanguin, par les caïmans. — Gouvernement. — Le Malagasy. — Aperçu sur la langue malegache. — L'écriture à Madagascar. — Poids et mesures. — Littérature et poésie.

La population de l'île de Madagascar est très diversement évaluée. Les uns, tels que les anciens voyageurs, ne la portaient qu'à un million et demi d'habitants, les autres l'évaluent à deux millions huit cent mille habitants, d'autres enfin, à quatre et à six millions (1).

En réalité, il n'existe aucune donnée précise, pour assigner une base certaine à ces évaluations purement hypothétiques.

(1) M. Grandidier la porte à quatre millions et même à moins. Selon ses calculs, la population de l'Imerne comprend un million de Hovas, et les Betsiléos, leurs voisins, sont au nombre de six cent mille. L'est compterait deux millions. Quant aux autres peuplades, elles n'atteignent pas ensemble le chiffre de cinq cent mille âmes.

Les naturels de Madagascar, quelles qu'en soient la tribu et l'origine, sont communément désignés sous le nom de Malegaches, corruption probable du mot *Malagazi*, dont ils se servent pour se dénommer eux-mêmes. Chacune des tribus a, en outre, un nom particulier.

Les tribus malegaches se partagent généralement en trois classes : les princes ou grands chefs, les hommes libres et les esclaves.

On reconnaît, à Madagascar, l'existence de vingt à vingt-cinq tribus ou peuplades.

Nous avons déjà indiqué, en termes généraux, la disposition des principales d'entre elles sur le sol de l'île ; nous allons reprendre cette énumération pour la compléter ; mais en lui conservant, toutefois, la même forme méthodique, afin de permettre au lecteur de se faire une idée précise de la situation relative de ces différentes tribus.

Les tribus malegaches se présentent naturellement, suivant trois zones bien tranchées; une de ces zones à l'est, comprenant tout le versant oriental, celui qui regarde Bourbon et l'océan Indien ; une à l'ouest, tournée vers le continent africain ; une au centre, entre les deux autres, toutes trois disposées dans la longueur de l'île. Voici les peuplades que comprend chacune d'elles, en allant du nord au sud.

Dans la zone orientale se trouvent les Antankars, les Antavarts, les Betsimsaracs, les Bétanimènes, les Ambanivoules, les Bezonzons, les Antancayes, les Affravarts, les Antatchimes, les Ant'aymours, les Tsavouaï ou Chavouaïes, les Tsafati ou Chaffates, les Antarayes et les Antanosses.

Dans la zone occidentale on rencontre les Sakalaves qui embrassent les trois quarts de sa longueur totale et qui se divisent en Sakalaves du Bouéni ou du nord, en Sakalaves de l'Ambongou, du Ménabé ou du sud ; les Antifihérénanes (1), puis les Mahafales.

(1) On appelle souvent les Sakalaves du Féérègne Andraïvoulas : ce nom, dit M. Grandidier, désigne seulement la famille royale. Il en est de même des appellations Affravarts, Chavouaïes, Tsafati et Antarayes, qui sont probablement des noms de familles nombreuses ou tribus. D'autres tribus ou peuplades ne sont que les subdivisions de l'une des provinces. Ainsi, les Antavarts,

Dans la zone centrale sont les Antscianacs, les Hovas, les Betsiléos, les Androys, les Vourimes, les Machicores (*gens de l'inférieure*), nommés aujourd'hui les Bares, et qui comprennent les Antampates, littéralement *les habitants de la plaine*, les Antancayes du sud, mot à mot *les habitants du plateau*, et les Caremboules. Les Bares occupent un pays très vaste, au sud des Betsiléos.

Tous ces peuples sont d'origines diverses, ainsi que le montrent la différence de leurs types et celle de quelques-unes de leurs coutumes.

Les premiers hommes qui peuplèrent Madagascar vinrent naturellement de l'Afrique dont elle est voisine. Les caractères propres aux races (1) de ce continent sont encore empreints sur la face de ses plus anciennes tribus. L'Arabie fournit aussi à plusieurs reprises aux émigrations qui s'y produisirent. Du reste, ces deux faits ne diffèrent pas de ceux qui ont été observés ailleurs et rentrent dans les phénomènes généraux sur lesquels s'appuient les grandes lois ethnographiques. Madagascar n'offre, quant à cette observation, rien de plus extraordinaire que la Grande-Bretagne, en Europe, que Formose, en Asie, que toutes les grandes îles peu éloignées des continents. Aussi n'est-il pas nécessaire d'insister sur ces faits. Mais là ne s'arrête pas ce que l'on peut avoir à dire de l'origine des peuples de l'île malegache. Ce qu'elle offre de singulier est la présence, au milieu de la population, d'individus appartenant à la race malaise, dont le foyer est si lointain vers le nord-est, phénomène aussi extraordinaire que l'est, en Amérique, la présence des races européennes; plus extraordinaire encore peut-être, parce que celles-ci possédaient, pour envahir le vieux monde, des moyens d'une puissance bien supérieure à celle dont pouvaient disposer les navigateurs des grandes îles de l'Océanie occidentale.

Les trois races ainsi juxtaposées finirent par se rapprocher, et il en est résulté deux types principaux : l'un, caractérisé par un

---

les Ambanivoules, les Antatchimes ne sont que des Betsimsaracs. Ceux du sud appellent ceux du nord Antavarts (c'est-à-dire *qui sont au nord*); ceux du nord appellent ceux de l'intérieur Ambanivoules, mot à mot *ceux qui vivent sous les bambous*.

(1) Le mot *race* est pris par nous dans le sens de *variétés*.

teint cuivré ou plutôt olivâtre et des cheveux lisses ; l'autre, par un teint noir ou brun foncé et des cheveux crépus. Cependant, il est, encore aujourd'hui, assez facile de reconnaître, à Madagascar, laquelle des trois, chez chacune des peuplades de l'île, a laissé le plus de traces de son individualité.

M. Grandidier a très nettement spécifié les caractères généraux des peuplades de Madagascar, et les traits particuliers qui les différencient au point de vue ethnographique.

« Les habitants de Madagascar, dit-il, n'appartiennent pas plus à une seule et même race que l'île entière n'appartient à un seul roi. Les races caucasique, cafre, mongole se sont mélangées et croisées dans ce coin de terre avec les indigènes.

« Les autochtones sont facilement reconnaissables sur la côte est où le type s'est conservé plus pur ; leur face est ronde et aplatie, leur nez est écrasé à la racine et leur chevelure touffue et globuleuse est *en tête de vadrouille*. Les peuples de la région occidentale qui, de temps immémorial, sont en contact avec des nations étrangères, n'ont pas la laide physionomie des autres Malegaches ; les navires de la Judée qui venaient jadis à Sofala, les jonques chinoises qui se rendaient à la côte sud-est d'Afrique, plus tard les boutres arabes abordaient souvent sur la côte ouest de Madagascar ; aussi, y trouve-t-on parmi les hommes libres beaucoup d'individus à type caucasique, à cheveux lisses ou ondulés, à teint assez clair ; chez les esclaves, on constate les traces évidentes de croisements fréquents avec les Cafres. Une troisième race bien distincte des deux autres, qui appartient évidemment au grand tronc mongolique, a aussi fait irruption à Madagascar et s'est longtemps conservée au centre de l'île assez pure de tout mélange ; ce sont les Hovas. Des yeux allongés et bridés, des pommettes saillantes, des cheveux lisses et raides, un teint jaune ou cuivré, ne permettent pas d'élever le moindre doute sur leur origine asiatique (1). »

A ces considérations nous ajouterons quelques notions ou observations sur les traits respectifs de chacun de ces groupes.

Les Antankars ressemblent beaucoup aux Cafres : ils ont les

---

(1) A. Grandidier, *Bulletin de la Société de géographie*, avril 1872.

cheveux laineux, les lèvres épaisses et le nez épaté. Ils sont plus sauvages que leurs voisins. On ne trouve pas chez eux cette vivacité, cette adresse, cette intelligence des populations Betsimsaracs.

Parmi les peuples de la côte de l'est, les Betsimsaracs et les Bétanimènes sont les plus connus des Européens, qui ont avec eux, depuis plus de deux siècles, des relations suivies. Ils sont, comme leurs voisins les Antavarts et les Ambanivoules, grands et bien faits; leur couleur est le marron plus ou moins foncé; leurs cheveux sont en général crépus. Ceux qui les ont légèrement ondulés ont une constitution moins vigoureuse avec des traits plus réguliers et plus délicats; les yeux ont une expression de douceur et de bonté qui inspire immédiatement aux blancs une confiance, dont ils savent fort bien tirer parti.

Les Betsimsaracs sont bons et sociables, quoique indolents, et paresseux. Les Hovas qui les oppriment sont, en général, porteurs de sabres et de fusils anglais, à l'aide desquels cette petite tribu menace incessamment ses victimes désarmées et les frappe de terreur, cette circonstance explique l'attitude passive des Betsimsaracs.

Les Bétanimènes diffèrent des Betsimsaracs en ce qu'ils sont moins forts, ils sont dans les mêmes conditions vis-à-vis des Hovas, qui les traitent très durement.

Les Antancayes ou Bezonzons sont des hommes de haute taille, gros et robustes; leur cou est court, leur peau est noire ou brun foncé et leurs cheveux généralement crépus. Le gouvernement de Tananarive les utilise en les faisant travailler comme hommes de peine et porteurs de *lacons* (maromitas).

Les Affravarts sont une petite peuplade de gueriers, dont la bravoure et l'intrépidité ont été souvent redoutables à leurs adversaires.

Les Antatchimes, leurs voisins, sont primitifs et superstitieux, et, bien qu'ils n'aiment point voir les étrangers s'établir chez eux, ils accordent au voyageur la plus généreuse hospitalité.

Telles sont les tribus chez lesquelles domine encore le sang noir.

Les Hovas, dont le nom est devenu célèbre, habitent, ainsi que nous l'avons déjà dit, les vallées du centre de l'île. La tradition rapporte que leurs ancêtres arrivèrent à Madagascar sur une flotte nombreuse de *prahos* (1) et qu'ils dépossédèrent ou exterminèrent une partie de la race indigène. La tradition, du reste, est d'accord en cela avec les faits, car les Hovas ont conservé d'une manière assez frappante les traits de la race malaise. Leur taille n'est pas haute, quoique assez bien prise. Leur teint est olivâtre, et, chez quelques individus, il est moins foncé que celui des habitants du midi de l'Europe. Les traits de leur visage ne sont pas saillants et leur lèvre inférieure dépasse la supérieure, comme chez quelques peuplades de la race caucasienne. Ils ont les cheveux noirs, droits ou bouclés, les yeux de couleur foncée; ils sont agiles et vifs. L'intelligence des Hovas est assez développée et ils montrent à cet égard, sur la race noire, cette supériorité relative qui est propre à la race jaune non mélangée. Leur habileté dans plusieurs genres d'industrie est aussi à remarquer. Les mauvais penchants de l'humanité semblent enracinés dans leurs cœurs et ils étendent autour d'eux un cercle affreux de délations et d'exactions infâmes où dominent la haine, l'orgueil, l'insolence et la rapacité. On les appelle, dans la langue du pays, *amboalambo*, ce qui veut dire, *chien de sanglier*. Mais cette injure ne leur est adressée que par les peuples indépendants qu'ils n'ont pu soumettre.

Cette peuplade eut une étrange destinée; considérée autrefois comme paria par les Malegaches, tout objet souillé par l'attouchement d'un de ses membres était déclaré impur. La case où le Hova avait reposé était brûlée; il était maudit par tous les habitants de l'île. Isolé dans son repaire, ce proscrit incendia les forêts qui pouvaient dérober un ennemi, dévasta, dit-on, le magnifique plateau d'Émyrne, fit un désert de son pays et, pour éviter toute surprise, il planta ses villages sur les mamelons de la plaine (2). Plus tard, comme accord tacite d'une paix dont il

(1) Le mot *prahos* se retrouve à la fois dans la langue malegache et dans la langue malaise.

(2) M. Grandidier conteste la tradition qui consiste à supposer que le plateau de l'Imerina ait été couronné de forêts, brûlées plus tard par les indigènes. Il base son opinion sur la constitution du sol, qu'il a étudiée, et sur les

avait un si grand besoin et comme tribut au Malegache qu'il reconnaissait alors pour maître, il déposait à la limite des bois du riz, du maïs et divers objets de son industrie que ce dernier venait recueillir. Cette époque de son histoire a pesé sur le caractère du Hova; il est devenu triste, défiant, souple, rampant, faux et cruel, et lorsqu'à la fin du siècle dernier un homme supérieur, Andrianampouine, vint le relever de la servitude, il n'eut plus, pour s'emparer de l'autorité, qu'à réunir, aidé par les Anglais, des tribus éparses dont l'instinct de domination et la soif de vengeance firent des soldats.

Ce n'est que sous le roi Radama, et surtout sous la reine Ranavalo que ce peuple s'est relevé de sa position de *paria*. Mais, malheureusement, son caractère n'en est pas devenu plus noble, et ses vices l'emportent de beaucoup sur ses vertus; le Hova réunit les vices de tous les divers peuples de l'île. Le mensonge, la fourberie et la dissimulation ne sont pas seulement chez lui des vices dominants, mais encore tellement estimés, qu'il cherche à les inculquer le plus tôt possible à ses enfants. Les Hovas vivent entre eux dans une méfiance perpétuelle, et ils regardent l'amitié comme une chose impossible. Pour la finesse et la ruse, ils y excellent d'une manière incroyable et ils pourraient en remontrer aux plus habiles diplomates de l'Europe. Leurs traits tiennent moins du type nègre et sont mieux formés que ceux des Malais de Java et de l'archipel Indien; ils ont le corps plus grand et plus fort. Leur peau offre toutes les nuances depuis le jaune olivâtre jusqu'au rouge brun foncé. Plusieurs ont le teint très clair; M. Grandidier en remarqua aussi beaucoup, surtout parmi les soldats, dont la peau tire tellement sur le rouge qu'on les prendrait plutôt pour des Peaux-Rouges que les Indiens de l'Amérique du Nord à qui l'on a donné ce nom. Ils ont les yeux et les cheveux noirs et ces derniers longs, crépus et cotonneux.

Les Hovas, le peuple qui soutient la reine, sont gouvernés néanmoins d'une main de fer et, s'ils ne sont pas exécutés pas centaines et par milliers comme les hommes des autres nations, ils sont pourtant aussi mis à mort pour les moindres délits. »

conditions climatériques, pour émettre l'avis que les Hovas n'ont pas eu la peine de brûler ce qui n'y existait pas.

Le docteur Milhet Fontarabie, qui a visité Madagascar, traduit avec une vérité saisissante le contraste qu'offrent la beauté du pays et les vices du peuple hova.

« On éprouve, dit-il, une émotion que l'on ne peut décrire en voyant ce pays, où la nature est si belle et l'homme si barbare. La vue des campagnes vous entraîne à la joie et au désir de dépenser là votre force, votre jeunesse, votre intelligence, en y appelant tout le génie de l'industrie moderne ; vous vous laissez bercer par de douces espérances et vous entrevoyez dans un avenir peu éloigné la prospérité de ce beau pays. Votre rêve serait achevé et ferait place à la réalité... Mais la vue de l'homme est là pour arrêter les élans de votre imagination : cet homme, c'est le Hova. Il tient du Malais et de l'Arabe pour les traits, à part quelques variétés de types formés par le mélange de la race cafre : c'est vous dire ses instincts, ses vices, sa cruauté. Sa face fait évanouir votre rêve. Il semble vous dire « : Prenez « garde à vous ; quant à votre civilisation, nous n'en voulons « pas : quant à votre religion, allez écouter les proclamations « que l'on fait tous les quinze jours aux troupes. » Et il ne faut pas longtemps pour voir, à la manière dont il traite les autres peuples conquis, que toute idée de civilisation, sous un pareil gouvernement, sera très lente à s'introduire et ne pourra se maintenir qu'autant qu'elle leur rendra, à l'instant même, un service signalé, pour ensuite disparaître du moment que leur cupidité et leurs passions seront satisfaites (1). »

M. Grandidier est moins sévère ; il reconnaît aux Hovas des qualités relatives qui expliquent en partie leur domination. « Combien de siècles, dit-il, ces exilés sont-ils restés humbles et inconnus dans leurs montagnes ? Peu nombreux à l'origine, ils ont grandi dans l'ombre. Sous Andrianampouine, leur influence à Madagascar était encore nulle ; Radama Ier, son fils, qui lui succéda en 1810, homme entreprenant, plein d'intelligence et de courage, se crut assez fort pour commencer la lutte avec les peuplades voisines. Les razzias de bœufs que ne cessaient de faire sur leurs frontières les rois du Ménabé, furent cause de

---

(1) *Revue algérienne*, 1860.

sa première expédition. Tour à tour vainqueur et vaincu dans ces escarmouches, le prince, obéissant aux conseils intéressés de quelques Européens, aguerrit ses troupes et les disciplina ; puis, il songea à étendre ses conquêtes du côté de l'est. Les Hovas ne sont pas plus courageux que les autres habitants de l'île, mais ils ont le respect de l'autorité, l'esprit d'obéissance, l'habitude du travail et avant tout l'organisation sociale qui distinguent si éminemment tous les membres des races se rattachant au tronc jaune et qui manquent aux autres Malegaches. Je n'ai pas à énumérer ici les provinces qui sont successivement tombées sous la domination des Hovas, soit pour satisfaire leur propre ambition, soit à l'instigation du gouverneur anglais de Maurice ; je me contenterai de rappeler qu'en moins d'un demi-siècle, ils ont réussi, sans difficulté, à soumettre la moitié de l'île. De Fort-Dauphin au cap d'Ambre et de là à la baie de Bombétoek, toutes les tribus reconnaissent aujourd'hui leur autorité ; partout ils ont établi des gouverneurs et des garnisons.

« C'est une curieuse étude que celle de ces étrangers, qui par leur intelligence et leur énergie, sont parvenus en quelques années à asservir une population aussi nombreuse. Leur conquête est, du reste, bien plutôt le résultat de la ruse que de la guerre, sauf en de rares circonstances où ils ont dû recourir à la force. Ils attendent patiemment le moment propice et savent temporiser pour atteindre plus sûrement le but. Souvent, ils se sont contentés de semer la discorde parmi les nations voisines et les ont réduites à implorer leur protection.

« Tandis que la population des indigènes de la côte va diminuant de jour en jour ou au moins reste stationnaire, celle des Hovas s'accroît dans une proportion remarquable. Il ne serait pas étonnant qu'elle doublât en moins d'un demi-siècle, aujourd'hui que la paix est rétablie dans l'île ; il n'y a que les femmes Antaïmours et Bétsiléos qui rivalisent avec les femmes hovas sous le rapport de la fécondité (1). »

Nous nous proposons de consacrer plus loin, une étude approfondie aux mœurs et au caractère des Hovas.

(1) A. Grandidier, *Bulletin de la Société de géographie*; avril 1872.

Les Betsiléos ou Hovas du sud sont, comme les Hovas proprement dits, élancés, agiles et très libres dans leurs mouvements; ils ont les cheveux noirs et longs, mais le teint quelquefois cuivré, plus souvent d'un bistre foncé. Leurs mœurs sont douces et ils ont une prédilection marquée pour les travaux de l'agriculture. L'absence de l'énergie, de l'adresse et de la ruse, qui ont rendu les Hovas souverains de la plus grande partie de l'île, fait d'ailleurs des Betsiléos une race différente des Hovas du centre. Il est à remarquer que, parmi les Betsiléos, le tatouage, dit-on, est encore en usage.

Deux peuples, les Antscianacs et les Sakalaves, les plus nombreux de l'île, tiennent à la fois de l'Africain et des Hovas; ils sont petits et forts sans être corpulents; leurs membres sont musculeux et bien conformés; leur teint est d'un noir foncé; leurs traits sont réguliers; leur allure est libre et engageante. Ils ont les yeux noirs et le regard pénétrant. Au moral ils paraissent turbulents, vaniteux, insouciants de l'avenir, défiants par ignorance et souvent cruels par superstition. Mais ils ont beaucoup d'amour-propre, une imagination vive, une intelligence assez facile; ils sont sobres, vigoureux, agiles, durs à la fatigue, capables d'enthousiasme et peu vindicatifs. Instruits et bien commandés, ils feraient d'excellents soldats.

Les Anta'ymours sont, d'après leurs traditions, originaires de la Mekke, et ils conservent en effet des manuscrits fort anciens en caractères arabes. Ils ont le teint cuivré, les yeux vifs, les cheveux crépus; ce sont les plus superstitieux d'entre les Malegaches, mais aussi les seuls qui, jusqu'à l'époque de la fondation d'écoles chez les Hovas, aient su prêter une attention suivie à l'instruction de leurs enfants.

On trouve encore d'autres Malegaches d'origine arabe dans le nord et dans l'ouest de l'île. Ils ont pour aïeux des Arabes mahométans attirés à Madagascar par le commerce et qui se sont mêlés avec les indigènes; on les nomme les *Antalotches*.

Tels ont été les résultats du rapprochement des deux races immigrantes des Arabes et des Hovas avec les races africaines. Mais si la race indigène s'est généralement fondue avec elles, il y en a une petite portion, cependant, qui se tenant obstinément à l'écart, montre encore dans quelques cantons de l'île, la première population de Madagascar pure de tout mélange. Ces individus portent le nom de *Vazimbas* qu'on a ingénieusement rapproché de celui de *Zimbas* d'Afrique, en signalant ceux-ci comme leurs anciens frères.

Les Vazimbas sont trapus et forts ; leur peau est d'un rouge foncé ; leurs lèvres sont larges et pendantes, ils ont le visage allongé, le front aplati, et, comme les nègres d'Afrique, des dents aiguës, qu'ils liment exprès. Leur croyance est à peu près la même que celle des Africains. Ils adorent un grand nombre de divinités et de génies malfaisants qui sont, disent-ils, occupés sans cesse à torturer les hommes.

Les Vazimbas n'ont aucune industrie. Les produits de la chasse et d'une culture grossière suffisent à leurs besoins. On assure que, quand ils formaient une nation, ils mangeaient leurs prisonniers et sacrifiaient des hommes. Ce fut cet usage féroce qui arma contre eux leurs voisins et les fit exterminer. Aujourd'hui, ils diminuent incessamment et ils finiront par ne plus même exister. Il y en a encore actuellement deux groupes dans la partie occidentale de l'île, l'un entre la rivière Manih ou Sizoubounghi et la rivière dite Manamboule (1).

On les nommait *Vazimbas*, à la côte occidentale, et *Ompizées* ou *Ontezatroua,* à la côte orientale.

Combattus et persécutés par la race envahissante, ils se réfugièrent dans les montagnes de l'intérieur. Flacourt en décrit le type et ce type est celui des nègres anthropophages de l'Afrique. Ils étaient, dit-il, très mal faits ; ils avaient les yeux petits, la face large, mais sans barbe, les dents aiguës et les cheveux cré-

(1) Les Vazimbas sont peut-être les plus anciens habitants de Madagascar, mais ce ne sont pas les seuls qui soient venus d'Afrique antérieurement aux Cafres ; seulement, ils sont les seuls dont une partie se soit conservée pure de tout mélange. Leurs caractères physiques et entre autres la couleur de leur peau se retrouvent dans *une partie seulement* de la population actuelle. Cette même coloration de la peau et leurs dents limées les rattachent aux populations rouges du haut Nil. Plusieurs peuples différents de l'Afrique ont incontestablement fait irruption sur la Grande-Terre. M. Grandidier assure qu'il a cherché, mais qu'il n'a pu rencontrer de descendants des Vazimbas, dont la race serait absolument éteinte.

pus. Leur peau était rougeâtre et leurs jambes grêles, ce qui, ajoute-t-il, les rend très propres à la course. Ils se servaient de l'arc et de la flèche et mangeaient leurs ennemis, ainsi que les voyageurs qui passaient par leur pays. Ils dévoraient aussi les malades, lorsqu'ils les croyaient sans espoir de guérison; les mains de la victime étaient réservées à leur chef, qui en faisait son repas. Les parents, dit Flacourt, n'avaient ainsi pour sépulcre que l'estomac de leurs enfants et ils s'étaient si bien mangés les uns les autres que, réduits à un petit nombre, ils furent tous exterminés par leurs voisins et ennemis. Il nous les montre comme des hommes vraiment sauvages qui habitaient avec leurs femmes et leurs enfants les bois les plus épais et les moins fréquentés. Ils fuyaient la conversation des autres insulaires, ne se couvraient que d'une feuille de palmier et se nourrissaient du produit de leur pêche et de leur chasse, de racines sauvages et de locustes ou sauterelles.

Drury, qui écrivait un demi-siècle après Flacourt, et qui avait fait naufrage, en 1702, à la pointe méridionale de Madagascar, décrit dans des termes analogues ces Vazimbas, qu'il rencontra dans le Menabé, pays des Sakalaves du sud, près de Moroundava. Ils parlaient un langage qui leur était propre, quoiqu'ils se servissent du malegache ordinaire. Leurs coutumes et leurs mœurs différaient de celles des autres insulaires. Ils étaient autrefois indépendants et changeaient sans cesse leurs demeures. Ils forment, écrit Drury, une espèce d'hommes distincte à Madagascar. Leur tête a une forme particulière, le front et l'occiput sont plats comme un bonnet carré. Cette conformation provient sans doute de l'habitude qu'ont les parents de presser chaque jour la tête de leurs enfants dès l'âge le plus tendre. Leurs cheveux ne sont pas aussi longs ni aussi laineux que ceux des autres habitants de l'île. Ils n'ont point d'*olis,* ou de talismans, comme les Malegaches. Ils ont un culte pour la nouvelle lune et pour plusieurs animaux, comme le coq, le lézard. Leur langue n'était pas celle des Malegaches. Drury raconte que, lorsqu'ils s'asseyaient pour le repas, ils prenaient un morceau de viande et le jetaient par-dessus leur épaule en disant : « Voici pour l'Esprit ». Ils coupaient ensuite quatre autres petits morceaux et les jetaient de même aux quatre coins de la terre. Il est à remarquer que cette dernière pratique est propre également aux Gallas d'Abyssinie. Drury rapporte que ces indigènes vivant dans les bois n'élevaient point de troupeaux, de crainte que le mugissement des bœufs, *ahombés,* ne trahît leur présence.

En 1777, du temps de Beniowski, des voyageurs rencontrèrent quelques-uns de ces aborigènes dans les bois et leur offrirent de leur donner des esclaves, s'ils voulaient venir à la ville; mais ceux-ci refusèrent en disant : « Pour vous suivre, il nous faudrait quitter les tombeaux de nos pères. Nous n'avons point d'esclaves, il est vrai; mais, aussi, nous ne sommes les esclaves de personne. » Cette belle réponse, digne d'un philosophe grec, dénote, chez les aborigènes de l'île, une certaine élévation morale.

Ce qu'il y a de curieux, c'est que les Malegaches et les Hovas, qui ont traqué et détruit les Vazimbas, entourent leurs tombeaux d'un respect superstitieux. Ainsi, les Malais envahisseurs, qui ne voulaient que le pillage de cette terre, en adoptaient au besoin les mœurs, les coutumes et même les superstitions et, après, ils calomniaient et détruisaient ces malheureux Vazimbas.

Au dire de Drury, les Vazimbas accommodaient leurs mets plus délicatement que les autres insulaires : ils faisaient bouillir avec leur viande des racines et des bananes et préparaient de bonnes soupes bien épaisses comme celles d'Europe. C'étaient des ouvriers intelligents et soigneux; leur poterie était surtout remarquable. Les pots, les tasses et les plats, qu'ils savaient vernir à l'intérieur comme à l'extérieur, étaient artistement fabriqués.

Les Sandangouatsis, que l'on a confondus à tort avec les Vazimbas, sont, au dire des anciens du pays, d'autres indigènes. Leur contrée, comme celle de ces derniers, porte bien le nom de Miari, mais ils n'ont jamais été confondus avec eux par les naturels et ils ont des coutumes tout à fait particulières.

On conçoit facilement que les Européens ne se sont pas montrés à Madagascar sans y laisser des traces de leur passage. Leur nom est *Malates,* altération probable du mot *Mulâtres.*

Il y avait à Madagascar deux sortes de Malates ; les premiers, enfants du pirate Tom, ont été puissants dans le Nord ; mais leurs vices et leurs excès finirent par les faire détester. Les autres Malates, issus de Français et de filles de chefs, exerçaient le pouvoir avec plus de modération et de justice à Tamatave et à Ivondrou, où ils avaient su se faire aimer. Simandré, célèbre dans les chants des indigènes de cette partie de l'île, était le petit-fils d'un Français nommé Laval, chef de traite à Madagascar.

Bien que la fusion entre les diverses races qui peuplent Madagascar soit loin d'être achevée, le climat, des rapports continuels, une organisation politique peu différente, ont donné aux habitudes, aux mœurs et aux coutumes de tous les Malegaches un caractère de similitude si prononcé qu'il est possible de tracer à cet égard une description qui leur soit commune.

Ainsi, on peut dire que, sauf quelques exceptions, les Malegaches, comme tous les peuples dans l'enfance, sont curieux, superficiels, vantards superstitieux, vindicatifs, sensuels, crédules, prodigues. Leur aversion pour tout exercice, soit corporel, soit intellectuel, est assez prononcée. Ils sont paresseux et, s'ils travaillent, ce n'est que par force; leur jeunesse se passe dans l'oisiveté et les divertissements; puis, leur vieillesse s'écoule dans une indolence qui n'est jamais troublée par les remords. Ils ne regrettent point le passé et n'appréhendent pas l'avenir; nul projet de fortune ne les occupe. Vivant au jour le jour, le présent est tout pour eux et ils passent leur vie à dormir, à chanter ou à danser, dès qu'ils ont du riz, du poisson ou des coquillages. Le travail pour eux consiste à construire des cabanes, abattre des arbres et nettoyer un peu la terre qui doit recevoir le riz; ils ne se fatiguent jamais. Quand ils sont malades, ils boivent et mangent comme à l'ordinaire, sans se soucier de la vie ou de la mort.

Le désir de la domination a, seul, dévoilé aux princes hovas les avantages de l'éducation pour le peuple. Ce fut un des principaux motifs qui les poussa à accueillir les missionnaires anglais et à favoriser l'enseignement des éléments de la science parmi les habitants de leur pays.

La dissimulation, le mensonge, la fourberie, loin d'être considérés par les Hovas comme des vices, sont, nous l'avons dit, les objets de leur naïve admiration. Dans leur opinion, la mauvaise foi et la ruse sont des signes de capacité, d'habileté, de talent. Aussi s'efforcent-ils de favoriser chez leurs enfants le développement de ces penchants funestes. On conçoit quels avantages ce système d'éducation, joint à leur puissance matérielle, doit procurer aux Hovas dans toutes leurs transactions commerciales ou politiques avec d'autres peuples. Leurs diplomates, dignes élèves du prince Coroller, sont doués d'une finesse et d'une astuce dont les Européens ont peu l'idée, car ils en sont sans cesse les dupes, comme on l'a vu, dans leurs diverses ambassades à Paris.

Le vol est très fréquent, surtout chez les Betsimsaracs et sur la route de Tamatave à Tananarive ; les voyageurs européens sont unanimes sur ce point. Le vol semble y être en honneur plus que dans aucun endroit à Madagascar. La pauvre madame Pfeiffer s'est plainte qu'on lui ait volé, à Befourne, ses habits chauds, si bien qu'elle en fut privée, lorsqu'elle tomba malade. Quant à M. Brossard de Corbigny, qui vint à Tananarive en qualité d'envoyé de France vers Radama II et qui était par conséquent l'hôte du roi, il fut dévalisé de la manière la plus ingénieuse. Les filous de Paris et de Londres auraient pu prendre des leçons auprès de ces enfants de la nature. Voici le piquant récit qu'a fait l'envoyé de France de sa mésaventure : « Pendant que je sommeillais, dit-il, à la suite d'une journée de fatigue, je sentis mes couvertures qui me quittaient, sans le moindre froissement dont le contact pût me réveiller. Je les vis s'enlever et, pour ainsi dire, disparaître dans l'espace. Mais, dans mon demi-sommeil, je crus à une hallucination, et ce n'est que, lorsque le froid se fit sentir, que je m'aperçus qu'elles avaient été soustraites par un voleur. M. Clément Laborde, qui couchait auprès de moi, fut bien autrement dépouillé ; car, lorsqu'il voulut s'habiller pour le départ, il ne trouva plus ses vêtements de la veille, tous avaient disparu. Je fus d'autant plus surpris de l'audace de ce vol, que nous avions avec nous trois chiens très vigilants. Ces hardis voleurs ne pénètrent pas dans l'intérieur des maisons : ils auraient trop peu de chances de s'en tirer, s'ils venaient à être découverts, car la loi du pays donne le droit de les tuer sur place. Après s'être rendu compte, dans la journée, de la disposition intérieure des lieux, ils font, la nuit, une incision aux cloisons de feuillage et y introduisent un long manche de sagaye armé d'un crochet, avec lequel ils saisissent les objets qu'ils convoitent. Ils vont, tout de suite, les cacher dans les broussailles, et ne les sortent, pour les vendre, que lorsque le voyageur qu'ils ont dépouillé a quitté le pays. »

On voit, par ce récit, que les voleurs malegaches n'ont rien à envier aux truands de la cour des miracles, qui fouillaient un mannequin à grelots sans en faire tinter les sonnettes ; non plus qu'aux larrons de la banlieue de Paris, qui savent faire taire les chiens, en apaisant ces Cerbères nouveaux, non avec un gâteau de miel, comme dans l'antiquité, mais avec un morceau de viande. Il faut dire néanmoins, que le vol est puni sévèrement dans l'Imerina, à moins qu'il ne soit commis par un grand sur un homme de moindre importance.

La sensualité est générale à Madagascar. Chez la femme, la chasteté n'est point considérée comme une qualité. Jusqu'à l'époque de leur mariage, les filles s'abandonnent aux impulsions de leurs sens. L'ivrognerie n'a aucune borne chez quelques tribus et la passion des Malegaches pour l'arack dépasse tout ce que peut se figurer l'imagination. Mais, à côté de ces défauts, les Malegaches ont des qualités précieuses. Ils sont bons, affectueux, complaisants, hospitaliers, et ces qualités se manifestent d'une manière si marquée que tous les étrangers qui ont vécu quelque temps avec eux en gardent un assez bon souvenir.

Les liens de la famille et de l'amitié sont très respectés parmi eux ; l'animadversion publique vengerait l'oubli dans lequel un parent ou un ami laisserait son parent ou son ami malheureux, et le *fatidrah* ou serment du sang, dont nous parlerons plus loin, serait un témoignage le plus évident de la bonté de leur âme, si la manière généreuse dont ils exercent l'hospitalité ne la mettait déjà à découvert.

L'amour des femmes malegaches pour leurs enfants est extraordinaire et prouve en même temps l'attachement qu'elles portent à leurs maris. Une mère ne quitte jamais son enfant pendant les travaux de la campagne. Dans les voyages, elle le porte sur la hanche ou sur le dos au moyen d'une pagne. Il existe à Madagascar une coutume touchante qui enjoint aux enfants de présenter, dans certaines occasions, à leur mère une pièce de monnaie que l'on nomme le *Fofoun' damoussi,* c'est-à-dire le souvenir du dos, en reconnaissance de l'affection qu'elle leur a montrée en les portant si longtemps dans la pagne ; car, quelquefois, cet usage se prolonge jusqu'à l'âge de six ans. Mais cette affection dégénère en faiblesse à mesure qu'ils grandissent, et les enfants ne tardent pas à prendre tous les vices qui peuvent résulter de l'oisiveté et de la dissipation.

Pour se justifier de cette coupable condescendance, les parents s'appuient sur un raisonnement dont il est difficile de leur faire comprendre la fausseté. « Dans l'enfance, disent-ils, l'homme n'a pas assez de raison pour être corrigé, et, dans l'âge de raison, il doit être maître de ses actions. » Leur autorité est pourtant immense ; car ils ont jusqu'au droit de vendre un enfant désobéissant.

La vénération des Malegaches pour les tombeaux est profonde ; annuellement, à un jour fixé, chaque famille visite le tombeau de ses pères et y renouvelle les sacrifices qui ont accompagné les funérailles. La superstition, la crainte des revenants, se mêlent bien à ces hommages solennels ; mais il y a néanmoins dans le cœur du Malegache un grand et pieux respect pour ses ancêtres, dont la volonté, soigneusement accomplie, passe comme une loi qui se lègue dans la famille, de génération en génération.

Les Malegaches habitent tous dans des cases, espèces de chaumières composées d'une carcasse en charpente et revêtue de feuilles de ravinala. La construction d'une case, chez les habitants aisés, occupe beaucoup de monde, parce qu'alors la besogne se fait vite. Les naturels, manquant de persévérance pour les travaux qui demandent du temps, se réunissent ordinairement par centaines dans ces circonstances, de sorte qu'en quatre jours ils achèvent une case complète avec son entourage en pieux. La charpente est extrêmement solide et ingénieuse ; ils ne dégrossissent pas les troncs d'arbre qu'ils emploient pour cet objet et se contentent seulement d'en enlever l'écorce. Les traverses de la case d'un homme puissant doivent se faire remarquer par leur grosseur. Les murs sont formés par un entrelacement de joncs et de feuilles ; les portes et les fenêtres sont composées d'un cadre en bois *tamien* garni ainsi de feuilles ; elles sont placées dans une rainure et s'ajustent parfaitement. Le toit est de feuillage ; les quatre extrémités des pièces de bois qui le supportent le dépassent de deux à trois pieds, en se croisant après leur jonction. Le tout est souvent élevé au-dessus de terre de quelques pieds, précaution nécessaire à cause des inondations.

La case entière se compose d'une ou de deux pièces ; l'une est la chambre à coucher, l'autre la salle où l'on mange, où l'on fait la cuisine. Au milieu de celle-ci est un objet important pour les Malegaches, le *salaza*, châssis en gaulettes, espèce de gril élevé de terre d'environ quatre pieds et de quatre à cinq de long et de large, sur lequel on fait boucaner la viande ; quatre roches pointues, *toko*, servent de trépied. Plus un homme est riche et plus son salaza doit être grand et malpropre, car aux yeux des naturels, c'est un signe qu'il traite souvent ses amis et qu'il est très généreux. L'intérieur des cases est quelquefois garni de nattes ; mais c'est un objet de luxe ; le plancher se compose de lattes de bois léger ou de bambou posées les unes à côté des autres et consolidées par de la terre glaise et du sable. Les meubles ne sont pas en grand nombre ; un lit grossièrement formé par un tamien posé sur quatre petits pieux, comme le lit d'Ulysse ; pour s'asseoir un ou deux tabourets de nattes rembourrés avec des feuilles sèches ; un billot qui sert au même usage, un ou deux traversins, un oreiller en bois, des paniers en joncs de diverses grandeurs que l'on appelle *tente* ou *siron-kell*, tels sont les objets que l'on rencontre ordinairement dans la case d'un Malegache. Les ustensiles de cuisine et de ménage se composent de pots en terre. Sur la côte orientale, on se sert de feuilles de ravinala qui remplacent, surtout chez les Betsimsaracs, les cuillers, les plats et les verres ; un long bambou, dont les séparations intérieures ont été brisées, renferme l'eau. Chez les Hovas, les plats en bois, les cuillers et les gobelets en corne sont d'un usage général, ainsi que les jarres pour contenir et conserver l'eau, comme dans tous les pays intertropicaux.

Aujourd'hui, grâce à leurs relations avec les Européens, et particulièrement avec les Américains, les Malegaches, surtout les Hovas, commencent à se servir des ustensiles de ménage qui leur sont apportés par les bâtiments de traite. Ainsi, ils connaissent maintenant les marmites et les cocottes en fonte et s'en servent journellement, ainsi que des autres objets de ménage modernes, concurremment avec les ustensiles primitifs.

Quand le Malegache veut préparer le repas, il commence par faire le bouillon (*mahandro ro*); lorsqu'il est cuit, on place la marmite dans un coin du *fata*, puis on met le riz au feu (*mahandro vary*); mais jamais l'un et l'autre simultanément, par la raison qu'il n'y a pas deux *toko* sur un *fata*.

Les autres ustensiles garnissant l'intérieur d'une case malegache sont les suivants : le *langana*, bambou percé jusqu'au dernier nœud d'en bas, dont les Malegaches se servent pour aller puiser l'eau; l'*ondroko*, grande cuiller en bois pour prendre le riz de la marmite; le *vilany ro*, marmite dans laquelle se fait le bouillon; le *saronkeletsy*, malle de jonc où se met le linge; le *heletsy*, tente où l'on met le riz pour être pilé et les feuilles vertes des *brèdes;* le *sihy*, natte pour se coucher; le *onda*, oreiller; le *lay*, moustiquaire en rabane; l'*ondambody* (oreiller de derrière), grande tente en jonc tressé, fermée des deux côtés, que l'on remplit de paille ou de feuilles d'arbres sèches, et qui sert de tabouret sur lequel on s'assied; le *leho*, mortier à piler le riz avec ses *halo* (pilons); dans un coin le *lotsero*, qui sert à vanner le riz, et le *fandambana*, sorte de petite natte sur laquelle on étend les feuilles de *ravinala* pour servir le riz.

Lorsque les aliments sont préparés, la maîtresse de la maison ou une de ses servantes, si elle en a, retire le riz de la marmite avec l'*ondroko*, en couvre les feuilles (*lambana*) étendues sur ce *fandambana* ou nappe; puis, elle coupe le côté droit (*havana*) de la feuille du *ravinala* pour en faire des *stroko* (cuiller), — le côté gauche de la feuille (*avia*) est impropre à cet usage, — plie autant de *stroko* qu'il y a de convives, dispose ces cuillers à l'entour de la nappe, recouverte d'une montagne de riz, et place des morceaux de viande, de poisson ou des feuilles de brèdes devant chaque invité. On s'approche alors de la pyramide de riz blanc et fumant ; chacun prend son *stroko* qu'il remplit de riz, le présente à la servante qui sert le bouillon resté dans la marmite et saisit un mets quelconque. Au bout d'une demi-heure, il ne reste plus que les feuilles vides. La servante prend alors la nappe végétale, la vaisselle et les cuillers façonnées également à l'aide du *ravi-*

nala, et jette le tout dehors. Elle rentre pour remettre sur le feu la marmite du riz, dans le fond de laquelle est resté attaché l'*ampango*, et la remplit d'eau chaude qu'elle sert, en guise de café, dans d'autres cuillers découpées sur la feuille de l'arbre le plus proche. Cette boisson se nomme *rano ampango* et clôt le repas.

On voit que le *ravinala*, le *rafia* et le bambou sont les trois arbustes les plus utiles au Malegache.

Le principal et souvent l'unique vêtement des habitants de la côte orientale de Madagascar est le *sadik* ou *séidik*, pièce de toile large d'une demi-aune et longue d'une aune. Ils l'attachent négligemment autour des reins, en ramenant les deux bouts entre leurs jambes et, après les avoir fixés dans les plis de la ceinture, les laissent pendre l'un en avant, l'autre en arrière, sans dépasser le genou ; quelquefois, les deux extrémités du séidik sont réunies en avant comme un tablier. Les chefs s'en entourent ordinairement le corps, sans en relever les bouts entre les jambes. Le *sim'bou* ou *simébou* est la toge des Malegaches ; c'est une pièce d'étoffe d'environ quatre aunes de long sur trois de large. Ils s'en drapent à la manière des Grecs et des Romains ou le portent roulé en ceinture au-dessus du siédik, lorsqu'ils veulent avoir leurs mouvements libres.

Tous les Malegaches des castes guerrières de l'intérieur ont le corps couvert de cicatrices artificielles qui représentent diverses figures. Elles sont le résultat des tatouages qu'on leur fait dans leur enfance avec une sorte de bistouri.

Les femmes portent le séidik, mais plus long que celui des hommes. Elles se drapent aussi du sim'bou ; souvent aussi, elles s'en enveloppent entièrement jusque sous les bras. C'est ainsi qu'on les voit sortir le matin. Vers une heure après midi, elles se revêtent de leur *kanezou*, espèce de corsage dont les manches descendent jusqu'au poignet et qui leur serre tellement la poitrine et les bras qu'il est très difficile de l'ôter, sans le déchirer (1) ; elles le jettent, lorsqu'il est sale, préférant en faire un neuf que de

(1) « Fantine avait une robe de barège mauve et cette *espèce de spencer en mousseline, invention marseillaise, dont le nom*, CANEZOU, *corruption du mot* QUINZE AOUT, *prononcé à la Cannebière, signifie* beau temps, chaleur *et* midi. »
(Victor Hugo, *Les Misérables*, Fantine, ch. 118, Quatre à quatre.)

prendre la peine de le laver. Le séidik des femmes ne se joint point au kanezou et leur laisse tout le tour du corps à découvert sur une largeur d'environ un pouce ; le sim'bou se porte alors comme un châle. Les *satouks,* coiffure commune aux deux sexes et assez semblable aux bonnets de nos avocats, sont des toques en jonc. Elles sont toujours plus larges que la tête et par conséquent fort incommodes ; aussi ne s'en coiffe-t-on que pour se préserver du soleil.

Depuis Angontzy jusqu'à Mananzari seulement, c'est-à-dire sur les points de Madagascar les plus fréquentés par les blancs, les femmes dans l'aisance portent aux oreilles de grands anneaux d'or et des colliers en cheveux que l'on expédie des îles Maurice et Bourbon. Les *bokhs* ou broches en or, de la dimension d'un écu de trois francs et légèrement bombés se placent sur le devant du kanezou et suivant une ligne verticale.

Tous les Malegaches, à l'exception des Hovas, se rendent chaque jour, matin et soir, sur les bords d'une rivière, y restent accroupis pendant quelques minutes et se lavent avec soin le visage, le bras, les oreilles et surtout la bouche et les dents.

Le riz forme la base de la nourriture des Malegaches, comme le pain chez les Européens. Ils y joignent des légumes, des fruits, de la volaille, de la viande de bœuf. On appelle *roh'* un mets composé de poulets coupés en très petits morceaux et bouillis avec du piment et des feuilles de citrouille et de morelle et, en général, tout ragoût en sauce. Après le dîner, on boit le *ranoampangh',* que les Malegaches, surtout chez les Betsimsaracs, croient très salutaire et dont ils ne peuvent jamais se passer. Cette boisson n'est que de l'eau bouillie dans la marmite où l'on a cuit le riz et aux parois de laquelle la croûte brûlée (ampangh') de ce grain s'est attachée. Les Malegaches sont très friands de veaux à l'état de fœtus et, à Imerne, les grands personnages font toujours tuer plusieurs vaches pleines, quand ils donnent à dîner à leurs amis.

Le *sambas-sambas* ou *jaka* est un mets composé de riz et de petites tranches de bœuf grillées dans de la graisse. C'est une coutume du pays d'offrir de ce mets aux amis et aux parents qu'on reçoit en visite, pendant le mois qui suit le nouvel an. Chacun en prend une bouchée entre les deux doigts, se lève de son siège, se tourne à gauche et à droite et dit : « Puisse la reine vivre encore mille ans ! » Puis, il peut manger autant qu'il veut de ce mets ou n'y pas toucher, c'est indifférent. Cette cérémonie a, à peu près, la même signification que chez nous le compliment du nouvel an.

La polygamie est usitée dans toute l'île. Le moindre chef de village possède au moins trois femmes ; la première par le rang et l'autorité qu'elle exerce, est nommée *vadi-bé*, c'est-à-dire littéralement « femme chef ». Elle est chargée de la direction de la maison, et ne suit son mari ni en voyage ni dans les promenades. La *vadi-massé* est une femme libre et ordinairement jolie ; c'est comme une maîtresse, et il est d'usage de la répudier aussitôt que sa beauté commence à se flétrir. Enfin, la troisième, dite *vadi-sindrangou,* est une esclave à laquelle on donne la liberté dès qu'elle est devenue mère.

Les femmes malegaches sont très versées dans la pratique des accouchements. Elles s'acquittent de cette délicate opération avec un savoir et une dextérité dont on pourrait les croire incapables ; les cas de décès survenant par suite de couches sont fort rares, malgré le défaut de soins apportés à la femme qui vient d'accoucher. Pendant la première semaine, elle reste étendue le long du foyer de la case, où le feu est constamment allumé ; elle sort chaque jour une fois, par tous les temps, et au bout de huit jours elle reprend ses occupations habituelles. Le prix d'une sagefemme pour un accouchement est d'un *kiroubo* (1 fr. 25 c.) en espèces, plus un poulet et environ 4 livres de riz.

Le mariage est accompagné de prières; une jeune fille a droit de disposer d'elle-même à son gré, jusqu'au jour où, avec sa permission, l'un de ses amants, de même rang qu'elle, fait la demande officielle à sa famille. Si le mariage est convenable, il suffit du pur et simple consentement du père, devant témoins, pour qu'il soit valable. Le père annonce à Dieu, à la patrie et aux ancêtres, avec ou sans sacrifice, que sa fille épouse un tel. La femme peut être mise à l'amende par son mari pour cause d'inconduite, et elle ne peut plus se remarier sans que ce premier ait divorcé, eût-elle quitté la maison conjugale depuis des années. Toutefois, ce n'est encore qu'un concubinage suivant nos idées et l'union ne devient plus indissoluble, plus resserrée, qu'à la naissance d'un enfant ; c'est seulement alors qu'on adresse des prières à Dieu et aux ancêtres et qu'on fait un sacrifice, c'est alors seulement que les biens de la femme se confondent avec ceux du mari ; jusque-là, l'épouse remet entre les mains du chef de sa famille tout ce qu'elle peut posséder ou gagner.

Le mariage est pour les Sakalaves, comme pour tous leurs compatriotes, une libre convention entre les parties ; il se réduit à une simple cohabitation, sans entraîner la fusion des intérêts, jusqu'à la naissance d'un enfant. La femme est considérée comme l'égale de l'homme ; ce qui lui appartient en propre est mis en dépôt chez le chef de sa famille et chaque cadeau du mari va grossir son petit trésor.

Les mœurs des Sakalaves sont aussi relâchées que celles des autres Malegaches, et une jeune fille est libre de ses actions jusqu'au jour où elle accepte un époux ; mais, dès lors, elle doit fidélité à son mari. Cependant, si la vie commune devient à charge à la femme, elle a le droit de se retirer chez ses parents, mais elle ne peut ni se remarier, ni même contracter de liaisons passagères, à moins que son mari ne lui rende la liberté devant témoins. Le divorce est du reste commun. Il convient d'observer que les mœurs et coutumes dont il est question ici sont celles des Sakalaves ; on a vu, plus haut, que le divorce est réglementé par le code anglo-hova.

L'adultère est puni d'une amende que les coupables doivent payer au mari ; ce méfait est commun à raison de l'immoralité dans laquelle sont élevés les enfants ; il ne faut pas, le plus souvent, en chercher la cause dans l'amour, mais dans l'intérêt. Si la femme vient à être renvoyée de ce chef, ce qui n'est pas fréquent, du reste, la jalousie étant peu développée chez ces peuples, elle doit à son époux restitution des cadeaux qu'elle en a reçus.

Pour se marier entre parents, il est obligatoire d'offrir à Dieu et aux ancêtres le sacrifice d'un bœuf ; on plante alors un *hazoumanitre* ou arbre commémoratif ; c'est l'acte officiel, et les époux mangent ensemble le cœur du bœuf sacrifié. C'est au mari qu'incombe la dépense du bœuf ; en cas d'adultère, la femme doit restitution du prix de l'animal.

A Madagascar, la naissance des filles ne donne lieu à aucune réjouissance, comme aujourd'hui encore chez les Arabes de l'Afrique. Cet événement paraît produire, au contraire, un sentiment pénible pour tous les membres de la famille. Si c'est un garçon, l'allégresse est générale, après toutefois que les parents ont consulté l'ombiache, astrologue ou médecin, qui décide s'il doit vivre ou mourir; car s'il était venu dans une heure et un jour réputé malheureux, il serait, ou précipité dans une rivière, ou exposé dans une forêt, ou enterré vivant. Malheureusement pour les jeunes Malegaches, leurs astrologues reconnaissent un grand nombre d'heures et de jours malheureux. Cette coutume n'est cependant pas générale, surtout chez les peuplades de la côte orientale occupée autrefois par la France.

On dépose l'enfant à sa naissance sur une natte, à la tête de laquelle le père plante en terre sa plus belle sagaye qu'il orne de guirlandes de feuillages, puis l'ombiache s'en approche avec son mampila, planchette recouverte de sable fin sur lequel il trace des caractères, tire l'horoscope, et la famille attend avec anxiété le résultat de ses calculs cabalistiques. Cependant, on suspend au cou du nouveau-né des fanfoudis pour le préserver des mouchaves ou *mosary* que les agents du mauvais génie devaient répandre autour de sa natte.

Après que l'ombiache ou ampisikidy a annoncé l'arrêt du destin, lorsqu'il est favorable, les assistants s'empressent de féliciter le père de l'enfant sur le sort heureux que l'ombiache lui a prédit. Ils sont tous invités au banquet, qui se termine par des danses guerrières exécutées par les jeunes gens du pays. Plusieurs champions, simulant un combat, feignent de se porter des coups de sagaye qu'ils parent avec leurs boucliers; ces boucliers ne sont pas employés à la guerre, excepté par les Zaffeiramini, et ne servent que dans la danse guerrière nonmmée *mitava*. La fête se prolonge bien avant dans la nuit.

Lorsqu'un Malegache meurt, ses proches parents lavent le cadavre avec une décoction d'aromates. Après l'avoir orné de colliers de racines et d'amulettes, qui devront en éloigner les génies malfaisants, on le transporte dans un lieu solitaire, où il n'est plus permis à d'autres qu'à eux de venir; quelques vieux esclaves dévoués à la famille sont chargés, chez les gens riches, d'entretenir un grand feu dans le lieu où le corps est déposé. Puis, tous les amis du défunt se rendent au pied d'un arbre voisin et tout le monde se met à manger un bœuf que l'on fait rôtir.

Le soir, des chants funèbres, accompagnés par le bobre africain, préludent à des danses qui ne finissent qu'au jour; des chœurs de jeunes filles répètent le refrain des chansons improvisées pour l'événement, en frappant en mesure sur des bambous.

Lorsque le mort laisse beaucoup de bœufs, on en sacrifie le lendemain et les jours suivants. L'assemblée ne se sépare que lorsque ces bœufs sont presque tous consommés; c'est ainsi qu'on honore le défunt. Quelques parents enlèvent alors presque furtivement le corps et lui rendent les derniers devoirs, car il n'est pas permis à d'autres d'en approcher et de l'accompagner au lieu de la sépulture.

Les Malegaches redoutent beaucoup la mort; malgré le profond respect qu'ils ont pour les tombeaux, la peur les en éloigne et ils ne s'en approchent qu'au moment d'un enterrement. Ils abandonnent toujours la maison et souvent même le village où est décédé leur parent; tous les objets à son usage sont rejetés et on ne prononce plus jamais son nom. C'est un fait curieux et qui a eu une influence bien marquée sur la langue malegache que cette coutume de ne plus prononcer le nom d'un défunt, ni même les mots qui s'en rapprochent par leur désinence. On remplace ce nom par un autre; le roi Ramitra, depuis son décès, s'appelle Mahatenatenarivou (le prince qui a vaincu mille ennemis), et le Malegache qui redirait l'ancien nom serait regardé comme le meurtrier du prince et par suite exposé au pillage de ses biens, peut-être même à la mort. Il est facile de comprendre, d'après cela, comment la langue malegache, une à son origine, s'est corrompue, et comment il y a aujourd'hui des différences entre les divers dialectes. Dans le Ménabé, depuis la mort du roi Vinany, à *vilany* (marmite) a dû être substitué un autre mot, *fikétréhane* (le vase où l'on cuit), tandis que, dans le reste de Madagascar, l'ancienne appellation a continué à subsister. Ces changements n'ont guère lieu, il est vrai, que pour les rois et les grands chefs. Il est surtout particulier à la côte ouest et sud.

Les Malegaches sont persuadés que leurs ancêtres président à toutes leurs actions et ils croient souvent recevoir d'eux en songe des ordres ou des conseils auxquels ils s'empressent d'obéir.

Pour les rois marouséranancs, dit M. Grandidier, la cérémonie funéraire est remarquable ; le corps, cousu dans une peau de bœuf, est suspendu dans la partie la plus déserte des forêts voisines et la garde en est confiée à une famille spéciale. Après plusieurs mois, les chefs se réunissent et vont chercher les reliques, c'est-à-dire une des vertèbres cervicales, un ongle et une mèche de cheveux ; le reste est enseveli avec pompe. Il y a quelquefois sacrifice d'hommes à cette occasion ; les corps des victimes sont placés dans des cercueils sur lesquels on met le catafalque royal ; un souverain ne peut reposer sur la terre comme ses plus humbles sujets. On renferme les reliques dans une dent de crocodile et on les porte dans la maison sacrée où sont conservés les *ancêtres*.

Pour se procurer cette dent, on attire des crocodiles dans un bras étroit de rivière où on a eu soin de jeter les intestins d'un bœuf tué dans ce but ; puis on en ferme les issues et on choisit le plus gros d'entre eux, on l'entoure de cordes et on l'amène sur la rive. On introduit alors entre ses mâchoires, à l'endroit de la plus grosse dent, une patate brûlante ; au bout d'un quart d'heure, la dent peut être facilement arrachée et l'animal est relâché.

La propriété de ces reliques constitue le droit à la royauté. Un héritier légitime, qui en serait dépossédé, perdrait toute autorité sur son peuple et l'usurpateur, au contraire, monterait sur le trône sans contestation.

Un parent s'est parfois glissé de nuit dans la *maison des ancêtres* et, après s'être emparé des précieuses dents de crocodiles, s'est fait proclamer roi. Les Hovas connaissant cette superstition des Sakalaves, lors de leur arrivée dans le sud du Ménabé, se sont moins occupés du roi que des reliques, qu'ils ont toujours gardées à vue avec le plus grand soin, sous prétexte de leur rendre les honneurs qui leur sont dus.

A la mort, comme à la naissance et comme à la circoncision, il y a des prières et des sacrifices de bœufs ou de taureaux.

Les Hovas, les Betsiléos et les Antsianacs sont les seuls peuples de Madagascar qui n'aient point une frayeur exagérée des cimetières ; ils disposent les tombes de leurs parents le long des chemins. Tous les autres Malegaches les cachent dans des endroits déserts où ils ne mettent les pieds que pour enterrer un membre de leur famille. Aucun d'eux, du reste, ne va déposer ses offrandes ou faire ses sacrifices funèbres auprès des tombeaux mêmes ; chaque famille a, pour ces cérémonies, une ou plusieurs pierres isolées qu'elle a élevées en une place quelconque à son choix. Les Sakalaves adressent leurs prières aux mânes de leurs ancêtres sur les débris des maisons que ceux-ci ont habitées, vrais autels où ils déposent un peu de riz et versent quelques gouttes de rhum.

Du reste, la douleur que fait éprouver aux Malegaches la perte d'un parent ou d'un ami est de très peu de durée : ils disent que « la mort étant un mal sans remède, il n'y a pas de raison pour se désoler, et qu'il faut au contraire s'étourdir, afin d'en abréger la durée ».

Comme tous les peuples indolents et sensuels, les Malegaches aiment passionnément la poésie et la musique. Le soir, dans les villages, on les voit s'assembler pour écouter les chansons que l'un d'entre eux improvise sur une mélodie connue ; ils répètent en chœur le refrain, ou l'accompagnent en frappant dans leurs mains pour marquer le rythme. Les paroles de ces chansons se composent en général de phrases courtes et sans trop de liaison entre elles. Elles ont quelquefois un sens moral et satirique, le plus souvent elles contiennent une simple image. Ces mélopées sont, en général, monotones. Elles ont cependant un certain charme qui provient, comme dans presque tous les chants primitifs, de leur étrange et languissante tonalité.

Les instruments de musique sont très imparfaits, ce sont l'*érahou*, le *bobre*, le *marouvané* et l'*azonlahé* que nous décrirons plus loin, en parlant de la circoncision. Le plus commun est le *marouvané* ou *vallya*, l'instrument de prédilection des Malegaches. Le marouvané est fait avec un bambou gros comme le bras. Au moyen d'un couteau, on détache, dans l'écorce filandreuse de ce roseau, des filets qui, soutenus par de petits chevalets, forment les cordes. Les Hovas exécutent sur cette espèce de harpe-guitare tous leurs airs nationaux, *l'Air de la reine*, *le Chant des guerriers*, et même des valses. Le vallya est soutenu par une petite flûte,

et trois assistants l'accompagnent en frappant dans leurs mains. Nous reviendrons, plus loin, sur le vallya.

Nous donnons ici, à titre de curiosité, un spécimen noté des quatre airs principaux, dont les deux premiers sont, pour les Hovas, des airs nationaux. Le troisième, le *Lalo fatra,* et le second, *l'Air des guerriers,* sont joués par les fanfares dans des circonstances officielles. Le dernier, comme le premier, est bien indigène, et se chante en chœur chez les Betsimsaracs (1).

L'*erahou,* déjà connu au temps de Flacourt sous le même nom, consiste en une seule corde tendue sur une moitié de calebasse et que l'on met en vibration au moyen d'un archet; il n'a presque pas de son.

Le *bobre* est simplement un long arc, fait d'une tige de bambou ou d'une gaule d'un autre bois. La corde qui le tend est ordinairement en fil de fer ou en laiton; vers le tiers inférieur de la longueur du bois est attachée la moitié d'une calebasse, espèce de table d'harmonie recevant les vibrations de la corde par un lien, également en métal, qui l'attire dans le sens de la calebasse. Le bobre se joue avec une petite baguette de bois; on frappe alternativement sur l'une et sur l'autre section de la corde. Le son est très faible, en sorte que le rythme paraît être le principal objet de cet instrument.

Il existe à Madagascar des hommes qui se livrent spécialement à la culture de la poésie et de la musique; ce sont les *sekatses* ou ménestrels. Ils voyagent sans cesse et chantent leurs compositions chez les chefs qui, en retour, leur font des présents considérables; nous en reparlerons plus loin.

Le *fifanga* est l'unique jeu des Malegaches. C'est un carré long en bois rouge dans lequel il y a un grand nombre de trous régulièrement disposés; on y met des espèces de noix de galle qui servent de pions et que l'on prend comme au jeu de dames. Les hommes et les femmes y jouent également.

Les Malegaches étant naturellement paresseux, n'aiment pas les exercices du corps qui les fatiguent inutilement. Cependant, dans les fêtes et cérémonies, ils dansent avec passion.

---

(1) Nous empruntons cette page de musique au livre de M. le docteur Lacaze : *Souvenirs de Madagascar,* page 167.

La danse de la *papangue* est particulière aux Betsimsaracs : les femmes seules y prennent part. La papangue est, comme on sait, un oiseau de proie très redouté des basses-cours : c'est une espèce de milan, qui plane sur tous les villages malegaches, pour chercher à saisir les volailles, canards, oies, etc. La papangue a un vol majestueux, les ailes tantôt agitées, tantôt étendues horizontalement et immobiles. C'est le vol de cet oiseau que la danse s'essaye à reproduire. Les femmes Betsimsaracs excellent à l'imiter avec le mouvement de leurs bras et de leurs mains. « Cette espèce de pantomime, dit le docteur Lacaze, est très gracieuse et les regards se portent avec plaisir sur ce groupe d'une originalité franche, composé de huit belles Malegaches placées en face les unes des autres et ne visant pas à copier une civilisation encore éloignée. Cette danse est accompagnée par le chant des femmes assises autour, chant monotone, dont le rythme est appuyé et marqué par des battements de mains (1). »

Les Sakalaves du sud ont un jeu qu'ils appellent le *Zihé* et qui ne manque pas de grâce et d'animation : M. Grandidier en a donné la description.

« Le 3 octobre 1868, dit-il, après une journée d'un long et pénible travail, nous établissons notre tente dans une île de sable située au sud du village d'Avoundrou. Je choisissais, autant que possible, une île pour lieu de campement, car il y est plus facile de se préserver des attaques nocturnes auxquelles je pouvais être exposé. Ce soir-là, une alerte troubla notre sommeil. Réveillés en sursaut par les sons rauques d'une antsive qui, tout d'un coup, retentissent auprès de nous, nous nous jetons sur nos armes et je me dispose en un instant à la défense. L'antsive est une grosse conque marine, dont les lois somptuaires de Madagascar réservent l'usage exclusif aux rois, sous peine de mort, et qui sert à appeler les soldats aux armes. J'avais rangé mes quatorze hommes d'escorte derrière les paquets qui entouraient ma tente, comme derrière un bastion, et là, accroupis, ils attendaient l'arme au bras que l'ennemi se montrât. Les sons de l'antsive se rapprochaient ; à la clarté de la lune, je ne tardai pas à me convaincre que nous

---

(1) *Souvenirs de Madagascar*, page 11.

avions eu bien tort de nous alarmer ainsi. C'étaient les jeunes gens du village d'Avoundrou qui, suivant une coutume locale, venaient faire le *zihé* sur les îles de sable de l'Anoulahine.

« Les jeunes hommes et les jeunes femmes forment deux groupes séparés, qui se livrent à des courses folles, se croisant et se poursuivant, tout en improvisant des chants de circonstance. C'est à ces jeux que se forment ces relations passagères que l'usage autorise à Madagascar, c'est dans ces chants qu'un amant délaissé se venge de sa maîtresse infidèle, que les rivales s'injurient, qu'on se moque, tout comme on le fait chez nous, des ridicules de ses voisins. Dès que la présence des jeunes filles m'eut enlevé toute crainte d'une attaque à main armée, j'ordonnai à mes gens de se recoucher et je rentrai sous ma tente (1). »

Le mot *kabar*, qui s'applique généralement à une assemblée dans laquelle on discute les affaires publiques, sert aussi à exprimer l'échange premier des relations entre deux ou plusieurs personnes qui se rencontrent. Les nouvelles se propagent de cette manière avec la plus grande rapidité. Dans les détails, dont l'usage exige un compte rendu exact, on ne doit omettre aucune des moindres circonstances. Par exemple, deux voisins se quittent en sortant de leur village; l'un va chercher son troupeau dans la prairie située à une petite distance de sa maison; l'autre va puiser de l'eau à la rivière, qui n'est guère plus éloignée de la sienne; s'ils se rencontrent à leur retour, ne fût-ce qu'un quart d'heure après, ils se croient obligés de s'arrêter et de se dire tout ce qu'ils ont vu sur leur chemin, n'eussent-ils rencontré qu'une poule, un oiseau ou un papillon. Aussitôt que les rameurs des pirogues entendent quelqu'un à leur portée, ils cessent de pagayer pour entendre son kabar. Il y a chez un tel peuple des éléments certains de civilisation.

Tous les voyageurs parlent de l'éloquence des Malegaches. L'art oratoire est très cultivé chez eux.

Il faut dire que l'idiome malegache se prête à l'expression des sentiments. Les images, les alliances de mots y abondent, les nuances les plus délicates s'y font sentir. Et puis, l'orateur a la

---

(1) *Bulletin de la Société de géographie;* février 1872.

liberté de composer ses mots ; à tous moments, suivant l'impulsion de son génie ou les mouvements de son âme, il peut créer ceux qui lui manquent. De cette mine inépuisable de signes verbaux naissent pour lui des désignations ingénieuses, pittoresques, variées, qui revêtent parfois son style des plus brillantes et des plus riches couleurs.

On appelle *fatlidrah* ou serment du sang, à Madagascar, l'engagement que prennent deux personnes de s'aider réciproquement pendant la durée de leur existence et de se considérer comme si elles avaient une origine commune. Cette coutume paraît être venue de Bornéo. Voici la manière dont on contracte cet engagement.

Un vase contenant de l'eau est apporté ; l'officiant, qui est ordinairement un vieillard, y plonge la pointe d'une sagaye, dont les deux néophytes tiennent la hampe à pleines mains ; puis un autre individu jette alternativement dans le vase de la monnaie d'argent, de la poudre, des pierres à fusil, des balles, plusieurs petits morceaux de bois et quelques pincées de terre prise aux quatre points cardinaux. En même temps, celui qui dirige la cérémonie, accroupi auprès du vase, frappe à petits coups, avec un couteau la hampe de la sagaye, rappelant le sens attaché à chacun des objets ci-dessus mentionnés ; l'argent, emblème de la richesse, signifie que les deux contractants devront partager leurs biens présents et futurs ; la poudre, les pierres à fusil et les balles, emblèmes de la guerre, indiquent que les dangers doivent leur être communs ; les fragments de bois et de terre ont aussi une signification particulière. Quand tous ces objets ont été mis dans le vase, le même individu demande aux deux futurs parents s'ils promettent de remplir les engagements imposés par le serment, et sur leur réponse affirmative, il les prévient que les plus grands malheurs retomberaient sur eux, s'ils venaient à y manquer. Puis il prononce les conjurations les plus terribles, en évoquant Angatch, le mauvais génie. Ses yeux s'animent par degrés et prennent une expression surnaturelle, lorsqu'il adresse, d'une voix forte et sonore, cette imprécation : « Que le caïman vous dévore la langue ; que vos enfants soient déchirés par les chiens des forêts ; que toutes sources se tarissent pour vous et que vos corps abandonnés aux vouroundoules (effraies) soient privés de sépulture, si vous vous parjurez ! »

Cette première partie de la cérémonie terminée, le vieillard fait à chacun des impétrants, avec un rasoir, une petite incision au-dessus du creux de l'estomac, imbibe deux morceaux de gingembre du sang qui en coule et donne à avaler à chacun des deux le morceau de son vis-à-vis. Il fait boire après, dans une feuille de ravinala, une petite quantité de l'eau qu'il a préparée. En sortant, on se rend à un banquet de rigueur servi sur le gazon et on reçoit les félicitations de la foule. La cérémonie du fattidrah, bien que la même dans toute l'île, subit quelques modifications dans la forme, selon la peuplade chez laquelle elle a lieu. Ainsi, quelquefois, le sang, au lieu d'être reçu sur un morceau de gingembre, est mêlé de suite avec l'eau, que, dans le premier cas, l'on prend après.

Quoique le serment du sang ne soit pas toujours observé religieusement par les Malegaches, il peut être utile à un étranger, bien qu'il ne soit pas toujours agréable pour celui-ci, qui devient en butte aux importunités de son frère fictif. Les liens ainsi contractés sont, aux yeux des Malegaches, aussi sacrés et souvent plus respectés que ceux de la fraternité charnelle, dont le *fattidrah* impose d'ailleurs tous les devoirs. Deux *frères de sang* doivent partager leur fortune, se soutenir dans le danger, mettre en commun tous les biens et tous les maux de la vie, enfin, se prêter assistance en temps de guerre, quand même ils appartiendraient à des tribus ennemies. Dans ce dernier cas, ils doivent non seulement éviter de se faire du mal, mais encore, si l'un des deux tombe entre les mains du parti ennemi, l'autre est obligé de le préserver de la fureur de ses compagnons, qui s'abstiennent ordinairement d'attenter aux jours du prisonnier, dès qu'ils connaissent le lien qui l'unit à son protecteur.

Une femme peut faire le serment du sang avec un homme, deux femmes peuvent aussi le faire entre elles et rien ne s'oppose à ce qu'un étranger le contracte avec un indigène. Nous avons vu les agents anglais échanger ce serment avec Radama Ier. Nous l'avons vu échanger entre M. Lambert et Radama II. M. Grandidier a fait le serment du sang avec Razoumaner, roi des Antanosses, et avec Lahimériza, roi du Fiéérègne. Ceux qui veulent voyager à Madagascar ou s'y livrer à quelque opération de commerce trouvent avantage à le faire ; cette formalité facilite beaucoup leurs rapports avec les habitants, à qui il inspire tout d'abord une confiance plus grande.

Dès que deux Malegaches se sont liés par le fattidrah, les parents de chacun d'eux prennent à l'égard de l'autre le même titre de parenté qu'ils auraient si la fraternité selon le sang avait existé naturellement entre les deux contractants. Il y a plus, les effets de cette alliance s'étendent aussi dans le même sens aux membres des deux familles, les uns par rapport aux autres. De cette coutume résulte pour l'Européen qui visite ce peuple et l'observe superficiellement, une très grande difficulté à reconnaître les véritables liens de parenté qui existent entre les individus et c'est pour lui une source d'erreurs fréquentes.

Cette coutume par laquelle, suivant l'originale comparaison des indigènes, ils deviennent l'un pour l'autre « comme le riz et l'eau », c'est-à-dire inséparables, cette coutume honore un peuple à peine sorti de la barbarie (1). Elle s'allie parfaitement avec la généreuse hospitalité qu'il exerce envers tous les étrangers. Un voyageur européen arrive dans un village, il est immédiatement accueilli par le chef, qui lui cède sa plus belle case, lui envoie du riz, des poules, des fruits et, lorsque sa suite est nombreuse, un ou plusieurs bœufs. Le Malegache pauvre qui voyage entre, sans en être prié, dans la première case qu'il rencontre ; le propriétaire est-il à prendre son repas auprès de sa famille, l'étranger s'assied auprès d'eux. Le kabar ou récit de ce qu'il a vu est le seul écot qu'il ait à payer, encore n'est-il pas tenu de dire son nom ni ses desseins ; mais, en général, il s'empresse de faire connaître et son nom et ses projets. L'hospitalité est une qualité tellement inhérente au caractère malegache, que, dans tous les grands villages, on trouve toujours une espèce de hangar public où les voyageurs viennent se mettre à l'abri du soleil ou de la pluie, en attendant qu'on leur ait préparé un logement gratuit.

(1) Nous avons vu, non sans étonnement, des voyageurs traiter cette coutume de *ridicule*. Elle pourrait être qualifiée tout au plus d'incommode, à cause de la perturbation apparente qu'elle apporte dans l'état public des individus et des abus qu'en font les Malegaches, en spéculant sur ce serment mutuel pour accabler leur *frère de sang* européen de demandes de toutes sortes : pour certains d'entre eux, c'est, à la longue, une des formes de la mendicité.

Flacourt ayant écrit que les Malegaches n'avaient aucune religion, les historiens, à la suite, ont adopté et répété cette opinion. En s'exprimant ainsi, il est évident que Flacourt a voulu dire qu'à Madagascar il n'y avait pas de religion avec des dogmes, un culte, des temples, etc. Il n'en est pas moins vrai que cette population, mêlée d'Africains, d'Indiens, d'Arabes, est déiste, c'est-à-dire qu'elle reconnaît l'existence de Dieu. « Les Malegaches, dit M. Grandidier, ont une religion, quoi qu'on en ait pu dire. Ils croient en un Dieu tout-puissant, créateur du monde et maître des destinées des hommes ; ce Dieu est adoré et invoqué dans toutes les actions de la vie. Auprès de ce Dieu viennent se ranger les âmes des ancêtres, qui, servant d'intermédiaires entre la divinité et les hommes, sont censées exercer une grande influence sur le bonheur de leurs parents. Leur religion vient probablement des Juifs et ils y ont greffé le culte des mânes des ancêtres, qui, d'après mes recherches, me semble avoir précédé l'introduction du culte plus pur de ce Dieu qu'on adore sans temples et sans représentation directe. Jamais un Sakalave n'oserait violer un vœu fait aux mânes des parents. »

Le culte des ancêtres leur vient des Chinois par l'Indoustan et par la Malaisie. Les Hovas ont dû l'apporter avec eux.

« Dans tous les actes importants, ajoute M. Grandidier, c'est à Dieu lui-même que le Malegache s'adresse, sans oublier toutefois de nommer aussi ses *razanes* ou ancêtres, et il lui offre en sacrifice un bœuf sur lequel il fait sa prière. Certains morceaux de la victime sont cuits pour être offerts aux ancêtres, leurs anges gardiens. Quand leurs prières, au contraire, n'ont trait qu'aux petits détails journaliers de la vie, ils invoquent directement leurs razanes et se contentent de déposer pour eux une offrande de riz cuit ou de rhum.

« Leur esprit superstitieux, avide de merveilleux, les a disposés à accueillir favorablement les prédictions des devins qui font métier de dévoiler l'avenir ; mais, s'ils admettent comme véridiques les explications qu'on titre de la disposition fortuite des graines avec lesquelles ils consultent le destin, le *sikidy,* c'est qu'ils attribuent à la main de Dieu l'arrangement de ces graines.

« Ils ont aussi une grande confiance dans les talismans divers sur lesquels ils ont appelé la protection de Dieu et auxquels ils attribuent certaine puissance particulière due à l'intervention divine. Le nom de Dieu se retrouve, au reste, dans toutes leurs prières (1). »

En somme, la religion des Malegaches est un mélange de déisme et de fétichisme dans lequel apparaît la croyance, généralement admise dans l'Orient, des deux principes, l'un qui est *Zanahary*, le bon génie, mot à mot *celui qui a créé*, et l'autre *Angatch*, mot à mot *l'esprit, le revenant, le mauvais*. C'est surtout de ce dernier qu'ils ont peur. Ils invoquent encore d'autres êtres supérieurs, esprits ou génies qui, selon eux, comme dans l'antiquité classique, président à la guerre, à la pêche, aux cultures, à la garde des troupeaux. Ils leur attribuent le pouvoir de les protéger ou de leur nuire et leur offrent aussi des sacrifices. Sans avoir des idées bien définies sur l'âme, comme principe immatériel survivant à l'enveloppe charnelle de l'être humain, ils admettent cependant pour l'âme une autre existence. Ils parlent souvent d'une longue corde d'argent, au moyen de laquelle les esprits descendent sur la terre et par laquelle aussi ceux des morts remontent auprès du Dieu de la vie, dans l'air, où ils attendent qu'il les renvoie dans d'autres corps. Cette sorte de métempsycose est le sujet de croyances différentes. Par exemple, chez certaines tribus, les âmes des chefs prennent la forme de crocodiles, tandis que les sujets vont animer le corps des makis ou des chiens cerviers. Leur croyance à une vie extra-terrestre se manifeste encore par l'habitude qu'ils ont d'invoquer les âmes des ancêtres et de les prier de les inspirer.

Quelques ethnologues ont dit que l'on retrouvait chez les Malegaches beaucoup de coutumes judaïques. Cette assertion est loin d'être justifiée par les faits. Dans les provinces où des colons arabes sont venus jadis s'établir et où il existe encore de leurs descendants, on observe bien quelques pratiques défigurées de la religion de Moïse comme, par exemple, la circoncision, l'abstinence de porc, et l'usage de ne manger que des animaux tués par des individus de leur caste, mais les indigènes ne se confor-

---

(1) A. Grandidier, *Bulletin de la Société de géographie;* avril 1872.

ment pas à ces deux dernières règles, et, quant à la circoncision, qui est, il est vrai, pratiquée dans toute l'île, ils ne la rattachent, du moins maintenant, à aucune tradition religieuse ou historique, bien qu'elle remonte très probablement à l'arrivée des Arabes dans l'île.

Les habitants de Sainte-Marie et de la côte voisine, qui ont été regardés par quelques voyageurs comme issus de Juifs, n'ont, à part cette dernière coutume, aucun usage particulier qui puisse donner quelque crédit à une telle conjecture; on ne trouve chez ces habitants, quoiqu'on l'ait prétendu, ni les traditions de Noé, d'Abraham ou de Moïse, ni la solennisation du sabbat. Il n'y a pour eux, de même que pour tous les Malegaches, entre les jours, aucune autre distinction que celle des jours heureux et des jours malheureux, dont la répartition est aussi variable dans le temps que leur influence l'est, en apparence du moins, sur les divers ordres de faits.

Chez quelques peuplades, l'idée que se font les indigènes des êtres auxquels ils consacrent leur culte n'est représentée par aucune image, ni par un signe quelconque; chez d'autres, il existe des idoles dont la structure est des plus bizarres. Les Sakalaves ne paraissent pas avoir d'idoles nationales. Mais les Hovas en ont que l'on promène en certaines occasions en processions et sur lesquelles nous avons donné les détails les plus complets. Ces idoles, comme on sait, ont été détruites en 1868, par la reine Ranavalo II, à l'instigation des méthodistes.

La circoncision, comme nous l'avons dit, est probablement d'origine arabe. Elle a toujours lieu vers la pleine lune. Lorsque le moment est arrivé, on transporte sur la place des villages un mât d'environ huit mètres d'élévation, que les charpentiers du pays se mettent en devoir d'équarrir, pendant que d'autres individus s'occupent de faire un trou en terre pour l'y planter.

Le chef, avec ses ampitakh (ministres) et ses femmes, s'assied près du mât sur des nattes, autour desquelles on a rangé un grand nombre de calebasses et de jarres pleines de toak et de bessa-bessa; les parents dont les enfants doivent être circoncis dans l'année, apportent, longtemps avant la fête, le miel, les cannes à sucre, les bananes et le simarouba qui servent à faire les liqueurs.

Lorsqu'on a creusé le trou et dégrossi le mât, deux hommes et deux femmes se mettent à danser à l'entour pendant plus d'une demi-heure ; ensuite, le maître du village prend une calebasse de toak, en boit une gorgée, puis en verse dans le creux de sa main, et le répand dans le trou, en prononçant à voix basse quelques paroles mystérieuses. Un ombiache vient ensuite jeter des racines dans le trou et répand aussi le sang d'un coq blanc qu'il sacrifie.

Aussitôt après, la foule s'empare du mât et le dresse.

La danse recommence bientôt, mais, cette fois, tout le monde y prend part, même les enfants que leurs mères portent sur leur dos. On allume ensuite des feux autour du mât et les jeunes gens, armés de sagayes et de boucliers, simulent des combats en dansant au son de plusieurs tambours malegaches. Cette espèce de tambour que l'on appelle *azonlahé* est simplement le tronc creusé d'un jeune arbre. On écrit, en malegache, *hazolahy*, ce qui signifie *arbre mâle*. L'une des extrémités est recouverte d'une peau de bœuf avec son poil, l'autre d'une peau de cabri. Les indigènes se servent de cet instrument comme d'une grosse caisse ; ils frappent d'un côté avec une baguette, de l'autre, avec la main. Le son de l'azonlahé est sourd et monotone.

Les champions, comme dans un tournoi, se portent de terribles coups de lance qu'ils parent avec beaucoup d'adresse. Ces combattants sont si agiles que, quelquefois, l'un d'eux s'élance entre les jambes de son adversaire et, se relevant précipitamment, l'enlève sur ses épaules aux cris d'admiration des assistants. Les danses durent toute la nuit, mais personne ne s'enivre comme aux raloubas (orgies) ; car, la coutume prescrit d'être sobre et chaste, la veille de la circoncision.

Le lendemain, dès que l'on aperçoit le soleil à l'horizon, les Malegaches se rendent à la rivière voisine ; les femmes y portent leurs enfants qu'elles obligent à passer la nuit éveillés ; après les avoir baignés, elles leur mettent des colliers et des bracelets de mas-sirira (yeux de sarcelle) et de ravines (feuilles) et des séidiks neufs de toile de coton blanc. Ensuite, elles les rapportent au pied du mât, où l'on vient d'attacher le taureau du sacrifice. Bientôt, le plus vieux des ombiaches, armé d'un petit rasoir et un séidik de toile blanche sur l'épaule gauche, se lève pour recevoir les enfants des mains de leurs mères et procède à l'opération, qui est plus ou moins longue, avec un mauvais rasoir. La partie amputée est placée dans un fusil chargé à poudre ou bien est piquée à la pointe d'une lance et on tire le coup de fusil ou l'on jette la sagaye par-dessus le toit de la maison du père. La sagaye s'enfonce-t-elle droit en terre, c'est, dans leur superstition, un présage assuré que l'enfant sera courageux.

Pour les fils aînés de rois, dont, suivant les idées malegaches, le corps entier est sacré, la cérémonie est tout autre; à un des oncles du futur monarque incombe l'honneur de prendre un repas singulier autant que répugnant. Il y a beaucoup de tribus à Madagascar où cet usage horrible est général dans toutes les familles.

Quand l'opération est terminée, l'ombiache égorge le taureau, qui est coupé en une infinité de petits morceaux et partagé entre les assistants. La tête est plantée au bout de la perche, la face tournée vers l'ouest. C'était aussi de ce côté que l'opérateur s'était tourné pour circoncire; le reste de la journée se passe en réjouissances.

Ainsi que chez tous les peuples sauvages, les coutumes superstitieuses sont très nombreuses à Madagascar; mais, il est impossible à un Européen de les connaître toutes, parce que les Malegaches se cachent ordinairement des étrangers pour les accomplir.

Dans toutes les provinces, on trouve des individus qui, outre le métier de médecin, exercent aussi celui de devin; les Sakalaves les nomment *ampi sikidy*. On a pu apprécier leur rôle politique dans la partie historique de cet ouvrage. Ces prétendus sorciers ont la plus grande influence sur l'esprit des autres indigènes et obtiennent tout par la crainte qu'inspire leur pouvoir supposé. Il n'est guère d'affaires qu'on entreprenne sans les consulter.

Les Malegaches font un grand usage d'amulettes ou talismans qu'ils nomment *fanfoudis*, ou *ahoulis* ou *grisgris*. Ils leur croient toutes sortes de vertus, même celle de faire connaître ce qui doit arriver. Ces talismans sont portés au cou. Il n'est pas un seul homme, libre ou esclave, qui n'ait son *ahouli*, son talisman, souvent acheté à un prix élevé. Cet ahouli consiste en un bout de corne de bœuf renfermant, au milieu de sable arrosé de graisse, des bouts de parchemin chargés de signes cabalistiques, quelques vieux clous, de petits morceaux de bois, des vis, etc., tous objets dans lesquels ils mettent une confiance entière. Dans leurs idées, c'est l'Être suprême, le Créateur, qui donne aux divers *grisgris* leurs propriétés. Chaque talisman a ses vertus particulières ; les uns rendent invulnérable leur bienheureux possesseur ; d'autres sont de précieux philtres d'amour ; il en est qui donnent la santé, la richesse, etc. De temps en temps, ils leur adressent des prières, leur offrent même un bœuf en sacrifice et versent sur le sable quelques gouttes de rhum, espérant ainsi se rendre propices ces puissants talismans.

Il n'est pas rare de voir les ombiaches mettre leurs ahoulis en rivalité ; chacun prie avec ferveur son grisgris de seconder ses vœux, et celui d'entre eux qui, dans le mois suivant, tombe malade ou éprouve un malheur, s'avoue vaincu.

Les Malegaches ont une telle foi dans la faculté des talismans qu'ils leur attribuent même le pouvoir de tuer leurs ennemis. Quand ils parlent d'empoisonnement, ce n'est pas, en effet, ainsi que l'ont cru à tort beaucoup d'Européens, à la mort par les poisons végétaux ou minéraux qu'ils font allusion, mais bien à l'effet pernicieux des sortilèges. Ils jettent sous le lit de leur ennemi un ahouli, auquel ils adressent la prière de le faire périr, et ils ont la persuasion que dans un temps plus moins long leur souhait sera accompli.

Dans certaines maladies convulsives, on célèbre, sur la côte occidentale, comme sur la côte est, quoiqu'avec des usages un peu différents, le *sandatse* ou *bily*, pour demander à Dieu la guérison du malade. Une petite cabane de roseaux est construite au milieu des champs ; on y installe le malade, et quelques parents, qui ont fait vœu de chasteté pour tout le temps que doit durer la retraite, lui donnent les soins nécessaires et préparent sa nourriture. Tous les soirs, des chants sont adressés à l'Être suprême. Les hommes s'amusent à courir, les armes à la main, autour de la hutte, soulevant des nuages de poussière et répétant un refrain monotone qu'ils accompagnent de temps en temps de coups de fusil. Ils croient complaire à Dieu par ces bruyantes démonstrations. Si l'on ne connaissait les bonnes intentions qui les animent, on croirait qu'ils veulent hâter la mort de leur parent. Le dernier jour de la cérémonie, on offre un bœuf en sacrifice à Dieu et le malade est porté sur un échafaudage, haut de 3 à 4 mètres, où l'on procède publiquement à sa toilette et où on le force à manger un morceau de la victime. S'il en a la force, il doit ensuite danser aux acclamations de la foule et choisir dans ses troupeaux un *dabara* ou favori, jeune veau dont la vie est respectée jusqu'à la mort de son maître.

Les amulettes de guerre, nommées particulièrement *sampé*, sont des bouts de cornes de bœufs, quelquefois artistement travaillées et garnies en argent, suivant les moyens ou le rang des propriétaires. Ces bouts de cornes contiennent des drogues auxquelles ils croient la propriété de rendre invulnérables ceux qui s'en servent. Quand les Sakalaves ne portent pas leurs talismans sur eux, ils les placent soigneusement dans une petite boîte et les graissent de temps en temps avec une huile aromatique. Un homme absent est-il inquiet de ce qui se passe chez lui, il met un fanfoudi sous sa tête, pendant son repos, convaincu qu'il en apprendra ce qu'il désire savoir.

Au nombre des pratiques superstitieuses des Sakalaves, il faut mettre l'habitude qu'ils ont de se barbouiller avec une pâte blanche faite d'une terre crayeuse très commune à Madagascar et à laquelle on attribue, dans toute l'île, une propriété médicale. Ils s'en servent, eux aussi, comme d'un topique ; mais l'usage qu'ils en font a souvent une autre cause. Craignant singulièrement l'esprit mauvais, ils cherchent, par tous les moyens qu'ils peuvent imaginer, à se mettre à couvert de sa malice, et, quand ils se persuadent qu'ils doivent le trouver sur leur passage, ils tracent sur leur visage trois lignes de cette pâte blanche, une au milieu du front et une autre, de chaque côté, entre la joue et l'oreille.

La croyance aux jours heureux ou malheureux, répandue chez tous les Malegaches, porte les Sakalaves à s'abstenir de toute affaire pendant certains jours qu'ils nomment *fâli*; ils n'oseraient, alors, sortir de leurs cases ni entreprendre la moindre affaire, et, si un étranger se présente à l'entrée d'un village pendant l'un des jours que le chef de l'endroit regarde comme *fâli*, on le prie de rester en dehors et à quelque distance jusqu'au lendemain.

Chez les Malegaches, et particulièrement chez les Sakalaves du sud, l'accusation de sorcellerie portée contre les étrangers peut faire courir à ceux-ci les plus grands périls, comme il advint à M. Alfred Grandidier. Il était arrivé à Tuléar le 20 juin 1868. Il raconte que, par mesure de prudence raisonnée, son premier soin fut, pour se couvrir de son autorité contre une telle accusation, d'aller rendre visite au roi du Fiéérègne, Lahimerisa, avec lequel, antérieurement, il avait contracté le serment du sang.

« Je savais, dit-il, que les Sakalaves m'avaient bénévolement attribué, en 1866, la réputation de sorcier et je voulais, dès mon arrivée, mettre le roi dans mes intérêts à force de cadeaux. Bien m'en prit; j'eus, pendant mon séjour dans l'État de Fihérénane, de nombreux kabars ou procès publics sous la prévention de sorcellerie et ce ne fut que grâce à la protection royale que je pus en sortir sain et sauf.

« Je dois dire qu'aucune accusation n'est plus dangereuse, dans les contrées sauvages indépendantes des Hovas que celle de sorcellerie. Si le prétendu crime est prouvé, une mort immédiate est la punition du coupable. Je ne sache pas qu'il existe un peuple plus stupidement superstitieux que les Malegaches; pour les Sakalaves comme pour les autres tribus, aucun fait n'arrive naturellement; bonheur et malheur, tout est dû aux sorts et aux talismans. Que de tracas et d'ennuis m'ont journellement causés les habitants de la côte ouest par suite des craintes absurdes qu'ils éprouvent contre les sorciers! Or, est sorcier tout individu qui se distingue d'autrui par ses actions ou par ses paroles; je laisse à penser si un pauvre voyageur qui passe sa journée à prendre des informations, à écrire, à regarder les astres, à causer avec le bon Dieu, comme ils disaient dans leur idiome pittoresque, ou à manier une foule d'instruments plus extraordinaires les uns que les autres et à collectionner des peaux d'animaux, à plonger des reptiles dans l'alcool, ne donne pas prise aux soupçons et n'est pas à leurs yeux un de ces monstres qu'on ne saurait trop craindre et contre qui il est bon de prendre toute précaution.

« Je connaissais leurs mœurs et leurs lois et je vivais de leur vie, je m'étais attiré ou plutôt j'avais acheté la bienveillance des chefs et du peuple et, cependant, je ne pourrai jamais dire quelles difficultés j'ai éprouvées, dans certains cas, à poursuivre mes études, quels obstacles insurmontables m'ont empêché, en d'autres circonstances, d'arriver au but que je poursuivais pourtant avec persévérance. Si l'intérêt n'était le motif le plus puissant de leurs actions, j'eusse certainement été réduit à l'impuissance la plus absolue (1) ».

L'industrie est, comme on le pense bien, encore arriérée chez les Malegaches. Le petit nombre de leurs besoins n'a pas dû naturellement les porter à lui donner un grand développement. Mais, dans le peu d'objets sur lesquels elle s'est exercée, ils montrent cette intelligence et cette adresse dont ils sont naturellement doués. Leurs constructeurs de pirogues sont éminemment habiles, leurs procédés pour la fabrication du fer très ingénieux, bien qu'imparfaits et il faut toute leur patience, cette immuable patience orientale, pour qu'ils achèvent leurs beaux lambas (pièce d'étoffe qui tient une place importante dans le costume). On serait étonné en Europe de l'activité et de l'adresse des Malegaches, notamment pour les travaux de bâtisse de tous genres.

Il y a chez eux plusieurs sortes de pirogues, les pirogues en planches, les pirogues d'une seule pièce, les pirogues à balancier et celles que construisent les Anta'ymours.

Les pirogues en planches que les Malegaches appellent *lakan'-drafitra'* ou *lakan'-pafana* (traduction littérale de la dénomination française), sont composées de dix-sept pièces sans compter les bancs dont le nombre varie suivant les proportions de l'embarcation. Il y en a sept, huit et jusqu'à neuf, placés à une égale distance les uns des autres. Dans le milieu et sur le devant, on en met deux l'un sur l'autre ; on les perce pour y placer les mâts, dont le pied repose dans une carlingue pratiquée à cet effet sur la quille. Les bancs se nomment *sakan'* (largeur) ; celui de derrière, qui forme une espèce de tillac et qui sert de siège au timonier, s'appelle *sakan'poulan* (banc qui n'a rien derrière lui).

La forme du bateau a assez de ressemblance avec la moitié d'une noix de coco : c'est un ovale allongé et plus relevé sur l'arrière que sur l'avant.

(1) *Bulletin de la Société de géographie;* février 1872.

Une pirogue de sept bancs doit avoir en longueur six mètres, et quatre dans sa plus grande largeur. Elle porte 3,000 pesant avec son équipage composé de six hommes et d'un patron. La pirogue de 8 bancs a sept mètres sur quatre et demi et porte 5,000, 14 rameurs et un patron; la pirogue de 9 bancs porte 10,000 et 15 personnes; elle a dix mètres sur sept. En 1774 l'interprète Mayeur se rendit de Foulepointe à la baie d'Antongil dans une pirogue de ce genre avec 160 personnes.

Les voiles sont faites de rabane et gréées comme celles de nos chaloupes; il y en a deux à chaque pirogue. Ces sortes de bateaux portent bien la voile, vont très vite et font quelquefois 120 kilomètres d'un soleil à l'autre; mais on couche tous les soirs à terre.

Les Anta'ymours ont des pirogues moins grandes que les lakan-drafitra', mais construites avec plus de soin encore. Néanmoins, même avec du lest, elles sont trop légères et trop rases pour porter la voile; mais elles sont on ne peut plus commodes pour naviguer sur des côtes à mer houleuse et surtout pour franchir les barres qui existent à l'embouchure des rivières; on ne peut se faire une idée de la vitesse avec laquelle elles effleurent l'eau.

Les *lakan'-kan'-ongoutche* (littéralement *pirogue-jambe*), sont faites d'un seul tronc d'arbre, très longues, très étroites, mais si vacillantes qu'une longue habitude n'empêche pas que l'on n'y chavire; cependant, elles portent quelquefois 8,000 avec 8 rameurs et un patron.

Les pirogues de la côte de l'ouest sont beaucoup plus petites que les précédentes, mais aussi légères et aussi commodes pour franchir les barres; elles sont aussi faites d'un seul tronc d'arbre. Comme elles sont trop étroites pour tenir à flot, elles sont soutenues par un ou deux de ces appareils si souvent représentés dans les paysages des îles de la Polynésie (Océanie orientale); c'est un petit radeau assez semblable à la charpente d'un tabouret et tenu à une certaine distance de la pirogue par un balancier formé d'une seule poutre de bois dur et pesant attachée sur le plat bord.

Les forges malegaches sont bien différentes des nôtres; leurs soufflets surtout sont très curieux et de la plus grande simplicité; ils se composent de deux troncs d'arbres percés d'un bout à l'autre à l'exception d'une petite portion de l'extrémité inférieure qui forme le fond et au-dessus duquel est un trou. Ces cylindres ont environ trente centimètres de diamètre et un peu plus d'un mètre de largeur ; ils ressemblent à deux pompes réunies par une mortaise pratiquée dans la longueur de l'une d'elles ; deux tuyaux en fer de trente centimètres environ de longueur et de quelques centimètres de diamètre sont placés, à quelques pouces au-dessus du fond, dans les trous dont je viens de parler. Les deux tuyaux, en se rapprochant, entrent dans des trous ronds que l'on pratique dans un massif de maçonnerie consolidé avec de la terre glaise. Ce foyer a la forme d'un chapeau chinois ; au milieu s'élève un tuyau en fer plus large que les premiers, par où sort la fumée ; chaque pompe a un piston garni d'étoupes que le souffleur placé au milieu tient à chaque main et qu'il fait aller alternativement ; ces soufflets produisent beaucoup de vent. Comme les forges ordinaires n'ont pas besoin de concentrer autant de chaleur que celles qui servent à fondre le minerai, les Malegaches ne se donnent pas la peine de faire d'ouvrages en maçonnerie et les tuyaux placés près du fond des cylindres sont seulement fixés dans une grosse pierre percée d'un trou où ils entrent.

Nous avons parlé plus haut des séidiks et des sim'-bous qui forment le costume des Malegaches de la côte. Le *salaka* et le *lamba* sont les deux parties principales et généralement les seules des vêtements des Hovas. Le premier est une pièce d'étoffe en soie, en coton ou en fil de rafia dont ils s'enveloppent la partie inférieure du corps, après avoir fait plusieurs tours au-dessus des reins ; son extrémité libre est arrêtée à la ceinture. Le *lamba* est une espèce de manteau dont ils se drapent et dont l'étoffe et la richesse varient selon le rang de celui qui le porte. Leurs toiles sont connues des Européens sous les noms de *pagnes* et de *rabanes* suivant leur finesse.

Les pagnes sont faites avec des fils retirés de l'épiderme des folioles de la feuille du rafia (palmier très commun dans le pays), prises sur le bourgeon terminal, pendant que couchées sur le pétiole commun et se recouvrant les unes les autres, elles ont cette belle couleur paille qui les distingue et qu'elles perdent, aussitôt que, par le développement, elles sont exposées au contact de l'air.

Les pagnes en couleur écrue sont principalement destinées aux étrangers ; celles en usage parmi les naturels sont rayées de couleurs diverses et prennent différents noms.

Les métiers avec lesquels on fabrique ces tissus sont simples et ingénieux. Sur de petits piquets enfoncés dans la terre sont posés des montants de bambou ou d'autre bois léger ; les fils sont liés au bout du métier sur une traverse de bambou ; cette traverse, attachée sur les montants, repose sur d'autres traverses placées de distance en distance. Le tisserand se sert d'une aiguille de bois évidée couverte de fil dans sa longueur et d'une espèce de lame de sabre en bois qui lui tient lieu de peigne. A mesure qu'il travaille, il roule sa toile autour d'une pièce de bois carrée, dont les deux bouts sont percés, et la fait entrer dans deux forts pieux de bois ferrés par le bout. Les fils qu'ils emploient n'ont pas une aune de longueur et ils sont obligés de les nouer à chaque instant, mais ces nœuds sont faits avec tant de soin qu'ils ne paraissent pas dans la toile ; les pièces de pagne qui ont ordinairement 4 à 5 aunes de longueur sur 3 à 4 de large se vendent 4 et 5 piastres, quand elles sont très fines ; il faut au moins trois mois pour en faire une.

Outre ces différents produits, les Malegaches font encore de la poterie et diverses pièces d'orfèvrerie. Mais, en général, ils sont plutôt pasteurs, agriculteurs et pêcheurs que fabricants. Du reste, la propriété n'y est pas constituée comme en Europe. Celui qui veut faire un *tavé* (cultiver un champ), choisit un endroit à sa convenance et met le feu aux arbustes et aux plantes qui y croissent ; il attend, pour cette opération, un jour où la brise souffle avec force. C'est en cela que consiste la prise de possession ; mais le terrain brûlé ne lui appartient que jusqu'à la récolte. Si, après cette préparation, un autre venait le cultiver, un troisième l'ensemencer et un quatrième récolter, la moisson appartiendrait au premier, c'est-à-dire au laboureur.

On trouvera, dans l'un des chapitres qui suivent, les détails relatifs au commerce spécial de Madagascar.

Nous avons parlé, plus haut, du code anglo-hova promulgué le jour du couronnement de Ranavalo II. Nous en avons fait connaître les principaux articles. Nous donnons, ici, par surcroît et à titre historique, le texte de l'*ancien code hova* en vingt-six articles, édicté par Andrianampouine, père de Radama Iᵉʳ, et que le lecteur pourra comparer avec celui de 1868.

Voici ces vingt-six articles :

Article premier. — Il y a peine de mort, vente des femmes et des enfants et confiscation des biens : 1° pour la désertion à l'ennemi ; 2° pour celui qui cherchera à se procurer les femmes des princes et ducs ; 3° pour celui qui cache une arme quelconque sous ses vêtements ; 4° pour celui qui fomente une révolution ; 5° pour celui qui entraîne des hommes en dehors du territoire hova ; 6° pour celui qui vole les cachets et contrefait les signatures ; 7° pour quiconque fornique avec les vaches ; 8° pour qui découvre, fouille ou dénonce une mine d'or ou d'argent (1) ; 9° les ducs ne peuvent perdre leurs femmes et leurs enfants que pour les crimes ci-dessus.

Article deux. — Celui qui répand de faux bruits en dehors d'Andohalo (place publique de Tananarive) ou du champ de Mars sera lié par ceux qui l'entendront et conduit aux juges.

Article trois. — Celui qui fera emploi de faux poids, fausses mesures et qui profite de sa force pour obliger un individu à lui acheter ou à lui vendre, est declaré coupable.

Article quatre. — Je n'ai d'ennemis que la famine ou les inondations. Quand les digues ou rizières seront brisées, si les avoisinants ne suffisent pas pour les arranger, tout le peuple devra donner la main pour en finir tout de suite. Si la digue de Vohilara (rizière en avant de Tananarive) est avariée, tout le peuple se réunira pour la réparer immédiatement.

Article cinq. — Quand il y aura une corvée, et que parmi ceux qui doivent cette corvée il y en ait trop peu ou qui soient malades, celui qui est chargé de cette corvée, s'il paye les hommes pour le remplacer et qu'ensuite il fasse payer plus cher qu'il n'a réellement donné, celui-là est coupable.

Article six. — Celui qui, dans un procès, corrompt ou cherche à corrompre les juges, perd son procès et est condamné à cin-

---

(1) Le nouveau code anglo-hova de 1868 ajoute à la défense de dénoncer les mines d'or et d'argent celle de signaler les mines de diamants !

quante piastres d'amende, et, s'il ne peut pas payer cette amende, il est vendu.

Article sept. — Celui qui achète aux blancs ou aux peuples soumis aux Hovas et qui emporte la marchandise sans la payer sera saisi et vendu, ainsi que tous ses biens, pour payer la valeur des marchandises qu'il a emportées.

Article huit. — Celui qui achète un objet et qui donne un acompte, si ensuite il n'a pas assez d'argent pour payer la somme entière, est obligé de rendre l'objet et perd son acompte.

Article neuf. — Quand vous aurez donné à vos propres enfants ou à ceux que vous aurez adoptés une partie de vos biens et que plus tard vous ayez à vous en plaindre, vous pourrez les déshériter et même les méconnaître.

Article dix. — Si un orphelin ne se conduisait pas bien envers ses grands-parents, ces derniers peuvent le méconnaître, quand bien même il serait soldat.

Article onze. — Quand vous prendrez un enfant pauvre et que vous l'élèverez comme votre enfant, si, après votre mort, il réclamait une partie de vos biens, il ne pourrait rien avoir, à moins qu'il ne prouve par témoins que vous l'avez adopté comme fils.

Article douze. — Si vous employez de faux témoignages pour un procès, vous perdez ce procès et vous êtes condamné à perdre la moitié de la valeur de ce que vous réclamez.

Article treize. — Si quelqu'un veut faire un procès pour un terrain que vous aurez acheté, mais dont le vendeur est mort depuis la vente, il perdra son procès et sera condamné à cinquante piastres d'amende.

Article quatorze. — Si quelqu'un emmène un esclave sans la permission de son maître, il est condamné à rendre l'esclave et à en payer le montant à titre d'amende.

Article quinze. — Les esclaves de la province d'Imerne ne peuvent être vendus en dehors de cette province. Si quelqu'un s'écarte de cette loi, il est déclaré coupable.

Article seize. — Si quelqu'un fait paître des bœufs dans des pâturages qui appartiennent à un autre et qu'il ne retire pas ses bœufs à la première sommation, il sera condamné à une piastre d'amende par bœuf.

Article dix-sept. — Si vous avez des peines ou des chagrins, soit hommes, femmes ou enfants, faites-en part aux officiers et aux juges de votre village, afin que vos peines ou vos chagrins me parviennent.

Article dix-huit. — Quand un homme ivre se battra avec le premier venu, lui dira des injures ou détériorera des objets qui ne lui appartiennent pas, liez-le et, lorsqu'il aura recouvré la raison, déliez-le et faites-lui payer les dégâts qu'il a commis.

Article dix-neuf. — Ceux qui auront acheté de la poudre et des fusils ont ordre d'apporter cette poudre et ces fusils au gouvernement et ils ne seront pas considérés comme coupables, parce que la poudre et les fusils ne peuvent appartenir qu'aux soldats.

Article vingt. — Si, quand vous jouez ou parlez, vous vous servez d'argent qui n'est pas à vous, vous serez condamné à rendre cet argent, plus à vingt piastres d'amende.

Article vingt et un. — Soyez amis tous ensemble, entendez-vous bien, parce que je vous aime tous également et ne veux retirer l'amitié de personne.

Article vingt-deux. — Un chef ou un commandant qui dit à ceux qui sont sous ses ordres de lui prêter la main pour un travail qui lui est personnel et qui garde rancune à celui qui n'aura pas voulu lui prêter son concours et qui lui fait supporter sa rancune dans le service, sera considéré comme coupable.

Article vingt-trois. — Vous êtes chef et vous avez du monde sous vos ordres : si un chef, plus gradé que vous, vous prie de lui donner la main pour un travail à lui et que vous employiez à cet effet mon peuple pour avoir ses bonnes grâces, je vous considère comme coupable.

Article vingt-quatre. — Vous êtes grand, chef, etc. : on place chez vous de l'argent, parce qu'on a confiance en vous. Si plus tard ce chef ne veut pas rendre et qu'il soit prouvé qu'il a été vraiment dépositaire de la somme qu'on lui réclame, il sera condamné à rendre la somme et à payer une amende de cent piastres.

Article vingt-cinq. — Celui qui fabrique des sagayes est coupable.

Article vingt-six. — Celui qui aura des médecines qui ne lui viendront pas de ses ancêtres, ordre de les jeter.

Articles additionnels et de sanction générale.

Article vingt-sept. — Celui qui ne respecte pas certains dons et usages qui viennent d'Andrianpouérine payera cent piastres d'amende.

Article vingt-huit. — Celui qui ne suivra pas nos lois sera marqué au front et ne pourra pas porter les cheveux longs, ni aucune toile propre, ni le chapeau sur la tête (1).

Voici, dans la pratique, quelles sont les mœurs judiciaires du pays. Parmi ces coutumes, surtout chez les Sakalaves de l'ouest, figure le *droit d'arehar*, de *ariary*, piastre, sorte de droit de mutation après décès, dont la quotité n'est pas fixée et prélevé sur les marchandises quelconques laissées par le chef d'une opération commerciale qui vient à décéder sur le territoire du roi ; c'est au profit de ce dernier qu'a lieu la perception. Il y a, en cette occurrence, matière à discussion : de là, procès, *kabar*. Si le défunt et le roi n'étaient pas liés par le serment du sang, on paie généralement moins ; mais s'ils étaient *frères de sang*, les prétentions du roi sont bien plus élevées, par ce motif que, d'après ses lois, un frère doit hériter de son frère. A entendre le premier orateur de la couronne, le roi devrait appréhender l'héritage tout entier ; mais sa thèse ne manque pas d'être combattue par l'avocat (il y a des avocats à Madagascar) qui défend les intérêts de la succession, auquel répliquent d'autres avocats du parti royal, cette fois plus modérés dans leurs réclamations. Ils parlent, presque en termes attendris, du défunt qui était leur ami, qui était l'ami, le frère du roi ; ils expliquent qu'en cette qualité le souverain a incontestablement droit à l'héritage, mais qu'il faut également prendre en considération que le *de cujus* a un père, une mère, des frères et sœurs, des enfants peut-être, auxquels revient le succession et que ces héritiers ne doivent pas être dépouillés. Enfin, après avoir discuté assez longtemps, on arrive, en manière de conciliation et eu égard à la quantité de marchandises laissées par le propriétaire,

---

(1) Ce code a été recueilli à Madagascar, en 1863, par M. Charnay. M. Jules Duval l'a publié dans l'appendice de son livre *les Colonies et la politique de la France coloniale*, p. 499.

à convenir que le roi se contentera de prendre soit 15, soit 10 objets de chaque sorte. Tel est le *droit d'arehar*. Ajoutons que, chez les Sakalaves, le roi, en général, prend tout ou peu s'en faut.

Les faits considérés crimes ou délits, ainsi que les lois qui servent à leur répression, sont à peu près les mêmes pour toutes les peuplades de l'île et se conservent par la tradition orale. Chez les Sakalaves, les individus particulièrement chargés de ce soin sont nommés *ampiassy-firazanga* et les lois ou coutumes elles-mêmes *fitera*.

Les principaux faits que la loi sakalave, qu'il ne faut pas confondre avec les lois hovas, reconnaît comme crimes ou délits sont : la sorcellerie, la profanation des tombeaux, le meurtre sous toutes ses formes, le vol, les voies de fait envers un homme libre, la calomnie, l'adultère et l'insolvabilité.

Les peines applicables aux délinquants sont la mort, l'esclavage et l'amende.

Les causes, soit civiles, soit criminelles, sont jugées en *kabar* (assemblée) par un jury de notables pris dans la classe même de l'accusé. L'information s'établit ordinairement par témoignage et par serment. Le témoignage est une déclaration pure et simple, relative aux faits du procès. Le serment est une imprécation portée conditionnellement contre une personne qu'on cite et par laquelle on rend en quelque sorte cette personne responsable de la vérité de ce que l'on avance. La formule usitée est celle-ci : « Si ce que je dis est faux, que tel individu soit foudroyé! » ou bien « qu'il soit changé en tel animal! » Le serment a d'autant plus d'influence sur les juges que la personne sur laquelle porte l'imprécation est plus puissante; car il doit alors attirer bien plus de dangers sur son auteur. S'il est reconnu que celui-ci a fait un faux serment, il devient l'esclave de la personne par laquelle il a juré. Les parties sont tour à tour entendues devant le jury; toutes les fois que l'une d'elles affirme une chose par serment, l'autre, si elle nie, doit aussi jurer pour appuyer sa dénégation. A chaque preuve évidente fournie par l'accusateur, à chaque témoignage en faveur de l'accusé, les juges mettent dans un vase un petit morceau de bois, l'avocat parle alors et défend l'accusé : il n'est payé qu'en cas de gain du procès, comme le médecin en cas de guérison ; puis, les débats étant clos, on compte le nombre de preuves pour et contre, représenté par celui des morceaux de bois contenus dans chaque vase, et le jugement est rendu à l'avantage de la partie en faveur de laquelle ce nombre est le plus grand.

Si l'information faite par témoignage et par serment n'a pas suffi pour édifier complètement la conviction des juges et que l'accusé nie absolument le fait qu'on lui impute, on en vient alors aux épreuves judiciaires, assez analogues, quant au but, à celles employées au moyen âge en Europe, sous le nom de *jugements de Dieu*. Ces épreuves sont faites chez les Malegaches par l'eau, par le feu et par le poison. L'épreuve par le poison s'accomplit au moyen du tanguin.

Quand l'accusé est soumis à l'épreuve du tanguin, l'accusateur, s'il n'est d'une classe supérieure à la sienne, doit aussi subir cette épreuve et, dans ce cas, le jugement est rendu en faveur de celui des deux qui a le moins souffert du poison. Dans le cas contraire, l'opinion des juges se forme d'après la manière dont le patient supporte l'épreuve, appréciation qui est sans doute influencée par les préventions existant déjà pour ou contre lui dans leur esprit, à la suite de l'information préliminaire.

Si l'innocence de l'accusé demeure prouvée par le témoignage et le serment seuls, l'accusateur doit lui payer une forte indemnité ; mais, lorsque c'est par l'épreuve judiciaire et que l'accusateur est d'une classe inférieure à celle de l'accusé, il devient l'esclave de ce dernier. S'ils sont tous les deux de la même classe, l'accusateur est condamné à la peine qui aurait atteint l'accusé, au cas où celui-ci aurait été reconnu coupable. Enfin, si la culpabilité de l'accusé est reconnue, le jury lui applique la peine assignée par la loi au crime ou au délit qu'il a commis.

La sorcellerie et la profanation des tombeaux entraînent toujours la peine de mort.

L'individu coupable de meurtre ou d'empoisonnement est ordinairement livré aux parents de la victime, qui peuvent ou le tuer ou le réduire en esclavage ou le forcer à payer une forte somme, soit en argent soit en bœufs, selon qu'il est d'une classe inférieure, égale ou supérieure à la leur.

Le vol est puni par l'esclavage, s'il est de quelque importance, et par une amende du double de l'objet volé, si cet objet est de peu de prix.

Quiconque a manqué au respect dû aux ancêtres d'un autre, est condamné à lui payer une amende proportionnée à l'insulte.

Tout fait qui peut causer un dommage matériel ou moral à un individu de condition libre, emporte, pour celui qui en est l'auteur et au profit de celui qui l'a éprouvé, une amende fixée par le jury, proportionnellement au dommage.

Les épreuves judiciaires se faisaient autrefois par l'eau, par le feu, par le poison.

L'épreuve par l'eau était usitée surtout aux environs du fort Dauphin, dans la partie méridionale de l'île. L'accusé était conduit au pied de la roche d'Itapère, et là c'est le plus ou moins de brise ou le degré d'élévation de la marée qui décidait du sort des infortunés que l'on y exposait. Ils devaient se tenir debout, les mains appuyées sur le rocher fatal et les jambes dans la mer jusqu'aux genoux, pendant un intervalle de temps dont la durée était fixée. Si les vagues qui viennent toujours se briser avec fracas sur les récifs dont cette côte est hérissée ne leur couvraient qu'une partie des cuisses, ils étaient proclamés innocents. Mais, si par malheur une goutte d'eau détachée de la lame venait à mouiller la partie supérieure de leur corps, ils tombaient à l'instant percés de plusieurs coups de sagayes.

L'épreuve par le feu se faisait au moyen d'un fer chaud que l'on passait sur la langue de l'accusé. S'il n'en résultait rien pour lui, il était libre. Dans le cas contraire, une fin semblable à celle qui terminait l'épreuve par l'eau lui était réservée.

Quant à l'épreuve par le poison, c'est, nous l'avons dit, le tanguin qui en était l'instrument.

Le *tanguin* est, comme on sait, un grand et bel arbre, le *tanguinia veneniflua*, la tanghinie vénéneuse des botanistes européens. Il porte un fruit de forme oblongue qui, arrivé à sa maturité, est de la grosseur d'une pêche et d'une couleur rougeâtre. Le suc de son noyau, pris à une dose connue, a la propriété de coaguler le sang plus ou moins vite, en occasionnant d'affreuses convulsions et d'abominables souffrances. Le lecteur a trouvé, dans les chapitres précédents, tous les détails qu'il est superflu de répéter ici sur ce supplice aujourd'hui aboli chez les Hovas, mais qui subsiste encore chez les peuplades indépendantes où il s'inflige, non par le tanguin, mais par les poisons ordinaires.

Les Malegaches, divisés en tribus, subdivisées elles-mêmes en villages, sont, comme tous les peuples placés dans les mêmes conditions politiques, gouvernés par des chefs dont le pouvoir est plus ou moins grand, selon que la population qui leur obéit est plus ou moins considérable. Chaque village a son chef et chaque chef a ses *ampitakhs* ou ministres chargés de faire connaître ses volontés ; ce mot signifie littéralement *parleurs*. Son pouvoir absolu dans la forme ne l'est cependant pas de fait ; il est pondéré par un conseil des principaux habitants et des vieillards, qui apportent dans la gestion des affaires qu'on leur soumet leur sagesse et leur expérience et les règlent au moyen des coutumes et des lois transmises oralement par la tradition et dont la conservation intacte est confiée à une mémoire que son peu de préoccupations met à l'abri de l'inexactitude. Ces affaires se traitent dans une assemblée générale ou kabar présidé par les chefs et les anciens du pays. C'est là que tout se décide ; la guerre ou la paix, les travaux relatifs à l'agriculture, les procès, en un mot tous les actes qui intéressent la communauté. La manière de procéder dans ces kabars est à peu près la même chez toutes les peuplades, sauf les modifications qui résultent de la forme différente de leur gouvernement. Ces réunions ont ordinairement lieu en plein air, au pied de quelque tamarinier voisin du village ou sous un hangar consacré à cet usage. Toute la population a le droit d'y assister : en certaines circonstances, cependant, quand l'entreprise qu'on veut y discuter doit rester secrète, l'assemblée se tient la nuit dans quelque endroit écarté et on en éloigne avec soin tous ceux qui ne doivent pas y prendre part.

Depuis l'usurpation des Hovas et le règne de Radama, les formes de ce gouvernement local n'ont pas changé, mais on l'a subordonné à un système plus vaste, plus compliqué et qui permettait de faire sentir d'une manière continue aux populations soumises le joug qu'elles subissent.

Chaque province est gouvernée par un commandant et divisée

en un certain nombre de districts à la tête desquels est un fonctionnaire soumis au premier. Mais ce gouvernement n'a que les formes extérieures de celui des États civilisés, il en a tous les défauts sans aucun des avantages, c'est de la fiscalité de bas étage sous un semblant d'ordre, à la faveur de laquelle l'esprit sordide et rapace des Hovas, chefs et subordonnés, se donne carrière sans aucune pudeur.

Chaque jour Ranavalo et ses ministres confisquaient quelques propriétés à leur profit, chaque jour l'impôt pèse plus durement sur les Malegaches et le système des confiscations s'étend de plus en plus.

Chaque chef de village est chargé de recueillir l'impôt et répond du paiement; il remet la recette à des officiers hovas qui passent de temps en temps dans les villages. S'il y a retard de paiement, le chef est vendu. Toute famille payait annuellement à la reine un ballot de riz en paille; c'est le *var-zé* (riz de la main). *Zé* veut dire longueur de la main. C'était la grandeur cube du ballot d'impôt par famille. Aujourd'hui on ne paie plus par famille, mais par case et on exige des ballots de 15 à 20 pouces. Depuis 1837 un nouvel impôt a été établi : tous les ans, en décembre, chaque tête libre paie en argent le poids d'un grain de riz. Les femmes des Européens, autrefois exemptes, sont aujourd'hui soumises à l'impôt. En 1835 on essaya d'imposer les esclaves. On demanda un *kiroubo,* environ le quart d'une piastre d'Espagne. Les malheureux Malegaches, avertis d'avoir à payer à certains jours, faisaient d'inutiles efforts pour trouver de l'argent, si rare dans le pays. Quelques-uns donnèrent jusqu'à trois bœufs pour avoir un kiroubo. L'agitation fut si grande, que les chefs hovas des provinces craignirent un soulèvement; ils annoncèrent qu'ils allaient écrire à la reine et l'affaire n'alla pas plus loin.

Tout Malegache riche est dépouillé par le *tsitialenga* (qui ne ment pas); c'est une sagaye en argent. Un Hova arrive avec des soldats, il entre dans la case, pique en terre la sagaye d'argent. Le maître du logis fait le salut de la reine en donnant un kiroubo au tsitialenga, représentant de Ranavalo. Alors commence le kabar. On accuse le chef de famille d'incivisme, de manque de dévouement à la reine, sur la déposition du premier venu qui témoigne par peur. On *amarre* l'accusé et on l'envoie juger au chef-lieu. S'il perd, on lui prend toute sa fortune ; s'il gagne, on ne lui en retient que la moitié.

Les propriétés des Hovas sont un peu mieux respectées. Cependant, à Imerne, chacun cache sa richesse, de peur d'en être dépouillé par les exactions.

L'art de la guerre est encore dans l'enfance à Madagascar, même chez les Hovas, que des écrivains anglais ont représentés comme capables de lutter contre des troupes européennes. Les Sakalaves n'ont dû la supériorité militaire qu'ils ont eue pendant longtemps sur les autres peuples de l'île, qu'à leur intrépidité et au grand nombre d'armes à feu qu'ils possédaient. L'usage de fortifier les villages n'existe pas chez eux. Trop puissants pour qu'on vînt les attaquer sur leur territoire, ils négligèrent jadis cette mesure de sûreté, nécessaire principalement pour la guerre défensive, et ne l'ont pas prise, aujourd'hui qu'ils sont affaiblis.

Les Sakalaves, comme tous les Malegaches guerriers, marchent toujours armés. Les armes dont ils se servent sont la sagaye et le fusil. Un fusil est pour eux un objet des plus précieux. Ils aiment à en faire parade et en ont un soin très grand ; ce soin s'exerce principalement sur les parties en fer qu'ils tiennent toujours brillantes et parfaitement polies. Leur équipement se compose d'une poudrière, portée en bandoulière, et d'un ceinturon en cuir ; la poudrière est faite d'une corne de bœuf, souvent ornée de plaques d'argent. Au ceinturon est attachée une espèce de giberne, dans laquelle ils mettent des brosses et quelques chiffons pour l'entretien de l'arme ; des balles, percées à leur diamètre et enfilées une à une ou plusieurs à la fois, sont symétriquement suspendues à ce ceinturon. Ils mettent toujours plusieurs balles dans leur fusil, avec une quantité de poudre en proportion, de telle sorte que la charge n'occupe pas moins de cinq à six pouces du canon.

Lorsque la guerre est résolue, ce qui a lieu d'après la décision des kabars, tout homme libre ou esclave devient soldat, s'il n'en est empêché par son âge ou par des infirmités. Il prend, en outre de ses armes, quelques munitions et un peu de riz, et se rend au lieu du rassemblement. Une fois en campagne, les Malegaches n'observent aucun ordre de marche. Le peu de provisions qu'ils avaient emportées étant épuisées, ils vivent de rapine, tant qu'ils sont sur leur territoire ; arrivés sur celui de l'ennemi, c'est aux dépens de ses plantations qu'ils subsistent. Les villages qu'ils rencontrent sont alors pillés ou incendiés. Le moindre obstacle arrête souvent leur marche pendant plusieurs jours. S'ils ont une rivière à traverser, ce qui arrive fréquemment à Madagascar, ils tâchent de se procurer des pirogues ou fabriquent des espèces de radeaux, sur lesquels ils passent successivement ; mais ils préfèrent encore rechercher les endroits guéables. Quand ils sont arrivés auprès de l'ennemi, ils se placent autant que possible sur une éminence, ou se couvrent d'un bois, ou enfin se retranchent derrière une rivière ou un marais pour éviter une surprise.

C'est à l'ampisikidy ou devin qu'il appartient de fixer le jour d'une bataille ; c'est lui qui désigne les jours heureux et malheureux, et on ne fait rien sans le consulter.

On a recours aussi à diverses pratiques superstitieuses pour effrayer l'ennemi et le rendre lâche au combat.

Quand le jour de l'action est arrivé, les Malegaches s'avancent confusément vers leurs adversaires, en s'étendant le plus possible ; si ceux-ci ne croient pas devoir en venir aux mains et ne sortent pas de leurs retranchements, la journée se passe alors en vaines provocations et en propos insultants de l'autre part. Si l'ennemi accepte le combat, les deux partis, après avoir échangé quelques coups de fusil et lancé quelques dizaines de sagayes, s'attaquent tumultueusement à grands cris. Celui des deux qui tient bon quelques instants et tue quelques hommes à l'autre, est presque sûr de la victoire. Les Malegaches n'ont aucune idée d'une retraite régulière, et s'ils sont contraints de céder le terrain, la fuite la plus précipitée est leur seule ressource pour échapper à un ennemi victorieux.

Après un combat où ils ont eu l'avantage, rien n'est comparable à leur arrogance. Il n'y a pas eu quelquefois plus de quatre ou cinq hommes tués dans l'affaire, mais les armes de chaque combattant n'en sont pas moins teintes de sang, en témoignage de sa bravoure.

Les ruses de guerre abondent chez les Malegaches. En voici une : une peuplade, en guerre avec une autre, creuse sur son territoire des fossés profonds, recouverts de branches d'arbres, au-dessus desquelles on étend une couche de gazon qui ressemble à s'y méprendre, au sol naturel. On feint une attaque avec une partie des combattants, tandis que l'autre s'embusque à l'entour des fossés. Si l'ennemi résiste, on se replie dans la direction des excavations adroitement dissimulées, en se sauvant à toutes jambes : l'ennemi, emporté par la chaleur de la poursuite, tombe dans le piège. Alors commence un carnage impitoyable, à coups de sagaye, des infortunés auxquels toute retraite est impossible. C'est de cette façon qu'ont péri, il y a quelques années, cent cinquante Antanosses, dans une guerre contre les Bares.

Si une tribu de Malegaches a été porter les armes au dehors et qu'ils aient eu du succès, ils rentrent chez eux au bruit des chants et des danses de leurs familles, étalant avec orgueil leur butin et suivis des captifs qu'ils ont faits. S'ils sont attaqués chez eux par des forces supérieures aux leurs ou que, surpris par les agresseurs, ils n'aient pu se réunir en assez grand nombre pour opposer de la résistance, ils se réfugient dans les bois et y restent, vivant de racines, jusqu'à ce que l'ennemi ait évacué le canton. Chacun revient alors au lieu qu'il habitait, mais il cherche souvent en vain, au milieu des cendres et des ruines, les débris de sa case, heureux encore si une partie de sa famille n'a pas été emmenée en esclavage.

Le malagasy ou langue malegache appartient à cette grande famille des langues malaises, qui sont parlées depuis les côtes de Madagascar jusqu'à l'île de Pâques. Celles avec lesquelles il a le plus de rapports sont le malais proprement dit et, d'après Crawford, le dialecte de Bâli, la petite Java de la Malaisie hollandaise. C'est un idiome général qui semble s'être répandu par les voyages de mer dans cette immense étendue du globe, comme celui des Phéniciens et des Pélasges dans le périple de la Méditerranée ; langue de marins, composée d'éléments empruntés à toutes les côtes visitées. Le rapprochement que nous signalons ici n'est pas fondé sur ce que quelques mots leur sont communs, mais sur une comparaison générale de la structure et du génie des deux langues. Ainsi, par exemple, on remarque l'absence dans l'une et l'autre de déclinaisons indicatives du genre, du nombre, du cas ; l'adjonction de pronoms au nom par le moyen d'un changement dans leur forme, particulièrement lorsqu'il s'agit d'indiquer la possession ; la formation de verbes, au moyen de racines auxquelles on ajoute des particules préfixes, la même particule se modifiant selon les besoins de l'euphonie ; la disparition de la consonne devant ces préfixes ; la formation du participe actif au moyen d'un préfixe ; l'addition d'une terminaison enclitique au participe actif ; la formation d'une voix passive au moyen d'une particule inséparable ; la disposition de l'adjectif avant le nom, etc., etc. Mais un coup d'œil jeté sur la grammaire montre que les inflexions du verbe malegache sont bien plus nombreuses et bien plus subtiles que celles du verbe malais, surtout dans les cas de causalité et de réciprocité. Entre le malais et le malegache, il est évident qu'il y a, pour bien des mots, identité complète. D'autres mots présentent des nuances dans leurs voyelles, d'autres encore certaines altérations dans leurs consonnes. Les principales racines du malegache, dans les mots usuels, les noms de nombre, les noms des jours de la semaine, se retrouvent à Java, à Sumatra, à Timor, aux Philippines, aux Mariannes, et même, on peut le dire, dans tous les archipels de la Polynésie.

M. de Humboldt a signalé dans le malegache un certain nombre de mots sanscrits (1). Quant à l'influence des langues sémiti-

(1) Si le lecteur veut approfondir la question de la langue malegache et de ses affinités, il trouvera les éléments de cette étude dans beaucoup d'ouvrages qui se rattachent à ce sujet. Les plus anciens ne sont pas les moins bien faits, depuis Flacourt et Challaud jusqu'à l'abbé Rochon, Chapelier, Froberville, Jacquet et Vincent Noël. Les Anglais ont aussi publié beaucoup de travaux sur cette question ; Robert Drury, Freeman, Ellis, ont donné des dictionnaires malegaches. Dans *Three visits to Madagascar* (Appendice), 1859, on trouve des remarques sur le langage malagasy. On en rencontre aussi dans les diverses grammaires de Griffitts et de Baker. Cette dernière a été éditée à Maurice en 1845 sous le titre d'*Essai de grammaire malegache*. Le père Weber, après dix ans de travail, a publié, en 1855, à l'île Bourbon, sa *Grammaire élémentaire malegache*. L'ouvrage du P. Weber est un chef-d'œuvre magistral de science philologique, qu'il sera difficile de dépasser et même d'égaler. Enfin, en 1872, marchant sur des traces du père Weber, le père Laurent Ailloud a donné une petite grammaire in-18 sous ce titre : *Grammaire malegache-hova* (Tananarive, imprimerie de la Mission catholique), ornée du portrait en photographie du père Ailloud et de son élève Ratahiry, prince malegache. Enfin un *Dictionnaire français-malegache et male-*

ques sur l'idiome malegache, l'immigration arabe des côtes du golfe d'Oman suffit à l'expliquer pleinement. Il en est de même des mots malegaches appartenant à la langue des Cafres. Il est à remarquer, toutefois, que, malgré cette alluvion du langage africain sur les rives occidentales de Madagascar, les nègres de la côte de Mozambique, qui sont les plus rapprochés de la grande île indienne, ne peuvent s'entendre avec les Malegaches que par le secours d'un interprète.

On peut dire que l'île de Madagascar n'a qu'une seule langue. Il existe des variétés de dialectes, mais elles ne sont ni assez nombreuses, ni assez fortement marquées pour que les habitants des différentes parties de l'île trouvent quelque difficulté à converser entre eux. Les bases de la langue, son génie, sa construction, ses racines sont les mêmes partout.

Le malagasy ou malegache a beaucoup de précision philosophique; il est capable d'une grande énergie et d'une grande beauté d'expression. Sa structure est simple et facile, bien qu'elle admette une variété infinie, combinée avec l'élégance. Tout en manquant de termes abstraits, il possède une admirable flexibilité, fondée sur des principes fixes et les lois de l'analogie, ce qui fait que l'on éprouve peu de difficultés à communiquer de nouvelles idées aux Malegaches. Dans quelques cas, il pourrait paraître redondant, les objets avec lesquels les indigènes sont sans cesse en contact prenant une foule de noms qui n'offrent toutefois que de faibles nuances dans leur signification.

L'absence d'un verbe substantif correspondant à l'*esse* des Latins est compensée par un mode de structure très abondamment employé dans le malegache et qui constitue un des caractères distinctifs de cette langue; c'est au moyen d'évolutions dans les adverbes et les prépositions qui leur font exprimer le passé ou le présent.

gache-français, en deux volumes in-12, a paru en 1853-55 à la Réunion, avec cette indication : *Établissement malegache de Notre-Dame de la Ressource, île Bourbon*. Cet ouvrage n'est que la reproduction du dictionnaire des R. Freeman et Johns qui avait été imprimé à Tananarive même en 1835. La plus récente publication en ce genre que nous connaissions est la *Grammaire malegache*, avec Recueil de proverbes, par Marin de Marre, professeur de langues orientales; Paris, 1876 (chez Maisonneuve, quai Voltaire, 15).

On trouve une analogie de plus entre le malegache et le malais dans la même abondance de voyelles sonores. Sa nomenclature présente une foule de termes pour lesquels la plupart de nos langues européennes n'auraient pas d'équivalents ou qu'elles ne peuvent rendre que par des phrases entières destinées à expliquer certains mots, en les décomposant. C'est ainsi que pour exprimer les cornes d'un bœuf, le malegache fournit quelque chose comme trente mots différents, selon le volume, la forme, la direction de cette corne. Avec sa profusion de termes spéciaux, cette langue comporte une sorte de concision qui avec un seul mot exprime plusieurs pensées. Ainsi, l'acte d'aller chez soi se rend par un mot, *mody*, et l'idée plus complexe de sortir de chez soi et d'y revenir dans la même journée se traduit par un seul mot, *tampody*. Un village sur la route de Tamatave à Tananarive, perché sur une hauteur, se nomme en malegache *Mandrarahodi*, ce qui veut dire *obstacle pour se rendre à sa demeure*. Nous avons vu que la résidence de M. Laborde à Mantasoua avait été appelée par lui *Soatsimanananpoevana*, mot composé qui signifie *lieu charmant qui ne changera jamais*. On peut citer encore des noms de lieux : *Tranoumarou* (beaucoup de maisons), *Marou-aombi* (beaucoup de bœufs), *Ranou-mafana* (eau chaude), la forêt d'*Alamassoatra* (bois qu'il faut éclaircir), etc.

On a vu, plus haut, que presque tous les noms de provinces ou de villes sont des mots composés, comme, par exemple, *Bétanimènes*, formé de *bé* (beaucoup), de *tany* (terre) et de *mena* (rouge). Le nom des *Betsimsaracs* est formé de *bé* (beaucoup), de *tsé* (négation) et de *micarac* (séparé). Ainsi encore la capitale, *Antanarivou*, vient de *ant* (là), de *tanana* (village) et de *arivou* (mille), c'est-à-dire *là où sont les mille villages*.

Il n'y a dans les noms malegaches ni genres grammaticaux, ni nombres, ni cas. Des particules y remplissent le rôle qu'ont dans d'autres langues les flexions de la déclinaison. La distinction des substantifs et des adjectifs n'existe pas ou, du moins, le nombre des mots qu'on peut considérer comme adjectifs est tout à fait insignifiant. Les Malegaches emploient le substantif et disent, comme on commence à le faire à notre époque, le *vaisseau-fantôme*, le *roi-soliveau*, l'*arbre-éternité*, la *ville-lumière*, etc. Le grand nombre de substantifs rend, d'ailleurs, peu nécessaire l'emploi de l'adjectif.

Comme nous l'avons dit, la conjugaison ne se fait que par des particules préfixes. C'est ainsi qu'on distingue les temps, les modes, les voix.

Le mot *ra*, en malegache, a deux significations : il figure l'article *le, la, les*, dans le langage ordinaire; et, dans un sens plus relevé, il veut dire *mon roi, mon seigneur, mon maître*. Nous serions porté à le faire dériver du sanscrit *rajah*. C'est pour cela que tant de noms propres de hauts personnages commencent par la syllabe *ra*. Ainsi nous avons eu à parler successivement de Ra-dama, Ra-navalo, Ra-soahérina, Ra-koto, Ra-boude, Ra-harla, etc., etc. On rencontre aussi des noms malegaches précédés de ces deux syllabes *raini*. En voici l'explication. Les père et mère, à l'encontre de nos habitudes, prennent le nom de leur fils, en le faisant précéder de *raini*, père de, ou de *reinini*, mère d'un tel. Il semble qu'il y ait, dans cet usage, un motif d'émulation entre les enfants, heureux de glorifier leurs parents par leurs actes. Mais, en général, ce sont les pères qui font ce changement et cela seulement dans la classe bourgeoise; jamais un noble ne changerait son nom.

L'abondance de la langue malegache consiste non seulement dans les mots propres, mais dans la facilité que l'on a de former au moyen d'une simple racine et suivant des règles fixes, de nombreux dérivés, qui expriment ces nuances si variées que dans d'autres langues on est obligé de rendre au moyen d'adverbes, de prépositions, etc.

Quant à l'euphonie, le malegache a, comme toutes les langues de la même famille et par suite de l'abondance de certaines syllabes (*a, o, i*), une grâce et une harmonie qui se prêtent merveilleusement à la poésie et à la musique.

C'est, comme nous l'avons dit, de l'alphabet arabe que se servent les ombiaches; mais ceux-ci ont fait subir aux caractères qu'ils emploient différentes altérations, dont une consiste à marquer d'un point placé sous la lettre le *dal*, le *sai* et le *tha*, pour les mieux distinguer du *dzart*, du *dhal* et du *dha*, qui portent le même point en dessus. Les Malegaches modifient, en outre, la valeur de certaines lettres, donnant, par exemple, au *ya* initial la valeur du *Z*.

En passant par l'alphabet arabe, le malegache a subi une réaction : il a laissé perdre des prononciations que ce caractère ne pouvait représenter, tandis qu'il a été forcé d'en grouper souvent plusieurs sous un même signe. D'un autre côté, les philologues ont fait remarquer que, dans beaucoup de mots, les syllabes finales ne se prononcent pas et qu'on fait entendre, au contraire, dans la prononciation, des lettres qui ne s'écrivent pas. La matière sur laquelle s'écrit le malegache est l'écorce de l'*avo*, qui n'est pas toujours bien préparée, ce qui est une nouvelle cause d'altérations.

La Bibliothèque nationale possède un fonds de manuscrits malegaches ou, pour parler plus exactement, arabo-malegaches : ils sont au nombre de douze et proviennent, pour la plupart, de l'abbaye de Saint-Germain des Prés, à laquelle les Missionnaires les ont sans doute envoyés. Ce sont des recueils de prières, de formules magiques, écrites en arabe mêlé de quelques mots malegaches, avec des figures d'amulettes, des extraits du Coran, recueils acquis en 1820 à la vente Marcel. L'un de ces manuscrits arabes est interligné de mots latins ; il est consacré surtout à des formules de médecine et de magie : *de Morbis curandis et de Amuletâ*. L'interligne, en latin à peu près inintelligible, ne comprend que quelques pages dans le milieu du volume. Tous ces manuscrits sont écrits avec une encre épaisse et gommée faisant relief et sur un papier d'écorce très épais, comme l'*avo*.

Le plus curieux de tous est le manuscrit n° 1 (fonds Saint-Germain 502), qui est le plus petit et le plus mince. Il est de format in-quarto et présente cette particularité, qui le différencie des autres, qu'il est écrit sur un parchemin dur comme une peau de bœuf et en caractères hiéroglyphiques tracés au pastel. Il est inscrit au Catalogue sous cette rubrique : *Recueil de figures d'amulettes, de fétiches, de talismans*, etc. Entre les pages de ce singulier recueil, on trouve dessinés, d'un trait plus que primitif, de nombreux et bizarres objets et notamment la figure humaine, celle de quelques animaux et surtout de quelques insectes. On y voit aussi des croix de forme égyptienne. Ce manuscrit est-il un écrit hiéroglyphique ou seulement un recueil d'inscriptions ou de formules de magie ? C'est ce que personne jusqu'ici n'a pu préciser.

Dans l'aperçu sommaire que nous venons de tracer des ressources et des évolutions de la langue malegache, nous appelons l'attention du lecteur sur l'importante innovation qui, il y a un peu plus de cinquante ans, a amené dans cette langue un élément essentiel de vie ; nous voulons parler de l'adoption des caractères européens pour l'expression de la pensée des naturels. Jusque-là, les Malegaches ne connaissaient que les caractères et la phonétique des Arabes, et encore ceux-ci ne consentaient que difficilement à leur apprendre la langue arabe, dont la pratique était une sorte de mystère ; ils ne pouvaient donc avoir qu'une littérature orale, ou bien, si elle était écrite, une littérature arabe-malegache. Aujourd'hui, ils parlent et écrivent leur langue avec des caractères français, avec la prononciation française, qu'ils ont préférée à la prononciation anglaise. Il leur est loisible aujourd'hui d'avoir à Madagascar une véritable littérature malegache, originale et personnelle : c'est un nouveau triomphe de notre langue à l'étranger.

Nous avons dit que cette littérature, dans le passé, se composait de poésies et de chansons, de divers genres, selon les circonstances pour lesquelles elles sont composées, telles que les mariages, les funérailles, les cérémonies. Les Malegaches ont aussi des proverbes, dans lesquels ils excellent ; des fables, dont le tissu ou le sens sont, en général, empreints de puérilité. Plusieurs familles possèdent, dit-on, des poèmes légendaires qui racontent les faits héroïques des temps passés et dans lesquels on pourrait trouver peut-être des documents précieux sur l'histoire de l'île.

Quant aux sciences exactes, le peu qu'ils en savent leur vient des Arabes, qui leur ont enseigné les éléments de l'astronomie et de la médecine. Des docteurs de la cabale, venus de Mascate, les ont initiés aux prétendus mystères de l'astrologie.

Le poète Parny, qui était créole de l'île Bourbon, a publié dans ses *Mélanges* quelques chansons malegaches, qu'il a traduites en prose française et qui sont au nombre de douze. Elles roulent presque toutes sur l'amour ; une, cependant, est une invocation au génie du mal, *Niang*, pour le conjurer de ne pas contrarier l'esprit du bien, *Zanahary*. Parmi ces chansons, nous avons détaché pour nos lecteurs la plus jolie ; mais, nous ne serions pas éloigné de croire que le traducteur y a mis un reflet personnel de sa grâce de créole et de sa délicatesse de poète.

Cette chanson est intitulée

NAHANDOVA.

Nahandova, ô belle Nahandova, l'oiseau nocturne a commencé ses cris, la pleine lune brille sur ma tête et la rosée naissante humecte mes cheveux. Voici l'heure : qui peut t'arrêter, Nahandova, ô belle Nahandova ?

Le lit de feuilles est préparé ; je l'ai parsemé de fleurs et d'herbes odorantes : il est digne de tes charmes, Nahandova, ô belle Nahandova.

Elle vient. J'ai reconnu la respiration précipitée que donne une marche rapide ; j'entends le froissement de la pagne qui l'enveloppe : c'est elle, c'est Nahandova, la belle Nahandova.

Reprends haleine, ma jeune amie ; repose-toi sur mes genoux. Que ton regard est enchanteur ! que le mouvement de ton sein est vif et délicieux, sous la main qui le presse ! Tu souris, Nahandova, ô belle Nahandova.

Tes baisers pénètrent jusqu'à l'âme ; tes caresses brûlent tous mes sens : arrête ou je vais mourir. Meurt-on de volupté, Nahandova, ô belle Nahandova ?

Le plaisir passe comme un éclair : ta douce haleine s'affaiblit, tes yeux humides se referment, ta tête se penche mollement et tes transports s'éteignent dans la langueur. Jamais tu ne fus si belle, Nahandova, ô belle Nahandova.

Que le sommeil est délicieux dans les bras d'une maîtresse ! moins délicieux pourtant que le réveil. Tu pars et je vais languir dans les regrets et les désirs. Je languirai jusqu'au soir ! — Tu reviendras ce soir, Nahandova, ô belle Nahandova.

Nous avons donné au lecteur une idée des sentiments religieux des Malegaches qui se résument en un vague déisme.

Une grande partie de leurs proverbes se rapportent à la pensée d'un Dieu créateur dont la figure plane au-dessus des hommes et de leurs actions. Un de ces proverbes dit : *Aza ny loha mangingino no heverina, fa andriamanitra no ambony ny loha;* ce qui se traduit ainsi : « Il n'y a pas de vallon caché, car Dieu est au-dessus ». D'autres parmi ces proverbes sont ainsi formulés : « Le

Créateur peut tolérer le dérèglement moral de l'homme, car c'est lui qui règle toute chose; » ou bien : « Mieux vaut être coupable aux yeux des hommes qu'aux yeux de Dieu ».

Quant aux sentences morales où l'esprit philosophique puisse trouver sa place, en voici un petit nombre publiées par M. Lacaze (1) :

Riches, ne soyez pas orgueilleux : pauvres, ne vous découragez pas.
Il est difficile de trouver la fortune et on pleure pour l'avoir.
Ne charpentez pas un arbre encore debout.
Beaucoup veulent être de Rasalama, mais la maladie ne permet pas d'y arriver.
Beaucoup veulent avoir qui ne sont pas favorisés.
Ne regrettez pas ce qui n'est pas; chacun a son lot.
Veillez à votre bouche (à votre langue) : les taches faites avec la boue se lavent avec de l'eau; celles faites avec la bouche amènent des dépenses et des procès.
La pluie (*orana*) (le mot veut dire aussi *chevrette*) connaît la nouvelle lune; et moi, enfant des hommes, je ne connaîtrais pas les bons procédés dont on doit user réciproquement.
La foudre qui tombe n'a pas deux éclairs.

Au couronnement de la reine Ranavolo II, en 1868, les femmes chantaient en chœur sur son passage, au son de la musique instrumentale et en frappant dans leurs mains, la poésie malegache dont voici le texte, et qu'on trouve dans l'*Essai de grammaire* de Baker :

> Rabodo andrianampoienimerina,
> Au sud d'ambatonafondra,
> Au nord d'amboinsimika,
> A l'ouest d'amboimenandra,
> A l'est d'amborinzanahary,
>   Vivez Rabodo.
> Et vous, Ramboasalam (compétiteur au trône de Radama II),
> Et vous, Rakoto Radama,
> Et vos nombreux parents qu'on ne saurait compter,
> Des pièces d'argent forment le sol que vous foulez;
> Les angles de vos habitations sont des fusils;

---

(1) *Souvenirs de Madagascar*, p. 165.

Vous ne vous enorgueillissez pas de votre puissance.

L'enceinte que vous habitez est tapissée de lances et tapissée d'hommes, ô Rabodo andrianpoiemerina.

Comme un arbre qui croît seul dans le fleuve, peu ont le droit de l'abattre.

Vous êtes notre maîtresse.

La nouvelle lune de l'ouest, la pleine lune de l'est, les arbres d'Amboimanga, qui deviennent énormes, contemplent la jeune souveraine.

Rabodo règne là.

Les petits ont leurs biens et les grands ont les leurs.

On ne se heurte pas en route.

On ne se fatigue pas.

Vivez Rabodo.

Vous n'avez de haine contre personne.

Ceux qui ont leurs pères et leurs mères sont gros et gras.

Le Malegache aime à parler et à chanter. Pour son chant, le premier thème venu lui est bon ; il prend une parole quelconque, une phrase, un mot et le répète à satiété avec un chœur qu'il improvise, comme le font toutes les peuplades sauvages. La conversation fait ses délices ; il aime, il adore l'éloquence comme une mélodie ; il causera longtemps de choses futiles, au besoin de non-sens, et l'orateur de quelque talent trouvera toujours des auditeurs charmés de l'écouter.

Lorsque l'entretien vient à languir, on cherche et on improvise à la façon des sophistes une énigme, une charade (*rahamilahatra*), mot à mot, « des paroles qui s'alignent ». En voici un exemple : « Trois hommes, portant l'un du riz blanc, l'autre du bois coupé, le troisième une marmite et venant de trois directions différentes, se rencontrent près d'une source, dans un lieu aride, éloigné de toute habitation. Il est midi et chacun d'eux, n'ayant encore rien mangé, est fort désireux d'apprêter le repas, mais ne sait comment s'y prendre, puisque le maître du riz n'est pas le maître du bois et que celui-ci ne peut disposer de la marmite. Cependant chacun y met du sien et le riz est bientôt cuit. « Mais au moment du repas chacun réclame pour lui seul le déjeuner tout entier ; quel est le maître du riz cuit ? » Les auditeurs malegaches sont indécis, chacun des trois hommes paraissant avoir un droit égal au déjeuner. Voilà un bon thème à paroles.

C'est ce qu'ils appellent *faka-faka*, discussion, dispute ; chaque parleur peut en cette occasion faire preuve de son talent oratoire.

La tradition malegache fourmille de fables, de contes (*angano*), de proverbes (*ohabolana*), de charades et d'énigmes (*fa mantatra*), de sonnets, de ballades ou de propos galants (*rahamilahatra* et *tankahotro*).

Les contes sont d'habitude entremêlés de chants et chacun les raconte en y ajoutant un peu du sien. Les enfants les font invariablement précéder du prologue suivant : « *Tsikotonenineny, tsy zaho nametzy fa olombé taloha nametz mahy, k'omba fitsiaka kosa anao.* « Je ne mens pas, mais puisque de grandes personnes ont menti avec moi, permettez que je mente aussi avec vous. »

Voici une de leurs fables.

LE SANGLIER ET LE CAÏMAN.

Un sanglier de maraude suivait les bords escarpés d'une rivière où s'ébattait un énorme caïman en quête d'une proie. Averti par les grognements du sanglier, le caïman se dirige vivement de son côté : « Salut, lui dit-il. — Finaritra!... finaritra, répond le sanglier. — Est-ce toi dont on parle tant sur la terre? demande le caïman. — C'est moi-même... Et toi, serais-tu celui qui désole ces rives paisibles? répond à son tour le sanglier. — C'est moi-même, dit le caïman. — Je voudrais bien essayer ta force... — A ton aise, de suite si tu veux. — Tu ne brilleras guère au bout de mes défenses. — Prends garde à mes longues dents. Mais, dit le caïman, dis-moi donc un peu comment l'on t'appelle. — Je m'appelle *le père coupe-lianes sans hache, fouille-souches sans bêche, prince de la destruction;* et toi, peux-tu me dire ton nom ? — Je m'appelle *celui qui ne gonfle pas dans l'eau*; *donnez, il mange; ne donnez pas, il mange quand même.* — C'est bien, mais quel est l'aîné de nous deux? — C'est moi, dit le caïman : car je suis le plus gros et le plus fort. — Attends, nous allons voir. » En disant ces mots le sanglier donne un coup de boutoir et fait écrouler une énorme motte de terre sur la tête du caïman, qui reste étourdi sur le coup. « Tu es fort, dit-il après s'être remis ; mais à ton tour attrape cela. » Et lançant au sanglier surpris toute une trombe d'eau, il l'envoya rouler loin de la rive. « Je te reconnais pour mon aîné, s'écrie le sanglier en se relevant, et je brûle d'impatience de mesurer ma force avec toi. — Descends donc, dit le caïman. — Monte un peu, je descendrai. — Soit. »

D'un commun accord ils se dirigent sur une pointe de sable où le caïman n'avait de l'eau qu'à mi-corps. Le sanglier bondit alors, tourne autour de lui, évite sa gueule formidable, et saisissant l'instant favorable, il lui ouvre, d'un coup de ses défenses, le ventre, de la tête à la queue. Le caïman rassemble ses dernières forces, et profitant du moment où le sanglier passe devant sa gueule béante, il le saisit par le cou, le rive avec ses dents et l'étrangle. Ils moururent tous deux, laissant indécise la question de savoir quel était le plus fort. On tient ces détails d'une chauve-souris présente au combat.

Au dire des lettrés, cette fable, dans la bouche d'un Malegache connaissant bien sa langue et doué d'une imagination brillante, a beaucoup de mouvement et prend le ton élevé de l'ode et de l'épopée.

Un autre apologue rappelle de loin « le Renard et le Corbeau ».

LA COULEUVRE ET LA GRENOUILLE.

Une grenouille fut surprise en ses ébats par la couleuvre son ennemie ; la couleuvre la retenait par ses jambes de derrière. « Es-tu contente, demanda la grenouille ? — Contente, répondit la couleuvre en serrant les dents. — Mais quand on est contente on ouvre la bouche et l'on prononce ainsi : contente ! (en malgache *ravo*). — Contente, » dit la couleuvre en ouvrant la bouche. La grenouille se voyant dégagée lui donna des deux pattes sur le nez... et s'enfuit.

La morale est que l'on peut se tirer du danger avec de la présence d'esprit.

L'écriture n'ayant été introduite à Madagascar que tardivement sous Radama et par le sergent Robin, les peuples de cette île n'avaient point de signe, autrefois, pour conserver le souvenir des choses éloignées, hormis l'écriture arabe, réservée aux ombiaches ; mais, pour leur usage journalier, pour tenir le compte, par exemple, des marchandises qu'ils recevaient en dépôt, afin de les convertir en denrées du pays, ils avaient recours à trois ficelles d'inégale longueur et réunies par un bout, sur lesquelles ils marquaient par des nœuds les unités, les demies et les quarts de la subdivision de l'objet auquel elles étaient spécialement affectées. N'ayant point d'autres subdivisions que celles-là, sur le littoral du moins, leurs comptes se réduisaient ainsi à des opérations bien simples.

Ils avaient toutefois une numération parlée qui leur venait des Arabes et dont ils savaient au besoin se servir, en employant des grains de millet à la place des chiffres. Chaque nombre, jusqu'à dix, était exprimé par un mot différent, puis on disait : dix et un, dix et deux,... dix et neuf, deux dix et un, trois dix et un, ainsi de suite jusqu'à quatre-vingt-dix-neuf.

Voici, à titre de curiosité archaïque et philologique, les mots exprimant les nombres au temps de Flacourt et de nos jours.

	Au temps de Flacourt.	*Aujourd'hui.*
Un se disait	*issa* ou *iraiche*.	*isa* pour les choses, *iray* pour les personnes.
Deux —	*roc*	*roa, roy.*
Trois —	*talou*	*telo.*
Quatre —	*effats*	*efatra.*
Cinq —	*luni*	*dimy.*
Six —	*anem*	*enina.*
Sept —	*fitau*	*fito.*
Huit —	*valou*	*valo.*
Neuf —	*sivi*	*sivy.*
Dix —	*foulo*	*folo.*

Zatou, au temps de Flacourt comme aujourd'hui, voulait dire *cent*, et *arivou*, *mille*.

Le Malegache n'a point de mesure pour apprécier les distances. Pour lui un endroit est loin ou il est près et ce n'est que par l'inflexion de la voix qu'il désigne les points intermédiaires.

Quatre noms différents désignent quatre points du compas diamétralement opposés. Ces mots sont *tsmilots*, *antambone*, *varatraza* et *antambané*, qui correspondent, non pas à nos points cardinaux, mais au N.-E., au S.-E., au S.-O., au N.-O. Ces noms, réunis deux à deux ou trois à trois, marquent les aires de vents intermédiaires. Les Malegaches nomment ainsi nos quatre points cardinaux : le nord *avaratra*, l'est *atsinanana*, l'ouest *andrefana*, et le sud *atsimo*.

Le Malegache ne connaît pas plus les mesures de capacité que les mesures de pesage ; il n'a aucune expression qui s'y rapporte.

Il se contente de dire qu'un vase est grand et petit et que tel objet est lourd (*mavesatra*) ou léger (*maivana*), sauf chez les peuplades du centre, de l'est et du sud, qui emploient la balance, la romaine, et encore c'est le traitant qui possède la balance et non le Malegache.

Le *menalefo* (mesure de riz) n'a pas une valeur immuable. Chacun a la sienne et l'augmente ou la diminue à sa guise, selon qu'il y a abondance ou disette de grains. Le Malegache n'a pas l'usage des horloges, du calendrier, mais il connaît par tradition l'année, le mois, la semaine, les heures du jour.

Le soir en général s'appelle *hariva* et le matin *maraina*.

Le soleil se dit *masoandro*, mot à mot l'*œil du jour*.

Minuit. — Il l'appelle : *matok' alina* (la nuit noire);
De 1 h. à 2 h. du matin : *treny n'ombilahy* (où le taureau mugit);
3 h. du matin : *manieno akoho* (chant du coq);
4 h. du matin : *miraizava* (une légère clarté apparaît à l'horizon);
5 heures du matin : *mitatakany vodilanitra* (le ciel qui se brise, l'aube);
De 6 h. à 7 h. du matin : *ny fickarany ny masoandro* (lever du soleil);
7 h. et 8 h. du matin : *mahafana ny vohindravaina* (le soleil chauffe le revers des feuilles);
9 h. et 10 h. du matin : *tonga aratra* (le soleil a atteint la poutre de traverse des cases);
11 h. et midi : *miarina ny masoandro* (le soleil d'aplomb);
1 h. et 2 h. du soir : *mivezina ny masoandro* (le soleil décline);
3 h. du soir : *falak' andro* (le soleil commence à se briser);
4 h. et 5 h. du soir : *folak' andro malemy* (le jour est mou, bien brisé);
6 h. du soir : *ny fitsorany ny masoandro* (coucher du soleil);
7 h. du soir : *maisinany vodin ahitra* (où l'on ne voit presque plus les herbes, crépuscule);
8 h. du soir : *mahandro vary* (où l'on fait cuire le riz);
9 h. du soir : *ambarak' hoandry* (où le monde se dispose à dormir);
10 h. et 11 h. du soir : *manara vodimbilany* (où la marmite dans laquelle on a fait cuire à manger se refroidit).

Les mois de l'année ont tous un nom malegache :

Janvier . . . . *Atsia.*
Février . . . . *Volasira.*
Mars . . . . *Volamposa.*

Avril . . . . *Volamaka.*
Mai . . . . *Hiahia.*
Juin . . . . *Sakamasay.*
Juillet . . . . *Sakavé.*
Août . . . . *Volambita.*
Septembre . . . . *Asaramanta.*
Octobre . . . . *Asarabé.*
Novembre . . . . *Vatravratra.*
Décembre . . . . *Asotry.*

Mais la majeure partie des Malegaches ne se servent pas de ce calendrier. Ils désignent d'habitude chaque mois de l'année (*volana*) par les travaux auxquels ils se livrent à chaque lunaison pour la culture du riz. C'est le calendrier le plus en usage ; c'est du moins de la sorte que les Malegaches s'expriment journellement (1).

Voici ce calendrier agricole :

Janvier. — *Matoy vary horaka* (où le riz de marais est mûr).
Février. — *Matoy vary aloha* (où le riz planté en primeur est mûr).
Mars. — *Manerabary taona* (où le riz de la grande récolte commence à rapporter).
Avril. — *Misangobary* (où l'on récolte ce riz).
Mai. — *Mifira vary aloha* (où l'on fait de petits défrichés pour planter en primeur).
Juin. — *Manpakabary antohitra* (où l'on ramasse le riz dans les greniers).
Juillet. — *Mamboly vary aloha* (où l'on plante le riz en primeur).
Août. — *Manosy* (où l'on prépare le terrain des marais).
Septembre. — *Mifira* (où l'on fait les grands défrichés et où l'on plante le riz de marais).
Octobre. — *Miava vary horaka* (où l'on sarcle le riz de marais).
Novembre. — *Mamboly* (où l'on plante les grands défrichés).
Décembre. — *Miava vary taona* (où l'on sarcle le riz dans les défrichés).

(1) M. Laurent Cremazy, conseiller à la cour d'appel de la Réunion, vient de publier, en 1882 et 1883, dans la *Revue maritime et coloniale*, des notes sur les côtes occidentales et méridionales de Madagascar, notes qu'il tient, dit-il, de la bienveillance de M. Cavaro, capitaine au long cours, qui a voyagé pendant longtemps dans ces parages pour le compte d'une maison de Saint-Denis. Nous avons fait de nombreux emprunts, plus haut, et aussi dans les pages qu'on vient de lire, à ces notes d'autant plus précieuses qu'elles sont plus récentes.

Lorsqu'ils craignent de s'être trompés de mois, d'être en avance ou en retard, les Malgaches ont des remarques infaillibles : c'est la floraison de certains arbres, la ponte de certains oiseaux, l'apparition de petits requins dans les récifs, etc. Ainsi encore, « lorsque fleurit l'ambrevade », *Cajanus flavus* (pois d'Angole, aux Antilles), c'est que le mois de septembre est arrivé et qu'il est temps de défricher. Ces remarques n'impliquent pas que les Malegaches ignorent la marche naturelle des saisons. Bien au contraire, ils suivent très bien la succession des jours et des mois par lunes ; leurs métaphores indiquent seulement leur penchant poétique pour le langage figuré, penchant qui les rattache aux Asiatiques et notamment aux nations indo-chinoises.

Le Malegache compte deux saisons principales, l'été ou hivernage, *lohataona*, et le *ririny* ou saison sèche.

Les jours de la semaine ont les noms suivants (aucun n'est férié, chacun prend son repos quand il le veut) :

Dimanche	*Alahady.*
Lundi	*Alatsinainy.*
Mardi	*Talata.*
Mercredi	*Alarobia.*
Jeudi	*Alakamisy.*
Vendredi	*Zoma.*
Samedi	*Sabotsy.*

Il nomme la comète, *anakinta misy* (étoile qui a une queue) ; l'éclipse de soleil, *masoandro lo* (ou soleil pourri), l'inondation, *ranobe* (la grande eau). Pour lui, *rivotra*, c'est le cyclone ou seulement l'ouragan et même la forte brise (1).

Toutes les monnaies, chez les Malegaches, s'obtiennent en pesant de l'argent brisé en petits morceaux (*toroto-roibola*), sur une petite balance, avec quatre poids seulement : celui de 2 *voamena*, de *sikajy*, de *kirobo* et de *loso*. Au moyen de ces quatre poids et de 20 grains de riz en paille, les Malegaches obtiennent les plus petites monnaies de billon, à commencer par le centime.

Pour comprendre le système monétaire usité à Madagascar, il

---

(1) *Revue maritime et coloniale* (article de M. Crémazy) ; octobre 1882.

est indispensable d'expliquer que les poids servant au pesage de la monnaie ont été calculés et fabriqués d'après la valeur spécifique de la piastre mexicaine ou espagnole (5 fr. 50 c.), — qui était la seule monnaie ayant cours légal il y a vingt ou vingt-cinq ans, — pour la valeur de 5 francs. Depuis l'apparition des piastres françaises de 5 francs, les piastres mexicaines et espagnoles sont tombées en discrédit.

Nous craignons d'avoir abusé de la bienveillante attention du lecteur, en écrivant pour lui un chapitre aussi long, aussi chargé d'observations et de détails; il nous excusera, en songeant que notre tâche consistait à lui révéler les idées, les usages, les coutumes d'un grand pays. Toutefois, nous avons la conscience, en groupant tant de traits épars, d'avoir tracé un tableau fidèle des mœurs de cette curieuse et intéressante population.

CHAPITRE III.

TOPOGRAPHIE GÉNÉRALE DE L'ILE.

SOMMAIRE : Le pays des Antankares. — Description. — Territoire. — Population. — Habitations. — Villages. — Culture. — Mœurs. — Coutumes. — Religion. — Funérailles. — Diego-Suarez. — Louquez. — Vohémar. — Angoncy. — Antavarts. — Sainte-Marie. — Tintingue. — Baie d'Antongil. — Port-Choiseul. — Ile Marosse. — Description du pays des Betsimsaracs. — Leur origine. — Étymologie de leurs noms. — Les Ambanivoules. — Description de la baie de Fénériffe, de Tamatave et de Foulepointe. — Description du pays des Bétanimènes. — Ivondrou. — Andévourante. — Vabouaze. — Description de la route de Vabouaze, à Tananarive. — Les Bezonzons. — Description de cette vallée. — Les Affravarts. — Les Antatschimes. — Amboudehar. — Mananzari. — Les Anta'ymours. — Faraon. — Matatane. — Les Tsavouaï et Tsafati. — Les Antarayes. — Les Antanosses. — Description des pays d'Androy, de celui d'Ampate et des Caremboules. — Les Machikores ou Masikouras. — Les Vourimes ou Bares. — Les Betsiléos ou Hovas du sud. — Leur origine. — Les Kimos. — Les Hovas. — Province d'Ankôve. — Tananarive. — Étymologie de ce mot. — Imerne. — Description de Tananarive. — Origine des Hovas, anciens parias de l'île. — Caractère de cette tribu. — Leur industrie. — Marchés et foires à Tananarive. — Province d'Ancaye. — Les Antscianacs. — Province de Féérègne. — Pays des Mahafales. — Les Sakalaves. — Le Ménabé. — De Mazangaye et de Bombetock à Tananarive. — Le Bouéni. — Situation respective des Hovas et des Sakalaves.

Après avoir étudié l'île de Madagascar dans son ensemble, à la fois géographique et ethnographique, nous allons donner ici quelques détails sur les points les plus remarquables du pays et réunir sur chaque tribu les faits particuliers qui n'auraient pu trouver leur place dans les descriptions générales.

Le pays des Antankares porte, en malegache, le nom d'*Ankara*. Il embrasse l'extrémité la plus septentrionale de l'île, et s'étend vers l'est, du cap d'Ambre jusque, par 14° 25' vers l'ouest du même cap, à la rivière Sambirano, affluent de la baie de Passandava. Les Antankares forment la population principale de ce territoire qui a été cédé à la France en 1840.

Nous avons déjà fait remarquer leurs rapports physiques avec les Cafres. Ils sont plus taciturnes et moins tracassiers que les autres Malegaches. On doit ajouter aussi qu'ils sont moins intelligents et moins adroits. On ne trouve point chez eux, comme dans certaines contrées de l'île, de grandes associations d'hommes. On n'y rencontre que de misérables villages composés de 20 ou 30 cases, petites et peu solides. L'agriculture y est peu développée et cependant elle devrait mieux y prospérer qu'ailleurs, car ils ont de bonnes terres végétales d'autant plus précieuses qu'il y a ici moins de marécages que dans la partie fréquentée par les Européens et que l'on n'a pas à y redouter les inondations souvent funestes des côtes de l'est et du sud. Les Antankares cultivent un peu de riz, des ignames qu'ils nomment kambarris, du maïs, du manioc, des patates qui font avec du bœuf bouilli la base de leur nourriture. Ils plantent aussi des cannes à sucre, avec le jus desquelles ils composent, en y mêlant une infusion de certaines écorces amères, une boisson fermentée assez agréable qu'ils nomment *bessa bessa*. Chez eux le latanier est très commun et sa feuille remplace celle du ravinala dans la construction des cases, c'est-à-dire pour la toiture et les côtés. Le dattier, qui abonde aussi dans leur pays, fournit un chou tout aussi bon que celui du palmiste. Les deux causes du peu de développement qu'a pris l'agriculture chez les Antankares est l'abondance du poisson qu'ils trouvent dans leurs rivières et celle du bétail qui était autrefois, pour eux, une source de richesses. Le chef du plus petit village possédait des milliers de bœufs et on estimait à 30,000 têtes l'exploitation qui en était faite, soit en bestiaux vivants, sont en salaisons pour les colonies de Bourbon et de l'île de France. Mais depuis que les Hovas ont établi des postes de traite sur le littoral, ils se sont attribué le monopole de tout le commerce avec les étrangers, ce qui a ruiné le trafic des Antankares.

Les mœurs, les coutumes et la religion des Antankares sont à peu près les mêmes que celles des autres peuplades de l'île. Leurs funérailles présentent cependant quelque chose de particulier. Avant de déposer le corps du décédé dans la bière, ils le soumettent à une espèce de momification.

Après la baie de Diego-Suarez, dont nous avons parlé plus haut, en décrivant l'hydrographie de l'île, les points de la côte du pays des Antankares les plus remarquables sont : le Port-Louquez, puis, comme points de traite, la baie de Vohémar, ou plutôt Vohémarina et Angontcy, ou Ngency, grand village près du cap Oriental, par 15° 14′ de latitude sud, et 48° 10′ est (1) et le grand Manahar. Sur la côte de l'ouest se trouvent les îles de Nossi-Mitsiou, Nossi-Bé, Nossi-Fâli et Nossi-Cumba, voisines de la seconde, et qui toutes appartiennent maintenant à la France, ainsi que nous l'avons dit plus haut.

La position de la belle rade foraine de Vohemar se recommande d'elle-même, dans le cas d'une occupation suivie de colonisation, par la facilité de ses communications avec Nossi-Bé et par la grande étendue de terrains cultivables qu'il serait possible de concéder à nos colons, au sein d'un pays ami, dont personne ne peut nous contester la propriété. Il y aurait là, sur la pointe du cap d'Ambre, comme un triangle inexpugnable, dans un pays sain et fertile, qui, avec des postes bien choisis sur les deux côtes, permettrait de refouler les Hovas qui y sont aujourd'hui et de dominer à jamais l'île entière. Nous ne parlons pas non plus de son important commerce de bœufs, de cuir et de cristal de roche qui en fait un port de grande exportation.

Le pays des Antavarasti ou *Antavaris,* s'étend de la rivière Tangoumbali (Tingbale) qui a son embouchure au fond de la baie d'Antongil, au 17ᵉ parallèle. Les deux établissements français de Madagascar, l'île Sainte-Marie et Tintingue, se trouvent sur cette côte; au nord, vers le fond de la baie d'Antongil, était le *Port-Choiseul,* ancien établissement, dont l'ancrage était à l'embouchure de Tangoumbali, entre le rivage et l'île *Marosse.*

Nous parlerons plus loin avec détails de Sainte-Marie et de Tintingue.

Le pays des Betsimsaracs, dans lequel on comprend quelquefois le précédent, s'étend jusqu'à l'Iranga, au midi; Betsimsarac est formé, nous l'avons dit, des trois mots *Bé,* beaucoup, *tsi,* négation, et *missarak,* séparer, c'est-à-dire beaucoup qui ne se séparent, ou *confédération.* On désigne, en effet, sous ce nom l'ancienne association politique d'une foule de petites peuplades particulièrement connues sous des noms différents.

---

(1) *Connaissance des temps* pour 1846.

L'événement qui donna lieu à cette association remonte à la fin du dix-septième siècle. D'après la tradition, un des forbans qui exerçaient alors leur piraterie dans la mer de l'Inde et qui avaient choisi Madagascar pour le lieu de leur refuge, vivait avec la fille d'un chef de l'île Sainte-Marie. Poursuivi un jour par une frégate, il se décida, pour échapper au danger qui le menaçait, à faire côte à l'entrée de la baie d'Antongil, où il se perdit corps et biens. Par suite de cette mort, les armes et les munitions que cet homme avait en dépôt à l'île Sainte-Marie devinrent la propriété de sa veuve. Celle-ci, loin de chercher à en tirer parti par le commerce, les offrit généreusement à ses compatriotes de la côte opposée alors en guerre contre un puissant ennemi venu du sud pour les asservir (les Tsikouas ou Bétanimènes) et qui résolurent, en reconnaissance d'un tel service, s'ils sortaient vainqueurs de la lutte qu'ils soutenaient, de reconnaître pour chef l'enfant qu'elle portait dans son sein et de ne plus faire, sous lui, qu'un seul et même peuple, sous la dénomination collective par laquelle ils sont connus aujourd'hui.

Telle serait l'origine des princes malattes, la tige de ceux qui ont régné à Foulepointe jusqu'à nos jours et dont Tassé a été le dernier rejeton. Plus tard, les enfants qui naquirent d'un blanc et d'une Malegache prirent le même titre et usurpèrent insensiblement les prérogatives que la reconnaissance publique y avait attachées. Ces nouveaux chefs, devenus fort nombreux, ne tardèrent pas à faire le malheur du pays. Les Betsimsaracs, élevés dans le respect et la crainte des Malattes, supportèrent assez longtemps leur tyrannie; mais, au commencement de 1821, une juste réaction eut lieu contre eux. Les Malattes, pris au dépourvu, cédèrent à ce subit et menaçant orage, trop heureux, en restituant ce qui leur fut réclamé, de conserver leurs biens légitimement acquis et le titre dont ils se montraient si fiers.

Les Ambanivoules s'étant, parmi les peuplades Betsimsaracs, fait connaître particulièrement des voyageurs, nous rapporterons ici ce qu'en disent les mieux renseignés.

Les Ambanivoules sont plus grossiers que les habitants des côtes, mais leurs mœurs sont plus simples, leur caractère plus loyal et plus franc. Ils cultivent peu de riz, quoique leurs terres soient fertiles ; ils plantent du manioc, des patates et du maïs. C'est dans leur pays que l'on trouve les plus belles bananes de Madagascar. On en voit des régimes qui contiennent plus de soixante fruits, lesquels ont jusqu'à deux pieds de longueur.

Les pâturages des Ambanivoules sont aussi bons que leur terroir. Ils conviennent d'autant mieux aux troupeaux qu'ils sont ombragés par des arbres touffus qui les préservent de l'ardeur du soleil. C'est dans le pays des Ambanivoules et près de Fidana que l'on voit le plus d'arbres à tanguin. Aussi les Malegaches viennent-ils souvent de fort loin pour chercher en cet endroit l'amande qui sert à leurs épreuves ? Le tanguin n'est pas aussi commun à Madagascar que l'ont prétendu les missionnaires : on parcourt souvent, dans le nord ou dans l'intérieur, une espace de vingt à trente lieues sans en rencontrer un seul, et dans le sud, depuis Tamatave jusqu'au fort Dauphin, on en a vainement cherché.

Les Ambanivoules mangent plus de laitage et de fruits que les autres Malegaches ; ils ne tuent des bœufs que rarement ; leurs filles ont plus de retenue et se marient plus volontiers.

La côte des Betsimsaracs présente trois points dont il est souvent question dans l'histoire des établissements français à Madagascar ; ce sont la baie de Fénériffe, Foulepointe et Tamatave.

Nous avons déjà dit quelques mot de Fénériffe.

Quant à Foulepointe, c'est un grand village situé sur un terrain uni, non loin d'une vaste plaine de terre rouge et près de la mer, dont il est séparé par une plage de sable qu'il faut franchir pour arriver aux établissements des traitants. La demeure du gouverneur hova s'élève sur les ruines de l'ancien fort français. L'établissement est défendu par une forte enceinte de grosses poutres, qui a plus de 20 pieds de hauteur ; des parapets appuyés contre la première palissade donnent la facilité de servir un grand nombre de pierriers placés de distance en distance devant des embrasures et soutenus par de forts montants à pivots. La demeure du gouverneur est construite à la manière d'Imerne, mais plus grande et mieux distribuée. Une espèce de donjon, ressemblant à un pigeonnier, s'élève au-dessus du toit. Le village, composé d'environ deux cents cases, peut contenir mille à douze cents habitants ; les cases sont plus grandes, plus régulières et mieux alignées que celles des autres points de la côte ; les rues sont larges et propres.

Tamatave (en malegache *Taomasina*) n'était autrefois qu'un village de pêcheurs ; c'est aujourd'hui le principal marché de la côte orientale. La ville compte, d'après les méthodistes, douze à quinze mille habitants et seulement sept mille cinq cents, vers 1870, d'après M. Grandidier. C'est de plus un point militaire principal occupé par les Hovas, mais qui n'a jamais pu résister à une attaque. « Une fois le fort rasé, avec des canons rayés et la terreur qu'inspirent aux Malegaches les armées européennes, on nettoierait le pays au moins jusqu'à douze ou quinze kilomètres de la côte. Rien ne serait donc plus facile qu'un débarquement à Tamatave (1). »

M. le docteur Milhet-Fontarabie, qui a séjourné dans ces parages en 1858, en donne la description suivante : « Tamatave, avec son port, sa forteresse bâtie en sable et en coraux, contenant deux mille cinq cents hommes de garnison, dont les deux tiers sont malades, est le poste des Hovas où se fait le plus de commerce et où il y a le plus de blancs. Il y a environ une quinzaine de traitants de nationalité différente. Ils font le commerce avec des produits qui leur viennent de la Réunion, de Maurice et de l'Amérique ; car tous les ans il y a trois ou quatre navires américains qui viennent jeter sur le marché de Tamatave pour 700,000 à 800,000 francs de toile. Cette toile est plus forte que celle de France et d'Angleterre et les Hovas la préfèrent pour leurs chemises, espèce de tunique des anciens, et leurs lambas, simple morceau de toile de huit pieds de long sur six pieds de largeur, dont ils s'enveloppent comme d'un manteau à l'espagnole. Les traitants échangent cette toile et différents autres produits contre des bœufs, du riz et des animaux domestiques qu'ils expédient à la Réunion et à Maurice. A part quelques exceptions, les Hovas seuls font le commerce avec les blancs. Tous les produits de la côte est, depuis Manourou, sont portés à Tamatave, où cinq à six navires, faisant chacun trois ou quatre voyages et plus, depuis le mois de mai jusqu'en décembre, viennent les prendre pour les livrer au commerce

(1) J. Dupré, *Trois mois de séjour à Madagascar*, page 24.

de Bourbon et de Maurice. Tamatave est bâti sur le sable. Ce village compte un millier de cases et se divise en deux parties, le village malegache et blanc, sur le bord de la mer, et le village hova, placé derrière le fort. Chaque case, bâtie en bois ou en feuilles de ravinala et couverte de même, est entourée d'une palissade en pieux. La maison principale est celle du grand juge; elle est bâtie en bois et compte plusieurs appartements et un étage; c'était la résidence de Jean-René, roi de Tamatave et frère de sang de Radama. C'est la seule entourée de pieux équarris de 10 pieds de haut, absolument comme le palais de Ranavalo (1) ». Les voyageurs assurent qu'à l'heure qu'il est, ce village est devenu une ville où affluent les traitants et pourvue d'hôtels et de maisons nouvelles à l'européenne. On croit que le chiffre de quinze mille habitants, donné par les Anglais, est encore inférieur à la population actuelle, qui s'accroît sans cesse.

Le commerce de Tamatave a pris, aussi bien que sa population, une importance de plus en plus considérable, étant le principal estuaire d'une importation et d'une exportation qui répondent aux besoins de plusieurs millions d'hommes.

Un fait qui domine aujourd'hui dans cet ordre d'idées, c'est la prépondérance sans cesse croissante que prend, chaque jour, dans ce mouvement, le commerce américain. Le consul des États-Unis ne demande en rien aux habitants de se convertir ou de se moraliser, il ne s'occupe que de la protection de ses droits commerciaux.

C'est de Tamatave que la Réunion et Maurice tirent, comme on vient de le dire, quelques-unes de leurs ressources, et notamment les bœufs; le riz et les autres produits sont d'un intérêt secondaire.

Tamatave exporte, tous les ans, d'août à novembre, dix à douze mille bœufs, qui valent, rendus à bord, quinze piastres (75 francs), Le gouvernement perçoit trois piastres, ou 15 francs, par chaque bœuf embarqué. La Réunion les paye avec des pièces de cinq francs, seule monnaie acceptée aujourd'hui dans le pays. Maurice et la Réunion y achètent annuellement pour un million ou un million et demi en argent ou en marchandises.

(1) *Revue algérienne*; février 1860.

Les Anglais y apportaient naguère leurs marchandises qu'ils échangeaient contre des produits malegaches; mais les toiles américaines ont envahi le marché : elles se vendent à un prix inférieur à celui des toiles anglaises venues de Maurice; elles sont, d'ailleurs, préférées par les naturels. En 1868, deux navires américains ont enlevé à peu près cent mille piastres à Tamatave en pièces de cinq francs, contre des toiles, des farines, des meubles, des conserves, le tout à un prix inférieur, mais compensé pour eux par l'agio sur les pièces de cinq francs.

Il y a à Tamatave un consul américain, un consul anglais et seulement un vice-consul français (1).

A une petite distance au nord-est de Tamatave est l'*île aux Prunes*, îlot rocailleux sans eau douce.

Voici le mouvement de commerce du port de Tamatave du 31 mai 1881 au 30 juin 1882, non compris les navires de guerre :

PAVILLONS.	ARRIVAGES.	DÉPARTS.
Français	20,090 tonneaux	18,090 tonneaux
Anglais	7,684 —	7,334 —
Allemand	3,056 —	3,056 —
Hova	3,000 —	2,250 —
Américain	2,779 —	2,779 —
Norwégien	301 —	310 —
	36,910 —	33,819 —

C'est donc un mouvement commercial de 70,729 tonnes dans la rade seule de Tamatave. On remarquera que le pavillon français entre, à lui seul, pour plus de 50 pour 100 dans le mouvement de ce port, tandis que le commerce anglais y représente à peine 20 pour 100.

Nous n'avons pas sous les yeux les mouvements des autres ports de grand commerce malegache, Mazangaye, Vohemar, etc.; mais le document ci-dessus peut en donner une idée approximative.

Il est intéressant de réunir ici ce que les voyageurs, et surtout les médecins, ont écrit sur le climat de la côte orientale de Madagascar.

(1) *Souvenirs de Madagascar*, par le docteur Lacaze, p. 14.

M. le docteur Milhet-Fontarabie s'exprime ainsi à ce sujet :
« La température de Tamatave varie entre 15 degrés centigrades et 36 degrés quelquefois dans les vingt-quatre heures. Heureusement qu'il y a souvent des grains de pluie, surtout la nuit, et qu'il y règne toujours une brise parfois assez fraîche venant du sud-est. Quand elle souffle du nord-est, elle est plus chaude et c'est alors qu'on voit les Hovas décimés par la fièvre intermittente. Chose assez bizarre, *les Européens y sont presque insensibles*, et cependant cette brise est chargée de miasmes délétères qui devraient, sur toute organisation, exercer les mêmes ravages. Ce qui prouve qu'avec une bonne hygiène, une grande régularité de mœurs, des soins administrés à propos, ce pays ne serait pas plus malsain ni plus funeste que nos landes et les environs de Rochefort. La fièvre sévit avec plus d'intensité depuis le mois de décembre jusqu'en juin. C'est le moment des grandes inondations ou des dessèchements de marais. C'est une fièvre intermittente à forme bilieuse, revêtant souvent un caractère pernicieux. Les vomitifs et le sulfate de quinine, employés à peu d'intervalle, sont des moyens héroïques (1). »

M. Désiré Charnay émet une opinion analogue : « Le climat de la côte de Madagascar à la hauteur de Tamatave est loin, dit-il, d'être enchanteur : cette contrée si peu connue ne mérite ni les éloges qu'on prodigue à la douceur de sa température et à la fertilité de son sol, ni l'effroyable surnom de « tombeau des Européens » que des voyageurs timides lui jettent dans leurs relations. Le climat est humide et pluvieux, froid et brûlant tour à tour ; voilà pour l'éloge. Quant à la terrible fièvre, minotaure impitoyable dévorant l'audacieux colon ou l'imprudent touriste, nous devons avouer que dans nos fréquentes excursions, alternativement exposés à l'action du soleil et de la pluie, souvent mouillés jusqu'aux os, aucun de nous n'en a éprouvé le moindre symptôme. A Tamatave même, peuplée de plus de trois cents Européens, l'on nous assura que, depuis deux ans, pas un d'eux n'avait succombé aux atteintes de ce mal (2). »

---

(1) *Revue algérienne*; février 1860, page 80.
(2) *Madagascar à vol d'oiseau* (dans le *Tour du monde*); Hachette.

« Il n'y a pas encore longtemps, a écrit M. le docteur Lacaze, l'un des derniers voyageurs, Tamatave était très malsain ; mais l'accroissement de la population a donné forcément de l'extension aux constructions ; les marais nombreux qui empestaient le centre même des habitations ont diminué beaucoup et la fièvre, qui y règne pendant tout l'hivernage, a moins d'intensité qu'il y a vingt ou trente ans. Ce climat, autrefois mortel aux étrangers, est aujourd'hui supportable et les accès de fièvre y sont rarement pernicieux (1). »

Enfin le plus récent comme le plus sincère des explorateurs de Madagascar, M. Grandidier, résume la question dans les lignes qui suivent :

« En somme, dit-il, le climat de Madagascar, sur la côte comme dans l'intérieur, n'est pas aussi malsain qu'on l'a souvent dit, si l'on excepte certaines des baies, couvertes de palétuviers et de marécages, qui se trouvent sur les côtes nord-est, et nord-ouest. Je ne puis même qu'exprimer mon étonnement de ce qu'avec la vie de paresse et de débauche à laquelle se livrent beaucoup de traitants européens ou créoles, il n'y ait pas plus de malheurs à déplorer. Les décès sont relativement rares, et souvent on attribue à des accès pernicieux des morts dont on devrait chercher la raison dans une tout autre cause. Le danger toutefois est plus grand pour les créoles au sang vicié et à la constitution débile, qu'une nourriture mauvaise a affaiblis depuis leur enfance, ou pour nos jeunes soldats qui arrachés à vingt ans à leur foyer sont transportés d'un coup, sans noviciat, dans ces pays tropicaux auxquels ils ne sont pas habitués, que pour des vétérans, qui n'auraient pas, je crois, beaucoup à redouter les atteintes du climat, si leur vie était régulière. »

La maladie la plus grave est le *téty* ou *koulaha*, maladie qui revêt tous les caractères d'une affection syphilitique au deuxième degré avec condylômes parfaitement caractérisés et qui est certainement indigène. Elle se communique non seulement d'homme à femme, mais d'enfant à enfant par le simple contact dans les jeux. Elle est générale dans tout Madagascar ; peu d'individus y

---

(1) *Souvenirs de Madagascar*, page 8.

échappent et ils ont des moyens curatifs qui en triomphent à la longue; il s'opère toutefois une décoloration curieuse de la peau aux pieds et aux mains de la plupart de ceux qui en ont été atteints (1). »

Enfin M. le docteur Vinson conclut ainsi : « Ces fièvres se présentent sous la forme d'une névrose plus ou moins redoutable qui naît de l'intoxication du sang. La chlorose, la bouffissure ou une prédominance bilieuse annoncent le mal, bien souvent longtemps après le premier accès. Fréquemment, aussi, elle débute par des névralgies dont le siège varie et sa périodicité et sa ténacité ne sont que les caractères propres aux névroses. J'ai la conviction que l'accès mortel ou pernicieux n'est que l'invasion localisée de la névrose sur le cerveau tout entier. La prédominance bilieuse et la congestion hépatique marquent une perversion profonde de toutes les fonctions, ainsi que le volume exagéré de la rate, où semble se réfugier un sang qui est devenu impropre à la vie. Le moindre incident fait éclater le mal ; l'insolation, en faisant éclore la névrose sur le cerveau, engendre les cas mortels, les accès pernicieux. Toutefois, le sulfate de quinine, lorsqu'il peut être donné à propos, à temps et à doses non ménagées, rend impuissantes des manifestations morbides qui, sans ce moyen, eussent été formidables. Il faut voir ces malheureux Hovas, qui, ignorant l'art de combattre la fièvre ou privés de ce précieux médicament, meurent affreusement décimés (2). »

Pour compléter ce qu'on vient de lire sur cette matière si importante, nous rappellerons à nos futurs colonisateurs les conseils d'hygiène que le gouvernement français crut devoir recommander, en 1862, aux agents de la *Compagnie de Madagascar* dont M. Paul de Richemont était le gouverneur. Ce sont, en somme, les principes hygiéniques qu'on observe avec prudence dans tous les pays intertropicaux. Ces conseils se résumaient ainsi : « Ne pas sortir le matin avant que le brouillard ne soit tombé. — Éviter les ardeurs du soleil de midi à trois heures. — Rentrer le soir après le coucher du soleil. — S'abstenir des grandes fatigues et des excès de tout genre, surtout des excès avec les femmes. —

(1) *Bulletin de la Société de géographie;* 1872.
(2) A. Vinson, *Voyage à Madagascar*, p. 425.

S'habituer progressivement au riz et aux condiments épicés du pays, sans en abuser. — Ne pas boire entre les repas. — Préférer aux boissons acidulées, qui sont débilitantes, l'eau aiguisée avec le rhum ou une infusion légère de thé ou de café (on peut remplacer le thé et le café par l'*ayapana* ou le *phaam*, plantes aromatiques communes dans le pays). — Faire bouillir, au besoin, l'eau qui paraît peu salubre. — Ne sortir jamais à jeun. — Ne pas prendre de rhum le matin, usage qui détruit l'appétit. — Manger régulièrement à heure fixe, afin de ne pas arriver à l'indifférence complète pour les aliments, ce qui est fréquent à Madagascar. — Pendant les excursions, camper sur un lieu élevé et découvert, loin des eaux stagnantes, avec ouverture de la tente opposée au côté de terre. — En temps de pluie, tracer une rigole autour du campement pour l'écoulement des eaux. — Étendre sur le sol des nattes ou des pagnes, à défaut de toile cirée. — En temps humide, faire du feu, surtout la nuit. — Éviter avec soin les refroidissements brusques, le contact des vêtements mouillés. — Prendre, quand on le pourra, un bain de mer le matin. — Ne pas se baigner dans les lacs ou eaux stagnantes. — Les éruptions cutanées causées par la chaleur n'empêchent pas de prendre les bains de mer. — Enfin, toutes les fois qu'on éprouvera un malaise pouvant faire craindre un accès de fièvre ou lorsqu'on traversera les endroits marécageux, on prendra un verre de vin quininé, ainsi préparé : Pour une bouteille de vin, deux grammes de sulfate de quinine dissous dans un verre à vin de Bordeaux rempli d'eau, à laquelle on ajoute trois ou quatre gouttes d'acide sulfurique. On verse ensuite le contenu de ce verre dans la bouteille de vin (1). »

Il va sans dire que l'usage de la flanelle, comme dans tous les lieux chauds, est de rigueur à Madagascar.

Nous ferons observer, en outre, que le choléra y est inconnu.

Nous devons faire remarquer ici au lecteur que les précautions ne sont indiquées que pour les points de la côte orientale, où les embouchures des rivières obstruées par les détritus de toute sorte sont connues pour leur insalubrité. Il va sans dire que, partout ailleurs, elles deviennent superflues, toutes les autres parties de

---

(1) *Documents sur la Compagnie de Madagascar*, publiés par les soins de M. le baron Paul de Richemont, page 230 (in-8°; 1867).

l'île étant parfaitement saines; quelques-unes, même, jouissent d'un climat que les voyageurs regardent comme plus agréable que celui de la France.

Le pays des Bétanimènes, au sud des Betsimsaracs, doit son nom, nous l'avons dit, à l'aspect rougeâtre de ses terres ferrugineuses; car *Bétanimène* vient de *be,* beaucoup, *tany,* terre, *mena,* rouge. La limite australe rencontre la côte par 19° 40' du pays. Les Bétanimènes se font remarquer entre les Malegaches, si hospitaliers en général, par la réception empressée qu'ils font aux voyageurs.

Ce peuple est, avec celui des Betsimsaracs, le plus connu des Européens qui fréquentent la côte orientale de Madagascar. Leur territoire est traversé par la route de Tamatave à Tananarive.

Nous avons déjà décrit la partie de cette route que l'on fait par les lacs qui commencent à border la côte, depuis Tamatave jusqu'assez loin au midi. Ivondrou, le premier village que l'on traverse, est peu considérable. Puis, on s'embarque sur les lagunes et on atteint Fitanou, village d'où, en faisant quatre heures de marche au sud-est, on arrive à Andévourante, mot à mot *où il y a une baie pour les échanges.*

Ce village considérable, bâti sur la rive gauche et près de l'embouchure de la rivière appelée *Iaroka,* contient environ 500 cases. Sa population est de 1,800 à 2,000 âmes, les étrangers compris. On y remarque plus de gaieté et d'activité qu'ailleurs; les hommes y sont plus propres, les femmes plus jolies et mieux vêtues, les cases plus commodes. Ils doivent cette aisance au grand nombre et à la fertilité de leurs rizières et aux rapports fréquents qu'ils ont avec les négociants européens de la côte de l'est, qui viennent chez eux acheter du riz pour l'île de France et Bourbon.

Vis-à-vis d'Andévourante, sur la rive gauche de la rivière, est le village de Maromandia, d'où l'on se rend à Voibouaze (Ambohibohazo), situé à une demi-journée de marche dans le nord-ouest. Voibouaze est placé sur une haute colline et a plus l'air d'une ville que Tamatave. Des palissades percées de portes l'entourent; ses maisons sont nombreuses et assez bien alignées, mais il serait assez difficile de trouver des rues plus étroites et plus malpropres.

A partir de Voibouaze, quelques journées de marche sur les

pentes et les plateaux inférieurs, toujours droit à l'ouest, à travers le pays des Bezonzons et des Antankayes, conduisent à Tananarive.

Voici les différentes étapes avec les heures de marche effective pour un voyageur accompagné de quelques hommes.

1er Jour.	Manamboundre,	30 cases.	6 heures.
2e	Vohi-Zanaar,	50	8
3e	Ampassimbé,	20	8
	(On traverse Mahéla.)		
4e	Moramanga,	10 à 12	12
	(On a traversé les montagnes de Béfourne.)		
5e	Ma-Inouf, village assez important,		10
	(Territoire des Bezonzons.)		
6e	Nossi-Arivo,	50	10
	(On traverse la forêt de Fanghourou.)		
7e	Ambatou-Manga, village,		10
	(On traverse la plaine d'Ankaye.)		
8e	Tananarive,		6

Total : 70 heures.

Ces 70 heures ou 7 journées et demie pourraient être facilement franchies en 6 jours, car il ne s'y rencontre aucun autre obstacle que celui de la montée qui encore n'est pas très rude là où elle se fait sentir. Il y a de l'eau tout le long de la route et l'on passe même plusieurs fois la rivière d'Andévourante ou Iaroka, que la route côtoie parallèlement.

La vallée des Bezonzons, qui traverse la route, est bornée à l'est par les montagnes de Béfourne et l'ouest par la plaine d'Ancaye, que les Malegaches nomment *Fangourou*.

Les Bezonzons, qui se confondent avec les Antancayes, leurs voisins, n'ont avec eux aucun rapport physique. Séparés qu'ils sont par une forêt, ils diffèrent de ceux-ci autant par les traits que par les habitudes. Les Bezonzons sont grands et robustes, les Antancayes petits et délicats. Les premiers ont les cheveux crépus, la peau fortement cuivrée, le nez aplati et les lèvres grosses comme celles des Africains. Leurs yeux ont une expression de douceur et de bonté qui plaît à tous les étrangers. Les autres, au contraire, ont les cheveux droits et longs comme ceux des Malais, la peau basanée, mais d'une couleur moins foncée que celle des Bezonzons, le nez aplati, la bouche très grande et la lèvre supérieure rentrée. Leurs yeux sont petits et enfoncés, leur regard est oblique.

Les habitants du pays disent que leurs ancêtres sont venus de l'ouest. Ils ressemblent en effet un peu aux Sakalaves, mais plus encore aux Antscianacs dont ils ne sont pas très éloignés. Il est même probable que la vallée des Bezonzons a été peuplée par une colonie venue de cette contrée. On doit convenir, cependant, que l'esprit belliqueux des Antscianacs ne se trouve plus chez les Bezonzons, quoique la tradition parle de guerres que leurs ancêtres ont soutenues avec courage. Aujourd'hui, ils vivent en paix et sans ambition dans un pays fertile, et ne s'occupent que de la culture de leurs terres. Ils sont exempts du service militaire, mais les Hovas les ont assujettis à des corvées qui sont au moins aussi pénibles. Ils sont toujours en route à transporter de Tananarive à la côte et de la côte à Tananarive les fardeaux du souverain d'Imerne, dont ils sont les porte-faix ou maromites. Ce métier paraît, du reste, leur convenir mieux que celui des armes.

Le principal endroit de la côte au sud d'Andévourante est *Vatou-Mandry*, ville frontière des Bétanimènes qui doit son nom, *rocher dormant*, à un énorme rocher noir auprès duquel elle est bâtie. Ses campagnes sont moins fertiles que celles de Mitinandre, mais ses cases sont plus jolies, ses habitants plus affables. Son port, formé par l'embouchure de la rivière du même nom, serait commode pour l'embarquement, si la passe n'était pas obstruée une partie de l'année par les sables.

Au midi des Bétanimènes, au Nord de l'embouchure du Mangourou, se trouvent les *Affravarts*, qui sont en général grands et bien faits; leurs traits sont fortement prononcés et leur physionomie est pleine de franchise. Ils ont les cheveux droits et la peau cuivrée comme les Betsimsaracs. Plus guerriers que les Bétanimènes, ils les ont souvent vaincus, bien que leur peuplade soit beaucoup moins nombreuse. Leurs vastes pâturages sont riches en troupeaux et leurs rizières fertiles, mais les rats y causent de grands dommages et les Affravarts ont les chats en horreur. Maroussic est la résidence du chef.

En quittant Maroussic, la contrée change d'aspect : on entre dans le pays des Antatschimes et, après une journée de marche au

S.-O., on est à Manourou situé sur un rocher escarpé et où le riz est l'objet d'un commerce actif.

Manourou, au sud d'Andévourante, est l'un des points de la côte orientale d'où l'on monte le plus directement à Tananarive.

Nous devons à l'obligeance de M. Grandidier la communication de l'itinéraire qu'il a suivi dans cette direction, et nous le donnons ici à titre de document topographique, avec les étapes et les distances :

De Manourou à Betszaraina (fort)..............	5 milles.
De Betsizaraina à Ambodifarana.................	8
D'Ambodifarana à Ambodiharamy...............	14
D'Ambodiharamy à Ambodihara.................	12
D'Ambodihara à Ambohitsara...................	16
D'Ambohitsara à Madio........................	14
De Madio à Vohibola..........................	8
De Vohibola à Mahatsara......................	6
De Mahatsara à Ambohitromby (sur le Mangorou)...	10
D'Ambohitromby à Ankadilanana................	8
D'Ankadilanana à Beparasy.....................	13
De Beparasy à Ambodinivongo..................	10
D'Ambodinivongo à Soatsimananpiovanana.........	12
De Soatsimananpiovanana à Ambatomanga.........	6
D'Ambatomanga à Tananarive...................	16
Total.....	158 milles.

Après avoir passé le Mangourou, on aperçoit sur la rive droite Amboudéhar (Amboudihara), qui ne diffère pas des autres villages malegaches ; ses vastes magasins à riz et la maison du chef sont seuls remarquables. Un peu loin, toujours au sud, est Mahéla, où se fait maintenant un assez fort commerce de riz, de peaux de bœuf, de gomme copal, de cire et de caoutchouc. Les échanges s'effectuent avec les pièces de cinq francs, la percale, la toile blanche, les indiennes, les faïences, le rhum, le sel, etc., etc. Les droits de douane sont les mêmes que partout ailleurs chez les Hovas. Un gouverneur hova et un commandant résident à Mahela.

Mananzari, ancien établissement français, est à cent douze kilomètres plus bas.

Ce n'est pas à Mananzari même que les traitants ont leurs magasins, mais à Siatouche (*Tsiatosika*), un peu plus haut dans la rivière. C'est là que se trouve la résidence du commandant hova. On se rappelle que c'est en face de Siatouche, au village de Saraffe, qu'était située la fameuse sucrerie de M. de Lastelle, incendiée par les naturels en 1859. A Siatouche, on fait le commerce du riz, des peaux de bœufs, de la cire et du caoutchouc. On peut aussi se procurer des porcs en assez grande quantité, qui viennent de chez les Betsiléos, peuplade qui habite l'intérieur des terres. Quelques résidents ont commencé à faire des plantations de caféiers et de cannes à sucre.

A vingt-cinq ou trente milles dans l'intérieur et dans l'ouest se dresse le fameux pic d'Ikiongo, d'une altitude de 500 à 600 mètres au-dessus du niveau de la mer, où se sont retirés dix à douze mille esclaves fugitifs. Le sommet de cette montagne forme un vaste plateau : tout y vient en abondance. On ne peut y monter que par des sentiers taillés dans le roc et que des sentinelles gardent de jour et de nuit, pour empêcher de découvrir cette retraite.

A plusieurs reprises, les Hovas ont tenté de faire cette ascension ; mais ils ont dû battre en retraite, après avoir essuyé de grandes pertes. Ces réfugiés ne sont hostiles qu'aux Hovas ; ils vivent en très bonne intelligence avec leurs voisins des terres basses.

Le commerce de la côte orientale a toujours eu une grande importance pour l'île Maurice, l'île Bourbon et les Seychelles ; comme on vient de le dire, les bœufs et le riz importés de Madagascar sont en effet indispensables à ces colonies. Les articles de commerce qu'on exporte directement pour l'Europe sont le caoutchouc, les peaux de bœuf et le copal ; la production du caoutchouc prend un grand développement. Dès la première année, il en a été récolté plus de 250 tonneaux, d'une valeur supérieure à un million de francs. Mais le premier ministre, en voyant l'essor que prenait ce commerce, a aussitôt ordonné aux commandants de la côte de le monopoliser, pour acheter avec le produit 100,000 fusils Snider. C'est sans doute là l'origine des marchés conclus avec les Américains et dont nous parlerons plus loin.

Si, comme on en a l'espoir, le commerce des bois devient libre, avant peu, il y aura, surtout sur la côte nord-est, de grandes et avantageuses exploitations à faire.

Le commerce de la côte occidentale a aussi son importance, comme on le verra plus loin. Sans parler des quantités considérables de riz exportées du nord-ouest à Zanzibar, à la côte d'Afrique et aux îles Comores, la masse de peaux de bœufs, d'orseille, de tortues, de pois du Cap, de bois d'ébène et de palissandre, de cire, qui s'exportent et s'échangent contre des cotonnades, des indiennes, de la faïence grossière, de la poudre, des mousquets à pierre, etc., etc., mérite d'être signalée. Il prendrait un développement immense le jour où nous serions les maîtres absolus dans ces contrées.

Dans le pays des Anta'ymours (ce dernier mot signifie, Maures, Arabes), Namour est, du côté du nord, le premier de leurs villages. Il est bâti sur une montagne de terre rouge au pied de laquelle coule une rivière. Faraon, qui en est à une journée de marche, est situé dans une île de la rivière du même nom. Il est fortifié et compte environ huit cents cases; c'est le plus considérable du pays, mais le chef réside à Matatane, où les Français eurent jadis un établissement. Ce dernier village est à une heure et demie de navigation de l'embouchure de la Matatane, dans une île. Sa population est moins forte que celle de Faraon, bien qu'il compte le même nombre d'habitations.

Quoique les chefs des Anta'ymours soient élus par le peuple, on a pour eux, pendant qu'ils exercent le pouvoir, un respect qui tient de l'adoration; mais si une récolte de riz vient à manquer, ou s'il survient toute autre calamité, on les dépose aussitôt, quelquefois même on les tue; cependant on choisit toujours leurs successeurs dans leur famille.

Les Tsavouaï et les Tsafati, *Chavoaïes* et *Chafates*, sont au S.-O. des Anta'ymours, dans un pays de montagnes d'un accès assez difficile. Ces deux tribus paraissent appartenir aux populations primitives de Madagascar. Leur vie est simple comme leurs besoins. Ils habitent de petits villages, ne communiquent jamais avec leurs voisins et se nourrissent principalement de lait et de maïs (1).

(1) Nous rappellerons que, dans un chapitre précédent, nous avons fait des

Le Mananghare sépare au midi les Anta'ymours des Antarayes. C'est une peuplade remuante et difficile à gouverner; l'exercice du pouvoir y est aussi dangereux que chez les Anta'ymours. Sandravinany est un des lieux les plus remarquables de leur pays.

Mananboundre fait aussi partie du pays des Antarayes, que beaucoup de voyageurs ont appelés Antavars. La peuplade qui l'habite est remarquable par son courage et son amour de l'indépendance. A la couleur foncée de leur peau, à leurs lèvres, à leurs cheveux, on les prendrait pour des Antatschimes. Ils ne diffèrent pas beaucoup, quant au costume et aux usages, de ce peuple, qui n'a d'ailleurs rien du caractère des Antanosses ni des autres peuplades du sud.

Les Anta-manamboundres sont presque tous grands et robustes. Les hommes ont des seidiks et des simbous de rabane rayés. Les femmes ont des seidiks de la même toile. Les individus des deux sexes sont vêtus et se coiffent à peu près de la même manière. Leur coiffure consiste en petites tresses disposées comme celles des Bourzoas et des femmes d'Imerne; le ménakil ou huile de palmachristi sert à rendre ces tresses luisantes.

Les hommes et les femmes de Mananboundre ne portent pas de manilles et n'ont pour ornements au cou et aux bras que des grains de verre de Venise; les guerriers portent, presque tous, comme les Antatschimes, des colliers de dents de caïman; leurs fusils et leurs cornes de chasse sont garnis de clous dorés; ils ne se servent plus de boucliers.

Les *Antanosses* habitent le pays d'Anossy, à l'angle sud-est de l'île dans laquelle est situé le fort Dauphin. Ils sont en général plus petits et moins robustes que les Betsimsaracs et les autres peuplades de la côte; leurs traits sont d'ailleurs plus réguliers et plus délicats; leur couleur est le marron clair; presque tous ont les cheveux fins et bouclés. Ils sont intelligents, dissimulés, inconstants et quelquefois féroces. Ils accueillent toujours bien les blancs, quoiqu'ils ne les aiment pas. Ils sont moins indolents que les habitants des autres ports de l'est, et cependant chez eux la culture

---

réserves expresses sur ces noms, que certains voyageurs attribuent à des peuplades entières et qui semblent être plutôt les noms de quelques familles nombreuses du pays.

n'est guère plus avancée, mais l'industrie y a fait quelques progrès; ils ont des charpentiers et des forgerons qui seraient capables de travailler dans les ateliers d'Europe.

La partie occidentale de l'Anossy comprend la vallée d'Amboule, riche non seulement des productions communes à toute l'île, mais encore des clous de girofle et d'autres épices, ainsi que des citrons d'espèces diverses.

Le pays d'*Androy* ou des *Antandrouis* s'étend de la vallée d'Amboule à la rivière Ménérandre et embrasse l'extrémité méridionale de l'île. Ce n'est plus l'animation commerciale que présente la côte orientale, c'est l'aspect désolé de parages placés en dehors de la route ordinaire des navires de commerce.

Mais, avant de donner la description de cette partie méridionale de Madagascar, que M. Grandidier a habitée, en 1866 et 1868, puis étudiée et décrite avec les plus intéressants développements, nous allons remonter au nord et descendre, avec le lecteur, la côte occidentale depuis le cap d'Ambre jusqu'au cap Sainte-Marie. Nous donnerons sur cette côte des détails de topographie et de commerce analogues à ceux qu'on vient de lire sur la côte orientale.

On trouvera dans notre chapitre cinquième, consacré à Mayotte et à Nossi-Bé, tout ce qui est relatif aux baies de Passandava et de Narinda.

Les renseignements qui suivent concernent surtout les territoires voisins des côtes ; nous donnerons, plus loin, ceux qui sont relatifs à l'intérieur des terres.

La baie de Bombetock est vaste et d'excellente tenue pour les navires. Elle forme la limite est de la province d'Ambongo, dont nous parlerons plus tard.

La pointe Mazangaye, située à l'est de l'entrée, par 15° 43' de latitude sud et 44° de longitude est (méridien de Paris), est libre de tout danger. On y trouve une profondeur de 18 à 20 brasses, qui se réduit à 6 ou 7 brasses en quelques endroits, particulièrement à la pointe Sarebingo, sur la côte est de l'entrée, en dedans de laquelle on découvre la ville de Mazangaye. Le brassiage, à l'entrée, en se tenant vers la rive de l'ouest, un peu plus qu'à mi-chenal, est de 20 brasses d'eau jusqu'à la pointe Tandava, qui est à deux lieues et demie environ dans les terres, au-dessus de l'entrée, du côté de l'est. Cette pointe et la côte est sont entourées d'un récif qui s'avance à un mille de distance. Il y a aussi des récifs le long de la côte ouest, en face de la pointe Tandava. Nous consacrerons plus loin une page spéciale à la ville de Mazangaye.

La ville de Bombetock, que domine un fort dans lequel réside un gouverneur hova, est bâtie au sud de cette pointe. Les navires peuvent mouiller à proximité de la ville, et toucher la pointe, par 4 ou 6 brasses d'eau ; ils y sont parfaitement abrités de tous les vents. A partir de la pointe Bombetock, la baie s'élargit et le fond diminue. Plusieurs rivières viennent s'y jeter, entre autres un des plus grands cours d'eau de Madagascar, le Betsibouka ou Boéni, dont un des affluents coule à quelque distance de Tananarive.

Le commerce du pays consiste en riz, bœufs vivants, peaux, cire. Les échanges se font au moyen des pièces de 5 francs en argent, de toile bleue et percale. Les toiles blanches américaines, appelées par les naturels *hamy*, sont très estimées. Les droits de douane sont de 10 p. 100 à l'entrée et à la sortie. La mer marne de 14 à 15 pieds environ.

La baie voisine de Baly, un peu au sud, est grande et sûre. Son milieu est par 16° 1' de latitude sud et 43° 2' de longitude est. Le mouillage pour les navires, par 6 ou 7 brasses d'eau environ, est à 5 milles et demi de l'entrée et à 3 milles et demi du fond de la baie. Le village de Baly est situé sur la côte ouest de la baie, à un mille du mouillage, et avait pour chef, il y a une trentaine d'années, Saïd-Bouanan, d'origine arabe. La reine de Baly, — indépendante des Hovas, — réside dans l'intérieur des terres. La population est en majeure partie sakalave, mélangée d'Arabes, originaires de l'archipel des Comores.

Les produits du pays se composent de bœufs, d'un peu de riz et de maïs. Les bananes et le manioc sont très abondants. Nos colonies de Mayotte et de Nossi-Bé s'approvisionnent de bœufs sur ce point, à des prix modérés, c'est-à-dire de 35 à 40 francs l'un.

De la baie de Baly à la limite du territoire du roi de Mahétirane, la côte n'est pas fréquentée par les navires. Mahétirane se trouve par le travers des *Iles stériles*. La rivière de ce nom forme la limite de la province d'Ambongou.

La province du Ménabé commence à Mahétirane à remonter vers le sud jusqu'au cap Saint-Vincent. Il y a un bon mouillage, en face de la rivière, pour les grands navires ; les petits seuls peuvent entrer dans la rivière. On y traite d'une grande quantité de peaux de bœufs et de beaucoup de cire. Le maïs, le manioc, les patates, les bananes, y abondent. Les échanges se font au moyen de poudre, fusils, balles, marmites en fonte, bols de faïence peinte, toiles bleues et blanches, verroteries. La population est sakalave avec mélange d'Arabes. Ceux-ci, jaloux de voir vendre à des blancs les denrées du pays, poussent les Sakalaves à les piller et même à les assassiner.

La rivière Manambolo est la limite sud du territoire du roi de Mahétirane.

Au sud de cette rivière est le royaume de feu Vinany, roi de Tsimanandrafozana. (C'est un nom de rivière, qui veut dire *qui n'a pas de beau-père*. Le nom de Vinany lui-même, en sakalave, signifie *port*.) Ce monarque était l'un des plus cruels parmi ceux de cette côte inhospitalière, si l'on en croit les voyageurs français.

Le capitaine Cavaro raconte qu'en 1851 il s'est perdu dans cette rivière avec la goélette *la Marie*, qu'il commandait. Le même jour, le bâtiment était pillé et coupé littéralement en morceaux par les naturels, qui n'ont laissé au capitaine que les vêtements qu'il portait. Le roi Vinany se trouvait présent : le capitaine lui fit remarquer qu'il aurait pu se borner à lui prendre son navire, mais qu'il aurait dû lui laisser ses hardes et effets, ainsi que ceux de son équipage. Le monarque répondit que le capitaine devait s'estimer *heureux de n'avoir point été mis en esclavage* et qu'il comptait sur sa *reconnaissance,* pour la générosité qu'il avait de lui permettre de retourner à Bourbon.

Pour achever le tableau des mœurs de ce tyranneau de la côte, nous ajouterons que, quelques années plus tard, M. Edmond Samat, établi sur ce même point, y a été pillé par ordre du même roi Vinany, avec cette circonstance aggravante que Vinany avait fait le *serment du sang* avec M. Samat. D'après l'usage malegache qu'on connaît, il devait, au contraire, aide et protection à son frère de sang, même au péril de sa vie. Dans une autre circonstance, M. Samat, menacé d'être assassiné, fut prévenu à temps par un autre *frère de sang*, celui-là plus loyal, et il put s'enfuir dans la nuit avec quelques esclaves fidèles, emportant ce qu'il pouvait avoir de plus précieux.

Nous reviendrons tout à l'heure sur les mœurs de ces rois de la côte australe.

Le territoire de Tsimanandrafsana, qui est une île, fournit de l'orseille, du riz rouge, du bois d'ébène, du bois de rose, du bois de palissandre, du bois de sandal, du maïs, du manioc, des patates et des bananes. Les objets d'échange sont les mêmes qu'à Mahitérane.

La province du Ménabé est la partie de Madagascar qui produit les plus beaux bœufs.

Moroundava, poste hova, est à trente-huit milles dans le sud. Ici le Hova a la tête basse. Ce poste est peu considérable et les soldats de la reine s'y trouvent enveloppés d'une population sakalave qui les a déjà mis à la raison. On y traite des bœufs, des peaux, du maïs, de l'orseille. Les droits sont perçus à raison de 10 pour 100 à l'entrée et à la sortie, selon le tarif des Hovas ; mais la rivière n'est accessible qu'à de petits bateaux. L'autorité des Hovas s'arrête à la rivière Ankoba. Nous devons dire que c'est à tort qu'on donne le nom de Mouroundava, qui est une rivière, au village situé à son embouchure, et qui en réalité s'appelle Ambondrou. La poste hova dont nous venons de parler, et qui est à deux heures de marche dans l'intérieur, porte le nom d'Andakabé.

A trente milles au sud est la rivière Mangoky ou Kitomba, dont la pointe sud forme le cap Saint-Vincent. On y traite des pois du Cap et du maïs, de septembre à fin d'octobre.

Au sud de cette rivière est le territoire de Soumonga, roi de Morombé. Soumonga a été tué, en 1856 ou 1857, dans une guerre avec les rois bares. C'est Réandy, roi bare, qui l'a tué d'un coup de sagaye. Il a eu pour successeur Tafara-Manjaka ; mais ce dernier vient d'être détrôné par le fils de Soumonga.

A partir du cap Saint-Vincent commence une chaîne de récifs et d'îlots qui s'étend jusqu'à la baie des Assassins. C'est au sud du cap Saint-Vincent que se trouve le village de Morombé, où, le 8 avril 1852, fut massacré, par le roi Soumanga, le capitaine

Raspéro, de Marseille, commandant le brick *la Grenouille*, avec une partie de son équipage.

On est obligé de faire remarquer que ce crime, commis sur des Français, est demeuré impuni.

Le pays est pauvre en denrées et même en bœufs. Il n'a que de l'orseille et un peu de maïs. On y trafique des cauris, petit coquillage qui sert de monnaie à la côte occidentale d'Afrique. Il y a quelques années, on y a traité des tripangs, espèce de ver de mer assez gros, dont les Chinois sont très friands (1).

Au sud du cap Saint-Vincent commence la province de Fiéérègne, qui se termine à la partie nord de la baie de Saint-Augustin.

Le sud de la rivière Antabato est au nord de la limite du territoire de Lahimerisa, roi de Tuléar dont le vrai nom est Tolia; le village de Saint-Augustin est sa limite au sud. La résidence royale se trouve dans le haut de la rivière Manombé : c'est là qu'est la sépulture des ancêtres du roi. Les naturels n'osent visiter ces sépulcres; car si l'un d'eux venait à tomber, il serait massacré à l'instant, parce qu'on le regarderait comme condamné par Dieu.

Nous avons indiqué au chapitre premier la topographie de Tuléar. Voici quelques aperçus sur son commerce.

Les principaux produits de Tuléar sont les pois du Cap et le maïs. Il y a des années où l'on peut traiter jusqu'à 1,500 tonneaux de pois et 300 ou 400 tonneaux de maïs. La patate, le manioc, la banane y sont en très grande abondance. A l'époque de la récolte des pois et du maïs, les Sakalaves chargent leurs pirogues de ces diverses denrées et vont les échanger dans le sud avec les Mahafales, qui manquent souvent de vivres. Ils rapportent de l'orseille et des tortues qu'ils vendent aux traitants. On peut se procurer à Tuléar beaucoup de bœufs, qui descendent de chez les Bares, peuplade de l'intérieur qui, on se le rappelle, habite entre les Sakalaves et les Hovas.

(1) Cet animalcule, *l'holoturie*, ressemble à un gros boudin noir. C'est une sorte de radiaire ou plutôt de molluscoïde de la classe des échinodermes. Il y en avait, autrefois, beaucoup, dans les récifs de l'île Bourbon; les Chinois les ont mangés. D'après Bory de Saint-Vincent, on leur attribue une puissante vertu aphrodisiaque qui les fait rechercher des Chinois.

Les Bares, limitrophes des possessions du roi Lahimeriza, ne sont pas asservis aux Hovas. C'est une tribu nomade qui s'adonne au pillage et à l'élevage de troupeaux, dont le placement a lieu tantôt à la côte ouest, tantôt à la côte est. Tout récemment (10 septembre 1882), une vingtaine de ces bandits, conduits par Lahédangitsi, ont assassiné, à trente milles de la côte ouest, dans la localité de Tsondrohé, les sieurs Théodore Parent, créole de Bourbon, interprète, et Emerson, explorateur américain, qui allait s'assurer, en compagnie d'un autre voyageur, le sieur Hullet (échappé comme par miracle au massacre), si la région S.-E. de Madagascar ne contenait pas des mines d'or. Les meurtriers ont commis des actes de sauvagerie sur les cadavres.

C'est de Tuléar qu'est importée presque toute la salaison de bœuf qui se consomme à l'île de la Réunion. Un beau bœuf coûte de 30 à 35 fr. en marchandises. La meilleure marchandise pour faire les achats de bœufs, c'est la poudre. Il est rare qu'un Malegache vende son bœuf sans qu'on lui donne un baril de poudre, qui vaut environ de 22 fr. 50 c. à 25 fr. Il faut y ajouter un karamasaï (petit paiement) qui se compose comme suit : 2 brasses de toile, 1 ou 2 marmites de 5 points, 50 balles, 50 pierres à feu, 200 clous dorés, 2 couteaux, 2 miroirs, 2 bouteilles de rhum. Dans les achats qui se font, il y a presque toujours un peu de rhum.

L'orseille se vendant au poids, les traitants pèsent avec des romaines à cadran, seules balances qu'admettent les Malegaches. Les pois du Cap et le maïs s'achètent à la mesure ; la mesure ordinaire est une caisse vide de vermouth, qui contient 12 litres, en outre de l'emballage. Avant de commencer le pesage ou le mesurage, les prix que l'on doit payer sont arrêtés à l'avance, ainsi que le *raverave* qu'il faut y ajouter. *Raverave* veut dire : petit cadeau en sus du prix convenu (1).

Les naturels de ce pays, au dire des voyageurs, sont avides, rusés et vindicatifs (2).

Pour sortir de Tuléar, il faut profiter du matin, où souffle la brise de terre presque toujours. Il est préférable de sortir par la

---

(1) *Revue maritime et coloniale;* avril 1883.
(2) Voir, sur Tuléar, un article de M. A. Le Roy inséré dans le *Bulletin de la Société des arts et sciences de la Réunion;* 1875, p. 110.

passe du nord, à moins d'être dans la saison des vents du nord-est, car la passe du sud est plus longue et présente plus d'écueils à éviter.

À la côte sud de la baie de Saint-Augustin est le port de Salar, le seul bon mouillage de la baie. On est sur le territoire du roi Lahétafique, frère cadet et successeur de Refiaille, roi de Salar et des Mahafales, mort l'année dernière, en janvier 1882.

Les productions de Salar sont les mêmes que celles de Tuléar.

Tout ce littoral du pays des Mahafales est stérile, surtout dans les années sèches. Dans les années pluvieuses, le pays produit un peu de maïs cafre, ou *mapimbe*, et un peu de woëmes. Aussi, les naturels, souvent privés de vivres et obligés de se nourrir d'un gâteau cuit au four, composé de cendre de bois mêlée au tamarin, sont-ils en général maigres et chétifs. Il n'est pas prudent de rester au mouillage de Salar pendant la mousson du nord, c'est-à-dire de décembre à fin mars, car avec les vents du nord et du N.-O. la mer devient très grosse. En 1858, le *Fulton*, la *Jeune-Laure* et la *Fauvette* furent jetés à la côte dans ces parages inhospitaliers. Le capitaine Leroux, de la *Fauvette*, en voulant défendre son navire contre les naturels, fut tué d'un coup de sagaye. Encore un crime à ajouter à tant d'autres et que le gouvernement français a laissé impuni !

Nossi-Vey (île de sable) est une petite île située à environ trois milles à l'ouest de la pointe de Salar, par 23° 33' de latitude sud et 41° 26' de longitude est. Il y a un très bon mouillage dans l'est de cette île. Elle est bordée de récifs au sud, à l'ouest et au nord. Les maisons qui font le commerce sur cette côte ont actuellement leurs magasins de dépôt sur cette île. C'est une bonne précaution, car en cas de pillage ou d'incendie à la Grande-Terre, on est moins exposé. En outre, les naturels, n'ayant pas une grande quantité de marchandises sous les yeux, sont moins tentés de piller. Pour aller à Nossi-Vey, c'est tout un voyage à faire, à plus forte raison pour les gens de l'intérieur.

C'est le roi de Salar qui commande les pillages, les vols, les massacres, ainsi que les gens de son entourage. C'est le feu roi Réfiaille lui-même qui, l'année dernière, au récit du capitaine Cavaro, a pillé et incendié le magasin de M. Lakermance, négociant à Salar. Il était venu de l'intérieur de son royaume pour accomplir ce haut fait.

Les peuplades du bord de la mer sont moins portées à faire du mal aux traitants que les Sakalaves de l'intérieur. Cela se comprend aisément ; elles trouvent à s'employer soit comme renfort d'équipage à bord des navires au mouillage, soit comme marins sur les caboteurs et chaloupes qui voyagent le long de la côte en quête de denrées, et qui, par leur faible tirant d'eau, pénètrent là où les grands navires ne peuvent aborder. Les hommes qui habitent le bord de la mer sont appelés *Vèzes* (qui nagent), par ceux de l'intérieur et ceux-ci sont désignés par les gens de la côte sous le nom de *Machicores* ou *Mazikouras,* ce qui veut dire *gens de l'intérieur*.

Pour atteindre le mouillage de Nossi-Vey en venant du large, on peut contourner le récif au nord ou passer au sud entre les récifs de l'île et le grand récif qui borde la côte vers le sud, où il y a 6 à 8 brasses d'eau. On vient mouiller en face des magasins par 6 ou 7 brasses de fond. Cette île n'a pas d'eau douce. On est obligé d'avoir de l'eau en réserve dans des barriques ou des pièces en tôle. Nossi-Vey est considérée comme appartenant moitié à Laiymériza, moitié à Lahitafique. Pour l'habiter, il faut faire un cadeau aux deux rois.

A partir de Nossi-Vey, en remontant vers le sud jusqu'à la pointe de Languevatte, la côte est bordée d'un récif continu, ce qui la rend inaccessible. Il n'y a d'eau en dedans que pour les pirogues du pays.

La partie de Mazikoura située au bord de la mer est divisée en deux petits royaumes dont l'un appartient à Ibara, roi d'Ampalaze, et l'autre à Laïsalam, roi d'Itampoul et de Langrano.

La baie de Mazikoura forme le milieu et la limite de ces royaumes ; mais le village de Mazikoura lui-même appartient à Ibara, roi d'Ampalaze. En face de la rade de Mazikoura est l'île de Baracouta. Cette rade est entourée d'une chaîne de récifs ne présentant qu'une passe, par où entrent et sortent les navires. Le mouillage est en face d'un bouquet d'arbres par 6 à 7 brasses de fond. Le commerce a abandonné ce petit port, depuis qu'en 1861 le chef du village, Antine, fit empoisonner M. Dumoulin, représentant de la maison Rontaunay, de Bourbon.

Tous les habitants de ce village sont d'origine sakalave. Chassés de Tuléar par le père du roi Lahimerisa, ces habitants, dit le capitaine Cavaro, sont des bandits de la pire espèce.

Le seul commerce de ces parages est celui de l'orseille et de l'écaille des tortues de terre et de mer. Il y a passage pour un grand navire entre les récifs de Mazikoura et l'île Baracouta.

Le port d'Ampalaze fait le même commerce que Mazikoura. Dès 1851, M. Dumoulin aîné et deux employés à ses ordres y furent égorgés par les naturels ; l'établissement fut pillé et incendié.

Quant à Laïsalam, roi d'Itampoule et de Langrano, et successeur de son père Ribili, son territoire s'étend de la pointe de Languevatte et remonte jusque dans la rade de Mazikoura.

Les seuls produits d'Itampoule consistent, comme à Mazikoura, en orseille et tortues, que l'on échange, comme partout ailleurs, avec les mêmes objets de troque, poudre, fusils, etc., et de plus, au moyen de vivres (le pays en étant dénué), tels que manioc, maïs, pois du Cap, que les traitants prennent à Tuléar et à Saint-Augustin. La tenue pour les navires mouillés en rade d'Itampoule est assez bonne, mais seulement avec les vents du sud ; lorsqu'il y a apparence de vent du nord, il est prudent d'appareiller. La maison Aubert, de Bourbon, y a possédé un établissement pendant quelques années ; mais elle a été obligée de l'abandonner par suite des demandes continuelles et comminatoires des naturels, qui, chaque mois, en l'absence de navires de guerre français, pour protéger nos traitants, se présentaient afin d'obtenir une contribution forcée de cinq ou six cents francs de marchandises.

Nous avons dit que le commerce principal des Sakalaves de la côte occidentale était celui de l'orseille. On peut en extraire cent cinquante mille kilogrammes par an, de la valeur de cent soixante mille francs. Le port de Marseille seul en reçoit de Madagascar pour un million par an. Puis viennent les légumes secs et le maïs, dont on peut tirer deux mille tonneaux, au prix de cinq cent vingt mille francs. Citons encore les tortues, les salaisons, les cuirs, les tripangs, l'écaille, représentant une valeur d'environ soixante mille francs.

D'après l'article 14 du traité avec la France du 8 août 1868, aucune denrée n'est prohibée, ni à l'entrée ni à la sortie, sauf l'importation des armes et munitions de guerre, que la reine, par le même traité, s'est réservée exclusivement, ainsi que l'exportation des vaches et des bois de construction.

A l'exportation, les droits sont perçus à raison de 10 pour 100 *ad valorem*, d'après un tarif arrêté de concert entre les consuls européens et le premier ministre.

Voici les principaux articles de ce tarif.

	PIASTRE.
Bœuf de boucherie	1,50 (7 fr. 50) par tête.
Porcs	0,50 (2 fr. 50) id.
Volailles	0,16 (0 fr. 80) la douzaine.
Canards	0,25 (1 fr. 25) id.
Oies	0,50 (2 fr. 50) la douzaine.
Caoutchouc	1,20 (6 fr.) par 100 livres.
Riz blanc	0,15 $3/4$ (0 fr. 80) par 100 livres.

Le caoutchouc (*fingiotra*) et la gomme-copal (*mandrorofo*) sont connus à Madagascar depuis longtemps et sont l'objet d'un grand commerce. Le caoutchouc vaut à Angontsy de 30 à 45 piastres (150 à 225 fr.) les 50 kilogr. suivant qualité, et le copal de 20 à 25 piastres (100 à 125 fr.). Le caoutchouc, venant d'être extrait de sa *liane*, est un liquide blanc semblable au lait, que l'on fait coaguler avec de l'acide sulfurique étendu d'eau.

Quant au copal, il n'exige aucune préparation : il suffit de mettre à nu les racines du copalier, qui s'étend fort loin, et de recueillir la gomme dont elles sont couvertes. Mais le moindre vent renverse les copaliers dont les racines sont ainsi déchaussées. Le Malegache, dans son insouciance, ne s'aperçoit pas qu'il détruit de la sorte les belles forêts de copaliers qui couvrent la région du nord de Madagascar et il arrivera un moment où elles seront très clairsemées (1).

Les Américains, sur la côte occidentale aussi bien que sur la côte orientale, commencent à envahir le marché et même à l'accaparer. On prétend qu'un négociant de New-York, M. Mack, a passé avec le gouvernement hova un marché qui lui assure, pen-

---

(1) *Revue maritime et coloniale* (article de M. Cremazy); octobre 1882, tome LXXV.

dant un certain nombre d'années, toute la production de gomme, de cire et de caoutchouc. En échange, il doit fournir des armes et des munitions.

M. Grandidier, qui a visité avec soin ces côtes peu fréquentées jusque-là par les voyageurs et qui y a séjourné, en a donné une esquisse générale prise sur le vif. En voici un aperçu :

« Les dunes prennent naissance au bord de la mer, laissant à peine une plage de 2 à 3 mètres, qui est couverte d'un sable quartzeux abondamment mêlé de grenat. Elles s'élèvent d'une seule masse à une altitude de 140 mètres environ ; leur pente mesure près de 40 degrés. Là cependant où, par la configuration de la côte, elles sont moins exposées à l'action directe des vents violents du sud-est, il existe deux étages séparés par un plateau intermédiaire d'une largeur de plusieurs centaines de mètres. Elles sont remarquables par leur sommet rectiligne ; de loin, on les prendrait pour des fortifications construites de main d'homme ; elles ne sont cependant que l'œuvre des vents. Les faluns qui composent ces dunes sont formés de débris de coquilles réduites en poussière impalpable. Cette côte est presque entièrement privée d'eau douce. Le pays est habité par les Antandrouïs, tribu indépendante des Hovas et soumise à l'autorité de plusieurs petits chefs qui sont continuellement en guerre les uns avec les autres. Il s'étend environ de 42° 30′ à 44° 20′ de longitude est, sur une profondeur variable de 40 à 50 milles. Le séjour y est peu sûr ; les guerres civiles y sont incessantes.

« Je tâchai, ajoute notre voyageur, de pénétrer de quelques lieues dans l'intérieur et je pus arriver jusqu'au village du roi Tsifanihy. « Chaque famille antandrouï a sa plantation de nopals, comme les paysans européens ont leur champ de blé ; les figues du nopal sont, avec certains tubercules aqueux, la principale ressource des malheureux habitants de ces régions privés d'eau et de céréales pendant plusieurs mois de l'année. Ce n'est que là où un sol moins sablonneux permet à quelques arbres de croître qu'ils mettent le feu pour défricher et établissent des plantations de maïs, de millet, d'antaks (haricots malegaches) et de citrouilles (1). »

(1) *Bulletin de la Société de géographie*; février et avril 1872.

Le peuple lui-même, les Masikoures ou gens de l'intérieur, ne sont pas plus méchants ni plus cruels que dans la plupart des contrées sauvages ; mais les familles qui se sont agglomérées dans les ports fréquentés par les Européens sont redoutables par leur perfidie et leur insolence. Ce sont en effet toujours les hommes les plus dangereux du pays qui entourent et circonviennent les petits rois de ces contrées indépendantes ; intelligents, mais corrompus, haïs de leurs propres concitoyens, mais inspirant la terreur par leur audace et leurs vices, ils savent adroitement dissimuler leurs mauvais sentiments devant les officiers des navires de guerre qui, tous les deux ou trois ans, viennent mouiller quelques heures sur leurs rades et dont ils redoutent fort les canons, pour reprendre leurs exigences hautaines devant les matelots d'un simple bâtiment de commerce qu'ils savent hors d'état de se défendre.

« Il serait à souhaiter, écrit M. Grandidier, que nos avisos à vapeur visitassent plus souvent cette côte pour faire respecter nos nationaux. L'arbitraire le plus déplorable règne, en effet, dans ces petits royaumes et y régnera tant que les traités conclus avec les chefs sakalaves par l'amiral Fleuriot de Langle ne seront pas strictement observés. Un navire entre-t-il en rade pour cause de de réparation, aussitôt les *Vèzes* ou Sakalaves de la côte, par ordre du roi, s'en emparent au mépris des conventions et le livrent au pillage. Si un Européen établi dans le pays vient à mourir, avant même qu'il ait rendu le dernier soupir les *fihitses* ou soldats pénètrent dans sa demeure et emportent tout ce qu'elle renferme au repaire de leur maître. Le présent de bienvenue ou droit d'ancrage que doit payer tout navire de commerce à son arrivée, augmente de jour en jour ; ce n'est pas seulement aux rois, mais encore à une foule de chefs qu'il faut distribuer des cadeaux, et la valeur de ces cadeaux, le nombre des donataires s'accroissent à chaque voyage. Rien de stable, rien de fixe. Si le capitaine ne cède aux exactions, tout commerce lui est interdit, et on l'empêche même d'embarquer à son bord les marchandises achetées pendant son absence par son traitant et conservées dans ses magasins.

« Il faut être rompu aux insolentes exigences de ces Vèzes, pour faire sans trop de danger le commerce avec eux, et, cependant, les traités conclus par M. le commandant Fleuriot de Langle avec les rois du pays prévoyaient tous ces cas, mais ils n'ont jamais été observés, ce qui est regrettable, car, si les dangers et les tracas étaient moindres, le commerce prendrait certainement plus de développement, notre influence deviendrait prépondérante sur ces côtes où il n'y a que des négociants français et on ouvrirait aux entreprises industrielles des régions assez riches, telles que le royaume indépendant du Ménabé qui est fermé à nos nationaux depuis le déplorable pillage du navire *la Marie-Caroline.* »

Arrêtons-nous un moment pour raconter ce crime et ses conséquences au point de vue français. Feu le roi du Ménabé, Vinany, fit assassiner le capitaine, le second et les matelots de ce navire, venus au Tsidsoubon pour y nouer des relations commerciales. Vinany étant mort, sa sœur Narouve lui succéda et accorda une indemnité en bœufs aux familles des victimes, sur l'injonction de M. Fleuriot de Langle, avec lequel elle signa un traité d'amitié. Mais le peuple se souleva, et Narouve dut s'exiler. Ce ne fut qu'en 1868 qu'elle put rentrer dans ses domaines.

De temps en temps nos officiers viennent *réclamer* les *bœufs promis;* mais les Antimènes prient *invariablement* le commandant français de *revenir l'année prochaine.* « On a exigé cela *d'une femme,* disent-ils, mais on n'ose pas s'adresser *à des hommes.* »

Cette côte occidentale, qui s'étend du cap Sainte-Marie au cap Saint-André, est, comme on vient de le voir, sous la domination d'une infinité de rois et de petits chefs qui méritent une étude particulière par leur caractère à la fois farouche et débonnaire.

M. Grandidier a séjourné chez eux et les a pratiqués. Plus heureux que tant d'autres, qui ont été massacrés dans ces parages, il a eu le rare privilège de séduire ces sauvages pillards et assassins et même de s'en faire des amis.

Ses documents sont trop précieux et présentent un caractère de nouveauté trop rare pour n'être pas donnés par nous. Nous prions donc le lecteur de suivre avec confiance notre compatriote dans cette intéressante excursion. M. Grandidier s'exprime ainsi :

« A partir de Ranofotsy (village à l'ouest de Fort-Dauphin) jusque vers la pointe Fenambosy, le pays est occupé par la nation des

Antandroïs, peuplade sauvage dont la manière de vivre tient plutôt de la bête fauve que de l'homme ; ils forment une sorte de république dont les chefs sont toujours en hostilités les uns avec les autres. Viennent ensuite les Mahafales, qui habitent depuis la pointe Fenanbousy jusqu'à la rivière de Saint-Augustin ; ils obéissaient tous autrefois à Orontany, prince célèbre dans l'histoire de Madagascar. A la mort de ce roi, ses États ont été partagés en trois petits royaumes : l'un, de la pointe Fenambousy au port de Masikoura, sous l'autorité de Bahary ; l'autre, de ce dernier port jusqu'au nord d'Itampoule, sous l'autorité de Rébibo, et le reste sous l'autorité de Fiaye ou Réfiaille. — Orontany est le chef de la grande famille des Maserananas, qui a donné des rois à toute la côte ouest jusqu'au cap d'Ambre, sauf à la province de Fihérénana qui est gouvernée par la famille des Andrivolas. Son fils Fiaye, qui aurait dû lui succéder, était encore tout enfant à la mort de son père ; ses parents Bahary et Rébiby ont profité de cette circonstance pour se rendre indépendants.

« Le pays situé au nord de la rivière de Saint-Augustin jusqu'au cap d'Ambre, est occupé par les Sakalaves ; ceux-ci se subdivisent en un grand nombre de tribus, les Antifihérénanas qui, de Saint-Augustin à Ranobé, obéissent à Lahimerisa, et de Ranobé au Mangoko reconnaissent l'autorité de Soumonga, son cousin et rival ; puis, les Antiménas, qui, du Mangoko au Tomitsy, obéissent à Tovonkéra, roi sous le protectorat hova, et qui du Tomitsy à Sona-Hanina reconnaissent l'autorité de Touera. Nombre de petits rois se succèdent ainsi jusqu'au cap d'Ambre, tous indépendants ; on doit excepter certains points comme la baie de Mazangaye (Bombetock), dont les Hovas se sont emparés par la force et le sud du royaume de Ménabé, où, sous prétexte de protection, ils sont les vrais maîtres. »

Nous rappelons au lecteur que l'amiral Pierre a châtié les Hovas de cette baie et l'a rendue à la France.

« Dans tous ces royaumes, le principe des gouvernements est un absolutisme brutal. Le roi est entièrement maître de la vie et des biens de ses sujets. Il n'y a ni lois, ni coutumes conservées par la tradition. Partout règne l'anarchie la plus grande et tout est livré à l'arbitraire. Les affaires graves ou légères se traitent publiquement en kabars, assemblées où assistent tous les hommes libres et où chacun donne son opinion ; le plus souvent le roi écoute et s'abstient de participer aux discussions ; ce sont alors les chefs qui décident. Ils sont rarement obéis, malgré les cruautés dont ils se souillent à chaque instant, et chacun d'ordinaire se fait justice à soi-même. Un Sakalave, libre ou esclave, ne marche jamais sans sa lance et un mousquet chargé à balle, et peu de semaines se passent sans qu'on entende parler d'assassinats, qui restent toujours impunis, jusqu'à ce qu'un parent de la victime en tire vengeance sur le meurtrier ou sur quelqu'un de sa famille.

« Les hommes libres sont peu nombreux ; la majorité de la population est esclave. On ne peut guère compter, à mon opinion, plus de 20,000 Antandroïs, 30,000 Mahafales, 50,000 Antifihérénansa et autant d'Antimènes. On voit donc que ce pays est peu peuplé.

« Les Mahafales et les Sakalaves sont les peuples les plus intéressés que l'on puisse rencontrer, et leur convoitise est incroyable. L'esprit mercantile, si rare chez les peuples vraiment sauvages et qui est si développé en eux, n'est pas le côté le moins curieux de leur caractère ; il faut attribuer leurs tristes penchants au contact des Arabes qui, de temps immémorial, sont en commerce avec ces pays. Ils sont lâches, hypocrites, menteurs, s'adonnent sans vergogne au vol, à l'immoralité, et sont dominés par les superstitions les plus incroyables. Quand on vient trafiquer ou voyager dans les contrées sud-ouest de Madagascar, on est obligé, pour la bienvenue, de donner une certaine quantité de marchandises, dont le partage se fait entre le roi du pays et les différents chefs. Après le payement de ce droit d'ancrage, on devrait être libéré de toute tracasserie ultérieure ; il n'en est rien généralement. Les exigences des chefs augmentent tous les jours et ce sont, à chaque instant, de nouvelles exactions, de nouveaux cadeaux qu'on exige les armes à la main. Si l'on ne fait droit à ces réclamations iniques, on est exposé à de graves dangers. Aussi nos pauvres nationaux ne sont-ils jamais certains de l'issue de leurs négociations (1).

---

(1) *Bulletin de la Société de géographie;* octobre 1867.

Beaucoup de navires faisant route pour Natal ou le Cap s'approchent du sud de Madagascar, mais aucun jusqu'ici n'avait mouillé sur cette côte aride et inhospitalière. En 1866, M. le capitaine Cavaro, commandant *la Marie-Caroline,* et le capitaine Bellanger, commandant *l'Infatigable,* débarquèrent l'un après l'autre au cap Sainte-Marie. Ce dernier navire portait M. Grandidier.

Voici l'intéressant et piquant récit qu'a fait notre voyageur (1) de sa visite à Tsifanihy, roi du cap Sainte-Marie : « Au débarquement, le roi Tsifanihy s'avança lentement à notre rencontre, comme il convient à un roi *vêtu de sa seule majesté.* C'était un vieillard maigre, d'assez haute stature, ayant le teint clair et des cheveux gris et lisses. Il était facile de reconnaître en lui un mélange de sang causasique, arabe ou juif. Un simple morceau de toile lui ceignait les reins et un *lamba,* jadis blanc, était négligemment jeté sur ses épaules. Un petite calotte de jonc tressé lui couvrait la tête. Après avoir, selon l'usage, pressé la main, à titre de bienvenue, à la plupart de ces individus, nous nous assîmes en cercle devant la hutte royale et le kabar commença ; on appelle ainsi à Madagascar l'assemblée publique dans laquelle on traite toute affaire, petite ou grande. Le capitaine de *l'Infatigable* débattit avec Sa Majesté Antandroy les conditions du droit d'ancrage et de libre commerce, droit que tout navire est obligé de payer à son entrée dans les ports des côtes sud-ouest de Madagascar ; sans longue discussion, il fut convenu que le roi recevrait, pour sa part de lion, un baril de poudre de 25 livres, un fusil à pierre, une marmite de fonte, 2 miroirs, une pièce de toile bleue de 15 mètres, 200 clous dorés, 20 balles, 20 pierres à fusil, et 4 bouteilles de rhum que par prudence nous eûmes soin de couper d'eau, afin d'éviter à notre nouvel ami une ivresse prolongée et peut-être tragique. Le lion ne faisait pas sentir ses griffes ; c'était le début des relations commerciales de Bourbon avec les Antandroïs, et ce peuple n'était point encore corrompu par la prospérité et les richesses. Des présents analogues, mais de moindre importance, furent offerts à six chefs dépendant du roi qui, sous le fallacieux

(1) *Une excursion* dans la région australe de Madagascar (*Bulletin des sciences et arts de la Réunion;* année 1867), brochure in-8°, chez Roussin, à Saint-Denis.

prétexte de protéger les blancs, exigent une rémunération bien peu méritée, mais qu'on accorde autant par suite d'anciens usages que par respect pour le droit du plus fort. Les Malegaches sont tous des vautours affamés de marchandises.

« Le roi, dont la société était rien moins qu'agréable, à cause des maladies cutanées qui ne l'avaient pas plus épargné que le moindre de ses sujets, nous promit sans en avoir été prié, de venir le lendemain à bord chercher son cadeau, et nous nous séparons les meilleurs amis du monde. Le jour suivant, nos pirogues amènent en effet Sa Majesté, escortée des chefs qu'attirait l'appât des marchandises. Ces malheureux êtres, dont la vie se rapproche plus de celle de la brute que de celle de l'homme et qui, n'ayant jamais quitté leurs tristes déserts, n'ont vu que les misérables huttes où ils végètent, montèrent sur notre navire sans témoigner la moindre admiration, le moindre étonnement ; il semblait, à les voir se promener sur le pont, qu'ils eussent toujours résidé au milieu des merveilles de la civilisation. C'était cependant la première fois que pareil spectacle s'offrait à leurs yeux. Est-il rien de plus extraordinaire que ce calme, cette inertie du sauvage ?

« Le roi Tsifanihy, tout en buvant quelques petits verres de rhum, chercha à nous convaincre qu'il avait momentanément établi sa résidence sur la côte par amitié pour les blancs et pour les couvrir de sa haute protection : il ne disait pas, le vieux rusé, qu'en restant sur le lieu même de la traite, il percevait sur chaque vendeur d'orseille une pincée de poudre, une balle ; quelques clous dorés, et que l'intérêt était son seul dieu, comme il est celui de tout Malegache. »

M. Grandidier, curieux de pénétrer dans les terres, demanda à Tsifanihy de l'accompagner chez lui, sa résidence étant située à plusieurs heures de marche dans l'intérieur. Un baril de poudre fut le prix de cette excursion. Notre voyageur part donc avec Sa Majesté, et, chemin faisant, l'abreuve de rhum. Le souverain, tout en conversant, en buvait un peu et passait le reste débonnairement à ses courtisans, lorsqu'il s'arrêtait. Ceux-ci étaient tous accroupis sur les genoux et sur les talons auprès du monarque. N'osant songer à souiller de leurs lèvres plébéiennes la coupe royale, ils mettaient la main gauche en avant de leur bouche, puis ils y versaient le contenu du verre, qui, traversant ce pont improvisé, allait s'engouffrer dans leur gosier insatiable.

« Tsifanihy, continue M. Grandidier, est de droit souverain du pays ; mais depuis longtemps les diverses tribus antandroïs sont en guerre les unes avec les autres, et on le craint peu ; on lui obéit encore moins. S'il n'eût épousé une princesse antanosse, parente de Ra Zoumaner, le chef du peuple le plus redouté de Madagascar, on lui aurait déjà fait un mauvais parti. Les Antandroïs sont en proie à une anarchie plus grande et plus terrible même que celle qui règne chez les Mahafalys et les Sakalaves, autres peuplades indépendantes de la côte ouest.

« Le lendemain de la visite royale, descendu de bonne heure à terre, je me mis à étudier la faune et la flore du pays environnant ; peu d'oiseaux, quelques reptiles, des plantes d'un aspect bizarre, tel fut le produit d'une promenade de quelques heures sous les rayons ardents d'un soleil tropical. Le nombre des objets recueillis était bien restreint assurément, mais la nouveauté de quelques-uns d'entre eux, la rareté des autres me ravissait, et ce fut le cœur plein de joie que je m'endormis sur le sable de la plage, corps et tête ensevelis sous mon épaisse couverture de laine ; car les nuits sont fraîches dans ces parages, à cette époque de l'hiver où une abondante rosée tombe tous les matins.

« Le jour suivant, j'étais sur pied avant le lever du soleil. Un petit sac de riz destiné à mon alimentation, et deux boîtes de fer-blanc, tel était mon bagage ; l'une de ces boîtes renfermait mes instruments de géodésie, et l'autre contenait les objets nécessaires aux préparations taxidermiques. Le tout fut promptement chargé sur les épaules de quelques Antandroïs, que plusieurs rasades de rhum avaient mis en bonne humeur. Ces gens, peu accoutumés à porter des fardeaux, furent promptement fatigués. A chaque instant, je les voyais changer d'épaule le bâton auquel étaient suspendus les paquets. Le roi, un brave roi sans morgue et sans fierté, plus simple encore que le roi d'Yvetot, prit pitié de ses pauvres sujets, qui pliaient sous la pesante charge de huit à dix kilogrammes, et il n'hésita pas à placer sur son dos royal mon sac de riz. Nous marchâmes ainsi pendant quatre heures, ma petite escorte se relayant sans cesse ».

Le caravane arrive ainsi au village royal, séjour officiel du roi Tsifanihy : « C'était, dit notre voyageur, une grande enceinte formée d'une plantation de nopal et composée d'une dizaine de huttes ayant sept pieds de long sur six de large et à peine assez élevées pour qu'un homme de taille ordinaire s'y tînt debout. On ne peut y pénétrer qu'en rampant et en se traînant sur les genoux par l'ouverture basse qui donne entrée dans ces résidences princières. Le roi m'introduisit dans la meilleure de ces huttes. Aussitôt une cinquantaine d'indigènes, comme de véritables enfants, se précipitent à l'envi pour voir l'étranger. J'étais le premier qui fût jamais venu dans le pays, et ma peau blanche attirait leur curiosité, plus turbulente et plus indiscrète que malintentionnée. Pendant que les anadodnaka, princes et princesses (quels princes et quelles princesses !) prennent place autour de moi en entrant à quatre pattes dans mon humble demeure, je vois les planches dont sont formés les murs de la cabane disparaître une à une, car elles ne sont que juxtaposées et retenues entre deux tiges de bois longitudinales; bientôt je ne suis plus abrité que par le toit et je me trouve exposé aux regards de tous. Après m'être prêté avec bienveillance à satisfaire leur curiosité et leur avoir adressé quelques paroles pleines de dignité, j'ordonne qu'on remette ma hutte dans son état normal; car le soleil m'incommodait. Je dus, plus d'une fois, réitérer l'ordre avant d'être obéi.

« Le roi, échauffé de sa course et pressé par une soif ardente, demanda de l'eau qui lui fut aussitôt apportée précieusement ; il daigna m'en offrir. A la vue de la boue rougeâtre qu'il me présentait, je refusai, ne me sentant pas le courage d'avaler une pareille purée, et je le laissai vider la calebasse. Il fut le seul à boire, l'eau est trop rare pour en donner au premier venu ; mes porteurs pour se désaltérer eurent recours, selon l'usage antandroy, aux figues du nopal, et préférant les imiter, je sortis de l'enceinte avec eux.

« Ceux-ci, comme tous les Malegaches indépendants des Hovas, ne marchent jamais sans un mousquet chargé à balle et une sagaye ou lance ; se servant de cette dernière arme pour piquer les fruits du nopal, ils les détachent adroitement du buisson épineux dont on ne peut impunément s'approcher : la récolte faite, ils roulent ces fruits en tous sens dans le sable, avec une poignée de branches, pour enlever les petites soies épineuses qui en couvrent la peau, et, saisissant une des figues, ils la pèlent avec le fer de lance et offrent la pulpe avec plus de grâce et de propreté qu'on ne serait en droit d'en attendre d'eux. Mon estomac desséché absorba promptement une trentaine de ces figues de Barbarie. En rentrant, je suis assailli de tous côtés par les parents du roi, qui viennent réclamer de ma générosité les petits présents propres à sceller notre amitié; je leur distribue des clous dorés, des colliers de verroterie et autres objets, le tout accompagné de mots plaisants pour les mettre en gaieté. Le voyageur ne doit jamais agir avec brutalité envers les sauvages. Sans se laisser dominer et tout en conservant sa dignité, il est de son intérêt de chercher à les amuser : c'est le moyen d'obtenir d'eux ce qu'il désire. J'ai toujours réussi, par cette méthode, avec les peuplades même les plus dangereuses.

« Un plat de riz cuit à l'eau et une volaille aussi maigre que coriace composaient le déjeuner du voyageur, qui n'est pas toujours aussi favorisé. Assis au milieu d'une nombreuse assemblée, je distribuais libéralement de temps en temps quelques bouchées aux princes et princesses, dont les yeux dénotaient un désir effréné de participer plus amplement à mon repas. Fatigué de la curiosité insatiable des Antandroïs, je congédiai sans façon, mais avec peine, la famille royale et le peuple. »

Le lendemain matin, M. Grandidier, dans le but de faire des recherches d'histoire naturelle, partit à la chasse accompagné du roi Tsifanihy et de son plus jeune fils, au milieu d'une escorte d'esclaves. Les chasseurs traversèrent des plantations de nopal, destinées à la nourriture des indigènes et des champs de gros millet (ampembe), d'antakas (espèce de gros haricot) et de citrouilles. Faute d'eau, les naturels sont souvent obligés de faire griller l'ampembe (millet) et parfois de le broyer sous la dent. « Je fus plusieurs fois, dit M. Grandidier, dans la nécessité de les imiter, trop heureux d'apaiser ainsi les exigences de mon estomac. Quant aux courges, c'est en été qu'elles leur sont utiles, lorsqu'aucune rosée ne rafraîchit l'air du matin. Les naturels laissent ces fruits mûrir outre mesure et même pourrir, afin que la pulpe se liquéfie et leur serve de breuvage.

« La nature, peu prodigue à l'égard de ces peuples, leur a cependant donné dans sa prévoyance une racine, commune dans toutes les plaines sablonneuses, dont la chair aqueuse désaltère et remplace l'eau.

« Nous arrivons bientôt, ajoute M. Grandidier, après deux ou trois lieues de marche, dans un bois. Je me glissai avec peine sur les genoux et sur les mains pour pénétrer au milieu des broussailles ; j'en fus récompensé par la vue du premier animal qui frappait mes regards depuis le matin. C'était un de ces curieux oiseaux, spéciaux à la faune de la grande île malegache, qui sont connus dans la science sous le nom générique de coua ; c'est une espèce particulière de coucou de la grosseur d'une petite tourterelle, à queue plus longue que le corps. Il allait sautant avec grâce de branche en branche à la recherche des insectes et des mollusques terrestres dont se nourrissent tous les couas. Son plumage gris est à reflets verts ; ses yeux sont entourés d'une large peau nue, teintée des plus vives couleurs, lui donnaient un aspect charmant. Un coup de fusil m'eut bientôt permis de considérer de près cet animal que je reconnus pour être d'espèce nouvelle.

« Je passai plusieurs jours à chasser ; si dans mes excursions j'ai rencontré peu d'animaux, je n'ai pas du moins eu à me plaindre quant à leur intérêt scientifique. Outre le coua, j'ai découvert un genre nouveau de bec-fin (*Thamnothis chloropetoïdes*). »

Dans ses conversations avec les sujets du roi Tsifanihy, M. Grandidier avait appris d'eux qu'il y avait dans les environs beaucoup de *sifaks*, espèce rare de lemur du genre propithèque. « Je ne connaissais cet animal, dit notre voyageur (1), que par cette description si brève de Flacourt : « SIFAK, *guenuche blanche à cha-*
« *peron tanné,* » et je pensais que ce pouvait bien être une maque inconnue à la science. Il était près de midi, raconte notre chasseur, lorsque, arrivé dans un petit bois, j'eus le bonheur d'apercevoir, entre des branches d'arbre, une forme toute blanche que mes guides me montraient du doigt, en répétant : *Sifak! sifak!* Je m'approchai tout doucement en rampant à travers les

---

(1) *Album de l'île de la Réunion*, par A. Roussin (*Récit de la chasse au sifak,* par M. Grandidier); Saint-Denis, 1866-67.

broussailles, et, lâchant les deux coups de mon fusil presque simultanément, je vis avec plaisir une masse inerte tomber à mes pieds : c'était un vieux sifak mâle, que je reconnus aussitôt pour appartenir au genre propithèque (1).

« Cette maque est respectée chez les Antandroys et je faillis avoir une querelle sérieuse avec les habitants du village royal pour avoir dépouillé le beau spécimen que j'avais eu le bonheur de tuer. Il me fallut, pour apaiser leur colère, enterrer en grande pompe le corps que j'avais retiré de la peau et faire planter, entre les pierres dont j'avais recouvert cette tombe, quelques feuilles charnues de nopal.

« Si j'ajoute à ces trois animaux inconnus jusqu'alors à la science quelques oiseaux fort rares dans les musées et quelques reptiles de genres très curieux, j'aurai énuméré tout le butin zoologique que j'ai rapporté du pays d'Androy, encore moins habité par les bêtes que par les hommes. Quelques rares lépidoptères aux brillantes couleurs, parmi lesquels je citerai mon *Anthocaris Zoé* dont les ailes supérieures ont une teinte d'un beau pourpre violacé, égayaient cependant la tristesse du paysage. J'oubliais de mentionner la caille, le *kibon* des Malegaches. »

C'est au cap Sainte-Marie que se trouvent les plus beaux moutons de Madagascar. On les achète 1 fr. 50 la pièce, payable en marchandise. Ces moutons pèsent cent livres.

Nous regrettons de ne pouvoir suivre M. Grandidier dans sa visite à Rabéfaner, prince antanosse d'une originalité toute particulière, en sa qualité de *prince mendiant*. Nous ne pouvons, cependant nous refuser au plaisir de donner au lecteur le récit de l'arrivée et du séjour de notre voyageur chez Zoumaner (2), roi des Antanosses émigrés. « En approchant du village royal, dit-il,

---

(1) Nous avons eu le plaisir de voir ce sifak dans la vitrine où il figure aujourd'hui, en très bonne posture, au Muséum, à Paris (1883).

(2) Ce roi Ra-Zoumaner, qui va demander tout à l'heure à M. Grandidier de devenir son frère par le serment du sang, était connu pour être le plus barbare et le plus sanguinaire des monarques, lorsqu'il régnait sur ses sujets antanosses de la baie de Ranoufoutsy. Le capitaine Cavaro raconte qu'il fit couper la main droite à un malheureux ampisikidy ou sorcier, qui lui avait prédit à tort du beau temps ; cette main fut placée par son ordre, au bout d'un bâton, sur la case du devin. (*Revue maritime et coloniale*; mars 1883.)

j'aperçus, à la clarté de la lune, auprès de la porte de l'ouest, un piquet qui supportait une tête encore toute sanglante. C'était celle d'un Bare qui, s'étant introduit la nuit précédente dans l'enceinte pour voler des bœufs, avait été pris et mis à mort sur-le-champ.

« Zoumaner me reçut en vieil ami : il se rappelait les présents dont je l'avais comblé à mon voyage précédent. Je donnai mon assentiment au projet dont il ne cessait de m'entretenir depuis mon arrivée. Il ne s'agissait de rien moins que de célébrer le *famaka*, de nous faire *frères de sang*. Je n'ignorais pas que ce roi voulait avant tout m'extorquer un cadeau, mais j'avais trop d'intérêt à rester en bons termes avec lui pour ne pas accéder à sa proposition. Les devins consultés tirèrent le *sikidy* et fixèrent le mardi suivant comme le jour propice à la cérémonie ; nous étions au jeudi. Au jour marqué, les chefs et le peuple se rassemblèrent dans l'est de la maison du roi. Zoumaner et moi nous nous asseyons sur une natte neuve. Un bœuf est amené et jeté à terre ; on lui lie les quatre pieds. Un prince de la famille des Zafi Raminia égorge la victime, en récitant quelques prières, et reçoit le premier sang dans une calebasse pleine d'eau ; après y avoir ajouté une pincée de sel, un peu de noir de fumée, une balle de plomb, une grosse manille d'or, il la dépose devant nous.

« Je prends la baguette de mon fusil, et Zoumaner se saisit de sa sagaye ; nous en plongeons les extrémités dans le liquide sacré. Le chef principal du village, tout en frappant avec un couteau les armes que nous tenons chacun de la main droite, prononce un discours où, après avoir célébré les louanges des hautes parties contractantes, il énumère les obligations qu'impose le serment du sang et appelle sur nous les plus grands malheurs, si nous venons à nous parjurer. Mon serviteur Cravate, pendant ce temps, ne cesse d'arroser le fer de la lance de liquide sanglant.

« Zoumaner, remplissant alors une cuiller de bois du breuvage sacré, me la porte à la bouche et m'en fait boire le contenu, puis me frappe sur les deux épaules, dans le dos et sur la poitrine, avec la cuiller vide. Je répète la même cérémonie, et le famake est consommé, nous sommes frères de sang. Ma nouvelle famille m'adresse ses félicitations et une nuée de princes et de princesses, les uns m'appelant leur fils, les autres me donnant le nom de père ou de frère, viennent me serrer la main.

« Sur ces entrefaites, je tombai malade ; une fièvre tenace me força à m'aliter. Ce n'était qu'avec peine que je pouvais me traîner. Zoumaner voulut entreprendre ma guérison ; je le laissai faire par curiosité. Dès qu'il me vit en proie à un accès chaud, il envoya Béfaner chercher un de ses talismans ; c'était un mauvais bout de corne de bœuf, orné de perles de verre et rempli d'une boue noirâtre, mélange de feuilles d'arbre carbonisées, de piment pilé et d'huile de ricin ; dans cette boue, nageaient divers *grisgris*, tels que vis brisées, vieux ciseaux, aiguilles rouillées. Le précieux remède fut religieusement apporté par Béfaner sur un sahafa ou petit plateau de jonc. Le roi, après avoir adressé une prière à Dieu, me toucha le front et la poitrine avec cette corne : puis il retira une des aiguilles qui étaient plongées dans la mixture, et la passa sept fois sur sa langue, en comptant à haute voix et replongeant à chaque fois le fer dans la corne. Ce fut ensuite mon tour de subir la même épreuve. Dès la première fois, je fis une singulière grimace : le piment me brûlait la gorge et l'huile de ricin me donnait des nausées. Cependant, je subis courageusement les attouchements cabalistiques et je vous laisse à penser si je fus aise de voir la septième épreuve finie. Mais je n'en étais pas quitte pour si peu ; le roi se mit à me pousser la même aiguille dans le nez, aussi loin qu'il le put. Du coup, je me débattis, mais j'étais faible et il me fallut en passer par où il voulait. Éternuant, les narines en feu, je demandais grâces ; le bourreau ne me lâcha que lorsqu'il eut encore introduit son doigt, tout huilé de son remède maudit, dans mes oreilles. Après avoir suspendu sa corne à la tête de ma natte, il allait se retirer et j'en bénissais le ciel, lorsque s'avisant d'un oubli, il défit rapidement son sadiha (lambeau de toile dont les Malegaches se ceignent les reins) et en trempant le bout dans une calebasse pleine d'eau, il m'en frappa à plusieurs reprises sur la tête, au dos, sur la poitrine, me mouillant jusqu'aux os au plus fort de l'accès. Le lendemain, de grand matin, il accourut prendre de mes nouvelles. Je l'assurai que j'allais beaucoup mieux, espérant éviter un nouveau martyr. Vain espoir ! Il eût trop craint de perdre la poule aux œufs d'or. Aussi, une nouvelle cérémonie recommença, cérémonie que, cette fois, j'acceptai d'assez mauvaise grâce (1). »

C'est ainsi que, le 30 octobre 1868, M. Grandidier, arrêté dans son voyage par la guerre des Bares, retourna à Tuléar et quitta sans regret le voisinage incommode de ces rois mendiants.

Les deux principaux districts de l'Androy ou pays des Antandroïs sont le pays d'Ampâte, à l'est et celui des Caremboules, dont parle Flacourt, au sud-ouest.

Le principal village du pays d'Ampâte est Fangahé, composé de cent cases tout au plus ; la manière dont il est construit peut donner une idée de l'état de barbarie de ces peuples. C'était la résidence du chef des Ant-Ampâtes. On voit, dans ce village et aux environs, beaucoup de moutons à grosses queues, de l'espèce du Sénégal. Les bœufs y sont plus petits que dans les autres parties de l'île. Les Ant-Ampâtes, n'ayant pas d'eau dans leur pays, sont forcés de mettre leurs bestiaux à la ration ; ils vont avec des calebasses chercher, à une journée de marche, de l'eau qui leur est nécessaire et qu'ils sont obligés de conserver comme une chose précieuse; car on ne trouve, dans leur pays, que des mares dont les eaux ne sont pas potables. Cependant la nature qui n'a pas donné d'eau aux Ant-Ampâtes leur a fourni un moyen d'assouvir leur soif. En fouillant la terre, on trouve une sorte de fruit ou racine dont l'écorce est raboteuse comme celle de la châtaigne et dont la chair ressemble à celle du melon d'eau : malheureusement cette production n'est pas assez abondante pour suffire aux besoins de tous les habitants. M. Grandidier, comme on vient de le voir, a parlé, sans la nommer, de cette production végétale destinée à étancher la soif.

Le pays des Ant-Ampâtes est plat et boisé ; ses meilleurs pâturages sont dans les forêts, où l'on trouve une grande quantité de bœufs sauvages. On y récolte beaucoup de soie, du coton, des écorces précieuses et des pommes. Les Ant-Ampâtes fabriquent avec ces matières primitives des lambas qu'ils allaient autrefois vendre au fort Dauphin, avant qu'il n'eût été occupé par les Ho-

---

(1) *Bulletin de la Société de géographie*; février 1872.

vas. On pourrait traiter, à Fangahé, de la cire en abondance. Le village est bien fortifié, quoique sa population ne soit pas de plus de six cents individus. Cette contrée paraît déserte au voyageur. Les villages y sont rares et peu considérables.

Mahatal'Ouzou, hameau de huit cases, est la résidence du chef des Caremboules; ses habitants, presque sauvages, ont la peau cuivrée, les cheveux bouclés, le nez et les lèvres des Africains. Leur territoire n'est pas aussi fertile que le reste du pays; on n'y trouve que des moutons, des tortues ou des cailles.

Au nord d'Androy se trouve le pays dont nous avons parlé plus haut, des Machikores, ou Mazikouras, appelé par les Hovas *Tsiénimbalala*, et celui des Vourimes, réunis aujourd'hui par les ethnographes sous le nom général de Bares, en malegache *Bara* ou *Ibara*. Ces peuplades habitent les hautes montagnes que l'on aperçoit de Matatane; leur pays au nord-ouest est limité par les montagnes des Betsiléos, à l'est par celui des Anta'ymours, à l'ouest par la province de Féérègne. Leur capitale est un grand village appelé Monongabé, composé de 700 à 800 cases solidement construites. Il est fortifié à la manière des Malegaches et traversé par un bras de la rivière Mananghar. Ses environs, de même que tout le pays des Vourimes, offrent de nombreuses traces volcaniques.

Fianarantsoa, capitale des *Betsiléos* ou *Hovas du sud*, est bâtie sur une hauteur et composée de cents cases. Elle n'a pour fortifications qu'un seul rang de palissades, qui sont si éloignées les unes des autres qu'elles ne seraient pas un obstacle au passage de l'ennemi, s'il cherchait à entrer. C'est, aujourd'hui, un centre important, où les missions catholique et protestante ont des églises et des temples.

Les Betsiléos sont en général plus blancs que les Sakalaves. Leur couleur olivâtre est un peu plus foncée que celle des Hovas du nord; leurs jambes et leurs bras sont minces et mal conformés. Ils ont des yeux roux, le regard oblique et faux, leur visage est allongé; presque tous ont le nez aquilin comme les Espagnols de l'Inde. Les Betsiléos ont les cheveux bouclés, droits ou laineux; ils n'ont ni la physionomie ni les habitudes des Malais; ils passent pour industrieux.

On n'oserait hasarder aucune conjecture sur l'origine des Betsiléos, mais la position qu'ils occupent dans l'île étant la même que celle assignée par les anciens voyageurs aux prétendus nains ou Kimos, il paraît vraisemblable que l'histoire fabuleuse de nains, conservée par la tradition, a pu être appliquée aux Betsiléos, race d'hommes qui, par sa taille, sa couleur, sa structure et ses habitudes, se rapproche le plus du portrait que les poètes malegaches font des Kimos.

Les Malegaches, qui racontaient ces histoires du temps de Flacourt et des autres chroniqueurs, ne voyageaient pas alors comme aujourd'hui dans toutes les parties de l'île, plusieurs peuplades indépendantes et sauvages séparaient les Antavarts des Betsiléos, et ils se seraient exposés à l'esclavage ou à la mort, s'ils avaient osé traverser leur territoire. C'était donc très rarement que quelques Malegaches isolés rencontraient des Betsiléos, dont la petite taille, la couleur et les traits devaient les étonner.

Les Betsiléos voyagent rarement et sont presque sans industrie ; leur vie est aussi frugale que celle des prétendus Kimos (1). Ils se nourrissent de laitage, de riz et de racines ; ils ne tuent des bœufs que rarement, pour célébrer quelque fête. Leur pays produit de la soie, du coton et du fer. Ils fabriquent quelques toiles de coton et de soie plus grossières que celles des Hovas ; mais leurs métiers sont si imparfaits qu'il leur faut plus d'un an pour faire un simbou.

Le peuple hova, aujourd'hui le maître de la moitié à peu près de l'île entière, occupe, ainsi que nous l'avons déjà observé en faisant l'*orographie* de Madagascar, une position assez forte au centre même de cette grande terre. Le pays est, ainsi que nous l'avons dit, appelé *Ankova*, de *Any*, là, et *Hova* : là les Hovas, pays des Hovas. Imerina sert à désigner quelquefois le royaume des Hovas.

M. Grandidier a consacré, outre une carte nouvelle, un article spécial à la description de l'Imerne. Nous ne saurions mieux faire que d'en reproduire les traits principaux. « Au commence-

(1) La légende des *Kimos* ou *Guimos* a pris naissance dans les lettres de l'abbé de Choisy et de Saint-Martin. Commerson l'a popularisée dans sa lettre à Lalande (voir le *Journal des voyages*, cahier 108 ; octobre 1827). Cette légende est repoussée, comme une fable, par Legentil, Sonnerat et Lescallier.

ment du dix-huitième siècle, dit-il, les nombreux villages qui sont épars dans la province d'Imerne, surtout dans la grande plaine de Betsimitatatrâ qu'arrose l'Ikoua et où s'étendent à perte de vue de belles rizières, étaient gouvernés par douze chefs ou Andrianâ indépendants les uns des autres, lorsque l'un d'entre eux, le fondateur de la dynastie qui règne aujourd'hui, Andrianampoinimerina (litt. : *le désiré d'Imerne*), bon guerrier et fin politique, a réussi à les mettre sous son autorité au commencement de ce siècle. De ces tribus, la plupart subissent le joug des Antaimerinas ou Hovas qui les ont conquises au commencement de ce siècle. Ces Hovas, qui sont de race jaune et qui, grâce à leur intelligence supérieure, à leur esprit de discipline et aux conseils reçus d'officiers européens, ont joué depuis un siècle un rôle prépondérant à Madagascar, sous la direction habile d'Andrianampoinimerina et de Radama Ier, habitent la province connue sous le nom d'Imerina, qui est située au centre même de l'île et qui est de toutes la plus peuplée et la plus importante.

« Le nom d'*Hova* ne désigne pas les habitants de l'Imerina, mais seulement une classe de ces habitants, les bourgeois ou roturiers, par opposition aux nobles ou Andrians et aux esclaves ou Andevos. Les libres, nobles ou roturiers, s'appellent *Ambaniandros* Quand la reine s'adresse à tous les Malegaches sans exception, elle se sert du mot *Ambanilanitra*, c'est-à-dire *tous ceux qui sont sous les cieux*, parce qu'ils ont cru pendant longtemps à Madagascar qu'ils étaient seuls sur la terre; elle dit *Merina*, quand elle ne veut parler qu'aux habitants de sa province. Les populations du nord les appellent Antrova (*ceux qui habitent le pays où est la capitale*), les Sakalaves qui sont leurs ennemis irréconciliables les nomment, comme on sait, *Amboalambo* (litt. : *chiens de sangliers*), les Antantsihanakâs *Sorodany* (litt. : *soldats*).

« L'Imerine, que limitent au nord l'Antsihanaka et le pays des Sakalaves; à l'est l'Ankay ou pays des Bezanozanos; au sud le pays des Betsileos; à l'ouest le Menabé et le Mahilakâ, est un pays montagneux, coupé de nombreux cours d'eau, complètement nu, sans arbres, sans arbustes et souvent même sans culture, à peu près inhabité dans les parties accidentées et au contraire très peuplé dans les vallées et les parties basses. Les collines qui couvrent presque tout le pays et qui sont formées d'une argile rouge, dure et compacte au milieu de laquelle affluent de nombreux blocs de granit à surface bombée, ne sont pas fertiles; mais le plus petit vallon, lorsque sa situation le permet, est transformé en rizières par un travail habile et intelligent; et à l'ouest de la capitale, au centre même de la province, il y a une grande plaine, le Betsimitatatra, qui jadis était un lac ou un marais et qui forme aujourd'hui un immense champ de riz d'un aspect fort riant à la saison pluvieuse, d'où émergent çà et là, comme autant d'îlots, de nombreux hameaux ou maisons bâties sur de petits coteaux.

« Ce gigantesque damier aux cases vertes que circonscrivent de petits murs de terre noire et ces nombreux gradins suspendus aux flancs des collines, qu'irriguent des ruisseaux amenés habilement sur les lieux de culture, montrent avec quelle intelligence et quelle ardeur les Hovas travaillent la terre. Le riz que produit l'Imérine nourrit une population considérable; aussi l'étranger qui vient de traverser des pays à peu près déserts est-il surpris, en arrivant à Tananarive, de l'agglomération vraiment extraordinaire de villages, de hameaux, de maisons qui s'étalent devant lui. Les autres végétaux que cultivent les Hovas, tels que le manioc, les pommes de terre, les patates, la canne à sucre, le maïs, les bananes, les ananas, les ambrevades, le tabac, le coton, et qu'ils plantent auprès de leurs villages, sur le flanc des collines, ne couvrent pas de grandes étendues et ont d'ordinaire peu de vigueur. Auprès des villes principales, surtout aux environs de Tananarive, on a planté quelques arbres fruitiers, tels que goyaviers, néfliers du Japon, orangers, manguiers, pêchers et même des vignes, etc., qui prospèrent dans une certaine mesure.

« Dans le sud s'élève un grand massif nu et rocheux, l'Ankaratra, dont les points culminants sont Anbohimirandrana (2,350 mètres), Ankavitra (2,350 mètres), Tsiafakafo (2,540 mètres) et Tsiafajavona (2,590 mètres). De ce dernier sommet, qui est le plus élevé de l'île de Madagascar, la vue s'étend sur la province tout entière qui apparaît comme une mer de montagnes, sans arbres, sans arbrisseaux, où des roches nombreuses émergent au milieu d'une herbe grossière qui n'est même pas très bonne pour le bétail et qui ne sert guère que de combustible aux habitants de ce pays désolé. Le bois manque, en effet, dans l'Imérine, et les gens riches seuls peuvent envoyer chercher des fagots dans la bande de forêt qui se trouve à la limite orientale ; la charge d'un homme ne vaut pas moins de 1 fr. 25, somme fort élevée pour ce pays. L'herbe sèche, qui est le combustible ordinaire avec lequel les Hovas font leur cuisine, atteint même des prix assez élevés à l'époque des pluies, époque à laquelle on paie une charge pleine jusqu'à 60 centimes.

« C'est dans l'Imérine que prennent naissance le Betsibouka et son affluent l'Ikoupa, qui vont se jeter dans le canal de Mozambique par cette vaste embouchure connue par les Européens sous le nom de baie de Bombetock.

« La grande plaine de Betsimitatatra qui s'étend à l'ouest de Tananarivo, est traversée par l'Ikoupa, qui a sa source dans l'est-sud-est de la capitale et qui y décrit une vaste courbe, recevant sur sa route des milliers de ruisseaux et de petites rivières, le Sisaony, l'Andromba et son tributaire le Ketsaoka, l'Ombifotsy et l'Onivé qui viennent du versant nord du massif d'Ankaratrâ. Des versants est et sud sort l'Onivé qui va au Mangourou et se jette par conséquent dans l'océan Indien ; le versant ouest envoie ses eaux au lac Tasy et au canal de Mozambique. Plus au sud, à sa limite extrême, on trouve les sources du Mania, grand fleuve qui coule vers l'ouest.

« Dans l'Imérine, il y a quelques petits lacs ; mais un seul a une certaine étendue, c'est l'Itasianaka ou Tasy qu'entourent, surtout le côté occidental, des montagnes volcaniques, et que domine, du côté du nord, l'Ambohimiangara, l'une des hautes montagnes de l'île (1,760 mètres).

« Les sources d'eaux thermales ne sont pas rares dans l'Imérine ; il y en a de sulfureuses (dans le nord-ouest de Tananarive), de ferrugineuses (près d'Ambalabetokana), et de calcaires (à Antsirabé).

« Au point de vue politique, l'Imérine peut se diviser en dix districts. Au nord, Anativolo et Vonizongo. Dans l'est, Avaradrano et Vakinisisaony. Au sud, Vakinankaratra. Dans l'ouest *Mandridrano* et Valalafotsy.

« Ces districts, qui sont limitrophes du pays des Sakalaves, sont peu peuplés.

« Au centre se trouvent Imarovatanâ, Ambodirano et Imamo.

« Le district de Vonizongo se subdivise en neuf cantons. Les villes principales sont : Soavina, Fihaonana, Fihambazana, Fiarenana, Ankazobé, etc.

« Le district d'Avaradrano se subdivise en quatre cantons : 1° celui des Tsimahafotsy, 2° celui des Mandiavato, 3° celui des Tsimiambolahy, et 4° celui des Voromahery. Les villes principales sont : Antananarive qui est la capitale du royaume hova, Ambohimanga, Ambohitrabiby, Namehana, Ilafy, Ilazaina, Imerimandroso, Ambohitrandriana, Ambohipeno, Ambatomanga, Amboatany, Ikiamby, Miarinarivo, Ambohiniaza, Ambohitrondrana.

« Le district de Vakinisisaony se subdivise en treize cantons. Les villes principales sont : Alasora, Tanjombato, Ambohijanakâ, Ankadivoribé, Ampahitrosy, Tsiafahy, Andromasinâ, Behenjy, Ampandrano, Merimanjaka, Hiaranandriana, Ambatomanga, etc.

« Le district de Vakinankaratrâ se subdivise en dix-huit cantons. Les villes principales sont : Antsirabé, Antoby, Betafo, Iarivo, Imanandrianâ, Ambositra, etc.

« Le district de Imarovatanâ se subdivise en huit cantons. Les villes principales sont : Ambohitratrimo, Isoavinimerina, Ambohibeloma, Ambohitsimeloka, Ampasika, Mandrarahody, Ambohimirimo, Ampananina, etc.

« Le district d'Ambodirano se subdivise en sept cantons. Les villes principales sont Fenoarivo, Ambohijafy, Kingory, Ambohibohimanga, Ambohimandry, Miansoarivo, Androibe, Antsahadinta, Vatonilaivy, Ambohibelana, etc.

« Les villes principales du district d'Imamo sont : Arivonimamo, Manazary, Miaranarivo, Ambohitrany, Ambohipolo, etc.

« Tananarive couvre trois collines allongées du nord au sud qui se suivent et s'élèvent de 190 mètres environ au-dessus de la plaine de Betsimitatatra : la hauteur du point culminant au-dessus du niveau de la mer est de 1,500 mètres. Cette ville contient environ 20,000 maisons ou huttes et plus de 100,000 habitants. Les maisons qui, pour la plupart, sont en bois, briques cuites au soleil et roseaux, s'échelonnent les unes au-dessus des autres sur les pentes abruptes de ces collines. Le palais de la reine, qui domine l'Ampamarinana, énorme rocher à pic d'où l'on précipitait autrefois les gens accusés de sorcellerie et les chrétiens, s'élève au-dessus de tous les autres édifices et comprend dans son enceinte diverses maisons dont une en pierre, le Manjaka-miadana et les autres en bois, le Trano-vola, le Besakana, le Masoandro, le Manampisoa, les tombeaux de Radama et de Rasaoherina, le Temple, tous édifices que le lecteur connaît déjà, etc.

« Il y a à Tananarive treize temples protestants et seulement quatre églises catholiques.

« Les douze *collines sacrées,* où se faisaient les prières publiques, avant que la religion chrétienne n'eût été adoptée par la reine hova et ses sujets sont : Merimanjaka, Alasora, Ambohitrabiby, Antananarivo, Ambohimanga, Ambohitratrimo, Ilafy, Namehana, Androibe, Ikialoy, Hiaranandriana, et Merimandroso.

« Les villages hovas sont presque toujours placés au sommet de collines ou même de montagnes et entourés de fossés; ils ne contiennent d'ordinaire que quelques huttes, à côté des rizières que leurs habitants cultivent et qui ont une énorme valeur. Dans la plaine de Betsimitatatra, quelques ares atteignent une valeur de plus de mille francs. Toutes les maisons sont, du reste, orientées de même et leurs ouvertures, qui sont d'ordinaire au nombre de deux, une porte et une fenêtre, sont toujours tournées vers l'ouest à cause des vents généraux qui, dans l'Imerina, soufflent de l'est et du sud et qui sont froids, mais elles sont disposées sans aucune régularité et ne sont pas propres.

« Les chemins dans l'Imerina ne sont ni larges ni réguliers; ce sont de simples sentiers tracés par les pieds des passants, et, malgré la multiplicité des cours d'eau, les ponts sont peu nombreux, si tant est que l'on puisse donner ce nom à deux ou trois poutres jetées en travers de quelques rivières (1). »

Tananarive ne peut en rien être comparée aux capitales européennes. Elle ne diffère des autres villes malegaches que par son étendue; elle est bâtie sur une colline et a pris son nom, sous le règne de Dianampouine, du nombre de cases qu'elle était supposée contenir à cette époque. *Tanan* signifie *village* et *arivo* mille, mots que l'on fait précéder dans la transcription de la particule

---

(1) *Bulletin de la Société de géographie,* 1872.

any, là. Antananarive, ou les Mille villages, est donc le véritable nom de cette ville.

La population de Tananarive et des villages environnants est tout au plus de vingt-cinq mille habitants, sans compter l'armée qui occupe presque toujours les provinces voisines. Quand Radama Ier était absent et qu'il ne restait pas assez de troupes pour le service militaire, la ville était gardée par les *borizanys* (bourgeois) ; tel est le nom que l'on donne à la milice organisée régulièrement et assujettie à plusieurs revues tous les ans. Ils portent les cheveux longs et tressés ; tous les soldats au contraire sont forcés de se les couper assez courts.

Tananarive est entourée de palissades et de fossés ; ces fortifications sont si peu importantes que la moindre pièce de campagne les aurait bientôt détruites. Elles pourraient tout au plus préserver la ville d'un coup de main tenté par des hommes qui ne seraient armés que de sagayes. Les rues de la ville sont étroites et les maisons rapprochées ne sont aucunement alignées. Les places sont grandes, mais sans aucun ornement ; la description que nous avons faite des habitations malegaches convient entièrement, du reste, à celles des Hovas auxquelles elles ressemblent en tout point.

Le peuple qui habite l'Ankôve est évidemment supérieur à tous les autres sous le rapport de l'intelligence et de la civilisation. La tradition porte qu'il n'est point originaire de l'île et qu'il n'y est établi que depuis quelques siècles. Il y a soixante ans, il n'était connu que de ses voisins, qui le méprisaient comme une colonie d'étrangers, lesquels, débarqués sur les côtes de l'ouest où ils n'avaient pu résister longtemps aux influences funestes du climat, s'étaient avancés dans l'intérieur, afin d'y chercher un air plus salutaire. Ils se fixèrent, disent les Malegaches sur les montagnes d'Ankôve ; leur chef, pendant le séjour qu'il avait fait chez les Sakalaves du sud, avait épousé la fille d'un de leurs rois qui régnait alors au Ménabé. Plusieurs de ses compagnons l'avaient imité et avaient contracté des alliances avec les filles de cette contrée, qui les conduisirent dans les montagnes où ils trouvèrent un ciel plus pur, un climat plus frais.

Les Hovas, avant qu'ils eussent consommé leur usurpation,

étaient, comme nous l'avons dit, réputés infâmes parmi les autres nations de l'île, qui refusaient d'avoir des communications avec eux. Ils étaient pour ainsi dire les parias de Madagascar et aussi méprisés que les Juifs en Europe, dans les premiers siècles de l'ère chrétienne. S'ils allaient sur la côte pour le trafic des esclaves dont ils étaient les courtiers, ils étaient obligés, contre l'usage du pays, de payer largement leur hôte dans les villages où ils s'arrêtaient, quoiqu'ils ne fussent point admis sur la natte où il prenait ses repas. Ils étaient relégués dans une misérable case que l'on avait toujours soin de laver, lorsqu'ils étaient partis, et l'esclave qui leur apportait du riz ne s'approchait d'eux qu'avec précaution, dans la crainte d'être souillé en touchant leurs vêtements. Ces mêmes hommes sont aujourd'hui les maîtres armés de la partie centrale de Madagascar.

Les motifs de l'état d'abjection dans lequel ils vivaient ne peuvent s'expliquer que par la différence des usages nationaux. Les Hovas sont circoncis, ainsi que la plupart des Malegaches et soumis rigoureusement comme eux à cette opération traditionnelle, mais ils ne font pas chaque jour des ablutions, que ceux-ci regardent comme indispensables. Vivant dans un climat plus froid, les Hovas ont une certaine antipathie pour l'eau et de la répugnance pour les bains; aussi les hommes des classes inférieures sont-ils d'une malpropreté extraordinaire et presque tous affectés de maladies cutanées qu'ils parviennent difficilement à guérir.

Le caractère des Hovas est un mélange de ruse et de forfanterie. Habiles dans l'art de feindre, il est difficile de surprendre leur pensée et souvent un sourire gracieux et des politesses empressées sont chez eux les avant-coureurs de quelque mauvais dessein.

L'avarice est le vice dominant de ce peuple. Chez lui les liens d'amitié et de famille sont comptés pour rien, s'ils l'empêchent de satisfaire son insatiable cupidité. C'est au point que pendant que la traite des noirs était permise, les Hovas, quand ils manquaient de prisonniers, enlevaient sans pudeur et sans façon leurs parents et leurs amis pour les vendre aux blancs. On a vu les habitants de Tananarive venir fort souvent proposer aux marchands européens de leur vendre leurs femmes. Ils employaient aussi diverses ruses, pour réduire en servitude leurs concitoyens qu'ils échangeaient ensuite contre des marchandises.

Il paraît certain que les Hovas connaissaient les métaux et savaient les employer avant d'avoir eu aucune relation avec les Européens. Il est à supposer qu'ils avaient apporté avec eux l'industrie du fer et des métaux connue dans l'Inde, dès les époques les plus reculées. Ils exploitent, de temps immémorial, des mines de fer très abondantes. Ils s'en servent dans les environs de Tananarive pour former des outils propres au défrichement et à la culture et des ustensiles de ménage à peu près semblables aux nôtres. On trouve même, à Tananarive, des ouvriers capables de faire toutes les pièces de la batterie d'un fusil; ils s'occupent aussi d'orfèvrerie et font des plats, des assiettes et des couverts en argent, dans lesquels on remarque le travail et le poli de ceux qui sortent des mains de nos orfèvres (1). Leurs petites chaînes de sûreté en or et en argent sont faites avec beaucoup de soin et ont une grande solidité. Ces chaînes servaient jadis de monnaie sur la côte de l'ouest où elles étaient très recherchées.

« Le plateau de Tananarive, dit M. le docteur Milhet-Fontarabie, accidenté comme tous les autres points de l'île, est un terrain où l'on trouve le granit, le quartz, le gneiss, le schiste, le mica. Le terrain cultivé est argileux et présente partout des traces de fer. L'eau s'écoule difficilement et, pour les travaux de la culture du riz, les Hovas, avec leur instinct industrieux, savent faire des saignées plus ou moins profondes; on trouve des branches de ruisseaux et des sources abondantes qui donnent naissance à l'Ikoupa, rivière qui passe au pied de la ville et qui, continuant son cours de l'est à l'ouest, se grossit de plusieurs affluents et va former la rivière de Bombetock au nord-ouest de Madagascar. Les orages y sont très fréquents depuis le mois de septembre

---

(1) Mme Pfeiffer dit que, dans un grand repas donné à M. Lambert chez la princesse Rasaoherina, qui devint reine plus tard, elle admira beaucoup deux vases en argent ciselé, placés sur la table. « Mon admiration s'accrut au plus haut point, dit-elle, quand j'appris qu'ils avaient été fabriqués par des orfèvres du pays. Ces vases auraient été trouvés beaux, même en Europe. Les indigènes sont, comme les Chinois, fort ingénieux à imiter, mais n'ont pas le moindre esprit d'invention. »

jusqu'en mars et sont dus à l'évaporation de ces nappes d'eau qui couvrent les rizières, évaporation rapide sous l'influence d'un soleil brûlant. Aussi, la fertilité de ce pays est-elle immense et se prête-t-elle à toute espèce de culture, car les conditions essentielles de toute fertilité, la chaleur et l'humidité, y sont jetées à profusion. Le riz, le manioc, la patate, la pomme de terre, la vigne, l'avoine et quelques arbres fruitiers, tels que la pêche ainsi que tous nos légumes, y viennent très bien, mais ne sont cultivés qu'en très petite quantité et seulement par un Européen, M. Laborde, qui habite ce pays depuis longtemps. L'aspect général du plateau serait assez bien représenté par des oranges placées sur une table ; des vallées étroites, peu profondes, des mamelons plus ou moins élevés et présentant souvent à leurs sommets un immense bloc de granit : en de certains endroits, il est pur, en d'autres, il est mélangé de mica. Tananarive est bâti sur un de ces immenses blocs granitiques. Il n'est pas le plus élevé, car à l'ouest de la ville on voit dans le lointain un cordon de montagnes où de grands blocs semblent placés par la main de l'homme. Leur élévation n'est que de quelques centaines de mètres, autant qu'on en peut juger à vue d'œil. La température varie entre 12 et 26 degrés centigrades. Dans les mois de janvier et de février, elle doit s'élever à 30 degrés. Les nuits sont fraîches, agréables; *ce climat rappelle celui de la France par sa température et sa salubrité*, car jamais la fièvre n'a sévi sur la population du plateau d'Imerina. Son étendue, du nord au sud, est de cinquante lieues et de trente-cinq lieues environ de l'est à l'ouest. Il est au centre de l'île et séparé du reste du pays par les montagnes d'Ankova, qui l'enlacent de leurs mamelons granitiques de trois ou quatre cents mètres comme pour le protéger contre la fièvre et les peuplades environnantes (1). »

M. Grandidier, qui a visité Tananarive plus récemment, formule ainsi son opinion, très sincère, sur le caractère et les mœurs des Hovas : « Les Antaimerinas ou Hovas, dit-il, sont généralement de taille plus petite et d'apparence plus débile que les autres peuplades malegaches, mais ils sont néanmoins pleins d'énergie et

---

(1) Docteur Milhet-Fontarabie, *Revue algérienne*; février 1860, p. 78.

adroits ; si l'on peut avec raison leur reprocher leur ignorance, leur hypocrisie, leur égoïsme, leur cruauté, défauts naturels dans une population livrée de tout temps à la barbarie, mais qui tendent à disparaître sous l'influence bienfaisante des missionnaires, ils n'en sont pas moins intelligents, travailleurs, économes et relativement sobres ; et à cause de ces qualités très réelles, on ne saurait les comparer aux autres tribus malegaches qui leur sont inférieures par leur penchant à l'ivrognerie, par leur paresse et par leur prodigalité. Leur teint varie du cuivré plus ou moins clair au noir foncé et leurs cheveux, quelquefois souples et droits, sont souvent crépus ; la figure des nobles ou andrians qui sont de race pure est aplatie, avec les pommettes saillantes et les yeux obliques, comme celle des Malais.

« La fécondité des femmes hovas est très grande ; aussi, les familles dans l'Imerne sont très nombreuses. Sous les règnes de Radama Ier et de Ranavalo Ire, il y avait beaucoup plus de femmes que d'hommes à cause des guerres incessantes qui ont fait périr tant de soldats ; aujourd'hui, l'équilibre entre les sexes est à peu près rétabli. L'infanticide, si commun dans les autres tribus et même jusqu'au commencement de ce siècle dans l'Imérine, est devenu de moins en moins fréquent, à mesure que les principes de la morale chrétienne tendent à se répandre.

« La saison pluvieuse commence, dans l'Imérine, vers la fin de novembre et dure jusqu'en mars, mais il n'y a de grandes pluies et d'orages que du 15 décembre au 25 février (1). »

Une maladie très commune dans le pays, où elle est cantonnée chez les Hovas, est celle de la pierre, qui fait de nombreuses victimes. M. Grandidier a vu un enfant de huit ans, dont on avait enlevé par la taille un calcul gros comme un œuf de poule. Un enfant encore à la mamelle a dû être opéré pendant son séjour à Tananarive ; le calcul avait la dimension d'un œuf de pigeon.

Il y a à Tananarive des indigènes qui ont plus de cent mille écus de fortune, mais ils cachent cette fortune ; car, si la reine venait à avoir connaissance d'un tel trésor, il pourrait facilement lui prendre fantaisie de se l'approprier. On évalue tout au plus à 3 millions d'écus tout l'or qui se trouve dans l'île.

(1) *Bulletin de la Société de géographie;* 1883.

On fabrique, à Tananarive, des tapis de soie dont le tissu est très beau et dont les riches couleurs sont admirablement variées. Les étoffes brochées se vendent jusqu'à cent piastres d'Espagne (500 fr.) la pièce, qui est juste de la dimension d'un sim'bou. Les Hovas achètent la soie dont ils se servent, à Mazangaye et dans les autres ports de l'ouest, où les Arabes et les Maures du golfe Persique l'apportent tous les ans, pendant la mousson du nord-est. Ils fabriquent aussi des tapis de coton croisé qu'ils appellent toutourane (littéralement : rendu dur, serré à l'eau, imperméable) ; ces tissus sont blancs et ont une bordure à frange rouge et bleue ; ils servent à vêtir le peuple et valent de trois à huit piastres, selon leur largeur et la finesse de la trame.

Les Hovas savent exploiter la canne à sucre depuis fort longtemps. Il est vrai qu'ils emploient, pour faire le sucre, un procédé bien imparfait, par lequel ils n'en obtiennent qu'une très petite quantité ; cependant, si l'on compare leur industrie à celle des autres peuples de l'île qui, ne tirant rien d'utile de la canne, se bornent à la piler et à faire fermenter son suc dans des calebasses, on ne peut s'empêcher d'y reconnaître, comme dans tout ce qu'ils font, une activité et une intelligence relativement supérieures.

L'agriculture est presque nulle dans un pays où le riz, est si abondant qu'un sac pesant soixante-quinze à quatre-vingts livres, ne revient pas à un kiroubo (1 franc 25 centimes de notre monnaie).

Sans routes, sans canaux, sans rivières navigables, Imerne n'a aucun moyen de transport. C'est la cause de la non-valeur de ses productions que son peuple est obligé de consommer ou de laisser perdre, parce qu'il ne peut les expédier dans les ports, où il trouverait pour elles un débouché facile. Radama Ier, qui sentait l'importance des communications promptes avec les côtes, avait commencé à faire couper deux isthmes qui s'opposaient au transport par eau, à Tamatave, du riz de la province fertile des Bétanimènes. Ces travaux, auxquels plus de quinze cents hommes étaient employés, ont été abandonnés depuis sa mort.

Les denrées sont à si bas prix, à Tananarive, par la difficulté de l'exportation, qu'avec trente francs par mois on peut nourrir dix domestiques et vivre aussi bien qu'à Paris avec deux mille francs.

La rivière d'Imerne n'est pas éloignée du Mangourou, qui se jette sur la côte orientale, à sept lieues au sud de Manourou. Ce fleuve qui, en quelques endroits, est aussi large que la Loire, a un cours beaucoup moins rapide qu'elle. En 1822, le gouvernement de Maurice, sur un rapport de son agent à Madagascar, envoya des ingénieurs à Manourou et, s'il eût été possible d'y avoir un port, Tananarive serait peut-être parvenue un jour à établir avec la côte des communications faciles et promptes.

On remarque chez le peuple hova une grande finesse dans le commerce de détail. Là, tout le monde est marchand, les soldats eux-mêmes, comme on sait, le deviennent, quand ils ne sont pas de service. La piastre coupée en soixante parties remplace le billon, qui n'est point en usage dans ce pays. Les Hovas ont toujours sous leurs toutouranes des trébuchets fabriqués par eux, et pèsent, avec la plus grande attention, la monnaie qu'ils reçoivent, afin de s'assurer si la piastre a été divisée en parties égales. Dans le district de Tananarive, c'est-à-dire dans les bourgs et dans les villages environnants, il y a plusieurs foires par semaine, sans compter le marché qui se tient tous les jours dans la ville.

On voit, dès l'aube du jour, les marchands affluer dans les rues conduisant des bœufs, des moutons, des chevreaux ; les esclaves qui les suivent portent, les uns, dans de grands paniers de bambou, des oies, des canards des poules ; d'autres sont chargés de riz, de fruits, de légumes. Ils crient, comme en Europe, leurs marchandises : *Avia lahy! Avia tampokovany! Amidi akoho! Amidi vomro barazaha ghsi! Akoundro voang!* « Venez, hommes, venez, femmes ! achetez des poules, achetez des canards, des oies, des bananes, des fruits ! » Ils diffèrent, pourtant, des marchands européens, en ce qu'ils ne font jamais valoir leurs marchandises ; lorsqu'on leur demande si elles sont de bonne qualité, ils répondent : *voyez-les !* Indépendamment des produits dont nous avons parlé, le maïs, les ignames, la racine de manioc, le tavoulou (espèce de sagou qu'ils donnent aux malades), sont étalés dans les marchés. Les seuls légumes qu'ils aient sont des choux verts et des feuilles de morelle et de citrouille qu'ils font bouillir avec leurs viandes et qu'ils assaisonnent avec un sel végétal tiré d'une espèce de palmier, qu'ils préfèrent au sel minéral et au sel marin, quoiqu'il ait un goût âcre et qu'il incommode ceux qui n'ont pas l'habitude d'en user.

Les boucheries établies dans les marchés sont fort malproprement tenues. Le bœuf, que les Hovas n'écorchent jamais, parce que, de même que tous les Malegaches, ils en mangent la peau, est étendu sur une natte, où ils le coupent en très petits morceaux. Ils le divisent, pour le vendre en détail, en lots qui ne pèsent pas deux livres : cette viande contient des parties d'intestins qui, n'ayant pas été nettoyées, exhalent une odeur insupportable.

Des officiers hovas, établis dans les foires et marchés, perçoivent pour le fisc un dixième sur toutes les ventes, en sorte que le trésor royal a reçu, le soir, la valeur d'un bœuf ou d'un mouton, si ce bétail a changé dix fois de maître dans la journée.

Voici le cours du marché de Tananarive à la date du 15 mai 1882 :

		fr. c.
Riz blanc.	Les 100 kilogr.	5 00
Maïs.	—	5 00
Café.	—	70 00
Cire.	—	110 00
Sucre en plaques.	—	45 00
Fer brut.	—	20 00
Peaux de bœuf sèches.	—	60 00
— fraîches.	L'une.	7 50
Poules.	—	0 23
Poulardes.	—	0 63
Canards.	—	0 40
Oies.	—	0 80
Dindes grasses.	—	2 50
Indiennes.	Le yard.	0 45
Drap cuir-laine.	Le mètre.	25 00
Savon.	Le kilogr.	0 25
Bœufs de moyenne grandeur.	L'un.	20 00
Quartier de bœuf.	51 kilogr.	6 00
Filet de bœuf.	2 —	0 45
Moutons.	L'un.	1 25
Huile de pied de bœuf.	Le litre.	0 55
Huile de palma-christi.	—	1 20

		fr. c.
Madriers de palissandre	Le mètre.	1 42
Saindoux	Les 100 kilogr.	40 00
Suif	—	30 00
Toile de chanvre	Le mètre.	0 60
Tuiles plates	Le mille.	10 00
Tuiles creuses	—	20 00
Pommes de terre	Les 100 kilogr.	3 00
Intérêt légal		26 p. 100 (1).

A l'est, l'Ankova est borné par la province d'Ancaye. Elle s'étend sur le plateau inférieur et est traversée à l'O. par le Mangourou. Les plaines sont couvertes d'excellents pâturages et le bétail y est abondant. Les Antankayes ont plus d'industrie que les Bezonzons; ils fabriquent des lambas de soie et de coton. Cette peuplade a longtemps résisté aux armées d'Imerne. Au physique les Antankayes ressemblent beaucoup aux Hovas.

L'*Antsianaka* (mot à mot les *hommes du lac*, du vaste lac, Nossivola), la dernière province centrale de l'île, est au nord de l'Ankova et à l'O. des Betsimsaracs. Elle est riche en troupeaux et produit le plus beau coton de l'île.

La capitale de l'Antscianac est Ambatondrazaka.

Après avoir parcouru le littoral de la côte occidentale et réuni les renseignements généraux qu'on vient de lire sur les Sakalaves et les Hovas, qu'on nous permette de nous arrêter dans deux contrées du pays des Sakalaves, qui ont leur physionomie particulière. Ces deux contrées sont d'une part la province de Féérègne et le pays des Mahafales, le plus austral de la côte de l'ouest.

Le bétail est très abondant dans le Féérègne; ses autres productions sont les gommes, la cire, l'orseille, l'indigo, le coton et beaucoup de soie en floche que fournissent plusieurs espèces de vers. La province de Féérègne est la plus riche de Madagascar sous ce dernier rapport. On trouve beaucoup d'écaille sur toute la côte, où abonde aussi le *casque*, coquille dont on commence à utiliser la matière dans notre industrie.

La province de Féérègne est habitée par les Andraïvoulas (2), peuplade qui se confond avec celle des Sakalaves, qui s'étend de

---

(1) *Revue maritime et coloniale*, article de M. Crémazy; octobre 1882.

(2) Nous l'avons déjà fait remarquer, on a jusqu'ici appelé *Andraïvoules*

la rivière de Sambirano à celle de Saint-Augustin, car, d'après les traditions de l'ouest, celle-ci a pris naissance dans le Féérègne même.

Ainsi qu'on vient de le voir, les pays occupés par les Sakalaves embrassent toute la partie occidentale de l'île. Ils s'étendent depuis la rivière Sambirano, qui a son embouchure dans la baie de Passandava, au N., jusqu'au Mangouki ou rivière Saint-Vincent, au midi.

Ce vaste territoire se divise géographiquement en trois parties principales.

1° Le Bouéni, dont les limites sur la côte sont le Sambirano, la baie et la rivière de Baly et qui est sous notre souveraineté depuis 1841 ;

2° L'Ambongou, qui embrasse tout l'espace compris entre la rivière Baly et la rivière Ounouara, ayant l'Antsianak à l'est dans l'intérieur et l'Antimilanza au nord-est, qui en est partie intégrante.

3° Enfin le Ménabé, qui comprend tout le reste, c'est-à-dire la moitié de la surface totale.

Nous placerons ici maintenant, en revenant sur nos pas, quelques notions utiles sur ces trois points du territoire intérieur des Sakalaves.

Comme nous l'avons montré, le Bouéni est la partie des pays sakalaves la mieux disposée pour le commerce, puisque c'est sur sa côte que s'ouvrent la plupart de ces vastes baies qui découpent les côtes nord de Madagascar. C'est aussi l'une des raisons pour lesquelles les Hovas voudraient y dominer ; le débouché le plus naturel de leur pays est de ce côté.

Aujourd'hui, les parties nord-est et celles du centre sont très dépeuplées, et la population s'est surtout concentrée sur le territoire renfermé entre la baie de Bombetock et la limite occidentale du pays.

Ambongou signifie en malegache *là, montagne* ou *là, montagnes*, mais la signification positive et vraie de ce mot est assez dou-

les peuplades du Féérègne ; mais M. Grandidier fait observer avec raison que ce nom *Andrïvolas* n'est que celui de leurs souverains. Il serait donc plus logique de les appeler *Antifihéranes*.

teuse, car le pays n'est nullement élevé et ne renferme que des plaines. En 1825, époque à laquelle Tafikandre se réfugia dans l'Ambongou, cette province comprenait quatre divisions indépendantes les unes des autres : Bâli, pays des Tsitampikis, s'étendant de la rivière de ce nom à celle de Manumbo ; Milanza, pays des Mivavis, compris entre la Manumbo et la petite rivière de Maroutondro ; Mamourouka, pays des Magnéas, situé dans le S.-E. des deux précédents, entre la rivière Bâli au N.-E. et la forêt Magnérinéri au S.-O. près le pays des Antimarah, compris entre le Maroutondro et la grande rivière Ounouara. Depuis, la baie de Bâli et le littoral s'étendant de cette baie à la petite rivière Béara en ont formé une cinquième division.

Outre le fer, le Ménabé est aussi très riche en bois de construction, résine élémi, indigo, coton, vers à soie, cire et bétail. Les naturels cultivent le riz, le maïs, lequel leur donne trois récoltes. Le poisson et le caret foisonnent sur les côtes.

Toutes ces ressources naturelles sont annihilées par suite de la dépopulation du pays, résultat de la guerre et des nombreuses invasions qu'il a subies depuis vingt-cinq ans. Son commerce est anéanti et c'est à peine si dans toute une année, deux ou trois boutres de Mozambique, de Zanzibar et des Comores parviennent au Sizoubounghi et au Mangouki.

La partie septentrionale du Ménabé, entre l'Ounouara et la rivière Donko n'en fait pas à proprement parler partie et n'en est qu'une dépendance. Il se compose du pays des Marendrahs et de ceux de Vouaï, de Beheta, de Mavouhazou et d'Ambaliki.

En remontant vers le nord, nous nous retrouvons à la baie de Bombetock, dont nous sommes partis tout à l'heure et nous y rencontrons l'intéressante petite ville de Mazangaye, point de départ d'une route pour Tananarive.

L'origine moderne de Mazangaye date de 1824, époque à laquelle Radama envahit le pays de Bouéni et força Andrian-Souli à reconnaître sa domination. Sa position maritime ajoutant à son importance, ce point devint ainsi le poste principal des Hovas dans la partie occidentale de l'île.

La ville est située sur une colline qui domine tout le pays environnant et est entourée d'un mur et d'une palissade percée de quatre portes, garnis de quelques pièces de différents calibres, avec glacis et fossés. A environ 200 pas en dehors de l'enceinte, dans un ravin très profond et d'un aspect extrêmement pittoresque, se trouve une source qui fournit aux besoins de la garnison. Au pied de la colline de la côte du sud gisent les ruines de l'ancienne et riche ville arabe de *Moudzangaie*, du nom de laquelle Mazangaye a pris le sien. En 1824, à l'époque de l'invasion des Hovas, elle comptait au moins 10,000 âmes, dont il ne reste plus que quelques familles tenues par les Hovas dans la plus pénible sujétion. Une centaine de Sakalaves et une trentaine d'Indous complètent sa population qui est environ d'un millier d'habitants. De ses sept mosquées, il n'y en a plus que trois qui soient fréquentées.

Mourounsang, au nord, est une ville de fondation hova et date de 1837. Elle est située au fond de la baie du même nom et s'élève sur une montagne à quelque distance du rivage. Deux enceintes la protègent, l'une en terre revêtue de pierres simplement juxtaposées; l'autre est formée de deux palissades de pieux séparées par un intervalle d'un peu plus d'un mètre, dans lequel on a creusé de petits fossés. L'habitation du gouverneur, construite en planches, est située au sommet de la montagne et entourée d'une nouvelle palissade. Mourounsang contient de 100 à 110 cases, toutes en feuilles; elle est de forme à peu près triangulaire et n'a ni puits ni citernes; on va prendre l'eau à deux petits ruisseaux voisins. Au bord de la mer se trouve la Douane.

Mazangaye, qui, à l'heure où nous écrivons, est administrée par nous, est l'un des points commerciaux les plus importants avec Tamatave et Vohemar. Comme dans ces deux villes, il se fait un commerce de bœufs et de tous les produits de la côte occidentale. Les Américains y trafiquent beaucoup depuis 1830. Il vient à Mazangaye six ou sept navires américains par an. Leurs chargements se composent ordinairement de cotons écrus ou blancs, de coutellerie, de meubles, de conserves, comme à Tamatave. A ces objets, les Américains ajoutent annuellement en moyenne deux à trois cents balles de cotons (*kaine*), vingt à trente caisses d'étoffes autres que le coton, un millier de fusils, ce qui représente environ seize mille piastres, prix de facture. Ils remportent, pour une somme égale, du suif, des peaux de bœuf, payées une piastre chacune. Ils ont à Zanzibar un comptoir où ils font escale, à l'aller et au retour (1).

Il va sans dire que Mazangaye entretient avec Tananarive des relations fréquentes. Les communications ont lieu en huit jours au moyen de courriers, en seize par les voyageurs ordinaires. En voici l'itinéraire, c'est celui des courriers hovas. On parvient en un jour à chacune de ces étapes, qui sont Mazangaye, Ambatoubetiki, Andranoulava, Androutsi, Tabounzi, Ankouala, Kadzounghi, Andampi, Andouki (on entre dans l'Antsianaka), Andrami, Ambouasari, Ambarimanchi, Ttarahafatsa (on entre dans le pays d'Imérina), Manahara, Manharitsou, Tananarive.

Ce qui fait, en tout, seize jours de route.

On comprend de quelle importance serait un chemin établi et régularisé de Mazangaye à Tananarive, pour suppléer aux difficultés de celui de Tamatave à la même capitale ; c'est la voie directe désignée à l'avance par la plupart des voyageurs et par laquelle une expédition militaire pourra se diriger sur l'Imérine. A ce point de vue, on nous saura gré de réunir ici le plus de documents possible sur ce trajet, tel qu'il a été pratiqué successivement depuis quarante ans. On en peut citer trois et même quatre : 1° Celui qui a été publié autrefois par M. Guillain ; 2° celui, plus récent, qui a été parcouru par M. Grandidier (1869) ; 3° celui de M. Joseph Mullens, voyageur anglais (1874) ; 4°, enfin, celui du R. P. de Lavayssière (août 1877). Ce dernier est, en sens inverse, de Tananarive à Mazangaye.

Nous allons donner successivement ces quatre itinéraires, qui se contrôleront l'un par l'autre :

1° Itinéraire publié par M. le commandant Guillain (1842-1843).

Premier jour.

Parti à six heures du matin	Mazangaye.
Halte à onze heures au pays sakalave . . .	Mourourongo.
Arrivée le soir au pays sakalave	Ambatoubetipi.

(1) Voir à ce sujet, dans la *Revue de l'Orient*, année 1846, tome IX, le *Voyage à Madagascar et aux îles Comores* de M. Lebron de Vexela.

Deuxième jour.

Halte au village sakalave. . . . . Ambouranghi.
On arrive le soir à . . . . Andranoulava.

Troisième jour.

Halte à. . . . . Marouvouaï.
Sur le bord de la petite rivière de ce nom,
    large de 7 mètres ; on arrive le soir à . Audroutsi.
Village d'une dizaine de cases.

Quatrième jour.

Halte à . . . . Ambondrou.
On arrive le soir à . . . . Yabounzi.
Poste hova d'une trentaine de soldats, et
    d'une douzaine de cases, palissadé ; vil-
    lage sakalave composé de cent habitants
    et armé de deux canons et d'un pierrier.

Cinquième jour.

Halte à. . . . . Trilacani.
C'est un simple relai pour courriers ; on
    arrive le soir à. . . . . Ankouala.
Village abandonné planté de nombreux
    bananiers.

Sixième jour.

On fait halte à . . . . Marouabouali.
Grand village inhabité ; on arrive le soir à Kadzounghi.
Village également inhabité.

Septième jour.

On fait halte à. . . . . Madiotsifataï.
On arrive le soir à . . . . . . Andampi ou Audrafia Madine.
Pauvre village servant de relai aux cour-
    riers.

Huitième jour.

On fait halte à.................. Kélilali.
On arrive le soir à............... Andouki.
   A partir d'Andouki, on sort du Bouéni pour entrer dans l'Antscianaka.

Neuvième jour.

On fait halte à.................. Trinko.
   Dans la forêt dite Anghalavouri qui sépare le Bouéni de l'Antscianaka.
   Trin'ko est un ruisseau affluent de l'Ikoupa.
   Entre Andouki et Trin'ko est le village d'Antomboudrahoudza, poste hova de 70 hommes, sur une hauteur armée de deux petites pièces.
On arrive le soir à............... Amdrami.
   Village; relai pour les courriers.

Dixième jour.

On fait halte à.................. Amboudi Amaunti.
On arrive le soir à............... Ambouasari.
   Village d'Antscianaks cultivant le riz, les cannes et le coton et fabricant des tissus pour ceintures. Bœufs, moutons et volailles, en abondance.

Onzième jour.

On fait halte à.................. Amboui Poulaka.
On arrive le soir à............... Ambari Manchi.
   Village antscianak; même culture que le précédent.

Douzième jour.

On fait halte à.................. Antsapaudranou.
   Relai pour courriers.

TOPOGRAPHIE GÉNÉRALE DE L'ILE.

On arrive le soir à. . . . . Tsarahafatta.
Village peuplé et commerçant sur les frontières de l'Antscianaka.
On entre alors dans l'Imerina.

Treizième jour.

On fait halte à. . . . . Vohiléni.
Grand village de l'Imerina.
On arrive le soir à. . . . . Manahara.
Ces deux villages sont très peuplés et bien pourvus de vivres, riz, volailles, maïs, gros bétail.

Quatorzième jour.

On fait halte à . . . . Maroubihi.
Petit village et relai pour courriers.
On arrive le soir au grand village de. . . . Manharitsoa.

Quinzième jour.

On fait halte à . . . . Amboudi Voara.
On arrive le soir au grand village de . . . . Ambatoutouka.

Seizième jour.

On fait halte aux trois grands villages . . . Ambotrimany.
Hafi.
Namea.
On arrive le soir à. . . . . Tananarive.

Dans ce trajet, d'après M. Guillain, partout le terrain est plat et peu boisé; on trouve des prairies de grande étendue. Les bords des rivières sont garnis d'arbres, rafias, bananiers, etc.; elles sont peuplées de canards, de sarcelles et autres sauvagines. Abondance de volailles, pintades, perdrix, pigeons, tourterelles. On trouve de l'eau sur toute la route.

Il y a lieu d'observer, toutefois, que cet itinéraire est le même que celui des courriers hovas cité plus haut et que M. le commandant Guillain n'en donne la description que d'après autrui. Les renseignements fournis par lui, selon des témons dignes de foi, ont été obtenus d'un Malegache et traduits pour li par une femme Betsimsarack, qui lui servait d'interprète. Les dvergences qu'on peut constater entre son itinéraire et les trois atres proviennent de ces circonstances particulières qu'il était bo de faire remarquer au lecteur.

2° Itinéraire de M. Grandidier (1869).

	Milles.
1ᵉʳ *jour*. De Mazangaye à Marovoay (fort)	30
2ᵉ *jour*. De Marovoay à Trabonjy (fort)	16
3ᵉ *jour*. De Trabonjy à Ankoala (fort)	13
4ᵉ *jour*. D'Ankoala à Antsahalankely (halte)	17
5ᵉ *jour*. D'Antsahalankely à Antongodrahoja (fort)	25
6ᵉ *jour*. D'Antongodrahoja à Sinko (halte)	15
7ᵉ *jour*. De Sinko à Ambodiamontana	16
8ᵉ *jour*. D'Ambodiamontana à Ambarimansy	15
9ᵉ *jour*. D'Ambarimansy à Ambakireniavaratra	11
10ᵉ *jour*. D'Ambakirenavaratra à Tsarahafatra (fort)	11
11ᵉ *jour*. De Tsarahafatra à Antranomiantra	7
12ᵉ *jour*. D'Antranomiantra à Vohilena (fort)	10
13ᵉ *jour*. De Vohilena à Marovato	11
14ᵉ *jour*. De Marovato à Tsarasaotra	9
15ᵉ *jour*. De Tsarasaotra à Ambohimanga	18
16ᵉ *jour*. D'Ambohimanga à Tananarive	10
Environ	234

Nota. Ces distances ne sont qu'approximatives. M Grandidier est le premier Européen qui soit monté de la côe ouest à Tananarive.

3° Itinéraire de M. J. Mullens (1874).

	Milles.
1ᵉʳ *jour*. De Mazangaye à Mahabo (fort)	25
2ᵉ *jour*. De Mahabo au confluent du Betsibouka et le l'Ikoupa	55

		Milles.
3ᵉ jour.	Du confluent à Maevatanana (fort)	8
4ᵉ jour.	De Maevatanana à Andranobe (halte).	20
5ᵉ jour.	D'Andranobe à Malatsy	25
6ᵉ jour.	De Malatsy au gué du Makamokamita	16
7ᵉ jour.	Du Makamokamita à Ampotaka	10
8ᵉ jour.	D'Ampotaka à Ambohinorina	14
9ᵉ jour.	D'Ambohinorina à Kinajy (fort)	12
10ᵉ jour.	De Kinajy à Maharadaza	10
11ᵉ jour.	De Maharadaza à Ankazobé	12
12ᵉ jour.	D'Ankazobé à Ambatomalaza	12
13ᵉ jour.	D'Ambatomalaza à Fihaonana	10
14ᵉ jour.	De Fihaonana à Tananarive	30
	Environ	259

4° Itinéraire du R. P. de Lavayssière (avril 1877).

Premier jour.

Parti de Tananarive à huit heures du matin allant vers le N.-O., déjeuné à.	Ambohidrotrima.
Couché près le ruisseau.	Morrandro.

Deuxième jour.

Déjeuné dans un village au nord de.	Fihaonana.
Couché à.	Remassandro.

Troisième jour.

Déjeuné et couché au village hova	Maharadaza.

NOTA. *Les porteurs refusent d'aller plus loin, parce qu'ils ne pouvaient, avant la nuit, atteindre un village hova et qu'ils quittaient le pays des Bezonzanos pour entrer dans celui des Sakalaves.*

Quatrième jour.

Déjeuné à	Maharadaza.
Arrivé, à la nuit, à travers les monts Ambohimènes au village hova fortifié	Kinajy.

Cinquième jour.

Déjeuné à	Ambohindro.
Couché au port	Trabonjy.

Sixième jour.

Déjeuné au village qui, à cause des moustiques, s'appelle	Marokoloy.
Couché sous la tente à	Mandembody.

Septième jour.

Arrivé à *trois heures du soir* à	Maevatanana.

Huitième jour.

Après un jour de repos dans ce pays, on part, en pirogue, avec trois hommes, pour descendre l'Ikoupa et le Betsi'bouka.

Neuvième, dixième et onzième jours.

Descente en pirogue; déjeuné sur la rive et couché de même sous les tentes, avec des feux allumés, pour éloigner les caïmans.

Douzième jour.

Arrivé le matin à la forteresse hova, dont le nom signifie *beaucoup de caïmans*, c'est-à-dire	Morovoay.

Les boutres arabes remontent aisément jusque-là, et même une journée plus haut, jusqu'à Reseva.

Treizième jour.

On prend ici un boutre qui, en douze ou treize heures, vous conduit à	Mazangaye (1).

---

(1) Nous devons la communication de deux de ces itinéraires à l'obligeance de MM. Grandidier et de Lavayssière, qui les ont tracés pour nous: ces documents sont absolument inédits.

Nous croyons que le lecteur lira avec intérêt le récit fait par M. Grandidier des quelques incidents de son voyage (aller et retour) à Tananarive, et de celui de Tananarive à Ambondrou et à Mananzari.

« De Nossi-Bé, je suis venu à Mazangaye, d'où j'ai réussi à monter à la capitale hova. Mon voyage a duré vingt-six jours. Je tenais beaucoup à suivre cette route parce qu'elle s'écarte peu du cours d'une des principales rivières de Madagascar, le Betsibouka et qu'il m'avait souvent été dit *qu'on pouvait remonter ce fleuve en pirogue jusqu'auprès de Tananarive;* j'avais pensé, sur la foi de ces renseignements, qu'il ne serait peut-être pas malaisé d'ouvrir de ce côté une voie de communication sûre et facile entre la côte et la province d'Imerne. Je me suis convaincu que le Betsibouka n'est pas navigable au delà de sa jonction avec l'Ikoupa; des pirogues remontent cet affluent quelques lieues plus au sud que la confluence, mais il faut encore de là au moins dix journées de marche, à travers un pays désert et très montagneux, pour gagner la province d'Imerne.

« J'ai fait avec soin le tracé de la route de Mazangaye à Tananarive. Averti par mes mésaventures précédentes et surveillé à chaque instant du jour et de la nuit par une escorte d'honneur composée de huit officiers et de douze soldats, je crus prudent d'abandonner toute idée de lever une carte complète des pays que j'allais traverser ; je me suis contenté de prendre des latitudes et des longitudes toutes les fois que l'occasion s'en est présentée.

« Je pouvais, en effet, expliquer à mes gardiens d'une manière à peu près satisfaisante que ces observations me servaient à prendre le midi et à régler ma montre, objet connu des Hovas et fort admiré par eux ; mais s'ils m'avaient vu viser des montagnes et des villes, faire un *tour d'horizon,* il est probable qu'ils eussent arrêté mes recherches, dès le début du voyage.

« Pour arriver au but que je poursuivais depuis si longtemps de traverser plusieurs fois l'île dans toute sa largeur, il me fallait manœuvrer avec circonspection et c'est pour cela que je me décidai à faire un simple levé à la boussole de la route que je suivais, dans le but de remplir le mieux possible les espaces intermédiaires entre les divers points fixés d'une manière absolue. En donnant une attention de tous les instants à ce levé, je suis arrivé à une assez grande approximation qui me permettra de tracer tous mes itinéraires avec les moindres détails, sans craindre de trop fortes erreurs.

On marche d'abord pendant sept jours et demi à travers des plaines de formation secondaire qui sont arides, couvertes d'arbustes rachitiques et semées seulement, çà et là, de lataniers et de petits bois. Dès qu'on atteint la grande chaîne granitique qui s'étend du 22ᵉ degré environ de latitude sud jusqu'au port Radama, on ne trouve plus pendant treize à quatorze jours qu'une mer de montagnes sans un arbre, sauf quelques rares petits bouquets, qui sont accrochés à des ravins, sans une plante autre qu'une herbe grossière. Ce pays n'est pas et ne peut pas être peuplé; ce n'est que depuis la prise de Mazangaye par les Hovas qu'on trouve quelques postes de soldats échelonnés sur cette route pour la facilité des communications (1). »

Après être arrivé à Tananarive et avoir réussi à faire la carte de la province d'Imerne, grâce au concours si puissant et si cordial de notre consul, M. Laborde, M. Grandidier ne voulut pas refaire la route si connue de Tananarive à Tamatave par Andévourante : il se risqua à aller de la capitale à Ambondrou, à l'embouchure du Mouroundava, à la côte occidentale, et pour cela il fallait retourner sur ses pas et traverser tout le pays des Betsiléos; puis, d'Ambondrou descendant la côte occidentale jusqu'à Matzérouké, il partit de ce point pour traverser l'île de nouveau dans toute sa largeur. On se demande ce qu'on doit admirer le plus, de la persévérance et du courage dont a fait preuve le voyageur dans cette double traversée, ou de la simplicité avec laquelle il raconte ces hauts faits scientifiques. Voici son récit :

« Je partis de Tananarive le 27 novembre pour me rendre à Amboundrou, sur la côte ouest : il me fallut vingt jours de marche. Je traversai une partie du pays des Betsiléos; il est plus peuplé que les contrées que j'avais parcourues en venant de Mazangaye. Les arbres n'y sont pas plus communs et il faut le plus souvent aller à trois ou quatre journées de marche des divers vil-

(1) *Bulletin de la Société de géographie*; février 1871.

lages pour quérir le bois nécessaire aux constructions ; mais, les petites vallées, formées par les innombrables torrents qui coupent en tous sens ces montagnes granitiques, y sont un peu plus larges et on peut y cultiver le riz. « Le chemin descend d'abord droit dans le sud pendant 90 milles environ, puis il tourne vers l'ouest ; je traversai les forts hovas d'Étrémou, d'Ambouhinoumé et de Zanzine. Là se termine cette mer de montagnes que je n'avais pas quittée depuis le fort d'Antoungoudrahouze. Près d'Étrémou, comme dans le sud d'Ankifafa, j'ai reconnu l'existence de vastes massifs micaschisteux très tourmentés. Au sortir de Zanzine, on entre dans le pays sakalave, qui est une vaste plaine secondaire de 84 milles de large, coupée, vers les 42° 38′ de longitude est, par une chaîne assez étroite qui paraît s'étendre du nord au sud à travers toute l'île. Le 20 décembre, j'arrivai à la bouche du Mouroundava, où j'hivernai : nous avions marché dans l'ouest pendant 150 milles. »

Voici maintenant le récit du voyage d'Ambondrou à Mananzari. « Le 15 mars 1870, je pouvais quitter Amboundrou ; le beau temps était revenu. Je me rendis, à bord d'une pirogue à balancier, à l'embouchure de la petite rivière de Maïtampak, Matsérouké et, de là, je gagnai le fort hova de Manza, le point le plus sud qu'occupent actuellement les Hovas chez les Sakalaves. Cette partie du pays est peu peuplée et assez dangereuse ; chaque jour, des dzirikes ou pillards y viennent faire des razzias de bétail et d'hommes. A l'époque de mon passage, un millier de Sakalaves indépendants ont attaqué, à quelques kilomètres de moi, un convoi de 1,500 bœufs qu'escortaient une cinquantaine de soldats hovas et quelques officiers ; tout le bétail fut enlevé, dix soldats et un douzième honneur (général) furent tués et les prisonniers emmenés en esclavage. J'ai heureusement échappé à un semblable sort.

« J'ai reconnu qu'un peu au nord du 21ᵉ degré de latitude sud commençait une chaîne de montagnes secondaires auxquelles succède le massif granitique. J'eus à traverser le pays des Betsiléos dans toute sa largeur pour me rendre à leur capitale *Fianarantsoua*, qui est la seconde ville de Madagascar. Je me rendis ensuite, toujours à travers une masse non interrompue de montagnes, à Mananzari, port de la côte est ; le pays, coupé çà et là de forêts, est plus fertile que les contrées que j'avais parcourues jusque-là. Mon voyage a duré trente-neuf jours de la côte ouest à la côte est. Toutefois, la meilleure, la plus facile et la plus courte des routes pour se rendre à Imérine sera toujours celle d'Andévourante à Tananarive. De la côte ouest, il serait facile de remonter pendant quelques lieues des rivières telles que le Tsidsoubon ou le Betsibouka, mais, comme je l'ai déjà dit dans ma première communication, on n'y aurait aucun avantage ; la route qui resterait à parcourir par terre est encore beaucoup plus longue que la route actuelle et passe à travers des déserts, où l'on ne peut se procurer de vivres (1). »

M. Leguevel de Lacombe, très suspect dans ses affirmations, dit avoir été de Tananarive à la baie de Bombetock (à Boéna) par une route un peu plus occidentale, dont le développement est de 82 lieues, parcourues en onze jours (2). Il paraît qu'il en existait une autre plus facile que la première et que Radama, à cause de cela même, ordonna d'abandonner, de peur d'invasions européennes. Serait-ce la route de Baly à Tananarive, signalée par le père Jouen, comme pouvant conduire en quinze jours à la capitale des Hovas, en partant de Mangoulou ?

La ville de Mahabo est située sur la rive gauche de la rivière du même nom ; elle contient environ deux milles cases. L'habitation royale, composée de quinze ou vingt grandes cases, est entourée de palissades et d'un fossé profond. Un quatrième entourage est formé par les feuilles épineuses des raquettes ; l'extrémité supérieure de chacune des palissades est armée d'un large fer de sagaye. Indépendamment de ces fortifications intérieures, la ville est défendue par un fossé et par un entourage solide fermé à l'aide des portes en bois qui n'ont pas moins de quinze pieds de hauteur.

(1) *Bulletin de la Société de géographie*; février 1871. Nous ferons remarquer que M. Grandidier ne parle ici qu'au point de vue du voyageur isolé, mais non d'une expédition militaire qui porte ses vivres et qui, en aucun cas, ne pourrait marcher d'Andévourante sur Tananarive, le chemin n'étant qu'un sentier à peine praticable, sinon pour les porteurs de palanquins ou filanzanes.

(2) *Voyage aux îles Comores et à Madagascar*, tome II.

La partie occidentale de Madagascar comprise entre la rivière Sambirano et la rivière Mangouki, est encore partiellement occupée par des groupes plus ou moins considérables de Sakalaves, qui n'ont point accepté le joug des Hovas; mais, toutefois, on peut dire qu'ils s'y dérobent bien plus qu'ils ne le repoussent. Leur résistance est toute d'inertie, des obstacles divers s'opposent à ce que cette résistance soit plus active. Ces obstacles sont l'anarchie dans laquelle vivent depuis longtemps ces populations et qui rend aujourd'hui impossible à leurs chefs l'exercice régulier de toute espèce d'autorité; l'incapacité personnelle de quelques-uns de ces chefs, l'inhabileté politique de tous, le caractère turbulent des Sakalaves, leurs querelles intestines, l'insuffisance de leur matériel en armes et munitions, enfin, leur ignorance complète de la stratégie et même des plus simples notions de l'art militaire.

La plus grande partie du royaume de Bouéni, de Mandzaraï à Sambirano, est actuellement presque inhabitée. De toute la population qui occupait, il y a cinquante ans, ce territoire, il reste seulement quelques groupes épars, qui subissent la domination des Hovas ou des bandes de Djérikis, dont l'action hostile s'exerce tout aussi bien contre les villages de leurs compatriotes que contre les postes occupés par l'ennemi. Presque tous les Sakalaves des districts du nord ont, depuis cette époque et en diverses circonstances, émigré au pays d'Ankara, à Mayotte, à Nossi-Bé, à Nossi-Fâli et dans le Ménabé du nord où commande Tafikandre. Ce dernier groupe peut être de 25,000 âmes. Il doit s'en trouver de 15 à 16,000, et peut-être plus, sur les deux îles.

Le pays d'Ambongou est plus peuplé maintenant qu'il ne l'était avant l'invasion du Bouéni et du Ménabé par les Hovas. Son territoire, entrecoupé de bois et de marécages, en fait un refuge assuré, lors des incursions de l'ennemi, qui, d'ailleurs, ne peut séjourner dans cette province, à cause de son insalubrité. Toutefois, la population d'Ambongou ne paraît pas dépasser 35,000 âmes. Ces provinces, qui étaient autrefois sous l'autorité de Tsifanihy (Ménabé du nord), n'ont qu'une population très minime relativement à leur étendue; elle peut s'élever à 15 ou 16,000 âmes. La partie indépendante du Ménabé ne doit pas compter plus de 70,000 âmes de population.

Quoi qu'il en soit, si les groupes dispersés çà et là sur ces grandes divisions du territoire sakalave se réunissaient pour agir de concert contre l'ennemi commun, ils formeraient dans chacune d'elles une force armée capable d'écraser les garnisons faibles et isolées que le gouvernement hova y entretient. La même force serait aussi incomparablement supérieure aux corps d'expédition qu'il y envoie annuellement. D'après les calculs de M. le capitaine de corvette Guillain, les pays sakalaves désignés plus haut pourraient mettre sur pied 23,700 guerriers.

Malgré cela, il résulte de la dissémination de ces forces et des diverses causes mentionnées ci-dessus, que 1,100 à 1,200 Hovas peuvent, quoique répartis entre plusieurs postes, se maintenir dans le royaume de Bouéni et exercer paisiblement leur domination ; que 1,800 Hovas tiennent sous leur dépendance une partie du royaume de Ménabé ; qu'enfin, des corps de 2,000 à 3,000 hommes peuvent impunément parcourir le pays d'Ambongou, où ils n'ont pas un seul poste, aussi bien que les autres parties encore insoumises du Bouéni et du Ménabé.

Dans les provinces sakalaves, la culture est aujourd'hui strictement bornée à ce que réclame la consommation des indigènes ; l'exploitation des richesses naturelles du sol est entièrement négligée ; le commerce y est difficile. Nous avons donné plus haut, au premier chapitre, tous les renseignements recueillis sur cet intéressant article.

Les voies de communication jadis établies entre les pays sakalaves et les provinces centrales sont depuis longtemps abandonnées. Mais on trouverait encore dans les Antalaots restés à Mazangaye, aussi bien qu'en beaucoup d'autres qui habitent Nossi-Bé et Mayotte, des guides intelligents, pour la navigation des grandes rivières, le Betsibouka et l'Ikoupa, qui viennent de l'Ankôve, et pour toute la route qui mène à Tananarive.

Les postes hovas de Mazangaye et de Mourounsang, qui sont les plus importants de la côte ouest, n'ont chacun qu'une garnison de 300 à 400 hommes. Le système de fortification, au moyen duquel ces postes sont défendus, suffit à les rendre inexpugnables pour les Sakalaves et les garantit même d'une attaque de leur part ; mais ils ne tiendraient pas devant la moindre artillerie dirigée par des Européens et leur garnison serait d'autant plus facilement délogée que tous les bâtiments, dont ils se composent, étant de bois et de feuillages, il suffirait d'y envoyer quelques obus pour les incendier en un instant. Ces postes n'ont ni puits ni citernes et ne sont pas ordinairement approvisionnés de vivres. Leur isolement et leur éloignement d'Imerne les mettraient, en cas de siège, dans l'impossibilité d'en recevoir promptement de l'intérieur; il serait d'ailleurs très facile de les bloquer.

Au moment de terminer notre tâche, nous voulons placer ici, comme un avertissement donné à notre pays, les observations suivantes.

Il faut le dire bien haut, la lutte engagée entre les Sakalaves et les Hovas doit inévitablement se terminer au désavantage des premiers, s'ils sont abandonnés par nous à leurs seules ressources. Non seulement, en effet, les Sakalaves ne cherchent pas à repousser les expéditions hovas ou à s'emparer des postes hovas maintenus dans leur pays, mais ils paraissent n'avoir pas même la volonté de défendre le territoire qu'ils possèdent encore. Ils vivent au jour le jour, en groupes séparés, tantôt sur un point, tantôt sur un autre, souvent errants dans les bois et ne songeant qu'à fuir à l'approche de l'ennemi. Ainsi, devant cette immuable politique des Hovas, qui poursuit la conquête de l'île par l'invasion et l'occupation partielle, il n'y a chez les Sakalaves qu'insouciance et imprévoyance, sinon dans les moments où il entrevoient les secours possibles de la France.

Le gouvernement d'Imerne trouve dans le commerce intérieur qu'il entretient la possibilité de pourvoir, tant bien que mal, à ses approvisionnements en armes et en munitions de guerre et de couvrir ainsi ses pertes et ses consommations en ce genre. Les Sakalaves, déjà bien moins pourvus que leurs adversaires sous ce double rapport, usent et consomment leurs munitions et leurs engins de guerre, sans pouvoir remplacer ou réparer.

Chez les Hovas, les chefs sont, pour la plupart, initiés aux idées et aux connaissances pratiques nécessaires à leurs relations avec des étrangers; un certain nombre de jeunes hommes ont reçu une éducation dans ce sens, et il en est même qui ont montré dans des circonstances délicates une intelligence supérieure et un tact politique remarquable. Il n'est pas un chef sakalave qui sache lire, et la transmission de la pensée au moyen de caractères est encore une chose si merveilleuse pour eux et leurs sujets, que les uns et les autres les considèrent comme une œuvre de sorcellerie.

L'épuisement de la population hova, l'aversion inspirée contre ces dominateurs par la cruelle oppression que le gouvernement d'Imerne fait peser sur les peuplades déjà soumises, prolongeront peut-être la résistance des Sakalaves, mais ne rétabliront pas les chances en leur faveur, si la France ne prend pas, enfin, la ferme résolution de soutenir ces populations qui relèvent de sa suzeraineté. Manquant de ressources pour saisir l'offensive au moment convenable, ils ne pourront profiter des embarras temporaires des Hovas et ceux-ci reprendront fructueusement les hostilités, à mesure que renaîtront leurs moyens d'action.

Ainsi donc, et sans aucun doute, l'anéantissement de la nationalité malegache au profit de l'usurpation hova n'est plus qu'une affaire de temps, dont malheureusement le terme ne paraît pas devoir être éloigné, si les événements et l'intervention de la puissance française ne viennent les arracher à leurs sauvages oppresseurs et remettre les choses, à Madagascar, dans l'état où elles étaient à l'époque où le pavillon national attestait notre présence et la légitimité de nos droits sur la totalité de la grande île indienne, et spécialement sur les contrées dont nous venons de parler, par suite des traités de 1841 et de 1860.

Parvenu au terme de notre travail à la fois historique et géographique sur la grande île française de la mer des Indes, nous sentons combien, malgré tous nos efforts, cette « Encyclopédie de Madagascar » doit présenter de lacunes et d'imperfections. Le lecteur voudra bien les excuser, à raison de l'ampleur du tableau et de l'étroitesse du cadre. Il n'oubliera pas, surtout, qu'il s'agit d'un pays dont Flacourt a pu dire avec raison, il y a plus de deux siècles : *Cette île est un petit monde.*

Le *Cosmos* de Flacourt est aujourd'hui connu en France, et nous voudrions penser que notre livre n'est pas tout à fait étranger à ce résultat patriotique.

CHAPITRE IV.

ANCIENS ÉTABLISSEMENTS FRANÇAIS DE MADAGASCAR.
L'ILE SAINTE-MARIE.

SOMMAIRE : Anciens établissements français de Madagascar. — Le fort Dauphin. — Sainte-Luce. — Tamatave. — Foulepointe. — Fénériffe. — La Pointe-à-Larrée. — Louisbourg. — Tintingue. — Le Port-Choiseul. — L'île Marosse. — L'île SAINTE-MARIE. — Sa situation géographique. — Le Port-Louis. — L'îlot Madame. — L'île aux Forbans. — La baie de Lokensy. — Baies et côtes de Sainte-Marie. — Sa constitution géologique. — Bois, cours d'eau. — Villages. — Climat de Sainte-Marie. — Observations thermométriques. — Pluies d'orage. — Vents généraux. — Brise du sud et du sud-est. — Brises d'ouest. — Brises du large. — Végétation. — Culture. — Bétail. — Industrie des Malegaches de Sainte-Marie. — Pêche. — Commerce de Sainte-Marie. — Sa population. — Son gouvernement et son administration. — Forces militaires. — Finances. — Le mouvement commercial de Sainte-Marie est stationnaire et restreint. — Cause de cet état de choses. — Principe politique consacré depuis les événements de 1815, par la conservation de Sainte-Marie, eu égard à nos droits de souveraineté sur la grande île de Madagascar. — Commerce de la côte orientale de Madagascar. — Exportations et importations. — Transactions par voie d'échanges. — Mouvement de la navigation entre Madagascar et l'île Bourbon. — Vohémar. — Tamatave. — Foulepointe. — Diego-Suarez. — Fin du chapitre quatrième.

Nous avons vu, par le récit des événements qui ont occupé la première partie de cet ouvrage, que ce fut sur la côte orientale de Madagascar que les Français fondèrent les premiers établissements qu'ils ont successivement formés dans l'île de Madagascar. Il n'est pas inutile de jeter rapidement un coup d'œil d'ensemble sur ce qu'ont été, dans le passé, ces diverses colonies et ce qu'est aujourd'hui notre île antique de Sainte-Marie.

Parmi nos anciens comptoirs se plaçaient en première ligne : le fort Dauphin, Manghafia ou Sainte-Luce, Tamatave, Foulepointe, Fénériffe, l'île de Sainte-Marie, la Pointe-à-Larrée (en malegache *antsiraka*), Tintingue, Louisbourg et quelques autres comptoirs dans la baie d'Antongil, notamment ceux de Manahar, de Marancette ou Port-Choiseul et de l'île Marosse. Plusieurs autres points, au nombre desquels se trouvent Angontsy et les bords du Fanzahère, ont, en outre, été habités plus ou moins longtemps par les Français.

De ces différents établissements, l'île de Sainte-Marie est aujourd'hui le seul que nous occupions en réalité, depuis 1832, le seul où flotte encore à demeure le pavillon français. Ne fût-ce que par sa position politique, Sainte-Marie mérite que nous consacrions à sa géographie un chapitre particulier.

La Pointe-à-Larrée, à Madagascar, est située à une lieue environ de la côte occidentale de Sainte-Marie. La mer est très calme en cet endroit. La grande quantité de riz que produisait autrefois le territoire de la Pointe-à-Larrée y attirait beaucoup de navigateurs; mais, depuis la guerre de 1829, toute la partie de la côte avoisinant Sainte-Marie est presque déserte.

Foulepointe est une petite ville commerçante, à dix lieues de Sainte-Marie. Le port de Foulepointe est formé par des récifs qui rompent la mer et mettent les vaisseaux à l'abri des grosses lames. Il peut contenir dix vaisseaux, mouillés à la suite les uns des autres, par un fond de dix à douze mètres. Nous en avons déjà parlé plus haut.

La ville de Tamatave est, comme on l'a vu, le siège d'un commerce assez considérable en riz et en bœufs, que l'on y échange contre des marchandises d'Europe. Son port offre aux navires un abri assez bon, lorsque les vents de sud et de sud-est règnent. Nous en avons également parlé déjà.

De tous les points de la côte orientale de Madagascar, Fénériffe est celui qui produit la meilleure qualité de riz et un de ceux où on le récolte en plus grande abondance. Quoique la rade de Fénériffe soit ouverte et peu sûre, elle est cependant fréquentée par les navires du commerce, parce que les transactions s'y font plus facilement qu'à Foulepointe.

Le fort Dauphin est situé, ainsi que la baie de Manghafia ou Sainte-Luce, dans la province d'Anossy. La rade du fort Dauphin, quoique moins belle que celle de Tintingue, est d'un facile accès et pourrait être mise à l'abri de tous les vents, au moyen d'une jetée dont la construction serait peu dispendieuse. Sur ce point de la côte, la mousson étant presque constamment du nord-est, les communications avec la Réunion sont toujours favorisées par le vent le plus propice ; c'est ce qui n'a pas lieu sur le reste de la même côte, en remontant jusqu'à Sainte-Marie.

L'établissement français formé, en 1774, dans la baie d'Antongil, par le comte Benyowski, comprenait le port de Manahar, Marancette ou Port-Choiseul, Louisbourg et l'île Marosse. Le port de Manahar se trouve à l'entrée de la baie d'Antongil, au nord du cap Bellone. Le Port-Choiseul ou Marancette est situé au fond de la même baie. C'est en cet endroit que s'élevait Louisbourg, siège principal de l'établissement. Le Port-Choiseul est sûr et commode et peut recevoir plusieurs vaisseaux.

L'île Marosse est située à environ deux lieues de Marancette ; elle a deux à trois lieues de circuit et possède deux excellents mouillages. Le sol en est très fertile et ses communications avec le Port-Choiseul sont très faciles, au moyen de chaloupes et de canots.

Quant à Tintingue, nous n'en dirons rien qui n'ait été exposé déjà, lors des explorations qui en furent faites et dont nous avons traité en détail.

L'île Sainte-Marie, que les Malegaches nomment Nossi-Bourahé ou Nossi-Ibrahim, est, ainsi qu'on l'a déjà vu également, séparée de la côte orientale de Madagascar par un canal large d'une lieue et un quart dans sa partie la plus étroite, vis-à-vis de la Pointe-à-Larrée et de quatre lieues vis-vis de Tintingue. Flacourt l'a décrite ainsi : « Elle a, dit-il, un port et une baie excellente pour y mettre à l'abri de grands navires, proche un islet. C'est là aussi qu'on rencontre les plus beaux rochers de corail qui se puissent voir au monde et où se trouve aussi une infinité de beaux coquillages que les nègres vont chercher, pour les vendre aux Français. » Le vieil historien vante ensuite les cultures, celles du riz, du tabac, des cannes à sucre et la bonté de la terre, malgré les pluies. Huit Français y étaient établis de son temps et paraissaient y vivre heureux et unis.

L'île est une étroite bande de terre dirigée obliquement du N.-N.-E. au S.-S.-O., parallèle à la côte de Madagascar, dont la sépare comme on vient de le dire, un canal d'une largeur moyenne de 6 à 8 milles. Son extrémité nord est située par 16° 40′ lat. sud et 47° 55′ long. est; son extrémité sud, par 17° 8′ lat. sud et 47° 32′ long. est; sa partie moyenne par 16° 54′ lat. sud et 47° 39′ 30″ long. est.

Sa longueur est d'environ 50 kilomètres; sa largeur atteint à peine, en moyenne, 3 kilomètres; sa superficie peut être évaluée à 15,500 hectares. Dans les trois quarts environ de son pourtour, au sud, à l'est et à l'ouest, l'île est entourée d'une ceinture de polypiers formant ce qu'on appelle le récif. Cette ceinture est beaucoup plus éloignée à l'est, où, sur quelques points, elle se compose de 2 ou 3 bancs de coraux, ce qui rend la navigation dangereuse sur cette côte. Trois passes, toutefois, sont praticables pour les vaisseaux.

Un canal sépare au sud une petite portion de terre appelée : l'*Ile aux nattes* ou l'*Ilet*, qui peut avoir huit kilomètres de tour.

Sainte-Marie a dû constituer jadis la base de l'étage est des chaînes qui vont s'élevant progressivement de la côte de Madagascar au plateau supérieur de cette grande île. Le parallélisme est évident; son sol est de la même nature géologique; il se compose de plusieurs séries de mornes à directions semblables, réunies entre elles par d'autres chaînes secondaires et dont le point culminant, situé au centre, atteint au plus une altitude de 50 mètres. Les flancs de ces mornes sont généralement ardus; les espaces qu'ils laissent entre eux, profonds et étroits en général, servent d'écoulement aux eaux pluviales. Dans les points où cette profondeur atteint le niveau de la mer, la rencontre des eaux pluviales et des eaux salées a donné lieu à la formation de terrains d'alluvion composés de débris de roches, de sable calcaire des récifs et de détritus végétaux alternativement recouverts et abandonnés par les eaux. Les ravines ou espaces entre les mornes sont donc ou des lits de ruisseaux, ou des marais d'eau douce, ou de véritables marais à peine émergés recouverts dans les grandes eaux.

Nous avons donné, dans un des chapitres du premier livre, tous les détails concernant l'histoire politique de Sainte-Marie. Le lecteur a eu sous ses yeux le texte même de la concession qui en fut faite à la France, le 30 juillet 1750, par Béty, fille du roi de cette île; nous avons, ensuite, raconté les premiers commencements et les développements successifs de cette colonie modeste, mais dont la destinée a été de représenter et de personnifier, pour ainsi dire, la gardienne fidèle de nos droits de souveraineté sur Madagascar. Le lecteur connaît déjà la reprise de possession de l'île, le 15 octobre 1818, par M. le baron de Mackau, à bord de la flûte *le Golo*, et celle de Tintingue, opérée par le même officier, le 4 novembre suivant, en présence de tous les naturels du pays et avec leur assentiment exprimé dans un kabar. Il connaît également les deux voyages de Sylvain Roux, son administration, sa mort, son remplacement par M. le commandant Blévec et l'énergique protestation de celui-ci, à l'époque de l'invasion de Radama à Foulepointe, etc. Pour n'avoir point à répéter inutilement les mêmes détails nous ne pouvons que renvoyer le lecteur au chapitre dont il s'agit. Il y trouvera même des informations générales sur la topographie et le climat de Sainte-Marie, d'après l'avis des explorateurs que l'administration française y a envoyés à diverses reprises, avant de s'y établir définitivement.

Le canal qui sépare Sainte-Marie de la Grande-Terre n'est, à proprement parler, qu'une rade continue, vaste, sûre et dont la tenue est excellente. Au sud de la Pointe-à-Larrée, on peut y mouiller partout; et, comme les récifs qui bordent l'île sont accores, les navires peuvent s'en approcher de fort près. Il est facile d'y appareiller en tout temps.

La principale baie de l'île Sainte-Marie est le Port-Louis. Au milieu de l'entrée, se trouve un îlot appelé par les Français *îlot Madame*, par les naturels *Louquez*, et qui peut avoir 300 mètres dans sa plus grande longueur et 125 mètres dans sa plus grande largeur. Cet îlot, qui est le siège de l'administration, défendu par quelques fortifications et armé de batteries, renferme les casernes, l'hôpital, les magasins de l'artillerie et les chantiers du gouvernement. Au milieu même du Port-Louis, au sud-est de l'îlot Madame, s'élève un îlot rocheux et stérile appelé l'*île aux Forbans*; une jetée en pierres sèches, construite en 1832, le réunit à la côte de Sainte-Marie. L'îlot Madame est entouré d'un chenal profond qui forme, de chaque côté, une passe par laquelle on entre dans la baie. La passe du sud-ouest, nommée *passe des Pêcheurs*, n'ayant que très peu de largeur et deux ou trois mètres de profondeur, ne peut servir qu'à des embarcations. La passe du nord-est, étant plus large et plus profonde, peut donner entrée à des frégates. C'est ce chenal qui forme le petit Port-Louis. Plusieurs navires peuvent y mouiller en sûreté pendant presque toute l'année, en prenant quelques précautions, lorsque les vents soufflent avec force, ce qui est peu commun. Il existe, du reste, dans le port une aiguade commode qui fournit de l'eau assez bonne. Les navires en danger peuvent venir se mettre à l'abri dans le port et, au besoin, s'y faire réparer.

Ce port est malheureusement trop peu connu, car, par sa position sur la route des Indes et sous le vent des colonies de la Réunion et de Maurice, il peut rendre les plus grands services. C'est, dans tous les cas, une question d'autant plus importante à examiner que, par sa proximité de régions très fertiles et par suite du développement que prend tous les jours le commerce avec Madagascar, Sainte-Marie est appelée à devenir forcément un centre d'entrepôt pour les riches produits de la partie est de la grande île indienne.

On trouve encore de bons mouillages sur plusieurs autres points de la côte ouest de Sainte-Marie, notamment dans la baie de Lokensy, laquelle est située vis-à-vis du port de Tintingue et peut recevoir les plus gros vaisseaux. Cette baie a seulement l'inconvénient d'être ouverte aux vents du nord et du nord-est. On y trouve de l'eau douce d'excellente qualité et en grande abondance.

M. le docteur Vinson, qui a visité Sainte-Marie il y a une vingtaine d'années, en a donné la charmante description qui suit : « La France a, dans la possession de Sainte-Marie, le plus joli petit établissement que l'on puisse voir et la position militaire la plus heureuse, à l'égard de la côte orientale de Madagascar. C'est la forteresse naturelle qui commande toute cette plage. Un port se creuse au centre même de cette petite île dans sa partie occidentale. L'intérieur du bassin présente un riant paysage : des plans inclinés, chargés d'une végétation tropicale, descendent dans une mer bleue et calme, emprisonnée par des collines ; deux petites îles, jetées çà et là sur ses bords, ressemblent à des pyramides de verdure. L'eau dort dans cette enceinte tranquille en réfléchissant les bois et les rochers d'alentour : on dirait un décor d'opéra. Ici, une jetée en corail blanc s'avance vers l'îlot Madame et permettrait, à l'aide d'un pont-levis ou tournant, de fermer totalement l'entrée du port. Sur le rivage de la baie qui précède le port se déploie le village allongé d'Amboudéfout, avec ses haies de natchoulis et une longue avenue de manguiers. Une aiguade, alimentée par un ruisseau, y verse sans cesse une eau limpide et pure (1). »

Il n'y a de cultivable à Sainte-Marie que la zone étroite qui se trouve au milieu de l'île et qui forme environ le cinquième de la totalité de sa superficie. C'est la seule portion du territoire que les naturels cultivent régulièrement et elle leur appartient en propre.

La chaleur et l'humidité du climat de Sainte-Marie paraissent très favorables à toutes les cultures coloniales, excepté peut-être à celle du cotonnier.

Le sol de l'île renferme, du reste, beaucoup de fer et l'on y trouve en abondance les matériaux propres aux constructions, tels que pierres, chaux, terre à brique, etc. Les bois de Sainte-Marie occupent une surface de 20 à 30,000 hectares. Ils se trouvent, en grande partie, situés vers le centre de l'île, dans la partie la plus large et suivent deux zones longitudinales, courant dans la même direction que l'île. Le terrain où ils croissent est ferrugineux ou quartzeux et, par conséquent, de médiocre qualité. D'autres portions de bois, composées de nattes, de takamakas, de filaos, de porchers, de badamiers et de quelques autres arbres moins précieux, entremêlés à une foule d'arbrisseaux, bordent le rivage de la mer, partout où il offre une plage de sable. Le badamier est un arbre propre au Malabar (*terminalia catalpa*) et qui donne des amandes exquises produisant une huile très douce.

L'île de Sainte-Marie est trop peu étendue pour qu'il s'y rencontre des rivières et, si quelques ruisseaux y portent ce nom, ils le doivent uniquement à l'élargissement de leur lit vers leur embouchure, élargissement formé, en grande partie, par les eaux de la mer. Le sol de l'île étant très montueux, les sources y sont fort abondantes, et les eaux de bonne qualité. La rivière du Port,

(1) *Voyage à Madagascar*, page 480.

qui est le plus important de ces cours d'eau, éprouve, assez loin de son embouchure, l'effet de la marée ; une lieue plus haut, elle a une vitesse dont la moyenne peut être évaluée à près d'une lieue à l'heure.

Les Malegaches de Sainte-Marie habitent, comme les blancs établis dans l'île, des cases en bois, couvertes en feuilles de ravinala; ces cases sont petites, mais proprement construites. Les villages de l'île, dont le nombre est de trente-deux, sont répandus sur le bord de la mer et dans l'intérieur (1).

Les indigènes de Sainte-Marie bâtissent, en outre, dans l'intérieur, où se trouvent leurs plantations de vivres, des cases, dont la quantité augmente beaucoup à l'époque de la récolte ; il arrive parfois, alors, que la population tout entière s'y trouve concentrée.

La population de Sainte-Marie s'élève à 7,177 individus, comprenant 3,492 hommes et 3,685 femmes ; il y a 1,202 garçons au-dessous de 14 ans et 1,271 filles. La population flottante s'élève à 25 personnes. Le nombre des naissances s'est élevé à 200 en 1879 et à 191 en 1880 ; le nombre des décès a été en 1879 de 126 et en 1880 de 255 ; cette augmentation de la mortalité provient d'une épidémie de laryngite qui a sévi dans la colonie. Il y a eu huit mariages en 1880. Il y a dans l'île deux écoles (garçons et filles), qui coûtent annuellement 8,240 francs, tant pour le personnel que pour le matériel. Le culte catholique y est desservi non par les missionnaires de Madagascar, mais par des prêtres envoyés de la métropole. Pour se rendre de la Réunion à Sainte-Marie, il faut, d'avril en novembre, douze à quinze jours, parce qu'alors la mousson est du sud-est ; mais, de novembre en avril, les vents de la mer reversant du nord-est, les traversées sont beaucoup plus courtes.

(1) Les rapports de Sainte-Marie avec la grande île (*Hiéra-Bé*) sont aujourd'hui relativement faciles ; mais, du temps de Ranavalo Ire, elles l'étaient beaucoup moins. Quand une femme de Sainte-Marie traversait le canal qui la séparait de la Pointe-à-Larrée et mettait le pied sur le sol de Madagascar, elle était immédiatement saisie et attachée à un arbre, où elle mourait, percée de coups de sagayes ; si c'était une transfuge qui revenait, ses parents étaient chargés de l'exécution et elle était, alors, accomplie avec la même férocité.

Le climat de l'île Sainte-Marie est, à peu de chose près, le même que celui de la côte orientale de Madagascar, dont elle est si voisine. Le thermomètre monte en janvier et en février à 37° 1/2 centigrades, au milieu du jour et se maintient généralement durant les autres parties de la journée, entre 31° et 33°; pendant la nuit et le matin au lever du soleil, il descend quelquefois à 21° et même à 20°. C'est à cette époque que les pluies d'orage font déborder les ruisseaux et les rivières qui inondent tout le pays.

A Sainte-Marie, en particulier, pendant la saison pluvieuse, les vents généraux soufflent du sud-ouest au sud-est, quelquefois d'est et de nord-est, surtout en février et mars; mais assez rarement. Pendant la saison sèche, ils soufflent du sud-est, de l'est, du nord et du nord-est; quelquefois, la brise vient de la partie du sud et du sud-ouest. Quant à la brise d'ouest, c'est-à-dire celle qui vient de la Grande-Terre, elle souffle presque toutes les nuits et le matin; la brise du large ne s'élève qu'à midi.

Pendant la saison sèche, les brises sont assez généralement faibles dans l'île; le ciel est serein ou légèrement nuageux, tandis que, dans la saison pluvieuse, les brises sont presque toujours très fortes.

La végétation est très vigoureuse à Sainte-Marie. Le climat chaud et humide de l'île y favorise également le développement des plantes, sur les montagnes et dans les vallées : dans celles-ci, cependant, la production est ordinairement plus active, et la terre végétale, que les pluies ne cessent d'y apporter des sommités voisines, en maintient le sol longtemps fertile. Si leur peu de largeur ne rendait pas les vallées de Sainte-Marie trop humides, elles mériteraient la préférence sur toutes les autres localités; mais cet inconvénient fait qu'elles ne sont guère propres qu'à la culture du riz, du bananier et de la canne à sucre.

Diverses espèces d'arbres propres aux constructions navales et aux constructions civiles croissent en abondance dans les forêts de l'intérieur de Sainte-Marie. Les autres végétaux de l'île sont, du reste, semblables à ceux de Madagascar.

Les premiers essais de culture tentés à Sainte-Marie par les Européens, depuis la dernière reprise de possession, remontent à

1819. A cette époque, diverses personnes se réunirent pour y entreprendre la culture en grand du café, du girofle et de quelques autres denrées coloniales. Plusieurs habitations s'élevèrent alors dans l'île ; mais, en 1829, l'essor qu'avait pris la formation de ces établissements s'arrêta et il n'existe plus, aujourd'hui, à Sainte-Marie, que quelques habitations et quelques plantations produisant un peu de girofle, de café, de sucre et des vivres. Néanmoins, la production sucrière y a atteint le chiffre de 359,089 kilogrammes.

Tant qu'ils ont pu librement communiquer avec la Grande-Terre, les naturels de Sainte-Marie se sont peu occupés de plantations. Adonnés par goût à la pêche, ils y trouvaient une partie de leur nourriture, et ils se procuraient le reste en boucanant le poisson qu'ils ne consommaient pas et en l'échangeant à la Grande-Terre contre le riz nécessaire à leurs besoins. Leurs cultures se réduisaient alors à un petit nombre de rizières humides établies dans le fond des vallées. Mais, depuis que le commerce avec la côte orientale de la Grande-Terre leur est interdit par les Hovas et que leur nombre s'est doublé par l'arrivée des réfugiés de cette partie de Madagascar, la nécessité les a contraints de se livrer à la culture des terres et leurs plantations se sont rapidement accrues. Ils cultivent le riz, le manioc, les ambrevades, diverses faséoles, les patates, plusieurs espèces d'ignames et quelques autres racines nutritives, qui forment la base de leur nourriture. Leurs récoltes en riz excèdent même de beaucoup leurs besoins.

On a successivement introduit à Sainte-Marie la canne à sucre, le cocotier, le giroflier, le caféier et toutes les espèces coloniales de légumes, qui, sans préparation, s'y sont acclimatées aussitôt. On y trouve, en outre, la plupart des arbres et arbustes de Madagascar, le badamier, l'aréquier, le tamarinier, le bois de fer, l'hibiscus, le manguier, qui, dans ses variétés, donne trois sortes de mangues, l'aloès, le piment, les ravenales, les fougères, etc. L'ananas y est de qualité supérieure et très abondant. On a introduit récemment dans la colonie la ramie, qui peut être substituée au rafia, pour la confection des tissus à l'usage des indigènes.

La faune y reproduit à peu près les espèces de la grande île :

on y voit des hérons, courlis, poules d'eau, poules sultanes, cailles, sarcelles, hirondelles de mer, fous, pluviers, merles huppés, martins-pêcheurs, cardinaux, perruches, pigeons bleus, verts, rouges, pintades, tourterelles, oiseaux-mouches, etc. Les poissons y foisonnent. Outre le requin, hôte dangereux qui parfois fait des victimes, nous indiquerons l'anguille, l'espadon, la dorade, la raie, la sole, la plie, le rouget, le cabot, le mulet, le gourami, importé de Bourbon, et, parmi les crustacés et madrépores, le crabe, la langouste, l'huître, la moule, des coquillages superbes et des coraux de toute beauté.

Le bétail, très rare autrefois à Sainte-Marie, commence à y devenir plus commun. Les chefs et les principaux Malegaches possèdent de petits troupeaux de bœufs, qui leur sont très utiles pour la préparation de leurs rizières. Néanmoins, quelle que puisse être, par la suite, la propagation de l'espèce bovine à Sainte-Marie, le peu d'étendue des bons pâturages s'opposera toujours à ce que cette espèce se multiplie assez pour fournir à l'établissement le nombre de bœufs nécessaires à son approvisionnement et l'on sera toujours forcé d'acheter le surplus à la Grande-Terre. Les bœufs qu'élèvent les Malegaches appartiennent à l'espèce appelée zébu, que M. Grandidier a nommé *Bos Madagascariensis*. Ils ressemblent aux bœufs de France par la taille, et par la forme de leurs cornes; mais ils en diffèrent par la loupe graisseuse qu'ils portent sur le cou et par la saveur un peu musquée de leur chair. Dans les bons pâturages, il y a de ces bœufs qui pèsent jusqu'à 450 kilogr. On en fait une très grande consommation à la Grande-Terre. Cette espèce paraît peu propre aux travaux de l'agriculture : cependant, on s'en sert à Bourbon pour les charrois des sucreries.

L'industrie des indigènes de Sainte-Marie ne diffère pas de celle des Malegaches en général; la presque totalité des objets nécessaires à la consommation et aux besoins journaliers de ses habitants y est apportée des îles Bourbon et Maurice. La population indigène de l'île est d'un grand secours pour nos bâtiments de guerre et de commerce et, même, pour les paquebots des Messageries maritimes qui font le trajet d'Aden à l'île Maurice. Cette population côtière de Sainte-Marie est intelligente et vigoureuse.

Tout le commerce que l'île Sainte-Marie fait avec Bourbon, Maurice et Madagascar, est entre les mains de cinq des principaux négociants, qui y sont établis. Les autres traitants ne trafiquent qu'avec la population indigène.

Les objets importés à Sainte-Marie, de Bourbon et de Maurice, sont des toileries de toute espèce d'origine française, des rhums, du sel, des marmites de fonte, de la faïence, de la verroterie, de la mercerie et des objets de consommation et d'habillement pour les blancs. Une partie de ces articles se vend sur les lieux ; le reste est porté à la Grande-Terre, pour y être échangé contre les productions du sol ou de l'industrie malegache. La valeur de ces importations varie, chaque année, suivant le degré de facilité que présentent les relations commerciales avec la côte orientale de Madagascar.

Il en est de même des exportations de Sainte-Marie pour ces deux colonies, lesquelles se composent de sucre, de riz et de bœufs provenant de la Grande-Terre, de volailles, de poisson, de peaux de bœuf, d'écaille de tortue, de pagnes, de rabanes, de nattes, de bois divers en petite quantité, d'huile de baleine, de girofle, de quelques objets d'histoire naturelle, surtout de coquilles très recherchées par les marins et de divers ustensiles, armes, etc., fabriqués par les Malegaches. Ces objets sont expédiés à Bourbon, et vendus aux capitaines des navires qui viennent y commercer.

Sauf le riz et les bœufs provenant de Madagascar et quelques articles achetés sur les lieux aux habitants et aux navires marchands, c'est Bourbon qui fournit les approvisionnements en vivres, liqueurs, habillements, etc., nécessaires à l'établissement de Sainte-Marie.

Le commerce de Sainte-Marie se faisant presque entièrement par échange, les importations et les exportations ordinairement se balancent à peu près. En 1882, le chiffre des importations s'est élevé à 181,602 fr., et celui des exportations à 110,000 fr. Il est entré à Sainte-Marie 326 navires français, jaugeant 9,300 tonneaux, et 117 navires étrangers, jaugeant 737 tonneaux. Il est sorti 308 navires français, jaugeant 9,400 tonneaux, et 160 navires étrangers, portant 654 tonneaux.

L'île Sainte-Marie de Madagascar est une des dépendances de la Réunion. L'administration de ces dépendances est réglée par l'ordonnance royale du 21 août 1825, relative au gouvernement de l'île Bourbon et par un décret du 27 octobre 1876.

Le commandement en chef de Sainte-Marie est confié à un commandant particulier, placé sous l'autorité du gouverneur de Bourbon. Un conseil d'administration, composé du commis de marine chargé du service, d'un chirurgien de la marine et du maître de port, assiste le commandant de Sainte-Marie dans l'exercice de ses fonctions. Le commis de marine faisant partie de ce conseil est particulièrement chargé des revues, des fonds, de l'état civil et des fonctions de notaire. Le conseil privé de Bourbon connaît de toutes les affaires de sa compétence qui concernent les possessions françaises de Madagascar.

Sous le rapport de la législation et de l'administration de la justice, l'île Sainte-Marie de Madagascar est également soumise aux lois et ordonnances qui régissent l'île Bourbon. Le commandant est juge civil, juge de simple police et juge correctionnel. Les crimes commis dans l'île sont déférés à la cour d'assises de la Réunion (1). Les forces militaires de Sainte-Marie ne présentent qu'un effectif d'environ cent cinquante hommes.

Voici la statistique judiciaire pendant les années 1879 et 1880.

	1879	1880
Affaires civiles.	29	16
— commerciales.	2	19
— de simple police	46	33
— correctionnelles.	34	55

Moyennant une subvention de 62,050 fr. que le budget de la Marine (Service colonial) fait chaque année à la dépendance, Sainte-Marie pourvoit à toutes ses dépenses. Cependant, on a

(1) Pour tout ce qui est relatif à l'organisation administrative des colonies en général, on consultera avec fruit l'excellent travail intitulé : *Les Colonies et leur organisation*, par M. Jules Delarbre conseiller d'État honoraire. (Tirage à part de la *Revue maritime et coloniale*, 1878.)

établi dans cette colonie quelques impôts, dont le total s'élève à 16,057 francs. Ces impôts comprennent :

Les droits sur les emplacements.	1,103 fr.
La cote personnelle.	3,240
La contribution foncière	1,090
Les patentes.	2,665
Les droits sur les spiritueux.	7,093, etc.

La monnaie française est la seule monnaie légale de Sainte-Marie, mais ces monnaies sont rares, attendu que les pièces de 5 fr. sont employées par les habitants pour acheter des denrées alimentaires à la Grande-Terre de Madagascar, où c'est la seule pièce qui ait cours.

L'île ne communique avec la métropole que par l'intermédiaire du gouverneur de la Réunion, qui entretient avec elle un service mensuel de correspondance par bateaux.

Il n'en a pas toujours été ainsi; mais le bon sens et la tradition ont fini par triompher dans ce sens. Sainte-Marie a été placée dans la dépendance de Bourbon par l'ordonnance royale du 21 août 1825, qui, dans son article 190, dit formellement : « Les dépendances de l'île Bourbon sont l'île Sainte-Marie et les établissements français à Madagascar. » L'article 191 ajoute : « Les chefs de ces divers établissements sont placés sous l'autorité du gouverneur : ils reçoivent ses ordres et lui rendent compte. »

Nous avons raconté les incidents diplomatiques soulevés en vain, en 1815, par sir Robert Farquhar, gouverneur anglais de l'île de France, dans le but de faire considérer Madagascar comme une dépendance de cette dernière colonie. On sait que, sur la protestation de M. Bouvet de Lozier, gouverneur de Bourbon, et sur les représentations du gouvernement français, l'Angleterre reconnut que Madagascar et Sainte-Marie étaient des dépendances de Bourbon et non de l'île de France. C'est sur les ordres du gouverneur de Bourbon qu'après 1818 la France reprit possession de Sainte-Marie, de Tintingue, de Sainte-Luce et du Fort-Dauphin.

L'initiative des gouverneurs de Bourbon a eu plusieurs fois, depuis, l'occasion de se manifester, par suite de l'ordonnance de

1825, notamment en 1841 et 1843, par les arrêtés de M. l'amiral de Hell pour la prise de possession de Mayotte et de Nossi-Bé, que nous avons relatés plus haut et qui sont motivés d'une manière si hautement patriotique.

Deux simples dépêches ministérielles, du 19 septembre 1843 et du 3 décembre 1844 rattachèrent l'île Sainte-Marie à Mayotte, et un décret du 18 octobre 1853 confirma cette disposition ; mais un décret du 27 octobre 1876 rétablit le régime politique de 1825 et remit définitivement Sainte-Marie dans la dépendance de Bourbon.

Cette circonstance permet d'employer à Madagascar ces milices de Bourbon, indépendamment des volontaires coloniaux, qui opèrent avec notre armée à Madagascar, l'État faisant face aux dépenses de l'armement, de l'équipement et des munitions.

Jusqu'à présent le mouvement commercial de Sainte-Marie, ainsi qu'on vient de le voir, a été très restreint, ce qu'il faut attribuer surtout à l'état violent, à la perturbation profonde dans lesquels la guerre a tenu sans cesse Madagascar.

Toutefois, il n'en faut pas moins considérer Sainte-Marie comme un comptoir commercial important par sa situation voisine de la grande île Malegache, où nos autorités, ainsi que nos commerçants, peuvent, de là, étendre en toute sécurité leur influence et leurs relations avec bien plus de suite et de succès que si notre pavillon marchand était réduit à s'y livrer, de baie en baie, de mouillage en mouillage, à des échanges toujours incertains et dépourvus de centre et de protection permanente. C'est cette destination essentielle, mais limitée qui, n'exigeant que l'entretien d'un faible détachement et permettant ainsi de consacrer quelques dépenses de plus aux travaux d'assainissement, rend possible à toujours la conservation par la France de ce poste si important par le principe politique qu'il a consacré, depuis les événements de 1815, quant à nos droits effectifs de souveraineté.

Le commerce du sud et de l'est de Madagascar est, comme on sait, presque tout entier aujourd'hui entre les mains des armateurs de Bourbon et de Maurice, et de quelques traitants fixés à Madagascar. Il a pour principal objet l'approvisionnement de Bourbon et Maurice, en riz et en bestiaux, articles qui forment, à eux seuls, les sept huitièmes, au moins, des exportations de la Grande-Terre. On sait que Madagascar fournit la presque totalité de la viande de bœuf nécessaire à la consommation de la Réunion, de Maurice et de tous les navires étrangers qui fréquentent ces parages.

Les exportations de Madagascar à Sainte-Marie consistent surtout en vaches, bœufs de trait et bœufs pour la boucherie, porcs, moutons et chèvres; salaisons préparées par les blancs, suifs, peaux de bœuf, tortues de terre, volailles, riz blanc et riz en paille (ce dernier en petite quantité), nattes et rabanes, gomme copal, écaille de tortue, ambre gris et cire : ces quatre derniers articles sont particulièrement exportés par les *Arabes* de Bombetock.

Les importations à Madagascar consistent en toiles bleues de l'Inde et toiles blanches d'Amérique, mouchoirs, indiennes et autres toiles imprimées, de manufacture française et anglaise; articles provenant des distilleries des îles Bourbon et Maurice; sel, savon, bijouterie commune, verroterie et corail ouvré, quincaillerie et mercerie, armes et munitions de guerre et de chasse, marmites en fonte, poterie et faïence; enfin, en une petite quantité d'armes de luxe, d'habits, d'épaulettes, de galons, de soieries, etc., destinés aux Hovas.

Pendant longtemps, le commerce de Madagascar s'est fait par voie d'échange et presque sans frais : il offrait, alors, des bénéfices considérables et assurés ; mais, depuis que les Hovas sont les dominateurs de la côte orientale, il n'en est plus de même. Ils s'y sont emparés du commerce, en forçant les naturels à leur livrer à bas prix leurs denrées, qu'ils revendent ensuite fort cher aux traitants, en exigeant de ces derniers, tantôt de l'argent, tantôt de la poudre ou des fusils pour l'acquittement des droits d'entrée et de sortie qui sont fixés à dix pour cent. Quelquefois, il plaît à tel ou tel chef de suspendre l'exportation ou de changer brusquement la nature du payement des droits de douanes et des navires se voient ainsi forcés de revenir sans chargements. Aussi, rebuté de tant de tracasseries et de vexations, le commerce de Bourbon tire-t-il maintenant de l'Inde les dix-neuf vingtièmes du riz nécessaire à la consommation de l'île et le vingtième restant seulement de Madagascar.

A la côte orientale de Madagascar, les transactions commerciales se font encore, sur quelques points, par voie d'échange ; mais, comme les importations sont souvent inférieures aux exportations, surtout quand on traite avec les Hovas, la balance se rétablit soit avec notre pièce de cinq francs, soit avec des piastres d'Espagne à colonnes, qui, une fois dans les mains de ces derniers, sortent rarement de l'île.

Le dernier point de la côte nord-est de Madagascar, où les Hovas tolèrent le commerce avec les blancs, est Vohémar. Ils y perçoivent les mêmes droits de douane qu'à Tamatave, Foulepointe et autres lieux de la côte orientale. Le commerce de Vohémar ne consiste en ce moment qu'en bœufs, dont il existe de très grands troupeaux dans le pays ; les navires qui viennent les acheter les salent sur les lieux. Le riz, le maïs, le manioc et autres plantes nutritives, ne sont cultivés à Vohémar que pour la consommation des naturels. Il en est de même à Diégo-Suarez, où les Hovas ont d'ailleurs interdit depuis longtemps tout commerce avec les blancs. Deux ou trois petits navires de Bourbon et de Maurice et quelques *daws* arabes, se montrent seuls de temps à autre sur cette côte, pour y acheter de l'écaille de caret, dont la pêche se fait pendant l'hivernage.

Sous le règne de Radama, ainsi que nous l'avons vu, les Hovas ont été mis en contact direct avec les Européens, dont ils ont adopté jusqu'à un certain point les usages et les goûts. Les besoins actuels des diverses populations de Madagascar, qui attendent leur satisfaction du commerce français, sont, pour les Hovas : drap écarlate, satins rouge, pourpre et vert, soie jaune, velours de soie, mouchoirs de soie, calicots fins, toiles imprimées, galons d'or de diverses largeurs, gants, modes, bonneterie, chapellerie, fil et soie à coudre, épaulettes d'or, boucles d'oreilles, colliers, bagues, montres, papier à écrire et à tapisser, quelques meubles. Pour tous les habitants de Madagascar, ces articles sont : armes à feu, poudre, vaisselle commune, ustensiles de cuisine en fer et en fonte, marmites et cocottes en fonte, grosse verrerie, verroterie, boîtes à musique, hachots, coutellerie, toiles bleues, cotonnades, rhum et eau-de-vie.

« L'île Sainte-Marie, dit M. le docteur Vinson, la plus ancienne de nos possessions autour de Madagascar, rappelle des noms d'administrateurs dévoués ou éminents. Si, dans les derniers événements de sa vie, Sylvain Roux commit des fautes, il montra un zèle extrême pour nos intérêts et ses rapports aux gouverneurs de Bourbon ne manquent pas d'une certaine pénétration, qui atteste la justesse de ses vues. Le professeur Fortuné Albrand, qui le remplaça un moment, était un esprit distingué et un homme de mérite qu'on laissa sans secours. Ce fut lui qui prit possession de-Fort-Dauphin, le 1er août 1818. M. Blévec se fit remarquer par un rôle très digne vis-à-vis de Radama Ier et des Anglais. Le capitaine d'artillerie Sganzin profita de son séjour dans cet établissement pour rendre aux sciences naturelles des services signalés. M. Vergès a laissé dans l'île, de son passage et de son administration, les plus chers souvenirs. C'est sur cette terre, enfin, que repose un missionnaire d'une grande vertu, M. Dalmond, évêque de Pela, mort à l'hôpital de *l'îlot Madame*, le 22 septembre 1847. Enfin, M. Delagrange, officier de marine, le dernier commandant de Sainte-Marie, a fait preuve d'une grande activité dans son gouvernement. Il y a ordonné des améliorations matérielles, des travaux d'assainissement et des essais agricoles en voie d'expérimentation. »

Les invasions et le despotisme des Hovas ont désorganisé l'industrie de ces contrées, mais elle renaîtrait sous l'empire d'un état de choses plus tranquille. La présence continue des Français apporterait de la sécurité chez ces malheureuses populations que la guerre a dispersées et leur inspirerait le besoin de reprendre les travaux fructueux auxquels elles devaient jadis leur prospérité.

CHAPITRE V.

MAYOTTE ET NOSSI-BÉ.

Sommaire : Considérations préliminaires. — Nossi-Bé. — Situation géographique. — Arrêté de prise de possession par l'amiral de Hell. — Topographie. — Aspect du pays. — Hellville. — Climat, température. — Baies, anses et mouillages. — Ressources de l'île. — Bois de construction. — Production végétale et animale. — Nossi-Cumba. Nossi-Mitsiou. — Nossi-Fali. — Description de ces îles. — Mayotte. — Situation géographique et topographique. — Configuration physique de l'île. — Son aspect général. — Montagnes. — Cours d'eau. — Bois et forêts. — Marées. — Villages de Choa et de Zaoudzi. — Récifs et passes. — Iles Pamanzi, Zaoudzi, Bouzi et Zambourou. — Rades. — Baies. — Mouillages. — Population. — Religion des habitants. — Climat. — Température. — Salubrité. — Hivernage. — Culture. — Productions. — Pâturages. — Troupeaux. — Pêches. — Ressources de l'île. — Statistique générale. — Bienfaits de l'occupation française. — Fin du chapitre cinquième.

Les partisans de l'occupation et de la colonisation de Madagascar n'ont pu que voir avec satisfaction le système politique dans lequel la France semble être entrée spontanément par l'occupation successive des îles principales qui avoisinent et qui dominent la grande île malegache.

En effet, ainsi que nous l'avons dit plus haut, par l'occupation de Mayotte, de Nossi-Bé, de Nossi-Cumba, de Nossi-Fali et de Nossi-Mitsiou, de Sainte-Marie, et par le voisinage de Bourbon, le réseau de l'influence française enveloppe Madagascar et, si les droits de la France ne sont pas compromis par quelque faute grave, cette influence, rendue décisive par l'expédition actuelle, assurera la réalisation des vœux formés pour la reprise de possesssion définitive de notre grande colonie de l'île de Madagascar.

Malgré l'ordre donné en 1832 d'évacuer tous les comptoirs et postes français à Madagascar, pendant les premières années qui ont suivi la révolution de Juillet, l'idée d'occuper cette île et de combiner avec cette occupation militaire une œuvre de colonisation, semble avoir été reprise par le gouvernement et c'est à cette tendance que se rattachent les différentes missions données à plusieurs des bâtiments de la marine royale, à l'effet de reconnaître la baie de Diego-Suarez. Les préoccupations politiques et les sacrifices nécessités par l'Algérie avaient fait perdre momentanément de vue cette haute question de la création de ports français dans les mers au delà du cap de Bonne-Espérance.

Le gouvernement français avait cru d'abord trouver dans la possession de Nossi-Bé les éléments du port à la fois militaire et marchand, de la station maritime et de l'arsenal naval dont nous avions besoin, à l'entrée de la mer des Indes. L'étude approfondie des localités n'a pas tardé à faire reconnaître qu'avec des travaux très dispendieux, on ne parviendrait jamais que fort imparfaitement à fermer la rade principale d'Hellville et qu'il serait, en outre, difficile de prévenir la possibilité d'un débarquement sur les autres points de l'île, dont toutes les côtes sont facilement abordables.

Aussi, dès l'année même qui a suivi l'occupation de Nossi-Bé, le besoin de trouver mieux a été signalé à tous les commandants des bâtiments de l'État qui étaient envoyés en mission dans ces parages. C'est ainsi qu'en 1841, M. Jehenne, capitaine de corvette, explorant le groupe des Comores, visita Mayotte et fut frappé des avantages remarquables et jusqu'alors inaperçus que présentait cette île, comme siège futur d'un établissement. Peu de temps après, M. l'amiral de Hell envoyait à Mayotte M. le cataine Passot pour conclure avec le souverain de Mayotte, Andrian Souli, ancien roi des Sakalaves, un traité de cession de ses droits de souveraineté, traité signé le 25 avril 1841 et qui fut ratifié par le roi Louis-Philippe le 10 février 1843. Deux ans avant, le 12 février 1841, M. l'amiral de Hell avait donné à la France les îles de Nossi-Bé et de Nossi-Cumba et la côte occidentale de Madagascar, par suite d'un traité analogue signé avec Tsioumeka, reine des Sakalaves (1).

Nous allons donner sur ces deux îles, devenues françaises, une

---

(1) Nous avons consigné plus haut le résumé de ces traités et exposé tout ce qui s'y rattache.

monographie aussi complète que possible, quoique sommaire, le plan de notre ouvrage n'en comprenant que d'une manière indirecte l'étude historique et géographique.

Comme Sainte-Marie, Nossi-Bé n'est qu'une dépendance de Madagascar; la prise de possession de l'île peut n'être également considérée que comme un acheminement à l'occupation de la Grande Terre (1).

Nossi-Bé ou *Variou-Bé*, dénomination adoptée ordinairement par les Sakalaves, signifie en malegache *l'île grande*.

Nossi-Bé est en effet la plus grande des îles situées à la côte nord-ouest de Madagascar. Elle mesure 22 kilomètres de long sur 15 de large. Elle est comprise entre les parallèles de 13° 10′ 44″; et 13° 24′ 47″ à l'est de Paris, à 240 kilomètres de Mayotte, à 24 heures par la vapeur

Le point culminant de Nossi-Bé, placé dans la partie méridionale, est élevé à plus de 600 mètres au-dessus du niveau de la mer. Ce sommet est couvert d'une vaste forêt dont les arbres semblent d'autant plus épais et plus beaux qu'ils sont à une plus grande élévation. A l'ouest il est à nu, par suite de la destruction des bois par le feu. Cette montagne s'appelle *Loucoubé*. Le centre de l'île est dominé par d'autres masses de moindre hauteur et d'origine évidemment volcanique. Les lieux cultivés sont ceux qui avoisinent la mer.

Nossi-Bé présente l'aspect dénudé des îles Malegaches, le premier soin des naturels étant d'incendier les forêts pour planter le riz et créer des pâturages à leurs bestiaux. L'administration a dû prendre les mesures les plus sévères pour garantir la grande forêt de Loucoubé des mêmes dévastations. Le sol de l'île est volcanique pour la plus grande partie et de nombreux cratères éteints, aujourd'hui remplis d'eau, attestent l'ancienne action des feux souterrains. Au commencement du second Empire, un chirurgien distingué de la marine française, M. le docteur Herland, recueillit d'utiles observations sur la topographie et la constitution géo-

---

(1) Voir la carte de la côte nord-ouest de Madagascar, comprenant les îles de Nossi-Bé, Nossi-Cumba, Nossi-Fali, Nossi-Mitsiou, dressée en 1841, d'après les ordres de M. l'amiral de Hell, gouverneur de Bourbon, par M. Jéhenne capitaine de corvette. (Dépôt des cartes et plans de la Marine.)

logique de Nossi-Bé (1). Il y reconnut trois groupes de montagnes, dont l'une, le Loucoubé, dont nous venons de parler, est la plus importante. Situé au sud, le morne Loucoubé est un pic granitique haut de 600 mètres, comme on vient de le dire et profondément raviné ; il est couvert d'une riche végétation : c'est là qu'on a placé la vigie et de ce point culminant l'œil embrasse tout le pays et les îles avoisinantes. Des deux autres groupes, l'un, le groupe central, mesure 500 mètres de hauteur et porte à son sommet sept lacs qui occupent d'anciens cratères effondrés et éteints ; l'autre, au nord, est une chaîne qui se dirige du nord au sud. Ce morne est taillé à pic du côté de l'ouest, avec une large coupure qui livre passage à la rivière Djamarongo.

L'île est arrosée par des ruisseaux et trois grands cours d'eau dont le plus considérable est le Djabola ; après avoir traversé une plaine fertile et un marais de palétuviers, cette rivière se jette dans la mer, à peu de distance d'Hellville, la capitale de la petite colonie française.

Sur toute la partie centrale de Nossi-Bé, les traces de l'action d'anciens volcans frappent les yeux. Vers la côte orientale, on suit une coulée basaltique fort épaisse, cachée sur une grande étendue par un dépôt de tuf et de matières sablonneuses. Le Loucoubé est une masse de granit revêtue d'une couche de terre végétale. Au pied et sur les flancs de la montagne, d'immenses blocs forment des carrières profondes ; on en voit qui servent de lit à des ruisseaux limpides. Dans les ravins et les anfractuosités, une argile jaune ou rougeâtre s'est déposée : on emploie maintenant cette matière à la fabrication de briques excellentes pour les constructions. Une zone de schiste bleuâtre plus ou moins stratifié entoure le massif, et, dans plusieurs localités, le schiste, se détachant par lames minces, paraît devoir fournir de très bonnes ardoises. Au nord de l'île, on observe une formation particulière, des couches de grès d'une épaisseur considérable superposés aux roches granitiques. Comme des cendres ou d'autres débris volcaniques les recouvrent en certains endroits, on juge que le soulève-

---

(1) *Essai sur la géologie de Nossi-Bé*, par le docteur J.-F. Herland, chirurgien de marine (*Annales des mines*, 5e série, tome VIII, 1856).

ment de cette portion de l'île est d'une époque plus ancienne que celui du centre.

En mémoire de l'amiral de Hell, à qui la France doit la possession de cet archipel, aujourd'hui français, on a donné son nom au chef-lieu de la colonie qu'on a appelé *Hellville*.

La rade d'Hellville est fort belle. Protégée des vents du nord et des vents d'est par l'île même, par celles de Nossi-Fali et de Nossi-Cumba, la mer y est unie comme une glace. Le paysage est gracieux et animé, le rivage se découpe en petites baies, au fond desquelles reposent à l'abri des palmiers deux ou trois villages malegaches, et plus loin une petite ville arabe.

En général, l'aspect du pays est agréable par sa verdure riante, par ses baies variées et par ses vallons fertiles. L'île ne possède pas de grandes rivières, mais seulement quelques cours d'eau, dont la source réside dans les lacs que renferment les hauteurs de l'île. Un des principaux ruisseaux passe au pied du plateau sur lequel a été fondé le chef-lieu de l'île. Il y a, à Nossi-Bé, plusieurs aiguades où les bâtiments peuvent s'approvisionner d'une eau fraîche et limpide.

« Nossi-Bé, a dit M. le commandant Page, a une rade excellente ; on ne saurait choisir un lieu de rendez-vous plus commode : c'est un *camp retranché* naturel (1). » Malheureusement les bâtiments ne peuvent que s'y abriter, ils ne peuvent ni s'y radouber ni s'y ravitailler, l'île ne pouvant leur offrir ni des vivres ni des bois de construction pour les grands navires.

La température et le climat de Nossi-Bé sont, à peu de chose près, le climat et la température de la côte nord de Madagascar, ou plutôt de Mayotte, mais avec de meilleures conditions de salubrité. Les pluies y sont plus fréquentes surtout qu'à Dzaoudzi. Le thermomètre y varie entre 29° et 17° au plus bas. Le baromètre y est peu sensible : ses variations, au bord de la mer, sont de $754^{mm},5$ à $765^{mm},4$; la moyenne annuelle est de $759^{mm},4$.

Des observations ont été faites de la rade de Passandava, sur la côte occidentale de Madagascar, vis-à-vis Nossi-Bé, sur la direction générale des vents : elles ont donné les résultats suivants.

---

(1) *Une station dans l'Océan Indien* (Revue des Deux-Mondes; novembre 1849).

Le matin, on ressent une petite fraîcheur de l'E.-S.-E., qui tombe vers les huit ou neuf heures pour reprendre vers le sud un peu plus tard, en inclinant vers le S.-O. A cette faible brise ou au calme succède, vers une heure de l'après-midi, le vent du large, qui, plus ou moins frais, mais jamais fort, souffle de l'ouest jusqu'à l'entrée de la nuit; il tombe alors, en passant au N.-O. et au N., où il faiblit tout à fait. A une heure plus ou moins avancée dans la nuit, se lève une petite brise de terre variable dans sa direction et quelquefois assez fraîche à l'époque des *syzygies*; elle dure jusqu'au jour.

Sur la côte ouest et sur la côte nord, les brises du large sont plus fraîches qu'en rade et commencent plus tôt. Sur la côte est, au contraire, la brise du large est tardive et prend forcément, à cause de la configuration des terres, la direction du nord-ouest et même du nord.

Les marées sont fort régulières à Nossi-Bé, le flot et le jusant y ont une égale durée et le temps de l'étale est en raison inverse de la montée de l'eau, c'est-à-dire qu'aux *syzygies*, la mer à peine haute commence à descendre, tandis qu'aux *quadratures*, elle reste stationnaire pendant environ 30 ou 40 minutes.

L'heure de l'établissement de la marée est de 4 h. 36 les jours de nouvelle et de pleine lune, et la mer marne de $4^m,49$ aux équinoxes. Comme en Europe, les grandes marées n'arrivent que 24 ou 36 heures après les syzygies.

Les courants varient en direction et en vitesse, selon la configuration des côtes, mais, en général, le flot porte à l'est et le jusant à l'ouest, avec une vitesse moyenne de $5/10$ de nœud à 1 nœud $5/10$ rarement au delà, si ce n'est dans le chenal entre Nossi-Comba et la Grande-Terre, où il va jusqu'à 2 nœuds de 2,5 nœuds dans les grandes marées. Il en est de même, mais à un moindre degré, entre Nossi-Comba et la côte sud de Nossi-Bé.

Sur la rade de Passandava, ou grande rade, les courants sont presque insensibles, étant en dehors de la ligne que suivent ceux de la passe, leur direction se rapproche du sud-est et du nord-ouest, en tournant suivant l'heure de la marée.

Sur la côte, le flot porte au nord-est et le jusant au sud-ouest, mais irrégulièrement. A la côte nord, les courants reprennent leur direction est de flot, ouest de jusant, avec une vitesse aussi grande qu'à la côte sud.

Sur la côte ouest, ils sont modérés et longeant à peu près la terre, en se rapprochant des points qu'ils doivent contourner.

Si l'on examine l'île au point de vue des abris et des ressources qu'elle peut offrir à la navigation, on y trouve de bons mouillages. L'espace compris entre la partie méridionale de Nossi-Bé, la côte nord-ouest de Nossi-Cumba et la petite île de Tani-Keli est considéré comme une rade capable de contenir, au dire de nos officiers, tous les bâtiments que peut armer la France. Partout ou presque partout, la profondeur de l'eau est de 12 à 25 brasses et la mer constamment belle. On y est parfaitement à l'abri avec les vents depuis l'ouest-nord-ouest jusqu'au sud, passant par le nord et l'est; mais avec ceux du sud-ouest et de l'ouest, s'ils sont frais, on a un peu de mer qui rend l'abord de la plage difficile. En avançant un peu dans le nord, vers le village des Antalostes, jusqu'à n'avoir que 5 ou 6 brasses d'eau de basse mer, on est exposé aux vents d'ouest. Ce mouillage est celui que prennent les petits bâtiments arabes qui font le cabotage.

La rade d'Hellville, quoique peu étendue, est un mouillage sûr, abrité des vents du large et la mer y est constamment belle. L'eau douce des environs ne s'y rencontre malheureusement pas en assez grande quantité pour suffire aux besoins des bâtiments. Le mouillage du plateau est encore plus resserré que celui de la rade d'Hellville et peut contenir tout au plus deux ou trois bâtiments; la tenue y est bonne. Au fond de cette baie se trouve un bras de mer qui conduit au pied du village d'Hellville.

Les autres mouillages de l'île sont ceux de la pointe Ambournerou, de l'île Sakatia, de Bé-Foutaka, de la baie Vatou-Zavavi, de la baie Fassine ou Linta, et enfin celui de l'île Tandraka.

Quant aux ressources que l'île de Nossi-Bé peut offrir aux bâtiments en relâche, outre les facilités qui y ont été installées par l'administration française, la grande forêt peut fournir aisément toutes les pièces nécessaires à un bâtiment de deux à trois cents tonneaux. En somme, sans avoir de port proprement dit, Nossi-Bé présente aux bâtiments d'excellents abris pour la réparation des avaries dans les œuvres mortes. Les boutres arabes jaugeant trente à quarante tonneaux, parfois quatre-vingts, et faisant cabotage entre Mozambique, Zanzibar, les Comores et la côte nord-ouest de Madagascar, viennent s'y échouer et faire à leurs coques les réparations utiles.

La population de Nossi-Bé s'élève à 8,155 habitants, dont 3,814 hommes et 4,341 femmes. Les habitants se sont groupés autour d'Hellville : le reste du pays est moins habité.

Les planteurs n'emploient comme travailleurs que des Macoas ou des Cafres ; c'est la race la plus résistante aux travaux des champs ; ils sont amenés par des Arabes qui pratiquent sans aucun scrupule ce petit commerce de traite.

La colonie, comme Sainte-Marie, est administrée par un commandant qui a sous ses ordres un chef de service de l'intérieur et un chef de service judiciaire : il préside le conseil d'administration, composé des deux chefs de service et de deux habitants notables désignés par le suffrage universel des citoyens français. Il en est de même à Mayotte ; cette réforme est due à M. l'amiral Gicquel des Touches.

Le service de la justice a été organisé par le décret du 29 février 1860, qui a créé un tribunal de première instance à Nossi-Bé. Les dispositions de cet acte ont été, en ce qui concerne la compétence, modifiées par le décret du 25 octobre 1879.

Le tribunal se compose d'un seul magistrat qui a le titre de juge-président. Un greffier est attaché au tribunal ; il est en même temps notaire. Les appels et les crimes sont jugés par la cour de la Réunion.

Voici la statistique judiciaire pour 1880.

Tribunal de première instance. Affaires civiles. 25
— commerciales. 4
— correctionnelles. 48
Affaires de justices de paix. Affaires civiles 1
Simple police. 26

La législation est la même qu'à la Réunion.

Les écoles sont dirigées par les congréganistes ; l'école de garçons est confiée aux Pères du Saint-Esprit, celle des filles aux Sœurs de Saint-Joseph de Cluny. La moyenne des élèves est de 100 à 160 pour les garçons et de 80 à 110 pour les filles.

Le service du culte à Nossi-Bé a été assuré jusqu'en 1851 par les Pères du Saint-Esprit ; il passa à cette époque entre les mains des Jésuites placés sous l'autorité du chef de la mission de Madagascar. En 1879, cette congrégation fut remplacée à Nossi-Bé par les Pères du Saint-Esprit.

La colonie a dépensé en 1880 plus de 70,000 fr. pour les travaux de réparation de bâtiments et d'entretien de routes qui sont destinées à relier les divers établissements industriels de la colonie.

Sur le budget de l'État (service colonial) les dépenses de Nossi-Bé figurent pour une somme de 241,361 fr ; mais il faut y ajouter la solde et les frais de passage de la garnison, qui sont à la charge du budget général de la Marine.

Le budget local s'élève, en recettes et en dépenses, à 240,000 fr. Les principales recettes sont :

```
L'impôt foncier..................    9,500 fr.
L'impôt personnel................   28,000
Les patentes.....................   34,000
Le droit de sortie sur les sucres   15,000
Les licences pour circulation des rhums.   20,000
Les taxes de navigation..........   24,000, etc.
```

La métropole fait à Nossi-Bé une subvention annuelle de 70,682 francs.

La monnaie française est très rare à Nossi-Bé : la roupie de l'Inde est, jusqu'à présent, l'unique monnaie de circulation.

La garnison se compose d'un détachement d'infanterie et d'artillerie de l'armée.

L'île est bien pourvue de riz, de maïs, de patates, de bananes, de manioc. La terre y est fertile et peut produire le double et le triple de ce qu'on lui a demandé jusqu'à ce moment. On y trouve des sucreries, des guildiveries ou fabriques de rhum. Seulement, sur une superficie de 29,300 hectares, 8,000 hectares seulement sont cultivés. Les plantations de canne à sucre occupent environ un millier d'hectares. En 1880, les cultures ont produit 1,515,000 kilogr. de sucre, 360,000 litres de rhum, 8,300 kilogr. de café, 210,000 kilogr. de riz, 6,000 à 8,000 cocos, 25 kilogr. de vanille, etc.

Il n'y a point de droits de douane à Nossi-Bé. L'administration y a établi des droits sanitaires et de navigation, ainsi que des taxes accessoires de navigation. Les droits de douane doivent être établis par décrets. Le mouvement commercial provient surtout de ses relations avec Madagascar. Le chiffre des importations s'est élevé, en 1880, à 2,300,000 fr.; celui des exportations à 2,500,000 fr.

L'ensemble des bâtiments entrés en 1880 dans le port d'Hellville jauge 16,414 tonneaux; la valeur des chargements importés comprend 2,300,000 fr. Les bâtiments qui sont sortis de ce même port portent un tonnage de 16,610 tonneaux et leur chargement, comprenant à la fois des marchandises d'importation et du cru de la colonie, s'est élevé à 6,400,000 fr.

Dans les premiers temps de l'occupation française, Nossi-Bé correspondait avec la Réunion par des bâtiments de l'État et quelquefois par des navires du commerce. Plus tard, des bâtiments de la station locale furent chargés de relier la colonie à l'île Mahé des Seychelles où passent les paquebots des Messageries maritimes de la ligne de la Réunion. En 1873, Nossi-Bé fut relié à la côte orientale d'Afrique par une ligne de paquebots anglais. Enfin, depuis 1880, le service postal est concédé à une Compagnie française qui relie la colonie à la Réunion, d'où les correspondances sont expédiées en France.

A Nossi-Bé, il n'existe qu'un bureau de poste qui est celui d'Hellville. Le service de distribution dans l'intérieur de l'île est assuré par des courriers quotidiens que fournit le service de la police. Le produit du service postal s'élève à 3,500 fr.

En s'éloignant de Nossi-Bé, en 1863, M. Désiré Charnay, séduit, comme le docteur Vinson à Sainte-Marie, par la beauté du site, en a tracé le gracieux tableau que voici : « Avant de quitter Nossi-Bé, nous pûmes jouir du haut des premières collines qui bordent le rivage d'un délicieux panorama. Comme premier plan, des cases malegaches entourées de manguiers, de palmiers et de bananiers, la petite baie d'Hellville, puis la ville elle-même et la maison du gouvernement au milieu de ses jardins ; à gauche, la sombre masse de Loucoubé, la montagne verdoyante de Nossi-Cumba ; devant nous, une mer d'un éclat sans pareil, semée d'îles aux teintes rosées, sillonnée de pirogues aux voiles blanches et, vingt-cinq milles plus loin, la silhouette bleuâtre de Madagascar et les pointes en aiguilles des sommets des Deux-Sœurs (1). »

Il nous reste à dire quelques mots des trois petites îles placées auprès de Nossi-Bé, Nossi-Cumba, Nossi-Mitsiou et Nossi-Fali, qui touchent de plus près la côte de Madagascar et qui appartiennent aussi à la France.

Nossi-Cumba est séparée de Nossi-Bé par un canal d'une demi-lieue de largeur, praticable pour toute espèce de bâtiments et d'un assez bon mouillage. On peut encore mouiller dans toute la partie sud-est et est, à un peu plus d'un mille de la côte. Toute la côte septentrionale est accore et on peut en approcher sans crainte jusqu'à deux encablures. Nossi-Cumba est un pâté presque entièrement rond à sa base et qui a deux sommets. L'un de ces sommets, placé dans la partie sud-est, est formé par un massif de roches. L'autre, situé à peu près au centre de l'île, est moins saillant quoique d'une élévation, à peu de chose près, égale au premier. La végétation est magnifique dans les vallons qui bordent la côte. Les plus grands villages se trouvent dans la partie méridionale de l'île.

L'île de Nossi-Mitsiou, dans la langue du pays, *l'île du milieu*, a exactement la forme d'un V, mais dont le côté de droite ou de l'est a presque le double en longueur du côté gauche ou ouest. L'ouverture qui fait face au nord a, dans son milieu, un énorme îlot de forme ronde, presque carré par son sommet, qui est le point le plus élevé de l'île. On le nomme Ancaréa. Ancaréa et l'îlot divisent l'entrée de la rade en trois parties inégales qui peuvent prendre toutes le nom de passes. La plus large, la plus profonde et, en même temps, la plus sûre est la Grande-Passe qui se trouve entre Ancaréa et la côte ouest.

Nossi-Fali est située à huit milles dans l'est de Nossi-Bé. Elle est peu élevée comparativement à cette dernière île et à Nossi-Cumba ; mais elle l'est, cependant, un peu plus que la pointe de la Grande-Terre, de laquelle elle est séparée par un petit canal. La

---

(1) *Madagascar à vol d'oiseau*; dans *le Tour du Monde*; Hachette.

partie du nord est montueuse, assez fertile et couverte d'arbres de toute espèce. Nossi-Fali produit du riz en assez grande quantité et paraît susceptible de culture. Aujourd'hui qu'elle appartient à la France, elle peut être facilement et avantageusement exploitée.

L'île Mayotte, l'une des Comores, est située entre Madagascar et la côte orientale d'Afrique, à l'entrée nord du canal de Mozambique, entre les 12° 34′ et 12° 2′ de latitude sud et les 42° 43′ et 43° 3′ de longitude est (1). Elle se trouve placée à 54 lieues marines nord-ouest de Nossi-Bé et à 300 lieues environ de Bourbon.

La route de Bourbon à Mayotte peut se faire en six ou sept jours pendant la mousson de sud-est; mais le retour, pendant cette même mousson, ne demande pas moins de trente jours et réciproquement.

L'île Mayotte a une forme allongée dans le sens nord et sud. Elle est de formation volcanique et, en grande partie, composée de laves. Elle compte vingt et un milles marins de long et de deux à huit milles de large. L'aire qu'elle représente est de plus de 30,000 hectares, sans y comprendre les îles Pamanzi, Zambourou et plusieurs autres îlots. Observée dans son périmètre, elle est d'une grande irrégularité de formes, ce qui provient du développement inégal de ses contre forts qui divergent des points culminants, en s'abaissant vers la mer. Ces contre-forts se terminent par des caps abrupts et c'est entre eux que se sont accumulées avec le temps les terres d'alluvion, dont les plages décrivent un grand nombre de baies favorables au mouillage des navires.

Mayotte est traversée, dans toute sa longueur, par une chaîne de montagnes dont les sommets paraissent atteindre jusqu'à six cents mètres; parmi eux est le Maneguani. Le reste de l'île est montagneux, le sol volcanique, coupé de ravins profonds et ne présente point de plateaux. Il y a seulement des vallons et, dans

(1) Voir la carte de l'île de Mayotte levée en 1841-42, d'après les ordres de l'amiral de Hell, gouverneur de Bourbon, par M. Jéhenne, capitaine de corvette, Protêt, lieutenant de vaisseau, Trebuchet, enseigne, et dressée par Tréhouert. (Dépôt des cartes et plans de la Marine.)

le pourtour de quelques baies, des terrains d'une pente assez douce. En allant vers la mer, le terrain s'abaisse un peu brusquement et se termine en marais fangeux noyés par chaque marée. Dans les uns et dans les autres, on trouve d'excellentes terres végétales. La pointe de Choa, située en face de l'île de Zaoudzi, est jointe à Mayotte par un isthme élevé de cinq à six mètres au-dessus des plus hautes marées. Son sol est formé d'une couche végétale assez épaisse et paraît être d'une grande fertilité. Le terrain compris dans un rayon de deux à trois mille mètres autour de Choa est parfaitement disposé pour un établissement. Il est très fertile, très sain, heureusement accidenté et renferme des sources, des ruisseaux, ainsi qu'une anse convenablement abritée.

On peut obtenir presque partout à Mayotte des aiguades abondantes et commodes, en réunissant des filets d'eau, qui n'assèchent d'ailleurs jamais, au moyen de quelques travaux faciles et peu dispendieux.

Mayotte est assez bien boisée et, parmi les arbres qui s'y trouvent, il y en a qui sont propres aux constructions particulières et maritimes, principalement dans la baie de Boéni et dans la partie méridionale de l'île, à l'extrémité de la baie Lapani, au pied du pic Ouchongui. Il y existe une petite forêt exploitée par les indigènes pour la construction de leurs pirogues et de leurs boutres et qui fournit des bois d'une grande élévation.

Il existait à Mayotte, en 1841, deux villages dans la partie orientale, sur le point le mieux exposé aux brises du large, le village de Choa sur un promontoire assez élevé, en face de l'île de Zaoudzi, avec un bon mouillage et une bonne aiguade et le village de Zaoudzi, sur l'île même de ce nom. Ce dernier village, résidence de l'ancien sultan Andrian Souli, est retranché derrière une muraille en maçonnerie à demi ruinée. Les cases dont il se compose sont faites en bois de rafia et couvertes en feuilles de palmier tressées. La ville de Chingouni était située dans la partie occidentale, sur un petit plateau entre deux baies. On y voyait les vestiges d'un mur d'enceinte, une mosquée et quelques masures. Depuis notre occupation, les naturels, plus confiants, ont rebâti d'abord leur ancienne capitale (Chingoni), située à la partie ouest de l'île, près d'une sorte de marais qui prend, à la saison des pluies, les dimensions d'un petit lac. Aujourd'hui, le nombre des villages s'est considérablement accru ; on cite, entre autres, ceux de Boëni, de Jongoni, Dopani, etc.

Une ceinture de récifs entoure l'île Mayotte dans presque toute sa circonférence et la fait paraître d'abord inaccessible. Mais il existe, dans un petit nombre d'endroits, des ouvertures qui, quoique assez étroites, sont suffisantes pour le passage des plus grands bâtiments. Cette ceinture de récifs dont les sommités se découvrent, à marée basse, est située à la distance de deux à six milles, et laisse entre elle et la plage un vaste chenal dans lequel il y a partout abri contre la tempête et contre l'ennemi et où la navigation du cabotage peut s'effectuer sans péril.

L'espace compris entre la ceinture de récifs et l'île Mayotte renferme plusieurs petites îles, notamment les îlots Pamanzi, Zaoudzi, Bouzi et Zambourou.

Parmi ces îlots, celui de Pamanzi, situé à l'est, est le plus important et le plus grand : c'est un îlot stérile et montagneux, ancien cratère éteint et rempli d'eau salée. Il représente un losange dont les quatre angles sont, à peu de chose près, tournés vers les quatre points cardinaux. A l'angle occidental se trouve la presqu'île Zaoudzi. Elle fait face à une presqu'île semblable, celle de Choa, attenante à la terre de Mayotte dont elle forme un des caps orientaux. Ces deux presqu'îles sont élevées et ne tiennent à la terre que par un isthme étroit et court, d'un mille de large environ. A l'exception de la partie méridionale, qui est basse, l'île Pamanzi est parsemée de monticules et même de hauts mornes entièrement dépourvus de végétation. Le point culminant de la chaîne principale s'élève de 208 mètres au-dessus du niveau de la mer.

Entre Pamanzi et Mayotte, est l'île Zaoudzi, jointe à la première par une petite langue de sable qui se découvre à la basse mer. Zaoudzi n'est séparée de Mayotte que par un faible bras de mer d'un quart de lieue environ. Ancienne résidence du pacha, et habitée au début par des Arabes, elle a reçu la plus grande partie de la population européenne de Mayotte, sa garnison, un hôpital et tous les bâtiments de l'administration française. On estime que ces constructions ont coûté cinq à six millions. Dzaoudzi est le chef-lieu de l'île. La rade située au nord-est est d'une bonne tenue, avec quatre-vingts brasses de fond.

L'île Bouzi, également à l'est, entre Mayotte et Pamanzi, mais au sud-ouest de cette dernière, est haute et boisée jusqu'à son sommet, dans la partie méridionale et occidentale. L'île Zambourou, au nord de Mayotte, est très escarpée et n'a point de terre végétale.

Les mouillages les mieux situés, les plus vastes et les plus sûrs, sont ceux que forment entre elles, depuis le nord-est jusqu'à l'est-sud-est, les îles Mayotte, Pamanzi et Zaoudzi. La mer qui entoure Zaoudzi présente, comme nous venons de le dire, une rade susceptible de recevoir une escadre. C'est la meilleure de celles qui environnent l'île. On peut diviser ces mouillages en deux parties distinctes, l'une au nord du parallèle de Choa, qui est la plus petite; l'autre au sud, qui est la plus grande et la plus avantageuse. L'abri est complet dans ces rades. La tenue y est excellente et la profondeur des eaux ne laisse rien à désirer. Cependant, la rade du sud doit être regardée comme préférable pendant la mousson du nord, et celle du nord l'est peut-être pendant la mousson du sud.

Malgré les grains de pluie et les orages qui sont fréquents pendant l'hivernage, le vent n'est presque jamais assez fort dans ces rades pour empêcher les navires de tenir le travers, les huniers hauts. La mer reste toujours si belle, au dire des témoignages officiels, que non seulement les trois-mâts, mais encore les petits bâtiments arabes, qui viennent là passer la mauvaise saison, ne bougent pas plus que sur un lac.

La crique Longoni, derrière la presqu'île de ce nom, à l'abri des vents généraux de S.-E. et de S.-O., renferme un petit port naturel, pour le carénage des bâtiments de toutes dimensions. Il est tellement fermé qu'on peut passer devant sans l'apercevoir.

La plus vaste de toutes les baies de Mayotte est celle de Boéni, sur la côte occidentale. Elle est entourée de hautes montagnes qui la dérobent à tous les vents; les terres y sont excellentes; il s'y trouve de très bonne eau, des pierres, du bois de construction. Les madrépores y fournissent de la chaux. Le seul inconvénient qu'on y signale est sa trop grande profondeur, qui permet difficilement l'accès des brises de la journée. Aussi y fait-il très chaud et les calmes y règnent souvent. Cette baie, près de laquelle se trouvait l'ancienne capitale Chingouni, paraît néanmoins, à cause de sa grande fertilité, l'un des emplacements les plus convenables pour un établissement.

La presqu'île de Mamoutzou est située en face de **Pamanzi**. Sa configuration l'avait fait choisir pour l'établissement d'une ville commerciale (projet élaboré en 1844 et repris en 1863). Il existe une aiguade qui possède, dans un bassin voûté, une réserve de 50,000 litres d'eau. Le produit des sources qui alimentent ce bassin est de 6 à 7 décilitres par seconde. Tout près de ce bassin coulent d'autres sources dont les produits réunis donnent une quantité d'eau à peu près équivalente. Les deux rivières de M'saperé et de Boëni donnent, en outre, à ce pays un approvisionnement d'eau considérable. A ces avantages se joignent un accès facile pour les navires et une grande fertilité du sol. Le commandant de la colonie possède déjà un pavillon sur ce point, plus salubre que Dzaoudzi.

Une citerne fournit seule de l'eau à Dzaoudzi et cette eau est de mauvaise qualité. Il faut donc, pour les besoins de la population, envoyer chercher de l'eau à Mayotte. Ce service se fait régulièrement chaque jour au moyen de deux chaloupes. Mais, le personnel se trouve rationné comme à bord d'un navire.

On a formé, en 1844, le projet de faire de Dzaoudzi le centre d'une des plus fortes places du monde, en occupant le *Morne aux Indiens* et le *Morne Mirœndol*, en fortifiant *Choa*, les îles *Mougnamer, Bougi, Bandati*, etc., etc., ce projet a dû être abandonné, l'importance de l'île ne justifiant pas, quant à présent, de tels travaux.

Mayotte a, sur Nossi-Bé, l'avantage d'un port qui est le point de relâche naturel de tous les navires allant dans l'Inde par le canal de Mozambique. Sa situation même, à soixante lieues à l'ouest, permet aux navires qui, de ce point, se rendent à Bombetock, d'avoir, par toute mousson, les vents *traversiers*, la distance de chacun des deux points à ce port étant, d'ailleurs, à peu près égale. Elle passe pour être la plus saine des Comores : l'hôpital y est presque toujours vide de malades.

La chaleur est moins accablante à Mayotte qu'à Nossi-Bé : il y règne, pendant le jour, une brise du sud-est, et le soir une brise du sud-ouest, qui rafaîchissent la température en venant du large. La hauteur moyenne est de 27° centigrades.

La population de Mayotte, qui, en 1843, n'était que de 2,000 habitants, en comprenait 10,158, dont 6,799 hommes et 3,359 femmes, au recensement de 1880. Ces chiffres, comme pour Nossi-Bé, ne se rapportent qu'à la population européenne, les indigènes n'ayant pas encore d'état civil.

L'administration est confiée à un commandant assité d'un chef du service de l'intérieur, d'un chef de service judiciaire, et d'un conseil d'administration.

Il n'y a pas de garnison à Mayotte.

Le service de la justice y est réglé par une ordonnance du 6 août 1847, modifiée par un décret du 30 janvier 1852 : il est à peu près le même qu'à Nossi-Bé.

Les habitants, étant en grand nombre musulmans, ne fréquentent guère les écoles françaises dirigées par des congréganistes. Selon les coutumes de l'islam, les enfants musulmans se rendent chez les plus anciens de leur religion et en reçoivent, à domicile, des leçons de lecture et de calcul.

L'étendue des terres consacrées à la culture de la canne à sucre s'élève à 1,550 hectares environ et celle des petites cultures à 1,400 hectares. La colonie a produit en 1880 : 3,791,000 kilogr. de sucre, 100,000 litres de rhum, 5,300 kilogr. de café, 870,000 kilogr. de riz, 20,000 litres d'huile de cocotier ; 4,500 kilogr. de tabac, 100,000 kilogr. de maïs, 130,000 kilogr. de manioc, 21,000 kilogr. de légumes secs et 561 kilogr. de vanille. Il n'y a pas de droits de douane à Mayotte.

Il est entré à Mayotte, en 1880, 73 bâtiments français jaugeant 10,000 tonneaux et 90 bâtiments étrangers jaugeant 8,000 tonneaux. Il en est sorti 71 navires français portant 9,800 tonneaux et 89 navires étrangers jaugeant 8,000 tonneaux.

L'île de Mayotte est mise en communication avec la métropole par un service mensuel français qui se relie à la grande ligne des Messageries maritimes de Marseille, la Réunion, Nouméa. Un service mensuel anglais, qui dépose les correspondances à Zanzibar, fonctionne également, mais il est rarement employé. Il existe dans l'île quatre bureaux de poste, dont le principal se trouve à Dzaoudzi. Les correspondances sont journellement dirigées sur les divers points de la colonie par des piétons.

Le budget de la marine et des colonies (Service colonial) alloue une somme de 228,742 fr. pour Mayotte. Le budget local comprend toutes les dépenses relatives au service intérieur de la colonie. Il est arrêté par le commandant en conseil d'aministration. Il s'élève, en recettes et en dépenses, à 241,000 fr. Les principales recettes sont :

L'impôt foncier	60,000 fr.
— personnel	30,000
— des patentes	23,000
Les droits sur les rhums	22,000

La métropole, de plus, fait à la colonie de Mayotte une subvention de 50,000 fr. par an.

La monnaie française a seule cours légal dans la colonie. Il ne s'y trouve pas d'institutions de crédit.

L'hivernage à Mayotte est déterminé, comme à Bourbon, par les lunes de décembre et de mars. Les grains donnent généralement plus de pluie que de vent. Les coups de vent sont très rares. Mayotte, comme nous venons de le dire plus haut, jouit d'un bon climat et d'une remarquable salubrité, ainsi que le constate l'absence totale de maladies dans les équipages qui y ont successivement séjourné dans les conditions les moins favorables. L'encaissement jusqu'à leur embouchure de quelques ravines, qui deviennent des torrents pendant l'hivernage, complète la salubrité de la côte orientale.

Il y a de nombreux pâturages à Mayotte, dans la partie O. et S.-O.; mais les meilleurs paraissent être à Pamanzi. Toute la partie montagneuse de cet îlot est couverte d'herbes excellentes et serait susceptible de recevoir de cinq à six mille têtes de bétail.

La population primitive de l'île a dû être considérable. Il est présumable qu'elle a été très réduite par les guerres, par la misère qui les a suivies, par l'émigration à Anjouan, à Mohéli, à la côte d'Afrique et en dernier lieu, à Maurice, où des bâtiments anglais ont transporté un certain nombre d'habitants de Mayotte, comme travailleurs, à raison de trois piastres par mois et la nourriture.

Les indigènes des îles Comores sont presque tous mahométans. Les habitants de Mayotte, en particulier, sont d'un caractère doux et facile, quoique soupçonneux; mais ils témoignent une grande sympathie pour la nation française et non moins de confiance dans l'avenir de notre occupation. Ils sont, en général, comme les Orientaux, indolents et paresseux. Ils vivaient dans la plus affreuse misère, avant que la présence des bâtiments français eût fait cesser les guerres et permis de donner aux cultures des soins un peu suivis. Le desséchement d'un marais de trente hectares, la plantation de nombreux arbres, l'anéantissement absolu de la vente de l'arack, ont transformé le pays.

L'occupation française a donc été pour les habitants, il faut le reconnaître, un véritable bienfait.

Nous répétons, en terminant ce chapitre relatif aux îles françaises des Comores, qu'en les occupant, M. l'amiral de Hell n'a pas eu en vue de donner à notre marine ce qui lui manque dans la mer des Indes, des points de ravitaillement, de radoub et de carénage, où nos grands vaisseaux pourraient trouver des vivres frais en notable quantité et des bois de grande construction pour se remâter au besoin et se restaurer. C'est à Madagascar seulement que ces conditions peuvent être remplies, ainsi que l'a prouvé la relâche qu'y fit Mahé de la Bourdonnais, dans la baie d'Antongil. L'occupation de Mayotte et de Nossi-Bé emprunte surtout son importance du voisinage de la côte nord-ouest de Madagascar. Ces îles peuvent offrir de bons ports de refuge et quelques vivres à des bâtiments ordinaires, mais leur principale utilité est leur proximité des côtes de Madagascar; c'est le trait d'union avec la vaste province de l'Ankara, qui commande la partie nord de la grande île. A ce titre, l'œuvre de l'amiral de Hell présente un caractère politique qui recommande sa mémoire à la reconnaissance de la France.

CHAPITRE VI.

LA QUESTION DE MADAGASCAR DEVANT L'OPINION PUBLIQUE.

SOMMAIRE : Vœux exprimés par les corps constitués en faveur de l'occupation de Madagascar par la France. — Adresses votées à ce sujet par les chambres de commerce des principales villes maritimes de France : Bordeaux, Marseille, le Havre, Nantes et Saint-Malo. — Mémoires lithographiés de la chambre du commerce de Nantes distribués aux Chambres, dans le but d'appeler leur attention sur cette question. — Analyse des mémoires lithographiés de la chambre du commerce de Nantes. — Les deux adresses au roi Louis-Philippe du conseil colonial de l'île Bourbon, publiées à Paris, sur la colonisation de Madagascar. — Le conseil colonial de Bourbon commence par exposer la position où cette colonie se trouve, par suite de la rupture de ses rapports avec la grande île franco-indienne. — Historique fait par le conseil de la question de Madagascar. — Reconnaissance tacite et universelle de nos droits de souveraineté sur Madagascar. — Examen de la situation actuelle de Madagascar. — Résumé des causes qui ont empêché la réussite des premières tentatives de colonisation. — Dispositions à notre égard des peuplades de Madagascar. — C'est sur Tananarive qu'il faut marcher. — Route de la côte ouest à Tananarive. — Cette route est praticable à l'artillerie. — Réfutation des objections tirées de l'insalubrité du climat. — Salubrité des plateaux du centre. — L'occupation est d'une exécution facile. — Composition des troupes pour une expédition. — Importance de la situation militaire et commerciale de Madagascar. — Nécessité de cette occupation. — Opinions des principaux publicistes au sujet de la question de Madagascar. — M. Barbaroux. — M. Jules Duval. — M. Barbié du Bocage. — Conclusion.

Les vœux formulés en faveur de l'occupation de Madagascar par les publicistes et les écrivains cosmographes et économistes de la presse française ont trouvé de l'écho parmi les corps constitués du pays. Les chambres de commerce de nos principales villes maritimes ont fait parvenir des adresses en ce sens à M. le ministre de l'agriculture et du commerce. Ces villes sont Bordeaux, Marseille, Nantes, le Havre et Saint-Malo. La chambre de commerce de Nantes a fait répandre et distribuer aux Chambres les mémoires intéressants (1) qu'elle a votés à l'unanimité et présentés

(1) *Mémoire touchant la décadence du commerce maritime de la France et l'affaiblissement de la puissance politique du pays*, présenté au gouvernement par la chambre de commerce de Nantes, en date du 10 janvier 1843.

Nossi-Bé. — *Examen général par la chambre de commerce de Nantes des colonisations nécessaires à la France*, en date du 14 février 1844. (Ces deux mémoires sont lithographiés.)

sur cet objet à M. le ministre de l'agriculture et du commerce.

La chambre de commerce de Nantes commence par appeler l'attention toute particulière du gouvernement sur l'état de dépérissement dans lequel languit notre marine marchande si utile, si indispensable au recrutement et au bon armement de la flotte. Après avoir traité à fond cette question générale d'un si grand intérêt, la chambre de Nantes déclare qu'à ses yeux le salut des villes maritimes de France réside tout entier dans la colonisation par la France de régions lointaines et fertiles. A tous ces titres, elle demande que le gouvernement français, usant de ses droits qu'il a reconnus incontestables, se décide enfin à occuper de nouveau son ancienne colonie de Madagascar.

Nous croyons, disent les armateurs nantais, que des relations lointaines avec de grands pays peuvent seules donner à la France l'ancienne splendeur de son commerce maritime. La chambre de commerce de Nantes conclut en établissant que, pour de grandes relations et par son éloignement, Madagascar paraît offrir à la France les plus précieuses ressources, si le gouvernement du roi veut sincèrement atteindre le grand but du développement commercial du pays. Nous souhaitons, pour notre compte, que des plaintes aussi légitimes soient entendues enfin et prises en considération définitive par ceux qui tiennent dans leurs mains les destinées de la France.

Les adresses au roi Louis-Philippe du conseil colonial de l'île Bourbon, du 1er juillet 1845 et du 24 février 1847, sont, sans contredit, les documents les plus importants et les plus complets qui aient paru depuis longtemps sur la reprise de possession par la France de son ancienne colonie de Madagascar. Nous ne pouvons mieux faire que de donner en entier à nos lecteurs ces pages remarquables qui résument, avec une compétence parfaite et avec une grande force de logique, tous les aspects de la haute question de politique générale qui nous occupe :

« SIRE, — La prompte et complète organisation de Madagascar importe si essentiellement à l'avenir et au salut de l'île Bourbon, que, malgré notre réserve extrême dans toutes les questions qui sont plus particulièrement du domaine des pouvoirs métropolitains, il nous est impossible de garder plus longtemps le silence.

« Une disette récente vient de nous révéler plus profondément tout le danger de notre situation : notre sol se refuse à la culture des céréales ; la fréquence des ouragans ne nous permet plus de compter sur les plantations de vivres ; l'industrie sucrière, véritable aliment du commerce métropolitain, a d'ailleurs envahi nos campagnes ; les riz de l'Inde peuvent, d'un moment à l'autre, être frappés de taxes prohibitives et nous échapper.

« L'occupation de Madagascar peut seule assurer notre approvisionnement en grains et en bœufs. Sans les troupeaux que nous tirons de cette grande île, la viande manquerait absolument à nos troupes, à nos marins, et à la populatian de nos villes. Il est vrai que jusqu'ici le gouvernement des Hovas a laissé une sorte de liberté à notre commerce ; mais cette tolérance incomplète est accompagnée de tant d'exigences, d'injustices et de vexations, de tant de symptômes d'une haine mal déguisée, qu'il est facile d'en prévoir le terme. Et, cependant, si les ressources alimentaires que nous fournit Madagascar venaient à nous être enlevées, notre existence même serait en péril !

« Sous un autre rapport, notre population prend un grand développement. Une jeunesse nombreuse et intelligente remplit nos écoles ; mais il nous est impossible de ne pas être inquiets sur le sort qui lui est réservé : l'espace lui manquera bientôt. Les fonctions judiciaires et administratives, d'ailleurs si restreintes, sont en général réservées aux métropolitains ; toutes les carrières industrielles sont encombrées. Dans une telle situation, les pères de famille ne peuvent être trop alarmés sur l'avenir de leurs enfants. Nous sommes ici au centre de la domination anglaise ; ses vaisseaux et ses armes nous enveloppent de toutes parts. Isolés et sans aucun point d'appui, que deviendrons-nous au milieu de la guerre ? Oui, les colons de Bourbon sont dévoués à la France. Oui, le drapeau français sera défendu ici avec autant d'intrépidité que sur aucun autre point de l'empire. Mais la nécessité nous accablera. Les vaisseaux français, endommagés par la tempête ou le feu de l'ennemi, s'éloigneront de nos côtes, qui ne peuvent leur offrir aucun abri et, à défaut du fer, la faim nous subjuguera. Mais, avec Madagascar nous sommes inexpugnables ; notre dévouement ne sera plus stérile ; nous sommes assurés de transmettre le pavillon de la France aux générations qui nous suivront.

« La souveraineté de la France sur Madagascar ressort avec éclat du simple récit du passé. La grande île africaine nous appartient au même titre que Java à la Hollande, la Nouvelle-Zélande et l'Australie à l'Angleterre. Et, en effet, c'est un principe fondamental du droit international européen que toute terre nouvelle appartient à la première puissance qui y plante son pavillon ; et ce principe a été tellement fécond en conséquences heureuses pour les principaux États de l'Europe qu'aucune de ces puissances n'oserait sérieusement le mettre en question. Voyons donc, en fait, quelle est la situation de la France vis-à-vis de Madagascar. »

Après avoir rappelé les faits historiques relatifs à la découverte de l'île par les Portugais, à sa prise de possession par la France sous Louis XIII et Louis XIV ; après avoir, comme nous l'avons fait, parlé de nos premiers établissements à Madagascar et constaté nos droits, l'Adresse continue en ces termes :

« Certes, il est impossible d'imaginer des actes de souveraineté plus positifs, plus solennels et plus conformes aux principes du droit international. Sans doute, il y a eu des intervalles dans l'occupation ; les vicissitudes politiques, les révolutions que nous avons traversées, en ont été la cause ; mais l'intention de conserver Madagascar, de ne pas laisser périmer notre droit, est écrite à chaque page de notre histoire. Sur ce seul point peut-être et en ce qui touche nos relations extérieures, la politique de la France a toujours été constante et ne s'est jamais démentie.

« Un administrateur d'un mérite éminent, M. de Flacourt, qui prit le gouvernement de l'île en 1648, disait, en son vieux langage, aux Malegaches qui voulaient le faire roi (1) : « Je leur fis enten-
« dre à tous que ce n'étoit pas moi qu'il falloit qu'ils reconnussent
« pour roi, n'en étant pas digne, mais Louis de Bourbon, roi de
« France, mon seigneur et maître, que je servois en ce pays et pour
« qui j'avois conquis leur terre sans les avoir attaqués, et moi, pour
« celui qui étoit pour représenter sa personne et que, quand il
« viendroit un navire, il viendroit un autre gouverneur en ma

---

(1) *Relation de l'Ile de Madagascar*, pag. 304.

« place, qu'ils reconnoîtroient comme moi, dont ils furent tous
« contents. »

« A dater de 1816, la politique française relativement à Madagascar reprend son cours, avec trop de circonspection et de ménagement sans doute, mais avec persévérance ; les plans se succèdent ; les projets les plus divers sont étudiés ; l'intention de rétablir tôt ou tard notre autorité sur Madagascar ne se dément pas un seul instant. En 1818, une expédition sous le nom de M. de Mackau, est chargée d'explorer de nouveau la côte orientale.

« A la fin d'octobre 1821, une expédition commandée par M. Sylvain Roux s'établit sur la petite île Sainte-Marie, qui, placée vis-à-vis Tintingue, parut un préliminaire indispensable pour l'occupation de la Grande-Terre. Depuis, la France a manifesté sa volonté par l'expédition de 1829, commandée par M. Gourbeyre, qui n'a échoué que par l'insuffisance des moyens, et l'inexpérience de l'officier qui commandait les troupes de débarquement. Tout récemment encore, l'occupation de Nossi-Bé est un nouveau et éclatant témoignage. Et même les considérants de l'arrêté de prise de possession, promulgué à Bourbon, et publié dans les journaux de Maurice, ont rappelé explicitement la souveraineté de la France sur la grande île, sans aucune réclamation de la part du gouvernement anglais.

« Dans cette tâche, que notre gouvernement a remplie, de prévenir toute prescription contre nous, le concours individuel ne lui a pas fait défaut. Des négociants aux vues étendues, et qui ont pressenti l'avenir, ont constamment maintenu leurs établissements particuliers dans un pays où ils étaient journellement menacés ; par là, ils ont contribué à empêcher la désuétude, et, en ramenant constamment l'attention de votre gouvernement sur Madagascar, ils ont rendu un véritable service public. Ce qu'il y a plus remarquable, c'est qu'au milieu de cette œuvre de colonisation de Madagascar, si souvent interrompue, mais toujours reprise, aucune contradiction formelle n'a jamais été produite par aucun cabinet européen. Pendant deux cents ans, les flottes espagnoles, portugaises, hollandaises, anglaises, ont côtoyé Madagascar sans jamais élever aucune prétention ou rivalité.

« Depuis 1642, c'est-à-dire depuis notre déclaration de souveraineté, les nations de l'Europe, les plus jalouses de former des établissements à l'est du cap de Bonne-Espérance ont respecté nos droits. Dans le siècle précédent, on s'est disputé avec acharnement chaque point du littoral de l'Inde et de l'archipel de l'Asie ; le sang européen, versé par des Européens, a coulé sur tous les rivages de l'océan Indien. Madagascar seule n'a été la cause, l'objet ou le prétexte d'aucune de ces luttes opiniâtres. Sur ce théâtre, d'ailleurs trop souvent témoin de nos revers, nous n'avons jamais eu à combattre que les indigènes.

« Une reconnaissance tacite, universelle, de notre souveraineté, de la part de toutes les puissances de l'Europe, résulte évidemment d'une abstention aussi remarquable et aussi prolongée. Notre droit, ainsi demeuré intact, semble un fait providentiel. Cette grande île nous a été conservée, afin que, sous votre règne, Sire, la perte du Canada, de l'Inde, de Saint-Domingue, de la Louisiane, de l'île de France, soit enfin réparée, et notre ascendant maritime reconquis !

« Sous un autre rapport la question de Madagascar engage au plus haut point l'honneur national ; et, nous ne craignons pas de le dire, il serait gravement compromis si jamais une autre domination que la nôtre s'établissait définitivement sur cette île, appelée autrefois la France orientale.

« Ce serait là pour notre puissance un échec encore plus déplorable que le funeste traité de 1763, qui nous enleva l'Inde et le Canada et nous fit déchoir de notre rang maritime ; parce que, dans l'état actuel du monde, Madagascar perdue, aucune autre compensation n'est possible. Mais nous ne saurions nous arrêter à de pareilles craintes. La volonté de tous les gouvernements qui vous ont précédé est manifeste ; la vôtre ne l'est pas moins. Chaque année, nos établissements malgaches figurent au budget de l'État ; mais ces établissements n'ont par eux-mêmes aucune valeur ; ils ne sont réservés que comme protestation de notre droit sur la Grande-Terre. L'occupation de ces différents points n'est qu'une confirmation répétée, et à laquelle les Chambres s'associent annuellement, des édits de 1664, 1666 et 1686.

« Nous croyons superflu d'insister davantage sur une question si évidente. Cette discussion même était sans doute inutile ; mais, témoins par nous ou par nos pères de tous les faits relatifs à Madagascar, nous avons cru devoir vous apporter un témoignage qui est le fruit d'une étude locale et de l'examen le plus approfondi et le plus consciencieux. En outre, indépendamment de nos droits incontestables sur Madagascar, les sujets de guerre les plus légitimes et les plus nombreux y appellent nos armes, et en consacrent d'avance la conquête aux yeux même de la politique la plus scrupuleuse. Nous ne serons pas les agresseurs.

« Depuis 1813, une peuplade a surgi qui aujourd'hui opprime toutes les autres. Descendue des hauteurs d'Imerne, secondée originairement, il faut le dire, par l'influence anglaise, elle a successivement étendu sa domination sur toutes les parties de la côte orientale. Le premier de ses rois, Radama, était entré avec fermeté et générosité dans les voies de la civilisation. — Mais depuis sa mort, en 1828, les plus effroyables scènes de barbarie se succèdent sans interruption à Imerne. Le massacre, l'incendie, le tanguin, sont les seuls moyens de gouvernement de la reine Ranavalo, ou plutôt de ceux qui gouvernent en son nom. Les tribus qui nous étaient le plus anciennement dévouées gémissent toutes maintenant sous le joug le plus tyrannique : les Antavarts, les Betsimsaracs, les Bétanimènes, les Anossy, n'ont recueilli de notre alliance qu'une servitude plus dure et une haine plus violente de la part de leurs oppresseurs. Mais les Hovas ne se bornent pas à appesantir leur tyrannie sur nos anciens alliés ; nous sommes particulièrement l'objet de leur dédain et de leur haine ; ils n'ont cessé de nous harceler sur ces portions du territoire, auxquelles une occupation constante avait définitivement imprimé le cachet de notre nationalité. Cette horde barbare nous chasse devant elle. Notre pavillon a successivement disparu de tous les points de la côte orientale, du Fort-Dauphin, de Tamatave, de Foulepointe, de Fénériffe ; et maintenant, en attendant des jours plus heureux, il est réduit à se cacher dans les îlots qui, à l'E. et à l'O., ceignent Madagascar. Le drapeau de ses nouveaux conquérants a été élevé en triomphe là où ont flotté si longtemps les nobles couleurs de la France !

« Nous ne craignons pas de l'affirmer, si leur insolence n'est enfin réprimée, non contents d'accabler de leurs outrages les Français que le commerce conduit à la Grande-Terre, ils viendront bientôt nous attaquer jusque sur les roches de Sainte-Marie et de Nossi-Bé. Leur audace ne connaît plus de bornes. Le drapeau français foulé à leurs pieds lors de la prise de Fort-Dauphin en 1824, les dépouilles de nos soldats égorgés à Foulepointe en 1829, conservées et dérisoirement exposées dans les palais improvisés de Tananarive, les remplissent d'une folle présomption. La force seule peut désormais les ramener à une attitude convenable. La voie des négociations est épuisée ; toutes les propositions de la France ne peuvent dorénavant qu'exciter leur dédain et exaspérer leur orgueil.

« Tel est l'état des choses, Sire ; nous vous l'exposons avec vérité. Vous trouverez d'ailleurs tous ces faits consignés dans les rapports officiels de votre gouvernement. Ainsi donc, jamais sujet plus légitime de combattre ne fut donné à aucun peuple.

« Examinons maintenant si, poussés à bout par les injustices et la violence des Hovas, nous avons l'espérance fondée de créer à Madagascar une grande et importante colonie. Il ne serait certes pas raisonnable de chercher dans le passé des arguments contre l'avenir. Toutes les tentatives qui ont été faites jusqu'à ce jour sur Madagascar n'ont été que partielles, et, par l'insuffisance des moyens employés, elles étaient en dehors de toutes les conditions de succès. Jamais circonstances ne furent plus favorables qu'aujourd'hui, les Sakalaves, nos alliés, maintenant leur indépendance sur toute la côte ouest, où ils ont été refoulés. Ils n'attendent que notre apparition pour se porter en avant. Toutes les tribus de l'est, du sud et du nord, impatientes du joug odieux que leur ont imposé les Hovas, n'aspirent qu'à le briser. Ces dispositions morales des peuplades de Madagascar nous sont connues par des rapports journaliers et dont la véracité ne saurait être douteuse. Nous avons l'intime conviction que vous trouverez les mêmes renseignements consignés dans les documents officiels de l'administration de la marine. Et non seulement les Hovas sont environnés de tribus secrètement ennemies, mais la peuplade conquérante elle-même, profondément divisée, est toujours à la veille de se disjoindre. Quels nombreux et puissants éléments de succès !

« Et d'ailleurs il ne s'agit plus, comme autrefois, d'attaquer un point unique de la côte et d'y attendre fatalement les ravages de la fièvre. Par les soins de votre gouvernement, les études les plus sérieuses, les plus approfondies, ont été faites. Un ancien gouverneur de Bourbon, M. le contre-amiral de Hell, a pu fournir les renseignements les plus précis. C'est au cœur qu'il faut frapper le gouvernement des Hovas, c'est sur leur capitale qu'il faut se porter directement; c'est à Tananarive que doit se résoudre la question qui s'agite depuis deux cents ans dans les conseils de la France. Les trésors qui s'y trouvent et toutes les ressources financières du pays tomberaient immédiatement en nos mains, et seraient une première indemnité qui allégerait les charges de l'expédition, et pourvoiraient, dans une certaine proportion, aux besoins de l'avenir.

« Une fois bien établis dans le district d'Imerne, nous rayonnerons du centre à la circonférence. Tous les plateaux de l'intérieur offrent un climat aussi sain que la France. Les documents les plus authentiques ne peuvent laisser à cet égard aucun doute; et c'est même ce qui a fait la base de tous les succès obtenus par les Hovas. Malades comme nous sur le littoral, à peine sont-ils atteints par la fièvre, qu'ils regagnent les hauteurs d'Imerne et se retrempent dans une température européenne. Aussi c'est par les tribus soumises qu'ils occupent en général le littoral, et en transplantant les hommes du sud au nord, et réciproquement. C'est leur exemple qu'il faut suivre. Ils nous ont tracé la route dans laquelle nous devons marcher.

« Seulement nous substituerions la civilisation à la barbarie, et peu à peu, sous l'influence irrésistible de la persuasion, les plus déplorables superstitions feraient place à cette religion du Christ, qui n'est jamais descendue sur aucun peuple sans l'anoblir et sans le civiliser.

« De la côte ouest à Tananarive s'ouvre une route praticable à l'artillerie. Les canons de gros calibre donnés par les Anglais, et transportés sur les hauteurs d'Imerne, en sont la preuve. Quant aux troupes que les Hovas pourraient nous opposer, elles sont disséminées en différents postes qui s'étendent depuis le fort Dauphin jusqu'au cap d'Ambre. Il nous est impossible d'en préciser le chiffre ; mais ce que nous pouvons affirmer, c'est que, tremblant devant les Yolofs, les Hovas sont incapables de résister à l'impétuosité française réglée par la discipline européenne. Les peuplades asservies qui font aujourd'hui leur force hâteraient leur défaite dès qu'une intervention sérieuse de notre part aurait donné le signal d'une insurrection générale ; et les Hovas eux-mêmes, frappés journellement par les confiscations, décimés par le tanguin, se rallieraient bientôt à un gouvernement régulier et juste, qui assurerait leur vie et leurs fortunes et garantirait l'avenir de leurs familles.

« Lorsqu'on sort des généralités et du champ des théories pour entrer dans le domaine des faits précis et positifs, on ne peut assez s'étonner qu'une opinion se soit manifestée à la tribune nationale, où l'on représente Madagascar comme une future Algérie à quatre mille lieues de la métropole. Il nous est impossible de voir entre les deux pays un seul point de comparaison ; mais partout, au contraire, des dissemblances et des oppositions. En Algérie, une nationalité indestructible, un même lien religieux, un fanatisme violent, une incroyable ténacité de volonté. A Madagascar, au contraire, aucun esprit national ; vingt peuplades diverses, pleines de rivalités et de haines les unes à l'égard des autres ; un culte vague, à peine caractérisé et n'exerçant aucune autorité sur les esprits ; une tendance prononcée de la part d'un grand nombre de tribus à s'abandonner aveuglément à la direction que la France voudra leur imprimer. Madagascar offre donc par sa constitution morale, politique et religieuse, autant de chances favorables à la conquête, que l'Algérie offre de chances contraires. Peut-on raisonnablement s'arrêter devant des objections de cette nature ?

« Et d'ailleurs, malgré les sacrifices considérables que l'Algérie impose à la France en hommes et en argent, nous n'en considérons pas moins la colonisation de cette vaste contrée comme éminemment utile à la France, et comme une des plus grandes gloires de votre règne.

« Nous devons aborder maintenant une objection beaucoup plus grave : c'est celle qui est fondée sur l'insalubrité du climat. On ne peut nier qu'on ne soit exposé sur le littoral à des fièvres intermittentes. La cause en est facile à découvrir. Les rivières, obstruées à leur embouchure par le refoulement des sables, répandent leurs eaux le long du rivage et y forment d'immenses marécages ; là se décomposent toutes sortes de débris, et cette abondante végétation intertropicale qui croît, se développe et périt avec tant de rapidité. Des vapeurs pestilentielles s'en exhalent ; de là la fièvre et ses ravages. Mais la cause peut en être facilement amoindrie ou paralysée ; les forêts abattues, les terres défrichées, l'écoulement artificiel des eaux, rendraient bientôt les côtes de Madagascar aussi saines que celles de Bourbon. Et d'ailleurs est-ce que le génie de la civilisation a jamais reculé devant la fièvre ? L'insalubrité des Antilles est bien autrement meurtrière, et vingt colonies remplissent le golfe du Mexique. Aucune île n'a atteint un degré plus élevé de richesse que Saint-Domingue avant sa fatale révolution, et cependant une peste redoutable semait incessamment la mort parmi les habitants. Cayenne et la Guyane ne restent pas fermées à notre industrie, par cela seul que la fièvre y règne. Ces établissements, au contraire, se développent chaque jour, et devant eux s'ouvre le plus brillant avenir. Java, sous un climat funeste aux Européens, grandit sans mesure ; avec Java, la Hollande se console de toutes ses pertes, et même du démembrement de la Belgique. Grâce à l'admirable persévérance des Hollandais, Batavia est aujourd'hui le centre du commerce et de la civilisation dans l'archipel d'Asie. Pour aucun peuple du monde l'insalubrité du climat n'a été une cause de découragement et de retraite. Le génie de l'homme s'attaque au climat lui-même, et, par la persévérance de ses efforts, par une heureuse combinaison de travaux, il parvient à le modifier et à l'assainir. Ainsi, des fièvres, endémiques dans plusieurs départements de la France, et notamment dans le département de la Charente-Inférieure, sont devenues plus rares ou ont disparu sous l'influence des défrichements ou des irrigations qui préviennent la stagnation des eaux.

« D'ailleurs, votre gouvernement l'a déjà constaté, tous les plateaux du centre jouissent d'un climat parfaitement sain et d'une admirable température. Eh bien, nous l'avons dit, c'est là qu'il faut d'abord s'établir pour rayonner ensuite jusqu'au littoral ; et, à l'exception des postes les plus importants, qu'il faut occuper immédiatement, la conquête et la culture doivent descendre simultanément au fur et à mesure de l'assainissement.

« L'occupation de Madagascar nous paraît d'une exécution facile, si on l'entreprend avec des forces convenables. Nous n'entrons dans aucun détail ; nous avons la conviction que des documents complets existent à cet égard au ministère de la Marine. Nous dirons seulement que c'est de l'armée d'Afrique, accoutumée à la guerre dans l'Atlas, qu'il faudrait tirer la force militaire destinée pour Madagascar ; une ou deux compagnies des tirailleurs indigènes, et un régiment d'Yolofs, devraient en faire partie. Nous croyons que cinq ou six mille hommes, qu'appuieraient certainement un grand nombre de volontaires de Bourbon, suffiraient pour l'expédition.

« Il nous reste à examiner maintenant si la colonisation de Madagascar est véritablement d'une haute importance pour la France.

« Madagascar a 285 lieues du nord au sud, et 80 lieues dans sa plus grande largeur de l'est à l'ouest ; sa superficie est à peu près égale à celle de la France (1). Les terres s'y élèvent en amphithéâtre jusqu'aux plateaux de l'intérieur, et offrent successivement toutes les températures. Les cultures intertropicales, et celles même d'Europe, s'y trouvent dans les plus admirables conditions. De la baie d'Antongil à celle de Bombetock, en passant par le cap d'Ambre, se rencontrent des ports magnifiques, et par une latitude exempte des coups de vent. La baie de Diego-Suarez et celle de Passandava sont égales ou supérieures à celle de Rio-Janeiro. Des terres prêtes à être ensemencées, des forêts vierges, s'étendent le long de leurs rivages. Nos vaisseaux trouveront là, non seulement un abri parfaitement sûr, les moyens de défense les plus efficaces, mais encore des bois magnifiques et l'approvisionnement le plus abondant.

« Jamais M. de la Bourdonnais n'eût fait ses belles campagnes de l'Inde, si glorieuses pour notre pavillon, si Madagascar ne lui eût fourni les incroyables ressources de son territoire.

(1) On a vu, dans les chapitres précédents, que la superficie de Madagascar est plus considérable que celle de la France.

« Madagascar est la reine de l'océan Indien.

« Ce que l'Angleterre est, par sa situation géographique, vis-à-vis de l'Europe, Madagascar l'est en Afrique et en Asie. Située à l'entrée de la mer des Indes, cette île domine à la fois le passage du cap de Bonne-Espérance, le canal Mozambique et le détroit de Bab-el-Mandeb; elle est la clef des deux routes de l'Inde. Quand les Français y seront une fois solidement établis, nulle puissance au monde ne pourra les en chasser; ils y seront inexpugnables.

« Le territoire est assez vaste pour recevoir une population de 30 millions d'habitants. Madagascar, dans tout son développement industriel, commercial, agricole, est préférable à l'Inde. Défendue de tous côtés par la mer, elle est à l'abri de ces irruptions soudaines qui ont tant de fois attaqué l'Inde par la frontière de terre, et l'ont fait passer sous le joug. Les expéditions récentes des Anglais dans l'Afghanistan témoignent assez avec quelle vive sollicitude le gouvernement de l'Inde tourne constamment ses regards vers la frontière du nord.

« Madagascar, par sa position insulaire, est à jamais à l'abri de pareilles appréhensions.

« Depuis le traité de Paris de 1814, le rôle de la France est nul du cap de Bonne-Espérance au cap Horn; le pavillon anglais règne souverainement dans la mer des Indes, le golfe Arabique, la mer d'Oman, le golfe Persique, le golfe du Bengale, la mer de Java, la mer de Chine et le grand Océan. Dans la Micronésie, l'archipel d'Asie et la Polynésie, il n'est plus une seule île importante où quelque puissance de l'Europe n'ait planté son pavillon. Java ne suffit plus à l'admirable activité de la Hollande. Bornéo et Sumatra sont progressivement envahis; il n'y a plus de terres nouvelles que Madagascar. Du reste, cette île, la plus importante du monde, après Bornéo et l'Angleterre, pour son étendue, peut, par son admirable situation, compenser abondamment tous les accroissements de puissance qui se réalisent au profit de nos rivaux.

« Mais les moments sont précieux. Aujourd'hui toutes les circonstances militent en notre faveur; demain peut-être des obstacles insurmontables surgiront, et ne laisseront plus à votre gouvernement que de stériles regrets. Pour exprimer sur ce sujet notre pensée en peu de mots, nous croyons que notre domination, solidement établie à Madagascar, suffit pour nous faire remonter au rang de puissance maritime de premier ordre. Et, quoi qu'en ait dit un homme d'État célèbre, c'est là une noble ambition, c'est l'ambition de la France; et, tant que les trois mers qui l'environnent baigneront ses rivages, elle n'y renoncera pas !

« Indépendamment de ces grandes considérations politiques, Madagascar ouvre un immense débouché à l'excédent de notre population en France; le travail libre peut y être organisé sur la plus vaste échelle. Notre commerce y trouve immédiatement, et avant toute colonisation, trois millions de consommateurs; nos bâtiments peuvent en exporter de suite du fer de première qualité, du charbon de terre, des gommes de toute nature, la nacre, des cornes, des peaux, de l'orseille, des bois de construction de toute sorte.

« En vain on objecterait que l'Algérie peut nous tenir lieu de Madagascar. Cette possession, d'ailleurs si importante, est en dehors de la zone torride, et se refuse à la plupart des cultures intertropicales; par ses produits, elle offre même l'inconvénient de faire concurrence à nos départements du midi. D'ailleurs l'Algérie n'a pas de port, n'alimente pas la navigation de long cours, la seule importante au point de vue de la puissance militaire; elle offre en outre tous les inconvénients de la domination sur un continent qui résiste toujours par quelque endroit, qui engage toujours d'une guerre dans une autre, et qui n'étant jamais soumis que partiellement, fait toujours redouter de nouvelles invasions.

« Telles sont les considérations que le conseil colonial a cru devoir porter au pied du trône.

« Les Français de Bourbon sont les seuls enfants que la France ait conservés dans la mer indo-africaine. Nos yeux sont constamment frappés de la haute importance de l'île qui nous touche; des récits journaliers nous révèlent l'immensité de ses ressources.

« Notre devoir, Sire, était de vous dire la vérité, nous l'avons accompli; votre haute sagesse et votre patriotisme feront le reste.

« Sire, vous avez consolidé et étendu la domination de la France en Algérie ; donnez-lui Madagascar, et vous aurez plus fait pour l'agrandissement et la gloire de cette patrie, dont vous êtes le père, qu'aucun de vos prédécesseurs.

« Au milieu des sentiments pénibles qui nous oppressent, permettez-nous, Sire, de vous exprimer toute notre pensée. C'est à Imerne qu'il faut marcher ; c'est sur les ruines du gouvernement tyrannique des Hovas qu'il faut inaugurer notre domination. Partout sur notre passage accourront les tribus opprimées, impatientes de nous seconder et de venger leurs humiliations et leurs défaites ; et, par la conquête de Tananarive, un même jour doit être pour les populations malegaches le signal de leur délivrance, et pour la France une ère nouvelle de grandeur et de puissance maritime. »

Un an après la fameuse séance du 6 février 1846, à la Chambre des députés, au cours de laquelle, tout en reconnaissant solennellement nos droits sur Madagascar, les députés de ce temps exprimèrent le vœu de voir surseoir *à toute expédition lointaine*, le conseil colonial de Bourbon ne se découragea pas et vota, le 24 février 1847, une nouvelle Adresse, plus explicite encore que la première, car elle combat, par des considérations pratiques, les préjugés que l'ignorance seule des faits peut propager à propos de la question de Madagascar.

Nous donnons ici cette seconde Adresse, malgré son étendue. Nos lecteurs reconnaîtront que ces deux documents constituent deux pièces historiques de premier ordre pour le sujet qui nous occupe.

ADRESSE AU ROI

DU CONSEIL COLONIAL DE L'ILE BOURBON, DU 24 FÉVRIER 1847.

SIRE,

Confiant dans votre haute sagesse, le conseil colonial de l'île Bourbon croit de son devoir d'appeler de nouveau l'attention de Votre Majesté sur une île malheureuse, appelée autrefois la FRANCE ORIENTALE, sur laquelle nos pères firent briller les lueurs du christianisme et de la civilisation, et qui maintenant, délaissée, se dégrade dans les plus avilissantes superstitions et se débat dans les convulsions de l'anarchie.

La conscience d'avoir pressenti tout ce qui est arrivé nous anime, d'ailleurs, et nous encourage : la ruine de notre commerce, à laquelle préludait depuis longtemps la cour d'Imerne, aujourd'hui consommée, n'avait pas échappé à nos prévisions. La discussion qui a eu lieu dans le sein des Chambres, aux séances des 5 et 6 février 1846, démontre combien les faits relatifs à Madagascar sont peu connus et nous impose l'obligation de les rappeler avec précision, en vous soumettant quelques nouvelles considérations.

Les habitants de Bourbon apportent dans la question de Madagascar, avec toute l'autorité d'une expérience locale, un témoignage désintéressé. En vain, la pureté de leurs sentiments tout français a pu être méconnue : il est manifeste que le jour où le drapeau national flottera sur les hauteurs d'Imerne ou sur les rivages de la magnifique baie de Diego-Suarez, Bourbon doit commencer à s'amoindrir et à s'effacer. Notre dépendance est inévitable; les produits de notre sol doivent même s'avilir par la concurrence de ceux de Madagascar, dont le prix de revient est nécessairement moins élevé. Mais, de telles préoccupations ne sauraient nous arrêter. Français jusqu'au fond du cœur, nous voulons, avant tout, la grandeur et la puissance de la mère patrie, et sans contester les compensations que la colonisation de Madagascar peut nous réserver, en assurant notre nationalité et en ouvrant des chances d'avenir à nos enfants, notre principal désir est de voir s'élever la fortune de la France et d'accroître ses richesses. Tels sont nos véritables sentiments; ils nous pressent de vous exposer dans une nouvelle Adresse les faits et les principes qui établissent notre souveraineté sur Madagascar, et en même temps la haute utilité et la facilité de la colonisation.

La souveraineté de la France sur Madagascar doit être envisagée sous un double rapport, d'abord quant aux peuples de l'Europe et ensuite relativement aux indigènes.

Quant aux peuples de l'Europe, c'est un principe fondamental du droit international que toute terre nouvelle et non civilisée appartient à la première nation qui y plante son pavillon, pourvu que des actes successifs attestent l'intention qu'elle a de s'y établir.

Christophe Colomb avait abordé les rivages de l'Amérique; Vasco de Gama, non moins hardi, avait franchi le cap des Tempêtes; un champ sans limite s'ouvrait désormais aux navigateurs de toutes les nations; un irrésistible élan était donné; tous les pavillons de l'Europe se montrent à la fois sur les mêmes mers et poursuivent les mêmes conquêtes. Les plus sanglantes collisions devenaient inévitables. Les nations européennes allaient s'exterminer sur le terrain même de leurs découvertes, et à la vue des peuples qu'elles venaient pacifier et civiliser. C'est alors que sortit, du fond de la conscience, cette loi salutaire et universellement admise que, dans les pays nouveaux, tout pavillon doit se retirer devant un autre pavillon qui l'a précédé : c'est le sentiment unanime qui la proclame; elle devient sur les mers la base du droit des gens; depuis trois cents ans ce principe tutélaire a été tour à tour invoqué et accepté par les Espagnols, les Portugais, les Hollandais, les Anglais et les Français. Il est le fondement de cette sécurité parfaite qui permet au peuple néerlandais de développer lentement, mais sûrement, son commerce et sa puissance au sein de ce grand archipel qui commence au golfe du Bengale et se prolonge jusqu'aux mers de la Chine.

L'Angleterre ne pourrait le méconnaître sans saper par sa base tout l'édifice de sa grandeur coloniale.

La France peut aujourd'hui en réclamer l'application avec d'autant plus de fermeté qu'elle en a supporté avec plus de résignation toutes les conséquences, lors même que ses plans étaient contrariés et ses intérêts blessés ; ainsi nos projets sur Sumatra et l'Australie ont été abandonnés aussitôt que la Hollande et la Grande-Bretagne nous eurent fait connaître leur désir d'agrandissement ultérieur sur un territoire dont elles n'occupent pas encore aujourd'hui la centième partie : ainsi, nos armements pour la Nouvelle-Zélande se sont arrêtés devant une expédition anglaise qui les avait précédés. Ce sont des faits récents ; et les documents qui s'y rattachent se retrouvent dans les archives du ministère de la marine. Au surplus, le principe ne semble pas devoir subir plus de contradiction de nos jours qu'il n'en a subi pendant trois siècles. Nous n'avons plus qu'à apprécier les faits. Déjà nous les avons exposés sans art et avec fidélité dans une première Adresse.

Le 24 juin 1642 des lettres patentes données par Louis XIII déclarent la souveraineté de la France sur la grande île africaine. De ce moment, tous les pavillons étrangers s'éloignent et disparaissent. L'œuvre de colonisation commence ; on l'abandonne, on la reprend, on la suspend encore : elle s'arrête, tantôt par l'insuffisance des moyens, tantôt par l'incapacité ou l'immoralité des chefs ou des agents, tantôt par les révolutions ministérielles ou dynastiques que subissait la métropole elle-même jamais, par des prétentions rivales et la contradiction étrangère ! Jamais un établissement anglais ou hollandais n'est venu se placer à côté de nous, pour jeter du doute sur notre droit, diviser les sympathies des indigènes, et contrarier nos opérations actuelles ou nos projets d'avenir. Nous ne pouvons nous imputer qu'à nous-mêmes nos erreurs et nos désastres. Ainsi, d'une part, constance de l'occupation française, de l'autre, approbation tacite de tous les peuples de l'Europe, voilà ce que les faits démontrent avec la dernière évidence.

A travers toutes les vicissitudes du pouvoir, et les révolutions par lesquelles nous avons passé, la politique française reste constante et invariable quant à Madagascar. Notre possession non interrompue pendant deux cents ans, et fondée sur des actes législatifs nombreux, est donc aujourd'hui à l'abri de toute contradiction ; il est vrai que notre domination avait été principalement reconnue sur le littoral du sud et de l'est ; c'est là que nous avions d'abord établi nos alliances, et qu'avaient grandi nos premiers établissements de commerce, fécondés par le voisinage de Maurice et de Bourbon. Mais par les édits royaux notre souveraineté avait été déclarée sur toute l'île de la manière la plus formelle et la plus absolue ; et suivant les principes que nous avons développés, il n'est pas nécessaire pour donner naissance au droit que l'occupation embrasse chaque baie, chaque port, en un mot le littoral tout entier : il suffit d'un fait bien caractérisé de possession, avec l'intention d'y donner les développements que le temps amène inévitablement. Au surplus, des actes récents répondent à toutes les objections et ne permettent pas plus de contester notre souveraineté sur les territoires de l'ouest et du nord que sur ceux de l'est et du sud.

Les Sakalaves, peuples de l'ouest, ne veulent point courber la tête devant les Hovas; ils préfèrent la fuite et l'exil; ils se réfugient sur les îles du nord-ouest, principalement à Nossi-Bé : là, dans leur détresse, ils tournent leurs regards vers la France et implorent son appui. Le 5 mai 1841, le pavillon français a été arboré à Nossi-Bé et salué par toute la population indigène comme un signal de délivrance, et comme un gage de la nationalité glorieuse qu'ils se flattaient d'avoir enfin reconquise! Les Antakares, tribus du nord, repoussent aussi loin d'eux le joug des Hovas. Pour échapper à la servitude, ils cherchent un asile sur les rochers de la petite île de Nossi-Mitsiou. Tsimiaro, leur roi, prince guerrier, ne demande que des armes pour recommencer la guerre. La vue du pavillon protecteur de la France ranime toutes ses espérances. — Il entre en négociation avec les agents de notre gouvernement, et bientôt, pour échapper à une odieuse domination, il cède au roi des Français tous ses droits sur l'Ankara et les îles dépendantes. Dans cette cession se trouve comprise la magnifique baie de Diego-Suarez!

En présence de tous ces faits, quel peuple de l'Europe oserait contrarier nos projets de colonisation et contester notre droit? Les Anglais? Mais, tous nos établissements à Madagascar se sont formés sous leurs yeux et ils n'ont jamais protesté! Ils n'ont pas protesté, quand Richelieu créa la Compagnie française de l'Orient et lui assura par des lettres patentes connues de l'Europe entière le commerce exclusif de Madagascar! Ils n'ont pas protesté, quand Colbert, digne émule de Richelieu, garantit dans des formes aussi solennelles, les mêmes privilèges à la Compagnie orientale, organisée par ses soins! Ils n'ont pas protesté, quand l'autorité française était représentée à Madagascar, tantôt par un gouverneur général, tantôt par un amiral, environné de tout l'appareil d'un vice-roi! Ils n'ont pas protesté, quand le duc de Choiseul, que les désastres de la guerre de sept ans n'avaient pas abattu, cherchait à Madagascar une compensation à tant de pertes récentes et y envoyait M. de Modave pour relever les ruines du Fort-Dauphin et y rétablir notre pavillon! Ils n'ont pas protesté, quand la Restauration fit un armement en 1829, s'emparait de vive force de Tamatave, de la Pointe-à-Larrée et rétablissait tous les signes de notre domination sur la Grande Terre, par la construction du fort de Tintingue. Les travaux suspendus, puis abandonnés par suite des événements politiques de la métropole, l'ont été en dehors de toute influence étrangère! Ils n'ont pas protesté, quand votre gouvernement, en vertu du traité du 14 juillet 1840, a fait occuper Nossi-Bé et Mayotte. Et cependant, l'arrêté de l'administration de Bourbon qui précéda la prise de possession rappelait les droits anciens de la France et ne dissimulait pas ses projets ultérieurs; il fut à dessein publié dans les journaux de Maurice et ne provoqua ni explication ni réclamation. Ainsi, nos droits sur Madagascar sont bien évidemment sanctionnés par l'assentiment tacite de l'Angleterre. Mais il y a mieux, nous avons de sa part l'aveu le plus formel et le plus explicite.

En 1816, le gouverneur de Maurice, M. Farquhar, interprétant à son gré le traité de Paris du 30 mai 1814, prétend que l'Angleterre est substituée à la France dans tous ses droits sur Madagascar : de cette substitution, il fait aussitôt dériver un droit de souveraineté sans limite. Le 25 mai 1816, il écrit à MM. les administrateurs généraux de Bourbon pour leur faire connaître que son gouvernement se réserve le commerce exclusif de Madagascar : il leur notifie en conséquence que nos traitants ne seront plus reçus à Madagascar qu'à titre précaire, et munis de licences délivrées par le gouvernement anglais. Cette étrange sommation est transmise immédiatement au gouvernement de la métropole ; aussitôt, une vive discussion s'élève entre les deux cabinets. Le droit était trop évident, l'Angleterre fut obligée de céder et de reconnaître que Madagascar ne pouvait pas être une annexe de Maurice, et devait nous être restitué, comme tous les autres établissements que nous possédions au 1er janvier 1792 et qui n'avaient pas été formellement exceptés. En conséquence, le cabinet Saint-James donne des ordres pour que le gouvernement de Maurice se désiste de toutes ses prétentions ; les troupes qui y avaient été envoyées sont rappelées et remplacées par des détachements de la garnison de Bourbon. Madagascar nous est donc resté, et évidemment avec cette étendue de droits que l'Angleterre revendiquait pour elle-même, quand elle se présentait comme concessionnaire de notre souveraineté.

Nos titres sur Madagascar sont donc consacrés non seulement par l'assentiment tacite mais encore par l'approbation expresse de l'Angleterre.

Sans méconnaître nos droits, cette puissance voudrait-elle intervenir dans nos démêlés avec les Hovas, sous prétexte d'alliance avec cette peuplade : mais, ce serait la violation de tous les principes que nous avons posés et qui ne sont pas contestés ; ce serait nous autoriser à armer les nombreuses peuplades encore indépendantes de la Nouvelle-Zélande et de l'Australie ; ce serait, en un mot, bouleverser toute cette partie du droit international que nous avons déjà exposée et qui sert de fondement aux colonisations européennes. Il y a mieux, le prétexte n'existe même pas, car toutes les relations que les Anglais avaient établies avec la cour d'Emirne, sont depuis longtemps rompues ; ils ont été chassés de Tananarive, ils ne pourraient raisonnablement soutenir un gouvernement qui a proscrit leurs traitants et ruiné leur commerce.

Ainsi obligée de s'abstenir, l'Angleterre verrait-elle avec chagrin la civilisation et la religion chrétienne pénétrer à notre suite dans ces vastes contrées, en proie aux superstitions les plus avilissantes et à toutes les misères qu'engendrent le dérèglement des mœurs et le despotisme des institutions : une telle supposition serait injurieuse, et quelles que soient encore les préventions nationales, le gouvernement de la Grande-Bretagne est environné de trop de gloire, il remplit dans le monde civilisé et chrétien une trop haute mission, il accomplit de trop grandes choses pour que nous le soupçonnions jamais d'une si odieuse jalousie. La France est de bonne foi dans ses efforts pour éteindre l'antagonisme au sein des peuples de l'Europe ; elle doit présumer la même sincérité chez ses alliés et ses voisins. Les armes victorieuses de l'Angleterre ont pénétré jusque dans l'Asie centrale : ses bateaux à vapeur sondent toutes les côtes, remontent tous les fleuves ! une seule de ses possessions d'outre-mer, l'Indoustan, compte autant de sujets qu'en renferma jadis l'empire romain dans ses vastes limites. L'Australie, presque grande comme l'Europe, reçoit une population anglaise. La terre de Van-Diémen, la Nouvelle-Zélande, l'Afrique du Sud, cent autres colonies fécondent pour l'Angleterre de nouveaux éléments de richesses. Nous ne sommes pas jaloux : nous applaudissons au contraire à ces triomphes de l'humanité et de la religion et nous ne pouvons admettre que l'Angleterre s'inquiète et s'afflige de ce que la France accomplit à son tour la part de civilisation qui lui a été depuis si longtemps départie. Votre gouvernement, Sire, ne peut être taxé de se livrer à un élan ambitieux, lorsqu'il ne fait que se renfermer dans nos vieilles limites coloniales. La France de Juillet peut bien, sans blesser aucune susceptibilité, tenter ce qu'ont tenté avant elle Richelieu et Colbert, le duc de Choiseul et M. de Sartines, les ministres de Louis XVIII et de Charles X. En portant la guerre à Madagascar, si le passé nous répond de l'avenir, et si les droits les plus anciens et les mieux reconnus peuvent vous servir de garantie, nous n'avons donc à craindre ni réclamations, ni observations de la part de l'Angleterre. Il nous reste à examiner si une agression de cette nature ne blesse aucun principe de droit ou d'équité *par rapport aux indigènes* eux-mêmes qui, certes, doivent bien être comptés pour quelque chose dans une telle discussion !

L'île de Madagascar se divise entre vingt-cinq tribus principales, indépendantes en 1813, aujourd'hui assujetties et opprimées par l'une d'elles, la tribu des Hovas, qui, des plateaux de l'intérieur, a fait irruption sur toutes les parties du littoral. Les commencements de cette usurpation ne datent que de 1810, époque de l'avènement de Radama au trône. Le joug odieux des Hovas n'est nulle part accepté, ni par les tribus de l'est, nos plus anciennes et nos plus fidèles alliées, ni par celles du nord qui ont déserté leur pays pour se réfugier dans les bois ou sur les rochers qui ceignent la baie de Passandava, ni par les peuplades de l'ouest, toujours prêtes à prendre les armes. Nous sommes appelés par les Anossy, les Betsimsaracs, les Bétanimènes, les Antankares et les Sakalaves.

Nous avons donc l'assentiment des indigènes eux-mêmes, si on en excepte une seule tribu qui, en nous attaquant partout où elle nous rencontre, et en pillant et massacrant nos alliés, nous a donné les plus légitimes sujets de la combattre ; il ne s'agit pas d'attaquer, mais de nous défendre ; il s'agit de délivrer nos alliés, de briser le joug qui accable les Betsimsaracs, les Antankares et les Sakalaves ; d'obéir à des traités qui nous lient et de rétablir notre pavillon là où il a été renversé ; il s'agit enfin de sauver le peuple hova lui-même de la faction militaire qui l'opprime !

Ce gouvernement tyrannique, qui s'est fait, sans autre motif que celui de son ambition, l'implacable ennemi de la France, a marqué chaque pas de sa durée par les agressions les plus injustes et les outrages les plus gratuits. En 1825, les Hovas enlèvent le Fort-Dauphin et abattent le drapeau de la France ! A la même époque, Tsifanin, chef des Betsimsaracs connu par son dévouement à notre cause, devient l'objet d'une haine implacable ; des pièges lui sont tendus ; il est surpris et massacré ! En 1829, Andrianmifidy, commandant de Fénériffe pour les Hovas, fait mettre publiquement en vente et adjuger comme esclave, pour 250 francs un Français nommé Pinçon ! Le gouvernement français est indigné, il adresse les plus violents reproches à la cour d'Emirne; nos plaintes servent de recommandation à Andrianmifidy qui devient dès ce moment l'objet d'une faveur particulière et se voit bientôt comblé des plus hautes distinctions! Nous sommes constamment harcelés, et puis enfin chassés de Tamatave, de Foulepointe, de Fénériffe et de Tintingue! Notre commerce est détruit, nos traitants insultés et ruinés dans ces mêmes lieux où le pavillon de la France avait flotté pendant deux cents ans, presque sans interruption! Les têtes de seize de nos compatriotes qui ont succombé dans une lutte héroïque épouvantent encore les habitants de Tamatave. Elles sont là, suspendues à des gibets, dans l'endroit le plus apparent du rivage, comme pour porter au loin un témoignage d'insulte et de barbarie! Il n'est pas un navigateur dans l'océan Indien dont les regards ne soient attristés de cet odieux spectacle. La France, Sire, ne saurait rester plus longtemps indifférente! Son honneur a été blessé, il doit être réparé! Ses droits ont été méconnus et violés, ils doivent être rétablis.

En présence de ces faits, les consciences les plus timides ne sauraient conserver aucun scrupule; on ne prit jamais les armes pour une cause plus légitime! Mais la guerre nous conduira inévitablement à la colonisation, examinons maintenant si cette colonisation est dans les intérêts de la France, et si elle est d'une facile exécution.

Utilité de Madagascar. — Depuis que nous avons perdu l'Inde, le Canada, la Louisiane, Saint-Domingue, Maurice, les vaisseaux de l'État une fois sortis des ports de France, manquent de point d'appui, de lieu de refuge et de tous les moyens de recrutement et d'approvisionnements; et d'ailleurs, la navigation marchande, sans laquelle il n'y a pas de marine militaire, est destituée de tout aliment sérieux. Avec Madagascar, la lacune est comblée : nos pertes les plus cruelles sont réparées. Nous ne restons plus stationnaires, quand tout progresse autour de nous et le maintien de notre puissance relative est au moins assuré!

Les peuples de l'Europe envahissent l'Asie et le monde maritime : c'est sous leur influence, par leur action et à leur profit que se développent les magnifiques cités de Bombay, de Madras, de Calcutta, de Batavia; les colonies les plus florissantes remplissent l'archipel d'Asie, l'Australie, la Polynésie; l'Angleterre et la Hollande voient se multiplier pour elles les centres de production les plus abondants, dans ces mêmes îles qui leur offrent en même temps que les richesses de leur sol les rades les plus sûres et les ports les mieux défendus. La Hollande trouve à Java tout à la fois des ressources inépuisables pour son commerce et des ports où ses vaisseaux sont aussi en sûreté contre les coups de la tempête que contre le feu de l'ennemi. L'Angleterre embrasse tout dans sa prodigieuse activité, mais elle ne consacre des efforts sérieux qu'à ces grandes terres que découpent des havres profonds, et qui par la fertilité du sol, l'abondance des bois de construction et des matières premières, sont en même temps l'aliment de sa navigation marchande, et la sauvegarde de sa puissance navale.

La France seule concentre tous ses efforts sur des îlots aussi dépourvus d'utilité au point de vue militaire qu'au point de vue commercial; Mayotte n'a de valeur que comme acheminement à l'occupation de Madagascar. Mayotte manque de bois ; sans doute une flotte pourrait s'y réfugier, mais elle y serait bientôt affamée, et forcée d'en sortir ou de capituler. Son sol volcanique, l'exiguité de son territoire, l'insalubrité relative du climat ne permettront jamais à une population considérable de s'y développer. Aucun approvisionnement n'y est possible : il faudrait y apporter de la métropole tout ce dont on y aura besoin. On ne peut isoler Mayotte de Madagascar. D'ailleurs, Mayotte n'appartient pas à la puissance qui s'y établit actuellement mais à celle qui occupera plus tard Diego-Suarez. Diego-Suarez est la citadelle de l'Afrique orientale. S'établir à Mayotte, sans avoir pris préalablement possession des magnifiques baies qui sont à l'est du cap d'Ambre, c'est se placer sous le feu de l'ennemi, c'est édifier pour lui, c'est employer à son bénéfice l'industrie et les trésors de la France. Les Marquises ne sont que des rochers stériles, sans aucune influence possible sur notre avenir politique ou commercial.

Madagascar peut seul nous donner aujourd'hui une position militaire à l'est du cap de Bonne-Espérance. Cette grande île commande à la fois la côte orientale d'Afrique, l'Indoustan et l'archipel d'Asie. Par Madagascar, on est maître du double passage de l'Europe dans l'Inde ; on domine à la fois le cap de Bonne-Espérance et le détroit de Bab-el-Mandeb.

Une fois établis à Madagascar, nous acquérons une position sérieuse dans l'océan Indien ; nous cessons d'y figurer à titre de tolérance seulement. Tout l'hémisphère oriental, d'où nous sommes en réalité bannis, devient accessible pour nous. Nous y apparaissons avec la dignité et l'indépendance qui conviennent à une grande nation. Nous nous suffisons à nous-mêmes et si nous sommes attaqués, non seulement la défense, mais le succès est certain. Des ports nombreux reçoivent nos vaisseaux ; des bois superbes fournissent des éléments inépuisables de travail à nos chantiers de radoub et de construction ; des approvisionnements à bas prix en riz, blé, bœuf, salaisons de toute sorte, assurent la subsistance de nos soldats et de nos matelots, Madagascar cultivé et civilisé ne refuserait pas à nos amiraux ce que Madagascar encore en friche et tout à fait sauvage a fourni si abondamment à Mahé de la Bourdonnais, au vicomte d'Aché, au célèbre bailli de Suffren (1) !

En temps de guerre, la colonie se défendrait toute seule : une population de plusieurs millions d'hommes, renfermée dans une île naturellement approvisionnée, à 4,000 lieues de la puissance assaillante, est inexpugnable ! et d'un autre côté, désormais libres dans leurs allures, maîtres de leurs moindres mouvements, nos vaisseaux pourraient toujours avec opportunité, tantôt fondre sur l'ennemi, tantôt se retirer devant lui, tantôt attaquer et ruiner son commerce, tantôt protéger le nôtre ; nos victoires nous donneraient de nouveaux moyens de combattre ; nos désastres seraient facilement réparés dans un pays qui nous offrirait des matelots et des soldats et de nouveaux approvisionnements.

Ainsi, par l'occupation de Madagascar, notre marine militaire aurait reconquis un de ces points d'appui importants qui lui manquent absolument depuis

---

(1) A ces ressources il faut ajouter le fer et la houille, si abondants à Madagascar (1884).

la paix de 1763, la révolution de Saint-Domingue et le traité de Paris du 31 mai 1814; mais notre navigation marchande prendrait un accroissement rapide, ce qui profiterait encore à la marine de l'État : c'est principalement par la marine du commerce qu'on peut créer et développer la marine militaire. Cette vérité, que la raison seule indique, trouve encore dans l'histoire une complète démonstration.

Athènes se livre à un commerce maritime actif avec les îles de la mer Égée, les côtes de l'Asie Mineure, de la Propontide et du Pont-Euxin, et bientôt elle domine la Grèce et balance la puissance du grand roi! Des marchands phéniciens établis à Carthage envoient leurs armées jusqu'au cœur de l'Italie, et font chanceler sur ses bases la ville éternelle! Venise arme ses flottes, et du fond de ses lagunes, elle secourt ou opprime à son gré les empereurs de Byzance, s'empare de leurs plus riches provinces et voit à ses pieds, comme ses tributaires, les rois les plus puissants de l'Europe. La Hollande, marécageuse et stérile, ne pouvait subsister que par le commerce; mais elle s'y enrichit, et bientôt elle dispute l'empire des mers à l'Angleterre, arrête la fortune de Louis XIV et devient au dix-septième siècle l'arbitre des couronnes. Aujourd'hui elle a transporté sa prodigieuse et persévérante activité dans l'archipel d'Asie, et elle y fonde un empire puissant.

Mille autres exemples pourraient être cités, mais l'espace nous manque et nous prive de la richesse des développements.

Le sceptre des mers appartient à l'Angleterre, du jour où le célèbre Acte de navigation a donné à sa marine marchande un essor qui lui a fait dépasser toutes les autres. On l'a dit avant nous, les marines militaires et marchandes croissent et décroissent en même temps; leurs fortunes sont inséparables; et le génie commercial, encore plus que le génie militaire, revendique l'empire des mers. Les moyens artificiels peuvent être plus ou moins ingénieux; mais ils seront toujours sans résultats! C'est le commerce qu'il faut ranimer, si nous voulons reconquérir notre rang maritime. Ce fut là le système du cardinal de Richelieu, suivi par Colbert, pratiqué par Louis XVI; les fruits en ont été assez brillants pour que nous ne devions pas répudier d'aussi glorieuses traditions.

Lorsque Saint-Domingue, par l'immensité de son commerce, tenait toujours à la disposition de l'État une pépinière de matelots, les plus grands désastres furent réparés comme par enchantement.

La guerre de sept ans fait à l'honneur national une profonde blessure. Notre fortune maritime paraissait tout à fait compromise. Mais de 1763 à 1778, notre commerce avait pris le plus grand développement. Les riches cargaisons de Saint-Domingue remplissaient tous les marchés de l'Europe; une nombreuse population maritime avait surgi. Aussi le 17 juin 1878 la frégate anglaise *l'Aréthuse* fuyait devant la frégate française *la Belle-Poule*, et nous ouvrions par un brillant succès cette guerre de l'indépendance, où s'illustrèrent tour à tour le comte d'Estaing, le brave et vigilant Lamothe-Piquet, le comte de Guiches et le comte de Grasse. Devenu la terreur de l'amiral Hughes, vainqueur à Trinquemale et à Gondelour, le bailli de Suffren jette un éclat immortel sur la marine française; et, on le sait, s'il avait reçu à temps quelques renforts, l'Inde tout entière échappait à la domination anglaise.

Ainsi, l'expérience, aussi bien que la raison, le démontre, c'est dans les ressources de la marine marchande qu'il faut puiser le personnel de la marine militaire. Eh bien, Madagascar seul peut ranimer le commerce maritime de la France, qui languit de plus en plus et commence de s'éteindre.

Un honorable député, M. d'Angeville, n'a-t-il pas dit à la tribune nationale, dans la séance du 15 avril 1846, que neuf mille matelots français, sans engagements dans nos ports, étaient contraints de naviguer avec les Américains et les Anglais ? Les tableaux statistiques ne nous apprennent-ils pas que la navigation de concurrence est à peu près envahie par le pavillon étranger : l'effectif de notre marine, qui était, en 1827, de 14,322 navires, jaugeant 692,125 tonneaux, ne portait plus en 1844 que sur 13,679 navires, jaugeant 604,637 tonneaux. Ainsi, pendant que toutes les autres marines s'accroissent, la nôtre diminue, et a perdu, en dix-huit années, 643 bâtiments et 87,468 tonneaux. Une décadence aussi sensible, lorsqu'il devrait y avoir progrès continu, ne pouvait échapper à l'attention de votre gouvernement. Nous savons que depuis longtemps il cherche des ressources contre une telle situation : ces ressources existent à Madagascar.

Cette île a une population de trois millions d'habitants; sa superficie de 25,000 lieues carrées est à peu près égale à celle de la France; ainsi, elle peut recevoir une population de trente millions d'hommes.

Les exportations se composaient, avant les prohibitions insensées du gouvernement de la reine Ranavalo, de bœufs, moutons, tortues de terre, riz, gomme copal, orseille, ambre gris, cire, peaux de bœufs, écaille de caret (*testudo imbricata*) qui se vend jusqu'à 120 fr. le kilog. Les importations consistaient en mouchoirs et autres impressions des manufactures françaises, beaucoup d'objets de luxe, savon, bijouterie commune, verroterie, quincaillerie, mercerie, etc.

Sans doute, c'est là un commerce restreint, mais il s'étendrait rapidement par l'introduction des arts de l'Europe, et par les nouveaux besoins que fait naître la civilisation ; il suffit, pour s'en convaincre, de jeter les yeux sur les rapports de tous les voyageurs qui ont pénétré dans l'intérieur de Madagascar.

Cette île peut nous fournir et en quantités immenses le sucre, le café, le coton, le tabac, la soie, l'indigo, le riz, le maïs, le blé, le bois d'ébène, toutes les matières premières nécessaires aux ateliers de teinture, de tabletterie, de marqueterie, les écorces les plus estimées, des mines d'or et d'argent, de première qualité et à fleur de terre, peut-être de la houille (1), du mercure, du sel gemme, du cristal de roche de la plus grande beauté.

Toutes les jouissances du luxe s'introduiraient promptement dans un pays riche en exportations et donneraient à nos manufactures une activité dont Paris lui-même recueillerait les premiers fruits.

Les essais sont déjà faits, la voie est tout ouverte ; prenant une hono-

---

(1) La présence de la houille à Madagascar n'est plus douteuse. Il en existe des gisements considérables et d'une exploitation facile dont nous avons parlé plus haut (1884).

rable initiative, une des premières maisons de commerce de l'île Bourbon, la maison de Rontaunay, sans aucun secours du gouvernement, avait ouvert des relations commerciales avec Tananarive et y excitait le désir des produits français par l'importation de broderies, tissus, soieries de Lyon et autres objets manufacturés ; en même temps, elle avait fondé trois établissements de rhummerie et de sucrerie, l'un à Mahéla, l'autre à Mananzary, et le troisième à Soamdakiray, à quatre lieues de Tamatave ; les usines perfectionnées Derosne et Cail avaient été introduites dans ces divers établissements et l'on y élevait plus de trois mille bœufs destinés à l'approvisionnement de Bourbon. Cette patriotique entreprise allait être couronnée d'un plein succès ; déjà des navires de Nantes et de Bordeaux avaient facilement trouvé à Tamatave la vente de leurs cargaisons, composées principalement des produits de l'industrie parisienne. Déjà l'établissement de Mananzary avait fabriqué plus de trois mille kilogrammes de sucre exportés à Marseille en 1843, par le navire *le Picard*, lorsque tout à coup la persécution du gouvernement hova a de nouveau éclaté contre nous. Des capitaux français considérables se trouvent ainsi perdus ou compromis, Bourbon est affamé et les dernières espérances du commerce français dans l'océan Indien complètement renversées.

Après la perte de tant de vastes possessions, qui étaient autrefois l'aliment fécond de notre commerce maritime, il n'est pas un Français, jaloux de la prospérité et de la gloire de son pays, qui ne désire de justes compensations et qui n'en comprenne l'absolue nécessité. Mais une opinion bien funeste aux intérêts de la France a pris crédit : on pense communément que l'Algérie peut nous tenir lieu de toutes nos autres colonies. D'abord l'Angleterre qui recule ses frontières de l'Inde jusqu'aux limites de l'empire russe, qui a formé en Asie un empire de 80,000,000 de sujets, n'en poursuit pas moins dans les autres parties du monde ses gigantesques entreprises.

Mais d'ailleurs l'Algérie, qui certes est une grande et précieuse conquête, n'est pas à l'égard de la France une colonie proprement dite ; son sol se refuse aux cultures intertropicales. L'Algérie a les mêmes produits et le même climat que nos départements du Midi. Le grand cabotage seul peut prendre une nouvelle activité dans nos relations avec l'Algérie, et c'est la navigation au long cours qui seule forme les matelots du commerce, et par conséquent ceux de la marine militaire. L'Algérie n'a pas de port, et ne satisfait ainsi à aucune des conditions qui peuvent rendre à la marine de l'État son ancienne prépondérance. Par l'Algérie, la France a pris un plus haut ascendant dans la Méditerranée ; mais ne doit-elle pas être présente partout, et porter partout son influence? Ne faut-il pas qu'elle puisse se défendre partout où elle sera attaquée? Nos établissements dans le nord de l'Afrique ne sont pas une raison de nous condamner à une nullité complète dans une moitié du monde, dans tout l'hémisphère oriental! Si nous voulons cesser d'être dépendants dans les mers du Cap, dans le golfe Arabique, dans tout l'océan Indien, une seule et dernière chance nous est ouverte, c'est de nous établir à Madagascar.

Votre gouvernement, Sire, n'y rencontrera aucune des difficultés qu'imaginent ou se plaisent à grossir des hommes honorables, mais complètement abusés. En vain on veut effrayer les esprits par un rapprochement dénué de toute justesse. Madagascar sera aussitôt soumise qu'attaquée et ne deviendra pas une Algérie à 4,500 lieues de la métropole ; comment une comparaison aussi fausse a-t-elle pu se produire à la tribune nationale et exercer quelque influence sur les esprits ! Là un continent qui oblige toujours à passer d'une conquête à une autre, en montrant toujours à la frontière un ennemi nouveau ! ici, une entreprise dont la nature même a posé les limites, une île que quelques bateaux à vapeur suffisent pour bloquer, et qui peut être mise dès l'abord à l'abri de toute intervention ou excitation étrangère. Là, une nation compacte, indivisible ; ici, vingt peuples différents de mœurs, d'origine, et ennemis les uns des autres ; là, tout l'orgueil d'une antique mais fausse civilisation ; ici, des peuples qui reconnaissent leur infériorité, et demandent à être instruits et éclairés ; là, un fanatisme qui s'exaspère au sein même de ses défaites ; ici, un culte non caractérisé, presque insaisissable, et qui n'exerce aucune influence sur les esprits ; là, une race implacable qui s'élève et vieillit dans sa haine contre nous ; ici, des tribus d'une grande douceur de mœurs, et que la sympathie entraîne au-devant de nous ; là, en un mot, la colonisation malgré les habitants ; ici, au contraire, les habitants devenus les premiers et les plus ardents auxiliaires de la civilisation. Telle est la vérité, Sire, et elle ressortira avec plus d'éclat des détails dans lesquels nous allons entrer sur les moyens d'exécution.

MOYENS D'EXÉCUTION. — Nous ne saurions trop insister sur ce point : il ne s'agit pas de faire la guerre aux peuples de Madagascar, mais au contraire de briser leurs fers et d'être leurs libérateurs ; c'est avec les tribus de l'ouest et du nord qu'il faut marcher au secours des tribus de l'intérieur. Il doit être manifeste, dès l'abord, que nous n'attaquons ni nos anciens alliés, ni les Hovas eux-mêmes, mais seulement un gouvernement qui les avilit et les opprime.

Des agents français envoyés à l'avance sur les points opposés de la côte doivent partout nous ménager des intelligences, éclairer les esprits et disposer les populations à nous seconder ; les membres de l'ancien gouvernement, les princes fugitifs, doivent être recueillis partout où ils se trouveront, et ramenés au lieu de la lutte, sous la protection de notre pavillon.

Au moment où les hostilités commenceront, l'île doit être déclarée en état de blocus ; un acte aussi significatif portera l'inquiétude et le trouble au sein du gouvernement qu'il s'agit d'abattre, et donnera une confiance nouvelle aux peuplades timides, dont il faut nous assurer le concours. Cette mesure préliminaire est surtout indispensable pour ôter tout prétexte à l'intervention étrangère.

Il ne faudrait pas renouveler la faute, commise tant de fois, d'arriver à Madagascar dans la hors-saison. Les côtes doivent être abordées dès le mois de mai, afin qu'on puisse pénétrer dans l'intérieur, s'y loger, s'y établir convenablement avant la saison des pluies et la recrudescence des fièvres intermittentes, qui ne règnent, du reste, que sur une partie du littoral, et qui demeurent circonscrites dans une zone qui serait rapidement franchie.

Nous n'avons pas la témérité de faire ici et de publier le plan de l'expédition ; cette divulgation ne serait pas sans inconvénients ; nous ne sommes point, d'ailleurs, compétents pour un travail de cette nature. Au surplus, cette tâche a été remplie par d'autres bien mieux que nous ne pourrions le faire, et les renseignements les plus précieux à cet égard se trouvent consignés dans divers documents préparés par les soins de l'administration locale, et notamment dans un mémoire approuvé par le conseil privé de l'île Bourbon et adressé au ministère de la marine dès 1834 (1).

L'expédition doit être forte surtout en matériel, approvisionnements d'armes, de poudre, etc., afin de pouvoir armer les indigènes qui ne manqueront pas d'accourir à la première apparition de notre drapeau, dès qu'il se présentera à eux dans de véritables conditions de succès.

Deux plans d'expédition ont été soumis à votre gouvernement : tous deux peuvent être acceptés, car tous deux nous semblent devoir être couronnés de succès. Le premier consiste à se porter dès l'abord sur Tananarive pour dissoudre le gouvernement des Hovas ; le second, à s'établir à Diego-Suarez, pour s'étendre progressivement dans le sud. Nous n'hésitons pas à donner la préférence au premier, parce que, quoique le plus hardi, il doit être le moins dispendieux et que, d'ailleurs, il extirpe le mal dans sa racine.

Nous ne mettrons pas en doute, d'après tout ce que nous avons exposé, ce soulèvement des tribus du littoral, pourvu que la force de notre armement leur donne de suffisantes garanties ; dès lors, notre marche sur Tananarive ne peut trouver d'obstacle. La route de Bombetock à Imerne est toute tracée. C'est par là qu'ont été transportés les canons qui défendent les murs de la capitale des Hovas. De ce côté on ne trouve aucune des difficultés qui se présentent dans la partie orientale, ni marais profonds, ni montagnes escarpées, ni populations intermédiaires qu'on puisse soulever et armer contre nous. De ce côté de l'île, les Hovas ne peuvent compter que sur eux-mêmes. Isolés, dès l'abord, ils se trouveront face à face avec nos soldats ; bientôt leur mécontentement contre leur propre gouvernement éclatera, et le trône de la reine Ranavalo s'écroulera au milieu d'unanimes applaudissements !

C'est alors seulement que nous pourrons traiter de la paix ; jusque-là toute tentative de conciliation n'a fait et ne fera que nous préparer de nouveaux outrages. La faction militaire qui opprime les Malegaches ne comprendra jamais la générosité de la France et la longanimité d'un grand peuple. Notre modération n'est, à ses yeux, que faiblesse et lâcheté. Dans l'Adresse que nous eûmes l'honneur de présenter à Votre Majesté en 1845 nous lui disions : « La voie des négociations est désormais épuisée ; toutes les propositions de la France à un gouvernement odieux ne peuvent plus qu'exaspérer son orgueil et provoquer des mépris. »

Nos prévisions n'ont été que trop confirmées. Pendant que nous employons le temps à parlementer, nos commerçants sont chassés, leurs biens confisqués, et les ports de la côte est, si fréquentés par notre commerce depuis deux cents ans, nous sont aujourd'hui fermés ! Les faits dont nous nous plaignons ne sont, du reste, que l'exécution d'un plan prémédité, hautement avoué et auquel la cour d'Emirne ne renoncera pas. Elle organise, au contraire, de plus

(1) Un plan d'opérations a été élaboré par M. l'amiral Cécille, et, si nous sommes bien informé, ce plan se trouve aujourd'hui entre les mains de l'amiral Galiber (1884).

en plus, le monopole du commerce à son profit ; elle force les indigènes à lui vendre leurs denrées à bas prix, et se ménage par là, sans coup férir, d'énormes bénéfices. Ce brigandage n'a de chance de durée qu'autant que notre influence aura été définitivement écartée. C'est là aussi le succès qu'elle se flatte d'avoir obtenu ; c'est le plus cher de ses triomphes, celui qui exaspère surtout son arrogance et son orgueil.

Sire, il a été assez fait pour la modération et la paix ; il est temps d'accorder quelque satisfaction au sentiment national si profondément blessé. Tous nos alliés sont en fuite ou dispersés, et pendant qu'ils réclament en vain notre appui et l'exécution des traités, la reine Ranavalo, dans ses grotesques orgies, insulte à votre nom et célèbre ses victoires imaginaires. Et pour mettre le comble à une telle situation, un député a pu dire à la tribune nationale qu'il n'était pas au pouvoir d'un peuple barbare de porter atteinte à l'honneur de la France. Ainsi, de nos jours, la barbarie aurait la prérogative de l'insulte ! Nous ne craignons pas de le dire, de telles distinctions sont nouvelles ! jusqu'ici la susceptibilité nationale ne les avait pas connues.

Quant à nous, nous croyons avoir un sentiment plus vrai de la dignité de votre couronne, en demandant que, sous votre gouvernement, le nom de la France soit honoré et respecté partout, aussi bien chez les nations civilisées de l'Europe que chez les peuples les plus sauvages de l'Afrique ou de l'Océanie. Mais, d'ailleurs, le dédain dans lequel les adversaires de notre puissance maritime trouveraient commode de se renfermer ne serait pas d'accord avec les faits ; quelque grande, quelque glorieuse que soit la France, elle ne peut pas considérer comme inaperçu un gouvernement, odieux à la vérité, mais enfin, qui commande à trois millions d'hommes, qui étend sa domination sur un territoire aussi grand que celui de la France, sur une île qui, par l'excellence et la multiplicité de ses ports, l'incroyable fertilité de son sol et son admirable position géographique, est destinée à devenir un empire puissant, aussitôt que la civilisation y aura pénétré. Ce n'est donc point par une indifférence dédaigneuse et affectée qu'il faut répondre, mais les armes à la main ! Il faut faire flotter notre pavillon sur les murs de Tananarive. Aussitôt nous verrons se dissoudre le gouvernement de la reine, et bientôt nous pourrons donner la paix au peuple hova lui-même comme à toutes les tribus du littoral !

C'est là, Sire, suivant nous, le plan qu'indique l'histoire du passé, parce que dans notre opinion, la domination de la France est incompatible avec l'existence d'un gouvernement qui unit au plus haut degré la cruauté à la perfidie et que d'ailleurs il importe de rendre à nos armes, par la vigueur de l'attaque, tout leur ancien prestige.

Toutefois le but peut être atteint plus lentement, il est vrai, mais tout aussi sûrement, par l'occupation de Diégo-Suarez où l'on établirait une colonie qui s'étendrait dans le sud au fur et à mesure que les sympathies des tribus indigènes se déclareraient. C'est là le plan présenté plus particulièrement par l'administration de Bourbon, et, qu'il s'agit maintenant d'examiner.

Pour le bien apprécier, il importe de revenir sommairement sur le passé. Dans les tentatives diverses et successives de colonisation à Madagascar, il fant remarquer que des efforts un peu sérieux n'ont été faits que sur une partie du littoral de l'est, du Fort-Dauphin à la baie d'Antongil.

Les Français débarquèrent pour la première fois à Manghafia, dans le sud-est de Madagascar; c'est là que furent créées les premières habitudes. Depuis, les colonies de Maurice et de Bourbon s'étant développées, les relations commerciales s'ouvrirent et continuèrent naturellement avec le côté qui était le plus à proximité, et ce fut encore la côte orientale; l'attrait pour cette partie du littoral se fortifia en outre par le caractère doux et pacifique des tribus qui l'habitaient. Là se trouvaient les Betsimsaracs adonnés au commerce, et tellement attachés à la France, que les Hovas ont pu les exterminer, mais non pas les rendre infidèles à notre alliance.

Ainsi, pendant deux cents ans, nos efforts ont été concentrés sur les rivages de l'est, du 16° au 25° degré de latitude sud. La baie d'Antongil est la baie la plus nord qui ait été explorée par nous jusqu'à ces derniers temps, et cependant, c'est de la baie d'Antongil, en remontant vers le cap d'Ambre, que l'acclimatement deviendrait facile, par la rareté et même par l'absence de la fièvre intermittente qui règne sur une grande partie des côtes de Madagascar. Cette fièvre, d'après le rapport de tous les hommes de l'art, n'est autre que celle qui a sévi si longtemps en France, à Rochefort, dans plusieurs départements du Centre et du Midi, qui est produite par la stagnation des eaux et qui disparaît par le défrichement des bois et le desséchement des marais. Or, il suffit de parcourir le littoral de Madagascar pour se convaincre que les causes d'insalubrité accumulées sur la côte, depuis Sainte-Luce jusqu'à la baie d'Antongil, ont toutes disparu quand on a franchi cette baie en s'avançant dans le nord. Dès qu'on s'éloigne d'Antongil, en se dirigeant vers le cap d'Ambre, le terrain s'élève et présente, dès le rivage, de hauts amphithéâtres battus par les brises du large. Les forêts ont disparu, et les arbres disséminés n'apportent aucun obstacle à la libre circulation de l'air. La température n'est plus humide; il y a autant de jours de sécheresse à Diego-Suarez que de jours de pluie à Tintingue et à Tamatave.

Toutes ces causes réunies rendent parfaitement compte des limites dans lesquelles est circonscrite la zone fiévreuse de Madagascar. Les récits des voyageurs sont du reste d'accord avec cette théorie. Nos commerçants qui ont fréquenté la partie nord de Madagascar, s'accordent à dire que le climat y est aussi sain qu'à Bourbon. La corvette *la Nièvre*, qui a passé quarante-quatre jours dans le port qui porte son nom, et dont l'équipage a été constamment employé à des travaux pénibles à terre et dans les embarcations, n'a eu qu'un seul exemple de fièvre intermittente. Les rapports les plus dignes de foi ne permettent plus d'en douter. Les rivages de Diego-Suarez sont, sur le littoral, la partie la plus saine de Madagascar, et si une entreprise partielle doit être substituée à un plan général, nous pensons, comme l'Administration de Bourbon, que c'est à Diego-Suarez qu'il faut s'établir. La bonne fortune de la France nous livre sans défense ce Gibraltar de l'Afrique et de l'océan Indien. Les Hovas en ont chassé les Antankares, nos alliés, et ne s'y sont que faiblement établis! Ils n'y ont pas 300 hommes de garnison.

Diego-Suarez est une de plus fortes positions maritimes du monde. Son entrée est par 12° 14′ de latitude sud; facile et large de 1,200 mètres, elle peut être défendue par une seule batterie. Le vaste bassin intérieur se subdivise en cinq baies. Celle qui s'avance le plus profondément dans les terres, le port de la *Nièvre*, a près de quatre milles de longueur sur une profondeur de sept à douze brasses; chacune de ces différentes baies pourrait recevoir une escadre nombreuse. Le village d'Antombouk domine la baie et marque l'emplacement où pourront s'élever nos fortifications, nos chantiers et nos établissements de marine. Contrairement à une opinion erronée, et trop longtemps accréditée, l'eau y est abondante. Plusieurs sources jaillissent à peu de distance du rivage, et une rivière, dite des Makes, coule à deux kilomètres à l'ouest d'Antombouk. Les arbres qui s'élèvent au fond de la baie seraient pendant longtemps suffisants pour nos approvisionnements. Les terres qui avoisinent le port, entrecoupées de bouquets de bois et de pâturages, offrent, du côté du sud, un sol d'une grande fertilité. Là croîtraient indistinctement la canne à sucre, le riz, le coton, l'indigo, le blé si nécessaire à l'approvisionnement de nos vaisseaux. Un isthme, que forme la baie en s'avançant vers l'ouest, pourrait être défendu par un seul fort et servirait de premier rempart à la colonie naissante. En libre communication avec la mer, nous serions, dès notre arrivée, inexpugnables derrière cet isthme fortifié. Il n'a pas huit kilomètres de largeur !

Aussitôt que l'adhésion des peuplades voisines serait bien assurée, nous franchirions la presqu'île, et nous nous étendrions vers le sud. Les indigènes deviendraient les premiers colons. Mais pour donner une véritable force et une grande impulsion à un établissement de cette nature, il faudrait l'appuyer d'une population attachée à la France par les liens du sang, et toute dévouée à ses intérêts. L'appel fait aux habitants de Bourbon serait certainement entendu (1). Notre île ne suffit plus à la population qui s'y presse. Une jeunesse active, intelligente, profiterait avec joie de l'issue qui lui serait ouverte. De chaque famille se détacheraient quelques rameaux vigoureux qui iraient prendre racine sur cette terre nouvelle, réservée à de brillantes destinées.

Pour les habitants de Bourbon, il y aurait à peine déplacement; une traversée de trois jours les porterait à Diego-Suarez. Là, ils trouveraient même climat, même température, les mêmes aspects du ciel et de la terre; mais au lieu d'un espace resserré, des terres sans limites, et au lieu d'efforts stériles, un travail fécond en immenses résultats. En recevant une partie de la population de Bourbon, le nouvel établissement posséderait immédiatement des hommes accoutumés au soleil de la zone torride, exercés à toutes les cultures intertropicales, et auxquels la fabrication du sucre et toutes les cultures coloniales sont familières ; sur leurs pas accourraient sans doute bon nombre de nos frères de Maurice.

Nos concitoyens de la métropole, attirés à Bourbon par des espérances qui ne peuvent se réaliser dans un territoire aussi étroit que le nôtre, auraient un refuge tout préparé sur les rivages de Diego-Suarez. Au lieu de s'en retourner désespérés, et après avoir épuisé leurs dernières ressources dans un voyage

---

(1) L'événement a justifié cette prévision de l'ancien conseil colonial. L'île de la Réunion a offert et donné de l'argent et des volontaires pour l'expédition actuelle (1883).

stérile, ils iraient tenter à Madagascar des chances bien autrement brillantes que celles qui leur auraient échappé.

L'excédent de notre population, en France, qu'attire faiblement l'Algérie avec ses guerres cruelles, sans cesse renaissantes, et son climat qui repousse les cultures intertropicales, affluerait sur une terre riche de tous les produits de la zone torride, et qui sera purifiée aussitôt que le gouvernement hova aura disparu. La colonie trouverait à son origine d'admirables ressources dans la fécondité toute spontanée du sol : en différents lieux, la sonde a fourni d'excellente terre végétale jusqu'à quatre pieds de profondeur. Le manioc, les patates, le riz, le maïs croissent presque sans culture : nous lisons dans un rapport fait au gouvernement de Bourbon, par un voyageur aussi modeste qu'instruit, M. Bernier, chirurgien de la marine et botaniste, que les bœufs errent librement et par milliers dans les vastes pâturages qui s'étendent au sud de Diego-Suarez; les vallons qui avoisinent le cap d'Ambre en sont remplis; le poisson abonde sur les côtes et dans les rivières; le gibier couvre les campagnes; dans un pays aussi favorisé, la nature a tout prodigué; il suffit de s'y rendre pour en recueillir les bienfaits! Des ateliers de salaisons pourraient être immédiatement établis.

D'autres branches de commerce pourraient aussi dès l'abord être avantageusement cultivées. Ainsi seraient facilement franchies les premières difficultés de la colonisation : bientôt, au sein d'une population devenue française, notre marine militaire pourrait au besoin recruter son personnel sur le théâtre même des événements, et s'y approvisionner : des produits riches et abondants fourniraient à une immense exportation et l'importation se développerait dans la même proportion.

Le prix élevé de notre fret qui préoccupe votre gouvernement, parce qu'il est un obstacle permanent à l'accroissement de notre marine marchande, s'abaissera, dès que nous pourrons, comme les Anglais et les Américains, construire et armer les navires à bas prix et avoir un emploi constant du capital dépensé pour l'armement. Toutes les conditions de prospérité commerciale se trouvent à Madagascar. Nous y aurons à bon marché les matières premières nécessaires à la construction et à l'armement des vaisseaux, et, dans un avenir prochain, un vaste marché qui le disputera en importance à ceux de l'Inde et de l'archipel d'Asie, et qui sollicitera constamment notre marine marchande à de nouveaux efforts et à une plus grande activité.

Ce ne sont ni les rochers des Marquises, ni les îlots du canal Mozambique qui peuvent préparer ce nouvel avenir à notre navigation de commerce. Ce que Bordeaux, Nantes, le Havre, Marseille, toutes les villes maritimes de la France vous demandent avec nous, c'est l'occupation d'un vaste territoire, abondant en objets d'échange, pourvu d'excellents ports, et destiné à devenir grand producteur de sucre, de café, d'indigo, de coton, de riz, de matières à la fois précieuses et encombrantes. Mais il faut se hâter : tout est facile aujourd'hui, demain les difficultés surgiront de toutes parts; aujourd'hui redoutés de la reine Ranavalo, les Anglais restent étrangers aux affaires de Madagascar; demain ils peuvent être tout-puissants à la cour d'Émirne. L'héritier présomptif du trône, à peine âgé de dix-sept ans, peut être facilement circonvenu et entraîné dans des voies toutes contraires à la politique française! Si Madagascar venait à tomber sous le protectorat de l'Angleterre comme nous en sommes menacés, notre influence y serait bientôt détruite et la dernière chance d'avenir de notre commerce maritime dans les mers de l'Inde aurait péri sans retour!

Pour prévenir un malheur aussi irréparable, le conseil colonial de l'île Bourbon, excité par son dévouement pour la France, n'hésite pas à signaler une seconde fois à votre attention une île qui nous appartient depuis plus de deux cents ans, que nous avons trop oubliée, que nous n'avons jamais abordée qu'avec des expéditions mal préparées, mal dirigées, mal exécutées. C'est là cependant que la nature tient en réserve ses plus précieuses ressources pour un grand établissement commercial et maritime!

Telles sont nos inébranlables convictions, fruit de longues études et des plus sérieuses méditations.

Si nous étions assez heureux pour que l'occupation partielle ou totale de Madagascar entrât dans les desseins de votre haute sagesse, et si notre voix, toute faible qu'elle est, pouvait trouver accès auprès de votre trône, nous appellerions d'une manière toute particulière l'attention de votre gouvernement sur le choix des hommes destinés à cette grande entreprise. Toutes les fautes passées vivent dans les souvenirs et les traditions de notre colonie; la jalousie ou la mésintelligence des chefs ou des agents, leur dureté et leur inhumanité envers les indigènes, leur déloyauté dans l'exécution des traités, ont rendu stériles les dispositions les plus bienveillantes, et fait évanouir les plus légitimes espérances. C'est par l'humanité, la justice, la plus parfaite loyauté, qu'il faut marquer notre retour : ce sont là des moyens aussi puissants que le fer de nos soldats et les armes de nos vaisseaux! Que notre bienveillance pour les indigènes ne soit ni simulée, ni trompeuse, qu'elle soit sincère et parte du fond du cœur; qu'elle préside à tous nos conseils comme à toutes nos démarches! Que les naturels voient en nous des amis véritables, et à l'exception des Hovas, qu'il faudra bien combattre, car le fer seul fait justice des oppresseurs, toutes les autres tribus accourront à nous comme à leurs libérateurs! Faites que la France accomplisse tout entière la part de civilisation qui lui est dévolue, et cette part c'est surtout Madagascar! Les lumières si pures de l'Évangile doivent enfin pénétrer cette terre malheureuse qui leur est fermée depuis si longtemps.

Les temps sont arrivés! Madagascar ne peut plus rester en dehors de la sphère d'activité de la France. Une grande révolution va s'accomplir autour de nous. Déjà les bateaux à vapeur ont sillonné les côtes d'Adel et les rivages de l'Abyssinie; bientôt ils uniront entre elles, dans une communication rapide, toutes les diverses parties de l'archipel malgache, et cet archipel à l'Inde et à l'Afrique. Cette mer Érythrée, sur laquelle les souvenirs d'Ophir jettent encore tant d'éclat, semble réservée à une opulence nouvelle. La France, Sire, a été grande par les armes durant toutes les phases guerrières de son histoire; qu'elle le soit maintenant par les arts de la paix, par le développement de son commerce et de son industrie, et par une participation active à cette œuvre de civilisation que l'Europe accomplit si glorieusement à l'égard de toutes les autres parties du monde. Ce sera le triomphe de votre politique et la gloire de votre règne.

Nous sommes avec le plus profond respect, de Votre Majesté, Sire, les très humbles, très obéissants et très fidèles serviteurs.

Le président du conseil colonial, H.-MARTIN DE FLACOURT.

Les secrétaires : A. FITAU, P. DE GRESLAN.

La présente Adresse au roi a été délibérée et votée à l'unanimité dans la séance du 24 février 1847.

La commission était composée de MM. Patu de Rosemond, de Greslon et Ruyneau de Saint-Georges, rapporteur.

En dehors des chambres de commerce et des conseils coloniaux, des écrivains, des publicistes, des économistes ont plaidé avec talent et avec succès la cause de l'occupation de Madagascar.

Nous ne parlons plus ici des véritables explorateurs qui, depuis Commerson jusqu'à M. Grandidier, passant par M. Guillain, M. Jehenne, et d'autres encore, ont exploré l'île et publié le fruit de leurs recherches directes ; nous leur avons rendu, en temps et lieu, l'hommage exceptionnel auquel ils ont droit. Nous voulons parler seulement de ceux qui, sans avoir visité Madagascar, ont fait avancer la question par les efforts de leur plume et par des ouvrages de longue haleine, de nature à éclairer l'opinion et les pouvoirs publics.

Parmi ces publicistes, ces écrivains, ces économistes, il en est trois qui ont droit à notre attention toute particulière : M. Barbaroux, M. Jules Duval et M. Barbié du Bocage. M. Barbaroux, ancien procureur général à l'île Bourbon, a écrit, en 1857, un ouvrage juridique sur la *transportation*; mais, à la suite de ce livre, il a traité avec étendue la question de la colonisation de Madagascar ; il en a examiné toutes les faces avec la compétence d'un homme qui avait séjourné de longues années dans le voisinage de la grande île malegache.

Dix ans plus tard, le regretté Jules Duval a repris ce sujet et lui a consacré de remarquables articles, qui, après avoir paru dans la *Revue des Deux Mondes,* ont été réunis en un volume sous le titre : *les Colonies et la politique coloniale de la France.* Talent plein d'élévation, écrivain éloquent et patriote ardent, l'éminent publiciste, par la séduction de son style sympathique et par la force de ses arguments, a fait faire un pas en avant à l'idée de l'occupation définitive de Madagascar.

Quelques années après, M. Barbié du Bocage étudiait la même question dans son livre intitulé MADAGASCAR. Dans une Introduction substantielle, M. Barbié du Bocage, s'inspirant des deux Adresses du conseil colonial de Bourbon et y ajoutant le tribut de ses propres observations, a résumé avec impartialité et combattu avec force les préjugés injustes répandus depuis trop longtemps contre la colonisation de Madagascar; nous ne saurions trop recommander à ceux qui s'occupent de cette question la lecture de ces divers et excellents écrits.

En signalant à la reconnaissance publique les noms des explorateurs qui ont visité la grande île française de la mer des Indes et publié le résultat de leurs recherches, en associant à ceux-ci les noms des écrivains qui par leurs ouvrages ont concouru à vulgariser cette question nationale, nous serions heureux que le lecteur voulût bien, à titre d'antériorité seulement, ajouter à cette liste le nom de l'auteur de l'*Histoire et géographie de Madagascar*.

FIN.

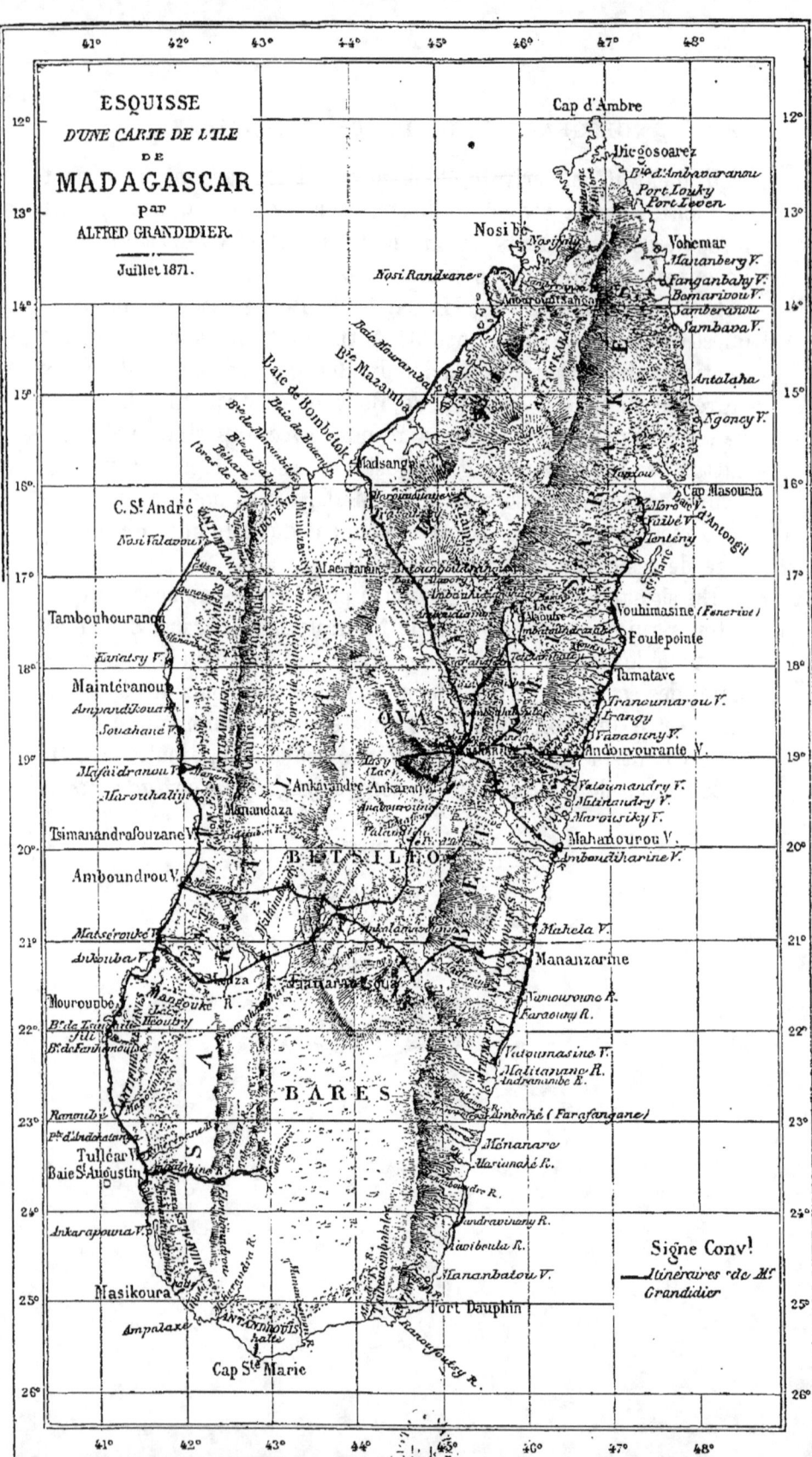

TABLE DES MATIÈRES.

LIVRE PREMIER.

HISTOIRE POLITIQUE DE MADAGASCAR.

CHAPITRE PREMIER.

LE SEIZIÈME ET LE DIX-SEPTIÈME SIÈCLE.

Pages.

INTRODUCTION v

SOMMAIRE : Découverte de l'île de Madagascar par les Portugais, en 1506. — Fernan Suarez. Dom Ruy Pereira. Tristan d'Acunha. Diégo Lopez de Siqueyra. — Madagascar au temps de Marco Polo. — Les Arabes, les Portugais, les Français. — Premiers établissements français fondés en 1642 sous Louis XIII. — Richelieu. — Formation de la *Société de l'Orient*. — Détails financiers de l'opération. — Pronis et Fouquembourg. — Fondation du fort Dauphin. — M. de Flacourt. — Formation de la *Compagnie orientale*. — L'île prend le nom d'île Dauphine. — Édits constitutifs de 1664 et 1665. — LA FRANCE ORIENTALE. — Madagascar au temps de Flacourt. — Tableau complet de l'île. — Droits de souveraineté de la France sur Madagascar. — M. de Beausse. — M. de Champmargou. — M. de Mondevergue. — Ruine de la *Compagnie orientale*. — Causes de cette ruine. — L'île de Madagascar est réunie au domaine de la couronne de France par un arrêt du conseil d'État de juin 1686 et par des édits de mai 1719, juillet 1720 et juin 1725. — L'amiral de la Haye. — Son départ pour Surate. — M. de la Bretesche. — Explorations de M. de Cossigny et de M. de la Bourdonnais. — Cession de l'île Sainte-Marie à la France en 1750. — Gouvernement du comte de Maudave (1768). — Il rétablit le fort Dauphin. — Son départ en 1769. — Gouvernement du comte Benyowski. — Ses antécédents. — Il fonde Louisbourg. — Jalousie du gouvernement de l'Ile de France. — Le nouveau gouverneur général reste trois années sans recevoir de nouvelles de la métropole. — Son courage et sa fermeté. — Le 16 septembre 1776, les chefs lui offrent la souveraineté de l'île. — Arrivée des commissaires royaux à Madagascar. — Le comte Benyowski leur remet sa démission. — Il se considère, dès lors, comme chef suprême de l'île. — Départ de Benyowski pour la France. — Il passe en Amérique. — Son retour à Madagascar. — Sa mort. — Son portrait. — Abandon des établissements formés par lui. — Explorations de Lescallier, de M. Bory de Saint-Vincent. — Le général Decaen envoie à Tamatave M. Sylvain Roux avec le titre d'agent général. — Les Anglais s'emparent, en 1810, de Tamatave et de Foulepointe. — Radama est reconnu chef des Hovas en 1810, par droit de succession. — Interprétation du traité de Paris. — Les droits de la France sur Madagascar sont reconnus par l'Angleterre. — Reprise de possession de nos établissements par les administrateurs de l'île Bourbon, en mars 1817.................. 1

CHAPITRE II.

LE RESTAURATION ET RADAMA.

Pages.

SOMMAIRE : M. le comte Molé, ministre de la marine, institue une commission chargée d'explorer la côte orientale de Madagascar. — Projet de reprise de possession officielle de Sainte-Marie et de Tintingue, en 1818. — Opinion de la commission ministérielle au sujet d'un plan de colonisation. — Elle propose de commencer par un établissement à Sainte-Marie. — Ses conclusions à ce sujet sont adoptées. — M. Sylvain Roux est nommé chef de l'expédition. — Instructions qui lui sont remises. — Retards apportés au départ de l'expédition. — Son arrivée à Madagascar, à la fin d'octobre 1821. — Ses premiers travaux. — Maladies causées par l'hivernage. — Nouvelles menées des Anglais. — Le *Menai*, corvette anglaise, vient demander à quels titres nous sommes à Sainte-Marie. — Réponse de M. Sylvain Roux. — Déclaration à ce sujet du gouvernement anglais de Maurice. — Les chefs du pays de Tanibey font acte de soumission à la France. — Proclamation de Radama. — Les Hovas s'emparent de Foulepointe. — Conduite prudente de l'administration de Bourbon. — Révocation de M. Sylvain Roux. — Sa mort. — Son remplacement par M. Blévec. — Le nouveau commandant met Sainte-Marie en état de se défendre contre les Hovas. — Radama se présente à Foulepointe. — Protestation de M. Blévec *contre le titre de roi de Madagascar usurpé par Radama, roi des Hovas*. — Réponse de Radama. — Le roi des Hovas s'éloigne vers le nord. — État de la colonie et de son personnel. — Il est décidé que l'établissement de Sainte-Marie sera conservé par la France.. 65

CHAPITRE III.

RADAMA ET LES ANGLAIS.

SOMMAIRE : Les Hovas. — Origine des relations qui s'établissent entre ce peuple et le gouvernement anglais. — Dianampoine. — Radama, son fils. — Le capitaine Lesage. — Séjour de celui-ci à Tamatave. — L'agent anglais séduit par des présents et des promesses Jean René, roi de cette contrée. — Radama, roi des Hovas, le reçoit avec solennité. — Ils arrêtent de concert le projet d'un traité secret. — Les Anglais laissent à Radama des instructeurs chargés d'apprendre aux troupes hovas les manœuvres européennes. — Retour à Maurice du capitaine Lesage. — Radama attaque Jean René et le réduit. — James Hastie, nouvel agent anglais, est reçu par Radama. — Après avoir remis au roi des Hovas de magnifiques présents, l'agent britannique lui propose bientôt un traité pour l'abolition de la traite des esclaves. — Ce traité célèbre est signé le 23 octobre 1817. — Hastie est nommé agent général de la Grande-Bretagne à Madagascar. — Le traité est violé par l'Angleterre. — Indignation de Radama. — Les sentiments publics se retournent du côté des Français. — L'agent anglais, de retour à Tananarive, triomphe de nouveau, et le traité est renouvelé. — Expédition de Radama contre les Sakalaves du sud. — Le roi des Hovas conclut une paix et épouse Rasalime, fille de Ramitrah, roi des Sakalaves. — Établissement d'écoles à Imerne, dirigées par les missionnaires anglais. — Diffusion des bibles. — Ces missionnaires enseignent que Radama est le seul souverain de Madagascar. — Les Anglais importent à Tananarive des presses et des caractères d'imprimerie. — Les Hovas s'emparent du fort Dauphin. — Conséquence de l'influence anglaise à Madagascar. — Soulèvement du pays contre les Hovas. — Ils sont cernés dans le fort Dauphin. — Mort de Jean René. — Le prince Coroller. — Mort de James Hastie. — Vexations exercées contre les traitants français par les Hovas. — Mesures préliminaires pour une expédition contre ce peuple. 91

CHAPITRE IV.

LA RESTAURATION ET LA REINE RANAVALO.

SOMMAIRE : Mort de Radama, 27 juillet 1828. — La reine Ranavalo est proclamée reine des Hovas. — Funérailles de Radama. — Son tombeau. — Cérémonie funèbre. — Portrait de Radama. — Son caractère public et privé. — Ses passions. — Son gouvernement. — Changement qui s'opère dans les affaires des missionnaires anglais. — La persécution succède pour eux à la faveur. — Mise à mort de la mère et de la sœur de Radama, du prince Rateffi, de Rafaralah, et de Ramananouloun. — Le traité conclu par Radama avec l'Angleterre est annulé par la reine Ranavalo. — M. Robert Lyall, agent anglais, est mal reçu à Tananarive. — La reine lui dénie le titre d'agent britannique accrédité à Madagascar. — Mauvais traitements qui lui sont infligés. — Sa mort. — Convocation à ce sujet d'un grand kabar. — Couronnement de la reine, le 11 juin 1829. — Préparatifs d'agression organisés par Ramanetak. — Sa retraite à Anjouan. — Expédition Gourbeyre. — Elle est décidée le 28 janvier 1829. — Instructions remises à M. le capitaine de vaisseau Gourbeyre, au moment de son départ de France. — Arrivée de l'expédition à Tamatave. — Elle débarque à Tintingue et fortifie la place. — Le général en chef de l'armée hova envoie des parlementaires à M. Gourbeyre. — Réponse de celui-ci. — Les hostilités commencent. — Combat de Tamatave. — Combat de Foulepointe. — Échec de nos troupes de débarquement. — Suspension des hostilités. — La reine fait des ouvertures de paix, puis refuse de les ratifier. — Reprise des hostilités. — Envoi de deux commissaires français à Tananarive. — Nouvelles ouvertures faites par la reine des Hovas. — Ajournement des hostilités. — Départ pour la France de M. le commandant Gourbeyre. — Projets de M. de Polignac. — Révolution de Juillet. 117

CHAPITRE V.

LE ROI LOUIS-PHILIPPE ET LA REINE RANAVALO.

SOMMAIRE : Révolution de Juillet. — Louis-Philippe ordonne d'évacuer Tintingue et Sainte-Marie. — Évacuation de Tintingue. — Sainte-Marie est conservée. — Nouvelles tentatives faites en 1832 pour arriver à fonder un établissement à Madagascar. — Exploration de la baie de Diego-Suarez, par ordre de M. le comte de Rigny, ministre de la marine. — Ressources présentées par cette baie. — Moyens proposés pour y former un établissement maritime. — Avis du conseil d'amirauté à ce sujet. — Ce projet est abandonné. — Dispositions relatives à Sainte-Marie. — Cette île est de nouveau conservée par la France. — Coup d'œil rétrospectif sur les projets ambitieux de sir Robert Farquhar. — Il veut conquérir Madagascar à l'Angleterre par des voies détournées. — Les missionnaires, l'armée hova, les ouvriers anglais. — Vains efforts ! — Situation des missionnaires anglais à Tananarive. — La reine forme le projet de les chasser et de détruire le christianisme. — Sinistres paroles prononcées par elle à ce sujet. — Discours de l'un des grands chefs à la reine. — Mesures prises par Ranavalo pour arriver à l'abolition du christianisme à Madagascar. — Elle enjoint d'abord aux missionnaires de respecter les coutumes du pays, de s'abstenir de baptiser les naturels et de célébrer le dimanche. — Doléances adressées à ce sujet à la reine par les missionnaires. — Il est répondu à ces doléances par un édit plus rigoureux encore, à la suite d'un *kabar*. — Texte de cet édit de la reine, sous forme de proclamation adressée au peuple. — Cet édit reçoit son exécution. — Les missionnaires anglais abandonnent Tananarive, le 18 juin 1835. — Réflexions à ce sujet. — Rébellions vers le sud réprimées par les Hovas. — Renseignements donnés au ministre de la marine par un capitaine au long cours, sur le commerce de Madagascar. — M. l'amiral Dupérré envoie un émissaire à la reine. — L'envoyé français est mal reçu. — Deux corvettes anglaises et deux corvettes françaises se présentent à Tamatave pour réclamer des explications sur les persécutions infligées aux traitants européens. — Repos momentané. — Émissaires anglais envoyés à la reine pour demander l'envoi à Maurice de travailleurs malegaches. — Leur peu de succès. — Nouvel échec de M. Campbell, agent officiel envoyé à Madagascar dans le même but. — Histoire des acquisitions de la France dans le canal de Mozambique. — Traités pour l'acquisition de Mayotte, Nossi-Bé, Nossi-Mitsiou, etc. — Arrêté de M. l'amiral de Hell. — Récit des événements de Tamatave, d'après le *Moniteur*. — Rapport de M. Romain Desfossés. — Dernières années du règne de Ranavalo. 141

CHAPITRE VI.

HISTOIRE CONTEMPORAINE.

NAPOLÉON III ET RADAMA II. — LA RÉPUBLIQUE FRANÇAISE.

SOMMAIRE : Premiers établissements industriels français à Madagascar. — M. Arnoux. — M. de Lastelle. — M. Laborde. — M. Lambert. — Immenses usines fondées par M. Laborde. — Son histoire. — Rakout, prince héritier. — Son amitié pour les Français. — Ses vues généreuses pour la civilisation de son pays. — Il s'adresse à l'empereur Napoléon III. — Il envoie M. Lambert en France pour plaider sa cause. — Intrigues des méthodistes anglais. — M. Ellis. — Rainizouare et la terreur à Madagascar. — Horrible tableau du règne de Ranavalo. — Nobles qualités du prince héritier. — Retour de M. Lambert à Madagascar. — Sa réception à Tananarive. — Le palais de la reine. — Le palais d'argent. — Détails sur le gouvernement odieux de la reine. — On suppose une conjuration du prince, de M. Laborde et de M. Lambert pour détrôner la reine. — Deux cents Français sont exilés. — Curieux incidents. — Les sikidys. — Désespoir du prince. — Il se sent abandonné. — Mort de Ranavalo. — Avènement du prince Rakout sous le nom de Radama II. — Amnistie générale. — Radama II rappelle ses amis, MM. Laborde et Lambert. — Ses réformes spontanées. — M. Brossard de Corbigny. — La France reconnaît Radama II comme roi de Madagascar, sous réserve de nos droits. — Pourquoi ce titre ? — M. le commandant Dupré vient assister au couronnement de Radama II, comme représentant de Napoléon III. — Intéressante réception à Tananarive. — M. Lambert est envoyé en France pour fonder la *Compagnie de Madagascar*. — Cette Compagnie est formée au capital de cinquante millions. — Son admirable organisation. — Elle envoie à Madagascar une mission d'ingénieurs. — Assassinat de Radama II. — Proclamation de sa veuve sous le nom de Rasoahérina. — Le traité de 1868 en projet. — Dissolution de la Compagnie. — L'empereur Napoléon exige une indemnité. — Elle est payée, après des pourparlers sans nombre. — Traité anglais. — Voyage de la reine. — Mort de la reine. — Ranavalo II lui succède. — Son mariage avec le premier ministre. — Ils se font baptiser tous les deux protestants. — Progrès de l'Église anglicane. — Traité français. — Les lois de Madagascar.

LA RÉPUBLIQUE FRANÇAISE À MADAGASCAR. — Intrigues des vieux Hovas et des Anglais pour prendre possession des territoires appartenant à la France dans le nord et l'ouest. — La succession de M. Laborde est convoitée par les Hovas. — Difficultés insurmontables. — Mauvaise foi des Hovas. — La France prend sous sa protection les héritiers Laborde. — Elle s'oppose à l'occupation de ses territoires par les Hovas. — Le consul de France quitte Tananarive. — Les envoyés malegaches à Paris. — Conférences diplomatiques rompues. — Le commandant le Timbre. — M. de Mahy, ministre intérimaire de la marine. — M. Brun. — L'amiral Pierre est chargé d'occuper Mazangaye et Tamatave. — Conclusion.. 181

LIVRE SECOND.

GÉOGRAPHIE DE L'ILE DE MADAGASCAR.

CHAPITRE PREMIER.

GÉOGRAPHIE PROPREMENT DITE DE L'ILE DE MADAGASCAR.

SOMMAIRE : Situation géographique de l'île de Madagascar. — Son étendue. — Sa position comme point maritime. — Sa superficie plus vaste que celle de la France. — Sa distance de Bourbon et du port de Brest. — Sa division politique et ethnographique. — Il n'y a pas de roi de Madagascar. — Liste des rois et reines sujets de la France. — Les villes principales de Madagascar. — Orographie ou étude de ses formes extérieures. — Montagnes. — Opinion de M. Grandidier conforme à celle de l'auteur. — Des principales chaînes de l'île. — Hydrographie ou étude des eaux. — Description des côtes, baies, havres, ports et mouillages. — Iles de la côte nord-ouest. — Étude des rivières. — Description des principaux cours d'eau. — Lacs de l'île. — Lacs de la côte. — Lacs de l'intérieur. — Route de Tamatave à Andévourante. — Climat de l'île de Madagascar. — Météorologie. — Saison sèche. — Saison pluvieuse ou *hivernage*. — Insalubrité de la côte orientale. — Caractère des fièvres. — Traitement de ces maladies. — Vents. — Orages. — Ouragans. — Raz de marée. — Description des montagnes et des vallées d'après M. Grandidier. — Histoire naturelle de l'île de Madagascar. — Des races propres à Madagascar. — Découvertes de M. Grandidier. — Productions du sol. — Botanique. — Zoologie. — Les lémurides. — Les makis. — Les fossiles. — L'*œpyornis*. — Les oiseaux propres à Madagascar. — *Testudo gigantea*. — L'erpétologie. — Détails sur les découvertes de M. Grandidier. — Ichtyologie. — Minéralogie. — Pierreries. — Cristal de roche. — Gisements de houille. — Mines de diamants, d'or, de cuivre, d'argent et de fer. 345

CHAPITRE II.

ETHNOGRAPHIE, MŒURS ET COUTUMES.

Sommaire : Population de l'île de Madagascar. — Chiffre approximatif de cette population. — Des trois classes principales. — On compte environ vingt-cinq tribus ou peulades, à Madagascar. — Distribution de cette population sur la surface de l'île. — Trois zones générales. — Zone orientale. — Les Antankares. — Les Antavarts. — Les Betsimsaracs. — Les Bétanimènes. — Les Ambanivoules. — Les Bezonzons. — Les Antancayes. — Les Affravarts. — Les Antatchimes. — Les Anta'ymours. — Les Tsavonaï. — Les Tsafati. — Les Antarayes et les Antanosses. — Zone occidentale. — Les Sakalaves. — Les Sakalaves du Bouéni, de l'Ambongou, du Ménabé. — Le Féérègne. — Les Mahafales. — Zone centrale. — Les Antscianacs. — Les Hovas. — Les Betsiléos. — Les Vourimes ou Bares. — Les Machicores ou Masikouras. — Les Androuy. — Les Antampates et les Caremboules. — Les villes principales. — Caractères physiques et moraux des différentes tribus et des Malegaches en général. — Leurs habitudes. — Leur origine. — Leurs préjugés. — Habitations. — Costumes. — Ablutions journalières. — Polygamie. — Naissance. — Funérailles. — Cérémonies qui les accompagnent. — Musique et instruments de musique. — Le Fifanga. — Les kabars. — Chants, danses et fêtes. — Éloquence des Malegaches. — Le fattidrah ou serment du sang. — Hospitalité malegache. — Vie intérieure des naturels. — Religion. — Circoncision. — Devins. — Fanfoudis. — Industrie. — Le vieux code hova. — Lois pénales et jugement. — Épreuves judiciaires par l'eau, par le feu, par le tanguin, par les caïmans. — Gouvernement. — Le Malagasy. — Aperçu sur la langue malegache. — L'écriture à Madagascar. — Poids et mesures. — Littérature et poésie. 405

CHAPITRE III.

TOPOGRAPHIE GÉNÉRALE DE L'ILE.

Sommaire : Le pays des Antankares. — Description. — Territoire. — Population. — Habitations. — Villages. — Culture. — Mœurs. — Coutumes. — Religion. — Funérailles. — Diego-Suarez. — Louquez. — Vohémar. — Angoncy. — Antavarts. — Sainte-Marie. — Tintingue. — Baie d'Antongil. — Port-Choiseul. — Ile Marosse. — Description du pays des Betsimsaracs. — Leur origine. — Étymologie de leurs noms. — Les Ambanivoules. — Description de la baie de Fénériffe, de Tamatave et de Foulepointe. — Description du pays des Bétanimènes.

TABLE DES MATIÈRES.   635

Pages.

— Ivondrou. — Andévouraute. — Vabouaze. — Description de la route de Vabouaze, à Tananarive. — Les Bezonzons. — Description de cette vallée. — Les Affravarts. — Les Antatschimes. — Amboudehar. — Mananzari. — Les Anta'ymours. — Faraon. — Matataue. — Les Tsavouaï et Tsafati. — Les Antarayes. — Les Antanossés. — Description des pays d'Androy, de celui d'Ampate et des Caremboules. — Les Machikores ou Masikouras. — Les Vourimes ou Bares. — Les Betsiléos ou Hovas du sud. — Leur origine. — Les Kimos. — Les Hovas. — Province d'Ankôve. — Tananarive. — Étymologie de ce mot. — Imerne. — Description de Tananarive. — Origine des Hovas, anciens parias de l'île. — Caractère de cette tribu. — Leur industrie. — Marchés et foires à Tananarive. — Province d'Ancaye. — Les Antscianacs. — Province de Féérègne. — Pays des Mahafales. — Les Sakalaves. — Le Ménabé. — De Mazangaye et de Bombetock à Tananarive. — Le Bouéni. — Situation respective des Hovas et des Sakalaves. 479

CHAPITRE IV.

ANCIENS ÉTABLISSEMENTS FRANÇAIS DE MADAGASCAR.
L'ILE SAINTE-MARIE.

SOMMAIRE : Anciens établissements français de Madagascar. — Le fort Dauphin. — Sainte-Luce. — Tamatave. — Foulepointe. — Fénériffe. — La Pointe-à-Larrée. — Louisbourg. — Tintingue. — Le Port-Choiseul. — L'île Marosse. — L'île SAINTE-MARIE. — Sa situation géographique. — Le Port-Louis. — L'îlot Madame. — L'île aux Forbans. — La baie de Lokensy. — Baies et côtes de Sainte-Marie. — Sa constitution géologique. — Bois, cours d'eau. — Villages. — Climat de Sainte-Marie. — Observations thermométriques. — Pluies d'orage. — Vents généraux. — Brise du sud et du sud-est. — Brises d'ouest. — Brises du large. — Végétation. — Culture. — Bétail. — Industrie des Malegaches de Sainte-Marie. — Pêche. — Commerce de Sainte-Marie. — Sa population. — Son gouvernement et son administration. — Forces militaires. — Finances. — Le mouvement commercial de Sainte-Marie est stationnaire et restreint. — Cause de cet état de choses. — Principe politique consacré depuis les événements de 1815, par la conservation de Sainte-Marie, eu égard à nos droits de souveraineté sur la grande île de Madagascar. — Commerce de la côte orientale de Madagascar. — Exportations et importations. — Transactions par voie d'échanges. — Mouvement de la navigation entre Madagascar et l'île Bourbon. — Vohémar. — Tamatave. — Foulepointe. — Diego-Suarez. — Fin du chapitre quatrième 557

CHAPITRE V.

MAYOTTE ET NOSSI-BÉ.

SOMMAIRE : Considérations préliminaires. — NOSSI-BÉ. — Situation géographique. — Arrêté de prise de possession par l'amiral de Hell. — Topographie. — Aspect du pays. — Hellville. — Climat, température. — Baies, anses et mouillages. — Ressources de l'île. — Bois de construction. — Production végétale et animale. — Nossi-Cumba. — Nossi-Mitsiou. — Nossi-Fali. — Description de ces îles. — MAYOTTE. — Situation géographique et topographique. — Configuration physique de l'île. — Son aspect général. — Montagnes. — Cours d'eau. — Bois et forêts. — Marées. — Villages de Choa et de Zaoudzi. — Récifs et passes. — Iles Pamanzi, Zaoudzi, Bouzi et Zambourou. — Rades. — Baies. — Mouillages. — Population. — Religion des habitants. — Climat. — Température. — Salubrité. Hivernage. — Culture. — Productions. — Pâturages. — Troupeaux. — Pêches. — Ressources de l'île. — Statistique générale. — Bienfaits de l'occupation française. — Fin du chapitre cinquième. 575

CHAPITRE VI.

LA QUESTION DE MADAGASCAR DEVANT L'OPINION PUBLIQUE.

SOMMAIRE : Vœux exprimés par les corps constitués en faveur de l'occupation de Madagascar par la France. — Adresses votées à ce sujet par les chambres de commerce des principales villes maritimes de France : Bordeaux, Marseille, le Havre, Nantes et Saint-Malo. — Mémoires lithographiés de la chambre du commerce de Nantes distribués aux Chambres, dans le but d'appeler leur attention sur cette question. — Analyse des mémoires lithographiés de la chambre du commerce de Nantes. — Les deux adresses au roi Louis-Philippe du conseil colonial de l'île Bourbon, publiées à Paris, sur la colonisation de Madagascar. — Le conseil colonial de Bourbon commence par exposer la position où cette colonie se trouve, par suite de la rupture de ses rapports avec la grande île franco-indienne. — Historique fait par le conseil de la question de Madagascar. — Reconnaissance tacite et universelle de nos droits de souveraineté sur Madagascar. — Examen de la situation actuelle de Madagascar. — Résumé des causes qui ont empêché la réussite des premières tentatives de colonisation. — Dispositions à notre égard des peuplades de Madagascar. — C'est sur Tananarive qu'il faut marcher. — Route de la côte ouest à Tananarive. — Cette route est praticable à l'artillerie. — Réfutation des objections tirées de l'insalubrité du climat. — Salubrité des plateaux du centre. — L'occupation est d'une exécution facile. — Composition des troupes pour une expédition. — Importance de la situation militaire et commerciale de Madagascar. — Nécessité de cette occupation. — Opinion des principaux publicistes au sujet de la question de Madagascar. — M. Barbaroux. — M. Jules Duval. — M. Barbié du Bocage. — Conclusion. . . 595

FIN DE LA TABLE DES MATIÈRES.

www.ingramcontent.com/pod-product-compliance
Lightning Source LLC
Chambersburg PA
CBHW061955300426
44117CB00010B/1342